PRCEE　　EU-CHINA

环境公共治理：欧盟经验与中国实践

Environmental Governance: EU's Experience and China's Practice

俞　海　Dimitri de Boer（龙　迪）　主编

中国环境出版社・北京

图书在版编目（CIP）数据

环境公共治理：欧盟经验与中国实践/俞海，（荷）龙迪主编. —北京：中国环境出版社，2017.9
ISBN 978-7-5111-3296-3

Ⅰ. ①环… Ⅱ. ①俞… ②龙… Ⅲ. ①环境保护—环境管理—经验—中欧 ②环境保护—环境管理—研究—中国 Ⅳ. ①X321.51②X321.2

中国版本图书馆 CIP 数据核字（2017）第 193543 号

出版人 王新程
策划编辑 葛莉
责任编辑 宾银平
责任校对 尹芳
封面设计 岳帅

出版发行 中国环境出版社
（100062 北京市东城区广渠门内大街 16 号）
网 址：http://www.cesp.com.cn
电子邮箱：bjgl@cesp.com.cn
联系电话：010-67112765（编辑管理部）
010-67113412（第二分社）
发行热线：010-67125803，010-67113405（传真）
印 刷 北京中科印刷有限公司
经 销 各地新华书店
版 次 2017 年 9 月第 1 版
印 次 2017 年 9 月第 1 次印刷
开 本 787×1092 1/16
印 张 31.75
字 数 720 千字
定 价 139.00 元

前　言

中欧环境治理项目（EU-China Enviromental Governance Project，EGP）是中欧环境政策对话和欧盟-中国战略文件确定的重点项目，项目由欧盟支持中国政府在环境公共治理领域开展合作对话，旨在通过在国家层面为中央政府直接提供政策支持，并在地方层面开展创新实践试点，从而推进中国环境治理体系和治理能力现代化。项目的总体目标是通过改善中国公众参与机制，提高政府责任意识，配合中国政府加强中国环境保护，推动地方可持续发展，维护人民利益。项目关注四大领域，包括环境信息公开、公众参与环境规划与决策、环境司法、企业环境责任。2009 年 11 月，中国商务部与欧盟签署了该项目的合作财政协议，项目额度为 1 500 万欧元。环境保护部为项目主管单位，并授权环境保护部环境与经济政策研究中心承担项目管理与执行工作。项目实施期为 2010 年 12 月至 2015 年 12 月，共计 5 年。

中欧环境治理项目恰逢其时，有幸见证和参与了中国环境治理的进步过程。在中国政府提出环境多元共治时将欧盟经验引入了中国。项目支持了重要制度、法律框架的建设，如《环境保护法》和《大气污染防治法》的修订、《环境民事公益诉讼司法解释》的出台等。项目还为中国政府带来了欧洲在环境治理领域的理念与工作方法，并在实施中进行了实践与调整，使其更加适用于中国国情，地方伙伴关系项目在地方层面开展的环境治理实践成功总结出了极具特色的模式范例，如企业环境信息公开、公众参与、空气质量预报、第三方监督、环境法庭等。

中欧环境治理项目致力于为中国环境治理体系和治理能力现代化做出贡献，支持中国政府完成生态文明建设目标。在项目结束之时，我们欣慰地看到，中国环境治理的种子已经播下，未来必将茁壮成长，我们为能够参与和贡献于这一进程感到自豪和骄傲。

项目实施 5 年来积累了众多资料和研究成果，为促进项目的可持续性和推广项目成果，经商项目各方，同意编纂出版。本书主要目的是记录项目自始至终的详细历程，包括实施过程中的重大事件、主要成果、关键政策建议等。它不仅是资料的保存，更是历史的见证。本书主要内容成稿于 2011—2015 年，于 2017 年正式出版。

在此，我们对为项目顺利实施做出积极贡献的人表示诚挚感谢！他们是：环境保护部国际合作司徐庆华先生、涂瑞和先生、刘宁先生、禚壮先生、黄淼女士、康赟女士；环境保护部政策法规司别涛先生、李静云女士；商务部罗煜女士、陈红英女士；欧盟驻华代表团 Vicky Pollard 女士、Lars Groenvald 先生、黄雪菊女士。对支持、关心和帮助项目开展的其他朋友也一并表示诚挚感谢！

目　录

第一部分
中欧环境治理项目总体介绍

中欧环境治理项目总体介绍执笔人为俞海、Dimitri de Boer（龙迪）、Gerard（Hans）BUYS（白航思）、夏光、原庆丹、张会君、李华蕾、刘梦星。

1　项目介绍

中欧环境治理项目（EGP）是欧盟支持中国政府在环境公共治理领域开展合作的项目，项目额度为 1 500 万欧元。2009 年，欧盟同中国商务部签署财政协议，指定环境保护部为项目主管单位，环境保护部经济与环境政策研究中心为实施单位。项目实施期为 2010 年 12 月至 2015 年 12 月。

项目总体目标为改善中国环境治理，为此项目设置了四大核心主题：环境信息公开、公众参与环境规划与决策、环境司法、企业环境责任。四大主题既紧密联系又相互独立（图 1-1）。

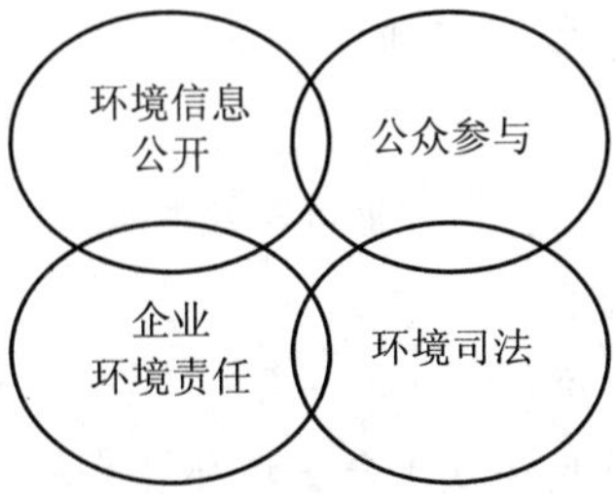

图 1-1　四大核心主题

项目的整体概念为：通过在国家层面为中央政府直接提供研究支持，并在地方层面开展创新实践试点，从而推进中国环境治理体系和治理能力现代化。为此，项目分为中央和地方两个层面（图 1-2）。

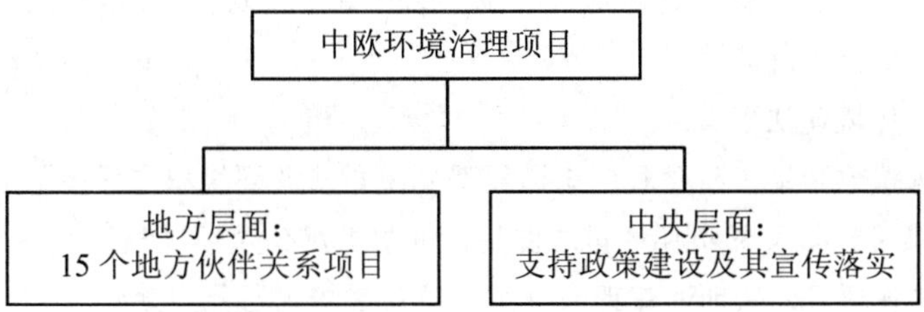

图 1-2　中欧环境治理项目

项目中央层面主要职能为支持中央政府制度建设，主要活动形式包括：举办主题研讨会与大型会议、翻译并印刷重要欧盟政策法律文件、开展专题研究、组织能力建设培训、开办主题工作坊等。项目相关信息、出版物、印刷品及媒体宣传材料面向全部利益相关者及公众发放。此外，项目中央层面还承担支撑统领地方层面项目的职能，负责总结、提炼各地方伙伴关系项目的成果与政策启示。

项目中央层面由 GOPA 咨询公司牵头实施，其他实施方包括：德国 INTEGRATION

环境与能源公司和中国环境科学研究院。

项目地方层面主要针对四大主题在地方开展创新性环境治理方式实践试点。地方层面包括 15 个地方伙伴关系项目，试点地遍布全国多个省市，由欧盟机构与项目所在地政府部门联合开展。各地方伙伴关系项目的简介详见专栏 1-1。

专栏 1-1　中欧环境治理项目地方伙伴关系项目简介

第一主题：公众获取环境信息

AirINFORM 项目：改善试点城市空气质量监测及发布系统，推动中国公众获取环境信息情况发展，加强中国环境治理

泰达低碳中心 PRTR 项目：建设天津经济与技术开发区区域性污染物排放与转移登记制度（PRTR）试点

湖北空气质量项目：建设湖北空气质量信息及预警系统，以完善武汉“1+8”城市圈雾霾监测

第二主题：公众参与环境决策

史密斯研究所土壤项目：开展公众参与土壤环境修复过程的示范，推进中国环境修复的公众参与实践

“嘉兴模式”项目：分析和总结公众参与环境治理新模式——“嘉兴模式”，并在浙江全省推广

香格里拉项目：面向自然保护地，推动社区能力建设和公众参与，加强中国环境治理与生态保护的有效性

环评公众参与项目：提高试点地区环境影响评价中公众参与的能力和公众参与的效率，促进环境、社会和谐发展

第三主题：环境司法

污染受害者法律帮助中心项目：中国西部环境司法及环境权力保障能力建设

EGP 贵州项目：推动贵州环境司法发展，维护贵州公众环境权益

GIZ 法官培训项目：陕西、广西、甘肃环境法官培训与能力建设

第四主题：企业环境责任

GIZ 企业环境信息公开项目：通过提升企业环境责任意识，改善浙江省、山西省企业环境信息公开情况

罗非鱼供应链项目：建立中国罗非鱼绿色供应链

小煤矿治理项目：加强中国陕西小煤矿产业环境治理

挪威大气研究所二氧化硫项目：建立环境影响指标及标记体系，支持山西省开展二氧化硫排放交易

TRAFFIC 中草药项目：乘数效应——推进私营中药材种植业可持续发展

2　实施概况

中欧环境治理项目的核心主题——获取环境信息、公众参与及就环境事务诉诸法律，是欧洲经济委员会《在环境问题上获得信息公众参与决策和诉诸法律的公约》（简称《奥尔胡斯公约》）的三大支柱。欧盟及其成员国均为《奥尔胡斯公约》的缔约国。虽然中国并未加入该公约，但在中国 2014 年新修订的《环境保护法》中，多项条款均同公约中的内容理念一致——二者都寻求保障公众环境权利，以帮助公众维护健康的生活环境。

中欧环境治理项目为新《环境保护法》的修订做出了积极贡献。除了开展系列政策研究和实施地方伙伴关系项目以外，2014 年 4 月，在新《环境保护法》出台前夕的终审阶段，中欧环境治理项目为环境保护部及全国人大常委会相关立法官员组织了国际研讨会，同欧盟专家就信息公开与公众参与的实践经验展开了交流与对话。

专栏 1-2　中国新《环境保护法》

2014 年 4 月 24 日，中国通过了新《环境保护法》，该法于 2015 年 1 月 1 日正式实施。从环境治理的角度而言，新《环境保护法》极具突破性的革新是新增了“信息公开与公众参与”章节。

政府问责：法律要求地方政府与排污者承担相应的法律责任。政府相关报告应面向公众公开，包括：结果导向的地方政府官员环境绩效评估体系、表明环境情况是否达标的年度报告、污染事件发布等。如当地未能实现环境达标，相关地方政府官员需承担相应责任。

政府间联动：新法要求各行政区划间的政府机构实现信息共享，建立环境事件预警和应急体系。

地区环境规划：新法重视环境污染与生态恶化防控，要求对已受损害的环境或生态系统进行修复。各地的环境保护规划必须同该地的功能区划、土地开发利用规划及城乡发展计划相协同。

信息公开：企事业单位和政府必须向公众公开污染物排放信息。

公众参与、社会组织与公益诉讼：首次在法律中肯定了公众参与环境事务及公众参与环评的重要性。同时，法律允许符合资格的社会组织代表公众提起环境公益诉讼。

企业环境责任：企业环境违法成本持续增加，甚至可能要承担刑事责任。此外，企业环境违法将面临“按日计罚”，且上不封顶，取代了过去的“一站式”罚款。

资料来源：2015 年 1 月 7 日，最高人民法院颁布《关于审理环境民事公益诉讼案件适用法律若干问题的解释》（详见专栏 1-9）。

在新《环境保护法》的框架下，国家层面及地方层面均出台了详细的规章制度，以支持新《环境保护法》的实施。中欧环境治理项目也为新《环境保护法》的落实提供了大量支持。例如，2014 年，中欧环境治理项目组织翻译了《奥尔胡斯公约执行指南》（中文版），该指南系统地介绍了欧盟国家在实施信息公开、公众参与及环境司法方面的实践经验，收集了各国的最佳实践案例。

随着该指南的发布，2014 年 10 月，中欧环境治理项目为支持中国高层顾问智库中国环境与发展国际合作委员会（CCICED）举办了相关座谈会，共同探讨了中国参与《奥尔胡斯公约》相关活动的可能性。三名《奥尔胡斯公约》方面的资深欧盟专家官员受邀出席了座谈会，制订出了未来几年内中国可以开展的行动计划，以便中国能更好地从欧盟各国履行《奥尔胡斯公约》的经验中受益。

中欧环境治理项目还为地方层面政策制定提供了支持，为地方政策制定者、立法者提供相关培训，并支持地方立法部门出台相关法规。例如，2014 年全年，中欧环境治理项目为河北省人大常委会起草《河北省环境保护公众参与条例》提供了支持。项目组织了来自欧盟、环保部宣教中心、德国合作机构等各方专家，先后在北京和石家庄多次举办了立法研讨会，加速条例的起草进程，最终促成该法规于 2014 年 11 月通过。《河北省环境保护公众参与条例》是中国首部公众参与相关的地方立法，为中国其他地方级环境立法起到了示范作用，给其他省市地区类似实践提供了经验参考。该法规的及时出台有力配合了京津冀污染危机协同治理（专栏 1-3）。

专栏 1-3　《河北省环境保护公众参与条例》

2014 年 11 月，第十二届河北省人大常委会通过了中国第一部省级公众参与环境保护条例，并于 2015 年 1 月 1 日生效。

该条例针对信息公开、公众参与及环境司法制定了详细规定。在立法过程中，该条例参考了国际最佳实践的经验，同时充分考虑河北本地情况与社会发展程度。法律规定：公众享有获取环境信息的权利；参与环境决策、行政许可证颁发决定及环境法执法的权利；针对环境违法行为表达意见并提出建议的权利；寻求行政或司法救济、提起环境公益诉讼的权利等。

该条例与信息公开及企业环境责任紧密相连，特别提出了污染企业应履行的义务及针对其违法行为的惩罚措施。条例中强制要求企业公开环境信息，违反相关规定者将面临“按日计罚”，罚金视违法严重程度，自 4 万元人民币/天起，直至 10 万元人民币/天。

条例中还规定，危险化学品相关信息，包括事故信息、污染防控措施等信息，均需面向公众公开。

条例还鼓励社会组织提起环境公益诉讼。政府收缴的环境违法罚金将用于环境管理、生态修复与诉讼援助基金。

中欧环境治理项目一大核心产出为项目《政策综合报告》。该报告对中国环境治理的政策发展及所面临的挑战进行了深入的分析。报告整合了项目五年实施期间各项工作的成果与经验，提炼了来自于欧洲机构互动、欧盟文件与指令、专题座谈研讨、主题研究的信息，并总结了各地方伙伴关系项目的产出、成果与政策建议。随后，报告为中国未来进一步巩固与改进环境治理提出了具有可行性的政策建议，并介绍了一些有效的方法、解决方案及实际的行动方案（专栏 1-4）。

专栏 1-4　中欧环境治理项目《政策综合报告》

项目《政策综合报告》所强调的核心概念为：①迈向环境治理体系和治理能力现代化，政府、市场、社会三大治理主体必须协同治理；②促进环境社会治理的三大支柱为环境信息公开、公众参与和司法救济，这三大支柱相互关联，缺一不可。

《政策综合报告》中提出的主要政策建议如下：

（1）整体政策建议：①推进政府、市场、社会三大治理主体共同参与环境治理；②加强基层环境执法能力建设，重塑政府环境治理公信力；③建立严格的自然资源资产损害追责和诉讼制度；④进一步深化改革地方党政领导考核机制；⑤开展环境保护相关法律第三方大评估；⑥加大环境治理软性能力建设的投入。

（2）加强环境信息公开的建议：①充分利用大数据技术，建立一个便于公众知悉和进行有效环境风险沟通的全国环境信息网络公开平台；②建立并有效运行社交媒体平台，及时发布相关环境信息并回应公众的诉求；③明确不得将应当主动公开的环境信息确定为国家秘密或商业秘密；④进一步加大对企业信息公开违法行为的处罚力度；⑤将企业环境信息公开违法行为纳入环境公益诉讼的范围。

（3）促进公众参与环境决策的建议：①出台全国范围内的环保公众参与条例，将政策、规划、选址、立项、可研、建设、验收、运营后评估所有过程，全部纳入公众参与的法制渠道；②整合环保部门内部维护公众关系的机构，成立环保社会服务机构，为更好地做好公众参与服务提供基础条件；③加大对环保社会组织的扶持力度，建立促进环保社会组织健康发展的长效机制，为其创造良好成长环境；④推进国家环境教育立法，促进社会各界对保护与发展之间的科学认识，制定前瞻、主动、综合的环境传播战略；⑤建立和完善环境突发事故与环境群体事件的预警和应急响应机制。

（4）实现环境司法正义的建议：①推动独立公正行使环境司法权；②建立环境行政公益诉讼制度；③加强对公众知情权、参与权的司法救济；④健全生态环境污染损害鉴定制度；⑤完善环境行政执法与刑事司法衔接制度，加大对环保部门移送涉嫌构成犯罪的案件监督，切实避免环保部门“以罚代刑”。

（5）提升企业环境责任的建议：①严格环境执法、促进企业环境信息公开、增加企业违规成本；②开展中小企业环境守法协助计划；③通过绿色消费链、供应链、金融链等的管理和交互作用，推动企业履行环境责任；④实施企业履行环境责任先锋计划（完善环保领跑者计划）；⑤培养具有可持续发展意识的未来商业领袖。

3 信息公开

环境信息公开是公众有效参与环境保护的前提，也是增强公众环境意识的有力工具。信息如果披露，公众不知情，参与则无从谈起，因此，信息公开与公众参与密不可分。

近年来，公众对空气质量问题展示出前所未有的兴趣，促使各级政府部门高度重视环境信息公开工作。从 2013 年 1 月开始，中国部分主要城市开始向公众发布实时空气质量信息。这一做法极大改善了中国公众的环境知情权。之后不久，国家总理李克强在讲话中谈到，将“向污染宣战”作为国家重点工作。

新《环境保护法》中规定了政府及企业公开环境信息的要求，并促使政府出台更加完善的实施细则。在相关配套措施制定出台期间，中欧环境治理项目积极为环境信息公开建设做出了贡献。

3 个中欧环境治理项目地方伙伴关系项目下设在信息公开主题之下，具体事件有：

- ☞ 2014 年 10 月，项目举办主题政策对话会，向环保部政策制定者汇报分享了这些地方伙伴关系项目所取得的相关产出与经验。
- ☞ 组织专家参与了系列环境信息公开主题座谈会，如参与《企业事业单位环境信息公开办法》草案起草工作小组会议等。
- ☞ 2012 年，完成了名为《环境监测与公开报道》（中国卷、欧盟卷）两份主题研究报告，支持了信息公开政策建设。
- ☞ 2014 年，项目在北京举办的年度会议以信息公开为核心主题。
- ☞ 2014 年 5 月，支持了国合会年会边会——信息公开主题圆桌会议。会议十分成功，将中国在环境信息公开领域取得的最新进展推介给了国际上非常有影响力的专家群体。

中欧环境治理项目地方伙伴关系项目之一——“AirInform”项目致力于传达的核心理念之一：信息公开不仅与公开的内容有关，更同信息的传播方式息息相关（专栏 1-5）。

专栏 1-5 扬州空气质量信息

环境信息公开不仅有关“公开的内容”，更同信息的传播方式息息相关。“AirInform”项目同扬州市环境保护局合作，协助其将可理解的、可视度高的空气质量信息有效传达给公众。

通过项目合作，扬州市环保局制订了宣传计划并设计了公民意识普及活动。项目面向扬州市民开展的调查结果显示，市民不能理解复杂的空气质量数据名词，需要获得简单易懂的有关扬州空气污染源的信息。

针对这一情况，项目制作了宣传动画，在扬州市中小学播放，并上传至扬州市环保局网站。为了使信息传播给更广泛的受众，项目制作了3则空气质量相关动画短片，解释了造成空气污染的原因，说明了空气质量的相关信息和政府为治理空气污染所采取的行动。这些动画短片在扬州市各幼儿园、中小学及户外LED屏幕上循环播放。

此外，基于欧盟技术，"AirInform"开发了一套相对简单但有效的空气质量预报系统，该系统可以提前预报最多3天的空气质量情况，使扬州公众可以提前知晓空气情况，为可能的空气污染做好应急预案。

通过使用预报与绘图技术，扬州市环保局实施了各项空气污染减缓措施，其中包括：取缔小型燃煤锅炉、升级旧式公交用车、引入技术减少建筑工地扬尘等。

企业环境信息公开在中国还处于萌芽阶段。出于商业机密等种种原因，企业不愿公开其有关危险物质与排污的相关信息。新《环境保护法》出台前，社会各界对企业环境信息公开的重视度很低，而且对不公开的行为也无能为力。

位于天津经济技术区的泰达低碳中心所承担的信息公开试点项目，是中欧环境治理项目地方伙伴关系项目之一。该项目基于欧盟污染物排放与转移登记制度（PRTR）推广企业环境信息公开。欧盟PRTR制度是一项污染物排放清单，全程记录了企业污染物的排放信息及有毒物质由企业转移至其他设施的信息，信息经确认后，将公布在可供公众查询的主管机构网站上。

该地方伙伴关系项目首先识别了当地企业环境信息报告的主要问题，随后根据欧盟PRTR制度的要求设计并开展了相关培训，并制定了企业行为指南。此外，项目还积极推广第三方监管，允许非利益相关机构监督企业遵守环境法律的情况（专栏1-6）。

专栏1-6 天津经济技术开发区的环境信息公开

天津泰达低碳中心是该地方伙伴关系项目的主要实施方。项目致力于鼓励中国北方地区最成功的工业园区内企业自愿公开其环境信息。项目同区内企业合作，共同编制各企业污染物排放情况年报。项目针对具体污染物的公开方式制定了标准与公开方法指南，确保企业在公布排污信息时既报喜也报忧。

基于这些指南及泰达低碳中心开展的系列活动，园区内129家企业向项目管理办公室提交了排污信息年报，并公布在项目和地方环保局网站上，供公众查阅相关信息。这些企业中的大多数也完成了污染物排放转移登记制度注册表。其中，在园区内有9家生产设备（LED、手机）的三星公司决定，在其他驻华厂区内复制污染物排放转移登记制度。三星公司的排污年报也已经通过了第三方评估机构的认证。

除专设网站用于企业环境信息公开外，项目还开发了一款手机软件（APP），方便公众获取企业环境信息，也为企业展示其环境保护成果提供了平台。

公众环境研究中心（IPE）是泰达低碳中心项目的合作伙伴之一。IPE 创始人马军是中欧环境治理项目专家顾问之一，也是中国环境信息公开领域内著名的专家。他将公开收集到的企业排污信息通过网站和手机软件传播给公众，利用地图界面，详细地公开了企业对空气和水体的污染情况。IPE 还定期发布污染源监管信息公开指数（PITI），连续 6 年对中国城市的环境信息公开情况进行评分排名。

中欧环境治理项目组织翻译了联合国欧洲经济委员会编写的《污染物排放与转移登记制度执行指南》。该指南就如何建立与管理污染物排放及转移登记制度做出了指导，并介绍了欧盟各国在实施该制度时的最佳实践。

4 公众参与

近年来，中国环境群体性事件数量显著增加。这些事件通常与公众对垃圾焚烧站、危险化学品设施等的不满有关。住在设施周边的居民担心设施可能会妨害生活，带来环境与安全风险。与此同时，环境影响评价中的公众参与程序还不完善。尽管公众参与已成为环境影响评价中法定内容，但确保其落实的机制还在起步阶段。目前，中国政府正在积极探索公众有序参与环境事务的有效机制，避免群体性事件，更好地满足公众诉求。

中欧环境治理项目为推进有效的公众参与环境决策，引入了多种国际经验，并推广了成功的地方实践模式：

（1）项目组织专家为《公众参与环境保护办法》草案提交了修改建议。

（2）先后举办了多次公众参与国际座谈会。例如：

- 2015 年 5 月，同国务院发展研究中心资源与环境政策研究所共同举办“新《环境保护法》下社会组织与中国环境法治建设”国际座谈会。
- 2015 年 4 月，完成了“环境保护公众参与综合评价及案例研究”主题研究政策对话会，推介了该研究的初步结论。
- 2015 年 2 月，同环保部宣教中心合作，在重庆举办了“环境敏感项目中的公众参与”主题研讨会。
- 2014 年 4 月、2014 年 8 月两次邀请欧盟专家至北京、重庆举办国际座谈会，支持《河北省环境保护公众参与条例》的起草工作（专栏 1-3）。

（3）项目还完成了 3 项以公众参与为主题的研究，提交了相关政策建议，支持中央政府公众参与政策建设工作：

- 主题研究 3:《环评与环境规划中的公众参与》(欧盟卷、中国卷)。
- 主题研究 6:《环评与环境规划公众参与机制与实践》。
- 主题研究 9:《环境保护公众参与综合评价及案例研究》。

（4）部分地方伙伴关系项目也在地方层面示范了成功的公众参与模式，包括：

☞ 嘉兴模式：由政府组织的市民团体构成体系，同地方政府互动，参与环境决策，并监督企业环境守法（专栏 1-7）。

☞ 史密斯研究所土壤修复项目：对公众参与土壤修复工作起到了示范作用（专栏 1-8）。

☞ 环评中的公众参与：项目注重探索能够保障环评中全面、有效公众参与的机制。

☞ 香格里拉项目：构建自然保护区/国家公园中的社区、少数民族群体参与决策的试点与机制，尤其关注当自然保护区/国家公园被利用开发旅游业时原住民社区的参与。

专栏 1-7　公众参与环境保护的嘉兴模式

嘉兴模式始于浙江省嘉兴市，成功示范了城市公众参与模式。在该模式内，环保社会组织为地方政府的环境决策提供支持。在中欧环境治理项目的支持下，该模式在省内其他 10 个城市得以推广。

嘉兴模式的要点包括：

☞ 大环保：构建“政府—企业—公众”三方治理平台。

☞ 联动化：环保部门和其他政府部门以及社会组织进行联合行动，建立相互协作配合监督的关系。

☞ 圆桌会：邀请利益相关方进行开放式讨论，通过沟通交流形成共识。

☞ 陪审员：向社会公开招募公众代表（专家、律师），以独立身份参与环境行政处罚，对行政案件进行评议，其集体意见作为最终行政处罚决定的重要参考。

☞ 道歉书：不良信用企业不能完成“摘帽”限期整改，就要在报刊上向社会发布道歉信。

☞ 点单式：环境执法中，公众代表随机抽查企业，就环境治理和污染物排放等情况进行面对面的质询和探讨，并提出整改督办意见和要求。

浙江省温州市塘下镇是嘉兴模式在其他地区推广的典型案例。为应对当地非常严重的河流污染，当地专门成立了一家社会组织，通过与排污企业沟通，解决环境冲突。当地还成立了另一家环保组织，协助清理河流垃圾，并开展河流污染修复。2014 年 2 月，该地组织了 50 名制鞋厂厂长在当地河流中游泳 300 m，表明减少河流污染的决心。

专栏 1-8　史密斯环境研究所：环境损害修复中的公众参与

史密斯环境研究所（又名清洁土壤）在湖南省郴州市及江西省贵溪市农村土地修复示范田中引入了公众参与，展示了公众参与对土壤修复工作的积极作用。项目先后涉及5个社区内的870名村民、120名地方政府官员、36名高校与研究机构专家及基层公民社会组织。

项目介绍了公众参与五个级别所需的方法与工具包：

☞ 宣传（通知、教育）：信息宣传页、新闻简报、宣传册、专题故事、新闻稿。

☞ 倾听（收集信息）：访谈、调查、调查问卷、听证会、核心利益相关人、同利益相关方双边会议、公众会议。

☞ 咨询：顾问委员会、线上讨论组、会议与工作坊。

☞ 参与：任务组或同行评审组、专家研讨会议（侧重于项目设计元素的会议，如未来土地使用规划）、圆桌会议、协商民意调查。

☞ 伙伴关系：智库、工作组、村民委员会、共识会议。

项目使用以上方法取得了成功，为地方政府引导公众有序参与环境修复过程提供了范例。项目编纂了公众参与手册，界定了公众参与的各利益相关方及其任务，介绍了当前中国公众参与的主要方法与深入程度，详细阐述了场地修复前期、中期及后期公众参与的步骤。该范例为公众参与土壤环境修复的相关法律政策的落实提供了技术支持。

5　环境司法

就环境事务诉诸司法是《奥尔胡斯公约》的三大支柱之一，也是公约规定的三大权利中的最终权利。环境司法是环境保护的最后一道防线，也是公众参与的“利齿”——通过诉诸司法，个人和社会组织得以起诉违反环境法律法规的行为——既可以起诉污染环境的行为，也可以起诉未能充分公开环境信息，或是未能提供公平的公众参与程序的行为，直至获得环境正义。

近年来，中国在环境法治方面持续快速进步。新《环境保护法》中明确规定，允许符合条件的社会组织提起公益诉讼，代表相关公众的利益起诉污染环境的行为。此条规定出台后，最高人民法院颁布了相关司法解释，进一步阐述了公益诉讼的程序规范（专栏 1-9）。与此同时，全国各地成立了数百家环境法庭，最高人民法院也设立了环境资源审判庭。司法改革持续推进，法庭日益独立于地方政府，逐步减少行政手段对司法的干预。

不管在中央层面，还是地方层面，中欧环境治理项目均开展了多项活动支持中国环境司法的进程：

（1）举办多次有影响力的国际研讨会，如：

- ☞ 2014年9月，同环保部、最高人民法院及全国人大常委会合作举办国际研讨会，支持《最高人民法院关于审理环境民事公益诉讼案件适用法律若干问题的解释》的起草工作，会议邀请了欧盟最高级别的法官及多名欧洲著名社会组织负责人同中方官员交流。欧盟专家还为该司法解释的出台提供了书面意见与建议。
- ☞ 2014年9月，项目同环保部及最高人民法院的官员前往贵州考察地方层面环境法庭的实际情况，并参观了地方伙伴关系项目中一复杂环境损害修复案例的现场。

（2）有选择性地翻译了一批欧盟重要文献，包括：

- ☞ 系列欧盟重大环境公益诉讼案件的法庭卷宗。
- ☞ 《欧盟环境责任指令》（2009），其中明确定义了环境损害评估需在生态受损，而非财产受损时开展。
- ☞ 有关《奥尔胡斯公约》各缔约国“诉诸司法”权利有效性的调研报告《有效司法》。
- ☞ 翻译了新《环境保护法》《环境公益诉讼司法解释》等法律法规（专栏1-9）。

（3）完成了3项有关环境司法的政策研究，包括：

- ☞ 《中国环境法庭面临的挑战及应对》（中国卷）。
- ☞ 《建立与完善环境法庭建设的具体机制与实践》。
- ☞ 《中国环境司法现状评估及政策建议》。

多次参与中欧环境治理项目司法主题活动后，一家欧洲环境社会组织决定在中国探索设立其分支组织的可能性。中欧环境治理项目专家组及欧盟代表团对其意向表示支持。该组织将成功延续中欧环境治理项目的成果与最佳实践，在项目结束后继续作为中国与欧盟就环境治理主题相互沟通交流的平台媒介。

专栏1-9　《最高人民法院关于审理环境民事公益诉讼案件适用法律若干问题的解释》

2015年，最高人民法院颁布了《关于审理环境民事公益诉讼案件适用法律若干问题的解释》，自2015年1月7日起生效。该司法解释基于新《环境保护法》第58条、《中华人民共和国民事诉讼法》及《中华人民共和国侵权责任法》等法律制定，进一步阐释了环境民事公益诉讼的相关规定，表明了最高人民法院为建立环境民事公益诉讼框架所做出的努力。

该司法解释规定：

- ☞ 涉及环境损害及公众利益的环境诉讼案件，法庭应予以受理。
- ☞ 明确了在何种情况下哪些社会组织可以发起环境公益诉讼。

- ☞ 指出环境保护部门应对发起公益诉讼的社会组织予以支持，包括协助其开展调查、收集证据。
- ☞ 区分了原告或被告承担举证责任的情况，并规定了有权审理此类案件的法庭。
- ☞ 授权法庭为原告提供资金支持，支付诉讼所需费用（法律援助的一种形式）。
- ☞ 明确了责任区分，制定了法庭可以裁决的补救措施，包括生态修复及补偿。

2015 年 1 月新《环境保护法》实施以来，各地环境法庭先后受理了一些环境公益诉讼。尽管此类案件数量尚少，但已经提起的每一起案件均成了领域及区域内重要的判例参考，并向社会传达了强有力的信号：环境违法者会被社会组织诉上法庭。

部分最成功的地方伙伴关系项目均隶属于环境司法主题：

- ☞ 贵州项目：通过社会组织加强环境司法，推进环境损害评估方法体系化。项目还建立了第三方监督机制试点，由一家当地社会组织同地方政府合作，监督污染企业（专栏 1-10）。
- ☞ GIZ 法官培训项目：培训环境法官，成立“中欧环境法培训”伞形机构。
- ☞ 污染受害者法律帮助中心项目：在中国西部地区培训法官与检察官，协助当地建立环境法庭。

专栏 1-10　清镇市环境保护第三方监督

地方环保局面临的主要困境之一：工作人员数量不足，无法充分开展对当地排污企业的监管工作。为解决这一问题，贵州地方伙伴关系项目引入了“第三方监督机制”，同清镇市政府与一家当地的环保组织“贵阳公众环境教育中心”合作，由该组织承担监测与举报当地违法企业的工作。

在该监督机制下发生的一起典型案例如下：一家当地的铝业公司——广铝公司（贵州分公司）在生产过程中产生了大量的噪声、扬尘、废气，并污染了当地的水资源，影响了当地村民的生活质量。于是，政府指派贵阳公众环境教育中心对该企业进行监督，签署了三方协议：

- ☞ 授权贵阳公众环境教育中心随时派遣工作人员调查并查验厂址污染源及环保设施，以明确污染责任方。
- ☞ 由政府推选当地村民，贵阳公众环境教育中心对其进行环保知识及法律法规培训、颁发监督聘书，对广铝及广铝周边企业进行实时监督。
- ☞ 经现场调查，广铝的原料粉碎工艺存在严重的噪声问题，首先由贵阳公众环境教育中心工作人员现场核实，向生态局和广铝递交调查报告，并提出整改建议，再由生态局安排监测人员现场监测，以监测数据为依据，要求广铝在限期内整改，以减小噪声对周边居民的生活影响。

- ☞ 设立企业—村民热线，一旦发生噪声污染、扬尘污染、空气污染或水污染，村民可以即刻联系企业要求即刻处理。
- ☞ 贵阳公众环境教育中心每个月以报告的形式，将监督情况汇总报送生态局，让生态局了解当地的环境污染情况。至今已报送督查情况 12 期。

事实证明，第三方监督机制极具特色，并取得了很大成功，其重要意义之一在于避免了费时而昂贵的诉讼流程。而对于污染企业而言（如广铝公司），则可以规避高额的罚款甚至停业整顿，同时通过同村民达成一致解决企业的污染问题。第三方监督机制协助地方环保局开展工作，成了政府和企业间的桥梁，也使企业感受到第三方实时监测的压力。此外，通过这种机制，铝业公司同村民间建立了良性互动，双方氛围友好，得以合力解决环境污染问题。

6　企业环境责任

在全球范围内，企业越来越重视其行为对环境所产生的直接或间接影响。除法律法规要求的最低环境标准外，许多国家的其他利益相关方，如买家、消费者、投资者及公众的选择也会对企业的环境行为产生巨大影响。一般而言，这些利益相关方会优先选择环境可持续型的企业。由此，企业环境责任日益受到重视，并逐渐发展为企业重点策略。企业高度重视其生产与运营，持续致力于减少企业行为所造成的社会与环境影响与风险。随着中国民众对环境问题的重视程度日益提高及中国企业日益国际化，企业履行其环境责任的压力也日渐增加。

长期以来，中欧环境治理项目积极支持环保部建设企业环境责任政策，先后开展了一系列活动：

（1）多次组织有影响力的国际座谈会，如：

- ☞ 2015 年 4 月，举办支持《大气污染防治法》修订的国际座谈会。欧盟专家、全国人大常委官员及环保部官员出席会议。新修订的《大气污染防治法》已于 2015 年 8 月出台，并由项目组织翻译成英语，供外方友人参考。
- ☞ 2015 年 5 月，举办“环境与贸易及投资”主题研讨会，环保部官员、欧盟贸易机构官员及相关专家出席了会议，共同探讨了双边贸易与投资协议中日益涌现的环境问题。
- ☞ 邀请欧方专家，同环保部相关官员举办了系列环境责任保险座谈会。在项目的推动下，环保部目前正在起草《环境责任保险指南》。
- ☞ 2014 年 11 月，同欧盟商会合作举办了“新《环境保护法》下的企业环境责任”会议。

（2）翻译了部分欧盟重要的相关文件，包括：

- 《工业排放指令》。
- 《环境责任指令》。
- 《远程越界空气污染公约》。
- 《塞维索 III 指令》。本指令的翻译是为了应对近年来发生的有毒化学品事故。该指令基于欧洲多年来大量的经验教训，针对危险化学品的处理、储存、运输与预警系统做出了详细规定。

（3）项目完成了两项以企业环境责任为主题的研究报告：

- 《企业自愿性环境行为》（中国卷、欧盟卷），显示出了中国和欧盟企业行为上的差距，并针对如何缩小这一差距提出了建议。
- 《中国企业环境责任》，对中国企业环境责任进行了全面评估，指出了中国进一步推进企业环境责任所面临的挑战及其解决方案，并提出了政策建议。

项目共有 5 家地方伙伴关系项目以企业环境责任为主题开展工作：

- GIZ 企业环境信息公开项目：同浙江、山西省内的企业合作，为其提供能力建设、培训与支持，编纂了一系列企业环境信息公开指南。
- 罗非鱼供应链项目：根据水产养殖管理委员会的要求，致力于推进罗非鱼生产、加工与销售环节的可持续性。
- 小煤矿治理项目：侧重于陕西省小煤矿管理中的环境治理工作，制定了闭矿后续环境恢复工作手册。
- 挪威大气研究所：面向企业推广绿色标识，在山西省试点建立二氧化硫交易体系。
- TRAFFIC 中草药项目：在试点地区推进中药材生产、加工、销售的可持续发展。

企业环境责任的概念在中国才刚刚起步。随着相关政策、法律和法规逐步到位，现阶段的工作重点是贯彻落实已有的法律法规。

7 宣传与推广

中欧环境治理项目十分重视其项目产出与成果的宣传与推广。因此，媒体是项目十分重视的利益相关方之一。项目媒体网络内超过 90 名记者，一直以来支持项目中央层面和地方层面的宣传与推广。自 2012 年以来，项目先后举办过 8 次媒体工作坊，平均每次工作坊有 20 余名媒体伙伴参与。由此，项目不仅得以宣传中欧环境治理项目自身所产出的成果，更是鼓励媒体参与环境治理、环境教育、环境传播相关的报道。

多位有影响力的领域内专家，如环保部宣教中心贾峰主任、公众环境研究中心马军主任等，多次为项目媒体宣传工作提供有建设意义的指导。过去几年间，数百篇新闻报道了中欧环境治理项目。

除了同媒体合作，中欧环境治理项目建设了全面的宣传平台，用于推广项目成果，包括：①中欧环境治理项目网站（www.ecegp.com），日均访问量230次；②通过新闻通讯与电子新闻同重要利益相关方保持定期联系；③在两家环境网站设有专栏，自2013年起定期更新；④接受有影响力的电视台采访、专访，包括CCTV-2、CCTV国际频道、新华网络电视；⑤在国内、国际网站开设项目专栏；⑥广泛利用新媒体传播渠道，如微信、微博；⑦制作环境治理主题纪录片、项目宣传短片，在网络平台传播。

为确保项目五年来所取得的知识成果在项目结束后仍能继续发挥作用，项目网站建设了“知识库”板块，作为项目产出的电子数据库（专栏1-11）。

专栏1-11　中欧环境治理项目知识库

中欧环境治理项目知识库内含有项目五年执行期内所产出的全部文件及媒体材料。可访问项目网站 www.ecegp.com 获取。知识库的板块包括：项目核心成果，包括项目政策综合报告；政策文件翻译，包括相关的欧盟指令与最新出台的中国法律；项目政策研究（中央层面）；项目政策报告（地方层面）；地方项目核心成果；各地方项目成果；欧盟案例翻译；项目纪录片；媒体报道。

8　中欧环境治理项目逻辑框架

中欧环境治理项目逻辑框架如表1-1所示。

表1-1　中欧环境治理项目逻辑框架

总体目标

为中国政府和公众在改善中国环境保护方面的努力贡献力量，通过公众参与和问责促进有益于公众的地方可持续发展。

干预逻辑	成果的客观指标	核实方法	假设及风险
项目目的—— 通过改进政府职能、提高公众参与和企业责任来改善环境治理	0.1　地方参与环境管理的人数比例 0.2　民间社团及整体民众都意识到并尽其所能来制止环境恶化 0.3　项目实施地区企业的环境绩效有所改善	全部　项目的监督与评估报告（M&E） #1　特定的抽样调查 #2　公众在非政府组织（NGOS）和非营利组织（NPOs）中的参与情况 #3　公司报告、地方环保局的报告 中国环境保护部对项目实施城市的污染进行等级评定	**假设** 政治稳定能够持续下去 法律允许会员制的组织能够进行登记注册 联合融资即将开始 政府减缓其公众参与进程

干预逻辑	成果的客观指标	核实方法	假设及风险
结果 1　通过加强公众参与和协调一致的相关地方立法，环境政策和法律的行政管理得到了改进	1.1　参加公开听证的人和组织的数目 1.2　已经制定了明确程序以允许大量公众参与法规和规划的制定 1.3　职员的环境行政管理能力（资质）得到提高 1.4　地方层面具备有效地对环境执行机构进行检查和监督的机制 1.5　各级人民代表大会提出的环境议案得到的满意回复数目增加 1.6　不同审计人员提交的满意审计报告数目增加，尤其是地方环保局和第三方审计单位开展的常规环境检查 1.7　监督与评估调查结果显示法规的连贯性得到提高 1.8　监督与评估调查结果显示地方已经制定了准确详细的导则来落实环境法律 1.9　落实环境法律和法规的导则数目增加	#1　项目对公众会议的记录 #2　有书面记录的程序导则 #3　单位的人事部门 #4　共产党、人民代表大会（PC）和行政单位编写的检查报告 #5　地方人民代表大会和人民政治协商会议（PPCC）的报告 #6　审计报告和环境检查报告 #7　项目的监督与评估报告 #8　项目的监督与评估报告 #9　人民代表大会以及地方政府的记录	**风险** 地方政府不愿意进行必要的法律改革
2　政府和公众在环境问题方面可寻求更好的司法途径	2.1　司法体系内部有效的协调方法 2.2　接受环境培训的司法工作人员的人数有所增加 2.3　环境法律领域的律师人数有所增加 2.4　①环境违法案件被诉诸法律的比例有所增加； ②环境污染受害者得到公正结果的比例有所增加 2.5　对环境投诉处理结果表示满意的比例有所增长 2.6　不同审计人员提交的满意审计报告数目有所增加	#1　项目报告 #2　项目的监督与评估报告 #3　环境与其他法庭的记录 #4　地方环保局的记录 特定的抽样调查 #5　特定的抽样调查报告 #6　特殊利益团体的记录 审计报告	推广法治的能力确实存在
3　通过环境意识的提升和获取充分的信息，受益人（公众、民间社团和地方政府）在地方的环境与发展规划和决策中所发挥的作用得到了加强	3.1　地方和行业发展规划中明确包含了有关环境敏感性问题的内容 3.2　有关环境信息体系数据的数量和种类有所增加，这些数据对政府的决策者开放且接受公众监督 3.3　项目实施所在地环保局的信息中心在专门的网站上及时公布综合的地方环境数据以及环境影响评价（EIA）和审计的结果	#1　审核工作计划 #2　项目报告 项目的监督与评估报告 对系统产生成果的实物验证 #3　地方环保局网站上专门的网页 地方环保局网站访问量	政治领导人积极支持实施环境影响评价方面的公众参与程序 政治领导人积极支持信息公开法的实施

	3.4 拨打环保热线、登录环保网站和写环境信件等的人数有所增加 3.5 大众媒体中有关环境保护的出版物、报告、期刊、电视节目和电影等数量有所增长 3.6 公众和合法注册的环境组织更多地参与环境保护方面的讨论 3.7 由于公众的参与，环境影响评价的数量显著增长 3.8 环境意识调查结果显示，公众越来越多地关注环境质量 3.9 公众对与环境有关的电视节目和其他媒体产品的兴趣越来越高，如环境保护媒体的数量 3.10 小学和中学将环境教育内容永久性地融入其教学课程之中 3.11 大学和学院的环境保护项目以及选修环境课程的各类在校学生的数量有所增加 3.12 地方环保局的检查报告和第三方审计结果定期公开，可供政府审阅并向公众开放	#4 网站访问量计数器、环保热线日志以及地方环保局的投诉记录 #5 电视节目收视率、统计部门 #6 项目的监督与评估报告、地方环保局的报告、会议备忘录 #7 环境影响评价报告 #8 调查报告 #9 电视收视率 #10 学校的创办计划和教学课程表的记录 #11 大学的注册人员 #12 地方环保局的报告、会议备忘录和项目报告	
4 私营部门积极主动采取措施、进行可持续发展实践并更多地采用市场手段	4.1 欧盟和中国企业之间达成的环境友好型供应链协议的数目 4.2 举办的有关落实企业社会责任（CSR）的论坛的数目，包括不同利益相关方团体的参加者数目 4.3 政府与私营部门之间达成的有关环境保护的新的伙伴合作关系的数量 4.4 公布可持续发展报告的公司的数目 4.5 采用生态标志的公司的数目 4.6 得到认证的污染物减排年交易量 4.7 启动的绿色项目的数量（小型清洁发展项目） 4.8 符合欧洲标准的生态标志产品的数目有所增长 4.9 被列为环境友好型（环境标志）名单的公司数目有所增长	#1 项目的监督与评估报告供应链协议 #2 项目的监督与评估报告 #3 公司登记簿；公私伙伴关系登记簿 #4 项目的监督与评估报告 #5 环境认证中心的记录 #6 碳：世界银行、联合国气候变化框架公约（UNFCCC）、国家发展和改革委员会（NDRC）和国家主管当局 硫：地方试运行阶段取得的成果 #7 省级清洁发展机制（CDM）中心 #8 项目的监督与评估报告 #9 中国环境保护部的环境标志记录 公众与环境研究中心	企业接受来自外部的独立的环境和财务审计

第 1 部分　合作伙伴关系子项目		
实现成果 1 的活动（通过公众参与和一致的地方立法来改进实施状况） 在地方层面： 1.1 设计并制定相应机制以及方便快捷地披露地方环保局的检查结果、其他审计以及强制企业公开的数据和信息 1.2 协助地方环保局开发一个项目来对现有企业进行例行的环境检查，并将现有的报告体系融合在内 1.3 增强对地方环保局和地方政府有关公众听证程序方面的培训，如研讨会、学习考察、专项培训等 1.4 制定相应程序以便公众和地方利益团体能够参与、评价并对环境法规的执行状况（污染排放、环境违法案件等）进行反馈并参与建设规划（如基础设施的开发、废物处理等） 1.5 提高上游社区关于他们对下游社区所负责任的意识 1.6 在有效施行环境法律和法规方面加强对地方环保局和地方政府的培训 1.7 检查环境影响评价程序，以便确定非政府性机构需要满足哪些法律要求才能真正参与环境影响评价，同时提出改进措施方面的建议 1.8 吸取国际经验以便改进地方为落实环境法律而制定的实施法规并使其更加合理化 1.9 吸取国际经验，协助地方人民代表大会制定合理的导则来落实环境法律	• 专家关于环境信息管理、环境报告和审计的建议 • 环境信息管理、环境报告和审计方面的培训 • 专家的协助（包括所有活动） • 支持人员 • 环境法律法规培训 • 专家关于执行环境法律的意见 • 关于环境影响评价、跨省污染等问题的公共咨询 • 耗材	2 400 欧元来自欧洲委员会，800 欧元来自对应的出资方
实现成果 2 的活动（政府和公众在环境问题上能够寻求更好的司法途径） 在地方层面： 2.1 吸取国际经验，组织地方的系列环境研讨会，对象为律师、法官和其他执法从业人员，议题为环境法律（其他项目/部门尚未开展的工作） 2.2 提高并进一步改进地方现有的投诉和诉讼体系（信访） 2.3 改善现有的或成立新的地方法律援助中心，通过开通投诉热线为污染受害者提供帮助 2.4 设计创新的方法使地方利益团体和公众能够以环境退化受害者的名义更好地提起诉讼并获得救济 2.5 探索地方政府和司法体系之间在环境案件方面的协调和合作关系 2.6 收集和分析地方的典型环境案例	• 地方研讨会 • 关于诉讼体系的宣传媒介 • 出版物和媒体等方法 • 关于寻求救济方式的更好的信息 • 支持人员 • 改善现有的或建立新的污染受害者帮助热线 • 为地方利益团体和污染受害者提供法律专业技能 • 为地方司法官员提供培训 • 耗材	2 100 欧元来自欧洲委员会，700 欧元来自对应的出资方

实现成果 3 的活动（意识、环境信息及其披露和获取） 在地方层面： 3.1 鼓励媒体制作特别节目（县一级的电视节目、互联网、报纸、广播等），并选择独立的具有环境保护意识的主持人 3.2 强化小学和中学的工作力度，将环境价值观和环境管理纳入主流教学课程 3.3 协助地方环保局建立网站，以公开并免费提供包括支持性数据在内的环境影响评价和地方环境信息 3.4 协助实施环境信息公开办法，例如通过设立或改善地方的环境信息中心，使那些通常无法获得网站信息的公众能够自由获取相关信息 3.5 协助当局有效落实新的环境影响评价法中有关信息公开的条款 3.6 吸取国际经验，促进地方环保局/部门和高校学生会之间的伙伴关系，使之成为讨论环境利益的平台 3.7 在补充已有捐赠项目并吸取国际经验的基础上为高级决策者举办关于环境管理与地方经济发展之间关系的地方研讨会项目 3.8 协助成立环境意识中心，如博物馆、图书馆、展览等 3.9 使媒体充分参与，帮助公众意识到中国法律法规所赋予他们的权利和义务	• 专业技能 • 支持人员 • 互联网手段 • 传统的出版方式 • 专家意见（包括所有活动） • 电视/广播/报纸等媒体方式 • 在学校开展培训项目 • 设备 • 耗材 • 研讨会和讨论会	3 600 欧元来自欧洲委员会，1 200 欧元来自对应的出资方
实现成果 4 的活动（利用市场手段来吸引企业采取积极、可持续的措施） 在省级和地方层面： 4.1 建立相应机制（如网站）来协助中国供应商和欧洲公司之间建立环境友好型的伙伴关系 4.2 组织论坛讨论企业社会责任及其对工业企业的益处(除了那些企业已经获得益处的地区） 4.3 建立地方政府和私营部门之间关于生态标志、绿色商机等方面的伙伴合作关系（如非政府组织从事商业活动），包括将欧洲和中国通用的生态标志主流化 4.4 组织研讨会和培训课程来帮助企业发现排放交易中的商机 4.5 协助设计并实施绿色发展项目（清洁发展机制、绿色信贷等） 4.6 在与地方环保局的合作下设立地方一级的试点项目，重点为能够反映环境成本的定价税收体系 4.7 组织开展有关环境报告和环境管理体系及其对工业企业和农业综合企业带来的益处的培训 4.8 提高地方政府利用经济政策手段（征税、收费、信贷限制等）的能力 4.9 加强实施商业工业地区的能效试点项目（节能及环境友好型项目的试点地区）	• 互联网手段 • 传统的出版方式 • 论坛和研讨会 • 试点项目 • 生态标志和污染排放方面的培训 • 专家关于应用市场手段［清洁发展机制、企业社会责任/社会责任投资(SRI)、绿色信贷等］的意见（包括所有活动） • 专家关于采用环境财税手段的意见(包括所有活动) • 关于绿色商机问题的沟通 • 设备 • 耗材	2 900 欧元来自欧洲委员会，967 欧元来自对应的出资方

要素 II——支持及横向活动		
在国家层面： 0.1 建立中方项目办公室协调机制，以便将相关政策的实施自上到下融入各级政府部门并巩固伙伴合作项目和（有关项目的）外部背景研究以及技术的成果和结论 0.2 组织有关环境管理的部际协调论坛 0.3 分析包括本项目以及其他现场项目在内的现有研究成果和经验并吸取国际经验，以便以后为国家政府提供这方面的建议 0.4 关于环境管理的背景研究 0.5 监督、协调（监督和联系机构）伙伴合作项目并将其项目成果提供给中央政府 0.6 通过支持中欧环境管理政策对话来向欧盟提供政策经验 0.7 应用沟通策略，以便提高中央政府和公众的环境管理意识	• 研讨会和咨询 • 会议（如项目指导委员会会议） • 设备和其他方式（对所有活动都为辅助性措施） • 专家的援助（包括所有活动） • 支持人员 • 撰写、编辑并出版重要文件以及大众专刊等的物质条件 • 耗材 • 结构合理的特定利益团体针对环境违法行为造成的伤害案件寻求救济	

9 结语

自2008年中欧环境治理项目筹备启动以来，环境治理已经在中国取得了很大进展。当时，中国政策领域内还少有“治理”的概念，然而环保部与欧盟极具前瞻性，共同设计了中欧环境治理项目。到2013年1月，随着政府开始发布及时空气质量信息，越来越多的公众日益重视环境保护。2013年年底，中共十八届三中全会提出了推进国家治理体系和治理能力现代化的目标，由此，“环境”与“治理”成了中国深化改革的重点工作。2015年，新《环境保护法》开始生效，环境治理，包括信息公开、公众参与、诉诸环境司法正式成了中国国家环境政策与法律中不可或缺的内容。

中欧环境治理项目恰逢其时，有幸见证和参与了中国环境治理的进步过程。在中国政府提出环境多方共治时将欧盟经验引入了中国。项目支持了重要制度、法律框架的建设，如《环境保护法》和《大气污染防治法》的修订、《环境民事公益诉讼司法解释》的出台等。

项目还为中国政府带来了欧洲在环境治理领域的理念与工作方法，并在实施中进行了实践与调整，使其更加适用于中国国情。地方伙伴关系项目在地方层面开展的环境治理实践成功总结出了极具特色的模式范例，如企业环境信息公开、公众参与、空气质量预报、第三方监督、环境法庭等。

中欧环境治理项目十分重视公众和社会组织的力量，坚信其可以在支持地方政府监督环境违法行为方面发挥重要作用，并有助于培养环境守法的社会风气。项目建议中国政府调动一切社会力量共同参与环境保护。

中欧环境治理项目致力于为中国环境治理体系和治理能力现代化做出贡献，支持中国政府完成生态文明建设目标。环境治理的种子已经播下，未来必将茁壮成长。

第二部分　政策综合报告——迈向环境治理体系和治理能力现代化

政策综合报告——迈向环境治理体系和治理能力现代化执笔人为阳平坚（北京大学环境科学与工程学院）、严厚福（北京师范大学法学院）、郭培源（商道纵横企业社会责任咨询公司）、Richard Hardiman（中欧环境治理项目办公室）、杨柯（环境保护部宣传教育中心）。咨询专家为张世秋（北京大学环境科学与工程学院）、贾峰（环境保护部宣传教育中心）、王灿发（中国政法大学环境资源法研究和服务中心）、常纪文（国务院发展研究中心资源与环境政策研究所）、马军（公众环境研究中心）、赵莹（环境保护部宣传教育司）、张天柱（清华大学环境学院）、汪劲（北京大学法学院）、梅凤乔（北京大学环境科学与工程学院）。

1 绪论

1.1 报告由来及目的

本报告是中欧环境治理项目（以下简称项目）实施 4 年多来的综合政策建议报告。所依托项目的总额度为 1 875 万欧元，其中欧盟出资 1 500 万欧元，环境保护部作为项目主管单位，商务部为支持单位。项目总体目标是通过一系列政策实践研究及政策对话会来支持环保部的相关工作，通过借鉴欧盟环境治理政策及经验，结合项目实施中的成果，从而改善中国的环境治理，加强公众参与及企业的责任心，以减少因损害环境及对环境管理不善而对社会和弱势群体造成的危害。

项目包括 4 个核心主题：公众获取环境信息、公众参与环境规划和决策、环境司法和企业环境责任。项目实施分为地方和国家两个层面，其中地方层面结合以上 4 个主题，分别由 15 个地方伙伴关系项目在选定的 18 个省级行政区，借鉴欧盟经验并结合当地情况实施有关环境治理的理念和实践，最后提交相政策报告及产出；国家层面的专家团队除了对项目 4 个主题进行调研培训外，还将结合地方层面的产出总结政策建议及报告分析，为环保部政策调整及项目经验在中国其他地区复制提供借鉴和支持。

项目自 2010 年 12 月完成有关工作计划的制订后，2011 年进入全面实施阶段，2015 年下半年陆续结题。报告在综合结题项目研究成果的基础上，识别中国环境治理的关键问题，分析地方实践和欧盟先进经验，并针对 4 个主题提出相应的政策建议。报告的潜在对象是中国环境治理中的利益相关者，包括政府、企业、社会组织、公众、科研人员等。报告的研究方法主要基于地方项目成果、短期研究专家以及咨询专家的智慧输入。

1.2 逻辑框架及结构

实现环境治理体系现代化，不是否定国家作为治理主体的地位和作用，而是将公众的自组织治理和政府的控制、引导、服务相结合，同时强制、督促、激励企业在污染控制方面发挥主体作用，倡导三者之间的良性互动与合作。然而，当下环境治理中，国家、地方与公众三者之间的紧张关系构成了影响环境治理进程的基本矛盾。不论是“中央法令压制地方治权”导致的地方积极性问题，还是“地方治权排斥中央法令”蕴含的法治困境，抑或是“公众被国家和地方治权排除”导致的民主难题，都给当下中国的环境治理造成了诸多体制性困局。

目前的命令控制型治理模式是与计划经济体制相配套的，经济体制转型为社会主义市场经济体制后，国家治理体制没有发生相应的转型，依然实行的是政府主导“大政府、小社会”的治理模式。在政府、市场和社会三大治理主体中，社会环节薄弱，广大公众没有机会参与到影响其健康安全的环境决策中来，也没有渠道对政府和企业的污染防控进行监督；污染的主要产生者——企业游离在治理体系之外，市场的主体作用没有得到发挥；治理的终极力量和治理成果的享有者——公众，没有组织起来发挥应有的作用。本报告的逻辑主线就在于构建政府、市场、社会三大治理主体协同发挥作用的现代环境治理体系和治理能力。

基于上述逻辑，本报告从梳理国家治理体系与治理能力现代化入手，指出环境治理是国家治理的重要组成部分，是事关国家治理体系和治理能力能否走向现代化的关键内容。进而分析我国当前环境治理体系与治理能力所存在的主要弊端，并探讨解决此类弊端所应该重点关注的方向和领域。在此基础上，引出信息公开、公众参与、环境司法、企业责任 4 个主题，作为中国环境治理体系和治理能力实现现代化的关键领域。在后续的章节中，分别阐述各个主题的现状、挑战、地方实践以及国际先进经验，最后一章给出针对性的政策建议。

1.3 关键问题的界定

由于当前学术界对治理体系和治理能力现代化的研究和探讨依然处于方兴未艾之中，各方观点众说纷纭，为了确保报告逻辑和内容上的统一性，拟对几个影响全局的关键问题和概念予以界定。

一是治理概念的界定。本报告采纳全球治理委员会在 1995 年发布的《我们的全球伙伴关系》对“治理”所做的定义：治理是各种公共的或私人的机构管理其共同事务的诸多方式的总和。它是使相互冲突的或不同的利益得以调和并且采取联合行动的持续的过程。它既包括有权迫使公众服从的正式制度和规则，也包括公众和机构同意的或以为符合其利益的各种非正式的制度安排。

二是对国家治理体系和治理能力的界定。本报告认为，国家治理体系是一个国家制度和制度执行能力的集中体现。从范围来看，包括政府治理体系、社会治理体系、市场治理体系。治理能力则包括治理主体的能力和治理过程的制度能力两个方面。“治理体系现代化”是指处理好政府、市场、社会的关系，使其朝着同一个目标协同合作；“治理能力现代化”是指把治理体系的体制和机制转化为一种能力，发挥其功能，提高公共治理能力。

三是当前治理形势的判断。三大治理主体由政府（包括立法和司法）、市场、社会构成，当前正由过去政府主导的命令控制型（西方国家早期方式）治理手段转向命令控制、市场手段和自愿行动相互结合。基本的形势是，依然以命令控制为主，辅以初级市场手段，自愿行动（契约层面）还很缺乏。

四是对治理失灵的诊断。此报告基于一个基本判断，即当前的治理在某种程度上是失灵的。要深入分析治理失灵的原因，理应从体制、政策和行动三个层面依次展开，但考虑现实情形，报告不讨论体制层面的问题，而是重点关注政策层面，如环境立法、行政政策和经济手段等，行动层面以地方项目中揭示的问题为主。

2　环境治理体系和治理能力现代化的进展与挑战

本章的意义在于，阐述中国环境治理的制度逻辑及其模式，使其既有利于厘清当下中国环境治理运行的基本逻辑、制度约束和体制性困局，又有利于厘清未来中国的环境事务治理之道应走向何处。

2.1　国家治理体系与治理能力现代化

完善和发展中国特色社会主义制度，推进国家治理体系和治理能力现代化，是《中共中央关于全面深化改革若干重大问题的决定》（以下简称《决定》）确定的全面深化改革的总目标。学界从不同的角度对推进国家治理体系和治理能力现代化进行了探讨，如治理的含义、治理和管理的区别、治理体系的内涵、现代化的含义等。习近平总书记指出，国家治理体系和治理能力是一个国家制度和制度执行能力的集中体现。国家治理体系是在党领导下管理国家的制度体系，包括经济、政治、文化、社会、生态文明和党的建设等各领域体制机制、法律法规安排，也就是一整套紧密相连、相互协作的国家制度；国家治理能力则是运用国家制度管理社会各方面事务的能力，包括改革发展稳定、内政外交国防、治党治国治军各个方面。国家治理体系和治理能力是一个有机整体，相辅相成，有了好的国家治理体系才能提高治理能力，提高国家治理能力才能充分发挥国家治理体系的效能。

本报告认为，《决定》提出推进国家治理体系和治理能力现代化，是新中国成立以来特别是自改革开放以来我国社会、经济、文化、政治、生态、环境发展状况发生了重大变化的结果。作为一项全面推进我国现代化建设的重大战略决策，其提出的背景有如下几个方面尤其值得关注。首先，我国已经基本实现了由计划经济向社会主义市场经济的重大转型，社会主义市场经济体制基本确立；其次，我国国民经济取得长足发展，产业结构发生了巨大变化，第三产业增加值已经超过第二产业；再次，国家整体的科学技术和广大民众的文化教育水平全面提升，互联网和移动通信技术飞速发展，使广大民众表达意见、争取权利的愿望和便利获得空前加强；最后，历经数十年的高速发展，我国积累了大量的生态环境问题，解决温饱之后的民众已将美好环境质量上升为普遍的民生诉求。在此背景下，国家治理体系和治理能力现代化的提出恰逢其时，也正当其需。

要想构建与当前发展形势相适应的国家治理体系和治理能力，关键在于理顺国家治理三大主体之间的关系。在计划经济时代，我国的社会治理以管控型统治为主，政府在治理体系中一枝独大，代表市场主体的企业在某种程度上与政府职能纠缠不清，而代表社会主体的公众及其组织者社会组织则完全处于压抑状态，无法承担起相应的治理角色。建立社会主义市场经济体制之后，国家治理的形态必须发生相应的改变，即承认市场和社会的治理主体地位，将三者之间的关系发展成相互合作、各司其职、多元治理的关系。在三个治理主体中，政府必须转变职能，放弃大包大揽的一贯做法，将其重点放在提供公共服务和监管上面；企业作为市场的主体，应该使其不仅在资源配置中发挥决定性作用，而且需要其作为独立的法人承担起相应的社会责任，如在污染控制方面，作为排污者的企业也应该发挥决定性作用；社会层面，民众作为一个个独立个体，必须有机会在国家治理事务中表达意见和发挥作用，尤其在与民众个体私利密切相关的领域，如环境保护、社区治理、基层自治等，则更需要公众的参与和公共治理网络的形成。特别值得一提的是，在一个成熟的“参与式”社会里，公众的意见收集、意愿表达、谈判和议价能力的提升，一般都依靠专业的社会组织得以实现，因此，要想让社会主体在国家治理体系中发挥作用，培育和壮大社会组织是必由之路。

图 2-1 展示了国家治理体系中三个参与主体的关系。由图可见，三者之间的基本关系是合作，不同主体在国家治理中发挥不同的作用，但是治理的对象和目标则是一致的。

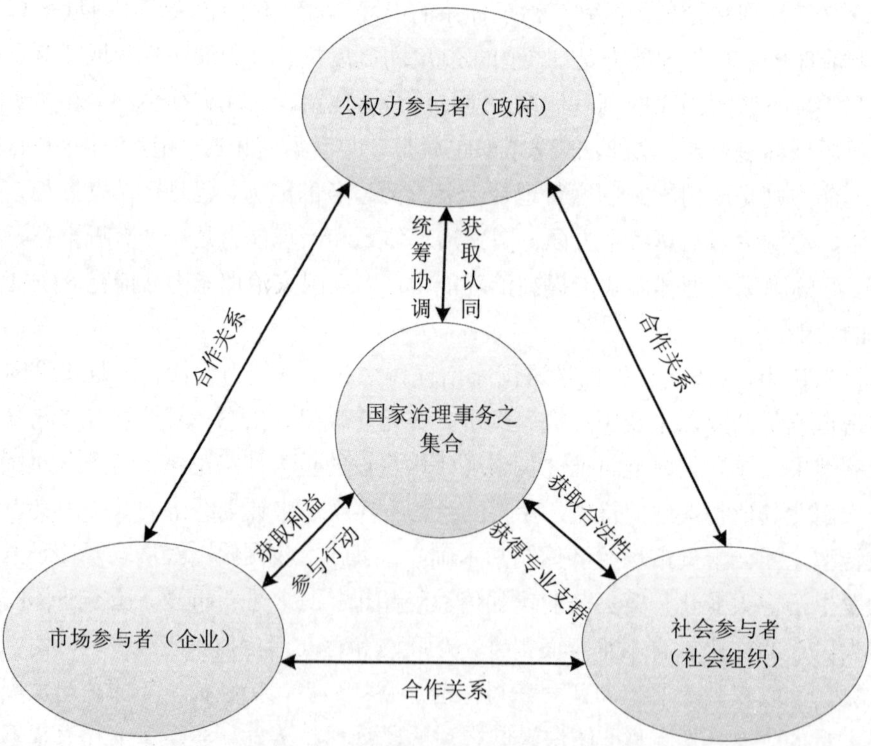

图 2-1　国家治理体系中各主体的关系

2.2　环境治理体系与治理能力现状

改革开放以来，我国经济发展取得瞩目成就，综合国力不断提升。然而，过去 30 多年的强劲崛起和超常发展是以巨大的生态环境破坏为代价的。20 世纪 90 年代以来中国开始了以政府为主导的环境治理模式，在这种治理模式下，对环境问题的认知以及环境危机的缓解几乎完全依赖于政府组织的调试。然而，囿于政绩考核标准的经济化以及区域现代化发展的压力，当地方政府在面临经济发展、政治指标与环境治理的矛盾时，往往采取“底线竞争”的策略来规避环境治理的压力。因此，中国的环境治理不容乐观，“局部好转、整体恶化”的环境形势相当严峻。可以说，当前中国社会经济发展的主要矛盾已经发生转变，由过去人民群众日益增长的物质文化需要与生产能力不足之间的矛盾，转化为以下三对矛盾：一是物质生产过剩与人民群众购买力不足之间的矛盾，二是民众日益增长的环境公共产品与环境公共服务能力不足之间的矛盾，三是环境保护部门快速增长的硬实力与滞后发展的软实力之间的矛盾。

如图 2-2 所示，中国环境治理体系中的主要参与者如下：政府、企业（市场主体）、和公众（社会主体）。其中政府主体又可以细分为中央政府、地方政府、中央环保部门、地方环保部门，公众则主要有普通的民众个体、社会组织、科研人员以及媒体等。在各参与者之间，政府处于强势地位，对其他主体拥有较大的约束力，但这种约束是单向的，即其他主体对政府缺乏相应的约束或制约。在政府内部，中央政府和地方政府，中央环保部门和地方环保部门，彼此之间的约束和信息共享又有不同。例如，中央环保部门对地方环保部门就没有太多的约束力，相反由于财权和人权受制于地方政府，因此地方环保部门在很大程度上受制于地方政府。在信息共享方面，各参与者之间的关系则更为复杂，比如，作为环境污染的最大受害群体公众，就很难从排污者那里获取到足够的环境信息，以采取对自身健康合适的措施；再如，为了制定出科学的环境公共政策，研究机构必须从政府或企业那里获取到足够的信息，但现实中，科研人员要获得科研数据的难度一直很大。作为环境治理的重要参与者，社会组织不管在约束排污者还是约束政府部门方面都显得力不从心，而且也很难从企业和政府那里获得足够的信息，以便更好地参与环境治理活动。此外，最近开始实施的环保部约谈地方政府领导，在某种程度上让中央环保部门有了约束地方政府的可能，但是这种约束仅在道德羞辱层面起作用，不具有法律上的强制作用。其他各类约束和信息共享关系见图 2-2，此处不再一一赘述。

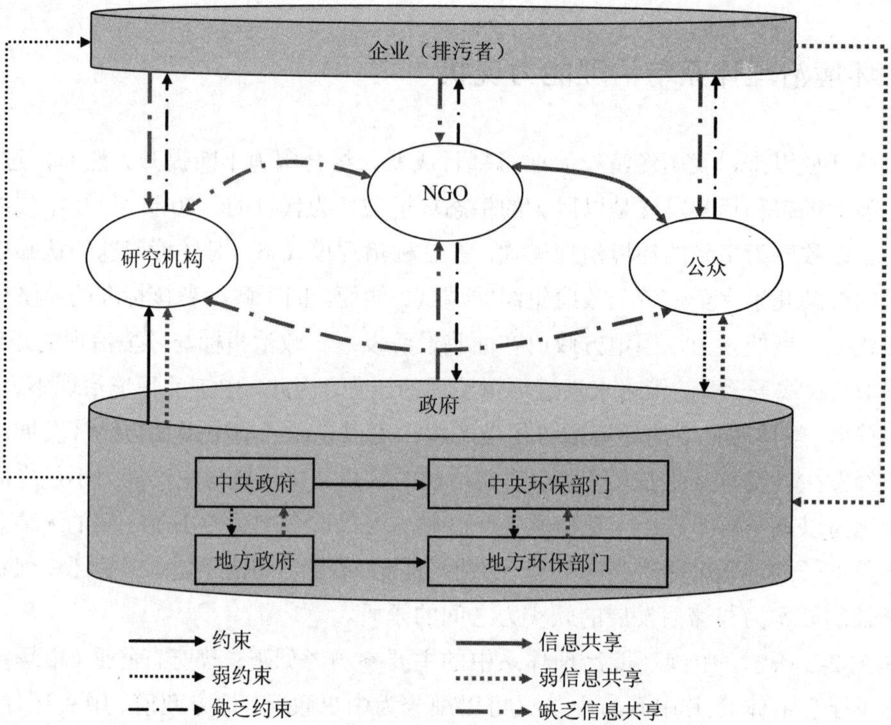

图 2-2　中国环境治理体系中的约束和信息共享关系

此外，根据项目组所开展的“国家环境保护治理体系和治理能力现代化现状与问题调查问卷”[①]结果（图 2-3），1 903 名参与调查的人员对“请选择您最认同的环境治理主体？（单选）”的回答如下：57.65%的人认为环境治理的主体应该是“政府、企业、公众（包括 NGO）”。由此可以看出，改变当前完全由政府主导、企业和公众参与治理严重不足的局面已经取得共识，当务之急在于拿出妥善的方案，切实将企业和公众纳入环境治理体系中来。在对“未来环境治理的行政管理、市场调节和社会参与三大机制的发展方向？（单选）”的调查中，如图 2-4 所示，1 903 名参与调查人员中 89.7%的人认为，社会参与手段需要加强，还有 86.65%的被调查者认为市场调节手段也需要加强。

鉴于以上分析，本报告认为，环境保护作为国家治理体系的重要内容，正面临着深刻的治理危机。现有的政府完全主导而将市场和社会排除在治理体系之外的治理模式，无法缓解当前所面临的严峻的生态环境危机。再加上中国当前处于转型时期，由“相对剥夺感”[②]和“共同的愤怒”[③]所引发的诸多环境群体事件，远远超出现有环境治理模式的能力范围，更无法解决当前所面临的新的社会矛盾。要想达成环境治理的良政善治，必须调整以政府为唯一主导的环境治理模式，由过多地依赖政府治理转向更多地实施社

① http：//www.wenjuan.com/r/INZ7Bf？pid=549bca5df7405b2daf31b75a. 2015 年 6 月 20 日数据。

② Smelser，N.J. Theory of collective behavior. Free Press，1962.

③ Turner &Killian. Collective behavior. Prentice Hall，1987.

会治理，将企业（市场）和公众（社会）纳入环境治理体系中，构建环境治理的多元治理体系。这对于改变目前环境保护手段软弱、力不从心的局面将会起到很大作用。

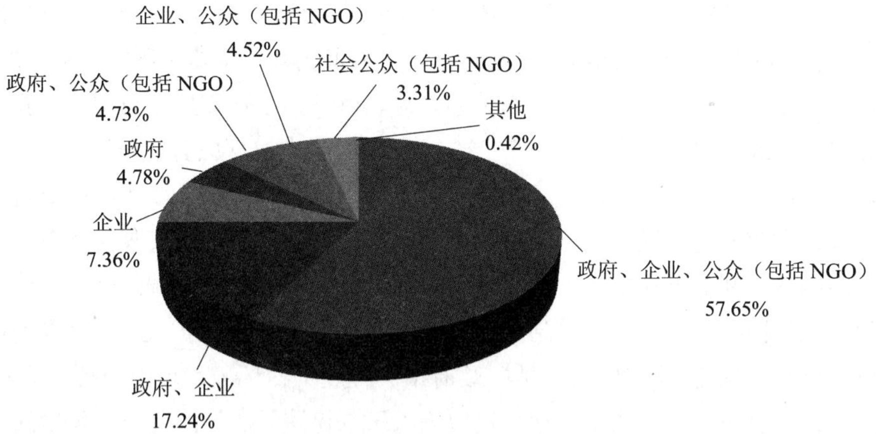

图 2-3 环境治理主体的问卷调查结果

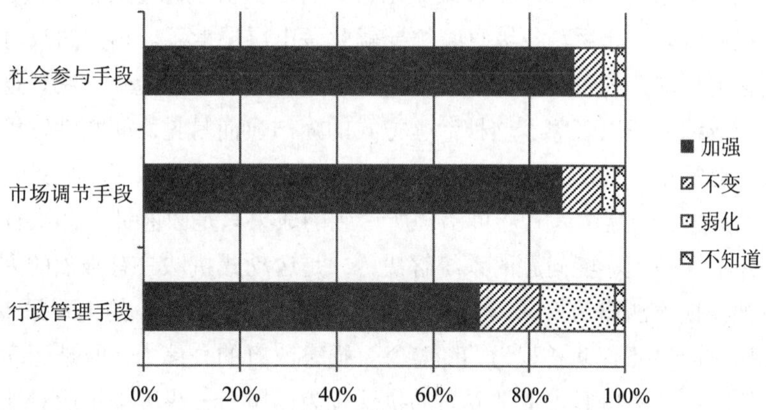

图 2-4 三种主要治理手段调查结果

2.3 环境治理体系和治理能力现代化面临的问题

环境治理作为一个世界性难题，在与中国的特殊国情相遇时呈现出更为复杂的特性。当下中国正处于经济与社会、文化与政治的全面转型之中，传统的社会形态与秩序规则正在瓦解或遭受现代化的巨大冲击，新的规则和生活样式却仍未成形。这使中国的环境治理处于社会转型、观念转型和制度转型的三重变奏之中。

在制度层面，环境治理体系和治理能力现代化面临的最大问题在于，目前还没有建立起与社会主义市场经济体制相适应的环境治理体制。当下的“命令控制型”治理是与计划经济体制相配套的，经济体制转型为社会主义市场经济体制后，国家治理体制没有发生相应的转型。政府主导的国家治理体系中，市场主体在资源配置中没有发挥决定性作用，社会主体没有有效组织起来，社会治理环节极其薄弱。尤其在环境污染治理方面，污染的主要产生者——企业游离在治理体系之外，市场的主体作用没有得到发挥；治理的终极力量和治理成果的享有者——公众，没有组织起来发挥应有的作用。

在治理行动层面，权法矛盾与法律“隐匿”普遍存在。在统一性环境法令自上而下的运行中，地方政府也会通过自下而上的变通来应对，以 GDP 增长取代环境保护、以经济发展限制环境利益诉求等“以权代法”的行为成了环境保护领域的常态。地方治权在很大程度上侵蚀并弱化了环境法治的基础和社会普遍的环境保护观念，最终使环境法治流于形式化和空洞化。长期以来，地方政府很大程度上在环境治理中秉持“不求无功，但求无过”行为取向，环境法律与行政权力陷入了“权法矛盾”的困局，环境法律也随之“隐匿”。在这个逻辑下，只要政府的决策和行为没有诱发大规模环境事件的风险，经济发展就可以凌驾于环境保护之上。

运动式执法是目前环境治理中最为依赖的一种手段，它通常源于一些重大环境污染事件的发生或者国家新一轮环境治理政策出台，有时候甚至源于某位省级领导的偏好、上任或者重视。运动发起后，各级政府领导就此做出层层批示，相关的政府部门召开会议部署专项整治行动，然后由执法部门对重点地区和行业展开检查，在规定期限之后总结专项行动的成绩并予以表彰。这种治理方式的症结显而易见。间断性、集中性的强力执法尽管可以对污染行为产生威慑作用，提升污染企业的排污成本，但是，也会导致如下诸多方面的问题。一是运动式环境治理所达到的成果只是政府针对此次行动设定的目标的实现，并不等同于环境问题的系统解决；二是运动式执法具有强烈的人治色彩，有悖于法治精神，损害法律的权威，尤其在中央提出“依法治国”的大背景下危害更甚；三是运动式执法同时还会助长权力的随意性，损害政府的公信力；四是运动式执法追求效率，是一种工具主义和形式主义取向的执法行为，加之一些污染企业对地方财政收税有重大贡献，一些污染企业就会成为运动式环境执法的“漏网之鱼”，导致环境执法的公正性缺失。

当前环境治理存在严重的内在逻辑悖论。在既有的制度框架下，环境治理的所有参与者，应当共同遵行。普遍认可的合作规范是：如果治理过程的参与者中有一方（在当前的情形下，尤其是强势的公权力一方）不能遵守共同制定或其他应予遵行的合作规范、法律制度，那么，即使再完美的共治设计，其功能也难以实现，甚至可能制造更大的混乱。此外，在经济主义盛行的全球化背景之下，以“为经济保驾护航”为目的的逻辑，以自然和人类社会的绝对分野为基本前提，其价值取向在于环境污染背后的财产和人身权益保障。现代社会的风险特征与环境风险的特殊性决定了，以污染治理和生态修复为主要手段的环境法显然无法识别和消解现代环境风险。

2.4　推进环境治理体系与治理能力现代化的关键

如何促进环境治理体系和治理能力现代化，众说纷纭，莫衷一是。“国家环境保护治理体系和治理能力现代化现状与问题调查问卷”中关于主要社会治理手段的调查结果显示（图 2-5），全民环保教育、环境征信体系和信息公开制度是被认为很重要且占比最高的三种治理手段，三者的比例分别高达 69.94%、59.06%和 58.7%。

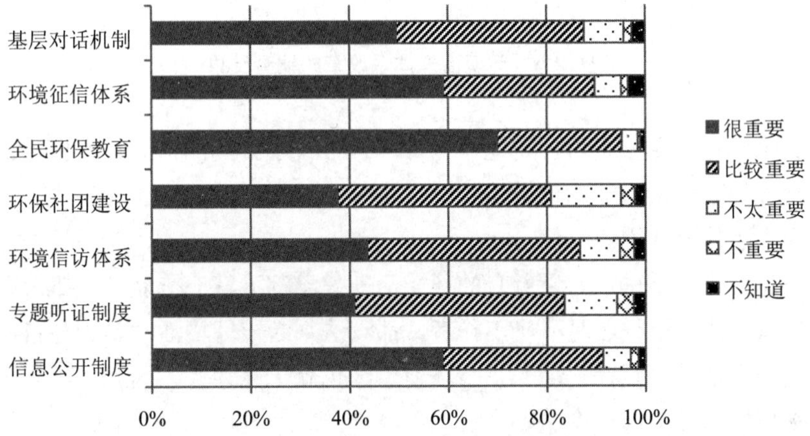

图 2-5　环境治理手段认知调查结果

在对环境治理体系改革方向的调查中，如图 2-6 所示，有 70.73%的被调查者认为，扩大社会公众参与和市场的资源配置作用，政府只在市场机制和社会机制失灵的领域发挥作用。这种高度集中的比例在某种程度上反映了社会整体对环境治理体系的呼声，即在三大环境治理的主体中，社会机制和市场机制亟须得到重视，政府需要给后两者发挥积极作用提供必要的便利和条件。该结果也在很大程度上代表了中欧环境治理项目开展过程中的研究发现。

面对严峻的环境治理体系和治理能力全面落后于当前生态环境和社会治理需求的挑战，必须抓住主要矛盾和矛盾的主要方面，有选择、有重点地突破。否则，“胡子眉毛一把抓”，最后还是解决不了实质问题。那么在众多的环境治理体系和治理能力问题中，到底哪些问题或者领域是需要特别关注的呢？尤其在前文论述的背景下，以及当前中央政府提出依法治国、加强多元协同治理、政府简政放权的现实形势下，优先领域的选择颇为关键。

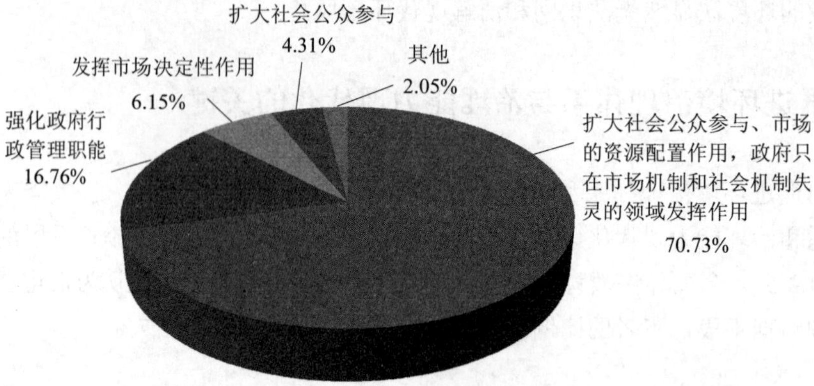

图 2-6　环境治理体系改革的调查结果

通过文献综述、专家研讨、实地调查等多种方式了解到的信息，本报告认为，提升当前环境治理体系和治理能力的关键在于大力发挥政府之外的两大治理主体的作用。要想发挥这两大主体的作用：

首先信息公开是基础。如果所有的环境活动信息都无法充分获取，那么不管是社会主体中的公众、社会组织还是科研工作者，都没法判断该环境活动是否与自己有关，甚至都无法获知活动是否存在，那么参与环境治理也就无从谈起。因此，环境信息披露应该作为改善环境治理的第一个关键。

其次，环境污染的最大受害者是数量庞大的普通公众，环境质量改善的最大受益者也是广大公众，因此，作为最直接的利益相关人，公众理应参与到与他们生命健康息息相关的环境决策中来。此外，随着社会分工的日益复杂，公众由于对环境活动发生地的情况非常熟悉，引导他们的参与，能大大改善环境决策的质量。因此，促进公众参与环境决策可视为改善环境治理的第二个关键。

再次，当公众的环境权益受到侵害时，是迫使公众上街上访还是依法拿起法律武器捍卫自己的权利，其中最关键的因素在于是否有一个运转正常的环境司法救济机制。当前中国多地爆发环境群体事件，公众迫不得已选择非理性方式维权，甚至一度势态失控引发社会动荡，很大程度上是因为正常的维权途径不通。因此，确保环境权益受损时获得司法救济可视为第三个关键。

最后，企业是市场治理机制的主体，也是生产过程中的污染排放者。如果不能充分调动企业发挥主观积极作用，自主地加大污染控制力度，那么环境污染治理永远都只能不断重复上演“猫抓老鼠”的游戏。再加上中国环境监管的能力还很落后，人力和物力无法满足污染企业监管的实际需求，因此，只有设计出合理的市场治理机制，促使企业自主履行环境责任，才能从根本上控制住环境污染。

毋庸置疑的是，在法治作为现代社会的基础的大时代背景下，通过立法将环境公共治理逐步制度化、法治化，形成与权威治理相对的新模式已然成为未来环境治理的必然选择。因为，只有将这种社会治理模式变迁及其背后的政治演进及时制度化，才不会导致大规模的社会冲突和分裂。在规范意义上，现代化的环境治理体系强调的是包括“法治”“信任”“改进政府管理”“网络化互动”“善治”等关键词，强调对社会组织的培养和支持，以及它们对政府权力的全面控制提出挑战的可能和能力。在根本上，规范意义上的治理过程是在推动政府权力行为合法性、透明度、责任化的基础上，将治理权力回归社会，通过公众参与实现国家与政府的良性互动。换言之，对于政府的作用而言，当前的“治理”强调的是“小政府”“掌舵的政府”；对于社会而言，当前的“治理”强调的是“大社会”“参与的公众”。同时，改变企业被动参与环境治理的状况，使其成为治理主体之一，在污染控制和环境改善领域能动发挥重要作用。

2.5　各主题之间的逻辑关系

当前的环境治理可以定性为以政府为主导的单一化的管制型环境治理，它强调政府通过法律手段对污染企业进行严格规制，并且这种环境管制在策略和工具选择上逐渐从“命令—控制”型管制发展到与“市场型”管制相结合的混合模式。尽管环境管制的策略和功能逐步通过市场手段、公众参与得以分化并更有效率，但不可否认的是，它仍是以政府单维主导为核心的环境治理模式。

在当下环境治理体系中，国家、地方与公众三者之间的紧张关系构成了影响环境法治进程的基本矛盾。无论是“中央法令压制地方治权”导致的地方积极性问题，还是“地方治权排斥中央法令”蕴含的法治困境，抑或是“公众被国家和地方治权排除”导致的民主难题，都给当下中国的环境治理造成了诸多体制性困局。理想中的环境治理，不是否定国家作为治理主体的地位和作用，而是将公众的自组织治理和政府的控制、引导、服务相结合，同时强制、督促、激励企业在污染控制方面发挥主体作用，倡导三者之间的良性互动与合作。

中欧环境治理项目关注的领域就是为了达成上述理想治理体系而选择的，四个主题之间有严密的逻辑关系。环境信息公开被视为公众参与的前提条件，因为没有信息披露，公众就无从参与。同时环境信息披露也是企业履行环境社会责任的主要任务之一。如果监管机构和公众无法获取企业的环境信息，那么对其生产行为是否环境合规就无从了解，也就无从谈起公众监督、环境司法救济了。环境司法救济是环境公众参与的最终保障，当公众环境权益或生态环境受到损害时，公众或社会组织通过该途径进行环境维权，可以避免恶性群体事件的发生。

当然，一般认为，环境司法救济应该被视为环境公众参与最终迫不得已的手段。如果信息披露和公众参与足够充分，那么诉诸司法救济的可能性就会大大降低，这也是信息公开和环境公众参与未来努力的最终目标。至于企业环境社会责任，则是市场治理主体中的执行者，一方面，企业要遵守国家相关法律、法规，及时披露与公众息息相关的环境信息；另一方面，要按照排污许可证的规定，合法、达标排污。企业还要在生产经营过程中，主动承担社会责任，积极改进工艺和技术，做到比国家要求更高的标准。此类企业在未来的发展中，将获得更大的公众美誉度和可持续发展能力。企业也是公众参与环境保护的主要对象之一，如公众举报，很大程度上就是针对企业。

3　环境信息公开

3.1　环境信息公开的发展及现状

3.1.1　环境信息公开的定义和类别

环境信息包括政府环境信息和企业环境信息。政府环境信息是指环保部门在履行环境保护职责中制作或者获取的，以一定形式记录、保存的信息。企业环境信息是指企业以一定形式记录、保存的，与企业经营活动产生的环境影响和企业环境行为有关的信息。[①]

环境信息公开是指依据和尊重公众知情权，政府和企业以及其他社会行为主体向公众通报和公开各自的环境行为以利于公众参与和监督。因此环境信息公开既要公开环境质量信息，也要公开政府和企业的环境行为，为公众了解和监督环保工作提供必要条件，这对于加强政府、企业、公众的沟通和协商，形成政府、企业和公众的良性互动关系有重要的促进作用，有利于社会各方共同参与环境保护。

政府环境信息公开可分为主动公开和依申请公开。主动公开一般是指根据《政府信息公开目录》及相关规定，通过网站、政务公开栏、行政许可受理大厅公告、触摸电子屏、新闻发布会、媒体、电话、发放宣传材料等形式向群众公示的环境信息。依申请公开是指行政机关根据公民、法人或者其他组织的申请，依照法律规定和本机关的职权，向申请人公开政府信息的行政行为。主动公开政府信息是为了满足社会对政府信息的一般需求，而依申请公开政府信息是为了满足社会对政府信息的特殊需求。一般需求可以通过政府主动公开的政府信息获得，特殊需求可以通过依法申请来获得。也可以说，主动公开是行政机关想让人民群众知道什么，而依申请公开则是人民群众自己想知道什么。

从某种意义上来说，环境信息知情权是公众其他程序性环境权利，尤其是参与权的前提。公众只有获得足够全面且准确的环境信息，才能清楚知悉政府即将采取的各项决策行动，才能做出正确的反应。良好的信息沟通可以使公众更有效地参与到决策过程中。同时，也可以促进公众、政府、企业之间的沟通和理解，减少或避免由于信息不透明而

① 参见《环境信息公开办法（试行）》第2条。

引发的社会冲突。

3.1.2　环境信息公开的制度建设

党中央、国务院一贯高度重视保障公众的知情权，坚定不移地推动建设“阳光政府”。自 2003 年的《清洁生产促进法》要求省、自治区、直辖市人民政府环境保护行政主管部门“在当地主要媒体上定期公布污染物超标排放或者污染物排放总量超过规定限额的污染严重企业的名单”以来，中国在政府环境信息公开和企业环境信息公开方面的制度建设不断完善。国务院及环境保护部相继发布了《关于企业环境信息公开的公告》《政府信息公开条例》《环境信息公开办法（试行）》《关于加强污染源环境监管信息公开工作的通知》《污染源环境监管信息公开目录》（第一批）、《建设项目环境影响评价政府信息公开指南（试行）》《国家重点监控企业自行监测及信息公开办法（试行）》《国家重点监控企业污染源监督性监测及信息公开办法（试行）》《企业信息公示暂行条例》《企业事业单位环境信息公开办法》等法规、规章和规范性文件。此外，在《规划环境影响评价条例》《环境保护行政许可听证暂行办法》《环境影响评价公众参与暂行办法》等法规、规章中，也有一些关于环境信息公开的内容。

特别需要指出的是：2015 年 1 月 1 日起施行的《环境保护法》专门增加了一章“信息公开和公众参与”，对政府和企业的环境信息公开义务作了明确的规定，堪称中国环境信息公开领域最高的法律依据。可以说，中国环境信息公开领域的制度建设已经处在信息公开领域制度建设的领先水平。

3.1.3　政府部门环境信息公开

根据中国《政府信息公开条例》和《环境信息公开办法（试行）》的规定，政府环境信息公开范围实行“公开为原则，不公开为例外”原则；公开的途径包括强制公开和依申请公开；公开的主要内容包括环境质量、环境监测、突发环境事件以及环境行政许可、行政处罚、排污费的征收和使用情况等信息。

随着制度的逐渐完善，中国政府环境信息公开的实践也取得了巨大的进展。自 2009 年开始，公众环境研究中心（IPE）和美国自然资源保护协会（NRDC）每年发布“环保重点城市污染源监管信息公开指数”（PITI）报告，对中国 113 个环保重点城市（后扩展到 120 个城市）的环境信息公开情况进行评价，结果表明：自 2009 年以来，总体上，尽管这些环保重点城市环境信息公开情况表现较差，多数城市得分未能及格，但无论是得分及格的城市数量，还是所有城市的平均分均在稳步提升。2013—2014 年度的报告采用新的 PITI 标准，多数指标已经基本与国际接轨，大幅升级的新标准，使多数城市得分明显下降，平均得分仅为 28.5 分，但能够将中国城市的污染源信息公开放到国际标准下度量，本身就显示了中国环境信息公开的进展，而且评价结果显示，环保重点城市的污染源信息实时公开已经走在世界前列。2014—2015 年度，平均得分大幅提高到 44 分。

120 个评价城市中，除本溪、克拉玛依、大庆三市得分略有下降外，其余城市得分均提升，提升幅度在 10 分以上的城市，占总评价城市的 78.3%。

从近年来中国各地政府环境信息公开的进展来看，上至环保部领导，下至部分省市环保部门，已经不限于把环境信息公开视为达成上级部门的工作要求，甚至已经超越满足公众知情权的需要，而是把环境信息公开看作动员社会各界广泛参与、合力推动污染减排的重要手段。信息公开在某些地区已经从被动公开转向主动公开，形成一系列创新举措，达到一个新的高度。

3.1.4 企业的环境信息公开

企业环境信息公开分为强制公开和自愿公开两种类型。负有强制公开义务的企业主要是“重点排污单位”，非“重点排污单位”实行自愿公开。根据《企业事业单位环境信息公开办法》第八条的规定，具备下列条件之一的企业事业单位，应当列入重点排污单位名录：①被设区的市级以上人民政府环境保护主管部门确定为重点监控企业的；②具有试验、分析、检测等功能的化学、医药、生物类省级重点以上实验室、二级以上医院、污染物集中处置单位等污染物排放行为引起社会广泛关注的或者可能对环境敏感区造成较大影响的；③三年内发生较大以上突发环境事件或者因环境污染问题造成重大社会影响的；④其他有必要列入的情形。[①]“重点排污单位”应当强制公开的环境信息主要包括主要污染物的名称、排放方式、排放浓度和总量、超标排放情况，以及防治污染设施的建设和运行情况。

2012 年 10 月，环保部发布了《危险化学品环境管理登记办法（试行）》，要求重点环境管理危险化学品生产使用企业，应当于每年的 1 月 31 日前，向县级环境保护主管部门填报重点环境管理危险化学品释放与转移报告表、环境风险防控管理计划。重点环境管理危险化学品释放与转移报告表应当包括重点环境管理危险化学品及其特征污染物向环境排放、处置和回收利用的情况，以及相关的核算数据等内容。环境风险防控管理计划应当包括减少重点环境管理危险化学品及其特征污染物排放的重大工艺调整措施、污染防治计划、环境风险防控措施、能力建设方案等内容。危险化学品生产使用企业应当于每年 1 月发布危险化学品环境管理年度报告，向公众公布上一年度生产使用的危险化学品品种、危害特性、相关污染物排放及事故信息、污染防控措施等情况；重点环境管理危险化学品生产使用企业还应当公布重点环境管理危险化学品及其特征污染物的释放与转移信息和监测结果。这些要求已经很接近发达国家和地区的“污染物排放和转移登记制度”（PRTR）。

① 根据环境保护部发布的《关于印发 2015 年国家重点监控企业名单的通知》（环办〔2014〕116 号，2014 年 12 月 31 日），2015 年国家重点监控企业名单，共 14 920 家企业。其中，国家重点监控排放废水企业 2 937 家、废气企业 3 268 家、污水处理厂 3 788 家、规模化畜禽养殖场（小区）52 家、重金属企业 3 432 家、危险废物企业 1 443 家。除了国家重点监控的企业之外，“重点排污单位”还包括省级和设区的市级人民政府环保部门确定的重点监控企业。

企业环境信息公开虽然推行已久，但在实践中效果一般。究其原因，则是多方面的。如表 2-1 所示，天津滨海新区企业环境信息公开试点项目所做的“关于天津开发区企业开展企业环境信息披露的动力以及面临的障碍问卷调查”结果显示，除了企业自认为自身不产生负面的环境影响之外，“避免向竞争对手泄露信息”“担心媒体或其他用户对所披露的环境信息产生歧义”两个因素都位列制约企业披露环境信息障碍的前三。

表 2-1　天津开发区企业开展环境信息披露的动力及障碍调查结果

问题	前三位影响因素
一、未来可能促进企业开展环境信息披露的主要因素	满足国家环境法规的要求
	响应环保部门的政策号召
	企业领导具有的环境意识与责任
二、制约企业开展环境信息披露的主要因素	企业自身不产生负面的环境影响
	避免向竞争对手泄露信息
	担心媒体或其他用户对所披露的环境信息产生歧义
三、未来企业开展环境信息披露所需的帮助措施	泰达管委会对企业环境信息披露的资金支持
	泰达环保协会组织的专门培训
	《泰达企业环境信息公开报告编制指南》等技术指导

3.1.5　社会组织在环境信息公开中的作用

迅速成长的各类民间环保组织也在更努力地推动包括空气质量、企业排污数据、污染源数据等在内的环境信息公开。例如，公众环境研究中心自 2006 年开始，收集整理官方信息开发制作水污染地图、大气污染地图、固体废物污染地图数据库，评估企业绿色供应链表现，发布上市公司承担环境社会责任状况的报告，开发制作“污染地图”“蔚蓝地图”手机 APP 等，公众可以随时通过这款 APP 查看安装了在线监测设备的企业的排放数据和违法排污记录。环保志愿者们也可以利用这些“证据”和地方政府沟通，促进企业守法。

此外，环保社会组织还通过积极申请政府信息公开，制作公众获取环境信息指南、对专业的环境信息进行通俗化解读等途径，为实现和保障公众的环境知情权做出了积极贡献。

一些地方性立法也鼓励社会组织在环境信息公开中发挥更大的作用。例如，2015 年 1 月 1 日起施行的《河北省环境保护公众参与条例》第 19 条规定：鼓励从事环境保护公益活动的社会组织依法监督信息公开情况，收集整理已经公开的环境信息，开展调查评估活动。

3.1.6　社交媒体时代的信息公开

社交媒体时代，环境信息的一个突出特点是“多向性”，不但政府、企业可以发布环境信息，公众也可以发布一些环境信息，这给政府和企业环境信息的真实性和及时性带来了很大的挑战。如果公众发现政府或者企业发布的环境信息与实际状况不符，就可以很方便地利用社交媒体进行质疑。同样，在发生某些突发环境事件时，如果政府和企业未能及时发布环境信息，那么一些小道消息就会非常容易通过社交媒体进行扩散。在这些情形下，如果发布环境信息的政府部门或企业应对不当，就可能引发群体性事件。

此外，公众还充分利用社交媒体开展“随手拍”、网上举报等监督活动，这也对政府的反馈能力提出了挑战。当然，在某种程度上，信息公开和公众参与是没有清晰的边界的，公众在通过社交媒体接收、发布或者质疑环境信息的同时，其实也在参与环境保护工作。以重庆市为例，过去政府的环境信息往往通过几种传统的方式进行例行发布，根本无法满足公众日益高涨的信息需求和参与热情。重庆市环保局通过建立环保政务微博圈之后，信息的发布与反馈得到极大改善，过去政府和公众之间的紧张关系得到全面缓解。社交媒体的普及和应用，给了中国在环境信息公开和公众参与方面“弯道超车”西方国家的机会。

3.2　环境信息公开的国际经验与国内实践

3.2.1　《奥尔胡斯公约》的环境信息公开

信息公开是《奥尔胡斯公约》的三大支柱之一。《奥尔胡斯公约》针对公众申请政府信息公开和政府主动公开信息做出了规定，要求缔约方建立一个体系，使公众能够向公共当局提出环境信息请求，并在合理的时间内，以合理的费用和合理的形式获得该信息。此外，《奥尔胡斯公约》还要求缔约方采取步骤，逐步建立全国范围的污染物排放与转移登记制度。为此，《奥尔胡斯公约》的缔约方于 2003 年 5 月 21 日在乌克兰基辅签订了《污染物排放和转移登记制度议定书》。

欧盟的污染物排放与转移登记（E-PRTR）系统于 2009 年正式运行，是全欧盟范围的污染物排放信息公开平台，也是落实《基辅议定书》的具体举措。在该制度下，强制公开环境信息的主体是满足排放量限值标准或行业要求的企业，即直接污染破坏环境的企业，包括能源部门、生产和加工金属部门、采矿业、化学工业、废物和废水管理、纸张和木材生产加工、集约化畜牧生产和水产养殖、食品和饮料部门中的动物和蔬菜加工、其他部门。强制公开的范围较广，包括大气、水体、土壤及其他转移，具体包括：①名称、街道地址、地理位置、设施的运转活动、设施的所有人或者运营商；②排放污染物的名称或者数字标识码；③污染物的数量，包括集中排放与分散进入环境系统的；④在报告年度内为回收或者为废弃而转移排放的污染物数量，同时应报告接受该转移排放污染物的地址；⑤在报告年度内转移排放的危险废物或者其他废物的污染物排放量，同时还应报告这些废物是被回收还是被废弃，并分别以“R”“D”进行标示，以及废弃或者回收危险废物的转移地址、接收者的名称；⑥转移排放中在废水中的污染物数量；⑦信息采集与记录的方法，注明排放与转移的信息是测量、计算还是估算的；⑧涉及第③、⑥项的信息报告还应包括产生排放和转移的污染物的日常或者特别事件下的信息。[①]

以上总共涵盖了 91 种不同类别的主要污染物，其中包括持久性生物累积性有毒污染物、越境空气污染物以及可致癌化学物质等。豁免公开的内容包括涉及国家安全的物质、噪声以及核工业所需放射元素。公开的形式上使用编码等手段使公开标准化，内容详细，要求严格，并有统一的污染物指标。其公开方式比较灵活，可以对特定需求的主体，如研究者、环保组织等提供一对一的服务。公众获取企业环境信息十分便利，在一些国家，只要在政府提供的数据库中输入邮编，即可查询到当地工厂的污染情况，包括总类、数量、浓度等情况。《基辅议定书》将公开的频率从三年一次提高到每年一次。对于违反制度，可能承担包括民事赔偿、行政处罚或刑事责任在内的多种形式，严苛程度差异化的责任。[②]

3.2.2 美国的有毒物质信息披露制度

近年来，“污染物排放与转移登记制度系统”（PRTR systems）已经成了保护环境和吸引公众参与的重要工具。这些制度能够促进信息公开，并在信息公开的情况下更广泛地推动社会参与环境决策。在美国其表现形式则是“有毒物质排放清单”（Toxic Release Inventory，TRI）制度。这是一个收集工业设施使用和对外排放的有毒化学品和污染物的数据库，由美国国家环保局（EPA）管理，并且可以免费访问。它已成为公开有毒化学物质排放和处置信息的关键机制。

1984 年印度博帕尔毒气泄漏惨案令人震惊的电视影像对美国民众产生了巨大的冲击，也使美国公众对环境污染和对化学物质的使用及排放的危害意识大大提高，最终促成了 1986 年美国《应急计划与社区知情权法》（Emergency Planning and Community Right-to-Know Act，EPCRA）的颁布。1990 年，EPCRA 被修改成为美国《污染预防法》（Pollution Prevention Act，PPA），它有两个具体的目标：①推动化学事故应急预案的制定；②向公众提供其社区所使用的有毒和危险化学品的相关信息。为了达到这两个目标，EPCRA 和 PPA 建立了 TRI。

在 TRI 的要求下，美国 EPA 每年需要收集各个工业设施当年排放的有毒化学物质以及废弃物管理的相关数据，并通过 TRI 的数据库向公众公开。目前，TRI 数据库包含有来自美国 20 000 个工业设施的超过 600 种有毒化学品的处理和排放数据，以及这些设施如何通过循环使用进行能源再生和对有毒物质的最终处置的信息。TRI 要求，雇佣 10 个或以上全职员工规模的工厂每年需要将上一年度的有毒物信息在当年的 7 月 1 日前报

---

① 李爱年：《中欧企业环境信息强制公开制度比较研究》，载《法学杂志》2009 年第 12 期，第 79 页。

② 王文革：《环境知情权保护立法研究》，北京：中国法制出版社，2012 年版，第 92 页。

给 EPA。除了工厂规模，TRI 还限定了生产活动的报告阈值。在一年内工厂若生产/加工/排放了超过 25 000 磅（约 11 300 kg）的有毒化学品或是在其他使用过程中使用了超过 10 000 磅（约 4 500 kg）的有毒化学品，就必须申报。EPA 也对某些特定的化学物质降低了报告阈值，如汞的报告阈值是每年 10 磅（约 4.5 kg）。

为保障披露制度的有效实施，TRI 最终引入了一系列的强制性条款，即 EPA 可以在企业违反报告要求时对企业处以高达每天 2.5 万美元的罚款。此外，与美国其他环境法律一样，TRI 也适用公民诉讼条款，即允许公民或社会组织对违反 TRI 报告要求或违反 EPA 规定的企业提起公民诉讼。

TRI 制度实施多年，在多个方面发挥了重要作用。

（1）为当地社区提供了可能对他们产生直接影响的污染物的重要信息。社区使用这些信息可以帮助自己了解环境中存在的危害，从而能够将环境的风险降到最低，也可以围绕共同关注的问题进行更好的组织。

（2）被工业企业或污染者用于监管减少污染排放。这一做法能够减少污染的机会。企业的高层管理者会因为已经向公众披露这些信息而更加重视日常的排污报告。他们通常有权利在企业内部实施降低污染的调整计划，如更高效的物料管理或识别可供选择的更为“绿色”的生产方法。

（3）公众使用环境排放数据可以用于了解公众的态度和消费行为，并且利用竞争压力和市场激励企业减少污染。即使这些信息没有使企业产生压力或者促使企业采取环保行动，在没有其他积极干预的情况下，仅仅环境信息披露本身也能够让污染者对公众舆论和压力做出反应。

（4）污染物排放与转移登记制度可以提示政府对环境保护的优先顺序做出决策，从而改善环境的问题。因此污染物排放与转移登记制度自然而然就成了政府官员重要的信息补充来源。然而值得一提的是这个目标与公众参与密切关联。好的环境治理和政府决策需要考虑到受污染影响的周边社区的价值观和利益诉求，而这种价值观和利益诉求正是通过社区的积极参与表现出来的。

天津“8·12”危险化学品爆炸事故损失惨重，教训深刻。可见 PRTR 和 TRI 制度的建立和实施极为关键。不管是欧盟还是美国的做法，都值得借鉴。

3.2.3 城市空气质量信息公开

比利时法兰德斯技术研究院（VITO）和北京博众科环境工程技术有限公司、中国环境保护部环境规划院、荷兰 Rijnmond 环保局、北京立博威拓环境技术有限公司、乌鲁木齐市环境监测中心站、山西省环境规划院、扬州市环境监测中心站等单位共同开展的城市空气质量信息项目，在扬州、乌鲁木齐、太原三个城市实施，旨在改进试点城市空气质量信息系统公开方式及渠道，方便公众理解，并鼓励其参与解决环境问题。

该项目认为空气质量指数（AQI）不仅是一种技术表征，也是一种交流工具，他们对《环境空气质量指数（AQI）技术规定（试行）》（HJ 633—2012）进行了评价，并提出了AQI从沟通和技术角度改进的具体建议，还开发了在线互动教育性AQI比较工具，帮助人们了解各种AQI。

项目建立了经济高效的空气质量监测和短期预报系统（OPAQ）。OPAQ是基于欧盟创新统计模型而开发的适用于中国的用户友好工具。该系统经济、可靠、易于使用，不依赖于排放数据，而是利用现有的监测数据，以帮助相关部门制定足够的空气质量改善的政策，提高公众的生活质量。该系统现已在扬州、济南、成都、天津、南通运行，实践效果良好。

此外，该项目在提高公众意识方面也做出了诸多实践，如发放1 000份空气质量调查问卷；制作3个空气质量信息小动画；在当地报纸刊登多篇报道，在扬州电视台播放多条有关Air INFORM OPAQ预报系统新闻，还邀请市民到试点城市的环境监测中心参观。能力建设方面，项目合作伙伴和利益相关者共享欧盟空气质量管理措施，促进了在空气质量评估、预测和规划方面的技术交流。

3.2.4 天津滨海新区企业环境信息公开

天津泰达低碳经济促进中心和泰达环保协会（TEPA）、瑞典隆德大学国际工业环境经济研究所（IIIEE）、公众环境研究中心（IPE）在天津市滨海新区开展了天津滨海新区企业环境信息公开试点项目（ECO TEDA），其目标是通过借鉴欧盟实施污染物排放与转移登记制度等有关环境信息公开管理模式，在天津滨海新区落实《环境信息公开办法（试行）》及《清洁生产促进法》等国家及天津市关于环境信息公开有关法规要求，研究建立符合中国国情的企业环境信息公开指南，推动区内企业自愿开展环境信息公开工作，履行信息公开的义务，及时、准确地公开企业环境信息，同时提升企业环境管理能力，降低区域内污染物的排放。

该项目编制了天津滨海新区企业环境信息公开编制指南与PRTR企业申报填写表，对欧盟已有PRTR制度做了深入研究，并就中国现有环境信息公开制度进行对比分析。根据调研结果以及专家的反复论证，项目组开发了符合天津滨海新区产业结构的企业环境信息公开编制指南和PRTR企业申报填写表。编制指南为企业提供了环境信息披露的思路与要求，并鼓励企业披露更多能够彰显企业环境保护与社会责任的举措。企业申报填写表则为企业提供了最有效的环境信息上报途径，便于企业填写与政府监管。

为提高政府与企业的环境信息公开意识，帮助企业更好地理解与使用企业环境信息公开编制指南与PRTR企业申报填写表，项目组先后开展了5场企业CEO恳谈会，5场企业环境负责人培训以及1场政府监管人员培训。项目还组织了企业环境信息公开报告发布活动，于每年的“6·5”世界环境日通过报告发布会、当地环保局网站、专有项目网站、“泰达低碳”手机客户端同时发布。2014年，天津滨海新区129家企业自愿发布企业环境信息公开报告，较2013年增加62%，其中有95家企业上交了PRTR申报填写表，较 2013 年增加 74%。报告与申请表数量的大幅增加体现出越来越多的企业愿意通过发布环境信息让民众加深对企业的了解，消除由于信息不对称导致的误解。遗憾的是，此次“8·12”天津大爆炸中的涉事企业不属于滨海新区管理，但爆炸危害却直接施加于滨海新区。未来，此类跨界危险化学品的信息共享和监管机制建设应该得到高度重视。

此外，项目还积极利用新媒体技术进行环境信息披露。例如，网站与手机客户端的上线极大地便利了民众获取企业环境信息，同时也为企业开创了一个展示其环保举措、社会责任的窗口。

3.2.5　湖北空气质量信息公开试点

湖北省环境监测中心站和挪威大气研究所共同开展了“建设湖北空气质量信息及预警系统，完善武汉‘1+8’城市圈雾霾监测”的试点项目。项目实施周期两年，最终目标是在湖北 9 个城市建立起即时更新空气质量信息系统，向公众发布更准确、有效的空气质量信息，提高公众对空气质量的认识，保障公众健康。

该试点项目的主要产出包括：建设湖北 9 个城市空气质量信息系统，完善武汉“1+8”城市圈灰霾监测项目，在湖北省“1+8”城市环境空气监测的基础上，利用挪威大气研究所空气质量模型，共同制定和建立湖北省武汉市先进的城市环境空气质量预警体系和预报发布系统。此外，项目还专门制定方案，向公众发布更准确有效的空气质量信息，提高公众对空气质量的认识，保障公众健康，并开展了相关领域的培训和能力建设。

3.2.6　通过社交媒体公开环境信息的“山东模式”

山东省自 2014 年 3 月起每月发布 17 个设区城市落实《山东省区域性大气污染物综合排放标准》执行情况清单，详细罗列了每一家涉气企业的治污设施基本信息、达标排放情况、提标改造计划安排及完成时限，还标注了当地环保部门对超标行为的监管和处理措施等信息。“一晒”企业治污情况，“二晒”环保监管情况，谓之“双晒”。“双晒”企业数量不断增长，自 2014 年开始的 800 多家增加到了 2015 年 7 月的 8 000 余家。

山东的“双晒”模式，开创了污染源监管信息发布新模式。由省级环保部门统一信息发布格式要求，要求各地市进行相关信息定期梳理及汇总，再汇集于省级环保部门官方网站统一平台按月规律发布，便于公众纵向跟踪了解各污染源达标情况，也便于公众横向比较本地区各污染源污染治理设施配套情况及排放达标情况。①

3.2.7　国华电力环境信息公开发布系统

2015 年 6 月 4 日，在新《环境保护法》实施后的第一个“世界环境日”来临之际，国华电力公司环境信息公开发布系统正式上线，实现该公司国内 18 家发电厂环境指标实时公开，成为国内首家电力企业总部集中公开全公司环境信息的发电企业。环境信息

① 参见 IPE、NRDC 2015 年 PITI 报告。

公开发布系统上线后，公众可以通过该平台了解包括企业介绍、环境自行监测方案、突发环境事件应急预案和大气污染物（烟尘、二氧化硫、氮氧化物）排放实时监测数据。其中监测数据整点小时平均值，滚动更新，机组运行状态和污染物排放标准也一目了然，同时还可对各发电机组大气污染物排放的历史数据进行查阅。

神华国华电力公司表示希望通过环保信息主动公开的方式，接受社会公众监督，这既是国华电力满足社会和行业环境保护刚性要求的必须举措，也是实现自身可持续发展的主动选择。①作为国有电力企业的代表，国华电力为中国重点企业的重点污染减排信息公开做出了表率，这将成为中国其他行业和企业开展环境信息公开工作的标杆。

3.3 中国环境信息公开的问题识别

尽管中国在环境信息公开方面已经取得了重大进步，但与欧盟、美国、日本等发达国家以及中国的台湾地区、香港地区的环境信息公开相比，中国环境信息公开的制度和实践还存在较大的差距，与中国环境保护的实际需求和公众的期待之间也存在不小的差距，如对于不予公开的环境信息的范围不够明确、对申请环境信息公开的主体使用该信息的目的的限制过于严格、各地执行环境信息公开的尺度不一、对企业违法环境信息公开义务的处罚力度较低等，需要进一步在立法和执行层面进行完善。

3.3.1 环境信息公开立法不足

3.3.1.1 关于国家秘密、商业秘密的范围不够明确

为了平衡公众知情权和其他公共利益之间的关系，所有国家和地区有关信息公开的法律都规定了一些不予公开的情形，主要是涉及国家秘密、商业秘密或者个人隐私的情形。我国《政府信息公开条例》第 14 条规定：“行政机关不得公开涉及国家秘密、商业秘密、个人隐私的政府信息。但是，经权利人同意公开或者行政机关认为不公开可能对公共利益造成重大影响的涉及商业秘密、个人隐私的政府信息，可以予以公开。”这条规定的问题在于，没有明确界定何种信息属于国家秘密或者商业秘密，导致实践中，经常出现行政机关以涉及国家秘密、商业秘密为由，拒绝公开相关环境信息的情形。②

对于“国家秘密”，《中华人民共和国保守国家秘密法》第 9 条规定：下列涉及国家安全和利益的事项，泄露后可能损害国家在政治、经济、国防、外交等领域的安全和利益的，应当确定为国家秘密：①国家事务重大决策中的秘密事项；②国防建设和武装力量活动中的秘密事项；③外交和外事活动中的秘密事项以及对外承担保密义务的秘密事

① 宋敏涛：《国华 18 家电厂环境信息今日起可实时查询》，载中国新闻网，http://www.chinanews.com/ny/ 2015/06-04/7322953.shtml，最后访问时间：2015 年 8 月 24 日。

② 例如，环保部曾以属于“国家秘密”为由，拒绝公开土壤污染的信息。还有一些部门以涉及企业商业秘密为由，拒绝公布企业的污染物排放信息。

项；④国民经济和社会发展中的秘密事项；⑤科学技术中的秘密事项；⑥维护国家安全活动和追查刑事犯罪中的秘密事项；⑦经国家保密行政管理部门确定的其他秘密事项。政党的秘密事项中符合前款规定的，属于国家秘密。

从上述条款来看，一般情况下环境信息很难被列入国家秘密的范围。曾经有学者指出："环境没有秘密"。[①]当然这种论断可能过于绝对，但无论如何，有关环境信息公开的法律应当尽量明确在何种情形下环境信息属于国家秘密，这个范围应当越具体越好，以减少行政机关裁量的余地。

对于"商业秘密"，法律应当明确商业秘密必须属于"正当经济利益"，换言之，就是公开之后，企业合法的经济利益可能会受到严重影响的那些事项。如果该信息公布之后，不会影响企业的经济利益，那么这个信息就不应当被视为"商业秘密"。例如，如果某个企业是垄断的，如某些国有企业，那么很难证明这些信息是商业秘密，因为没有任何竞争者能够从公开的信息中获益。[②]

对于依法不予公开的环境信息以及应当主动公开的环境信息之外的其他环境信息，公众可以申请有关国家机关公开。

对于"阳光政府"而言，环境信息公开应当秉承"公开为原则，不公开为例外"的理念，严格限制不予公开的涉及国家秘密或者商业秘密的环境信息的范围。

3.3.1.2　对申请公开政府环境信息的目的进行了严格限制

《政府信息公开条例》第 13 条规定：除本条例第 9 条、第 10 条、第 11 条、第 12 条规定的行政机关主动公开的政府信息外，公民、法人或者其他组织还可以根据自身生产、生活、科研等特殊需要，向国务院部门、地方各级人民政府及县级以上地方人民政府部门申请获取相关政府信息。《最高人民法院关于审理政府信息公开行政案件若干问题的规定》第 12 条据此规定：原告不能合理说明申请获取政府信息系根据自身生产、生活、科研等特殊需要，且被告据此不予提供的，人民法院应当判决驳回原告的诉讼请求。

对于何谓"自身生产、生活、科研等特殊需要"，目前的法律界定不清楚。实践中，经常出现行政机关工作人员以申请人不能合理说明申请获取政府信息系根据自身生产、生活、科研等特殊需要为由，拒绝提供相关信息。对于申请人出于科研需要申请公开的，行政机关一般不予回复，或者要求申请人提供相关证明才予以回复。

规定"自身生产、生活、科研等特殊需要"，初衷应当是为了减轻行政机关信息公开的工作压力。但政府信息公开的首要目标是满足公众的知情权，因此，除了依法应当不予公开的信息之外，其他的信息，只要公众申请公开，就应当公开，而不能对公众申请信息公开的目的进行限制。实践中，申请环境信息公开的主体主要是环保 NGO，环

---

① 参见郑戈：《环境没有秘密》，载财新网，http：//opinion.caixin.com/2012-07-26/100415273.html，最后访问时间：2015 年 6 月 15 日。

② 《奥尔胡斯公约执行指南》中文版，第 88 页。

保 NGO 要证明申请信息公开是出于“生产、生活”的特殊需要显然很难，即便要证明其出于“科研”需要也不太容易，因为很多的 NGO 并不以“科研”作为主要活动之一。

3.3.1.3　负有强制性信息公开义务的企业范围仍然比较狭窄

根据《环境保护法》的规定，只有“重点排污单位”才负有强制性的信息公开义务。根据《企业事业单位环境信息公开办法》第八条的规定，具备下列条件之一的企业事业单位，应当列入重点排污单位名录：①被设区的市级以上人民政府环境保护主管部门确定为重点监控企业的；②具有试验、分析、检测等功能的化学、医药、生物类省级重点以上实验室、二级以上医院、污染物集中处置单位等污染物排放行为引起社会广泛关注的或者可能对环境敏感区造成较大影响的；③三年内发生较大以上突发环境事件或者因环境污染问题造成重大社会影响的；④其他有必要列入的情形。

根据上述规定，主要从事第三产业的企业，如阿里巴巴、腾讯、百度、京东这样的大企业，由于排污量不大，很可能不会被列入“重点排污单位”的名单，依照法律规定无须强制公布环境信息。但本报告认为，这些社会关注度较大的企业，在日常的经营中也会对环境造成影响，它们的一些环境信息，如用电量、用水量、其他资源能源消耗量、承担社会责任的状况等，也应当向社会公布。[①]

3.3.1.4　环评过程中信息公开的方式不便于公众知悉

环评是最重要的公众参与途径之一。环评中的信息公开是否便于公众知悉，直接决定了其后公众参与的效果。《环境影响评价公众参与暂行办法》第 10 条规定的“便于公众知悉的方式”包括：①在建设项目所在地的公共媒体上发布公告；②公开免费发放包含有关公告信息的印刷品；③其他便利公众知情的信息公告方式。实践中，信息公开的主要问题是公开的方式不便于公众知悉。

以京沈高铁环评争议案为例，建设单位、环评单位采取的公告方式包括：①在环境影响评价公众参与平台[②]发布公示材料；②在《中国环境报》上刊登公示材料；③在环评单位的网站上发布环评报告书简本；④在《北京晚报》和《新京报》上刊登公示信息。很显然，前三种公开方式，只有很少的专业人士才会关注，这样的公示基本上起不到“公示”的效果。第四种公示方式的受众相对要广泛一些，但也不能保证大多数京沈高铁沿线居民就一定能知悉。实践证明，正是因为环评信息公开的途径不便于公众知悉，往往引发公众对于“暗箱操作”的担忧，甚至成为诸多群体性事件的导火索。

3.3.1.5　对企业信息公开弄虚作假行为的处罚力度偏轻

现代环境管制在很大程度上依赖于企业提供的环境信息，这些信息的真实性、准确性、完整性直接影响环境管制的效果。因此，对于企业环境信息造假的行为，法治发达

---

① 例如，2014 年 9 月北京市环境保护局发布的《关于开展重点排污单位和上市企业自行监测及信息公开工作的通知》（京环发〔2014〕81 号），就要求 173 家“重点排污单位”和 23 家“上市公司”（含 9 家重点排污单位）全面公开企业自行监测信息。

② 一个由环境保护部环境工程评估中心建立的专门发布由环境保护部受理审批的建设项目环境影响评价相关文件的网络平台。

国家和地区普遍予以严厉的惩罚，包括追究违法者的刑事责任。

新修订的《环境保护法》第 63 条规定：通过篡改、伪造监测数据的方式违法排放污染物的，除依照有关法律法规规定予以处罚外，由县级以上人民政府环境保护主管部门或者其他有关部门将案件移送公安机关，对其直接负责的主管人员和其他直接责任人员，处十日以上十五日以下拘留；情节较轻的，处五日以上十日以下拘留。相对于之前对虚报、谎报、瞒报环境信息仅处以罚款的处罚力度而言，显然在威慑力方面有很大的提升。但本报告认为，这种处罚力度仍然不够。“篡改、伪造监测数据”属于信息公开违法行为中最严重的一种，可能对环境质量、公众健康和国家环境监管秩序带来严重的影响，在很多发达国家和地区，对于此种行为，都动用刑罚进行制裁，中国也应当考虑将其纳入刑法规制的范围。

3.3.2 环境信息公开规定未能严格执行

3.3.2.1 未能严格执行中国版的“污染物排放和转移登记制度”

“污染物排放和转移登记制度”（Pollutant Release and Transfer Register，PRTR）是被发达国家和地区广泛采纳的一种环境信息公开制度。PRTR 在各个国家的名称和具体实施形式有所不同，但通常都包含一个有毒化学物质清单，企业根据国家出台的清单，把工厂等各类污染源向环境排放与转移这些有毒物质的信息向政府上报，包括工厂信息、污染物毒性、健康风险、年排放量等。政府可以通过建立网络信息平台向公众公开这些信息，使公众能够了解自己生活周边的企业排污情况。实践证明，污染物排放与转移登记制度在有毒污染物的控制以及重大化学事故防范方面成效显著。

实际上，我们已经建立了中国版的污染物排放和转移登记制度，但执行情况堪忧。2012 年 10 月环保部制定了《危险化学品环境管理登记办法（试行）》，要求重点环节管理危险化学品生产使用企业报告危险化学品排放、处置和转移等情况。该办法自 2013 年 3 月 1 日起施行，至今已经两年有余，但无论是企业还是环保部门，似乎都没有认真对待这个办法，全国统一的 PRTR 平台也尚未建立起来。

3.3.2.2 未能按时公布重点排污单位名录

2014 年年底环保部发布的《企业事业单位环境信息公开办法》详细规定了何为“重点排污单位”，也规定了重点排污单位应当公布哪些环境信息以及通过何种途径公布环境信息，但重点排污单位公开环境信息的前提是环保部门依法公开了“重点排污单位名录”。[①]但实践中，大量的市级环保部门并未按时公布重点排污单位名录，致使重点排污单位环境信息公开的程序无法启动。对相关环境信息有了解需求的公众和社会组织，也因为无法获得重点排污单位的名录而无从着手进行信息公开的申请或监督。

① 《企业事业单位环境信息公开办法》第 7 条规定，设区的市级人民政府环境保护主管部门应当于每年 3 月底前确定本行政区域内重点排污单位名录；第 11 条规定，重点排污单位应当在环境保护主管部门公布重点排污单位名录后 90 日内公开环境信息。

3.3.2.3 未能做好发生突发环境事件时的信息公开工作

在发生突发环境事件时，官方发布的信息往往存在发布时间滞后，发布渠道单一，发布方式和语言过于专业和严肃，不便于公众知悉，单向发布，缺乏互动，面对质疑缺乏回应等问题，常常摆出一副“你质疑你的，我发布我的”“你爱信不信”的高冷姿态，而不是把信息公开当作释疑和凝聚共识的机会，导致公众宁可相信小道消息也不愿相信官方信息。

此外，还存在多个政府部门之间信息不共享、发布信息互不通气的情况。以天津“8·12”爆炸事故为例，尽管天津市滨海区的几个小区处于天津港危险化学品仓库的威胁之下，但是掌握危化品转移和存储信息的政府部门并没有将相关的信息告知滨海新区有关部门，以致酿成巨大灾难并延误救援。

3.3.3 信息公开行政和司法救济不完善

无救济则无权利。当公众认为政府在申请信息公开中存在违法行为而申请行政或者司法救济时，上级部门或者司法机关应当给予公正的救济。尤其是对于司法机关而言，应当切实贯彻“立案登记制度”，依法受理申请人提起的政府信息公开行政诉讼案件。

实践中，对公众申请政府信息公开的司法和行政救济方式的使用率和纠错率非常低。根据2014年5月1日公益组织广州众一行发布的《政府信息公开条例执行情况民间观察报告》指出，“救济程序的专业性在很大程度上构成了对公众的使用门槛，并不能有效地保障公众的知情权。2013年各省市的政府信息公开年报的数据显示，有登记数据的省市中，有22个省市的行政复议数量均在100件以内。另一方面，现有的救济程序纠错率低，在2013年各省市区人民政府的信息公开年报统计中，有15个相关统计项的地区中，行政复议纠错率最高的是山东省达28%，有8个省的行政复议纠错率仅在10%以下……”①

此外，北京大学公众参与研究与支持中心2013年10月发布了《中国政府信息公开案件司法审查调研报告》，报告显示政府信息公开案件中，法院裁定驳回起诉多，北京地区法院2012年该比例是39%；司法实践中原告胜诉的比例也较小，北京是2012年336件中59件支持原判，占总数17.6%。②

4 环境公众参与

环境保护公众参与一直是我国环境保护事业的重要组成部分，为我国环保事业发展提供了坚实动力。近年来，随着中国经济水平的大幅提升、公众环境意识的提高和信息

① 众一行：《政府信息公开条例执行情况民间观察报告》，2014年5月1日发布，第4页。

② 《〈中国政府信息公开案件司法审查调研报告〉发布》，载和讯网，http：//news.hexun.com/2013-10-16/158764486.html，最后访问时间：2014年8月19日。

传播及公众参与途径的创新发展，我国环境保护公众参与也面临着新形势、新问题、新挑战。本章将对我国环境保护公众参与的历史发展、当前现状及面临问题进行综合评价，并对国外公众参与的先进经验和我国部分地区的公众参与实践进行分析，为第 7 章提出促进公众参与的政策建议奠定基础。

4.1 公众参与的历史发展及现状

4.1.1 环境保护公众参与的定义

环境保护公众参与已成为近年来国内环境保护领域的一个热点研究问题，涉及多个学科[①]。不同的研究者由于研究路径的差异，对其内涵和外延的认识不尽一致。

目前环境法理论研究中对环境保护公众参与的定义大致可分为广义、相对狭义和狭义三种。其中广义的公众参与是指“在环境资源保护中，任何单位和个人都享有保护环境资源的权利，同时也负有保护环境资源的义务，都有平等地参与环境资源保护事业和参与环境决策的权利”[②]。相对狭义说则认为：“公众参与是指公众及其代表根据环境法赋予的权利义务参与环境保护，是各级政府及有关部门的环境决策行为、环境经济行为以及环境管理部门的监管工作，听取公众意见，取得公众认可及提倡公众自我保护环境的一项制度”。而狭义说则认为：“公众参与是指在环境保护领域里，公民有权通过一定的程序或途径参与一切与环境利益相关的决策活动，使得该项决策符合广大公民的切身利益。[③]”

根据环境保护公众参与实践需要，也有不同的定义方式。如“指的是群众参与政府（环境保护）公共政策的权利”[④]；或“指在环境保护领域，任何个人、组织和团体都依法享有保护环境的权利，同时也负有保护环境的义务，有权对环境质量进行监督和参与环境管理”[⑤]及“各利益相关者，对其感兴趣的环境决策或因为自身（将）受到该决策的潜在影响，而在其权利义务范围内进行的有目的的社会行动”[⑥]等。还有研究者认为，环境保护公众参与是政府或环保行政主管部门依靠公众的智慧和力量，制定环境政策、

---

① 在“百度学术”搜索关键词“环境保护公众参与”结果显示，相关文献达 17 500 篇，其中期刊 14 800 篇，会议论文 4830 篇，学位论文 6 900 篇。研究领域涉及哲学、法学、经济学、社会学、政治学、科学技术史、建筑学、水利工程、矿业工程、海洋科学、地理学、教育学等。其中被引用次数 50 次以上的有 24 篇。在“万方数据知识服务平台”搜索同样关键词结果显示，正式出版论文 2 624 篇，其中期刊论文 1 474 篇，学位论文 808 篇，会议论文 340 篇，外文期刊 2 篇。搜索时间：2015 年 3 月 9 日。

② 杨振东、王海青：《浅析环境保护公众参与制度》，载《山东环境》2001 年第 5 期。

③ 田良：《论环境影响评价中公众参与的主体、内容和方法》，载《兰州大学学报（社会科学版）》2005 年第 5 期。

④ 潘岳：《环境保护与公众参与》，载《理论前沿》2004 年第 13 期。

⑤ 高金龙、徐丽媛：《中外公众参与环境保护的立法比较》，载《江西社会科学》2004 年第 3 期。

⑥ 《促进中国绿色发展的媒体与公众参与政策研究》，中国环境与发展国际合作委员会课题组报告，2013 年 11 月 13 日—15 日。

法律、法规，确定开发建设项目的制度；同时也应当包括公民或组织的环境权利或公共的环境利益受到损害时，通过依法请求救济和获得赔偿而参与环境保护的行为[①]。该定义的亮点在于将环境司法救济明确纳入了公众参与的范畴。

2014 年，环境保护部发布《关于推进环境保护公众参与的指导意见》（环办〔2014〕48 号），将“环境保护公众参与”定义为“公民、法人和其他组织自觉自愿参与环境立法、执法、司法、守法等事务以及与环境相关的开发、利用、保护和改善等活动。”2015 年 9 月 1 日起实施的《环境保护公众参与办法》规定，办法适用于公民、法人和其他组织参与制定政策法规、实施行政许可或者行政处罚、监督违法行为、开展宣传教育等环境保护公共事务的活动。[②]由定义可以看出，办法主要规范的是公共事务。

4.1.2　公众参与主体、范围、方式、渠道

环境保护的公众参与由参与主体、范围、方式和渠道等要素构成。

参与主体，即谁能够参与；参与范围，即参与哪些事情。由于公众参与定义不同，参与主体和参与范围也呈现差异性。广义说认为参与主体包括一切的单位和个人，对于参与范围则认为包括环境保护的所有环节；相对狭义说认为公众参与的范围限于参与环境决策、环境经济行为的执行和环境管理；而狭义说则认为参与的主体只能是与决策利益相关的公民，参与的范围仅限于环境决策。环境保护公众参与中的公众，不是单一群体，而是多样化、持续变动的利益和联盟集合体。这种多样性和变化性，导致实践中存在公众参与主体难以划定的问题。

公众参与环境保护的实现能力及国家法律规章界定的公众参与的程度，是环境保护公众参与范围的决定性因素。有学者提出，“一方面我们希望国家在维护正常的宪政秩序和社会良性发展的情况下最大限度地容许公众参与，另一方面对参与制度的设计又要结合本国国情，注重它的可行性，否则无限制的参与只会导致行政权运作的失衡，使正常的社会秩序难以为继”。[③]从目前各国经验看，环境保护公众参与的范围主要有参与国家环境管理的预测和决策、参与开发利用的环境管理过程以及环境保护制度实施过程、组成环保团体、参与环境纠纷的调解、环保请求权及参与环境科学技术的研究和推广等。[④]

《中华人民共和国环境影响评价法》在专项规划的环境影响评价条文与建设项目的环境影响评价条文中列举了“论证会、听证会”以及规定了抽象的“其他形式”。2012 年年初浙江省绍兴市出台《关于进一步加强环保公众参与的实施意见》，从信息公开、环保审批、信访处理、环境执法、案件审议、环境维权等 10 个方面规定了公众参与的

---

① 艾利娜：《论环境法中的公众参与制度》，中国环境法网，2007 年。

② 《环境保护公众参与办法》，http：//www.zhb.gov.cn/gkml/hbb/bl/201507/t20150720_306928.htm，最后访问时间：2015 年 8 月 29 日。

③ 周珂、王小龙：《环境影响评价中的公众参与》，载《甘肃政法学院学报》2004 年第 3 期。

④ 徐祥民、田其云：《环境权环境法学的基础研究》，北京：北京大学出版社，2004 年版。

渠道。

全国首部环境保护公众参与的地方性法规《河北省环境保护公众参与条例》2015年1月1日起正式实施，填补了全国公众参与环境保护综合立法的空白。条例规定，公众参与环境保护，依法享有获取环境信息，对环境决策、行政许可以及环境执法表达意见和建议，对环境违法行为和环境保护工作中不依法履行职责的行为进行举报，寻求行政或者司法救济、提起环境公益诉讼等权利。条例明确了公众参与环境保护的范围、内容、方式、渠道、途径和程序。①

4.1.3 环境保护公众参与制度建设发展

我国《宪法》明确规定，"人民依照法律规定，通过各种途径和形式管理国家事务，管理经济和文化事务，管理社会事务"，为我国实行环保公众参与提供了宪法依据。

中国公众参与环境保护的权利及义务、法律法规及规章制度依据主要来自《环境保护法》及环境相关法律法规、中国政府发布的《中国21世纪议程——中国21世纪人口、环境与发展白皮书》、国务院关于环境保护的有关决定等文件。

1979年颁布的《环境保护法（试行）》在总则中规定我国环境保护工作的总方针："全面规划，合理布局，综合利用，化害为利，依靠群众，大家动手，保护环境，造福人民"。该法及1989年颁布的《环境保护法》均在第6条规定："一切单位和个人都有保护环境的义务，并有权对污染和破坏环境的单位和个人进行检举和控告"，为我国公众参与环境保护提供了原则性的法律依据，但没有为公众参与环境决策提供法律程序途径。

20世纪90年代初，环境权理论被中国环境保护领域的研究者接受，深化了对公众参与的认识。《中国21世纪议程》第20章"团体及公众参与可持续发展"，为建立我国公众参与机制规定了全面系统的目标、政策和行动方案，对公众的知情权、参与权提出了一些明确的要求。

1993年，当时的国家环境保护局、国家计委、财政部、中国人民银行联合发布《关于加强国际金融组织贷款建设项目环境影响评价管理工作的通知》，其中第7项规定："公众参与是环境影响评价的重要组成部分，《报告书》中应设专门章节予以表述，使可能受影响的公众或社会团体的利益能得到考虑和补偿；公众参与工作可在《评价大纲》编制和审查、《报告书》审查阶段进行"。《国务院关于环境保护若干问题的决定》（1996年8月30日）要求"建立公众参与机制，发挥社会团体的作用，鼓励公众参与环境保护工作，检举和揭发各种违反环境保护法律法规的行为"。

1996年修订的《水污染防治法》第13条规定，"（建设项目）环境影响报告书中，应当有该建设项目所在地单位和居民的意见"。1996年新制定的《噪声污染防治法》第

① 环境保护部网站，http：//www.zhb.gov.cn/zhxx/hjyw/201412/t20141201_292184.htm，最后访问时间：2015年3月1日。

13 条规定，“对公众参与环境影响评价做出了原则性规定，即环境影响报告书中，应当有建设项目所在地有关单位和居民的意见”。

1998 年国务院颁布的《建设项目环境保护管理条例》第 15 条规定：“建设单位编制环境影响报告书，应当依照有关法律规定，征求建设项目所在地有关单位和居民的意见”。2000 年 3 月发布的《中华人民共和国立法法》第 58 条规定，“行政法规在起草过程中，应当广泛听取有关机关、组织和公民的意见。听取意见可以采取座谈会、论证会、听证会等多种形式”。

2002 年 9 月 1 日起开始施行的《环境影响评价法》第 5 条规定：“国家鼓励有关单位、专家和公众以适当方式参与环境影响评价。”第 11 条更明确要求：“专项规划的编制机关对可能造成不良环境影响并直接涉及公众环境权益的规划，应当在该规划草案报送审批前，举行论证会、听证会，或者采取其他形式，征求有关单位、专家和公众对环境影响报告书草案的意见。但是，国家规定需要保密的情形除外。编制机关应当认真考虑有关单位、专家和公众对环境影响报告书草案的意见，并应当在报送审查的环境影响报告书中附具对意见采纳或者不采纳的说明。”第 21 条提出：“除国家规定需要保密的情形外，对环境可能造成重大影响、应当编制环境影响报告书的建设项目，建设单位应当在报批建设项目环境影响报告书前，举行论证会、听证会，或者其他形式，征求有关单位、专家的意见。报批的环境影响报告书应当附具对有关单位、专家和公众采纳或者不采纳的说明。”

2005 年，《国务院关于落实科学发展观 加强环境保护的决定》指出，要为公众参与环境保护创造条件，“对涉及公众环境权益的发展规划和建设项目，通过听证会、论证会或社会公示等形式，听取公众意见”。原国家环境保护总局 2006 年 2 月 22 日正式发布了我国环保领域的第一部公众参与的规范性文件——《环境影响评价公众参与暂行办法》，明确了征求公众意见的时间和期限，要求建设单位必须在环评文件报送审查之前征求公众意见，征求公众意见的期限不能少于 10 日。

2014 年 5 月 24 日，环境保护部公布了《关于推进环境保护公众参与的指导意见》（环办〔2014〕48 号），提出坚持以人为本，尊重和保障公众的环境知情权、参与权、表达权和监督权，积极构建全民参与环境保护的社会行动体系，广泛动员社会力量，为推动环境质量全面改善，共同建设美丽中国而奋斗。意见树立了畅通渠道、接受监督，依法有序、理性有效，平等自愿、公益优先的基本原则，提出了推进环境信息公开、畅通公众表达及诉求渠道、完善法律法规及加大对环保社会组织的扶持力度等多项重点任务。①

2015 年 1 月 1 日起实施的新《环境保护法》对信息公开和公众参与做出专章规定，主要内容包括：对政府部门和重点排污单位环境信息公开提出具体要求；建设项目环境影响评价要充分征求公众意见；公民、法人和其他组织有权对污染环境和破坏生态行为及政府部门和环境监管部门不依法履行职责的进行举报；符合条件的社会组织可以对污

① 环保部网站：http：//www.mep.gov.cn/zhxx/hjyw/201407/t20140731_280717.htm，最后访问时间：2015 年 9 月 15 日。

染环境、破坏生态，损害社会公共利益的行为提起诉讼。

2015 年 7 月 13 日，环境保护部以第 35 号部令的形式公布了《环境保护公众参与办法》，并规定于 2015 年 9 月 1 日施行。该办法制定的目的是为保障公民、法人和其他组织获取环境信息、参与和监督环境保护的权利，畅通参与渠道，促进环境保护公众参与依法有序发展。办法比较系统地规定了通过征求意见、问卷调查，组织召开座谈会、专家论证会、听证会等方式征求公民、法人和其他组织对环境保护相关事项或者活动的意见和建议。提出支持和鼓励公民、法人和其他组织对环境保护公共事务进行舆论监督和社会监督，支持环保社会组织发展及环境公益诉讼等内容。

简言之，完整的环境保护公众参与制度设计应当包括环境信息知情制度、环境立法参与制度、环境行政参与制度、环境司法参与制度，以及出于保障上述制度实施的程序保障制度。我国环境保护公众参与制度不全面、不充分，或相关制度彼此呼应不足甚至存在制度缺失，具体表现在环境立法参与途径狭窄，程序尚不完善。

4.1.4 环境保护公众参与标志性事件

梳理环保公众参与领域的标志性事件，除了多年前创建中国环境文化促进会、开展中华环保世纪行活动、成立中华环保联合会等具有里程碑意义的事件外，环保社会组织的兴起是公众参与环境保护活动的最重要的标志。由于单一的公众无法形成有效的议价和谈判能力，因此公众意愿的表达、诉求的凝练、参与的组织，都亟须环保社会组织出面代理。在早期的环保社会组织发起的可可西里藏羚羊保护、“反对怒江建坝”等活动，开启了民间环保公众参与的过程。之后，环保社会组织又发起了“保护滇金丝猴”“空调 26 度”“反对金光集团云南毁林”等环境保护公众参与议题，这些经由公民个人和社会组织推动的环境议题，将环境保护议题推向更广大的公众视野，产生了较大的社会影响，使问题受到重视，并促进了部分问题的快速解决。近年来，公众参与环保的标志性事件如下：

（1）圆明园铺设防渗膜听证事件。2005 年的圆明园铺设防渗膜事件标志着政府主导下的公众参与创新。该事件经有专业知识背景的公民个人提出，环保组织将其向社会公布，引起媒体、公众以及消费者的关注。北京市环保局、国家环保总局等政府部门介入调查，并召开了《环境影响评价法》实施以来首个由国家环保总局主持的环评听证会，使各方充分表达意愿，参与涉及公众利益的环境决策，缓解冲突。圆明园防渗膜事件也促进了 2006 年《环境影响评价公众参与暂行办法》（环发〔2006〕28 号）和 2007 年《环境信息公开办法》（国家环境保护总局令第 35 号）的实施，并启发多个地方开展环保法庭的创新实践。

（2）抵制建设项目引发环境群体事件。2007 年厦门市民抵制 PX 化工厂事件则标志着公民个体在非组织状态下的公众参与。当前我国进入社会经济发展转型期，多年积累的社会矛盾和问题集中爆发，尤其以反对污染、抵制新建项目为由而引发的环境群体事件为甚。因反对大型建设项目所产生的公众抵制，多从直接利益相关者发起，为维护个人权益而采取行动，但一般会冠以保护环境、抵制污染的“帽子”，经普通公众通过互联网、手机等现代化通信工具广泛传播信息，同时环保抗污等公益愿望和情绪经过媒体放大，对政府形成巨大的舆论压力，最终以不合法的形式一停了之。

2012 年 7 月四川什邡抵制钼铜多金属综合利用项目的“七二”事件，开启了下级政府迫于维稳压力而叫停经过上级政府合法审批的建设项目的先例。此后，启东、宁波、江门、茂名、安宁等多个地方均步人后尘，此现象被中央媒体称为“什邡困局”，不仅考验着地方党委、政府的执政能力，关系当地社会经济发展和民众福祉，也影响党中央、国务院提出的调整产业结构、打造经济绿色升级版的进程。

从厦门 PX 事件到大连、彭州、昆明多地出现的抵制 PX 项目事件，从四川什邡事件，到启东抵制排海工程事件，均可以看出，公众维护和行使自身环境知情权、表达权和参与权的意愿不断增强。一方面，上述几起环境群体事件也反映出这个时期的公众参与存在较大程度的无序和非理性，群体容易产生纯情绪发泄的表达，甚至演化为暴力犯罪，从而丧失了参与的初衷和正当性。另一方面，各级政府部门因为种种原因，处置此类事件时也把握不准，常常以简单粗暴的方式堵和压，最后导致政府公信力和公众利益双输。

表 2-2 罗列了近年来比较有代性的公众参与事件。从表中可以看出，公众抗议的主要议题都集中于重大敏感建设项目，如 PX 项目、核电站、垃圾焚烧厂等，既具有传统的西方国家曾经出现过的邻避效应，又带有中国当前社会经济发展的新形态。

表 2-2　近年来主要公众参与议题

时间	主要的公众参与议题	参与结果
2007 年	“无锡民众抗击蓝藻污染”	清污
2007 年	“厦门民众反对 PX 项目”	迁址
2007 年	“上海民众反对沪杭磁悬浮列车”	停建
2007 年	“烟台民众争议海阳核电站”	引起建设方重视
2007 年	“北京民众反对六里屯垃圾焚烧发电项目”	停建
2008 年	“成都民众争议彭州石化”	引起建设方重视
2008 年	“广州民众争议南沙大型石化项目”	不详
2008 年	“南京民众争议 PX 项目”	不详
2009 年	“广州民众反对垃圾焚烧炉事件”	停建
2012 年	“四川什邡民众反对钼铜项目”	叫停
2012 年	“启东民众抗议大型达标水排海基础设施工程”	叫停
2012 年	“宁波民众抗议镇海 PX 项目”	叫停
2013 年	“昆明民众抗议 PX 项目”	承诺不上 PX
2013 年	“四川民众再次抗议彭州石化项目”	引起重视
2014 年	“广东茂名反对芳烃项目抗议”	暂停
2014 年	“湖南平江反对大型火电建设项目”	叫停
2014 年	“杭州民众反对垃圾焚烧发电项目抗议”	暂停推进

资料来源：根据《促进中国绿色发展的媒体与公众参与政策研究》（中国环境与发展国际合作委员会课题组报告）整理，2013 年 11 月 13 日—15 日。

（3）公众参与环境保护法律法规的修订。公众参与新《环境保护法》修订成为公众参与环境立法的另一个重要里程碑。《环境保护法》于 1989 年颁布。从 1995 年到 2011 年，全国人大代表共有 2 400 多人次提出修改环保法的议案 78 件。2011 年环保法修正被列入十一届全国人大的立法计划，历经 2012 年 8 月、2013 年 6 月、2013 年 10 月、2014 年 4 月，全国人大常委会对环保法修正、修订草案的四次审议，最终于 2014 年 4 月通过，实现了 25 年来的首次修改。每次修法都要听取社会、各个部门、各个方面意见，针对社会最关切的问题做出制度上的回应。其中，两次向社会公众征求意见更是体现了开门立法的勇气和魄力。2012 年 8 月 31 日至 9 月 30 日，修正案草案初审后，全国人大常委会向社会公众公开征求意见，共收到 9 572 位网民的 11 748 条意见以及 17 封来信。2013 年 7 月 19 日至 8 月 18 日，修正草案二次审议稿再次向社会公众征求意见，共收到网民意见 2 434 条及来信 48 封。[①]环保法从修正到修订的巨大改变，公益诉讼从无到有，直至资格大大放宽的巨大进步，立法过程中引入公众参与的力量功不可没。

此外，2015 年修订的《大气污染防治法》，已经出台的《大气污染防治行动计划》《水污染防治行动计划》《土壤污染防治行动计划》，正在征求意见的《土壤污染防治法》等重要的环境保护法律法规和政策制度，在公开征求意见过程中都有广泛而深入的公众参与，真正一步一步地落实开门立法、民主立法、科学立法。广泛的公众参与不仅给法律和政策带来了许多富有建设性的意见和建议，也为将来法律法规政策制度的实施打下良好的群众基础，可谓一举多得。

当然，不同的角度对于环保公众参与标志性事件的认知会有所不同。例如，有专家认为由欧盟资助的中欧环境治理项目、环境保护部对全国各地的环境群体事件进行系统调研，以及河北省、山西省、重庆市、沈阳市、昆明市等地方立法机关或政府部门出台与公众参与有关的法律法规、规章制度等，都应列入标志性事件。本研究仅按照时间顺序对过去比较有影响的公众参与事件做一个简单梳理，难免挂一漏万，未来还期待更多的研究者对此进行总结和归纳。

4.1.5 环境保护社会组织参与情况

中国环保社会组织起步较晚，根据其开展的公众参与活动，大致可分为三个阶段。

1978—1994 年，开展环境宣传，提高公众意识。这一阶段我国环保社会组织处于诞生和萌芽阶段。1978 年 5 月，政府部门发起成立中国第一个环保社会组织——中国环境科学学会，之后相继成立中国环境文化促进会和中华环保联合会；1994 年，梁从诫先生在北京创立“自然之友”，民间自发成立的环保组织开始迅速发展。这一时期，环保社会组织主要开展环保知识宣传普及，提高公众环境意识等相关活动。

1995—2002 年，保护特定物种，带动公众行动。这一时期，中国环保社会组织进入

① 《环保法大修历经 4 次审议　治理雾霾更关怀公众健康》，正义网，2014-04-28，http：//news.jcrb.com/ jxsw/201404/t20140428_1382429.html。

快速发展阶段。1995年，“绿色江河”“自然之友”等环保社会组织发起保护滇金丝猴和藏羚羊行动，迎来了我国环保社会组织发展的第一次高潮。环保社会组织从公众关心的物种保护入手，并向公众开展宣传，树立了良好的公众形象。1999年，“北京地球村”与北京市政府合作，建立绿色社区，把环保工作向基层延伸，环保社会组织逐步为社会公众所了解和接受。

2003年起，组织公众参与，影响政府决策。以“反对建设怒江水电争鸣”和“26度空调”等行动为标志，中国环保社会组织逐渐壮大，由初期的单个组织行动，开始进入相互联合、合作时代；其活动领域也发展到组织公众参与环保，为国家环境事业建言献策，开展社会监督，维护公众环境权益，推动可持续发展等诸多领域。①

2006年，《中国水危机》一书的作者马军在北京市朝阳区注册成立公众环境研究中心（IPE），标志着中国环保社会组织逐渐走向专业化和细分化。IPE明确其宗旨是通过信息的公开，推动公众参与，使政府和大众予环境污染以一定的重视和关注，从而抗击污染，保护环境。目前，IPE组织开发并运行中国水污染地图和中国空气污染地图两个数据库，收集超过19万条官方发布的企业超标违规排污记录，促使近百家跨国公司解决在华供应链存在的污染问题；在移动互联网终端上线蔚蓝地图（其前身为污染地图）APP，通过收集和整理地方环保部门发布的在线环境监测数据，督促企业达标排放，提醒公众预防污染。该APP下载量已超过300万次，产生了巨大的社会影响。此外，IPE还积极与相关的政府部门和学术机构开展合作，专注推动环境信息公开和公众参与，促进环境治理机制的完善。例如，与美国自然资源保护委员会（NRDC）合作，开发了污染源信息公开PITI指数，并且已经连续6年对全国各大城市的指数进行排名和公布②；与有关机构合作开展绿色供应链项目，利用CITI评分体系推动国内外150余个品牌绿化其在华供应链③。随着IPE影响力的日益扩大，越来越多的污染企业迫于公开的压力而整改了自身的违法环境行为。IPE的成功为中国环保社会组织未来走向专业化发展之路提供了典型的案例。

为促进环保社会组织健康、有序发展，努力构建全民参与环保的社会行动体系，环境保护部于2010年12月出台了《关于培育引导环保社会组织有序发展的指导意见》（以下简称《指导意见》）④。意见认为，近年来环保社会组织在提升公众环境意识、促进公众环保参与、改善公众环保行为、开展环境维权与法律援助、参与环保政策的制定与实施、监督企业的环境行为、促进环保国际交流与合作等方面发挥了重要作用，但与构建资源节约型、环境友好型社会，进一步提高生态文明水平的需要相比，中国环保社会组织的能力还需进一步提高。

---

① 中华环保联合会：《中国环保民间组织发展状况报告》，2006年。

② 根据IPE网站发布的系列报告，如 http：//www.ipe.org.cn/about/notice_de_1.aspx？id=6235。

③ 根据IPE网站发布的系列报告，如 http：//www.ipe.org.cn/about/notice_de_1.aspx？id=9495。

④ 环境保护部网站，http：//www.zhb.gov.cn/gkml/hbb/bwj/201101/t20110128_200347.htm。

《指导意见》明确了培育引导环保社会组织的基本原则和总体目标，即积极扶持、加快发展，加强沟通、深化合作，依法管理、规范引导，积极培育与扶持环保社会组织健康、有序发展，促进各级环保部门与环保社会组织的良性互动，发挥环保社会组织在环境保护事业中的作用，力争在“十二五”时期，逐步引导在全国范围内形成与“两型”社会建设、生态文明建设以及可持续发展战略相适应的定位准确、功能全面、作用显著的环保社会组织体系，促进环境保护事业与社会经济协调发展。

《指导意见》明确提出，为培育引导环保社会组织健康、有序发展，必须加强政策扶持力度，改善环保社会组织发展的外部环境，加强能力建设，引导环保社会组织健康、有序发展。要求各地做好以下工作：制订培育扶持环保社会组织的发展规划；拓展环保社会组织的活动与发展空间；建立政府与环保社会组织之间的沟通、协调与合作机制；奖励表彰优秀的环保社会组织与个人；加强人才队伍建设，开展多方面、多层次的业务培训；加强规范引导，促进环保社会组织的自律；促进环保社会组织的国际交流与合作等。

4.1.6 公众监督和举报环境违法情况

公众是环境保护工作取得成效的重要力量，也是环境质量改善的最终受益人。尤其在我国目前这种污染形势严峻、环境执法资源和力量不足的情况下，如何调动公众监督和举报的积极性，显得尤为重要。李克强总理提出要铁腕治污，要求全社会对污染宣战，那么团结一切可以团结的力量，尤其是公众的力量，共同抗击污染，打好治污的人民战争，将是环保工作取得成效的必由之路。环境保护部“12369”举报热线是公众监督企业环境违法最重要的形式之一。2015 年新的环保部领导上台后，高度重视公众监督和举报工作，并提出要尽快建立微博、微信等环境污染在线举报平台。目前，相关工作已经进行测试阶段，上线指日可待。

许多地方环保部门在公众环境监督和举报方面做了非常有意义的探索。例如，重庆市环保局的“12369”举报平台建设，山东省环保厅的微博在线举报平台和随手拍污染等活动，都为环保部门的环境执法提供了极大的帮助，也大大缓解了公众与环保部门之间的对立情绪。此外，由中欧环境治理项目支持的环境公众参与嘉兴模式推广项目，对浙江省嘉兴市的许多公众参与创新举措进行了总结，包括制定《嘉兴市环境污染举报奖励办法》《嘉兴市环保信用不良企业公示管理办法》《嘉兴市企业环境行为信用等级评价实施办法》《嘉兴市民环保检查团组织管理办法》等管理办法，成立环保志愿者服务组织、市民检查团、评审团等，通过污染企业公开道歉书、市民听证会参与“摘帽”验收、项目审批、飞行监测执法、派驻企业环保专管员等创新形式，拓展了公众监督、举报、参与的范围和渠道。

4.1.7　科研人员参与环境保护现状

在环境保护公众参与中一直活跃着科研人员的身影。全国性和地方性环境环保社会组织中，一些政府指导成立的行业协会（学会）往往专业性较强，如中国环境科学学会、中国环保产业协会、中国节能协会、中国可持续发展研究会等都拥有较强的专家队伍，在环境规划、技术决策咨询、环保、能源技术开发利用、学术交流推广等方面有着很强的优势。此外，从“反对怒江建坝”的发起到圆明园铺设防渗膜的发现，多个具有重要影响的公众参与事件中，也有相关科研人员提供专业知识，为公众解答疑问，提供背景知识，为公众和媒体对政府、企业进行监督发挥了更强有力的作用。此外，还有许多专家学者、科研人员以个人的身份，在不同的场合，通过各种方式，比如接受媒体访问，发表科普文章等，对公众进行环境知识普及和政策答疑解惑。这种参与对于缩小科研与公众之间的鸿沟意义很大，非常值得推崇。研究类社会组织在发挥作用的同时也应注意到，行政化色彩或者学术色彩比较浓厚的环保社会组织，也呈现出脱离社区和民众需要，受政府行政力影响过大，缺乏独立性、创新性和灵活性等问题。

4.1.8　新媒体兴起之后的公众参与现状

新媒体的兴起，特别是微博、微信等社交媒体的普及，为公众参与环境保护提供了更为简捷便利的渠道，“人人都是观察员，人人都是监督员，人人都是环保员”的理念更接近成为现实。各种环保微公益活动在社会化新媒体中得以广泛尝试：“随手拍家乡污染”“随手拍黑烟囱”“污染地图”等活动在微博中成为热门话题，唤醒了公民监督意识。2015 年全国“两会”期间，也有政协委员通过提案建议鼓励公众以随手拍等方式促进环境整治。

2015 年 2 月 28 日，前央视记者柴静自费拍摄的纪录片——《柴静雾霾调查：穹顶之下》由人民网和优酷网联合首发之后，立刻占据各大视频网站浏览量榜首，关于它的讨论也在微博、微信等社交媒体频频刷屏。据统计，播放后 5 日内，全网播放量已超 2.75 亿次[①]，有超过 43%的网民在视频发布的前 4 天浏览了该片，创造了传播史上的奇迹，使得围绕该片的讨论成为近年来公共事件之冠。

《柴静雾霾调查：穹顶之下》让我们看到依托媒体（包括自媒体）、号召公众所能展现的巨大力量。该片所引发的广泛关注和评论是公众对我国严峻的环境形势的一次全面意见爆发，是公众热切向往美好环境质量的一次集体呼吁，并带动了大量的公民行动。片中提到的污染地图因网友密集访问而瘫痪，多地“12369”环保举报电话被高频次拨打，其所创造的奇迹是多年来几代环保人不懈努力、从量变到质变的结果。

环保公众参与在新媒体平台的活跃，也大大推动了环保类政务社交平台的发展，基层一些环保部门积极建立微博、微信等平台，已有多地在社交媒体的信息公开方面积累

① 数据由人民网舆情监测室提供。

了大量经验，其中山东和重庆在社交媒体建设中，环保部门“一把手”亲自抓工作，调兵遣将，形成合力，在及时回应网民的同时，也改进和提高了环境执法效率。尤其是山东在遭遇了潍坊地下排污的舆论危机之后，利用社交媒体大力度进行环境信息公开，大范围向公众开放环保工作，树立了接受社会监督的典型做法和宝贵经验。环境保护部也正在积极建立“12369”官方微信举报平台。环境保护部原部长陈吉宁上任后数次表示，要建立环境污染微信举报平台，支持和动员全社会力量与环境违法行为做斗争。新媒体的兴起和普及为环境保护公众参与带来了一番全新的天地，非常值得各级环境管理部门重视和加强。

4.2 公众参与国际经验及我国地方探索

本节重点展现欧盟在公众参与领域的做法，以及 5 个与公众参与有关的地方伙伴项目的实践经验。

4.2.1 欧盟的公众参与经验简介

公众参与是以环境影响评价程序框架中的环境民主原则的形式首次出现在欧盟立法中的。随着时间的推移以及《奥尔胡斯公约》的出台，这一权利被进一步精确化并且延伸至规划和方案制定等其他领域。《奥尔胡斯公约》（第 3 条第 6 段）提出，各国应通过建立法律框架履行上述三个方面的重要义务[①]。这意味着，参与需要公示和组织，一方面显示了结社和言论自由的重要性，另一方面表示了有组织的民间社团的参与。建立能够公正执法且可毫无障碍地直接为政策决定及其执行所影响的人员提供信息（透明度）的公正的法律框架，是对公众参与和良好治理进一步提出的要求。此外，还意味着，需要采用易理解的方式和媒介提供充分的信息。最后，责任心是良好治理的一项关键要求。

各方普遍认为，公众参与有利于更好地实施项目，更好地发展并且实现协作治理。通过参与，可产生主人翁感和代理服务，包括地方或区域社区，可推动社会可持续发展、法制建设、社区建设和社会和谐。环评过程中的公众参与的目的包括：改善规划和项目质量、通过预防诉讼和成本高昂的进度延误改善项目实施、满足法律要求，乃至提高公民主动参与意识、促进民主、保护个人权益以及使项目成果得到认可等。

欧盟提出了如下公众参与的原则。[②]

（1）调整并适应具体情况：了解并理解项目所在地社区的社会机构、价值观和文化；尊重项目方案所在社区的历史、文化、环境、政治和社会背景。

① 《关于环境问题知情权、决策过程公众参与及司法公正的奥尔胡斯公约》。

② Public Participation in Environmental Decision-Making in the EU and in China. The case of Environmental Impact Assessment，NOMOS，Baden Baden，2014：51-63.

（2）信息畅通且具有主动性：认识到公众有权及早并以有意义的方式获得影响其生活或生计的项目方案的有关信息。通过向受影响和受益公众发布简单和易理解的信息，提高其参与兴趣和动力。

（3）具有适应性和沟通性：认识到公众在人口统计状况、知识、权力、价值观和利益方面存在异质性，应该针对所有个人和各方遵循人与人间有效沟通的原则。

（4）具有包容性和平等性：保证在影响、补偿和利益分配方面尊重包括无代表或充分代表利益在内的所有利益。应鼓励原住民、妇女、儿童、老人和贫困人口等欠代表群体参与或对其利益进行保护。应提倡当代及未来数代人在可持续发展方面的公平性。

（5）具有教育性：有利于相互尊重和理解所有影响评价利益相关方的价值观、利益和权利与义务。

（6）具有合作性：倡导合作、融合和达成共识，而不是对抗。应竭力处理矛盾的观点和价值观，同时要努力就项目方案达成总体认可，最终做出一项推动和支持可持续发展的决策。

（7）具有追责性：对研究中的方案进行改进，考虑公众参与过程的各种结果，包括向利益相关方报告和反馈公众参与过程的结果，尤其是其投入对决策做出了哪些贡献。

针对上面提出的治理原则，提出了下列指导方针，以改善环境影响评价领域的公众参与实践：

（1）决策者应该认识到公众享有知情权和参与权且能够对决策做出有价值的贡献。

（2）决策者应负责为有意义的参与创造条件。

（3）决策者应负责为公众成员做出响应创造安全的环境和条件。

（4）公众参与应在项目实施早期阶段就开始并且一直贯穿始终。

（5）公众参与应经过精心规划和结构设计。所有行为人均应了解公众参与过程的目标、原则、组织、程序以及预期成果。

（6）公众参与应该分层并优化。任何公众参与项目均应在政策、规划、方案或项目等最有效的决策层面进行。

（7）公众参与应由中立权力机构按照其正式或传统形式牵头进行，并且要遵守各方均熟知和认可的原则，如某些道德准则、职业行为或道德义务。

（8）公众参与应以与决策相关的可商谈问题为重点。因为完全达成一致并非始终可行，所以，公众参与需要了解参与者的价值观和兴趣并且要以可商谈问题为重点。

4.2.2　公众参与污染场地修复实践

污染场地的环境修复是中国政府的一个重点关注且日益重视的领域，但是公众对于目前和将来要采取的行动的知情度还比较差。在中国许多区域，有不少城市用地、工业用地以及农业用地受到重金属、毒性物质和持久性有机污染物等污染。通常情况下，公众很少有机会获知他们周边的污染土地的具体情况，如污染的性质和污染程度、主要污染物、潜在风险和可能的修复方案，也没有实际参加到制订污染土地修复计划和修复行动之中。

鉴于此，在湖南省郴州市、江西省贵溪市两地开展了公众参与污染场地修复的实践。在地方政府和社区公众的支持下，选择两个重金属污染场地修复示范，以期通过展示公众参与在环境修复中的积极意义来促进改善中国的环境治理。示范项目根据欧盟、美国和中国的正面经验，开发一套用于示范区域的公众参与的办法，并作为一个改善政策的范例，在国内更大范围内进行推广运用。

在示范项目执行期间，研究者对开发的公众参与办法以及其引入的方法学进行了测试，使地方环保部门、研究机构和大学等机构在公开和透明原则下通过公众参与有效地执行相关政策。约 120 名政府官员、36 名研究人员，2 个示范点的 5 个社区，共 870 名村民参加了土壤修复的示范工作。通过示范，地方机构观察到了社区关系的改善和彼此信任的加强，以及他们所执行的修复项目在可持续性方面的潜力。在示范项目的执行过程中，公众参与环境决策也得到了加强，示范点的经验也得以整合到制定的公众参与办法中。

该示范项目取得了较好的实践效果，提出了一系列改善环境修复过程中的公众参与的操作方法和最佳实践。例如，研究者开发了一套在国家层面得到认可的《环境修复工程公众参与办法试行办法》，以及一套与之配套的适合政府官员、环境修复从业人员和专家、监督机构的标准培训课程；对目前环境修复项目招投标制度进行改革，将公众参与的内容作为强制性要求整合到招标采购的技术和财务标书中，明确任务、预算和评估指标；对当前环境修复项目的专业监督制度进行改革，在专业监督机构和政府部门的监督管理职责中加入相应的公众参与的职责和具体任务指标。此外，项目还尝试在国家级示范项目或在现有的环境修复国家级示范项目中充实完善公众参与的内容，不断积累经验、丰富完善公众参与的工具，以推动和实现公众参与在国家和省级有关环境修复政策中的推广和主流化。

4.2.3 环保公众参与的“嘉兴模式”

为了在环境治理方面建立一个广泛的公众参与渠道，中国各地已经进行了形式多样的社会实践。最初是世界银行与中国政府 2000 年在健康、医疗、交通和安全等领域启动“社区圆桌对话”项目。继而 2006 年国家环保总局及其下属机构发起的“社区圆桌对话”项目在多地展开。这些试点项目取得了良好的效果并且加强了民主环境理念。然而，“社区圆桌对话”的实践仅仅关注地方性的环境问题，还没有国家层面进行制度设计。在此背景下，浙江省嘉兴市提出了一套公众参与环境治理的模式，并因为其在实践中能发挥有效作用而获得广泛的关注和推广。

简言之，“嘉兴模式”可通过六个关键词进行概括：大环保、圆桌会、陪审员、道歉书、点单式、联动化。嘉兴为公众参与环境事务提供了嘉兴市环保志愿者服务总队、环保联合会、环保市民检查团、环保专家服务团、环境科学学会、环保产业协会、环保市民评审团等参与平台。通过这些平台，可为企业的污染治理提供技术支持，参与环境决策相关的听证会、论证会，以及进行环境执法行动和污染整治行动的监督等。嘉兴较好地发挥了专业环保团体的作用，如在环境科学学会下设置了 12 个专业委员会，为社会提供项目评估、上市公司核查、行业环保自查自纠、专项资金绩效审核等服务，对政府环境公共服务进行了有益补充。

嘉兴模式中的圆桌会坚持民主、平等、对话、协商的基本原则，广泛邀请政府部门、普通市民、社区、专家、企业以及社会组织等各界人士，在污染减排、政策制定、环境教育等领域，通过新闻发布会、规划评审会、项目论证会、治理方案恳谈会等形式，开展对话交流和讨论，极大地增进了各方的理解，化解了矛盾，有力促进了环境保护工作的开展。

环保陪审员制度是嘉兴的一大创新。其主要出发点是充分保障公众在环境事务中的话语权，给公众充当“环境法官”的机会，让其在企业或个人环境违法的法律适用、环境处罚额度、企业违法整改要求等领域发表个人意见。陪审员的产生程序有严格的规定，一般可以采用机构推荐、媒体公开招聘、个人自主报名等多种方式结合，通过公开、透明的程序选拔出来。入选的陪审员还要进行集中培训，以便更加高效和专业地参与环境决策。

在一个成熟的市场经济环境下，良好的企业信用和声誉是一笔巨大的无形资产。反之，信用不良的企业则会在市场竞争中处于不利态势。基于此，嘉兴市出台了《嘉兴市环保信用不良企业公示管理办法》和《嘉兴市企业环境行为信用等级评价实施办法》两个规范性文件，对区域内的环保信用不良企业进行规范。如果企业在环境守法方面做得不好，嘉兴市要求企业在大众媒体上公开刊登道歉书，对污染治理公开承诺。这种公开，给了企业巨大的舆论和道义压力。因为，如果该企业想要继续留在市场，那么它必须获得上下游的企业和消费者的信心。配套道歉书的措施还包括银行信贷重点监管等。道歉书和公开承诺做出后，媒体和公众将进行全程监督，直至企业履行承诺，完成整改。

点单式执法也是嘉兴模式中的重要创新内容。点单式执法，是指在嘉兴开展的“飞行监测”执法行动、信访案件巡访、跨界污染巡防、限期治理“摘帽”验收等环保事务中，公众代表可以随机抽查执法检查对象，并对执法行动面对面提出质询和督办要求。这种做法有效地回应和制止了外界对公众参与是作秀的质疑。同时，点单式执法的过程和结果还会通过媒体全程跟踪播报，让更多的公众知晓并监督。这种做法对于提升政府部门的公信力很有效果。

嘉兴在实践中，始终秉持开放式多向沟通的理念，将不同的治理主体联系到一起，使其各司其职、相互补充，共同形成改善环境的合力。在这个过程中，尤其值得一提的是，嘉兴模式中的社会力量得到了很好的展示，许多事务并不是通过政府，而是通过社会组织或公众开展，在此过程中，政府力量、社会力量、市场力量行动联动。总之，嘉兴模式通过培训、公众论坛、专家研讨、媒体宣传、官民互动等形式多样的公众参与活动，提升公众对环境决策的知情和参与，获取广大公众对环境保护工作的更大理解和支持。

4.2.4 自然保护区中的社区参与

大多数情况下，自然保护区地处自然生态功能保存完整但经济发展相对落后的地区。生活在自然保护区及周边的社区，世代以来依靠当地的自然资源维持生计。以行政监管、经济处罚和经济补偿为主要手段的传统自然保护区管理体系，没有给社区及公众留出更多的参与空间。在一些地方，这些传统的管理方式甚至导致了自然保护区和社区之间的冲突。另外，本土政府及一些部门（如旅游公司、其他开发者等）缺乏对保护区生态价值、文化价值、当地社区生计情况的了解和关注，从而出现了保护为经济发展让路的情况。因而区内的开发将对当地自然保护区和社区造成生态及社会双方面的持续破坏。

保护区工作缺少社区及公众参与，原因很多，如保护区工作人员开展社区工作的能力有待提升；当地社区作为保护区最主要的利益相关者，需要更多机会为家乡发声，为当地的自然资源可持续利用贡献智慧和行动；社区需要得到足够的机会和支持，来探索适应本地的替代生计和可持续生活方式；自然保护区面向游客及公众的自然教育功能有待开发等。

面对上述现状，香格里拉可持续社区学会和德国国际合作机构（GIZ）在云南、四川、西藏、黑龙江、浙江5省区的15个自然保护地，开展了推动社区能力建设和公众参与，加强中国环境治理与生态保护有效性的试点项目。项目的主要目标是加强保护区工作人员能力建设，内容包括环境教育活动、社区能力建设及社区参与等。通过组织培训研讨会、学习考察活动以及在8个保护区范围内及周边社区开展工作，提升社区参与环境治理和可持续发展工作的能力。项目还向保护区、社区及公众开发关于本地自然资源、传统文化和生态保护知识的书籍资料，推动社区与保护区携手共建，提升公众参与环境治理及生态保护的意愿及能力，并通过季度简报、网页、视频以及在国内外会议进行展示等方式，扩大公众参与影响，吸引更多利益相关群体参与自然保护区的保护活动。

4.2.5 环境影响评价中的公众参与

专家认为，环境影响评价中的公众参与代表了中国公众参与的最高水平。2015年1月1日施行的《环境保护法》对公众参与做出了更为明确的规定，为公众参与环境管理决策提供了法律保障。

新《环境保护法》第53条规定：

“公民、法人和其他组织依法享有获取环境信息、参与和监督环境保护的权利。

各级人民政府环境保护主管部门和其他负有环境保护监督管理职责的部门，应当依法公开环境信息、完善公众参与程序，为公民、法人和其他组织参与和监督环境保护提供便利。”

第 56 条规定：

“对依法应当编制环境影响报告书的建设项目，建设单位应当在编制时向可能受影响的公众说明情况，充分征求意见。

负责审批建设项目环境影响评价文件的部门在收到建设项目环境影响报告书后，除涉及国家秘密和商业秘密的事项外，应当全文公开；发现建设项目未充分征求公众意见的，应当责成建设单位征求公众意见。”

可以预见，新《环境保护法》的实施将为公众参与环境影响评价提供更为切实的保障。但同时，新《环境保护法》对于现行环境影响评价法以及其他相关法律提出了新的要求，需要各相关法律予以修订或完善，以落实有关环境影响评价中公众参与的新要求。

目前环境影响评价公众参与已经成为中国国家层面环境影响评价法律法规与规章的重要要求，公众参与情况是环境影响评价报告书的重要内容，因此，公众参与在环境影响评价实践过程中得到了较好的执行。公众参与在中国环境影响评价具体程序步骤中的执行情况主要表现为：首先，在居民区等人群聚居区张贴布告、在当地报纸上刊登消息、在企业或当地政府网站上发布消息等途径公开环境影响评价信息；其次，通过召开座谈会或入户调查等方式进行信息收集；最后，对收集到的与项目环境影响评价有关的公众意见进行区分采纳后，提交业主进行整改，并作为环境影响评价报告书中公众参与章节的重要结论。中国环境影响评价公众参与实践提升了中国公民环境保护意识与水平。

中国广东、浙江、上海、山东等经济较发达地区通过颁布地方规范性法律文件对环境影响评价公众参与的具体操作细节给予了较多关注。广东、浙江和山东都明确了公众的确定与选择要求及方法，对公众的性质、范围、比例、人数等进行了规定，山东还对调查问卷的真实性规定了审核要求与审核标准。上海和山东均规定，受委托的环评机构不得再委托任何第三方为公众参与的实施主体。随着新《环境保护法》进一步得到贯彻落实，与环境影响评价有关的配套规章制度也将进行修订，届时环评公众参与定会有新的改观。

4.3　中国环境保护公众参与问题识别

对照第 2 章提出的“环境治理体系与治理能力现代化”的要求，根据本章的现状分析和国内外经验，识别出公众参与环境中所存在的问题。

4.3.1　公众参与环境保护立法及程序欠缺

当前，我国与环境保护公众参与相关的法律法规主要有《环境保护法》《环境影响评价法法》《规划环境影响评价条例》《环境保护公众参与办法》《环境影响评价法公众参与暂行办法》《环保举报热线工作管理办法》《环境信访办法》《环境保护行政许可听证暂行办法》等。

但是，我国当前与环境保护公众参与相关的法律法规及相关规定还存在形式单一、过于零散、缺乏可操作性等问题，主要表现在：

（1）宪法中没有规定公民享有“环境权”。公民的环境权主要包括对环境资源的利用权、环境状况的知情权和环境侵害的请求权。但在当前的《宪法》和其他单行法中，都缺乏对环境权的明确规定，这使得我国环境权立法滞后。当然，在相关法律的制定和完善过程中，也应坚持权利与义务相统一的原则，在保障公众享有环境权的同时，规定公众有履行积极参与环境保护的义务，全过程、多方面、积极参与环境保护。

（2）缺乏落实环境基本法中的有关公众参与的配套规定。新《环境保护法》中有关信息公开和公众参与环境保护的规定要发挥作用、达到实施效果，还需强有力的制度支撑。在我国环境问题日益严重、环境群体事件频发的背景下，着力构建环境保护公众参与法律制度，将《环境保护法》中的规定转化为可操作的法规和规章制度尤为重要。然而，目前环保部内部尚不能统筹谋划、整体协调，各部门之间依然处于自说自话、维护过去自留地的格局。

（3）与环境信息公开相关的法律法规亟待完善。颁布于 2002 年的《环境影响评价法》只要求公开环评报告简本，但随着城市化的快速发展，市民对自身健康和周边环境的关注日益增强，市民获取信息的途径和方式也越来越多，因此迫切需要改革环评报告信息的公开机制，以扩大公众对环境信息的知情权，提升公众对环境影响评价可信度和质量的信心。目前，除了少数受商业机密条款限制的情形，环保部已经要求环评单位公开披露环评报告全本。但是，环评之外的环境信息公开制度依然亟待完善。例如，环境科学研究是正确的环境决策出台的基础，而任何研究必须基于大量的基础数据，可是现实中环境科研的数据获取依然困难重重。

（4）我国现有法律法规中对公众参与环境保护的相关法律程序规定在实际中难以发挥效力。例如，《环境影响评价法》中规定了鼓励公众参与的条款，但是对于公众参与的范围、原则、组织者的义务以及如何保障等问题均未作具体界定。[①]当前我国的环境影响评价制度中，利益相关方没有被纳入环境影响评价的全过程，这在一定程度上增加了因信息沟通不畅出现社会抗争的可能。目前，听证会、问卷调查、专家咨询和座谈会等公众参与途径往往被安排到项目环评的后期，这就导致项目建设方和政府无法全面收集利益相关者对建设项目的意见以及对于提升项目设计的建议。为此，政府应该建立一种利益相关者参与和公众咨询的决策机制，在发展规划、建设项目以及公共基础设施的规划和概念设计阶段就加以考虑。

① 肖文：《如何提升环保执法能力》，载《环境经济》2012 年第 7 期，第 57～58 页。

4.3.2　引导公众有序参与环境保护的法律解释不足

各国的公众参与环境保护的立法及实践，其可资借鉴的一条重要经验就是制定关于公众参与程序的专门立法，做到公众参与有法可依。我国应该在环境法规中明确公众参与的具体法律程序，现有的《环境影响评价法》《环境影响评价公众参与暂行办法》等虽对程序有所规定，但这些程序无法为公众参与立法的实施提供完善的程序保障。值得一提的是，《沈阳市公众参与环境保护办法》在地方法规层面对此进行了破冰，其第 3 条规定，本办法适用于本行政区域内公众参与环境保护活动。但是该办法属地方规章，立法层次低，适用范围有限。《河北省环境保护公众参与条例》将环境保护公众参与立法上升到地方条例的层次，是一个巨大进步，但从适用范围上不能覆盖全国。

多数环境单行法及行政法规、规章对公众参与的内容均为原则性的规定，对整个公众参与领域的公众参与程序缺乏规定。2014 年 5 月，环境保护部出台了《关于推进环境保护公众参与的指导意见》，其中提出，完善法律法规、建立健全环境公益诉讼机制，明确公众参与的范围、内容、方式、渠道和程序，规范和指导公众有序参与环境保护。制定和采取有效措施保护举报人，避免举报人遭受打击报复等。新《环境保护法》实施后，外界对环保部牵头制定的《环境保护公众参与办法》期待颇多。但是在 7 月 2 日环保部部务会通过的《环境保护公众参与办法》却依然没有对公众普遍关注的问题做出有效的回应。上述地方探索和部门法规都表明，只有具有完整、具体的程序，做到公众参与有法可依，才能真正把环境保护公众参与落到实处。

此外，环境保护公众参与在很大程度上仅限于环境影响评价，覆盖领域很不全面。在环境保护其他重要方面，如环境保护单行法和环境标准的制定、许可证制度等方面，公众参与则颇显不足。许多超出环境保护领域，但与环境休戚相关的资源开发、经济发展、区域规划以及重大政策等活动，公众参与更是举步维艰。

4.3.3　政府服务于公众参与的机构、人员、经费缺乏

目前在环境保护部门，与公众参与有关的内部机构主要是立足于政府直接管控需要而设置的，如污染防治、总量控制、环境评价等，没有主管环保社会治理事务的内部机构，具体到环保公众参与工作，目前更无专门的机构负责这块工作，职责和权限的划分也不明了，导致公众参与工作缺乏整体规划和推进力度。这说明环保部门还没有打开对社会的“窗口”。鉴于环境保护社会治理的新常态，政研中心夏光主任建议，在环保部门内部增设管理社会事务的机构，如首先将环保部宣教司变更为“社会管理司”。[①]

机构缺位导致人员、经费及能力的系统不足。目前我国环境保护事业的蓬勃发展极其需要广大公众的参与和发力，但是政府部门在如何支持、帮助和引导公众参与环境保护工作上，显得力不从心。实践中，公众参与总是呈现出两个极端的情形，要么事不关

① 夏光：《新常态下，如何开展环保社会治理》，载《环境经济》2014 年 Z2 期，第 30 页。

己高高挂起，根本就没有兴趣参与；要么上街游行堵路砸车，群体失控走向暴力犯罪。出现这种情形的主要原因在于管理缺位。机构的缺乏使得无人对此项工作负责，人员、经费和能力的缺乏使事发前缺引导、缺教育、缺沟通，事态失控后更是不知所措，难以采取合适的手段和方法平息公众怒火，最后总是一味地依赖公安部门的刚性维稳来处理公众参与。

4.3.4 环保社会组织发展受到内外多重因素制约

当前阶段，我国环保社会组织不断向专业化发展，工作领域分工更为细化，关注的对象更为具体，彼此之间的相互支持、联合行动也表现得更为积极。但总体上我国环境保护社会团体特别是非政府环境保护组织的数量、规模、资金、影响仍然非常有限。不少环保社会组织组织筹款能力弱，缺乏来自政府和社会的必要资金支持。具体而言，我国环保社会组织所开展的公众参与还面临以下一些问题：

（1）政府对环保组织的引导支持还不够。一些政府部门对于环保组织了解不够，对其发展情况的研究不够，对其所能发挥的作用和能力存有疑虑，尤其是担心此类组织与境外机构合作，接受境外资金支持等，在一定程度上也阻碍了环保社会组织的发展。

（2）环保社会组织发展资金不足。受社会公益捐助意识低等因素的影响，不少环保社会组织筹款能力弱、资金来源不稳定，资助额度难以保障组织正常运转，极大阻碍了环保社会组织进一步发展的空间。可以说，资金不足成为环保社会组织积极开展公众参与的主要障碍之一。

（3）人才短缺。收入低、公众认知不足、福利不稳定、保险等福利待遇匮乏等因素导致了环保社会组织在招徕和留住人才方面缺乏吸引力。目前许多环保社会组织除了核心的创建者或管理者，依然不能建立有效的人团梯队，从而阻碍了组织高效开展相关工作。

（4）组织能力建设水平较弱。近年来，我国环保社会组织的能力不断提升，专业化水平不断加强，但能力建设仍然是制约发展的薄弱环节。一部分组织处于虚名状态；缺乏明确的工作目标和定位，工作随意性较大。

（5）环保社会组织的国际交流与合作能力有待提升。我国环保社会组织参加国际交流合作大多是自发的，没有指导，社会阅历有限，政策解读能力不足；过分依赖境外资金，无法争取到本国企业的支持；缺少具有国际视野和交流能力的专业人才。

（6）高校环保社团发展问题重重。高校环保社团量大面广，积极参与环保行动，但由于成员流动性大，缺乏专业指导，没有长期发展目标和战略，使此类组织的环保公众参与难以长期深入开展。[①]

（7）国际环保社会组织的作用有待加强。目前包括绿色和平（Green Peace，GP）、世界自然基金会（WWF）、大自然保护协会（The Nature Conservancy，TNC）、自然资

① 中华环保联合会：《中国环保民间组织发展状况报告》，2008 年。

源保护协会（The Natural Resources Defense Council，NRDC）、世界资源研究所（World Resources Institute，WRI）、美国环保协会（Environmental Defense Fund，EDF）等世界著名环保社会组织都在中国设立了办公室或开展活动。联合国环境规划署（UNEP）、德国环境保护部国际合作机构（GIZ）、中欧环境治理项目（EGP）等也在国内开展了许多卓有成效的研究或项目。目前国家层面正在开展的社会组织管理立法让不少国际社会组织心生担忧。如何让优秀的国际组织以及它们的先进经验更好地发挥作用，是未来中国政府部门需要思考和解决的问题。

4.3.5　社交媒体降低公众参与门槛的同时，也带来了无序参与的挑战

新媒体的兴起，特别是社交媒体的普及，已经成为环境公众参与的重要组织形式。一人一部手机的移动互联网时代，公众参与的内涵和外延得到拓展。

虽然公众参与门槛的降低，但社会对公众参与的认识只停留在法律赋予的权利上，对自身应该承担的环保义务认识薄弱，行动方面显得缓慢。

在议题设置上，在传统媒体活跃推动环保议题的同时，新媒体也开始起到重要作用。公民在网络平台上进行信息发布，展开对重大环境议题的辩论并形成民意关切，再由大众媒体加以报道放大，成为环境议题形成的重要途径之一。

在信息传播上，近年来，很多环境事件中都有效运用新媒体进行组织，形成了基于互联网的新组织动员模式。传统媒体与新媒体将各种参与角色置于聚光灯之下，一方面将民众的声音传递给政府，另一方面也将政府的所有回应呈现出来，交由更多的社会公众、专家以及评论家在媒体平台上进行点评。

在社会动员上，微博、论坛等新媒体和社交媒体日渐成为维权者重要的技术工具。行动者越来越注意到新的传播技术和传播手段的力量，他们试图搭建大众传媒网络，并建立自己的媒介（网站、博客、短信或 Web2.0 工具等）。当我国的都市抗争得以在新媒体平台上展开持续的在线协商与动员，并且新媒体议题转而成为传统媒体的重要议题，获得持续关注，媒体与都市抗争之间就会形成特殊的互激模式，并且促进公共协商。在这个模式当中，都市抗争者通过各种新媒体平台进行动员，调整行动的策略与目标，并且表达自己的诉求。新媒体平台使得他们能够通过民主过程形成相对权威的意见领袖，以及相对理想化的群体决策过程。传统媒体则往往倾向于提升行动者的诉求，使其可能为公众以及政府接纳，并且积极整合国家与公民行动者之间的框架，促进政策的回应。

环保一直是社会热点话题，涉及公众利益，具有极大的舆论传播效力。近年来，相比科学研究、监测、治污等环保硬实力的大幅提升，公众对环保部门的期待更高；但环保软实力的提升相对滞后，尤其是环境科普不足、信息公开不够、正面引导乏力、公众参与不畅等问题相对突出，公众对环保部门的评价反而降低。自 2012 年全国大范围雾霾以来，政府加强了信息公开，制定了一系列行动方案，释放了很大一部分舆论压力。

不过，污染治理复杂性、长期性与公众期待环境质量尽快改善的迫切心情存在差距，一旦有意见领袖重提该话题，就立即引爆舆论。

近几年，环境保护公众参与中一个不容忽视的新问题是因环境问题引发的群体性事件愈演愈烈。这些事件的产生有其社会经济背景和人群心理因素，也有不同利益方的背后角逐。一方面，随着新媒体信息传播工具的普及和技术的突飞猛进，一个以微信、微信公共号、微博、社交网站、论坛、博客、新闻跟帖等为代表自下而上形成的民间舆论场异军突起，致使由宣传部门牵头报刊、广播、电视等媒体参与的官方舆论场独占话语权的垄断地位被打破，出现分庭抗礼之势。另一方面，官方对包括社交媒体在内的新媒体了解不够、研究不透、使用不熟，大多沿用救火式的方式仓促应战，结果是收效甚微。因此，迫切需要建设环保部门新媒体平台，借助主流媒体和有影响的自媒体力量，探索打造全媒体传播体系，利用传统媒体和新媒体多环节、多形式的交替和配合，“传”与“播”不断反复，提升环境战略传播能力，改善环保部门公共形象。

5 环境司法救济

5.1 环境司法的概念界定

随着时代的进步、社会的发展，司法这一概念越来越具有开放性和多层次性，但其核心部分依然是比较确定的，它是指以法院、法官为主体的对各种案件的审判活动。司法以享有司法权为前提，现实中法学界对司法权的范围理解也不尽相同，概括起来主要有四种观点：广义司法权说、中义司法权说、狭义司法权说、最狭义司法权说。本报告采用“最狭义司法权说”，司法权仅指审判权或裁判权，是指法院享有的，对纠纷当事人的事实问题主张和法律问题主张依法进行判断，以维护法的价值的终局性权力。[①]

环境司法，从字面意义上来看，是指司法功能在环境保护方面的具体体现和应用，是与环境保护有关的各种司法活动的总称，具体指法院对环境案件的审理和执行。不过，鉴于环境案件相对于一般案件而言具有一定的特殊性，必须充分加以考虑，才能更好地发挥环境司法的功能。

环境案件具有公益性、复合性、专业性、恢复性和职权性五个主要特点。[②]一是公益性，因为无论是污染环境还是生态破坏行为，其侵害行为往往不是直接作用于人身或者财产，而是首先作用于环境要素，从而破坏生态环境，危害人身财产安全，因此以环境要素为媒介的损害机制以及环境资源本身所具有的公共价值特征，决定了侵害行为的结果必定包含了对环境的损害，也决定了环境案件所具有的公益性。二是复合性，环境

① 胡建淼：《公权力研究——立法权、行政权、司法权》，杭州：浙江大学出版社，2005年版，第367页。
② 奚晓明：《准确把握环境资源审判特点推进审判专门化建设》，载2014年10月22日《人民法院报》第5版。

案件中的诉讼关系具有复合性，主要表现在环境纠纷可能涉及民事、行政、刑事中的两类或三类关系以及私益诉讼和公益诉讼的交叉。三是专业性，对于环境损害行为的认定以及因果关系等专门性问题往往要从专业技术的角度进行鉴定和评判。四是恢复性，环境审判的目标不仅仅是解决当事人之间的纠纷，更要注重对生态环境的恢复，在不能恢复的情况下更应当采取替代性的修复措施。五是职权性，环境案件双方当事人往往存在经济实力和诉讼能力不对等的情况，因此，法院应发挥一定的职权主义色彩，促进环境案件审判进程。

习近平总书记在《关于〈中共中央关于全面推进依法治国若干重大问题的决定〉的说明》中指出："司法是维护社会公平正义的最后一道防线。……如果司法这道防线缺乏公信力，社会公正就会受到普遍质疑，社会和谐稳定就难以保障。……公正是法治的生命线；司法公正对社会公正具有重要引领作用，司法不公对社会公正具有致命破坏作用。"同理，环境司法也是实现环境正义的最终保障。司法公正，对于促进生态文明建设具有极其重要的引领作用；司法不公，就会严重阻碍生态文明建设的开展。

5.2 中国环境司法的新进展

5.2.1 总体进展

进入 21 世纪以来，尤其是党的十八大以来，党中央、国务院、最高人民法院和最高人民检察院高度重视司法在环境保护中的作用。例如，为了贯彻《中共中央关于构建社会主义和谐社会若干重大问题的决定》，2007 年 1 月最高人民法院发布了《关于为构建社会主义和谐社会提供司法保障的若干意见》，要求各级人民法院"妥善审理环境侵权案件，促进人与自然和谐。加大涉及资源、环境方面纠纷案件的审理力度，依法严厉惩处重大环境污染事故、非法采矿、盗伐林木、非法占用农用地、非法捕猎等污染环境、破坏资源的违法犯罪行为，推动社会循环经济体系、资源开发利用补偿机制和生态环境恢复补偿机制的建立和完善。"2010 年 6 月，最高人民法院发布了《关于为加快经济发展方式转变提供司法保障和服务的若干意见》，要求各级人民法院"妥善审理各类环境保护纠纷案件，保障和服务推进节能减排和环境保护。……依法受理环境保护行政部门代表国家提起的环境污染损害赔偿纠纷案件……在环境保护纠纷案件数量较多的法院可以设立环保法庭，实行环境保护案件专业化审判，提高环境保护司法水平。"

2013 年 6 月，最高人民法院与最高人民检察院共同出台了《关于办理环境污染刑事案件适用法律若干问题的解释》，加大了惩处污染环境犯罪的力度。2014 年 7 月，最高人民法院正式成立了环境资源审判庭，同时发布了《最高人民法院关于全面加强环境资源审判工作为推进生态文明建设提供有力司法保障的意见》，要求有序推进环境资源司法体制改革，合理设立环境资源专门审判机构，积极探索环境资源刑事、民事、行政案件归口审理，探索建立与行政区划适当分离的环境资源案件管辖制度等。为了加强对环境司法的指导，最高人民法院还公布了涉及环境资源保护的 9 个典型案例。2015 年 1 月，最高人民法院发布了《关于审理环境民事公益诉讼案件适用法律若干问题的解释》。2015 年 5 月，最高人民法院成立了“环境资源司法研究中心”。2015 年 6 月，最高人民法院发布了《关于审理环境侵权责任纠纷案件适用法律若干问题的解释》。

2014 年 10 月，党的十八届四中全会通过了《中共中央关于全面推进依法治国若干重大问题的决定》，升级版“全面推进依法治国”成为治国方略，而“保证公正司法，提高司法公信力”是其中关键的一个环节，“努力让人民群众在每一个司法案件中感受到公平正义”成为衡量司法机关工作绩效的主要标准。“公正司法”当然也包括公正的环境司法。

5.2.2 环保法庭的成就

最近几年，环境司法最大的成就体现在“环保法庭”的建立及其所进行的各种探索。从 2007 年 11 月贵阳市中级人民法院和清镇市人民法院首次成立真正意义上的“环保法庭”到 2014 年 9 月 16 日，全国已有 20 个省、自治区、直辖市设立了 368 个环境保护法庭、审判庭、合议庭或者巡回法庭。其中基层法院设立的环境资源审判机构多达 291 个，占总数的 79.1%，中级人民法院有 62 个，占 16.8%，高级人民法院有 14 个（包含专门审判庭和合议庭），占 3.8%，最高人民法院设有 1 个。[①]这些“环保法庭”在环境司法领域作了大量的制度创新，推动了我国环境司法的深化与发展。环保法庭这些年至少在以下几个方面，做出了很多有益的探索。

5.2.2.1 推动环境公益诉讼

清镇市人民法院环境保护法庭成立之后审理的第一个案件就是贵阳市人民政府所属“两湖一库”管理局诉天峰化工公司停止排污公益诉讼案。该案判决确认了行政机构在环境公益诉讼中的原告资格，被评为 2007 年全国最有影响的公益诉讼案件之一。

此后，中国第一起以环保团体为共同原告的环境民事公益诉讼案和第一起以环保团体为原告的环境行政公益诉讼案先后在无锡中级人民法院环保法庭和清镇市人民法院环境保护法庭“破冰”。昆明中院环保法庭成立之后，也审理了被称为云南公益诉讼第一案的“昆明市环保局诉昆明羊甫联合牧业有限公司、昆明三农农牧有限公司污染损害赔偿案”。其他各地的环保法庭也陆续审理了多起环境公益诉讼案件。

目前，我国环境公益诉讼主要是环境民事公益诉讼。在环境民事公益诉讼主体方面，根据《民事诉讼法》《环境保护法》《海洋环境保护法》的规定，“法律规定的机关和相关组织”“依法在设区的市级以上人民政府民政部门登记、专门从事环境保护公益活动连续五年以上且无违法记录的社会组织”“代表国家行使海洋环境监督管理权的部门”

---

① 高环智：《提高环境司法水平实现环境治理法治化——关于全国环境资源审判机构设置及现状的调研报告》，载 2014 年 12 月 3 日《人民法院报》第 8 版。

可以依法提起环境民事公益诉讼。在实践中，人民法院也曾经受理过由人民政府[①]、环境保护主管部门[②]、检察机关[③]提起的环境民事公益诉讼。

遗憾的是，当前我国环境行政公益诉讼不仅数量少，而且面临无法可依的状态。2014年11月1日全国人大常委会修订的《行政诉讼法》并未规定环境行政公益诉讼制度。即便学者们长期热议的“检察机关提起行政公益诉讼”，也最终未被新的《行政诉讼法》所采纳。不过，《中共中央关于全面推进依法治国若干重大问题的决定》却明确提出要“探索建立检察机关提起（行政）公益诉讼制度”。检察机关是我国的法律监督机关，有权对行政违法行为进行监督，从这个角度而言，检察机关是理想的提起环境行政公益诉讼的主体。正如习近平总书记在《关于〈中共中央关于全面推进依法治国若干重大问题的决定〉的说明》中指出的那样：“在现实生活中，对一些行政机关违法行使职权或者不作为造成对国家和社会公共利益侵害或者有侵害危险的案件，如国有资产保护、国有土地使用权转让、生态环境和资源保护等，由于与公民、法人和其他社会组织没有直接利害关系，使其没有也无法提起公益诉讼，导致违法行政行为缺乏有效司法监督，不利于促进依法行政、严格执法，加强对公共利益的保护。由检察机关提起公益诉讼，有利于优化司法职权配置、完善行政诉讼制度，也有利于推进法治政府建设。”[④]

2015年5月5日，中央全面深化改革领导小组第十二次会议审议通过了《检察机关提起公益诉讼改革试点方案》，7月1日，十二届全国人大常委会第十五次会议做出《关于授权最高人民检察院在部分地区开展公益诉讼试点工作的决定》，将在全国13个省（自治区、直辖市）试点检察机关提起公益诉讼，试点期限为两年。检察机关提起的公益诉讼包括民事公益诉讼和行政公益诉讼。民事公益诉讼的案件范围确定为污染环境、食品药品安全领域侵害众多消费者合法权益等损害社会公共利益的案件。行政公益诉讼的案件范围为生态环境和资源保护、国有资产保护、国有土地使用权出让等领域负有监督管理职责的行政机关违法行使职权或不作为，造成国家和社会公共利益受到侵害的案件。试点期间，重点是对生态环境和资源保护领域的案件提起行政公益诉讼。这标志着党的十八届四中全会决定中提出的“检察机关提起公益诉讼制度”开始进入实际操作阶段。

当然，从长远来看，未来我国环境行政公益诉讼制度应当向环境民事公益诉讼制度看齐，明确规定有关社会组织也可以提起环境行政公益诉讼。

---

① 例如，1999年黑龙江省高级人民法院审理的鸡西市梨树区人民政府诉鸡西市化工局、沈阳冶炼厂环境污染赔偿案。

② 例如，2010年昆明市中级人民法院审理的昆明市环保局诉昆明羊甫联合牧业有限公司和昆明三农农牧有限公司水污染案。

③ 例如，2012年广州市番禺区人民法院审理的番禺区检察院诉广州市番禺新造食品有限公司大气污染案。

④ 2014年12月，贵州省金沙县人民检察院以金沙县环保局“怠于处罚逾期不缴纳排污费的企业”为由，向集中管辖赤水河流域环境案件的遵义怀仁市人民法院提起行政公益诉讼，请求法院判决环保局对企业进行处罚。收到法院的《应诉通知书》后，金沙县环保局对涉事污染企业做出行政处罚决定。金沙县人民检察院认为，行政公益诉讼目的已达到，因此提出撤诉。怀仁市人民法院审查后，裁定准予撤诉。据媒体报道，这是全国首例由检察机关提起的环境保护领域的行政公益诉讼。

5.2.2.2 推动全新的审理模式

传统上，我国各级人民法院内部的民事、行政、刑事庭是各司其职、“互不干涉”的，但由于环境资源审判所涉及的法律领域具有复合性，许多环境资源事件可能同时涉及民事、行政、刑事中的两类或者三类法律关系，而且交织着私益诉讼和公益诉讼，如果仍然按照传统的民事、行政、行政互相分离的审理模式，不利于有效地处理环境案件。因此，贵阳、无锡、昆明等地成立环保法庭时，均实行民事、行政、刑事审判“三合一”甚至“四合一”（外加“执行”）的模式。例如，根据贵阳中院的指定管辖决定，清镇市人民法院环境保护法庭负责审理贵阳市辖区内包含刑事、民事、行政所有涉及环境保护的一审案件，同时还负责环保案件生效后的执行工作，在全国率先建立起环境保护类案件三类审判合一、集中专属管辖的崭新模式。无锡市中级人民法院环保法庭也实行“三合一”审判方式，即涉及环保的案件，不论是民事、刑事或是行政案件，统一立为环保案件，由环保审判部门专门审理并做出裁判。昆明市中级人民法院环保法庭对涉及环保的刑事、民事、行政及执行案件实行“四审合一”的模式。

“三合一”或者“四合一”的审判模式，集中管辖同类案件，有利于统一审判标准、统一裁量尺度、提高法官专业素质、提高案件质量。也使传统的审判方式在环境资源利用保护的司法实践上有了突破的可能。“传统的审判方式限制了法官的思维，不能够拓展开去想问题。而‘三合一’审判方式的最大优点是，能够创新环保司法的理念，统一司法的标准，最大程度上保护当事人的合法权益和环境资源的自然生态及科学利用。”[①]

5.2.2.3 创新裁判方式

（1）通过先予执行、禁止令防止损害扩大。由于环境损害所具有的复杂性、长期性、不可逆转性等特点，环境保护应秉承预防为主的基本原则，环境司法保护也应体现这一原则。否则，判决虽已做出，但环境损害也已发生，环境司法保护的功能将大打折扣。因此，环境诉讼较其他传统诉讼更需要行为保全制度。[②]

环境诉讼中临时禁令的使用在国外已有判例，如在德国波罗的海高速路案件中，法院对政府发布临时强制令暂停工程的建设，以避免对保护区可能造成的损害，并且不要求作为原告的环保组织提供担保。[③]

无锡市中级人民法院在环保审判实践中积极探索“环境司法提前介入制度”。所谓“环境司法提前介入”，是指在环境案件立案之后，审结之前，基于诉讼个案的申请，有确切证据表明，被诉环境污染行为正在对环境造成持续性损害或无法弥补的后果，法院有权做出司法裁定，以临时救济的形式保护环境公益，责令污染者立即停止污染行为，

① 赵卫民等：《树立变革环境保护的科学司法观念——从一起涉环境民事侵权案件说起》，载《司法论坛》2008 年第 23 期，第 75 页。

② 韩卫平、黄锡生：《论我国环境司法的制度障碍及法律对策》，载《2013 年全国环境资源法学研讨会论文集》，第 487 页。

③ Lord Justice Carnwath，“Judicial Protection of the Environment：At Home and Abroad”，*Journal of Environmental Law*，2004，Vol.16，No.3，p.319.

以避免污染进一步扩大。[①]

在昆明中院与市检察院联合制定的《关于办理环境民事公益诉讼案件若干问题的意见》中规定：在紧急情况下，不及时制止被告的行为会严重危害环境时，公益诉讼人可申请禁止令，禁止被告的相关行为。禁止令由人民法院做出，公安机关协助执行。

环保法庭创造的这些做法也被最高人民法院采纳。《最高人民法院关于全面加强环境资源审判工作为推进生态文明建设提供有力司法保障的意见》指出：充分发挥保全和先予执行措施的预防和减损作用，对于保全和先予执行申请，要及时受理、迅速审查、依法裁定、立即执行。

（2）创造“补偿环境”式的责任承担方式。让环境违法者承担修复环境的责任是环境法律责任的应有之义。但此前的环境法律责任承担方式注重对受害人的救济或者对加害人的惩罚，往往忽视了受到损害的环境本身。而环保法庭创造性地设立了一些“补偿环境”式的责任承担方式，让“环境”法律责任更加名副其实。

例如，一些环保法庭在追究危害环境犯罪行为人的刑事责任时，根据行为人对资源的破坏程度，判令行为人复垦、植造“赔偿林”或交纳林木赔偿金，取得较好的法律效果与社会效果。2012 年，在中华环保联合会诉无锡市蠡湖惠山景区管理委员会生态环境侵权案中，无锡市滨湖区人民法院认为：虽然被告建造消防水池和观光电梯同的行为属于社会公益建设的性质，但未获得用地批准，其行为客观上对生态环境造成损害，应当承担相应的民事责任。但如果要求被告原地恢复林地状态，拆除已建大型设施，则是对财富的极大浪费。最终，法院综合考虑苗木选择的合理性、林木养护的便利性和补植方案的可行性等因素，拟订了三套“异地补植”方案，并进行网上公示。在广泛听取民意后，法院最终判令被告于 6 个月内在十八湾荒地补植 4 500 m^2 林木。景区管委会于 2013 年三四月在杨湾地块，投入近 80 万元，开垦种植 7 000 m^2 的城市绿地，法院全程参与监督和验收，并监督景区管委会进行树木的缺陷期（一年）养护。该案产生了良好的社会影响，2014 年 3 月入选最高人民法院第二批保障民生典型案例。在最高人民法院公布的《关于审理环境民事公益诉讼案件适用法律若干问题的解释》第 20 条中，也规定了“原告请求恢复原状的，人民法院可以依法判决被告将生态环境修复到损害发生之前的状态和功能。无法完全修复的，可以准许采用替代性修复方式”，明确了环境司法的恢复性司法理念。

此外，环保法庭在审理环境案件过程当中，充分发挥法官的智慧，探索创新了很多的办法和措施。例如，针对当前环境损害鉴定资质制度的不完善，尝试引入了环保专家的证言制度；创新使用补栽树苗等手段弥补生态损失；为保证裁判的有效执行，实行环境案件回访制度；建立了与行政机关的联动机制；根据审判专业化的要求，尝试建立环

① 顾铮铮：《环境与司法提前介入制度的现状与未来——无锡特色的环境司法应对之策探析》，载《中国环境法治》2012 年卷上期，第 169 页。

保审判专家咨询委员会以及环保专家陪审员制度，等等。[①]这些尝试有很多都已经被最高人民法院发布的《关于审理环境民事公益诉讼案件适用法律若干问题的解释》和《关于适用〈中华人民共和国民事诉讼法〉的解释》所采纳。

总体上看，近年来我国环境司法工作取得了长足的进展，环保法庭、环境公益诉讼等新鲜事物从无到有建立起来，进一步增强了环境司法在解决环境纠纷中的效力。最高人民法院也成立了环境资源保护庭，显示了党中央及最高人民法院对于环境司法的高度重视。

然而，由于一些内部和外部的制约因素，目前环境司法还远远未能符合社会公众的预期，未能严格落实各项立法规定，也未能为环保执法提供充分的保障，“最后一道防线”经常失守。要打造环境司法的“铜墙铁壁”，还有很长的路要走。在下文中，本报告将选择其中一些在实践中比较突出的问题进行分析。

需要指出的是：由于本报告主要关注环境司法中存在的问题，因此，本报告不再分析那些主要由于立法缺失或者立法不合理导致的司法问题，而是集中论述由于司法机关自身存在的问题而导致的司法问题。

5.3 环境司法救济国际经验与地方实践

5.3.1 环境司法救济的国际经验

（1）《奥尔胡斯公约》中的环境司法救济。获得司法救济是《奥尔胡斯公约》的三大支柱之一。根据《奥尔胡斯公约》的规定，司法救济适用于所有环境法律涉及的事务，主要包括三类：①公共当局驳回或未充分处理环节信息的请求；②公共当局关于具体活动的批准、批准程序和决策的决定、作为和不作为；③所有其他个人或公共当局可能违反与环节有关的国家法律的作为和不作为。

《奥尔胡斯公约》第9条“诉诸法律”规定：

1. 每个缔约方应在国家立法的框架内，确保任何人凡认为自己按照第4条所提索取信息的请求被忽视、部分或全部被不当驳回、未得到充分答复或未得到该条所规定的处理，都能够得到法庭或依法设立的另一个独立公正的机构的复审。

2. 每个缔约方应在国家立法的框架内确保：（a）具有充分利益的所涉公众或（b）在缔约方行政诉讼法规定为一项先决条件的情况下，认定某项权利受到损害的所涉公众能够求助于法庭和/或依法设立的另一个独立公正的机构的复审程序，以便就第6条规定范围内的任何决定、作为或不作为在实质和程序上的合法性提出质疑，以及在国家法律有相应规定且不影响以下第3款的前提下，就本公约的其他有关规定在实质和程序上的

① 蔡明：《从环保法庭成立背景、运行现状谈环保审判走专业化之路的必要性、可行性以及对未来发展趋势的构想》，载当代先锋网，http：//www.ddcpc.cn/2011/12/29/32772.html，最后访问时间：2014年8月25日。

合法性提出质疑，界定充分利益及对权利的损害应依照国家法律的规定，并符合广泛让所涉公众能在本公约范围内诉诸法律的目标，为此凡达到第 2 条第 5 款所指要求的任何非政府组织的利益应视为以上（a）项所指充分利益，这种组织也应被视为具有如以上（b）项所指可受到损害的权利。

本款的规定不排除诉诸行政当局初步复审程序的可能性，并且在国家法律有相应规定的情况下不影响关于先用尽行政复审程序然后再诉诸司法复审程序的规定。

3. 除此之外并且在不影响以上第 1 款和第 2 款所指复审程序的前提下，每个缔约方应确保只要符合国家法律可能规定的标准，公众即可诉诸行政程序或司法程序，以便就违反与环境有关的国家法律规定的个人和公共当局的作为和不作为提出质疑。

4. 除此之外并且在不影响以上第 1 款的前提下，以上第 1 款、第 2 款和第 3 款所指程序应提供充分和有效的补救办法，酌情包括指令性的救济办法，这种程序应公正公平及时且费用不致过于昂贵，本条之下的裁决应以书面做出或记录法院的裁决以及可能情况下其他机构的裁决应予公布。

5. 为加强本条规定的有效性，每个缔约方应确保为公众提供关于诉诸行政复审程序和司法复审程序的信息，并应考虑建立适当的协助机制以消除或减少在诉诸司法方面的经济障碍和其他障碍。

由此可见，对于知情权的司法救济，《奥尔胡斯公约》规定“任何人”都可以提起诉讼；对于参与权的司法救济，《奥尔胡斯公约》并没有阻止缔约方像对待知情权的司法救济一样，授予“任何人”诉讼资格，但公约的最低要求是：有充分礼仪或权利被损害的“所涉公众”有资格对第 6 条规定范围内的任何决定、作为或不作为的实质和程序上的合法性提起诉讼。第 2 条第 5 款定义的“所涉公众”是指“正在受到或可能受到环境决策影响或在环境决策中有自己利益的公众”。关于非政府组织，公约明确要求，满足第 2 条第 5 款所指要求的非政府组织应被视为有“充分利益”或者“正在受或可能受到环境决策影响”。

第 9 条第 3 款规定的“与环境有关的国家法律”，既不局限于公约规定的知情权或参与权条款，也不局限于以“环境保护”作为标题的法律，决定因素应是看所涉规定是否与环境有关。关于这一款的诉讼资格，公约要求，只要符合国家法律可能规定的标准，缔约方应确保公众有执行环境法律的起诉资格。履约委员会在函件 ACCC/C/2005/11（比利时）中认为，本公约允许灵活定义能够诉诸法律的环保组织。一方面，不要求缔约方在国家法律中设立公民诉讼体系，让任何人都可以对与环境有关的任何决定、作为或不作为提起诉讼；另一方面，缔约方不可以利用“满足国家法律可能规定的标准”作为借口，建立或维持严苛的标准，以至于有效地阻止了所有或绝大部分环保组织对违反与环境有关的国家法律的作为或不作为提起诉讼。在另一个类似的函件 ACCC/C/2006/18（丹麦）中，履约委员会认为，起诉资格标准不应严苛，以至于有效地阻止了所有或绝大部分环保组织或其他公众对违反与环境有关的国家法律的作为或不作为提起诉讼。[①]

（2）美国环境法律中的“公民诉讼”制度。美国的诉讼制度非常完善，公众也非常“好讼”，对于因为环境污染或者生态破坏侵害他人人身权、财产权的案件，司法救济向来比较充分。美国最引人注目的环境司法救济制度是“公民诉讼”（citizen suit）制度。自 1970 年颁布的《清洁空气法》规定“公民诉讼”条款以来，此后颁布的绝大多数环境法律都规定了“公民诉讼”条款。“公民诉讼”条款一般规定：任何人都可以对违反该法或者根据该法发布的规章的人（包括排污者、美国政府或者其他任何政府部门或机构）提起民事诉讼（civil action）[②]，要求其改正违法行为。国会在其阐述建立公民诉讼制度的理由的报告中认为：建立公民诉讼制度是为了“促进法律执行，保证联邦和各州的行政机关积极履行其职责，并且补充其资源的不足”。[③]“虽然公民诉讼条款各不相同，但是它们共同的目的和功能却很清楚：当政府不执行环境法或将会不执行环境法，或没有遵守环境法的规定，那么公民可以要求其改正。”[④]“公民诉讼”可以说是现代环境公益诉讼的源头。

尽管环境法律中规定“任何人”都可以提起公民诉讼，但在司法实践中，法院根据《宪法》中的“案件或争议”条款，要求原告必须证明自己受到“实际损害”（injury in fact），否则就没有诉讼资格。[⑤]但“实际损害”包括审美利益的损害，因此，原告只要证明由于环境污染或者生态破坏损害了自己的审美利益，就可以证明自己享有诉讼资格。这种证明责任相对而言比较简单。“公民诉讼”在美国的环境法律实施中发挥了极其重要的作用。可以说，在美国环境保护法令的建立和实施的背后，都可以看到公众参与和公民诉讼的影子。“有强有力的证据表明公民诉讼在促使政府部门守法方面发挥了重要作用。”[⑥]套用斯凯利・赖特（J. Skelly Wright）的话来说：公民诉讼保证了在国会大厅中宣布的重要立法目的不会在联邦官僚机构巨大的走廊中迷失方向或者误入歧途。[⑦]

5.3.2 我国西部环境司法及环境维权能力建设

中国政法大学开展了“我国西部环境司法及环境维权能力建设”项目。项目整体目标是促进环境法治，加强环境司法能力，维护环境受害者合法权益，提升环境公益诉讼

① 参见《奥尔胡斯公约执行指南》第 198 页。

② 美国不区分中国法意义上的民事诉讼和行政诉讼。

③ Harold Feld，“Saving the Citizen Suit：the Effect of Lujan v. Defenders of Wildlife and the Role of Citizen Suits in Environmental Enforcement”，*Colum. J. Envtl. L.*，1994，Vol.19，No.141.

④ 玛莎・S. 本森：《环境案件起诉资格、公民诉讼和环境清理责任分摊》，载吕忠梅、王立德：《环境公益诉讼：中美之比较》，北京：法律出版社，2009 年版，第 151 页。

⑤ *Sierra Club v. Morton，Secretary of the Interior，et al.*405 U.S. 727（1972）.

⑥ Cass R. Sunstein，“Standing And The Privatization Of Public Law”，*Colum. L. Rev.*，1988，Vol.88，No.7，pp.1432-1449.

⑦ 斯凯利・赖特（J. Skelly Wright）法官的原话是：“我们（法院）的职责，简言之，就是保证在国会大厅中宣布的重要立法目的不会在联邦官僚机构巨大的走廊中迷失方向或者误入歧途。” see *Calvert Cliffs' Coordinating Comm.，Inc. v. U.S. Atomic Energy Comm'n*，449 F.2d 1109，1111（D.C. Cir. 1971）.

技能。具体目标是提升法官、检察官环境意识及处理环境案件和诉讼的能力，加强法庭处理环境案件尤其是公益诉讼的能力，推动环境侵权司法解释的起草和发布，学习发达国家经验、增强法官、学者和律师保护环境以及处理环境污染案件的国际经验和知识。

项目产出包括如下几个方面：

（1）法官和检察官培训：通过在云南昆明和贵州清镇对中国西部的法官和检察官进行环境法律实务的培训，接受培训的法官检察官实际处理环境案件的意识和能力得到很大提升，对环境司法能力建设进程起到积极作用。此外，项目组还组织了来自地方各级人民法院环保法庭以及最高人民法院的 10 名法官赴欧洲人权法院、欧盟法院、法国最高行政法院、法国艾眠地区上诉法院、意大利最高宪法法院、意大利最高行政法院、博洛尼亚大学等地考察学习，主要就司法制度与环境司法能力建设议题与上述机构的资深法官、环境司法专门检察官、司法警察以及环境法学者等进行了交流和座谈，旁听了相关案件的庭审，极大地提升了参与考察团的法官的环境司法能力。

（2）环境法庭的设立和能力建设：在中国政法大学和云南高级人民法院的共同努力和协商下，本项目协助云南安宁市和福源县人民法院分别设立了环境法庭。项目资助这两个法庭电脑、有关环境理论和案例的法律书籍，这两个环境法庭的法官免费获得中国政法大学法律数据库的权限，从而可以免费阅读有关国内外环境法理论、案例和相关文章，对他们在审理环境案件方面有很大帮助。

（3）促进环境侵权责任和环境公益诉讼研究：召开两次国际会议，超过 120 名来自中国和欧洲学术界和法律实务部门的专家就环境侵权责任和环境公益诉讼的进展和研究交换意见，推动该领域的研究和发展。

5.3.3　贵州环境司法发展实践

瑞典环境科学研究院、中华环保联合会、贵州省环境保护国际合作中心、贵阳公众环境教育中心共同开展了“推动贵州环境司法发展，维护贵州公众环境权益”项目。该项目的目标是通过推动公众参与环境事务，进而推动中国环境司法与环境治理水平的提高。项目实施所在地是中国西部的贵州省。我国第一个环境法庭于 2007 年在贵州省设立，为贵阳地区在保护公众环境权益方面积累了丰富经验。

贵州项目开展了一系列活动，旨在提升公众、政府官员，非政府组织（NGO）、司法机关、企业、律师事务所和志愿律师的环境司法意识和相关知识。包括：发布项目信息材料、建立项目专题网页、出版环境权益维护指导手册、制作活动电视宣传片等。此外，本项目还针对政府官员、环境管理者、律师、NGO 代表和环境执法人员的需求，进行了能力建设活动。通过本项目的实施，推动公众运用环境司法手段维护自身环境权益。同时，该项目也对当地政府部门、律师事务所以及志愿律师、企业和 NGO 进行能力建设，提高当地环境司法执行水平。

5.3.4 陕西、广西、甘肃环境法官培训与能力建设实践

德国国际合作机构中德法律合作项目和西北政法大学环境法研究所共同开展了“陕西、广西、甘肃的环境保护法法官培训”项目，并得到了最高人民法院等相关机构的大力支持。项目旨在通过陕西、广西、甘肃三省（区）法官在学习欧洲最佳实践的基础上，按照法治原则改善环境法的实施状况。项目采纳了“培训培训者”的模式，首先对陕西、广西、甘肃的法官进行课程培训，并通过他们对更多法官进行环境法及环境司法的培训。此外，项目还致力于提高公众对于环境司法的整体意识，针对各利益相关方包括三地的普通百姓展开普法教育。项目结束后，实施团队将尝试把成功的培训模式扩展到中国其他省份。

从 2014 年正式启动以来，历经了八次培训，共培训了将近 300 多名法官、律师及环保组织，被称为新《环境保护法》成立以来规模最大、涉及法官最多的一次专门的环境法法官培训。项目实施的过程中结合欧盟最佳实践经验的基础上，经过大量的实地调研和考察，不仅开发出了非常具有针对性的法官培训教材和课程，而且在项目实施的过程中总结出了很多基于环境司法实际需求的政策建议。

5.4 我国环境司法救济的问题识别

5.4.1 环境民事司法存在的问题

理论上，司法救济通常被称为“正义的最后一道防线”，对于环境污染受害人而言更是如此。然而，从实践来看，目前的环境民事司法并未体现出“最后一道防线”应有的功能。

5.4.1.1 环境民事诉讼立案难

据统计，我国每年的环保纠纷案件有 10 多万件，但真正告到法院的不足 1%。各级法院受理的环境侵权案件更是屈指可数，而其中胜诉的案件又微乎其微。①

10 年来，法院每年审结的环境污染损害赔偿案件的数量，与现实中数量庞大的环境污染事件和环境污染纠纷显然不成比例。如果追究背后的根源，我们可以发现，污染受害人主观上不愿或者客观上不能提起损害赔偿诉讼只是次要原因，许多环境污染损害赔偿诉讼被卡在了立案环节，法院不予立案才是更重要的原因。

依据《民事诉讼法》第 119 条的规定，法院受理民事起诉时只需要做“形式审查”，无须做实体审查，证据是否充足、有没有过诉讼时效等，都不应成为拒绝立案的理由。起诉只需满足四个形式要件——原告与本案有直接利害关系；有明确的被告；有具体的诉讼请求和事实、理由；属于法院受理民事诉讼的范围和受诉法院管辖。根据《民事诉

① 武卫政：《环境维权亟待走出困境》，载《人民日报》2008 年 1 月 22 日第 5 版。

讼法》第 123 条的规定："人民法院应当保障当事人依照法律规定享有的起诉权利。对符合本法第一百一十九条的起诉，必须受理。符合起诉条件的，应当在七日内立案，并通知当事人；不符合起诉条件的，应当在七日内做出裁定书，不予受理；原告对裁定不服的，可以提起上诉。"

"诉权"是公民的基本权利之一。但在现实中，许多地方法院都制定了关于"谨慎受理某些复杂、敏感、疑难案件"的内部规定，[①]并且依据这些内部规定，既不依法受理环境污染损害赔偿案件，也不依法出具不予受理案件的裁定书。

在发生重大、特大环境污染事件之后，法院更是通常不受理由此引发的环境污染损害赔偿案件。例如，2005 年松花江特大水污染事件、2010 年中石油大连漏油事件、2011 年中海油、康菲公司渤海湾漏油事件，直接受害人提起的民事损害赔偿诉讼，法院基本上不予受理。以至于有人质问："环保诉讼立案难，难于上青天？"[②]这些重大环境污染事件往往会给数量众多的受害人造成严重的损害，法院拒绝救济这些受害人，对司法公信力造成了巨大的不良影响。

党的十八届四中全会通过的《中共中央关于全面推进依法治国若干重大问题的决定》指出："改革法院案件受理制度，变立案审查制为立案登记制，对人民法院依法应该受理的案件，做到有案必立、有诉必理，保障当事人诉权。"这说明党中央和最高人民法院都已经意识到法院违法不立案可能产生的后果，因此，需要出台强有力的措施来解决这个问题。2015 年 1 月 30 日最高人民法院发布的《关于适用〈中华人民共和国民事诉讼法〉的解释》第 208 条明确规定了"立案登记制"。[③] 2015 年 4 月 1 日，中央全面深化改革领导小组第十一次会议审议通过了《关于人民法院推行立案登记制改革的意见》，4 月 15 日，最高人民法院发布了该意见及《最高人民法院关于人民法院登记立案若干问题的规定》，自 5 月 1 日起施行。从目前来看，"立案登记制"运行效果良好，[④]全国各地法院登记立案数量显著增长，甚至一些之前被拒绝立案的环境纠纷案件，也被法院立案了。[⑤]

---

① 最典型的就是《山东省高级人民法院新类型、敏感、疑难案件受理意见（试行）》（鲁高法发〔2006〕3 号）。需要指出的是：限制公民的诉权，不仅是地方法院的问题，最高人民法院自己也难辞其咎。最典型的例子就是最高人民法院 2005 年年底发布的《关于人民法院受理共同诉讼案件问题的通知》（法〔2005〕270 号）。

② 刘慧莉：《环保诉讼立案难，难于上青天？》，载《环境保护》2010 年第 13 期，第 66～70 页。

③ 第 208 条第 1 款规定："《人民法院接到当事人提交的民事起诉状时，对符合民事诉讼法第一百一十九条的规定，且不属于第一百二十四条规定情形的，应当登记立案；对当场不能判定是否符合起诉条件的，应当接收起诉材料，并出具注明收到日期的书面凭证。"

④《最高法院新闻发言人通报全国法院实施立案登记制度进展情况》，中华人民共和国最高人民法院网，http://www.court.gov.cn/zixun-xiangqing-14675.html，最后访问时间：2015 年 7 月 2 日。

⑤ 例如，前文提到的武汉锅顶山垃圾焚烧污染侵权案，在实施立案登记制后，终获汉阳区人民法院立案。参见李蒙：《环保诉讼立案有起色——〈立案登记制改革〉专题报道之四》，载民主与法制网：http://www.mzyfz.com/cms/benwangzhuanfang/xinwenzhongxin/zuixinbaodao/html/1040/2015-05-15/content-1124532.html，最后访问时间：2015 年 7 月 2 日。

但“立案登记制”毕竟才刚开始实施，在遇到疑难、复杂、敏感的环境案件时，立案登记制是否能不折不扣地实施，尚需继续观察。

5.4.1.2 无过错责任原则和举证责任倒置规则未得以正确适用

2009年12月《侵权责任法》颁布之后，关于环境污染侵权应当实行无过错责任已经无可争议。然而，长期以来，人民法院在环境侵权案件的审判实践中基本上以“违法性”作为判断侵权责任成立的依据，如在我国东部某基层法院已审结的环境侵权案件中超过六成的案件都是如此。[①]显然，这种做法既违反了法律的明确规定，也不利于保护污染受害人的利益，容易引发社会矛盾。

在举证责任倒置方面，尽管最高人民法院2002年颁布的《关于民事诉讼证据的若干规定》已经明确了环境污染案件实行举证责任倒置，由加害人就法律规定的免责事由及其行为与损害结果之间不存在因果关系承担举证责任，但根据中南财经政法大学环境资源法研究所2007—2009年在全国31个省、自治区和直辖市收集的近10年来的782份环境民事裁判文书来看，关于因果关系的判断，“其中判定‘行为与后果之间没有因果关系’的占37.2%，基本上没有适用因果关系的推定程序规则，也没有发现降低因果关系证明标准的情况。只有2个案件认定‘排放污水是造成鱼塘死鱼的原因’，仅占0.3%；因果关系依赖鉴定结论或明确的法律规定进行判断的占75%，而法官运用证据规则认定因果关系的仅为25%。从收集到的裁判文书看，运用举证责任倒置的仅为49.6%；更令人不解的是，一些文书一边适用举证责任倒置规则，一边仍然坚持运用鉴定结论认定因果关系。”[②]

2015年6月1日，最高人民法院发布了《关于审理环境侵权责任纠纷案件适用法律若干问题的解释》，明确规定“因污染环境造成损害，不论污染者有无过错，污染者应当承担侵权责任。污染者以排污符合国家或者地方污染物排放标准为由主张不承担责任的，人民法院不予支持。”此外还明确规定了被侵权人的举证责任以及污染者如何证明其污染行为与损害之间不存在因果关系。希望随着这个司法解释的出台，各级人民法院都能在环境污染侵权案件中严格适用无过错责任原则和举证责任倒置规则，切实保护污染受害人的合法权益。

---

① 袁春湘：《我国环境司法的现状、问题及相关建议》，载《中国审判》2013年第5期，第99～100页。

② 吕忠梅、张忠民、熊晓青：《中国环境司法现状调查——以千份环境裁判文书为样本》，载《法学》2011年第2期，第87页。一个经典的例子是历经湖南省人民检察院和最高人民检察院两次抗诉，历时五年，先后进行了四次审判的刘德胜诉湖南省吉首市农业机械管理局喷漆环境污染损害案，四次审判的法官均未适用举证责任倒置规则。另一个经典的例子是浙江平湖一起270万尾蝌蚪遭污染之死索赔案，经历了14年的诉讼，从基层人民法院打到最高人民法院。此前，平湖市人民法院、嘉兴市中级人民法院、浙江省高级人民法院高院均未适用举证责任倒置规则。2009年4月2日，最高人民法院做出判决，认为原审历次审理均要求受害人养殖场就污染行为与损害后果的因果关系即水污染是导致蝌蚪死亡的原因承担举证责任，系举证责任分配不当，适用法律错误。

5.4.1.3 法官在处理环境“私益”诉讼案件时仅仅追求个案的“案结事了”不利于保护环境公益

环境污染侵害的一个重要特征就是会同时侵害私益和公益。当污染直接受害人向法院提起诉讼，要求加害人承担侵权责任时，如果法院仅仅着眼于个案的解决，着眼于对于直接受害人本身的救济，拘泥于“不告不理”原则，置环境公益于不顾，不利于环境问题的最优化解决。

“法官对于原告诉讼请求的支持程度，很大程度上表明了法官对于这类案件所涉社会关系以及相应法律秩序的判断。在环境民事案件中，赔偿损失的诉讼请求得到的支持多，意味着法官对环境污染和生态破坏可能造成的不可逆转的后果认识不足，对于环境民事纠纷兼具个人私益与环境公益的性质不明，对于如何维护正常的环境法律秩序还缺乏深刻的理解和把握。在这样的情况下，法官面对当事人的赔偿诉讼请求，有‘一赔了之’的倾向，更关注的是‘赔偿结案’而非环境法律秩序维护，司法能动性严重不足，释明权也就名存实亡了。”①

目前《民事诉讼法》和《环境保护法》已经明确规定了环境公益诉讼制度。从理论上来说，对于环境公益的维护，可以通过提起环境公益诉讼来解决。但实践中，并非对于每起由环境污染的直接受害人提起的侵权纠纷案件，都会有人提起相应的环境公益诉讼。因此，需要法官在一定范围内，行使释明权来“附带”保护环境公益。《最高人民法院关于审理环境民事公益诉讼案件适用法律若干问题的解释》第 9 条规定：“人民法院认为原告提出的诉讼请求不足以保护社会公共利益的，可以向其释明变更或者增加停止侵害、恢复原状等诉讼请求。”虽然这里的释明权针对的是环境公益诉讼，但在某些环境“私益诉讼”中，如果法院发现污染者已经侵害了环境公共利益，并且污染者的污染行为尚未停止，或者尚未对被污染的环境进行修复，并且原告只提出了损害赔偿的请求，那么法官也可以甚至应当依职权向原告释明增加停止侵害、恢复原状等诉讼请求，以最大限度地维护原告的利益。由于原告的“私益”与环境公益存在很大的重叠之处，因此，维护原告的“私益”的同时也就“附带”地维护环境公益。“只有充分考虑到了环境污染侵权案件中的公共利益，才能够防患于未然，避免公民群体性的身体损害发生，避免环境发生不可逆转的损害，避免大规模公民诉讼和群体性抗议的发生；才能够给污染企业以法律警示，防止污染企业为追逐经济利益的目的而有恃无恐，甚至不择手段。”②

如果法官认为在环境污染侵权案件中不宜行使此种“释明权”，那么法院至少应当与环保部门建立一种联动机制。《最高人民法院关于审理环境民事公益诉讼案件适用法

① 吕忠梅、张忠民、熊晓青：《中国环境司法现状调查——以千份环境裁判文书为样本》，载《法学》2011 年第 2 期，第 89 页。

② 赵卫民等：《树立变革环境保护的科学司法观念——从一起涉环境民事侵权案件说起》，载《司法论坛》2008 年第 23 期，第 73 页。

律若干问题的解释》第 12 条规定："人民法院受理环境民事公益诉讼后，应当在十日内告知对被告行为负有环境保护监督管理职责的部门。"本报告认为，法院在审理环境污染侵害私益诉讼案件时，如果发现污染者的违法行为已经侵害了环境公共利益，也应当及时通报环保部门，建议环保部门依法对污染者的违法行为进行查处。

5.4.2 环境行政司法存在的问题

5.4.2.1 对政府部门的监督不够

（1）环境行政诉讼立案难。在现行司法体制下，行政权力对司法审判进行干预，导致行政诉讼案件难受理已成为不争的事实。曾对此问题进行过实地调研的全国人大常委会委员修福金表示，由于地方政府直接或者隐性干预，大量符合行政诉讼审理条件的案件得不到受理。"我们调查了一个市，2010 年到 2012 年行政案件受理率分别为 38.5%、39.12%、35.19%。有的高达 17 282 件案件不予受理。"[①]2014 年 9 月，北京市人大内务司法委员会公布的一项调研显示：从 2011 年至 2013 年，北京行政诉讼立案率连续下降，平均立案率仅 30%左右，一审行政机关败诉的仅 10%左右。[②]

在普通的行政诉讼中，案件受理率已经如此低了。在"敏感"的群体性行政诉讼中，案件受理率可想而知更低。而环境行政诉讼案件往往涉及群体性诉讼，如因为兴建垃圾焚烧厂或者其他具有重大环境风险的项目或者发生重大环境污染事件所导致的行政诉讼。

为了解决行政诉讼"立案难"的问题，2014 年 11 月 1 日新修改的《行政诉讼法》扩大了行政诉讼案件的受理范围，对限制人身自由、房屋土地征收补偿、滥用行政权力、行政机关侵犯公民人身财产权利等 12 种情形法院应予受理。此外，为了贯彻《中共中央关于全面推进依法治国若干重大问题的决定》中提出的"立案登记制"和"建立领导干部干预司法活动、插手具体案件处理的记录、通报和责任追究制度"，新《行政诉讼法》明确规定：行政机关及其工作人员不得干预、阻碍人民法院受理行政案件。人民法院在接到起诉状时对符合本法规定的起诉条件的，应当登记立案。起诉状后不出具书面凭证，以及不一次性告知当事人需要补正的起诉状内容的，当事人可以向上级人民法院投诉，上级人民法院应当责令改正，并对直接负责的主管人员和其他直接责任人员依法给予处分。人民法院既不立案，又不做出不予立案裁定的，当事人可以向上一级人民法院起诉。上一级人民法院认为符合起诉条件的，应当立案、审理，也可以指定其他下级人民法院立案、审理。很显然，这些规定都是"有的放矢"，如果能严格执行，行政诉讼"立案难"的问题将迎刃而解。

各级人民法院实行"立案登记制"一个月之后，各地行政诉讼案件登记立案数量同比增长 221%，其中，天津法院同比增长 7 倍，山西、上海同比增长近 5 倍，浙江同比

① 梁国栋：《挣脱行政诉讼立案难"瓶颈"》，载《中国人大》2014 年第 2 期，第 25 页。

② 乌梦达：《"民告官"立案率 30%，一审"官"败诉 10%》，载《新华每日电讯》2014 年 9 月 26 日第 4 版。

增长近 3 倍。[①]这是一个很好的开始，能否继续保持这种良好的势头，还需要各级人民法院付出艰苦的努力。

（2）环境行政诉讼中法院“偏袒”政府部门的倾向比较明显。即便受理了行政案件，法院判决原告败诉的可能性也非常高。上文提及，2011 年至 2013 年，北京市行政诉讼一审行政机关败诉率仅为 10%左右。另据最高人民法院行政庭副庭长王振宇介绍，“10 年前被告败诉率占 30%左右，近年来下降到 10%以下，有一些省份甚至只有 2%。行政诉讼的上诉率是最高的，申请再审率也是最高的，大概是民事和刑事的 6 倍和 8 倍，有一些地方甚至出现了行政案件件件上诉。”[②]

具体到环境行政诉讼领域，根据中南财经政法大学环境资源法研究所抽样调查的近 10 年 111 件环境行政裁判文书显示，一审环境行政判决结果中原告胜诉的仅为 26.53%，原告败诉的比例高达 73.47%。[③]这个数据显示在环境行政诉讼领域，行政机关的败诉率要高于普通的行政诉讼案件，但这个败诉率是否能真实反映当前我国环境行政执法的总体水平，仍然存在疑问。“从现实中一些环境执法人员在环境执法中玩忽职守、滥用职权而屡招指责的情况看，环境行政机关的执法行为还远没有达到较高依法行政的水平。如何强化司法机关对行政机关环境执法行为的监督，而不是对其一味地支持维护，是在当前以行政纠纷解决模式为主导的环境治理结构中充分发挥环境司法功能所必须考虑的重要问题。”[④]

“民告官，难告赢”的原因十分复杂，很难说主要是由于法院“偏袒”行政机关的后果，也有原告“不会告”以及行政机关做出行政行为完全合法的原因，但无论是学术界还是司法实务界都承认当前法院“偏袒”行政机关的倾向是客观存在的，其主要原因在于法院受制于行政机关的干预，不得不如此。《中共中央关于全面推进依法治国若干重大问题的决定》之所以提出要“建立领导干部干预司法活动、插手具体案件处理的记录、通报和责任追究制度”，新《行政诉讼法》第 3 条之所以明确规定“行政机关及其工作人员不得干预、阻碍人民法院受理行政案件”，显然是为了回应实践中大量存在的行政机关、领导干部违法干预行政诉讼的受理、审理、判决的情形。

建立行政诉讼的目的，就是让司法机关对行政机关做出的行政行为的合法性进行审查。如果法院“偏袒”环保部门的违法行为，不但不能保障相对人的合法权益，弱化“立案登记制”的实施效果，实际上也不利于真正保障环保执法。环保执法水平的提高，需

① 《最高法院新闻发言人通报全国法院实施立案登记制度进展情况》，载中华人民共和国最高人民法院网，http://www. court.gov.cn/zixun-xiangqing-14675.html，最后访问时间：2015 年 7 月 2 日。

② 张渝：《再插手民告官案，拿行政机关“说事”——全国人大常委会办公厅新闻局请有关专家就新修行诉法接受记者采访》，载《大河报》2014 年 11 月 5 日第 A11 版。

③ 吕忠梅、张忠民、熊晓青：《中国环境司法现状调查——以千份环境裁判文书为样本》，载《法学》2011 年第 2 期，第 89 页。

④ 杨林：《实现“美丽中国梦”之环境司法保护图景——以环境司法保护现状为基础的宏观分析与制度设计》，载《山东审判》2013 年第 6 期，第 65 页。

要包括司法机关在内的社会各界的监督。

5.4.2.2 对环保部门申请强制执行不甚积极

在新《环境保护法》修改之前，由于环保部门缺乏强制执行权，[①]如果相对人拒绝履行环保部门做出的处罚决定或者行政命令，环保部门就只能申请法院强制执行。法律没有授予环保部门强制执行权的目的是防止环保部门滥用权力，侵害行政相对人的合法权益。环保部门申请法院强制执行，法院可以通过对环境行政处罚的合法性与合理性审查对其进行监督。[②]如果法院对环保部门的申请强制执行“来者不拒”，显然是背离了法律设计申请法院强制执行制度的本意。但如果法院对环保部门的申请强制执行“拒之门外”，就会让整个环境行政处罚过程“前功尽弃”。

实践中，不同地方的法院对于受理环保部门申请强制执行的案件的积极性存在很大的差异。例如，2005年浙江省慈溪市环保局向慈溪法院提出了188个强制执行的申请，当地法院全部予以执行。[③]2010—2012年，慈溪法院共受理非诉环保行政处罚执行案件706件，执结705件。[④]同样在浙江省，嵊州市就有过法院不肯受理环保局的强制执行申请而使责令停产关闭的处罚决定几年都落实不了的情况。[⑤]与其类似，乐清市人民法院不予执行环保局申请强制执行的非诉行政案件，环境行政处罚文书成为“白条”，最后乐清市环保局无奈之下，于2008年3月上书乐清市人大请求协调。[⑥]

从调研了解到的情况来看，法院受理和执行环境行政处罚非诉执行案件随意性较大，人情似乎成了影响执行效果的关键因素。例如，贵州省环境监察总队副总队长表示，实践中很多法院是想立案就立案，他说对这个企业不执行就不执行，根本不按照法律法规的规定来办案，而且从程序上屡屡刁难环保部门。[⑦]深圳市人居环境委员会相关负责人则表示，他们的执行效果的确不错，但这是因为多年来与法院建立起来的感情与关系。深圳南山区环保部门的负责人表示，南山区执行率较高也是因为与法院的关系协调得比

---

① 2008年修订的《水污染防治法》和2014年修订的《环境保护法》赋予环保部门部分强制执行权，主要是强制拆除排污口或暗管，查封、扣押造成污染物排放的设施、设备。对于相对人拒不缴纳罚款的行为仍然缺乏强制执行权。

② 但有学者认为：“《在我国现行的司法执行模式中，行政强制执行有一个前提，即相对人既不复议，也不提起诉讼。如果对这种没有任何疑义的行政处理决定再进行司法审查，这首先浪费了司法资源。再深层次分析，对已经设置的行政复议和行政诉讼这两种法律制度也是浪费，人们谁还有兴趣去提起行政复议和行政诉讼？毕竟在强制执行前还有法院审查这一关。有鉴于此，在已有行政复议和行政诉讼这两个法律制度外，没有必要再交法院审查。”参见高伟凯：《中国行政强制执行体制的模式选择与构建》，载《南京大学学报》2002年第1期，第41页。

③ 陈卓文、赵璐：《188次申请法院强制执行慈溪环保部门铁腕执法并寻求司法支持》，载《宁波日报》2006年5月8日B03版。

④ 周红：《慈溪法院关于非诉环保行政处罚案件执行情况的调研》，载慈溪市人民法院网，http：//fayuan.cixi.gov.cn/art/2013/7/6/art_10324_1037119.html，最后访问时间：2014年8月25日。

⑤ 陈新荣：《试论我国环保行政强制制度的建立与完善》，载《中国环境管理》2006年第3期，第18页。

⑥ 侯兆晓：《何时不再面对执行尴尬？》，载《中国环境报》2008年11月13日第3版。

⑦ 信息来源于北京大学资源、能源与环境法研究中心于2011年11月2日在贵州省遵义市进行的“贵州省环境监察执法调研”。

较好的缘故。而与法院关系较为“普通”的深圳龙岗区环保水务局 2011 年的处罚执行率则只有 50%左右。[①]

从理论上分析，环保部门做出的处罚决定最终没能执行到位的原因可能有以下几种情形：①法院审查之后认为环保部门的处罚决定违法，因此裁定不予执行；②法院裁定环保部门的处罚决定合法，也去执行了，但被执行人无力履行；③法院裁定环保部门的处罚决定合法，但根本没去执行；④法院根本就没有对环保部门的处罚决定是否合法进行审查，一直拖着，更别提去执行了；⑤相对人拒不履行处罚决定，环保部门也根本没有申请法院强制执行，最后不了了之。

由于缺乏充分的数据，本报告无从得知每一种原因各自占多少比例。但从日常接触到的各种资料以及调研了解到的情况来看，环保部门处罚决定违法、被执行人无力履行、环保部门不申请法院强制执行都不是主要原因，法院对环保部门申请强制执行的不配合才是主要原因。[②]

当然，法院“不配合”也有客观方面的原因，如环保部门申请强制执行的案件数量过多，法院缺乏足够的人力、物力来处理数量如此巨大的非诉行政执行案件。

如果相对人认为环保部门做出的行政处罚决定违法，可以通过行政或司法途径进行救济和纠正。而对于法院拒不受理或执行非诉强制执行案件的违法行为，环保部门没有任何司法上的救济途径。“司法救济已经是‘最后’的防线，如果发生错误，如何救济和纠正？”[③]

新修订的《环境保护法》第 25 条已经赋予环保部门直接“查封、扣押”造成污染物排放设施、设备的权力，“查封、扣押”这两种行政强制措施无须再申请法院强制执行，但实践中运用最频繁的“罚款”，如果相对人拒不履行的话，环保部门还得申请法院强制执行。由于新《环境保护法》规定了“按日计罚”制度，可以预见环境行政处罚的数额会更高，违法排污者更有可能以种种理由拒不履行，因此，就更需要法院积极协助环保部门去强制执行。如果法院做不到这一点，那么“按日计罚”的威慑力很可能无法充分发挥出来。

依据新《环境保护法》，环保部门的执法力度进一步加大，环境行政处罚的案件数量有很大的增长，相应地需要申请法院强制执行的案件数量也有一个较大的增长。法院应当及时在人力、物力和相关配套制度方面做好相应的应对措施，积极监督并协助环保部门执行已经做出的处罚决定或者其他行政命令。对于拒不履行义务的被执行人的法定代表人、主要负责人，法院执行部门应当依法采取罚款、拘留直至追究刑事责任等方式予以制裁，以提升环境行政处罚和其他行政命令的执行率。

---

① 信息来源于北京大学资源、能源与环境法研究中心于 2011 年 12 月 6 日在深圳市人居环境委员会对深圳市环境执法情况所作的调研。

② 严厚福：《环境行政处罚执行难中的司法因素：基于实证的分析》，载《中国地质大学学报》（社会科学版）2011 年第 6 期，第 26 页。

③ 张晏：《中国环境司法的现状与未来》，载《中国地质大学学报》（社会科学版）2009 年第 5 期，第 23 页。

5.4.2.3 对公众程序性环境权利的司法救济保护不够

公众参与已经成为环境保护不可或缺的一部分。2014年新修订的《环境保护法》更是明确规定了公众的知情权、参与权和监督权。[①]法谚有云："无救济则无权利。"如果缺乏对公众程序性环境权利的司法救济，这样的权利也难免成为"泡沫权利"。[②]反之，"若能使公众对于有争议的程序行政行为及时诉诸司法，不仅可以使公众参与落到实处，也能最大限度地减少体制外的抗争所引发的社会成本。"[③]

目前我国司法机关对环境知情权受到侵害的救济相对而言比较完善，根据《最高人民法院关于审理政府信息公开行政案件若干问题的规定》（法释〔2011〕17号）第1条规定，公众可以在"向行政机关申请获取政府信息，行政机关拒绝提供或者逾期不予答复的"情形下提起行政诉讼。但前提是原告能够证明其申请公开该项信息是出于"生产、生活、科研"等特殊需要。如果公众不能证明，则法院会认为原告不具有"诉的利益"，一般不会受理，或者会驳回起诉。

目前司法机关对于公众程序性参与权受到侵害的救济非常有限。以《行政许可法》为例，《行政许可法》第36条规定："行政机关对行政许可申请进行审查时，发现行政许可事项直接关系他人重大利益的，应当告知该利害关系人。申请人、利害关系人有权进行陈述和申辩。行政机关应当听取申请人、利害关系人的意见。"第47条规定："行政许可直接涉及申请人与他人之间重大利益关系的，行政机关在做出行政许可决定前，应当告知申请人、利害关系人享有要求听证的权利；申请人、利害关系人在被告知听证权利之日起五日内提出听证申请的，行政机关应当在二十日内组织听证。"由此，如果在行政许可过程中行政机关未能对利害关系人尽到告知义务，或者拒绝申请人、利害关系人陈述和申辩，或者申请人或利害关系人要求听证而未予听证的，申请人、利害关系人可以提起行政诉讼。具体到环保领域，如在环境影响评价文件审批过程中，如果建设项目存在重大环境风险，可能会对附近居民的人身权、财产权造成严重威胁；环保部门在审批过程中如果未告知利害当事人，听取利害当事人陈述和申辩，或者未召开听证会征求利害当事人意见的，利害关系人可以提起行政诉讼。

实践中，由于《行政许可法》规定的"直接关系""重大利益"过于模糊，且以"行政机关审查时发现……"为前提，相当于是否让利害关系人知情和参与完全取决于行政机关的判断，而这种判断的依据是什么，《行政许可法》本身未做任何交代。[④]即便行政机关明知该许可与他人之间有重大利益关系，却假借审查后没有发现或者发现后不予通

① 《环境保护法》第53条：公民、法人和其他组织依法享有获取环境信息、参与和监督环境保护的权利。

② 林华：《因参与、透明而进步：互联网时代下的公众参与和政府信息公开》，载《行政法学研究》2009年第2期，第90页。

③ 沈跃东：《论程序行政行为的可诉性——以规划环境影响评价公众参与为视角》，载《行政法学研究》2012年第3期，第12页。

④ 从学理上分析，未来如果修改《行政许可法》，以"涉及他人合法利益"取代"重大利益"可能是一个更好的选择。

知，也不用承担任何责任。正因为如此，尽管2004年原国家环保总局就已经颁布了《环境保护行政许可听证暂行办法》，[①]但实际上全国各地环评审批过程中召开听证会的例子屈指可数，环保部更是直至该办法颁布近10年之后，在2013年12月才第一次召开环评审批听证会。实践中，有不少利害关系人以环保部门违反法定程序，未告知当事人听证为由提起过行政诉讼，[②]但很少见到法院撤销环保部门未进行告知或听证程序做出的决定。本来，由于法律本身的模糊性导致行政机关享有过大的自由裁量权，在许多具体案件中已经很不合理地侵害了利害关系人的参与权，在这种情况下，如果司法机关依然不适用正当法律程序原则对利害关系人的参与权进行救济，难免使得利害关系人名义上享有的参与权名存实亡。

除了"未告知""未召开听证会"之外，环境行政许可过程中另外一些更纯粹的程序性事项也会影响利害关系人的参与权。例如，利害关系人的代表性不够均衡、参与期限太短、参与程序规则不够公平、环保部门未对利害关系人提出的意见做出必要的回应等。根据目前的司法政策，这些程序性权利侵害均不能获得司法救济。事实上，我国司法机关对于行政许可中的程序性事项，一直都是秉持不可诉是原则、可诉是例外的态度。[③]《最高人民法院关于审理行政许可案件若干问题的规定》（法释〔2009〕20号）第3条规定："公民、法人或者其他组织仅就行政许可过程中的告知补正申请材料、听证等通知行为提起行政诉讼的，人民法院不予受理，但导致许可程序对上述主体事实上终止的除外。"换言之，只要行政机关没有赤裸裸地"剥夺"利害关系人的参与权，而是悄悄地"限制"利害关系人的参与权，如只给利害关系人很短的准备时间、很短的发言时间、不采纳其意见并且不做出合理说明等，利害关系人就无法获得司法救济。

长期以来，我国的《行政诉讼法》《行政许可法》等法律都是重实体、轻程序。但随着法治的进步，环境法律赋予了公众更多的程序性权利，公众对正当法律程序提出了越来越高的要求。如果司法机关不能合理地回应这种需求，那么环境法律设计的公众参与制度再完美，最终也难免成为空中楼阁。

---

① 第6条规定：对于对环境可能造成重大影响、应当编制环境影响报告书的建设项目，或者可能产生油烟、恶臭、噪声或者其他污染，严重影响项目所在地居民生活环境质量的建设项目，如果公众与有关单位、专家的意见存在重大分歧的，环保部门在审批之前可以举行听证会。但这里的措辞只是"可以"，而非《行政许可法》第47条规定的"应当"。

② 例如，楚德升诉郑州市环境保护局等环保行政审批纠纷案［河南省郑州市中原区人民法院行政判决书（2011）中行初字第82号；河南省郑州市中级人民法院行政判决书（2012）郑行终字第135号］；李君明等诉深圳市龙岗区环境保护和水务局环境影响评价批复撤销案［广东省深圳市龙岗区人民法院行政判决书（2011）深龙法行初字第116号］。

③ 赵大光、杨临萍、王振宇：《最高人民法院〈关于审理行政许可案件若干问题的规定〉的理解与适用（上）》，载《法制日报》2010年1月6日第12版。

5.4.3 环境刑事司法存在的问题

5.4.3.1 “两高”颁布新的司法解释前大量涉嫌污染环境犯罪的案件未被追究刑事责任

从 2002 年至 2011 年，全国法院共审结破坏环境资源保护犯罪案件 81 435 件，其中审结重大环境污染事故犯罪案件 109 件。①远远少于同期发生的突发环境污染事件的数量。②

实践中，司法机关在追究污染环境罪时“抓小放大”的倾向十分明显，近年来后果最严重的几起环境污染事件，如 2005 年松花江水污染事件、2010 年大连漏油事件、2011 年渤海湾漏油事件，没有任何人被追究污染环境犯罪的刑事责任。松花江水污染事件发生之后，国家环保总局政法司别涛副巡视员曾毫不含糊地指出：“吉化公司造成重大环境污染事故，涉嫌犯罪，环保行政部门应当按规定及时移送有关材料，并积极配合司法机关立案侦查。”③但最终的结果却是不了了之。

2013 年 6 月，最高人民法院、最高人民检察院发布了《关于办理环境污染刑事案件适用法律若干问题的解释》，极大地降低了污染环境罪的入罪门槛，使我国对污染环境犯罪的追究力度一跃进入世界先进甚至世界领先的行列。此后，环境保护部和公安部联合出台了《关于加强环境保护与公安部门执法衔接配合工作的意见》，环境保护部办公厅印发了《关于加强环境保护行政执法与刑事司法衔接工作的通知》，许多省、自治区、直辖市环保厅（局）与公安厅（局）等司法机关联合出台了办理环境污染犯罪案件的相关程序，确立了联动执法的工作方式。总之，各级环保部门和公安机关显著加大了对于涉嫌污染环境犯罪的案件的移送力度和打击力度。环保部统计数据显示：2013 年，各级环保部门全年共向公安机关移送涉嫌环境犯罪案件 706 件，移送数量超过以往 10 年总和；公安机关受理 637 件，以污染环境罪判决 109 件，抓捕犯罪分子 186 人。④2014 年，各级环保部门向公安机关移送涉嫌环境违法犯罪案件 2 080 件，是过去 10 年总和的 2 倍。⑤

自此，环境刑事司法终于开始“爆发”，同时反衬出前十多年我国环境刑事司法多么“疲软”。我们希望，各级司法机关对于污染环境犯罪的这种高压态势能够成为一种

---

① 袁春湘：《我国环境司法的现状、问题及相关建议》，载《中国审判》2013 年第 5 期，第 99 页。

② 《国家突发环境事件应急预案》规定“发生 3 人以下死亡”的，属于“一般事件”；而无论是 2006 年的《关于审理环境污染刑事案件具体应用法律若干问题的解释》还是 2013 年的《关于办理环境污染刑事案件适用法律若干问题的解释》，均规定“致使一人以上死亡”就应当追究刑事责任。因此，只要发生了人为原因导致的突发环境事件，理论上都应当追究危害环境犯罪的刑事责任。

③ 别涛：《重大环境污染事故不容忽视——再谈吉化公司污染事故的环境法律问题》，载《绿色视野》2006 年第 2 期，第 31 页。

④ 郄建荣：《去年涉嫌环境犯罪移送案件数量大增以污染环境罪抓捕 186 人判决 109 件》，载《法制日报》2014 年 6 月 13 日第 6 版。

⑤ 《环保部部长陈吉宁作反馈报告时表示去年移送案件 2 080 件取缔小作坊 3 102 个》，载中国人大网：http: //www.npc.gov.cn/npc/xinwen/jdgz/2015-06/30/content_1939978.htm，最后访问时间：2015 年 7 月 2 日。

常态，真正发挥环境刑法的威慑作用。

5.4.3.2 对危害环境犯罪适用的刑事责任过轻

本来，我国刑法中规定的危害环境犯罪的法定刑与美、德、日等发达国家刑法以及印度等发展中国家刑法有关环境犯罪的量刑相比就偏轻。[①]在司法实践中，“环境刑事案件的一个较为突出的现象，即虽然都做了有罪判决，但量刑普遍较轻，且大多使用缓刑和罚金。”[②]进一步降低了环境刑法的威慑力。例如，环境案件较多的云南法院在2006年至2008年9月因环境犯罪判处缓刑1 140人，单处罚金95人，免于刑事处罚10人，达到环境犯罪判决总人数的72.85%；[③]温州市各级人民法院2012年至2014年2月共审结134件环境刑事案件，105件适用缓刑，占比高达78.36%。[④]

“环境犯罪量刑的轻缓化体现了人民法院掌握宽严相济刑事政策从宽的一面，然而由之而来的犯罪成本低廉化对环境犯罪的打击也似乎较为不利。”[⑤]“就我国环境犯罪的刑事处罚而言，刑罚力度显著轻微，已经不能起到刑法对犯罪行为的惩罚、警戒、教育等基本作用。特别是重大环境污染事故案件的量刑问题，长期以来一直受到社会舆论广泛关注。在一些案件的审判中，非但没有对公众产生警戒、教育作用，反而会引发人们对法律权威甚至环境保护目标的质疑。”[⑥]2009年江苏省盐城市水污染事故最终以“投放危险物质罪”定罪量刑曾经引发了广泛的争议。从法院的角度来看，也不乏对于“重大环境污染事故罪”法定性偏轻，难以“服众”的考量。

当前，我国环境形势仍然十分严峻，党中央、国务院已经下了最大的决心来治理环境污染，推进生态文明。实践中绝大多数涉嫌污染环境犯罪的行为人主观恶性较大，污染环境的后果导致的“民愤”也较大，量刑的轻缓化，会让行为人以及潜在的违法者产生“污染环境犯罪的后果不过如此”的错误观念，既不符合罪责刑相适应原则，也不符合目前对污染环境犯罪高压严打的政策要求和公众期待。2013年12月，江苏省高级人民法院、江苏省人民检察院联合发布了《关于依法办理环境保护案件若干问题的实施意见》，要求对污染环境犯罪要审慎适用缓刑；对被告人判处缓刑的，可以同时宣告禁止令，禁止其在缓刑考验期内从事与排污工作有关的活动。本报告赞同这种做法，在追究污染环境犯罪的刑事责任时，应当慎用缓刑和轻刑（包括自由刑与罚金刑）。

---

① 沈晓悦、李萱：《增强国家环境司法力量》，载《中国环境报》2010年7月8日第2版。

② 吕忠梅、张忠民、熊晓青：《中国环境司法现状调查——以千份环境裁判文书为样本》，载《法学》2011年第2期，第90页。

③ 况继明、沈竞舟：《云南法院环境司法保护实践与探索》，载《中国环境法治》2009年卷·上，第158页。

④ 浙江省温州市中级人民法院课题组：《环境司法的困境、成因与出路》，载《法律适用》2014年第6期，第82页。

⑤ 杨林：《实现“美丽中国梦”之环境司法保护图景——以环境司法保护现状为基础的宏观分析与制度设计》，载《山东审判》2013年第6期，第64页。

⑥ 沈晓悦、李萱：《增强国家环境司法力量》，载《中国环境报》2010年7月8日第2版。

5.4.4 环保法庭存在的问题

如前文所述，自从2007年11月贵阳市中级人民法院环境保护审判庭和清镇市人民法院环境保护法庭成立以来，各级环保法庭为促进我国环境司法的进步做出了巨大的贡献，但也不可避免地面临一系列体制和机制上的障碍，从而限制了环保法庭的制度潜能。

5.4.4.1 基层人民法院设立环保法庭无法律根据

实践中，绝大多数的环保法庭均设置在基层人民法院。如前文所述，截至2014年9月16日，全国20个省、市、区人民法院设立的368个环保法庭中，基层人民法院设立的环境资源审判机构多达291个，占总数的79.1%。[①]

根据目前《人民法院组织法》的规定，中级、高级和最高人民法院可以根据需要设立其他审判庭，但是并没有赋予基层人民法院这一权力。[②]事实上，最高人民法院早在1989年就对武汉市硚口区人民法院设立环保法庭明确表态："环保法庭与人民法庭性质不同，目前在基层人民法院设立环保法庭尚无法律根据，为适应实际需要，可在武汉市硚口区人民法院有关审判庭内设立专门审理环保案件的合议庭进行试点，并注意总结经验。"[③]

《人民法院组织法》是公法，法无规定则不可为。"无论现有的环境问题如何严峻，我们也不能突破现行法律规定来进行司法制度创新。"[④]如果要在基层人民法院设立环保法庭，就必须对《人民法院组织法》进行修改，或者在其他相关法律中进行明确授权。

本报告建议：作为一种补救措施，在《人民法院组织法》修改或者其他法律明确授权之前，为了避免"违法"的嫌疑，一种可行但不那么完美的替代方案是：名义上取消基层人民法院设立的独立于其他审判庭的"环保法庭"（无论其具体名称是"环境保护审判庭""环境资源审判庭""生态环境保护审判庭""环境保护案件审判庭"还是其他），改为"有实无名"的环境审判合议庭，由比较固定的合议庭成员专门负责审理环境案件。环保合议庭是体制内的内部机构，并不违反《人民法院组织法》。

5.4.4.2 按照行政区划设置的环保法庭作用有限

我国已经设立了300多家环保法庭，但由于案件少，大部分环保法庭形同虚设，形式意义大于实质意义。以2013年的办案情况为例，一些省市的环境资源审判机构2013年度结案量为零，如北京、上海、天津、广西、河南、山西、陕西、广东、内蒙古、湖

---

① 高环智：《提高环境司法水平实现环境治理法治化——关于全国环境资源审判机构设置及现状的调研报告》，载《人民法院报》2014年12月3日第8版。

② 《人民法院组织法》同样没有授权基层人民法院设立行政庭，但1990年的《行政诉讼法》第3条（2014年修订后的第4条）规定"人民法院设行政审判庭，审理行政案件"，因为本条并未限定"人民法院"的级别，因此这一条可以视为是对基层人民法院设立行政庭的一个授权。

③ 参见1989年2月10日《最高人民法院对〈关于武汉市硚口区人民法院设立环保法庭的情况报告〉的答复》[法（经）函〔1989〕19号]。

④ 刘超：《反思环保法庭的制度逻辑——以贵阳市环保审判庭和清镇市环保法庭为考察对象》，载《法学评论》2010年第1期，第123页。

南、新疆、宁夏、西藏、湖北等。还有一些法院“等米下锅”现象明显，如河北 11 个环境资源审判机构有 24 名法官，一年环境案件结案总量为 24 件，平均每人一年结案 1 件；江苏省 5 个环境资源审判机构一年共结案 5 件；浙江 2 个环境资源审判机构一年共结案 3 件。[①]

设立环保法庭的初衷在于回应现实中环境司法的需求，重要的不在数量多，而在于能够解决问题，因此环保法庭应当按地方的生态环境状况、经济发展需求来设立，没有必要“遍地开花”。

目前，地方法院审理环境案件的最大障碍之一就是地方政府对独立审判的不当影响。因此，理想状态下，环保法庭最好应当跨区域设置，这样才能够有效处理跨流域跨区域的环境案件，减少“地方保护主义”对案件审理的干扰，并且才能有比较充分的案源。但目前跨区域设置的环保法庭数量很少，绝大多数都是按照行政区划设置的，这样的环保法庭在解决跨界环境纠纷时并无优势。

为了有效应对跨区域的环境纠纷，一个值得考虑的方案是在现有的海事法院内设立“环保法庭”。海事法院本身就是跨区域设置的，在现有的法院体系下最适合解决跨界环境纠纷。[②]如果能在海事法院设置一个“环保法庭”，显然能比现有的按照行政区划设立的环保法庭发挥更大的作用。而且海事法院是现成的，新设一个审判庭的改革成本相对也较低。

海事法院对跨界环境纠纷行使管辖权的收益主要是能够更公正地提供司法救济。而提供更公正的司法救济正是司法机关最重要的目标，也是公众尤其是受害人对于司法机关的最高期待。所以，如果能实现这个目标，付出一定的成本显然是值得的。更何况，根据上文的分析，这种改革的成本相对较小。相对于可能带来的巨大收益，这种成本完全可以接受。

此外，由海事法院统一审理辖区内的跨界环境纠纷案件，而不是由各个普通法院单打独斗地审理此类案件，可以获得“规模效益”，既有利于节约司法资源，也有利于快速积累经验和知识，提高法院和法官的专业化水平，从而更好更快地处理此类案件。

另一种提升环保法庭效力的思路是新建跨区域的环境法院。在 2014 年 5 月底最高人民法院召开大力推进环境资源审判工作座谈会上，清华大学法学院王明远就建议：要解决深层次的生态系统整体化的需求和行政管理地方化、局部化割裂的矛盾，可以考虑在大区层面建立专门的环境法院，即在最高人民法院之下，在东北地区、西北地区、华北地区、华中地区、华南地区、西南地区等设立大区法院，对上与最高人民法院衔接，对下与中级甚至基层人民法院进行业务上的衔接。[③]与此同时，“可以考虑在各省、自治

---

① 孙佑海：《对当前环境资源审判若干问题的分析和对策建议》，载《人民法院报》2014 年 9 月 17 日第 8 版。

② 严厚福：《海事法院对跨省水污染纠纷的管辖权问题研究》，载《京师法律评论》2013 年第 7 卷，第 103～108 页。

③ 李成思：《环保法庭建设尚存五大问题专家建议最高法设立环境资源审判机构》，载《中国环境报》2014 年 6 月 11 日第 8 版。

区、直辖市行政区域内根据环境案件情况设立跨区域的中级人民法院建制的环境法院，并在环境法院下设立流动的环境巡回法庭，审理各类普通环境一审案件。”[①]这种模式的环境法院更加“名副其实”，但由于是全新的创造，相对于在现有的海事法院的基础上进行改革，其成本要更高。[②]

无论采用哪种改革方案，设立跨区域的环保法庭都势在必行。党的十八届三中全会通过的《中共中央关于全面深化改革若干重大问题的决定》提出“探索建立与行政区划适当分离的司法管辖制度”。党的十八届四中全会通过的《中共中央关于全面推进依法治国若干重大问题的决定》指出：“最高人民法院设立巡回法庭，审理跨行政区域重大行政和民商事案件。探索设立跨行政区域的人民法院和人民检察院，办理跨地区案件。完善行政诉讼体制机制，合理调整行政诉讼案件管辖制度，切实解决行政诉讼立案难、审理难、执行难等突出问题。”2014 年 12 月 2 日，中央全面深化改革领导小组第七次会议审议通过了《最高人民法院设立巡回法庭试点方案》和《设立跨行政区域人民法院、人民检察院试点方案》。2014 年 12 月 28 日，十二届全国人大常委会第十二次会议表决通过任免名单，任命刘贵祥为最高人民法院第一巡回法庭庭长、胡云腾为最高人民法院第二巡回法庭庭长，此外还任命了四位巡回法庭副庭长。这标志着最高人民法院巡回法庭试点正式启动。同日，上海市成立了跨行政区域的第三中级人民法院。2014 年 12 月 30 日，北京市也成立了跨行政区域的第四中级人民法院。值得注意的是，上海市和北京市新设立的两个跨行政区域的中级人民法院管辖的一审案件中，均包括“跨地区的重大环境资源保护案件”。

根据最高人民法院 2015 年 1 月 28 日发布的《关于巡回法庭审理案件若干问题的规定》，最高人民法院设立的巡回法庭相当于最高人民法院的派出机构，在审级上等同于最高人民法院，巡回法庭的判决效力等同于最高人民法院的判决，均为终审判决。本报告认为，最高人民法院成立巡回法庭，无疑能在一定程度上促进对跨行政区域的环境案件的公正审理，但这种作用可能比较有限。

从理论上来说，目前最有必要成立的审理跨行政区域重大案件的法院应当是管辖范围跨省级行政区域，但审级为高级人民法院级别或者中级人民法院级别（如现在的海事法院）的法院；以及一省之内，管辖范围跨市级行政区域，但审级为中级人民法院级别的法院，如上海市新设立的第三中级人民法院和北京市新设立的第四中级人民法院。这样就可以保证跨行政区域（包括跨县、跨市、跨省）的重大案件，在一审和二审当中，至少有一次能够在跨行政区域设立的法院中获得审理。对于那些由高级人民法院一审，最高人民法院二审的跨行政区域的案件，我们有理由相信，在二审的时候，最高人民

① 杨林：《实现“美丽中国梦”之环境司法保护图景——以环境司法保护现状为基础的宏观分析与制度设计》，载《山东审判》2013 年第 6 期，第 66 页。

② 此种改革方案类似目前正在推进的知识产权法院。2014 年 8 月 31 日，全国人大常委会通过了《关于在北京、上海、广州设立知识产权法院的决定》，规定知识产权法院对案件实行跨区域管辖。在知识产权法院设立的三年内，可以先在所在省（直辖市）实行跨区域管辖。

法院——无论是最高人民法院本部，还是最高人民法院的巡回法院——肯定会公正处理。[①]公众，尤其是案件当事人所担忧的，是那些由普通的基层人民法院或者中级人民法院一审，由普通的中级人民法院或者高级人民法院二审的跨行政区域的案件。如果两次审理的法院均是按照行政区划设置的，其判决的公正性就可能受到质疑。

以跨省的环境案件为例。当前，跨省的环境案件，以中级人民法院一审居多。[②]无论在原告还是被告所在地的中级人民法院一审，二审都将由原告或者被告所在地的省高级人民法院审理。也就是说，这些案件的一审和二审当中，没有一次是在跨行政区域的法院中审理的，可能存在"偏袒"某一方当事人的嫌疑。而如果最高人民法院设立的"巡回法庭"是高级人民法院级别的，那么，在这种案件中，无论一审是在原告还是被告所在地的中级人民法院审理，二审都可以在跨省的"巡回法庭"审理，至少二审的结果可以让原被告双方及公众都觉得比较"公正"。但目前最高人民法院设立的"巡回法庭"在审级上等同于最高人民法院，因此，如果仍然由中级人民法院来管辖跨省的环境案件的一审，二审的时候就不能由巡回法庭来管辖，巡回法庭也就无法发挥"审理跨行政区域的重大案件"的作用。而如果规定跨省的重大环境案件统一由高级人民法院一审，那么在审级上等同于最高人民法院的巡回法院的地位就更加尴尬——因为，即便没有巡回法院，二审本来也是由最高人民法院审理的，巡回法庭的作用只是相当于将二审的审理地点从北京改为其他城市。换言之，目前这种模式的"巡回法庭"，意义仅在于"推动审判机关重心下移、就地解决纠纷、方便当事人诉讼"，[③]似乎很难起到"审理跨行政区域的重大案件"的作用。

目前，管辖范围跨省级行政区域但审级为中级人民法院级别的法院已经有海事法院作为先例。无论是在现有的海事法院的基础上，通过修改法律赋予其管辖一般跨省重大

① 即便案件当事人认为最高人民法院的处理不公正，根据现在的法律框架，也只能接受这样的结果了。

② 例如，浙江嘉兴的"沉船拦污事件"：浙江省嘉兴市秀洲区自从 20 世纪 90 年代以来，频频遭受来自江苏省苏州市吴江盛泽镇麻溪江的跨界水污染，群众意见极大，但是一直得不到解决。2001 年 11 月 21 日深夜，嘉兴数千名村民自筹资金 100 万元，动用 8 台推土机、数万只麻袋，自沉 28 条水泥船截断河流，堵塞麻溪江上盛泽至嘉兴间的航道，以此阻断来自盛泽镇的污水。该事件震惊了中央政府，时任国务院总理朱镕基和副总理温家宝先后做出批示，要求水利部、国家环保总局和相关地方政府部门妥善处理该事件。事件发生之后，嘉兴 47 户因污染遭受巨大损失的渔民向嘉兴市中级人民法院起诉江苏盛泽的 21 家印染企业，索赔 710 万元。2002 年 12 月，嘉兴市中级人民法院做出一审判决，47 户渔民胜诉。被告不服一审判决，向浙江省高级法院提起上诉。2003 年 8 月，浙江省高级人民法院做出终审判决：21 家被告连带赔偿 47 名原告损失总计 789 万元。

连云港市石梁河水库污染案件。石梁河水库是江苏省最大的人工水库，位于连云港市北部的东海、赣榆两县境内，与山东省临沭县接壤。从 1998 年起，库区农民投入大量资金发展网箱养殖，但 1999 年 7 月至 2000 年 6 月，他们在汛期内先后 3 次遭受上游山东临沭县一些工厂污水集中下泄导致的"灭顶之灾"，3 030 只网箱中的在养鱼苗全部死亡，造成直接经济损失 560 余万元。2001 年 3 月，97 户农民向连云港市中级人民法院提起诉讼，要求造成污染的山东省相关单位赔偿经济损失。同年 12 月，连云港市中级人民法院做出一审判决，判决山东省某纸业公司、山东省某县化工总厂连带赔偿 560.4 万元。被告不服提起上诉，2002 年 4 月，江苏省高级人民法院依法做出终审判决，维持原判。

③ 罗书臻：《最高人民法院巡回法庭分别设在深圳、沈阳》，载《人民法院报》2014 年 12 月 30 日第 1 版。

环境案件的权限，还是新成立一种与海事法院的管辖范围和审级类似的普通跨省级行政区域法院，相对于新成立管辖范围跨省级行政区域但审级为高级人民法院级别的法院而言，改革成本要更低一些，因此相对来说是一种更加可行的方案，尤其是考虑到最高人民法院刚刚设立了最高级别的巡回法庭，不太可能在短期内再次组建管辖范围跨省级行政区域但审级为高级人民法院级别的法院。但就理想状态而言，如果将来最高人民法院能够组建管辖范围跨省级行政区域但审级为高级人民法院级别的法院，那就更完美了。

5.4.4.3 “三合一”“四合一”的审判机制无法弥补缺乏专门的环境诉讼机制的缺陷

“环境司法的专门化是大势所趋。所谓专门化不仅是司法机构的专门化，也包括其他配套制度的专门化。传统诉讼制度对环境司法存在诸多内生性障碍，需要构建与环境案件特点相适应的专门环境诉讼制度来推进环境的司法保护。”[①]

环境法作为新型法律，具有综合性或者跨法域的独特个性，其制度有明显的公法私法化或私法公法化的趋势。这些都要求有相应的诉讼制度予以保障。中国当前在诉讼制度方面不承认第三法域的存在，按照传统的三大诉讼设立审判机构，并且严格分工。尽管设立有附带诉讼制度，但很少被使用。一些新类型案件被简单按照传统的诉讼原则进行审理，不能正确区分传统法律与新型法律调整的社会关系的不同特性，不能综合考虑私权与公益、权利与权力、个人与社会、政府与社会的关系，导致案件处理的偏颇与不妥帖，甚至导致错误。[②]在已经成立的环保法庭中也是如此，专门的环保法庭并不适用专门的环境诉讼机制，其适用的程序和规则也分别将是刑事诉讼机制、民事诉讼机制和行政诉讼机制，这些既有的诉讼机制的适用难以关照或者兼顾环境诉讼具备的以下一些基本特征：①公法手段对私法领域的介入，导致行政权的扩大以及对民事权利的直接裁量；②对行政权、民事权利主张的双重审查；③社会公共利益的裁量；④无过错责任和公平责任的运用。[③]无论是刑事、民事、行政案件统一管辖的“三合一”，还是刑事、民事、行政与执法案件统一管辖的“四合一”模式，环保法庭运作的内核还是适用传统的诉讼机制而没有适用专门的环境诉讼机制，因为环境诉讼有着上述与传统三种诉讼的不同之处，这种体制不但不能应对上述环境诉讼，而且演进到最后要么是持续司法资源的

---

① 韩卫平、黄锡生：《论我国环境司法的制度障碍及法律对策》，载《2013 年全国环境资源法学研讨会论文集》，第 486 页。

② 例如，关于在环境民事诉讼中如何对待环保局依职权处理所做出的调查结论问题，按照现行的《民事诉讼法》和《行政诉讼法》，分别由民事审判庭和行政审判庭审理，可能出现以下尴尬：按照《环境保护法》的规定，根据受害人的请求，环保局经过调查，可能得出的一种结论是致害人行为构成污染，应由致害人承担赔偿责任。于是，受害人以此结论为依据提起环境民事诉讼，请求损害赔偿。致害人不服此决定，提起行政诉讼，请求撤销此环保局的行为。随后就可能出现民事审判庭以此为依据决定损害赔偿，行政庭认为环保局对致害人承担赔偿的判决不合规定而予以撤销。参见吕忠梅：《环境行政司法：问题与对策——以实证分析为视角》，载《法律适用》2014 年第 4 期，第 5 页。

③ 具体分析参见吕忠梅：《环境诉讼初探——有没有环境诉讼？》，载吕忠梅、徐祥民：《环境资源法论丛》（第 3 卷），北京：法律出版社，2003 年版，第 318～332 页。

重复配置，要么面临"兔死狗烹"，被重新划归刑事、民事和行政审判庭的命运。[①]

因此，"要预期发挥环保法庭在解决环境纠纷中的作用，必须重视专门环境诉讼机制的构建。专门的环境诉讼机制在价值追求和制度安排上，需要改变把环境案件纳入传统诉讼模式，区分为环境民事诉讼、环境行政诉讼和环境刑事诉讼的现状，对环境公益和私益进行综合衡量，对行政行为和民事权利进行综合审查，重视环境公益的衡量，扩大诉讼主体资格，实现诉权社会化。在具体法律技术适用上，要突出解决环境诉讼中环境损害是否发生、环境损害的鉴定、致病机理、因果关系认定等法律难题，确立专门规则和细化相关规定。只有从这些方面进行完整的专门环境诉讼机制设计，确立专业性的制度和规则，才能解决专门性的环境案件审判组织运行的体制基础和法律依据，环保法庭也才能发挥预期作用。否则，在没有专门的环境诉讼机制作为体制基础的前提下，环保法庭的运作只能是依然如故——在专门的审判组织（环保法庭）中适用传统的诉讼机制和诉讼模式解决环境纠纷，传统诉讼模式中固有的问题依然存在。"[②]

尽管当前环境司法还存在种种问题甚至困境，但本报告认为，鉴于当前无论是中央领导层还是普通公众，对于环境问题都极其重视，以及"两高"新的司法解释发布以来，被追究污染环境犯罪的案件呈现"井喷"的情况，我们有理由相信，党的十八届三中、四中全会提出的司法改革措施以及新《环境保护法》《行政诉讼法》规定的新的环境司法制度都将得以贯彻落实，从而将我国的环境司法推向一个更高的境界。

6　企业环境责任

6.1　企业环境责任原理

6.1.1　企业环境责任的三层次

企业履行环境责任的行为一般可以分为三个层次[③]（图 2-7)。第一，合规层次。企业首先要遵守法律规定的各项要求，如不能超标排放污染物，重污染企业要及时进行环境信息公开等。能够做到这个层次的企业，我们称之为好的企业。第二，慈善层次。所谓"达则兼济天下"，具有一定盈利能力的企业会组织开展一些倡导环保的公益慈善活动。能够做到这个层次的企业，我们称之为善的企业。第三，战略层次。这个层次对企业有很高的要求，企业不但要倡导企业环境责任，还要将环境责任上升到企业战略的高

① 刘超：《反思环保法庭的制度逻辑——以贵阳市环保审判庭和清镇市环保法庭为考察对象》，载《法学评论》2010 年第 1 期，第 127～128 页。

② 刘超：《反思环保法庭的制度逻辑——以贵阳市环保审判庭和清镇市环保法庭为考察对象》，载《法学评论》2010 年第 1 期，第 128 页。

③ 郭沛源：《以社会责任提升企业竞争力》，载《世界环境》2008 年第 3 期。

度来认识。从企业的各个业务单元、从企业的各个职能部门、从风险管控和机会把握等角度，将企业环境责任有机融入企业战略中，企业与环境变成一种“一荣俱荣、一损俱损”的利益共同体，通过企业发展推动环境改善。能够做到这个层次的企业，我们称之为卓越的企业。

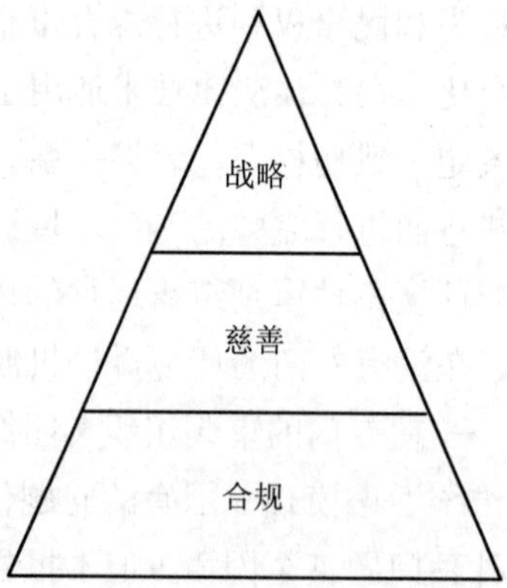

图 2-7　企业环境责任的三层次

企业履行环境责任时，大体上是自下而上的，先做好合规，然后开展一些环保公益慈善活动，最后能将环境问题放到企业战略层面去看待。这一次序虽非绝对严格，但如果次序乱了，就可能对企业造成损害。例如，有的企业合规没做好，却参加了很多环保公益慈善活动，这种情况下就会被外界诟病为“漂绿”（green washing），企业形象受损。

6.1.2　企业环境责任的四阶段

企业对环境责任的认识也是个循序渐进的过程。认识不同，态度迥异。参考荷兰经济学家 Marcel Jeucken 的企业可持续发展四阶段理论[①]，一般情况下，企业履责的态度从消极到积极可以分为四个阶段（图 2-8）。第一，抗拒阶段（defensive），在这一阶段，环境问题对于企业来说是一个非常陌生的概念，他们拒绝承担任何环境责任。第二，规避阶段（preventive），此时企业知道环境压力无法躲避，但认为绿色即成本，因而消极防御，只要能达到法规要求、不遭到惩罚和舆论批评即可。第三，积极阶段（offensive），企业开始认识到绿色经营的价值，也看到环境相关产品和业务的商业机会，此时企业在环保方面会表现得非常积极。第四，可持续发展阶段（sustainable），在这个阶段，企业的个体发展与社会的环境保护融为一体，企业的经营行为既创造商业价值，也创造社会价值。

这四个阶段也是循序渐进的，企业通常很难从一个阶段跨越式跃迁到不相邻的另一个阶段。企业的每一次转变既可能是观念转变，也可能是外部环境的变迁使然。四阶段理论不仅适用描述单个企业的发展阶段，也适用描述国家和地区的整体态势。

---

① Marcel Jeucken，*Sustainable Finance and Banking*，2001.

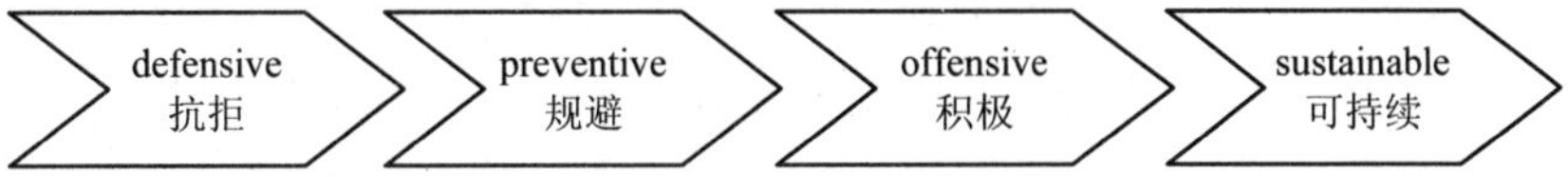

图 2-8　企业环境责任的四阶段

6.1.3　企业履责驱动力

三层次理论描述的是企业环保行为的类型，四阶段理论描述企业对环保的态度。两者相通之处在于：行为改变反映态度转变，态度转变带来行为改变（图 2-9）。

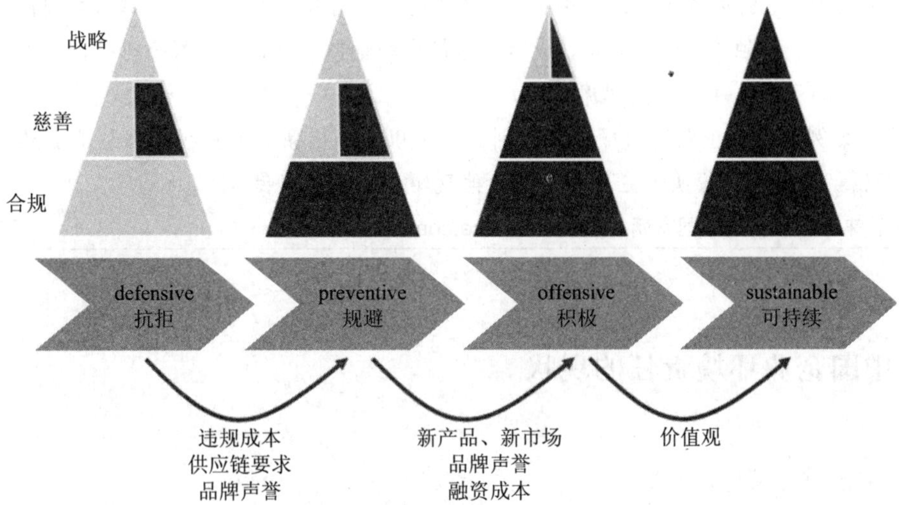

图 2-9　企业履责态度及行为变化的驱动力

企业履责态度及履责行为，究其根本，首先是受利益驱动。企业在开始阶段抗拒，是因为没有看到利益；从抗拒到规避，是因为看到了利益受损，所以这一阶段最主要的驱动力是违规成本的增加（政府的立法和执法更严格）、供应链下游（买方）提出了更高的要求，以及品牌声誉等无形资产可能会因为公众环境运动而受损。从企业的行为表现来看，主要关注点是合规，也有一部分企业为了美誉度或从本心出发会做公益慈善活动。因为一部分公益慈善活动是本心驱动，所以即使抗拒型的企业也可能会做公益。

企业从规避到积极，更多是由机会驱动，即他们从履责中看到了省钱或赚钱的机会。具体的驱动因素包括：新市场、新产品、品牌声誉的提升和融资成本的下降等。其中，融资成本的下降主要是因为有的投资者和商业银行在投资或放贷的时候青睐绿色企业（如近几年流行的绿色债券），所以绿色企业的融资成本会相对减少。从企业的行为表现来看，主要关注点是战略层面，努力思考如何将绿色融入企业战略。

到了最高层级，企业从积极履责到完全可持续，这个时候纯粹由利益驱动不够，还要由价值观驱动，企业由内而外、从上到下都对环保充满了热情和认同。

专栏 2-1　英特飞的战略创新

英特飞（Interface）原是美国一家普通地毯生产商。十多年前，该公司的一名客户向英特飞提出疑问：英特飞和环境保护有什么关系？它为环境保护做出了什么贡献？这个问题引起了英特飞管理层的高度关注，并专门成立了一个工作小组为公司制定全球范围的环境政策框架，具体环境方案覆盖设计、安装、回收等全产业链环节。英特飞突破传统地毯的设计与销售模式，提供拼块地毯产品，方便清洗与更换单块地毯，同时实现旧地毯的重复回收再生产，节约成本与资源。此后，英特飞因为在可持续发展方面的卓越表现而在全球地毯行业中一枝独秀、傲视同侪，成为全球最大的地毯制造商。这家公司也因为实现了经济和环境的双赢，而为人们津津乐道。

这个案例说明，企业通过颠覆性的创新，可以创造出新的商业模式，达成企业与环保的“双赢”。案例还说明，企业领导人价值观驱动也相当重要。

资料来源：英特飞中国官网，www.interface.com.cn。

6.2　中国企业环境责任的现状

6.2.1　中国企业履责现状

从宏观角度来看，当前中国大多数企业正从抗拒阶段逐步过渡到规避阶段，关注点主要还停留在合规层面，因为承担超过法律要求的责任对这些企业来说意味着不必要的成本。还有相当多的企业连法律法规的要求都未能达到，他们存侥幸心理，觉得不一定会被执法部门抓到，或者即使抓到被罚的钱款也不多。还有一些地方政府一味追求经济发展，以牺牲环境为代价，保护环境违法企业，一些企业未做环评却已开始生产运营，还有许多“十五小”企业死灰复燃。在这种情况下，不少企业的判断是守法成本比违法成本高，环境违法也就屡屡发生。以山东省企业大气污染物排放情况为例，根据该省环保厅 2014 年公布的数据显示，截至当年 3 月底，该省实现稳定达标排放的企业不足 1/3[①]；当年 9 月，该省省控重点企业超标率达 34.1%[②]。

① 山东省环境保护厅：《山东 17 市晒企业排放清单：700 余家涉气企业中，稳定达标企业尚不足 1/3》，2014 年 5 月 22 日，链接：http：//www.sdein.gov.cn/dtxx/zhbsdxw/201405/t20140522_257453.html。

② 山东省环境保护厅：《9 月 1/3 山东省控重点企业排放超标》，2014 年 10 月 20 日，链接：http：//www.sdein.gov.cn/dtxx/mykhb/201410/t20141020_267828.html。

企业因为违法成本低而不重视环境保护的案例有很多。2008 年以前，《水污染防治法实施细则》明确规定，“对造成重大经济损失的，按照直接损失的 30%计算罚款，但是最高不得超过 100 万元”。与非法排污造成的巨大损害及非法获利额相比，100 万元罚款对于企业来说不过是九牛一毛，难以起到威慑以及合规驱动作用。依照该“上限”做出的环境行政处罚在实践中也仅出现过两次，分别是 2004 年的沱江水污染事件和 2005 年的松花江水污染事件，而这两次污染事件造成的直接经济损失都十分巨大，超过 2 亿元。[①]2008 年修订的《水污染防治法》取消了 100 万元上限。2010 年紫金矿业发生严重污染事故，按 30%直接损失标准被罚近千万元。尽管此次罚款被称为中国环境执法的里程碑，但相较其上亿元的净利润而言，该罚单仍然是小数目。类似地，在《环境保护法》修订之前，《大气污染防治法》中也有上限规定，罚款最高限额为 50 万元。据统计，2003—2012 年 3 月上市公司 149 起环境事件中，除川化股份外，公司对环境事故赔偿金额占企业当年营业利润的比例很低[②]。

在慈善层次，中国也有不少企业在先富起来之后开始做一些善事，成为善的企业。只是这些企业在善的层次上还比较初级，基本上不了解什么是战略慈善，往往只把钱花在一些传统的公益活动（如植树造林）中，极少考虑公益投资的投入产出问题、公益战略的多样化和差异化问题。

从战略层次看待环境责任的中国企业非常少，当前，只有极少数大型企业从绿色转型中看到了新的商业机会，才会比较积极推动绿色战略，如中国移动、兴业银行等。环保产业的企业近年来发展很快，对这类企业来说，自身业务就是污染防治，理应高举绿色战略的大旗，但因为自身管理问题（有的环保产业企业自身制造过程中就污染环境）、战略视野问题，也很少有环保产业的企业善用绿色战略。

6.2.2　中国企业履责的驱动力

如前所述，企业从抗拒到规避的主要驱动力是：违规成本、供应链要求和品牌声誉。中国在过去较长一段时间内，企业违规成本过低，所以主要驱动力来自供应链要求和品牌声誉，后者主要体现在舆论和非政府组织（NGO）所施加的外部压力。

在绿色供应链方面，我国 2003 年颁布实施的《政府采购法》明确要求政府采购要有利于环境保护。2006 年财政部、国家环保总局联合印发了《关于环境标志产品政府采购实施的意见》，要求各级国家机关、事业单位和团体组织用财政性资金进行采购的，要优先采购环境标志产品，不得采购危害环境及人体健康的产品。意见以清单的形式列明了环境标志产品政府优先采购的范围。2007 年，政府绿色采购从环境标志产品扩展到节能产品。国务院办公厅发出《关于建立政府强制采购节能产品制度的通知》。同年，财政部、国家发展和改革委员会公布了新的节能产品政府采购清单和首批政府强制采购

① 严厚福、人民时评：《罚紫金矿业 956 万环境执法的里程碑》，载人民网，2010 年 10 月 9 日。

② 汪韬：《“千里眼”和新环保法，能否撼动说谎企业》，载南方周末，2015 年 1 月 16 日。

的节能产品范围。截至 2015 年 1 月，共发布环境标志产品政府采购清单 15 期，包括 62 种产品、1 419 家企业、93 622 个型号/系列；节能产品政府采购清单共发布 17 期，包括 54 种产品、574 家企业、130 886 个型号/系列[①]。根据 2013 年政府采购统计信息，节能、环境类产品的政府采购规模达到了 1 839.1 亿元和 1 435 亿元，占同类产品的 86% 和 82%，[②]但仅占同年政府采购规模的 11%和 9%[③]。企业与产品必须达到政府划定的节能环保标准才有可能进入采购清单，由此，政府绿色采购政策的实施在一定程度上推动了企业的环境履责，有利于企业将环境履责转化为市场需求。

除了政府采购，在企业采购方面，较早在中国实施绿色采购策略的是大型跨国公司。他们在 20 世纪 90 年代中后期就开始推进责任采购、道德采购，并对供应商进行包括环境绩效在内的审核。譬如，1998 年 IBM 的全球采购部向 9 000 多家供应商写信鼓励其争取 ISO 14001 认证；1999 年丰田公司为 450 家供应商制定环保采购条例，要求在 2003 年前争取到 ISO 14001 认证并且发布年度进展报告[④]。这些绿色供应链计划无疑会对供应商带来一定压力，刺激供应商企业履责。因为不少供应商都来自中国，所以绿色供应链的变革客观上促进了不少中国工厂提升环境绩效。IT 电子制造和纺织行业都是较早遭遇品牌采购商环境责任压力的行业。以纺织行业为例，20 世纪 90 年代后期，国际知名品牌，如耐克、阿迪达斯等，对供应商的环境绩效提出较高标准。为应对这一挑战，2005 年中国纺织工业协会组建了社会责任建设推广委员会。该委员会研发的中国纺织企业社会责任管理体系 CSC9000T 整合了国际品牌采购商最关心的中国纺织服装行业社会责任的主要方面，包括环境保护。[⑤]截至 2011 年年底，该体系已帮助国内 500 家纺织企业提升社会责任履责能力和履责绩效，取得显著成效[⑥]。

近 10 年，绿色供应链理念也逐步被一些中国大型公司采纳，他们也开始探索绿化供应链。2007 年，中国移动推出“绿色行动计划”，旨在减少设备使用的材料数量，减轻设备重量，提高设备集成度，降低设备功耗，共有 15 个厂商加入该计划。2008 年，宝钢股份资材备件采购部率先在国内钢铁行业中启动了《绿色采购行动计划》，并以耐火材料行业为突破口，要求供应商必须满足环境友好的要求。

据《中国采购发展报告（2014）》研究[⑦]，在中国，40.55%的企业已实施绿色采购，29.27%计划未来 3～5 年实施，另有 30.18%未实施也没有计划实施。如图 2-10 所示，中外合资与外企有近一半（47.3%）的企业已实施绿色采购；相比较而言，这一数据在国企和私企中只有 22.73%和 17.65%。同时，有 36.36%的国企和 47.06%的私企并没有计

① 《新一期节能清单、环保清单公布　5 类新增产品将优先采购》，载《中国政府采购报》2015 年 1 月第 449 期 1 版。

② 财政部：《2013 年全国政府采购规模达 16 381.1 亿元》，2014 年 7 月 15 日。

③ 根据“财政部，2013 年全国政府采购规模达 16 381.1 亿元，2014 年 7 月 15 日”计算

④ 臧利智、李延勇：《跨国公司与环境管理体系的扩散》，载《山东经济》2007 年第 9 期。

⑤ 中国纺织工业联合会社会责任办公室：《中国纺织服装行业企业社会责任 2006 年度报告》，2007 年。

⑥ 中国纺织工业联合会社会责任办公室：《CSC9000T 与中国纺织行业的可持续发展：实践与经验》，2012 年。

⑦ 中国物流与采购联合会采购委：《中国采购发展报告（2014）》，2015 年。

划实施绿色采购。

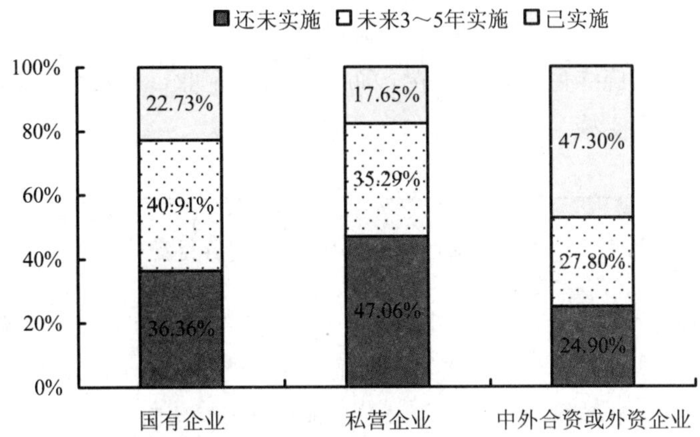

图 2-10　中国企业绿色采购实施度

该研究显示，缺乏新材料与技术支持、消费者绿色认知与需求不够、相关法规与行业标准不完善或执行不强是实施绿色采购最主要的三大障碍，分别有 69.11%、68.18%和 66.01%的企业将其列为实施绿色采购障碍。相对而言，缺乏企业战略的支持是最弱的障碍，只有 50.81%的企业认为其是实施绿色采购的障碍（图 2-11）。

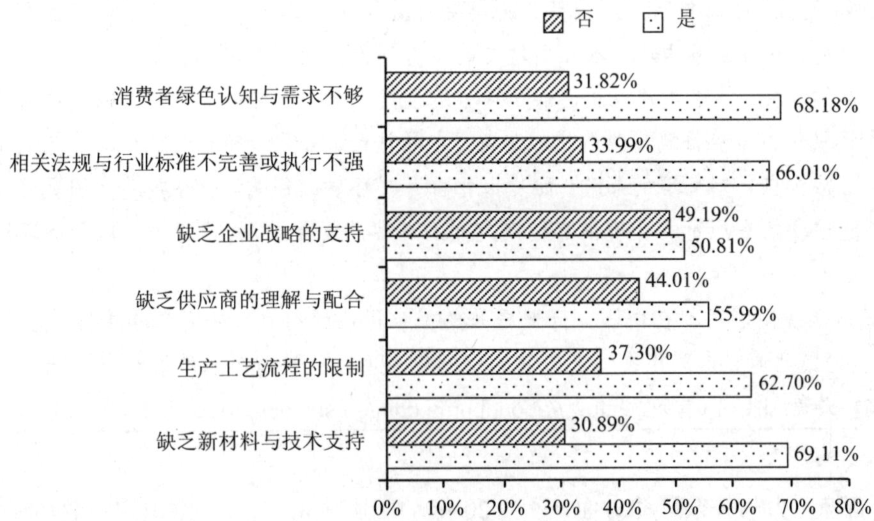

图 2-11　企业实施绿色采购的障碍

2014年，商务部、环境保护部、工业和信息化部联合发布《企业绿色采购指南（试行）》[①]，鼓励企业建立绿色供应链管理体系，建议企业优先选择“白名单”供应商，避免采购“黑名单”产品。但该指南并未明确鼓励措施，一些中小企业仍会存在没有足够技术与资金支持其实施绿色采购的情况，而一些大型企业，如国企，也会因为既有行业竞争力而无足够动力实施。

专栏 2-2　彪马的绿色供应链行动

彪马（PUMA）自2005年起就开始评估自身运营以及供应链的环境影响。彪马要求自身以及其所有供应商都遵循欧盟服装行业限制物质清单(restricted substances list，RSL)，在供应商中普及并统计碳排放、能耗、水耗、排污与废弃物回收、用纸等环境绩效指标，并对供应商展开能效、水效和废弃物管理方面的能力培训。彪马制订有自己的环境政策，以及具体的环境目标与计划。彪马的短期环境目标是到2015年，其水耗、能耗、废弃物、碳排放量要在2010年的基础上减少25%。彪马官网会定期更新其完成目标的进度。

彪马意识到自己的运营和供应链生产离不开清洁的水和空气、健全的生物多样性以及富有生产力的土地。为了衡量这些生态服务对于其企业运营的货币化价值以及其企业运营所造成的环境影响的货币化价值，2011年，彪马建立了环境盈亏账户，为全球首例。该盈亏账户中企业环境影响的计算贯穿其全产业链流程，包括产品原材料生产、加工、采购、运动产品制造、自身的运营等环节。

例如，在产品原材料生产环节，彪马会计算养牛场的甲烷排放以及农业生产中的氮氧化物排放、农业浇灌用水、农业用地中的生态保护情况；在原材料加工环节，计算制革等过程中的水耗、使用能源以及交通运输中的温室气体排放量、使用能源以及物料交通运输中的氮氧化物与硫氮氧化物的排放量等。彪马认为，如果没有这样的计算，他们无法管理也无法减少自己对环境的影响；而货币化自身对环境的影响，能够帮助他们更好地应对将来可能出现的更严苛的环境信息披露方面的法律法规要求，将运营风险以及环境影响最小化。

彪马很多供应商都在中国，因此彪马的绿色供应链行动也涉及很多中国地区的纺织印染企业。《商道纵横》正在协助彪马的中国供应商进行节能节水的诊断与改造。

资料来源：PUMA官网，http：//about.puma.com/en/sustainability。

在品牌压力与公众运动方面，过去20年，中国NGO越来越意识到企业在环境问题上所扮演的重要角色，因此通过各种方式向企业施加压力。自然之友、地球村、绿家园、绿色和平、世界自然基金会（WWF）等都曾经就企业的环境污染和资源破坏行为向一

① 环境保护部：《商务部　环境保护部　工业和信息化部关于印发〈企业绿色采购指南（试行）〉的通知》，2014年12月22日。

些企业说“不”。例如，绿色和平曾批评惠普公司在停止使用有毒有害物质方面的不作为，以及金光纸业在云南、海南等地毁坏天然林的恶劣行径。自然之友等环保组织曾发布《为时尚清污》报告，指出一批大型纺织品牌和服装零售商的在华供应链存在严重环境违规。鉴于这些机构具有较大的公众影响和舆论导向作用，一些企业会迫于压力有所收敛。

不过，在过去较长一段时间内，公众运动施压的都是一些比较知名的企业，因为只有大企业才关注品牌声誉，小企业对此不敏感。这种状况直到公众环境研究中心（IPE）发起绿色供应链行动之后才得以改观。公众环境研究中心通过建立污染数据库，曝光知名企业的不知名供应商的违规记录，倒逼知名企业监督供应商整改。这一机制发挥了有效的作用。

自1996年以来，我国因环境问题引发的群体性事件一直保持年均29%的增速[①]。越来越常见的邻避型群体性运动是公众压力推动企业履责的一种表现。化工厂、垃圾焚烧厂和填埋场、核电站或与核燃料相关的工厂、高压变电站和输电线、高铁线和磁悬浮线等对周边居民的生命财产安全、生活环境造成威胁的项目，很容易遭遇民众抵制，选址成本陡然增加。这也会逼迫相关企业提升环境管理水平，以缓解公众顾虑。

专栏2-3　社会组织推动企业履责

公众环境研究中心是一家非营利环保社会组织。该机构在环境信息短缺的当下，推出了中国水污染地图和空气污染地图，汇总了来自环保等多政府部门的环境污染统计数据。很多污染企业的信息被曝光，其中不乏国内外的知名企业，如百事可乐、杜邦、必胜客、肯德基、APP、花王、日清、日立、雀巢、三星、嘉士伯、中石化、中石油、国电、华电、华能、山东鲁能、巴斯夫、米其林、晓星氨纶等，引起了国内外广泛关注。

一些公司主动与该机构沟通，其中部分表示已经整改或即将整改。公众环境研究中心为这些企业设计了几种改进方案：①公司提供反馈，网站可以登出来；②公司提供后续监测结果，网站也可以登出来；③经过第三方的审核，证明企业有完善的环境污染管理体系，有处理污染的能力，能彻底解决问题，公司的违法记录可以去掉。

通过信息公开，公众环境研究中心对企业履行环境责任的状况实施了有效监督，迫使一些企业改善绩效。苹果在华供应链环境绩效改善就是典型案例。除此以外，一些知名品牌看到了数据的价值，甚至主动寻求与公众环境研究中心合作。现在，沃尔玛每月都会定期将自己的供应商名单和该机构的黑名单数据库比对，一旦发现有供应商在黑名单里，就会发信给供应商要求他们改进。

资料来源：朱艳：《中国的绿色消费卡在哪儿？——专访公众与环境研究中心主任马军》，载《环境与生活》2012年第6期，第30～32页。

① 《环境群体事件年均递增29%说明什么》，载光明网，2012年10月27日。

6.3 欧盟促进企业履责的经验

6.3.1 法律追责

在欧盟发达国家，对环境污染和自然资源破坏行为的罚款力度很大，环保诉讼也会让企业面临相当大的损失，污染企业相关负责人甚至会面临刑事处罚。例如，在德国，连树木都受到法律的严格保护，移动或砍伐树木必须向政府提出申请。否则树主或砍伐者除了缴纳砍伐、运输、卫生、处理等相关费用，还要缴纳巨额罚款和因违法而受到的行政甚至刑事处罚。在荷兰，2012 年南部的一家化工厂失火，救火的废水直接流入莱茵河，造成河水重度污染，后来这家公司被处以巨额罚款，终至破产。在欧盟地区，此类严厉追责的案件并不少见。

专栏 2-4 欧盟《国家空气污染排放限值指令》

2001 年，欧洲议会和欧盟委员会颁布了《国家空气污染排放限值指令》（*National Emissions Ceilings Directive* 2001/81/EC），对欧盟国家排放的一些大气污染物制定上限，最晚 2010 年达标。排放指标主要包括：氮氧化物、非甲烷烃类挥发性有机物、二氧化硫和含氨污染物等。该指令还要求成员国每年编制和更新国家排放清单及排放量预测，并向公众公布信息，其中国家计划应包括测量方法、污染物排放量、减排政策和政策影响评估等。对于空气不达标的成员国，欧盟的监督惩罚流程分为三步：警告、首次诉讼限期达标、二次诉讼罚款。2013 年，欧盟对德国柏林、汉堡和法兰克福等 33 个城市发出警告，要求这些地区尽快采取措施改善空气质量，否则将面临欧盟法院的巨额罚款或起诉，并将面临相关处罚措施，包括提高停车费用、严格环保区域管理、限制汽车行驶速度或者禁止 10 年以上车龄的汽车行驶等。

而英国则是第一个因空气质量未达标被欧盟采取法律行动的国家，面临每年超过 3 亿欧元巨额罚款的风险。根据欧盟委员会 2014 年发布的公报，英国许多城市的空气中二氧化氮含量过高。这些二氧化氮主要来自柴油发动机车辆排放的尾气、发电厂以及其他工业和生活排放。英国应该在 2010 年达到欧盟 2008 年实施的空气质量标准，但该国政府表示要到 2025 年才能达标。欧盟认为，英国的行为违反了欧盟空气质量法律的规定，而且会对居民健康造成威胁，因此决定对其采取法律行动。

资料来源：《德国 33 个城市因空气质量不达标遭欧盟警告》，载 2013 年 3 月 1 日《人民日报》。

《欧盟对英国空气污染采取法律行动每年或罚 3 亿欧元》，载人民网，2014 年 2 月 24 日。

最近十多年来，欧盟对企业环境的责任范围有了扩展，往前要追溯到企业的原料采购，往后则追溯到企业的产品回收。典型的案例是 2003 年颁布的《关于在电子电气设备中限制使用某些有害物质指令》（*RoHS*）和《关于报废电子电器设备指令》（*WEEE*），前者要求品牌企业限制供应商在生产的时候禁用某些有毒有害物料；后者要求品牌企业承担电子产品废弃后回收的费用。这些法令都是强制的，企业必须遵守。

6.3.2 欧盟企业环境信息披露

欧盟地区是企业环境信息披露起步较早的地区。目前强制性或半强制性要求企业进行环境信息公开已经成为欧盟国家的通行做法。

荷兰是欧洲最早进行企业环境信息披露的国家。荷兰环境部规定大型企业有编制环境报告的义务，并将环境报告分为两类：一类面向政府部门，另一类面向社会公众。披露内容包括公司的环境政策、管理体系、产品检测、环境监控措施等，所披露的数据需要经过外部审计。挪威在其 1989 年的公司法修订案中就要求公司在董事会报告中披露有关污染物排放水平以及根据公司环境目标制定和实际采取的行动信息。奥地利政府为鼓励企业发布可持续发展报告，还对信息披露做得好的企业颁发“奥地利可持续发展报告奖”（ASRA）。

2014 年，欧盟颁布一项新的政策《欧盟非财务信息披露指令》。[①]该指令要求拥有 500 名以上员工的公司：①需要说明环境相关的议题；②需说明企业的商业模式、成效与应对环境风险议题的政策风险，也需制定相关管理与追踪机制；③鼓励企业运用全球公认的指南或框架，如 GRI 可持续性发展报告指南、联合国全球契约、OECD 准则、ISO 26000 与劳工组织三方宣言等。该指令旨在倒逼企业履行环境责任，推动企业将环境责任上升到战略层次。该指令要求欧盟成员国必须在指令生效后 2 年内，也就是 2016 年 12 月 5 日前，将其转化为各国的法律。据此，企业必须在 2018 年披露其 2017 年的环境信息，包括环境政策和成效，告诉其利益相关方其如何将环境保护转化为企业内部利润。

此外，欧盟 1990 年便颁布了环境信息公开指令，对政府环境信息公开做出规定，确保公众获取公共权力机关所持环境信息的自由，并确保整个欧盟环境信息发布方式的可比性和协调性。2003 年更新的环境信息公开指令，进一步要求公共机构利用信息技术主动收集、系统公开和更新特定环境信息。[②]

6.3.3 金融资本推动企业环境履责

欧洲金融市场比较发达，因此很早就已经感受到了环境因素的影响。欧洲各国政府也比较积极地引导资本往可持续发展的方向流动，尤其是要求一些具有公共色彩的资本

① European Union，EUR-Lex - 32014L0095-EN.

② 沈红军：《德国环境信息公开与共享》，载《世界环境》2009 年第 9 期。

去遵循环保方面的若干原则，逻辑有二：①公共色彩的资本不应当违背公序良俗，助长污染，损害公共利益；②环保方面的投资原则有利避险。

相当一部分欧洲国家立有相关的法律法规，要求养老基金、慈善基金等披露投资决策中对环境社会等非财务问题的考量，通过市场、同业以及民众压力，引导这些资本投向环保。在英国，2000年新修订的《养老金法》要求养老金管理机构披露有关社会和环境方面的信息；2002年公布的《慈善法修改案》要求年收入超过100万英镑的慈善机构在投资政策报告中披露对环境社会问题的考虑程度。在德国，2002年监管部门要求私人养老金管理公司公布其社会和环境投资准则。

在荷兰，两个工会组织CNV和FNV分别起草了社会责任投资准则，要求养老金逐步采纳这些投资准则。在挪威，规模巨大的挪威主权基金也将环保等因素纳入投资原则中。[①~③]

2008年金融危机之后，欧盟国家政府也在重新思考公共部门在资本市场中的角色，尤其是如何运用公共资金引导市场的可持续发展。目前正在实验中的个案是英国绿色投资银行（GIB），该银行通过公共资本的直接投资撬动私人资本进入绿色经济领域，初见成效。此外，2011年荷兰也以财政注资成立了绿色投资公司（Green Investment Corporation，GIC），专注投资建筑节能和可再生能源等绿色产业。

专栏2-5　英国绿色投资银行

英国绿色投资银行是全球首家“绿色投资银行”，其唯一的股东是英国政府。英国政府初期划拨38亿英镑资金供其在2016年3月前投资绿色项目。该银行成立的初衷和基本宗旨是成为绿色投资市场的“催化剂”和补充者，引进和鼓励更多的私有资本投入到绿色经济领域（挤入而非挤出私人资本），从而促进英国的绿色经济转型。因此它的所有运营和管理都围绕这一基本目标进行。

英国绿色投资银行虽由政府全资控股，但却是一个独立于政府运作的商业机构，因此要求所有的投资必须遵循“绿色”和“盈利”的双重原则。在选择投资项目时，会对以下三点进行考量：①是否符合绿色环保经济的宗旨；②它本身是否具有可观的风险投资回报率；③是否是缺乏本应获得的充分的市场投资的，即存在由于外部性导致的市场失效，需要英国绿色投资银行的介入使其成为主流投资领域的。目前，英国绿色投资银行的三大优先投资领域是：离岸型风力发电、能效改善、废转能与生物质能。该银行的绿色投资政策要求其每一个投资项目都必须满足至少一项以下绿色目标：减少温室气体排放、促进自

① Eurosif，European SRI Study 2014，2015.

② Luc Renneboog et al.，“Socially responsible investments：Institutional aspects，performance，and investor behavior”，*Journal of Banking & Finance*，2008，Vol.32.

③ 朱明忠等：《社会责任投资》，北京：中国发展出版社，2010年版。

然资源的有效利用、有利于对自然环境的保护、有利于维护生物多样性、促进环境可持续性发展。

英国绿色投资银行建立了一套自己的绿色投资风险评估体系，从可能性和影响力两个维度管理项目的绿色投资风险。每一个投资项目都必须经过银行内部严格的绿色影响评估才能得以审批通过；每一个审批通过的项目在运营期间都要接受其严格、细致、持续的监管和风险评估报告，包括具体的风险描述和控制措施，并体现在该银行的经营年报中。

目前，英国绿色投资银行已经拥有约 1.4 亿英镑的资产组合，在全英超过 240 个地方投资 46 个绿色项目和 7 个项目基金，通过 18 亿英镑的直接投资撬动了总共 69 亿英镑的私人资金投入到绿色经济领域，杠杆比率接近 1∶4。其绿色投资减少的温室气体等同于 160 万辆汽车尾气排放量，减少了 130 万 t 废弃物填埋，其创造的可再生电力可供 300 万户家庭使用。

资料来源：英国绿色投资银行官网，www.greeninvestmentbank.com；

GIB，Summary of Transactions，2015；

江棓棓：《窥探英国绿色投资银行管理模式》，载《21 世纪经济报道》2015 年 3 月 30 日；

GIB，*Annual Report 2014*，25 June 2014。

6.3.4 环境教育的推动作用

欧洲对环境教育非常重视。欧盟除了在各成员国的中小学中推广实施“生态学校计划”，还将包括环境教育在内的企业社会责任教育纳入其 2011—2014 企业社会责任战略（The European Commission’s strategy on CSR 2011—2014）中[①]。战略提到要进一步在中学和大学中推动企业社会责任相关的教育、培训与研究。欧盟将为终身学习计划和青年在行动计划中的企业社会责任教育培训项目提供资助；鼓励商学院签署联合国负责任的管理教育原则（UN Principles for Responsible Management Education，UN PRME）；提高教育界与企业在企业社会责任方面的认识，促成二者的合作。在中小学基础教育中纳入环境教育可以塑造普通公民的环境观；而在大学，尤其是商学院中开展与商业相关的环境教育，则能够直接作用于（未来的）商业领袖，培养他们的环境意识，引导企业走向可持续发展之路。

2004 年，由环保部宣教中心发起，我国部分大学也引进了由世界资源研究所发起，美国著名大学商学院参与并得到众多跨国公司支持的国际环境教育项目——贝迩项目（Business，Environment，Learning and Leadership，BELL），并首先在北大、清华、北师大等高校开课。贝迩项目旨在将环境教育和可持续发展的内容纳入工商学院的课程之中。通过举办师资培训，编写教材及案例，提供最新资料和信息，帮助学校获取与课程发展和学术研究有关的产业实践和技能的变化，以及在政府、学术机构、商学院

① European Commision，A renewed EU strategy 2011-14 for Corporate Social Responsibility.

和企业之间开展经常性交流等方式，建立起联系紧密的工作网络，共同推进环境教育在更高领域的发展，使今天的商学院学生——未来的管理者在今后的决策中成为环境友好的伙伴。项目实施 10 余年来，为我国及世界工商企业界培养了大批可持续发展人才，这些潜在的商业领导将在带领企业走向辉煌的同时更好地处理好环境和发展的关系。

6.4 中国企业履责的地方实践

6.4.1 浙江与山西企业环境信息披露实践

企业环境信息公开的不充分导致地方社区和公众抱怨颇多，被认为是缺乏企业社会责任的表现。即便 2007 年环境保护部颁布了《环境信息公开办法（试行）》，鼓励企业及时和准确地公开相关的环境信息，仍然只有很少的中国企业公开其环境信息。造成该状况的主要原因是企业在环境信息公开的重要性和效益上的意识不强；缺乏专业知识和技术；缺少技术指导；推进环境信息公开的能力薄弱，以及政策不够完善。为了改善企业在环境信息公开方面的表现，中欧环境治理项目通过在浙江和山西省推进企业社会责任来加强企业的环境信息公开，以改善中国地方层面的企业环境信息公开。此外，为使企业环境信息公开在其他各地取得更广泛的应用，项目还致力于创造一个鼓励的政策环境和传播成功的模式。

在项目试点过程中，与来自浙江和山西两省的企业密切合作，提高其企业社会责任和企业环境信息公开意识，改善其企业社会责任和企业环境信息公开绩效，总计为两省近 600 家、800 名参与人员提供了企业环境信息公开培训项目。其中上述企业中有 56 家企业被选为企业环境信息公开项目的试点企业，并且走访和收编 20 家企业的案例（每省各 10 家）作为其他企业效仿学习的典型。项目组撰写了题为《选定国家的企业社会责任和环境信息公开政策研究报告》，对两地加强企业环境信息公开、促进企业环境履责的实践进行凝练和总结。此外，还双语发布了《中国企业社会责任和环境信息公开政策》，制定和传播了企业社会责任和企业环境信息公开的最佳实践和成功模式，以期影响更多的企业加入到履行环境责任的行列中来。

6.4.2 创建罗非鱼绿色供应链

2008 年全球罗非鱼养殖产量达到 280 万 t，其中 40%来自中国。同时，中国也是全球最大的罗非鱼出口国，其产量中有一半以上出口到国际市场。在中国的罗非鱼主产区里，海南、广东、广西和福建四个省份占全国产量的近 90%。随着全球居民对优质动物蛋白需求的不断增加，罗非鱼以其便于储存、物美价廉、烹调多样等诸多优势日益受到人们的重视。因此，越来越多的消费者开始接受养殖罗非鱼，并用它来替代日益衰退的野生捕捞白肉鱼类。然而，中国的罗非鱼养殖面临两大挑战：①不透明的罗非鱼供应链：当前，罗非鱼生产过程中缺乏有关产品追溯、卫生监管以及环境管理的信息收集与整理，因此，产业的信心不足，消费者和社会对罗非鱼产品的认知仍然不高。②不可持续的养殖操作：在罗非鱼生产过程中，鱼类用药管理欠缺、水体污染、种群入侵、湿地保护等问题都关系消费者和环境的健康水平。因此，以 ASC 罗非鱼养殖标准为指导的可持续操作规范，被引入项目中发挥作用。

基于以上现状，中欧环境治理项目开展了实现中国罗非鱼养殖业的可持续发展、创建绿色的中欧罗非鱼供应链的试点研究。试点项目主要有以下几个方面的产出及影响。

（1）创建并维护罗非鱼可追溯平台。以国际领先的养殖标准为基础，为出口罗非鱼创建了专业的可追溯平台。目前，平台（http: //lfy.scfww.org：8891/? changeLang=zh-CN）共收集到 8 家中国罗非鱼主要生产企业的产品信息，影响了中国近 60%的罗非鱼出口量。平台将持续的开发与维护，最终实现中英双语的信息呈现，为养殖户、加工商及贸易商提供便捷、可靠的信息交流平台，促进罗非鱼的负责任养殖。

（2）提升中国罗非鱼可持续管理的能力建设。对海南、广东、广西及福建的 20 余家罗非鱼生产企业进行实地调研，收集中国罗非鱼行业的关键信息。利用调研结果，指导和培训上述企业以达到可持续生产的项目目标。受项目影响，多数企业显著改善了养殖、生产操作行为。

培养 12 名中国本土 ASC 认证审核员。中国本土专业认证审核员的缺乏是产业长足可持续发展的重要阻碍因素。为此，项目共在国内举办 4 次 ASC 罗非鱼养殖标准培训会，帮助中国的罗非鱼养殖场及认证机构改变理念同时熟悉标准。共有 30 位养殖场负责人员和 15 名审核员接受培训，其中 12 名获得审核资质。目前，受训的审核员已开始开展针对中国罗非鱼养殖场的认证工作，第一家获得认证的养殖场正在进行公示。

完成 ASC 罗非鱼认证预评估，涉及中国半数以上的罗非鱼出口量。与 WWF 一道，项目通过聘请 ASC 罗非鱼标准专家，以 ASC 标准及要求为依据，对 5 家中国罗非鱼加工厂和 7 家养殖场（近 50%中国罗非鱼产量）进行预评估。预评估将加速正式认证过程，其结果可辅助最终审核意见。

（3）建立海南省罗非鱼养殖户联盟。该联盟的建立提高了区域产业整体可持续性水平。由 CAPPMA 运作，保持与相关供应链的密切联系，以支持罗非鱼产业的可持续发展。

6.4.3　陕西小煤矿企业环境履责实践

2005—2010 年，陕西省煤炭产量增长了一倍有余，于 2010 年跃居中国第三大产煤省。然而，随着产量的增长，由于以下三个方面的原因：①小型煤矿在运营过程中缺少明确的企业社会与环境责任准则；②监管机构治理能力不足，特别是相关的法律法规和执法力度有待进一步完善；③行业透明度及相关环境信息不足，阻碍了公众参与环保决策及政策规划的社会监督，煤矿开采所带来的环境恶化及污染日趋严重，小型煤矿也因此成为敏感社会与环境问题的焦点之一。

基于以上背景，中欧环境治理项目陕西地方伙伴项目选择年产量低于 120 万 t 的小型煤矿行业，同时面向含省、市、区、县环保局及环境检查大队、省级环保科研机构等共计 40 家目标群体协同开展中小企业环境履责实践试点工作。项目通过提供能力建设和技术支持，协助 40 家目标机构提高其环境管理能力，使其能够更加完善、有效地指导和支持各小型煤矿在其开采运营过程中采用环境可持续发展最佳实践。在项目实施过程中，一方面通过培训和技术支持，进一步提高目标群体的环境治理能力，加强环境问责制；另一方面，实施有效的激励机制，促进小型煤矿将企业社会与环保责任和可持续发展最佳实践纳入开采运营当中。试点项目取得了良好的社会反响和实践效果。

（1）完善行业信息交流与共享平台：通过项目网站及直接发放的形式为相关环保监管部门、非营利机构、科研机构、学术界及小煤矿及其他更广泛的群体发布了一系列煤矿行业环保标准、流程和国际最佳实践指南和工具。

（2）提高相关部门专业能力及问责制建设：通过一系列培训，提高了陕西省 40 家省、市及当地环保局和科研机构的相关能力。培训主题包括：将企业社会与环境责任纳入环境保护规划，有效的环境绩效沟通、汇报、监控体系，如何建立有效的环境管理体系、环境影响评估与审计，以及矿山关闭的规划和评估。

（3）促成多方对话：促成国家和陕西省相关环境监管部门、科研机构及学术界与英国相关方面专家及环保机构和学术界，就通过有效的环境监管系统提高小煤矿环保绩效等议题展开了多方对话，与陕西的相关机构分享了行业国际最佳实践、相关行业经验和教训及案例分析。组织陕西省环科院院、省污染物减排技术研究中心和市、县级环保局代表团赴英考察，学习了英国管理煤矿环境达标的行业环境监管体系、行业技术和相关设备，以及闭矿后的生态环境恢复工作及社会与经济振兴计划的案例。

（4）建立小煤矿环境达标奖励机制：协助陕西省环科院建立小煤矿环境达标奖励机制框架，鼓励小煤矿通过“业务创新计划”向欧洲企业购买防治环境污染的技术与设备，或通过“企业支持计划”，接受建立有效的环境管理体系等方面的技术支持与咨询服务。

（5）建立了环境绩效自我评估工具包：建立了煤矿企业社会、经济、环境影响自我评估工具、煤矿企业环境影响自我评价工具、环境审计自我评估工具，并为陕西省环科院及榆林市环保局对陕西省小煤矿的环境审计提供了技术支持。

（6）制定了综合煤矿环境监管系统：系统详细说明了煤矿在建设前环境准入、竣工试生产期、生产期及闭矿后各环节环境监管过程中适用的法律法规、行政规章、重要技术导则、规范，通过本系统，可以将陕西省中小煤矿的环境履责实践推广到全国其他各地。

6.4.4　中医药企业环境履责概况

我国是中医药的起源地，也是许多药用植物的重要产地和最大的药材加工中心，生产各种各样的草药产品和植物成分，供应全国和世界范围内的消费。然而，我国的野生药用植物资源正面临前所未有的挑战——为满足对中草药产品的高需求而带来的过度采集，野生药用植物的种群数量正在加速下降。对野生药用植物资源的不可持续利用和管理不仅威胁着野生物种的生存，也影响着药材采集者的生计，并会最终制约中医药行业的健康发展。为了实现中医药行业的绿色发展，建立参与式环境与资源管理模式，中欧环境治理项目选择在浙江和湖南两地传统药材利益相关者间建立绿色供应链，借鉴公平野生标准（FWS）为最佳实践框架，开展可持续的野生中草药材采集与贸易的试点。

试点项目在三个方面产生了良好的反响和实践效果。

（1）创建自愿的可持续生产模式与企业社会责任（CSR）。主要内容包括：通过同各利益相关方协商探讨，基于包括“公平野生标准”在内的国际最佳实践案例，制定了中国传统药材行业企业环境责任绿色供应链管理指南；支持传统药材制造商（5 家）和贸易商（3 家）制定了长期可持续发展战略，实施了可持续生产路线图，使其承诺长期履行自愿的行业标准；为中草药制造商和贸易商制定并向其发放了“公平野生标准”培训材料，包括“培训培训师”材料（所有材料公众均可获得）；编纂了案例分析、最佳实践与经验总结；开展了可持续认证中医药原材料的国际市场需求调研，推动行业采用可持续生产标准；支持了有关采用自愿行业标准的讨论等。

（2）通过行业领军企业，加强供应链运营商可持续发展能力建设。主要内容包括：通过培训，提高采集者对中医药材可持续采集及种植的认识和实践能力，至 2015 年 7 月，共计逾 1 000 名采集者及农民接受了培训；在中国医药物资协会下设了国家级采集者协会，在一种名为六角星花（Solomon's Seal）的中医药材的利益相关者间建立绿色供应链（此协会实现了中医药材可持续生产行业及基于中药材贸易同盟形成的外围市场的自我监管）；通过组织五味子合作项目点及有机农业种植点的考察，加强企业经营及资源管理能力。

（3）中药利益相关方参与决策与绿色行业政策制定。主要内容包括：支持中药企业绿色实践的政策制定工作，并向 2015 年全国“两会”提交提案；通过培训与主题研讨会，提高各级政府中医药材资源可持续管理的意识与能力；在生物多样性缔约国大会会议讨论及边会中宣传推广了项目经验。

6.4.5　中国企业履行环境责任路线图

按四阶段的理论，发达国家企业履责的历史大约有三次浪潮（图 2-12）。第一次浪潮发生在 20 世纪七八十年代，随着《寂静的春天》《增长的极限》等著作的发表，公众压力、政府法规逐渐迫使企业不得不关注环境问题，迈入规避阶段。第二次浪潮发生在世纪之交，《商业生态学》《自然资本论》等著作的发表，反映商界开始重新思考企业与社会、企业与环境的关系，大企业引领潮流从规避迈入积极阶段。如今，世界正在经历第三次浪潮，哈佛商学院的迈克尔·波特教授提出“创造共享价值”，美国人发明了“B型企业”，探索两者融合的可能性。这三个浪潮的跨度将近半个世纪，相当于一代人完成一次浪潮，不可谓不艰巨。

图 2-12　发达国家企业履责路线

中国当前大体还处于从抗拒到规避的发展阶段，总体上相当于发达国家的第一次浪潮。相当一部分企业迈入规避阶段，游走在法律红线的边缘，并通过估计执法的力度来采取相应的举措；还有大量企业尤其是中小企业对环保话题还是抗拒的（或是根本没有联想到与环保的相关性）；只有极少数大型企业（尤其是在国际化程度高的行业）开始探索积极的绿色战略。

中国要完成这三次浪潮要跨度多少年？恐怕不比半个世纪短。虽然我们用了 30 年的时间迅速完成了发达国家一两百年的工业化，但污染治理要比经济发展还要漫长，并且中国幅员辽阔，东部治理完成了，西部可能才刚拉开序幕。因此，未来 10～20 年，中国的局部地区、局部企业跨入积极阶段，甚至可持续发展阶段是有可能的；但要全面迈入积极阶段甚至可持续发展阶段，还是要有 50 年的打算。

眼下，我们更现实的是推动绝大多数的企业（不分行业和大小）迈入到规避阶段。比照发达国家的经验，这一阶段要 10 多年的时间，中国预计还要有 10 年左右的时间（理论上说，这个时间和中国污染峰值的时间是同步的，中国科学院给出的估算是在 2030 年左右）。推动这一转变的关键是在增加环境违规成本、抓住大型企业去要求或鼓励其提升供应链的环保要求、鼓励（或至少不限制）媒体和 NGO 甚至公众对企业施加品牌声誉的压力。从实践层面来看，这要求政策制定者提高环境违规的惩罚力度、加强环境执法、鼓励专业 NGO 的发展并放松舆论监督和公众参与的大环境、强制企业环境信息披露等。

上述只是宏观、大略的分析。如果具体来看，中国企业履责的路线图在不同细分领域还会呈现不同的特征，政策制定者还要充分考虑所在地的发展阶段、产业特征，制定有针对性的策略。毕竟，对同一个问题，不同地区、不同产业和不同规模的企业可能会有 10～20 年的差异。按地区来看，中国西部企业（欠发达地区）多数在抗拒阶段，少数在规避阶段；东部企业（发达地区）多数在规避阶段，少数在积极阶段。按产业来看，国际化程度低、市场化程度低的产业的企业，多数在抗拒阶段，少数在规避阶段；国际化程度高、市场化程度高的产业的企业，多数在规避阶段，少数在积极阶段。按企业规模看，中小企业多数在抗拒阶段，少数在规避阶段；大型企业多数在规避阶段，少数在积极阶段。

我们还可以从另一个视角来看路线图这个问题，以厘清公众参与、绿色消费、绿色生产和绿色金融在促进企业履责时发挥作用的角色和次序，这对政策制定者在正确的时机做正确的事情也有参考价值。图 2-13 是发达国家价值链的绿化路线图，展示了过去数十年，公众的环保压力如何逐步通过消费传递到生产，再从生产传递到金融，这个过程符合基本的商业逻辑。金融在经济结构中所处的位置是最高的，因此也是最后才会受到影响的一环。

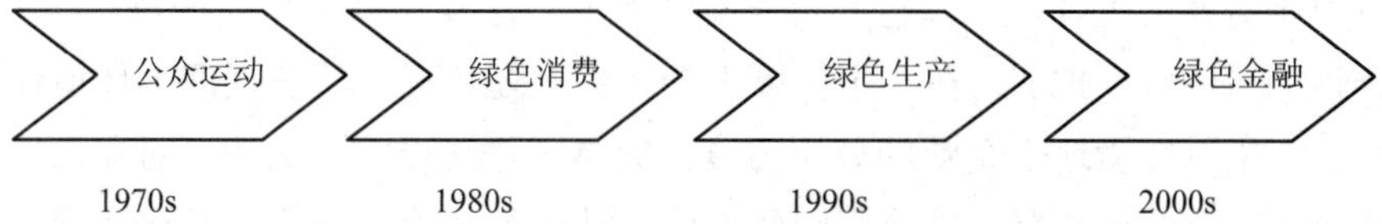

图 2-13 发达国家价值链的绿化路线

中国价值链的绿化路线图会是怎样呢？我们预计会和发达国家的路线图截然不同。发达国家是线性的，当前一个阶段充分发展了，再过渡到下一个阶段。在中国，四个阶段的起步时间略有差异，但近乎是同步的：我们的公众运动是在 20 世纪 90 年代才开始的，21 世纪初才越来越兴盛；绿色消费和绿色生产（清洁生产、循环经济）的时间与此同步；绿色金融则是在 2007 年之后逐步兴起，最近几年成为热点。可见，这四个阶段在中国前后相隔的时间只有 10 年左右。主要原因可能有两方面：①我们的污染来得太快，价值链传导的速率提升了；②中国政府的行政效率极高，可以通过政府干预的办法推动绿色生产和绿色金融，这是发达国家所没有的。

既然如此，中国也要发挥好这一优势，多管齐下，从政策上同步推进公众运动、绿色消费、绿色生产和绿色金融。价值链的两端要特别予以关注：公众运动有良好的利益基础（公众最关心污染防治和邻避运动），绿色金融有良好的杠杆效应（可以撬动企业治理污染），因此，政策上可以对这两端有所倾斜。

6.5 阻碍中国企业履责的因素

6.5.1 惩罚不重、执法不严导致企业违法成本太低

企业违法成本太低是中国企业履责不力的主要原因之一。这在前文已有阐述。此处特别指出两点：第一，除罚款金额较低以外，中国各项环保相关的法律法规相对完善，但执法不严的情况普遍存在，一方面是因为地方利益作祟，地方政府喜欢金山银山更甚于绿水青山，而环保部门的负责人也要听命于地方政府；另一方面是执法力量不足，有些地方心有余而力不足，据统计，截至2013年年末，全国环境监察队伍有5.8万人，面对全国1 527万余企业，按照一般上门检查两人一组的配备，一年也走不完这些企业，其监管难度很大[①,②]。第二，执法不严的后果是劣币驱逐良币，本来市场上并不是所有企业都愿意去做违法勾当，但因为违法企业未被惩治，守法企业的经营成本相对较高，市场竞争力相对就会下降，所以也不得不随波逐流，这样的危害相当严重。

新修订的《环境保护法》在一定程度上会改善上述状况。新法强调了环境保护的法律责任，加大了对环境违规企业的处罚力度，提高了违法成本。例如，对违法排污、拒不改正的企业，要按日计罚；处罚原则要考虑违法所得、治污成本以及违法行为造成的直接损失；企业排污超标超总量的可责令限产、停产或停业关闭；环境影响评价机构、环境监测机构等有关环境服务企业承担连带责任；对主观故意违法的企业负责人处5～15日拘留；构成犯罪的，依法追究刑事责任。新法自2015年实施以来，各省陆续开出“按日计罚”罚单，1—4月移送行政拘留的环境案件达437起[③]。新法也对地方政府及环境执法者的责任予以规定，但是否能够从实质上转变执法不严的情况还有待观察。

6.5.2 社会组织空间有限及能力欠缺

一方面，中国NGO发展起步较晚，我国对NGO的注册和管理都有较严苛的要求，还有很多草根的环保组织无法获得正式的法律身份。这些组织或者选择工商登记注册，或者选择地下活动。不管哪一种情况，他们生存和发展空间都受到很大的挤压，募集资金的难度尤其大。另一方面，一些活跃在国际舞台的NGO，虽然有着丰富经验，也有足够的资金支持，但却无法进入中国，抑或进入了中国但合法性受限，无法充分开展活动[④]。这就造成了民间环保监督的缺位，变相降低了企业被监督和被曝光的风险。

此外，很多中国的NGO还处于发展初期，很不成熟。他们对商业的认知也很肤浅。

① 环境保护部：《2013年中国环境统计年报》，2014年11月。

② 国家工商行政管理总局：《2013年市场主体发展分析》，2014年2月。

③ 环境保护部：《环境保护部通报新环保法及配套办法执行情况》，2015年6月15日。

④ 根据2015年4月我国境外非政府组织管理法草案二审稿规定，除国务院另有规定外，境外非政府组织及其代表机构不得在中国境内设立分支机构；而在此之前更加严苛，没有“除国务院另有规定外”这一例外条件。

在他们眼中，企业或者是恶魔，专门破坏环境；或者是财神，专门花钱做善事。这些理解都是偏激的，会影响 NGO 推动企业履责的工作思路。公众环境研究中心是中国 NGO 中的佼佼者，对商业的理解比较成熟，所以有所建树。但这类 NGO 在中国还是凤毛麟角。

公益诉讼比较典型地反映出中国 NGO 的困境。新《环境保护法》实施以来，公益诉讼并没有人们想象的那样大量涌现。一方面，只有少数 NGO 具备起诉资格，限制了很多想起诉又有条件的 NGO。另一方面，NGO 面临人力、专业、资金方面的困难。一起公益诉讼，很可能要花几十万元，而现在很多民间环保组织年预算多的上百万元，少的只有几十万元甚至几万元，有的本来都是靠兼职志愿者撑着，根本没这个资金实力。此外，大量的环保组织是“项目养人”，如果没有专门的法律项目的话，根本就没有足够的专业人才来打官司。自然之友是少有的将法律政策列入核心业务的民间环保组织，即便如此，真正专职进行公益诉讼的只有三个全职人员，外加一些实习生、志愿者和志愿律师。①

6.5.3　企业环境信息披露不够

企业环境信息是指企业的环境管理、环境绩效尤其是污染排放物信息的情况。企业环境信息披露越充分，透明度越高，政府执法、媒体与 NGO 监督、公众参与就越容易，甚至连消费者、投资者也可以依据企业环境信息进行消费和投资决策。

过去，中国企业环境信息披露以自愿性披露为主，缺乏强制性的约束，所以呈现出“压力导向型”的状态，即谁能对公司施加压力，谁就能从公司获得环境信息；谁施加的压力大，谁获得的环境信息就多（图 2-14）。现阶段，环保部门、认证机构（如 ISO 14000 认证）以及境外投资者能对企业施加较大的压力，因而也能获得最多的企业环境信息。公众、NGO、媒体、消费者以及其他政府部门由于不能直接向企业施加环境压力或者所施加的环境压力不够大，因而所能获得的企业环境信息就相对少。国内企业社会责任报告发布的情况能够在一定程度上反映这个现象。2014 年，中国境内企业机构发布的企业社会责任报告或环境报告共计 1 604 份②，而同年，我国注册的企业数量多达 1 819.28 万户③。因为国资委对央企发布企业社会责任报告有强制性要求，2012 年年底，所有央企都已发布企业社会责任报告。深交所的《上市公司社会责任报告指引》以及上交所的《上市公司环境信息披露指引》则对国内上市公司企业社会责任报告起到了重要推动作用，2014 年，境内上市公司达 2 613 家④，共发布 785 份企业社会责任报告，占当年社会责任报告总数的 49%。

---

① 邢世伟、金煜：《最高法：700 余家社会组织可提环境公益诉讼》，载《新京报》2015 年 1 月 7 日。

② 《价值发现之旅——企业社会责任报告研究 2013—2014》，《载商道纵横》2015 年。

③ 国家工商行政管理总局：《2014 年度全国市场主体发展、工商行政管理市场监管和消费维权有关情况》，2015 年。

④ 中国证券监督管理委员会，2015 年 1 月统计数据，2015 年 3 月 2 日。

当前，不少企业抱着“多一事不如少一事”和“报喜不报忧”的态度，希望在尽可能小的范围披露尽可能少的环境信息，特别担心“祸从口出”。就排放数据而言，一般只有企业存在超标违规排放、超总量排放或者发生重大、特大污染事故时，才会触发强制性的污染物排放信息公开的义务；在涉及诸如环境方面的“污染物排放”“违反法律法规”等数据时，大部分公司在没有外在压力的情况下，都会选择不对外公开或选择性公开数据。2014 年，在已发布的社会责任报告中，披露废弃物排放量、环境合规情况等信息的公司比率最高不超过 32.01%[①]，更何况还有千万未发布报告的企业。少了信息披露就少了监督的威慑，企业在违规的时候就更放心大胆了。图 2-14 是中国企业环境信息流示意图。

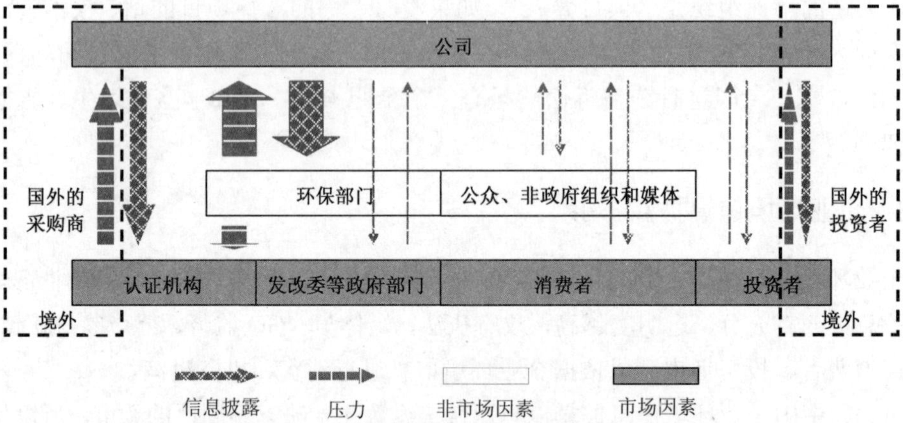

图 2-14 中国企业环境信息流示意图

6.5.4 市场绿色溢价支付意愿不强

融资端（连接投资者或银行）和消费端是影响企业盈利和促进生产方式转变的核心动力。这意味着如果投资者和消费者都青睐绿色企业，摒弃污染，企业会有更大的动力履责。

就融资端而言，理论上，不完善的环境管理体系与劣迹斑斑的环境记录不仅会给公司自身的运营、财务、声誉等带来负面影响，也会给投资于它的投资者带来财务及声誉上的风险。考虑到这点，在环境信息透明度高的情况下，具有较低风险投资倾向或具有社会责任感的投资者会选择环境绩效优良的上市公司进行投资。但实际中，一方面因为国内存在环境执法不严、执法难的现象，企业的污染行为并没有给它在国内的生产运营带去多少负面影响，也就不会给国内的投资者带去多大的风险。另一方面，有效环境数据的缺乏也让具有社会责任感的投资者心有余而力不足。

中国责任投资论坛（China SIF）在 2014 年对投资者进行访谈时，不少基金经理表

① 商道纵横关键定量指标数据库，http: //www.mqi.org.cn/，2014 年数据。

示希望有更多关于企业环境方面的信息，但是目前大部分公开的数据对投资决策的参考价值不大①。同样的困境对商业银行执行绿色信贷政策也是存在的。据统计，我国总资产排名较为靠前的18家主要商业银行绿色信贷余额占总资产比例约为1.81%，其中排名第一的兴业银行绿色信贷占比也仅只有3.46%②；现阶段绿色融资资金缺口高达现有融资的20倍，远远不能满足实际需要。

就消费端而言，美国芝加哥大学一项研究成果表明，在影响人们绿色消费的诸多因素中，收入是最重要的因素。许多消费者并非不关心环境问题，但由于收入有限，价格仍然是国内大多数消费者在实际做出购买决策时的最重要的因素。有研究表明，绿色产品比非绿色产品价格要高出20%～200%。现阶段，让大多数消费者在市场上以较高的溢价购买那些符合绿色标准的产品是很有难度的。这也是中国的国情。多数消费者只有在价格相当、性能设计有利人体健康尤其是下一代健康的时候才会更青睐绿色产品。

6.5.5 企业自身认识和能力不足

大多数中国企业对自身环境责任的认识不足，存在一定误区。一是认为环境保护是政府的职能。不少企业认为环境保护主要靠政府主导，虽然自己能够认识到环保对企业的重要性，但认为一个企业的作用微不足道。二是很多企业还停留在将环境保护视为公司成本、将承担超过法律要求的环境责任视为不必要的成本阶段。他们认为，履行环境责任与企业盈利是一个典型的零和游戏，二者不可兼得，一方所赢正是另一方所输，即在环境保护上的投入就是侵蚀利润的成本，而利润的增长就意味着削减了环境保护的成本。因而在逐利本性的驱使下，他们会尽一切努力控制环保投入。三是未意识到绿色竞争力。大部分企业还认为追求经济增长仍然是我国未来很长一段时期的发展目标和任务，绿色经济发展和绿色转型距离他们还很远。他们还没有意识到环境责任可以成为先发优势，有利于企业的长远发展，应该变成企业的一种战略，内化为企业的日常经营管理行为。这对企业提出了更高的要求，要求企业对环境责任有胜人一筹的理解。而多数的中国企业还未能达到这样的境界，他们还欠缺或根本没有关于环境责任的内生动力。

除了对环境责任认识的不足，很多中国企业还存在履行环境责任能力不足的情况。企业规模越大、财务状况越好，越有能力系统性地管理环境问题，越容易也有财力采取更多的清洁生产工艺。中小制造业企业较大型企业而言，产业结构不完善，企业间缺少合作与配合，无论从环保专业人才或机构的聘请上来讲，还是从清洁生产工艺的应用角度来看，其污染控制的边际成本较大型企业来说都要高。企业自身缺乏专业的能力来搭建污染问题的系统解决方案。而识别绿色机遇，从而进一步降低对资源和成本的需求对他们而言则更加艰巨。

---

① 中国责任投资论坛：《中国基金业责任投资调查报告2014》，2014年。

② 马晓明、蔡羽：《中国低碳金融发展报告2014》，北京：北京大学出版社，2014年版。

7 改进中国环境治理的政策建议

7.1 改善环境治理的整体性建议

7.1.1 大力推进政府、市场、社会三大治理主体共同参与环境治理

政府力量、市场力量、社会力量三大治理主体如何理顺关系，是事关环境治理体系和治理能力能否实现现代化的最核心问题。党的十八届三中全会决定中提出的“多元共治”理念，就是要让政府、市场和社会三股力量共同发展，协同作用，形成多元共治的局面。决定提出，要正确处理政府和社会关系，加快实施政社分开，推进社会组织明确权责、依法自治、发挥作用。适合由社会组织提供的公共服务和解决的事项，交由社会组织承担。要“使市场在资源配置中起决定性作用”，在各个经济领域，在生产、交换、分配、消费各个环节上，让资源配置符合价值规律，达到高效配置和减少浪费的效果。市场主体作用的发挥，有利于转变经济发展方式，改变当前我国经济结构不合理、粗放型经济发展方式转变迟缓、发展不可持续的突出问题。此外，还有利于转变政府职能，改变政府治理和市场功能的边界不够清晰，政府越位、缺位、错位并存的现象。把应该由市场和企业办的，还给市场和企业，这样政府就能真正转变职能，把应该由自己办的事情办好，履行好自己的职能。

归根结底，理顺政府、市场、社会在环境治理体系中的关系，就是在市场失灵的领域通过政府来调节，在环境公共产品无法满足个人需求的政府失灵时，通过社会治理来补充。环境治理工作，市场是污染治理的主体，政府是监管市场（企业）的主体，社会（公众）是监督政府的主体，三者相辅相成，缺一不可。

此建议可由中央办公厅会同国务院办公厅落实。

7.1.2 加强基层环境执法能力建设，重塑政府环境治理公信力

调研发现，当前我国各级政府部门的公信力不足，公众对政府制定的环境保护目标、做出的污染治理承诺、发布的环境监测数据等，都持普遍的怀疑或者事不关己的态度。究其原因有三：一是多年的粗放式发展造成了极其严重的生态环境破坏，政府环境不作为已经形成刻板印象；二是政府部门在开展环境保护工作的过程中，没有与公众进行必要的沟通，不能使政府意志和行动通过公众可接受、能理解的方式贯彻下去；三是环境保护部门的监管、执法能力缺乏，而环境保护任务又确实艰巨，过去环境目标经常未能实现却也不见追责。要想广泛调动各级政府部门和社会各界的环保积极性，必须采取切实的行动重塑政府的环境治理公信力重塑（不止包括环境保护部门）。

新一届中央政府提出简政放权，这对于整个政府治理体系来说是必要的，但是对于公共服务产品明显不能满足公众需求的环境保护领域，尤其在市场治理和社会组织还没能有效发展起来的当前，"一刀切"式的简政放权危害很大，是一种对广大人民群众极端的不负责任。天津"8・12"爆炸事件就是例证。"工欲善其事必先利其器"。基层环保部门是第一线的执法力量，现在执法能力（无论是硬件还是软件）严重落后于实际需要，必须要加大投入。加强基层环保部门的执法能力建设，有利于环境执法下沉，真正遏制住基本处于失控状态的小散污染源。此外，多起环境群体事件表明，基层环境执法能力长期缺乏，导致环境问题积重难返，政府执政能力和公信力严重受损，要想真正解决环境问题，重塑环境治理公信力，加强基层环境执法能力是必由之路。通过专栏 2-6 也可以看出，中国政府环境监管能力远远不够。

此建议可由国务院、中编办、环保部联合落实。

专栏 2-6 中美环境执法能力比较

根据美国环保局公布的数据，2012 财年美国环保局预算为 89 亿美元，编制内员工为 1.7 万人，外加将近 1.8 万名合同制人员，总计约 3.5 万名联邦机构人员。此外，作为联邦制国家，美国环保治权下沉，州政府环境执法力量也非常强。例如，2012 年加州环保局的总预算为 16.33 亿美元，其中大气资源管理局的预算就高达 5.55 亿美元。2013 年加州大气资源管理局的工作人员有 1 344 人。反观中国，2012 年环保部总预算约为 6 亿美元，环保部工作人员不到 2 000 人，其中还包括数目庞大的核安全监管人员。一个更令人无法忽略的事实是，美国目前的环境状况远非中国能比，不管是大气环境，还是水环境，更不用说土壤、地下水污染等，中国环保部的监管任务都远远超过美国。对比之下可以看出，中国的环境执法能力是远远不够的。简政放权在环境保护领域需慎行。

7.1.3 建立严格的自然资源资产损害追责和诉讼制度

我国是社会主义公有制国家，自然资源资产归国家所有。过去自然资源资产名义上是全民所有，但实质中缺乏明确而负责的受托人，使得公有产权陷入"公地悲剧"，自然资源资产遭受破坏或损害时，无法追责或补偿。《生态文明改革总体方案》再次确认了自然资源的国有性质，明确了产权归属。下一步应该建立严格的自然资源资产损害追责和诉讼制度，以确保自然资源资产得到有效保护。追责制度可赋予地方党政领导作为当地自然资源资产受托人，对资源资产的保护保值负责；同时建立自然资源资产损害诉讼制度，赋予社会组织和公众对损害自然资源的行为和受托人保护无作为的行为提起公益诉讼。

此建议可由全国人大、中组部、国务院法制办落实。

专栏 2-7　美国自然资源受托人制度

美国联邦环境立法把联邦政府部门、州政府等政府主体规定为自然资源的受托人，由自然资源受托人代表公众提出自然资源损害赔偿请求。这种法律设置的理论来源是“公共信托理论”。信托人可能是联邦机构，也可能是州长指定的州机构，或者二者兼而有之。就联邦层面来说，《国家应急计划》已经任命内阁级别的农业部部长、商业部部长、国防部部长、能源部部长、内政部部长等作为联邦自然资源的受托人。各受托人负责管理的联邦自然资源范围如下：①农业部部长负责保护联邦牧地、联邦管理的渔场、联邦所有或管理的耕地、沼泽地保护计划中的土地和国家林地等自然资源。②商务部部长负责保护盐沼泽、滩涂、河口或其他潮汐湿地等海岸环境，指定的河口研究储备区、海洋保护区，濒危海洋物种，海洋哺乳动物，及历史上或目前支持溯河产卵鱼类（鲑鱼等生活于淡水和海水两种环境的鱼类）的河流或河流的支流。③国防部部长负责保护国防部、陆军、海军、空军和国防后勤局所有的土地，包括军事基地和训练设施，研究和开发设施，军需品工厂等。④能源部部长负责保护其拥有管辖权和控制权的国家研究与开发实验室、设施和办公室范围内的自然资源。⑤内政部部长对内政部管理或保护的自然资源负责，包括特定溯河产卵的鱼类、特定濒危物种、特定海洋哺乳动物、联邦政府所有的矿藏、迁徙鸟类、国家野生动物庇护所和鱼类孵化场、国家公园和遗迹以及联邦政府代表印第安部落管理的部落资源。

自然资源受托人的职责是必须在其管辖权范围内对自然资源的损伤、破坏和灭失情况进行评估。之后，应负责设计、实施重建、恢复或替换受损自然资源或获得受损自然资源等价物的有关方案。受托人可以自己执行行动要求自然资源破坏者进行修复和赔偿，也可以申请美国环保局签发行政命令或向法院申请司法强制令等。在自然资源受损的场地，美国环保局必须与该资源的受托人协调配合。环保局必须通知自然资源受托人和解谈判的信息，允许受托人在其职权范围内参与谈判事项，自然资源受托人是和解中唯一有权向潜在责任人保证其不会再通过起诉索取自然资源损害赔偿金的主体。

7.1.4　进一步深化改革地方党政领导考核机制

长期的唯 GDP 考核机制是我国环境问题多发的根源。经过不懈努力，目前党政领导考核机制已经比较“绿化”，结合已经在实施的党政同责、领导约谈等做法，从源头上解决环境问题已经迈出可喜的步伐。然而，目前的许多做法依然是探索性的行政手段，没有形成常态化和法制化，有可能出现“一管就紧一放就松”的状况。建议环保部与中组部、监察部进一步加强协同合作，在部分地区已有探索的基础上，继续深化考核机制绿色化，扩大一票否决范围，将党政同责、领导约谈等探索性制度推向常态化，真正化解唯 GDP 论英雄的局面。

特别指出，“党政同责”是一项有力的制度创新，但其顶层设计要真正落地，还有很长的路要走。最近出台的《党政领导干部生态环境损害责任追究办法（试行）》规定了 25 种追责情形，但启动追责的程序有可能失灵。因为按照该办法规定的两种追责启动程序，司法机关启动进入程序的案件数量有限，环保部门启动追责程序更是“勉为其难”，因为应当被追责的要么是本部门的领导成员，要么是上级政府或者党委的领导班子。本报告认为，理想状态下，应当赋予公众启动追责程序的权利。除了传统的举报之外，应当赋予公众提起环境行政公益诉讼的权利，通过环境行政公益诉讼追究政府部门的责任，进而由司法机关向纪检监察机关或者组织（人事）部门提出追责建议。此外，既然实施了党政同责，那么根据《环境保护部约谈暂行办法》对地方领导进行约谈时，应该将地方党委领导和政府领导一同纳入约谈范畴，让一把手也感受到约谈压力，从而在重大决策中更多地考量环境需求。

此建议可由中组部、环保部、监察部联合落实。

7.1.5　开展环境保护相关法律第三方大评估

现实中，由于部门利益或矛盾，我国许多法律、法规的可实施性不强。更普遍的情形是，为了减少法律、法规通过的障碍，立法者往往将法条中凡是涉及机构、人员、资金等方面的内容都一律删除或者模糊化处理，使得法律法规出台后没有相应的实施配套，最终导致法律成为一纸看上去很美的空文。此外，许多法律条款明显已经滞后于现实需求，但由于缺乏第三方评估，修改此类法条的反馈链很漫长，也导致了执法困难。

目前已经有一些省份开展了“立法后评估”工作，在法律实施之后对法律的阶段性实施效果进行总结。但是当前我国环保法律更迫切需要的是一种立法前的评估，即评估实施法律可能需要投入多少人力、物力和财力。有一些“看上去很美”的法律之所以难以施行，很大的原因在于缺乏执行法律所需的一系列人财物条件（例如，在现有的条件下，县一级环保部门执法执法人员不足，监测设备和执法车辆短缺，导致执法不到位或执法不严的现象严重）。另外一种原因可能在于法律设定的“启动”程序实际上难以被启动，而这些困难要么在立法前没有考虑到，要么是部门立法出于自我保护故意而为。所以一部法律究竟能不能执行好，很大程度上是可以事先做出专业评估的（就像“环评”一样）。美国的很多环境法律中，国会会直接在法条中规定每年的拨款数额，就是一个很好的例子。没有充分的财政投入，“想要马儿跑又要马儿不吃草”，实在勉为其难。

此建议可由全国人大、国务院法制办组织第三方社会组织落实。

7.1.6　加大环境治理软性能力建设的投入

自“十五”以来，我国环境保护投入增长很快，环境污染治理、监测设备、环保设施等显性的环保硬实力得到极大加强。然而，环境保护领域的法律、政策、环境教育、意识提升、环境传播、政府公共关系、对外合作交流等环保软实力（soft power）却全面滞后于硬实力的增长。在过去，公众认为环保部门是弱势部门，缺权少钱，能力不足，因此环保工作做不好也是情有可原。现在，在公众眼里，环保部门权力得到扩充，投入大大增加，人力、财力和物力都今非昔比，环境质量改善却迟迟不见效果，远落后于公众的期盼。因此，公众对环保部门的非议和指责也越来越多。出现这种尴尬局面，最重要的原因就是环境治理的软实力建设投入没有跟硬实力建设同步跟进，与公众缺乏交流和沟通，使公众不了解、不理解、不支持的声音越来越大。同时，由于缺乏政策顶层设计，许多环保投入的产出效果很低，也招致许多批评。

专家认为，目前我国环境保护领域，硬件愿意花钱，许多钱花得不明不白，甚至纯属浪费，软件投入远远小于硬件，却极不愿意投入。许多投入本可以产生事半功倍的效果，如环境信息公开的制度设计和平台建设，但是必要的投入却一直缺位。当前，公众的环境知情权、参与权、监督权日益高涨，期盼环境质量改善的愿望越来越热切，如果依然维持这种只顾硬件不顾软件的做法，环保工作就无法形成良好的社会舆论氛围，社会各界不能形成合力共同向污染宣战，而是将矛头对准污染的敌人——环保部门和环保工作者，长此以外，最终伤害的还是环保工作的大局，最终受损的还是广大公众享有美好环境质量的权利。鉴于此，我们建议环保部应该高度重视环境软实力的建设工作，从机构设置、人员编制、经费预算、专业能力等各个方面，全面加强与法律、政策制定、信息公开、媒体宣传、公共关系维护等领域的工作。

此建议主要由环保部和财政部落实。

7.2 完善我国环境信息公开制度的政策建议

7.2.1 完善信息公开相关立法

（1）明确不得将应当主动公开的环境信息确定为国家秘密或商业秘密。对于“阳光政府”而言，环境信息公开应当秉承“公开为原则，不公开为例外”的理念，严格限制不予公开的涉及国家秘密或者商业秘密的环境信息的范围。与此同时，相关法律法规规章应当明确规定，不得将政府部门应当主动公开的环境信息确定为国家秘密，不得将企事业单位应当强制公开的环境信息确定为商业秘密。以彻底堵住政府和企事业单位以国家秘密或者商业秘密为借口不公开应当主动公开的环境信息的行为。

事实上，对于国家秘密，《中华人民共和国保守国家秘密法实施条例》第 5 条已经明确规定：“机关、单位不得将依法应当公开的事项确定为国家秘密。”但目前有关环境信息公开的法律、法规规章中并没有类似的规定。尽管在这个问题上也可以适用《中华人民共和国保守国家秘密法实施条例》的规定，但如果能在修改环境信息公开的有关法律、法规、规章时加入这个条款，更有利于约束有关国家机关企图以国家秘密为由拒绝公开应当主动公开的环境信息的行为，也更有利于公众对这种行为进行监督[①]（包括提请司法审查）。例如，根据《环境信息公开办法（试行）》的规定，有关环境质量状况、环境统计和环境调查信息属于政府应当主动公开的环境信息，如果《环境信息公开办法（试行）》或者其上位法明确规定了有关机关不得将应当主动公开的环境信息确定为国家秘密，那么环保部就不能把土壤污染的信息作为国家秘密。

对于商业秘密，《环境信息公开办法（试行）》第 20 条明确规定“企业不得以保守商业秘密为借口，拒绝公开前款所列的环境信息。”但 2014 年年底环保部制定的《企业事业单位环境信息公开办法》并无类似条款。尽管目前仍然可以适用《环境信息公开办法（试行）》的规定，但为了体现法律的严密性，仍然有必要在所有涉及企业环境信息公开的法律、法规、规章中明确这个原则。对于负有强制环境信息公开义务的企事业单位而言，所有关于排放的、可能影响环境质量的信息都应当被看作应当强制公开的环境信息，无论排放量有多少，这些信息不能被视为商业秘密。

（2）取消对于申请信息公开的“生产、生活、科研”目的限制。在法治发达国家和地区，对于公众申请环境信息公开，法律一般不要求公众说明其与申请公开的环境信息之间存在利益关系。例如，《奥尔胡斯公约》第 4 条规定：公众在申请公共当局公开环境信息时，无须申明涉及何种利益。换言之，公共当局不能够为提供信息施加任何条件，如要求申请人陈述请求公开信息的原因，或申请人将如何使用该信息等，不能以信息不涉及申请人利益为由驳回请求。总之，在申请公开环境信息的问题上，《奥尔胡斯公约》的立场是“任何人”都可以申请。

事实上，不具有直接利害关系的公众申请公开环境信息，就好比提起环境公益诉讼，本质上都是为了公共利益。当前，《民事诉讼法》和《环境保护法》已经建立了环境公益诉讼制度，且并未对提起公益诉讼的社会组织与案件之间的利益关系做出限制（当然目前的法律对可以提起环境公益诉讼的社会组织的条件进行了限制）。鉴于此，本报告建议，未来在修改关于环境信息公开的法律、法规、规章时，应当明确规定任何人都可以申请政府部门公开环境信息，无须申明涉及何种利益。或者至少也应当类比环境公益诉讼制度，对于符合相关条件的社会团体，在申请政府公开环境信息时，无须申明涉及何种利益。

（3）将所有上市公司和其他大型企业纳入需要强制公开环境信息的企业的范围。本报告建议，除了“重点排污单位”，那些排污量可能不大，但社会影响较大的企业，如所有的上市公司以及其他大型企业（如员工数量在 1 000 名以上或者营业额超过 10 亿元人民币的企业），也应当被列入强制公开的名录。

上市公司本身就有信息披露的强制要求，公开环境信息不仅能更好地满足公众的环境知情权，而且能为股东提供更加全面的投资决策信息，一举两得。将大型企业的环境

① 很可能，大多数寻求环境信息公开的公众根本没有听说过《中华人民共和国保守国家秘密法实施条例》，更别提知道有这个条款了。

信息列入强制公开名录，使其生产过程中的环境影响曝光于众，能促进企业更好地履行环境责任，在生产过程中以更加谨慎的态度对待环境。

（4）进一步加大对企业信息公开违法行为的处罚力度。为了提高企业环境信息公开的违法成本，对于企业违反强制性信息公开义务的行为，无论是否为了违法排放污染物，都应当进行按日计罚[①]。对于信息造假的行为，无论出于何种目的，都应当在处以罚款的同时处以人身罚，情节严重的，应当追究刑事责任。

除了进行行政处罚之外，剥夺违法者获得某些经济或者荣誉激励的资格也是一种行之有效的惩罚手段。《国家重点监控企业自行监测及信息公开办法（试行）》第 23 条规定：企业拒不开展自行监测、不发布自行监测信息、自行监测报告和信息公开过程中有弄虚作假行为，或者开展相关工作存在问题且整改不到位的，环境保护主管部门可视情况采取以下环境管理措施，并按照相关法律规定进行处罚：①向社会公布；②不予环保上市核查；③暂停各类环保专项资金补助；④建议金融、保险不予信贷支持或者提高环境污染责任保险费率；⑤建议取消其政府采购资格；⑥暂停其建设项目环境影响评价文件审批；⑦暂停发放排污许可证。本报告建议，应当把这一惩罚性手段从国家重点监控企业扩大到所有的重点排污单位。

（5）明确对于企业自愿公开法定义务之外的环境信息的经济或荣誉激励措施。为了鼓励“重点排污单位”公布法律要求强制公开的环境信息之外的环境信息以及其他企事业单位自愿公布环境信息，法律应当明确对其的经济或荣誉激励措施。目前，《环境信息公开办法（试行）》第 23 条明确规定的奖励方式包括：在当地主要媒体公开表彰；依照国家有关规定优先安排环保专项资金项目；依照国家有关规定优先推荐清洁生产示范项目或者其他国家提供资金补助的示范项目。未来环境信息公开立法应当进一步拓展经济或者荣誉激励措施的方式，例如，优先办理环保行政许可；新建项目需要主要污染物排放指标时，优先调剂使用储备的排污总量指标；建议金融机构予以优惠贷款利率，保险机构降低环境污染责任保险费率；推荐纳入政府采购合作伙伴名单；推荐参加“清洁生产企业”“环境友好企业”等环保先进、荣誉称号评选及其他先进、荣誉评选等。并且应当推出一批在环境信息公开方面超越法律的要求、表现优秀的企业进行大力宣传，同时宣传他们获得了哪些经济或荣誉激励措施，以鼓励更多的企业向他们学习。

（6）进一步明确在环评过程中“便于公众知悉”的信息公开方式，确保公众在知情的前提下参与。某个建设项目或者规划，对于直接受其影响的公众和间接受其影响的公众的影响显然不同。因此，在“便于公众知悉”的公示方式上，建设单位、规划编制机关、环评单位也应当采取一些差异化的方式。法律或者有关公众参与的环评技术导则应

① 2015 年 1 月 1 日起生效的《河北省环境保护公众参与条例》第 40 条规定：重点排污单位未依照本条例规定的方式公开企业环境信息的，由县级以上人民政府环境保护主管部门处四万元以上十万元以下罚款，并责令限期公开。逾期不公开的，可以按照原处罚数额按日连续处罚。

当明确规定：对于一般意义上的关心环境问题的“公众”，可以通过报纸、电视、网站等方式广而告之；但对于环境权益直接受到建设项目或者规划影响的公众，就应当采取更加“直接”的方式来使其知悉。例如，对于城市居民小区中直接受到影响的公众，应当通过在小区的公告栏、电子屏幕、居民楼每个单元的一楼通道、电梯间、地下车库的入口处等地方张贴公告的方式进行公示，且应当在合理的期限内持续公示。[①]如果可能的话，还应当在此基础上，通过给业主群发短信，或者在每户居民的大门上张贴公告的方式进行公示。此外，鉴于互联网的普及，建设单位、规划编制机关和环评单位也可以通过在业主论坛、QQ 群、微信群等虚拟空间发布公告，这样不但可以节约成本，而且可以以最快的方式公之于众。对于农村居民，也应当通过村里的公告栏或者召开村民代表会议等方式公布周知。

（7）将企业环境信息公开违法行为纳入环境公益诉讼的范围。《环境保护法》第 58 条规定：对污染环境、破坏生态，损害社会公共利益的行为，符合条件的社会组织可以向人民法院提起诉讼。显然，根据这一条的规定，对于企业违反环境信息公开义务的行为，社会组织不能对其提起环境公益诉讼。

相比之下，美国环境法律中规定的公民诉讼，任何人都可以针对一切违反环境法律的行为提起公民诉讼，显然包括企业违反信息公开义务在内。

本报告建议，鉴于重点排污单位负有强制公开环境信息的义务，并且某些环境信息关系到公共利益，当企业未能依法履行信息公开义务时，就对公共利益造成了损害，此时，应当允许符合条件的社会组织对此违法行为提起公益诉讼，要求法院判令企业公开有关环境信息。当然，为了减少此类诉讼，可以规定，社会组织在提起诉讼之前，应当先向环保部门进行举报，要求其责令企业公开环境信息。如果在规定的期限内环保部门不采取执法行动的，社会组织才能向法院提起公益诉讼。

（8）允许并规范公众自测和发布环境信息的行为。关于公众自测和发布空气质量信息的行为，曾经引发过激烈的争议。2009 年环保部公布的《环境监测管理条例》（征求意见稿）规定：“环境监测行为需要审批，环境监测信息的公开也须经过批准。”“未经批准，任何单位和个人不得以任何形式公开涉及环境质量的环境监测信息。”

本报告认为，环保部门发布具有权威性的环境监测数据，这并不意味着其他渠道的监测数据不能发布，后者其实可以作为辅助数据供公众参考。正如著名环保人士冯永锋先生指出的那样：“垄断的环境信息容易遭受质疑，对政府而言是个巨大的负担。普通公民、环保组织、商业监测机构，可以帮助政府分担这些压力。当环境监测信息来自多个方向的时候，数据和信息本身能够互相校正和协助，推动环境真相的如实传

---

① 例如，《河北省环境保护公众参与条例》第 16 条规定，在环评过程中，建设单位或者环评单位应当在直接受到规划或者建设项目影响的公众居住地的公告栏、出入口等地方张贴公告，或者召开信息公告会议，公告时间不得少于十个工作日。

播。”①

因此，本报告建议，法律应当允许公众自测和发布环境信息。但法律可以对监测设备的制造和使用、监测程序、发布方式等做出规定，并且规定恶意发布虚假信息的，可以依照《治安管理处罚法》的规定进行处罚，构成犯罪的，应当追究刑事责任。从而促进公众进行负责任的、相对科学、客观公正的自测行为，并且与政府和企业发布的环境信息进行相互印证，发现存在显著差异时，应当及时进行调查。

7.2.2 严格环境信息公开执法并树立公开最佳实践

（1）充分利用大数据技术，建立一个便于公众知悉和有效促进环境风险沟通的全国环境信息网络公开平台。环境信息公开的一个重要目标是要“便于公众知悉”。在网络时代，最便于公众知悉的途径就是网络信息平台。中国应当充分利用大数据技术，建立一个便于公众知悉的全国环境信息网络公开平台。这个网络信息平台不但用于公布政府环境信息，也可以用于公布企业环境信息，②还应当整合污染物排放信息和地理信息，并具有查询功能。③

这个网络信息公开平台未必一定要由政府部门建设和维护，也可以由第三方来建设和维护，由政府部门负责提供相关环境信息。目前，由 IPE 创建的“污染地图”和“蔚蓝地图”，就具备了这一平台的许多特征，可以作为未来全国网络信息公开平台的基础。

为了便于公众知悉和监督，这个全国网络信息公开平台必须具备以下几个特点：一是信息形式多样。例如，除了污染物排放或转移数据，还应当包括相关法律法规、名词解释、典型污染物排放清单以及污染物特性等，并且应当包括指导公众如何使用该平台的指南，以促进公众对环境信息的理解和对该平台的充分利用。二是具有查询、搜索功能。该平台应该可以按照企业名称、行业、污染物种类、排放或转移区域等关键词进行

① 崔筝：《21 家环保组织吁请允许公众参与环境监测》，载财新网，http: //china.caixin.com/2011-12-19/100339917.html，最后访问时间：2015 年 6 月 20 日。最近一个可以作为参考的例子是，在天津滨海新区“8·12”爆炸之后，部分公众不相信官方做出的监测结论，8 月 15 日，绿色和平组织在滨海新区核心危险区之外的其他地域进行水体快速检测任务，得出的结果跟官方结果基本一致，由此才打消了部分公众的疑虑。参见《绿色和平独立检测滨海新区水质 跟官方结果基本一致》，载界面网，http: //www.jiemian.com/article/354495.html，最后访问时间：2015 年 8 月 20 日。

② 《企业事业单位环境信息公开办法》要求重点排污单位“应当通过其网站、企业事业单位环境信息公开平台或者当地报刊等便于公众知晓的方式公开环境信息，同时可以采取以下一种或者几种方式予以公开”。分析这些公开的方式可知，除了“企业事业单位环境信息公开平台”之外，其他的公开方式均只能看到某一个企业公布的环境信息。对于需要了解众多企业的环境信息的公众而言，一个个地查阅非常不便。而在“企业事业单位环境信息公开平台”上，查询企业环境信息显然更加方便，因此，必须加强“企业事业单位环境信息公开平台”的建设。本报告建议，为了避免重复建设，“企业事业单位环境信息公开平台”可以与全国环境信息网络公开平台相融合。

③ 2015 年 7 月，国务院发布了《关于积极推进“互联网+”行动的指导意见》，在“‘互联网+’绿色生态”中，提出“建立环境信息数据共享机制，统一数据交换标准，推进区域污染物排放、空气环境质量、水环境质量等信息公开，通过互联网实现面向公众的在线查询和定制推送”。

搜索，并且可以查询三年以上的历史数据。三是可供公众进行信息反馈，可以在线接受公众的举报、投诉、建议等，并可以及时对公众的意见提出反馈。[①]

为了更好地建设这个平台，必须加强各省市、各部委间的协调合作，做到信息共享。此外，该平台所发布的相关环境信息，也应当可以及时地与其他有关部门或者单位共享，如征信机构、银监会、银行、保险公司等，以便通过这些市场化的力量对企业的环境表现进行监督。

（2）严格执行《危险化学品环境管理登记办法（试行）》规定的“污染物排放和转移登记制度”。《危险化学品环境管理登记办法（试行）》已经初步建立了中国版的“污染物排放和转移登记制度”，是我国环境信息公开立法的一个重大进展。但由于种种原因，在实践中并没有得到很好地执行。“执法必严”是法治社会的基本要求。在执行“史上最严”的《环境保护法》的同时，各级环保部门也应当投入相当的精力来贯彻执行《危险化学品环境管理登记办法（试行）》的有关规定，逐渐让中国版的PRTR落地生根。

（3）有重大环境风险的企业应当定期向公众告知发生异常事故的风险和应对措施。《环境保护法》第47条规定：“在发生或者可能发生突发环境事件时，企业事业单位应当立即采取措施处理，及时通报可能受到危害的单位和居民，并向环境保护主管部门和有关部门报告。”《企业事业单位环境信息公开办法》第9条规定重点排污单位应当公开的信息包括“突发环境事件应急预案”。为了尽量减少突发环境事件可能导致的后果，环保部门应当严格监督有重大环境风险的企业及时公布突发环境事件应急预案，还应当定期向公众告知发生异常事故的风险和相应的应对措施，并且这些信息必须以便于周边公众知悉的方式和途径公布。

（4）做好发生突发环境事件时的信息公开工作。发生突发环境事件时的信息公开工作做得是否到位，比日常的政府环境信息公开更直接关系政府的公信力和公众的切身利益，因此，必须给予高度重视。首先，要坚持公开透明，并在事发的第一时间发声。如果事发伊始就成立应急小组，立刻表明态度，全程公开事故（件）处置过程，定期发布调查进展和结果、事故（件）原因和责任以及相关责任人的处理，按部就班，有条不紊，有始有终，那么舆论应对局面就不会过于被动。其次，发声过程中遇到质疑之声不能做鸵鸟，需要开诚布公，以平等的态度相互沟通，有针对性地立刻给予回应。最后，国家环境保护权威部门要主动施以援手，强力支持。对重大或有一定影响力的环境突发事件，不仅要在应急反应和处置的技术和设备层面给地方提供支持，还要在事件的舆论走势、舆论引导方面主动多做些细致的工作，体现全国环保整体团队意识。[②]

（5）建立并有效运行社交媒体平台，及时发布相关环境信息并回应公众的诉求。新媒体时代，官方信息一丝一毫的延迟就可能催生谣言的蔓延，某条微博或微信上迸发的一个微小的“火星”就可能发展为一场烧向政府部门的“熊熊烈火”。同样，山东各级

① 吴敏：《污染物信息公开立法应借鉴哪些经验？》，载《中国环境报》2015年1月15日。

② 贾峰、阳平坚：《信息公开需直面公众与问题》，载《中国环境报》2015年6月24日。

环保部门的实践证明，如果环保部门能够通过社交媒体及时公开环境信息，及时回应公众的诉求，完全可以重塑公信力，并且让公众成为推进环境法律实施和生态文明建设的有力“援军”。

因此，本报告建议，应当推广山东等地的经验，建立国家—省—市—县四级环保部门的社交媒体平台，利用社交媒体平台提供的便利，一方面及时公开环境信息，另一方面与公众进行互动，及时回应公众关心的议题，尤其是对公众举报的环境违法行为进行及时的查处和反馈。这样既能提高公众举报的积极性，又能提升环保部门的公信力，还能显著改善环保部门与公众的关系，形成一种“政府—公众”合力推进环保事业的良性循环。

（6）严厉追究违反信息公开义务的责任人的法律责任。《政府信息公开条例》第 35 条和《环境信息公开办法（试行）》第 27 条规定了行政机关不依法履行政府信息公开义务的，由监察机关、上一级行政机关责令改正；情节严重的，对行政机关直接负责的主管人员和其他直接责任人员依法给予处分；构成犯罪的，依法追究刑事责任。《环境保护法》第 68 条进一步规定，地方各级人民政府、县级以上人民政府环境保护主管部门和其他负有环境保护监督管理职责的部门应当依法公开环境信息而未公开，造成严重后果的，给予撤职或者开除处分，其主要负责人应当引咎辞职。

遗憾的是，自《政府信息公开条例》和《环境信息公开办法（试行）》生效以来，虽然负有环境监督管理职责的部门经常违反信息公开的义务，但几乎没有见过对此直接负责的主管人员和其他直接责任人员被追究法律责任的案例，使有关法律责任的规定变成一纸空文。

要让政府环境信息公开工作真正落到实处，需要投入充分的资源，还需要“奖优”，但更重要的是要“罚劣”。只有严格追究违法者的法律责任，才能在社会上形成一种令行禁止的信念，才能让各级政府部门及其工作人员真正重视这项工作。

（7）推广政府信息公开最佳实践与案例，树立模范典型并给予表彰。即便法律明确规定了应当公开的内容和公开的方式，各地的实践也必然是有差别的。上级部门，尤其是中央层级的负有环境保护监督管理职责的部门，应当及时推广在环境信息公开方面卓有成效的实践经验及相关案例，并对表现比较落后的地区进行相关培训和其他能力建设。

目前，有一些省市在环境信息公开领域表现比较突出。例如，山东省建立了实时发布平台，以废水、废气每小时一组数据的频率系统发布重点监控企业自动监测数据。其特点包括：第一，覆盖面大，不但有国控企业，也包括一批重要的非国控企业；第二，数据缺失率低，采集率高；第三，完整性较好，有超标倍数，有废气、废水流量数据；第四，平台界面较清晰，超标数据以红色凸显，且设置月度趋势图模式，便于公众查询。浙江省的监督性监测季报对省内每个市的企业达标率都做了比对，并且与前一年同期的季报做出了比对，从省对市的监督情况开始，督促每个市对其本市企业的监管和整改力度的加强，从而达到企业污染控制的提高。宁波市从新的视角、新的方式发布了监督性监测数据，2013 年建立监督性监测平台实时公布监督性监测数据，自由选择企业，可查询企业一年内的所有信息，便于对比和跟踪。企业监测数据种类最多可达 37 种。①

上级部门尤其是中央层级的负有环境保护监督管理职责的部门应当及时总结政府环境信息公开领域“领跑者”的经验，并在时机成熟时将其纳入法律之中，作为强制性的要求推广。

此外，为了激发政府部门及其工作人员公开环境信息的积极性，对于在环境信息公开工作方面表现优秀的单位和个人，上级部门应当及时予以物质、精神或者职务晋升上的奖励。

（8）公布企业环境信息公开最佳实践，编写企业环境信息公开实施指南。实践中，总有一些企业在环境信息公开方面超越法定要求，做得比绝大多数企业要好。②各级环保部门应当及时推广不同行业的企业环境信息公开的最佳实践与案例，并鼓励其他重点排污单位向这些企业学习。对于入选企业信息公开最佳实践与案例的企业，各级政府部门应当及时给予经济上或者荣誉上的激励。此外，环保部门应当总结这些最佳实践与案例，编制企业环境信息公开指南，让更多的企业向行业内最高环境信息公开标准看齐。

待时机成熟时，环保部门或者立法机关可以考虑将一些超越现行法律强制要求的最佳实践规定为法律的强制性要求。

7.2.3　完善环境知情权司法救济

各级司法机关应当根据“立案登记制”的要求，依法受理信息公开纠纷案件，并公正地对案件做出判决。为了加强对各级人民法院审理类似案件的指导，统一司法尺度，同时便于公众和行政机关了解司法机关对环境信息公开纠纷的态度，最高人民法院应当及时出台相关典型案例。2014 年 9 月 12 日，最高人民法院曾发布了“人民法院政府信息公开十大案例”，其中就包括余穗珠诉海南省三亚市国土环境资源局案。未来，最高人民法院还应当定期或者不定期出台类似的指导性案例，通过典型案例对环境信息公开司法实践中争议比较大的一些问题做出指导性意见。

7.2.4　完善环境信息披露的相关配套措施

（1）开展环境信息公开能力建设，为从事环境信息公开的机构提供充分的人员和经费保障。《环境信息公开办法（试行）》第 6 条规定了负责环境信息公开的机构和职责，第 8 条规定环保部门应当从人员、经费方面为本部门环境信息公开工作提供保障。环境信息公开是一项非常细致、烦琐且有技术含量（如信息公开统一平台的建设）的工作，

① IPE& NRDC：《2013—2014 年度 120 城市污染源监管信息公开指数（PITI）报告：突破 • 起点》。

② 例如，太钢集团公司除了依照法律规定的途径主动公开环境信息外，每月还举办“公众开放日”活动，邀请公众参观厂区和车间，让公众零距离了解有关环境信息。

如果没有充分的人力、财力和物力保障，是很难做到位的。目前，各级负有环境保护监督管理职责的部门普遍存在从事信息公开的人员、经费不足的问题，既不利于公众及时准确地获取环境信息，又对政府的公信力造成了影响。

对于人员保障，除了配备充分的人员，更重要的是应当确保这些人员能够胜任信息公开的工作。应当定期或不定期邀请相关专业人士对这些人员进行培训，提升其从事信息公开工作的能力。

鉴于环境信息公开并非仅仅是负责环境信息公开的机构的职责，其他机构的工作人员同样可以需要处理有关环境信息公开的问题，本报告建议：在负有环境保护监督管理职责的部门的公务员的入职培训中，加入应当如何主动公开政府环境信息以及如何应公众申请公开环境信息的内容。

对于经费保障，应当充分考虑信息公开的实际需求，在部门预算中给予充足的保障。

（2）扩大在线监测的企业的范围。在线监测是一种非常有利于信息公开的监测方式，通过在线监测可以实现实时公开，不但便于环保部门监管，也便于公众了解企业的排放信息并进行监督。当前，我国安装了在线监测设备的企业数量还没有涵盖所有的重点排污单位，未来应当继续推广重点排污单位安装在线监测设备，推动企业排放信息的实时公开。

（3）鼓励公众和环保组织收集整理已经公开的政府和企业环境信息，以便于公众知悉的方式进一步公开。在环境信息公开过程中，公众也可以发挥重要的作用。实践中，公众环境研究中心通过收集整理已经公开的政府和企业环境信息，制作了“污染地图”和“蔚蓝地图”，公众可以方便地通过“水污染地图”“大气污染地图”等发现哪些企业曾经发生过环境违法行为，通过“蔚蓝地图”可以了解各省重点监控的排污单位实施的排放数据和当前的空气质量状况。可以说，这些民间环保组织利用公开的环境信息制作的“地图”极大地满足了公众的知情权，也更加方便公众对安装了在线监测设备的企业的超标超总量排污行为进行监督。本报告认为，政府应当鼓励这种对已经公开的环境信息进行“加工”和“推广”的行为，可以通过购买社会组织服务的方式鼓励环保社会组织进行“深度”的环境信息公开工作。

（4）促进公众环境教育，向公众提供申请政府环境信息公开程序和方法指南。为了促进公众对于环境信息的理解和获取，各级政府部门应当加大宣传教育的力度，让公众了解自身的权利，了解如何获得环境信息（尤其是如何申请政府公开环境信息），如何利用环境信息，如何救济等。可以考虑由环境保护部编写有关环境信息公开的公众实用手册，在网上公布并提供下载服务。

7.3 促进我国环境保护公众参与的政策建议

没有环境信息公开，环保公众参与就无从谈起。为了促进公众更好参与环境保护，首先要落实上文提出的信息公开领域的政策建议。在此基础上，再辅以以下促进环境保护公众参与的政策建议。

7.3.1　完善新《环境保护法》配套法律法规，为环保公众参与提供组织制度保障

（1）出台全国范围内的环保公众参与条例。将所有产生或可能产生环境影响的政策制定、规划与计划制订、项目选址、立项、可行性研究、开工建设、验收、运营后评估所有过程，全部纳入公众参与的法制渠道，向环评公众参与看齐。

（2）需围绕新《环境保护法》的实施，修改《环境影响评价法》《规划环境影响评价条例》《环境影响评价公众参与暂行办法》等公众参与制度，使其符合现实发展需要。

（3）补充关于环境法律责任、行政复议与诉讼、纠纷处理、损害补偿、环境公益诉讼和公民环境权利等方面的配套法律规定，使新《环境保护法》信息公开和公众参与的规定落实有更强可操作性。

（4）建立和完善《大气污染防治法》《水污染防治法》《土壤污染防治法》等环境保护单行法和污染控制行动计划的公众参与条款，将《环境保护法》中笼统的条款具体化。

7.3.2　整合环保部门内部维护公众关系的机构，为更好地做好公众参与服务提供基础条件

目前与环境公众参与、环境舆情应对、环境宣传教育相关的资源严重不足且效率亟待提高。与公众知情权、表达权、参与权和监督权相关的政府职能也分散在不同的机构和部门，政府为公众参与服务的能力亟待加强。因此，政府应该优化和整合这些资源和机构，组建成一个统一、高效的专门机构，以提升环境战略传播、环境舆情应对、环境宣传教育和公众参与的能力。

（1）将目前环保部门内部与信息公开、公众投诉（12369 平台）、环境信访、宣传教育等相关部门的职能进行梳理和整合，在此基础上成立社会服务司，总体负责与公众参与有关的管理工作。

（2）应考虑建立对外公共关系维护机构，增加与地方政府部门、企业机构、社会组织以及受影响群体的互动，从而促进在政策制定、环境影响评估过程中的公众参与。

（3）定期与环保社会组织开展沟通交流活动，收集环保社会组织在参与环境保护工作所面临的问题，掌握第一线的环境舆论动态和社情民意。

（4）加大环境保护公众参与的能力建设，在人力、财力、物力和专业知识等方面全面配套，系统提升。

7.3.3　建立促进环保社会组织健康发展的长效机制，为其创造良好成长环境

环保社会组织在公众环境法律意识的培养方面发挥着非常重要的作用，有助于为环

境法治的发展构建稳固的社会思想基础。环保社会组织通过组织活动、公益诉讼等促进环境法律的实施，通过参与政府环境政策、意见表达等方式，实现对国家环境权力的制约。政府部门应该从各个方面加大对环保社会组织的扶持力度，尤为重要的是各级政府部门需要改变过去的老套思维，把社会组织从政府的对立面扭转过来，将其视作可靠的合作伙伴，将其当作新形势下建设新型社会治理模式的重要力量。只有思维的转变才能带动行动的转变。

（1）建议制定相关法律法规，促进非政府组织（NGO）和非企业社会团体（NPO）依法、有序参与环境决策。

（2）政府应该简化非政府组织和非营利团体的登记注册程序，放宽对社会组织登记的管制，取消组织成立的无形门槛或玻璃墙。

（3）通过购买社会服务等方式，支持环保非政府组织、非企业社会团体以及民间智库的发展。

（4）放宽社会组织提起环境公益诉讼的资格，鼓励社会组织收集、整理、发布相关的环境信息，并利用此类信息进行监督企业和政府。

7.3.4 推进国家环境教育立法，促进社会各界对保护与发展之间的科学认识，制定前瞻、主动、综合的环境传播战略

环境教育水平的高低是决定公众参与成败的重要一环，全面系统推进环境与可持续发展教育，提高公众环境意识是科学理解公众参与以及提高公众参与质量的重要基础。在全国多起环境群体事件中，因为公众不了解而发生的非理性抵制，给国家、企业、民众造成了巨大的损失，要化解这种局面，必须做好长期的准备，从教育一代人、影响一代人做起。

此外，目前政府缺乏主动、前瞻的国家环境传播战略。这种缺失容易导致中央和地方政府在应对舆论时遭遇尴尬和被动，并不可避免地破坏民众和政府之间的信任。何况公众环境意识和环境科学素养的高低，对民众参与环境保护有很大的影响。要改变政府目前在环境沟通方面的被动局面，促进公众更有效地参与环境保护，本政策研究建议：

（1）开展进一步的环境教育立法的经验研究，包括但不限于美国、日本、巴西、韩国和中国台湾地区。例如，台湾地区的“环境教育法”就要求高校师生、政府各级部门工作人员、企业管理者，每年需要接受至少 4 小时的环境教育课程培训。大陆在环境教育立法方面也积累了不少有益的经验，如在宁夏回族自治区和天津市已经制定了环境教育条例。基于上述经验，国务院法制办应该加快环境教育立法进程，以法律形式保障包括城乡居民、各级政府官员、私营和国有企业在内的各阶层的环境教育机会。此外，环境教育还应该与先进的企业社会责任相挂钩。

（2）要提高公众环保意识，使公众更好地了解环境保护工作，营造良好的环境保护舆论氛围，需制定两种不同的环境传播策略。其一，应制定政府年度或某一时间段内（如

某五年计划期间）重点环境工作的国家环境传播战略。这些重点环境工作由政府推动并实施，包括大气污染控制、水污染控制、土壤污染控制等。其二，准确研判和预测媒体与公众某时间段或未来一段时间内特别关注的环境热点议题，如最近的雾霾污染、地下水污染，未来可能大力推进的核能源发展规划等，对这些可能形成舆论焦点的议题应该制定前瞻、主动、综合性的环境传播战略，避免政府陷入被动、尴尬的境地。在上述战略中，都应该鼓励公众参与，为公众创造更好的信息获取渠道，建立公众和政府之间的互信。

（3）除了正规教育系统，环境教育还应该充分运用新媒体和传统媒体，建立群众和社区的沟通渠道，将那些生活在知识水平较低社区的居民也包含在内。环境教育应该在支持消费者做出负责任、明智、可持续的消费选择方面加大力度。推进城乡居民通过负责任的环境行为监督环保工作和建设生态文明；企业追求绿色发展；各级官员特别是县市一级官员，做出更好、更可持续的发展决策，鼓励和支持公众参与构建生态文明，都是未来环境教育和环境传播应该考虑的议题。

（4）在新的传播技术环境下，应该充分利用自媒体等平台，对于民众进行环境意识的教育。新媒体形势下，给环境战略传播带来巨大挑战，传统的环境传播方式几近失效。因此，国家各级政府部门应该顺势而为，抓住新媒体带来的机遇，制定前瞻、主动、综合的环境传播战略，以此作为增强环保软实力和树立国家形象的大好机会。新的环境传播战略必须将公众视为重要的参与主体，所有的策略和方案必须围绕公众的环境权利而展开。

7.3.5　建立新媒体语境的公众参与机制，打通公众与政府沟通屏障，缓解官民对立情绪，重塑政府公信力

山东省的案例是最好的例证。过去山东由于环境污染严重，公众对环保部门心怀强烈的不满和对立情绪。经历了“潍坊网传地下排污”的舆论风波之后，山东省环保厅改变思维方式，建立了覆盖全省的“三位一体”政务微博体系，通过社交媒体收集公众环境投诉和举报，及时回应公众诉求，并将政府部门所采取的植物行动通过政务微博及时传达给公众。一段时间后，山东省的环境保护舆论氛围发生了逆转，政府和民众的关系得到了极大改善，环境工作朝着社会各界发挥合力的方向发展。基于目前环保部门公众形象树立和环境战略传播的迫切需要，要结合心理学、传播学、社会风险等理论，加大环保科普、宣传策略、公众参与、舆论引导等方面理论和方法研究，尽快列入环保部专项资金支持；要拓展传统环保宣教领域、方法和渠道，改变过去单向传播的思路；要尽快建立全国环保系统新媒体联盟。在与公众互动、交流的过程中，通过“润物细无声”的方式，倾听公众、教育公众、引导公众、影响公众。

建议在新媒体建设方面重点开展以下工作：

（1）环境保护部尽快开通官方政务微博，并且借鉴山东经验，形成覆盖全国的中

央一省一市一区（县）的“四位一体”政务微博体系，以此为平台接受公众投诉和举报，实时回应公众诉求。

（2）进一步提高对社交媒体重要性的认识。新媒体就如同一把“双刃剑”，如果能够迅速适应并为己所用，那就会更加便捷、更加有效率地进行信息发布，为执政工作带来便利；但是，如果不能够适应当下的媒体环境，仍然只依赖传统的报纸、广播、电视等渠道发布信息，则会严重影响传播效果。

（3）加大资金投入，系统全面开展基础研究。通过研究新媒体上网民的情况，来收集、研判和引导“民意”，有助于政府更加科学地进行决策。目前，我国针对新媒体平台上的有关环境问题的民意表达、网络动员及与社会运动的关系的研究还是一个空白领域，迫切需要通过基础研究，摸清规律，探索有效的预防及响应机制。

（4）增加编制和设立机构，把如何与新媒体打交道作为主要工作来做。近年来，因环保问题引发的群体事件接连发生，新媒体在其中推波助澜。我们调研发现，一些地方通过设立专门机构和专职人员，统筹运用网站、手机报、微博、微信等新媒体，及时公开环境信息，跨部门开展舆情监测，妥善应对环境舆情，及时引导舆论走向，为政府决策部署及社会情绪稳定营造了良好的舆论氛围。新媒体时代，为使客观、科学的环境信息有效传播，引导公众从情绪表达转向客观表达，迫切需要一支懂得如何与新媒体打交道的专业化队伍，为政府经济社会发展决策部署营造良好的社会舆论提供精准、高效的服务。

（5）充分利用自媒体等平台，对民众进行环境意识的教育；鼓励民众参与环保活动，减少碳足迹；与此同时，促进环保社会团体建立和发展，鼓励公众举报。①整体的宗旨是利用新媒体，敞开胸怀欢迎监督，及时回应各方关切，打造环保统一战线，发动监督违法排污的人民战争，形成良好的向污染宣战的舆论氛围，弥补环保部门整体人员、资源能力不足的短板，形成众志成城、齐心抗污的合力。

7.3.6 建立和完善环境突发事故与环境群体事件的预警和应急响应机制

结合国内外环境事件沟通与响应的相关案例和政府部门现有的环境群体事件应对方案，建议建立面向社会公众的重大环境事件沟通与响应机制，构建“事前介入，事中沟通，事后总结”的邻避问题处理机制，主要内容包括如下几个方面：

（1）完善对重大环境事件管理三个范畴的规划设计，包括危机战略规划、危机预控和危机处理。不同的阶段需要采取不同的管理方式，并辅以配套措施，做到未雨绸缪，有备而战。

（2）建立沟通与响应工作组织体系，包括建立沟通工作领导小组、工作小组和专家团队。一旦事件发生，在新媒体时代，沟通工作出现差错完全有可能影响整个事件走向，

① 《促进中国绿色发展的媒体与公众参与政策研究》（中国环境与发展国际合作委员会课题组报告），2013 年 11 月 13 日—15 日。

引发次生舆情危机，因此领导重视、专业沟通显得尤为必要。

（3）建立沟通与响应工作流程。任何一起群体事件的应急和处置，都会涉及多个部门之间的协调与合作。在事件发生之前，必须建立起完备的沟通和相应工作流程，避免出现部门之间相互矛盾、扯皮、推诿的现象。

（4）加大政府部门处理突发事故（事件）的协作力度，在预防、应急、处置和对公众发布信息的过程中，随时保持相互沟通和信息共享。

7.4　完善中国环境司法的政策建议

7.4.1　推动独立公正行使司法审判权

司法能否有效地解决纠纷最终取决于司法公信力。树立司法公信力的一个关键因素是破除“地方保护主义”或者“外部干预”的顽疾，推进独立公正行使司法权。

《中共中央关于全面深化改革若干重大问题的决定》第 32 项提出：“确保依法独立公正行使审判权、检察权。改革司法管理体制，推动省以下地方法院、检察院人财物统一管理，探索建立与行政区划适当分离的司法管辖制度，保证国家法律统一正确实施。”长期以来，由于在财政问题上受到地方政府的控制，司法机关往往“人在屋檐下，不得不低头”，许多司法不公正由此产生。本报告总结的许多实践中出现的环境司法问题，最终能否顺利解决，主要取决于司法机关能否真正独立公正行使审判权。司法机关财政上的独立以及在管辖范围上与行政区划适当分离，是实现“司法独立”的关键步骤，应当尽快付诸实施。

除了从人、财、物方面尽量让司法机关摆脱地方政府的影响和控制外，还应当从制度层面建立“权力的笼子”，让其他不正当的公权力之手无法伸向审判权，让环境司法处于一个独立、安全的位置。针对如何控制公权力的渗透和影响，《中共中央关于全面推进依法治国若干重大问题的决定》明确提出，“建立领导干部干预司法活动、插手具体案件处理的记录、通报和责任追究制度，建立健全司法人员履行法定职责保护机制”，从制度层面控制司法审判的外部影响，并加强内部保护机制，旨在构建独立公正行使司法权的内外“组合拳”。最新修改的《行政诉讼法》也明确规定“行政机关及其工作人员不得干预、阻碍人民法院受理行政案件”。2015 年 3 月，中共中央办公厅、国务院办公厅联合发布了《领导干部干预司法活动、插手具体案件处理的记录、通报和责任追究规定》，2015 年 8 月，最高人民法院发布了《人民法院落实〈领导干部干预司法活动、插手具体案件处理的记录、通报和责任追究规定〉的实施办法》。各级司法机关、党委政法委以及纪检监察部门应当严格落实上述规定。

建立跨行政区域的司法机关，也有利于减少“地方保护主义”对司法的干预，提升司法的独立性，从而促进环境司法的公正性。党的十八届四中全会提出的设立跨行政区域的人民法院、人民检察院的试点方案，应当在总结试点经验的基础上尽快在全国范围内推行。或者可以考虑在海事法院的基础上，设置跨省级行政区域的中级或者高级人民法院来审理跨省的重大环境案件。

此外，改变以 GDP 为中心的考核指标体系，也可以为司法独立创造更好的外部环境。2013 年 12 月中央组织部出台《关于改进地方党政领导班子和领导干部政绩考核工作的通知》，明确提出对政绩考核不简单以 GDP 论英雄。不能仅仅把地区生产总值及增长率作为考核评价政绩的主要指标，不能搞地区生产总值及增长率排名。中央有关部门不能单纯以地区生产总值及增长率来衡量各省（自治区、直辖市）发展成效。地方各级党委、政府不能简单以地区生产总值及增长率排名评定下一级领导班子和领导干部的政绩和考核等次。对限制开发区域不再考核地区生产总值。当地方政府的政绩观朝向更加"绿色"的方向倾斜时，当前环境司法中存在的一些地方干预的问题必然会逐渐减少，实现环境司法的独立性和公正性也因此少了一个巨大的障碍。

7.4.2 进一步完善涉及环境司法制度的立法或司法解释

法治首先是"良法之治"。当前实践中存在的一些环境司法问题，有很大一部分是由于立法不完善或者缺乏相应的司法解释导致的，因此需要进一步完善立法和司法解释，为环境司法的顺利进行铺平道路。

（1）建议立法机关修改《人民法院组织法》，明确在基层人民法院设立环保法庭的法律依据。鉴于目前的《人民法院组织法》并未授权基层人民法院可以根据需要设立其他审判庭，而当前成立的环保法庭绝大多数都设置在基层人民法院。为了让这些基层人民法院设立的环保法庭"有法可依"，最高人民法院应当根据《立法法》第 24 条的规定，尽快提请全国人大常委会修改《人民法院组织法》。

（2）建议立法机关制定专门的环境诉讼程序法，或者由最高人民法院出台有关环境诉讼特殊程序规则的司法解释。环境法具有典型的社会法特征，具有公法、私法融合的特征。一个环境案件往往涉及社会关系的各个领域，需要通过结合公法和私法救济手段才能更好地维护公众环境权益。目前人民法院实行的刑事、行政、民事三大诉讼分立的传统模式，已经难以适应环境司法专业化审判的需要。当前一些环保法庭采用了民事、行政、刑事审判"三合一"方式，取得了良好的效果。但这种审判方式目前还缺乏明确的法律依据和全国统一的程序规则，因此有必要建议立法机关制定专门的环境诉讼程序法，融合目前三大诉讼法的相关内容，并有所创新，以更好地适应环境司法的客观需求。如果短期内制定专门的环境诉讼程序法的难度较大，可以考虑先由最高人民法院出台有关环境诉讼特殊程序规则的司法解释。

专门的环境诉讼机制在价值追求和制度安排上，需要改变把环境案件纳入传统诉讼模式，将环境案件区分为环境民事诉讼、环境行政诉讼和环境刑事诉讼，对环境公益和私益进行综合衡量，对行政行为和民事权利进行综合审查，重视环境公益的衡量，扩大诉讼主体资格，实现诉权社会化。在具体法律技术适用上，要突出解决环境诉讼中环境损害是否发生、环境损害的鉴定、致病机理、因果关系认定等法律难题，确立专门规则和细化相关规定。只有从这些方面进行了完整的专门环境诉讼机制设计，确立了专业性的制度和规则，才能解决专门性的环境案件审判组织运行的体制基础和法律依据，环保法庭也才能发挥预期作用。①

（3）完善环境民事公益诉讼并建立环境行政公益诉讼制度。法治发达国家和地区的环境公益诉讼一般既包括环境民事公益诉讼，也包括环境行政公益诉讼。前者的被告是污染者，后者的被告是行政机关。目前我国已经在《民事诉讼法》和《环境保护法》中正式确立了环境民事公益诉讼制度，但可惜的是2014年11月全国人大常委会修订的《行政诉讼法》并未规定环境行政公益诉讼制度，使我国的环境公益诉讼制度成为“跛脚鸭”。环境行政公益诉讼在督促负有环境保护监督管理职责的行政机关依法履行职责方面具有不可替代的作用。目前，我国已经开始试点检察机关提起环境行政公益诉讼制度。当然，从长远来看，未来我国的环境行政公益诉讼制度应当向环境民事公益诉讼制度看齐，明确规定有关社会组织也可以提起环境行政公益诉讼。

（4）为了保障环境行政罚款的执行率，震慑违法者，建议立法赋予环保部门强制执行某个数额以下的罚款的强制执行权。超过这个数额的罚款仍然申请法院强制执行。新《环境保护法》已经赋予环保部门直接“查封、扣押”造成污染物排放设施、设备的权力，但实践中运用最频繁的“罚款”，如果相对人拒不履行的话，环保部门还得申请法院强制执行。建议立法机关修改相关法律，赋予环保部门强制执行某个数额（如4万元②）以下的罚款的强制执行权；超过这个数额的罚款仍然申请法院强制执行。这样既能减轻法院的负担，保障环保执法的及时性和威慑力，同时也没有显著降低对相对人的司法保护。

（5）建议最高人民法院发布有关先予执行、临时禁令救济的司法解释，明确先予执行、临时救济的适用条件。环境污染和生态破坏具有长期性、潜伏性、一旦损害发生则难以逆转等特点，如果等到诉讼结束之后再对污染或破坏环境的行为进行强制执行，很可能为时已晚。当前，一些环保法庭已经在实践中开始创造性地适用“先予执行”“临时禁令救济”制度。例如，无锡中院环保法庭在环境案件立案之后，审结之前，基于诉讼个案的申请，并有确切证据表明被诉环境污染行为正在对环境造成持续性损害或无法弥补的后果，法院有权做出司法裁定，责令污染者立即停止污染行为，以避免污染进一步扩大。贵阳清镇市环保法庭也在环境公益诉讼案件中采用先予执行措施，以求在最短

① 刘超：《反思环保法庭的制度逻辑——以贵阳市环保审判庭和清镇市环保法庭为考察对象》，载《法学评论》2010年第1期，第128页。

② 根据环境保护部公布的2014年第三季度环境行政处罚及移送涉嫌环境污染犯罪案件的情况，2014年第三季度全国共处罚环境违法案件11 114件，处罚金额48 345.63万元。对每个环境违法行为的平均处罚金额约为4万元。因此可以考虑对平均数额以下的罚款由环保部门直接强制执行，平均数额以上的罚款数额，由环保部门申请法院强制执行。

的时间内最大可能地减轻污染对环境的危害。

但是，“正在对环境造成持续性和无法弥补的损害”目前还没有具体的标准，需要法官审判时的自由心证，实际上是赋予法官更多立法者的任务。为了保障司法的中立性，防止法官在未经审判前偏向一方，将法院推向行政执行的第一线，迫切需要最高人民法院统一“先予执行”或者“临时禁令救济”的条件，在维护司法中立的基础上维护环境公益。[①]

7.4.3 确保司法机关严格遵守法律的要求

“徒法不足以自行”。纸面上的良法要变成实践中的良法，还需要司法机关的努力。司法机关应当努力排除来自内部和外部的干预和干扰，以法律规定作为唯一的准绳，不折不扣地实施法律。

（1）严格适用《民事诉讼法》和《行政诉讼法》关于案件受理的规定。对于不依法立案的违法人员，追究相应的法律责任。《民事诉讼法》第 119 条明确规定了立案的条件。党的十八届四中全会通过的《中共中央关于全面推进依法治国若干重大问题的决定》提出“改革法院案件受理制度，变立案审查制为立案登记制，对人民法院依法应该受理的案件，做到有案必立、有诉必理，保障当事人诉权。”“建立领导干部干预司法活动、插手具体案件处理的记录、通报和责任追究制度”。新近修改的《行政诉讼法》也加强了对法院违法不立案行为的监督。各级人民法院应当严格执行这些规定，切实保障公民、法人和其他组织的诉权。

（2）严格适用《侵权责任法》规定的环境污染侵权案件举证责任倒置规则。《侵权责任法》第 66 条规定：“因污染环境发生纠纷，污染者应当就法律规定的不承担责任或者减轻责任的情形及其行为与损害之间不存在因果关系承担举证责任。”该条规定的“举证责任倒置”是为了平衡污染受害人和加害人之间的信息不对称而采取的法律技术性措施，也代表了环境法律保护污染受害人的价值取向。但实践中，部分法院或法官出于一些案外因素的考虑，在环境污染侵害案件中故意不适用举证责任倒置原则，并以受害人举证不能判受害人败诉，极大地影响了法院的公信力。法院的使命就是严格适用法律。对环境污染受害人的司法保护，关系到最基本的环境正义。各级法院应当充分关注这个问题，让污染受害人在一个个具体的案件中感受到公平正义。

（3）依法及时受理、审查和执行环保部门和其他负有环境监督管理职责的部门提交

① 2015 年 6 月 1 日最高人民法院发布的《关于审理环境侵权责任纠纷案件适用法律若干问题的解释》第 12 条规定：“被申请人具有《环境保护法》第 63 条规定情形之一，当事人或者利害关系人根据《民事诉讼法》第 100 条或者第 101 条规定申请保全的，人民法院可以裁定责令被申请人立即停止侵害行为或者采取污染防治措施。”该条规定在很大程度上明确了先予执行的条件。但《环境保护法》第 63 条规定的四种情形中有三种的构成要件包括“被责令改正，拒不执行的”，这在治安管理处罚中是合理的，但在环境污染侵权诉讼中未免过于严格。如果严格适用该条解释的话，那就意味着，如果行政机关没有介入，没有责令污染者改正违法行为，那么污染受害人在民事诉讼中就不能向法院申请保全。

的申请强制执行案件。对于环境违法行为，在环保部门已经做出处罚并且申请法院强制执行的情形下，由于法院的原因最终未能实际执行，无论是对于环境保护还是对于环境法律的权威而言，都是一个沉重的打击。近年来，为了解决环境领域“违法成本低”的问题，很多人都提出应当在修改法律时提高处罚额度。这种观点当然是正确的，因为我国环保法律中规定的罚款额度确实太低。但同时这种观点也存在很大的误区。提高处罚额度必须建立在处罚能够获得执行的前提之上，否则100万元的处罚和1 000万元的处罚都是零，新《环境保护法》规定的“按日计罚”也很可能沦为一纸空文。

为了维护环境法律的权威，保证环境行政处罚得以及时执行，法院应当依法及时受理、审查和执行环保部门和其他负有环境监督管理职责的部门提交的申请强制执行案件。为了增强法院的执行能力，可以考虑增加法院执行部门的人员编制，改进执行的方法，将非诉执行率作为法官或法院考核的重要指标之一等。

（4）加强对公众知情权、参与权的司法救济。新《环境保护法》已经明确规定了公众的知情权、参与权，但目前司法机关对公众知情权、参与权的保护力度还比较弱，尤其是对参与权的保护力度更弱。使公众参与权往往沦为一种“福利”而非可以获得司法救济的“权利”。公众表达意见的权利受到侵犯后难以通过司法途径获得救济，往往直接选择“自力救济”，上街“散步”，从而酿成群体性事件。

法谚有云：“无救济则无权利”。要让法律规定的权利落到实处，司法救济必不可少。本报告建议，在司法救济方面，应当尽量向《奥尔胡斯公约》看齐，对于知情权受到侵害，应当允许“任何人”提起诉讼，而非仅仅允许具有“生产、生活、科研”等特殊需要的人才能提起诉讼。对于参与权受到侵害，应当将对参与权这种程序性权利的救济与对人身权、财产权这种实体性权利的救济独立开来，不以人身权、财产权直接受到侵害作为可以对参与权进行救济的前提条件，而应当不但允许那些人身权、财产权直接受到侵害的公众提起参与权救济诉讼，而且允许那些人身权财产权并未直接受到侵害的公众，尤其是环保团体提起参与权救济诉讼。

（5）依法严惩构成危害环境犯罪的行为人，慎用缓刑、轻刑。刑事责任是对违法者最严重的惩罚。在当前我国环境形势极其严峻的情况下，我国的刑事政策应当是加大对危害环境犯罪的打击力度。毫无疑问，法院不能任意“治乱世用重典”，而是必须在法定刑范围之内进行自由裁量。但目前一些法院在审判危害环境犯罪案件时，存在明显失当的轻刑化倾向，甚至对一些导致非常严重的危害后果的行为人也适用轻刑甚至缓刑，很难实现刑罚的一般威慑和特殊威慑功能。为了充分发挥环境刑法的威慑力，法院应当在刑法规定的范围内，依法严惩构成危害环境犯罪的行为人，慎用缓刑、轻刑。

7.4.4　提升司法机关和司法人员环境司法的能力

环境司法审判的专业性较强，对相关司法人员的专业素养要求较高，因此应当一方面加大对司法人员的培训力度，另一方面邀请专业人士参与环境司法过程。

(1)环境审判继续走专业化道路，推进环保法庭的制度化建设。最高人民法院在2014年7月下发的《关于全面加强环境资源审判工作为推进生态文明建设提供有力司法保障的意见》中明确提出要本着确有需要、因地制宜、分步推进的原则，建立环境资源专门审判机构，各高级人民法院要按照审判专业化的思路，理顺机构职能，合理分配审判资源，设立环境资源专门审判机构。中级人民法院应当在高级人民法院的统筹指导下，根据环境资源审判业务量，合理设立环境资源审判机构，案件数量不足的地方，可以设立环境资源合议庭。个别案件较多的基层人民法院经高级人民法院批准，也可以考虑设立环境资源审判机构。

当前，我国已经在从最高人民法院到基层人民法院的四级法院中设立了300多个环保法庭，初步建立了环境审判的专业化格局。未来，我国应当继续推进环保法庭的制度化建设，让环保法庭充分发挥在解决环境纠纷中的作用。

(2)最高人民法院应当定期或不定期发布典型环境司法指导性案例，推广各地行之有效的环境司法经验，促进全国各地的法院统一环境司法尺度。由于我国的环保法庭在建立初期普遍依据地方性法规或者规范性文件作为受案的依据，并且在缺乏上位法依据的情形下进行了一些探索、创新，导致各地的环保法庭存在司法尺度不统一的情形。这种情形可以理解，并且有其独特的历史价值，但在我们这样一个中央集权的单一制国家里，也存在很大的问题。在最高人民法院成立环境资源审判庭后，迫切需要在一些重大的制度或者规则上统一司法尺度，定期或不定期发布典型环境司法指导性案例，推广各地行之有效的环境司法经验，以保证类似的案件在全国各地的法院中均能得到类似的处理。

(3)定期或者不定期请国内外的专家对司法人员，尤其是环保法庭的法官进行环境司法方面的培训，及时学习国内外最新的环境司法理论和实践。环境案件具有很强的专业技术性和复杂性，对法官的素质和水平要求较高。要通过加大培训力度，更新法官的环境资源司法理念，全面提升法官队伍的司法能力，打造一支专家型的法官队伍。

同时，充分发挥环境资源司法研究中心的作用，总结环保法庭建设、环境民事公益诉讼、环境侵权举证责任分配以及环境保护行政执法与司法衔接机制等方面的经验，努力使环境资源司法理论体系建设体现时代性、把握规律性、富于创造性，着力构建中国特色环境资源司法理论体系。①

(4)鼓励高校和科研机构环境领域的专家学者担任环境案件的人民陪审员。在条件比较成熟的地方，邀请环境法律专家或者环境科学专家到司法机关去兼职。加强对法官的培训有利于在一定程度上提升法官审理环境案件的专业能力，但毕竟有很多法官原本对环境法律的研究不够深入，相关环境科学知识更是匮乏，靠一时的培训难以从根本上解决专业能力不足的问题。因此，有必要从法院外部引进一些专家，协助法官处理专业化程度很高的环境案件。例如，鼓励高校和科研机构环境领域的专家学者担任环境案件

① 李娜：《最高法院成立环境资源司法研究中心》，载《法制日报》2015年5月20日第1版。

的人民陪审员，为法官提供专业指导意见。在条件比较成熟的地方，可以考虑邀请环境法律专家或者环境科学专家到司法机关兼职或者挂职，这样就可以在较长的时间内为司法机关处理环境案件提供较为稳定的专业性智力支持。

（5）建立从符合条件的环境法律师、环境法学专家中招录法官制度。《中共中央关于全面推进依法治国若干重大问题的决定》中提出“建立从符合条件的律师、法学专家中招录立法工作者、法官、检察官制度”。在美国、欧洲以及我国的台湾地区，法官的重要来源之一就是在某个领域造诣深厚的律师或者法学专家，从而极大地促进了法官队伍专业化水平的提升。目前最高人民法院已经试点了聘请高校著名法学教授到最高人民法院挂职的做法，取得了良好的效果。未来应当更进一步，在法院系统的环保法庭中推行从符合条件的环境法律师、环境法学专家中招录法官的制度，以提升环保法庭法官队伍的专业化水平。

7.4.5　进一步完善涉及环境司法的配套制度

（1）健全生态环境污染损害鉴定制度。目前我国尚缺乏类似美国的“自然资源损害评估制度”或者《欧盟环境责任指令》中规定的“环境损害”制度，即针对生态环境本身受到损害时应当如何进行损害赔偿的制度，只在《海洋环境保护法》中有零星的规定。这显然不利于对生态环境本身的保护，也不利于环境公益诉讼的开展。

2011 年 5 月，环境保护部发布了《关于开展环境污染损害鉴定评估工作的若干意见》（环发〔2011〕60 号）和《环境污染损害数额计算推荐方法（第 I 版）》，我国环境损害鉴定评估工作取得了积极进展。在借鉴国内外环境损害鉴定评估方法并总结国内外环境损害鉴定评估实践经验的基础上，2014 年 10 月，环境保护部又发布了《环境损害鉴定评估推荐方法（第Ⅱ版）》，重点修订生态环境损害鉴定评估方法。

本报告建议负有环境保护监督管理职责的部门应当进一步完善相关生态环境损害鉴定评估方法，以便于环境污染或生态破坏受害人或者环境公益诉讼原告计算损害数额。与此同时司法机关应当加强与负有环境保护监督管理职责的部门和司法鉴定主管部门的沟通，推动完善环境损害司法鉴定和损害结果评估机制。

（2）健全国家法律援助制度，鼓励律师从事公益性环境法律援助工作，为污染受害人或者提起环境公益诉讼的社会组织提供法律援助。环境诉讼的专业性较强，但由于经济实力的限制，无论是环境私益诉讼的原告还是环境公益诉讼的原告，都可能请不起律师，因此，非常需要由国家或者民间组织提供法律援助服务。首先，国家有必要健全环境诉讼法律援助服务，在某些情形下由国家“埋单”来为环境诉讼的当事人提供法律援助服务。其次，当前一些公益律师也在从事免费的环境诉讼法律援助服务，国家应当对此进行精神或者物质上的鼓励。

（3）建立环境污染责任保险制度。当前，我国正处于环境污染事故的高发期。一些地方的工业企业污染事故频发，严重污染环境，危害群众身体健康和社会稳定，特别是一些污染事故受害者得不到及时赔偿，引发了很多社会矛盾。环境污染责任保险是以企业发生污染事故对第三者造成的损害依法应承担的赔偿责任为标的的保险。利用保险工具来参与环境污染事故处理，有利于使受害人及时获得经济补偿，稳定社会经济秩序，减轻企业和政府负担。国际经验表明，实施环境污染责任保险是维护污染受害者合法权益、提高防范环境风险的有效手段。

（4）加强司法机关与负有环境保护监督管理职责的部门的联动和协调。司法机关在审理环境“私益”诉讼时，发现加害人的违法排污或者开发行为侵害环境公益的，应当及时通报负有环境保护监督管理职责的部门。司法机关在审理环境行政诉讼案件时，发现行政机关的行政行为虽然没有违法但却存在不合理之处，应当及时向行政机关发送司法建议，建议行政机关进行修正。

（5）为了保障法院的判决能够切实得到执行，可以考虑引进第三方监督判决执行情况制度。实践中，很多法院为了保障判决能够切实得到执行，都建立了执行回访制度。但执行回访依赖于法官的行为，而法官的时间、精力毕竟有限，单靠法院力量尚不能充分保障案件判决之后的污染者能自觉履行判决，改正违法行为。如果能发挥公众的作用，引进第三方监督判决执行情况制度，则可以有效地弥补了司法资源的不足，督促被告尽快履行义务。①

（6）加大民间调解或者行政调解力度，减少进入司法程序的环境案件数量，尽快解决纠纷并维护受害人的权利。司法途径是解决环境纠纷的最后一种手段。如果能通过其他途径解决纠纷，就没有必要寻求司法救济。邻里间的水污染、噪声污染等纠纷，可以先尝试通过人民调解委员调解等民间调解机制解决。社会关注度高、涉及人数众多的环境污染损害赔偿案件，可以先尝试通过行政调解或者政府斡旋等方式予以解决。

（7）完善环境行政执法与刑事司法衔接制度，加大对环保部门移送涉嫌构成犯罪的案件监督，切实避免环保部门“以罚代刑”。刑事责任是对严重环境违法行为的终极威慑。对于涉嫌构成危害环境犯罪的环境违法行为的追究，除了少数直接由公安机关立案侦查的案件之外，大多数情形下都涉及环境行政执法和刑事司法之间的衔接制度。因此，完善环境行政执法与刑事司法的衔接制度，对于环境刑事责任的“落地”至关重要。《中共中央关于全面推进依法治国若干重大问题的决定》规定：健全行政执法和刑事司法衔接机制，完善案件移送标准和程序，建立行政执法机关、公安机关、检察机关、审判机关信息共享、案情通报、案件移送制度，坚决克服有案不移、有案难移、以罚代刑现象，实现行政处罚和刑事处罚无缝对接。

目前，环保部门向公安机关移送涉嫌构成危害环境犯罪的案件的积极性比之前有了

① 第三方监督判决执行情况制度肇始于贵阳清镇市生态环保法庭审理的中华环保联合会诉贵州好一多乳业股份有限公司超标排放污水案。原被告双方在清镇市生态保护法庭的主持下达成和解，此外原被告双方及贵阳公众环境教育中心还签订了《第三方监督协议》，约定由贵阳公众环境教育中心在结案后对被告的污水处理运行及今后可能导致污染的问题进行监督，并由被告向贵阳公众环境教育中心支付10万元监督费用。在贵阳公众环境教育中心的监督下，被告很快改正了违法行为，外排废水COD、BOD含量均已达到国家污水排放标准。

很大的提升，但危害环境犯罪案件的发生，很可能与环保部门的监管失职有关。环保部门如果向公安机关移送了涉嫌危害环境犯罪的案件，其自身的负责人或者直接责任人员就可能被追究“环境监管失职罪”。因此，在有可能把自己人“搭进去”的情形下，环保部门及其工作人员有很强的动力不向公安机关移送案件，而倾向于“以罚代刑”。

为了加大对于危害环境犯罪的打击力度，防止环保部门“以罚代刑”，本级或者上级人民政府，或者上级环保部门，或者检察机关，应当加强对环保部门移送涉嫌构成危害环境犯罪的案件的监督，发现环保部门应当移送而不移送的，应当追究其失职渎职的行政责任甚至刑事责任。与此同时，“两高”或者环境保护部应当尽量明确在日常环境执法时“尽职”或“失职”的标准，减少环保部门工作人员移送涉嫌构成犯罪的案件时的顾虑。

7.5　促进企业履行环境责任的政策建议

对政策制定者来说，要制定政策促进企业履责，必须要回归到问题的原点：企业为何会履行环境责任（无论是主动的还是被动的）？从前述分析，我们可以看到，理由不外乎两大类：最有效的是利益驱动（违法成本、供应链要求、品牌声誉、新产品新市场、融资成本），最根本的是价值观驱动。本书围绕上述要点，提出如下政策建议。

7.5.1　严格环境执法，促进企业环境信息公开，增加违规成本

从前文分析可知，违规成本、品牌声誉是迫使企业正视环境责任（从抗拒到规避）的关键，这也恰恰是我国当前比较薄弱的环节。因此，亟待破解。具体建议如下：

（1）建议各相关部门协作，尽快完善新《环境保护法》的相关配套政策，包括地方政府、部门、官员的环境绩效考核机制，以激励地方政府及地方环保部门严格执法、减少地方保护、减少地方司法部门推诿塞责的可能。

（2）在新《环境保护法》执行的过程中，建议环保部门定期对外详细发布典型的企业违规案例及处罚结果，以宣示新《环境保护法》的严肃性及震慑力。

（3）建议环保部门加大监督力度，设定并公布企业环境绩效关键定量指标，尤其要求重污染企业定期披露这些关键定量信息。

（4）德国联邦和各州签订了共同开发、维护和运行环境信息网络和原信息系统的协议，并成立专门的工作组以促进各方合作，共同建设维护跨部门、统一入口的环境信息门户网站[①]。建议参考德国经验，环保部与地方环保部门建立全国性的环境信息平台，将各地环保部门的政策信息、普查信息、审批信息、监测信息、处罚信息汇总（不必深度处理），对公众开放，方便公众、学术机构、环保组织、咨询机构、投资者等各利益相关方分析使用，同时通过同业压力与第三方压力或选择，促进企业环境履责。

① 沈红军：《德国环境信息公开与共享》，载《世界环境》2009年第6期，第68～69页。

（5）较欧盟国家，我国环保NGO生存发展空间较小，能力也有限，建议国务院以及民政部鼓励环保NGO的发展，拓宽发展空间，甚至予以一定程度的支持（包括政策、能力建设、资金等）。在环境公益诉讼费用方面，英国设有全国性诉讼援助制度，由政府出资建立诉讼费用援助基金，起诉人申请并经过基金会审查，认为起诉人确无能力支付诉讼费用，即可启动基金。建议环保部、财政部等合作，参考英国经验，设立环境诉讼援助基金，对欲提起公益诉讼却缺乏资金实力的NGO提供前期支持，对发起公益诉讼且胜诉的NGO予以表彰及一定比例的诉讼成本的财务补偿。

7.5.2 开展中小企业环境守法协助计划

当前我国大型国有企业在环境守法和履行社会责任方面已经取得长足进步。但是，数目庞大的中小企业，在环境信息披露、环境污染控制、节能降耗、达标减排等方面依然存在许多困难。除了部分企业是为了追求利益，存在主观故意违法外，还有为数众多的中小企业确实在环境守法上存在能力不足或信息缺乏的困难。环境执法的目的不是搞垮企业，而是帮助企业达标排放。尤其在当前我国社会经济发展水平还不是很高的情形下，有必要开展中小企业环境守法协助计划，帮助企业查找环境超标的原因，介绍先进的环境污染控制技术和设备，对企业的环境管理人员进行培训和教育，提高其环境守法能力。

当前我国经济下行压力较大，环境保护伤害经济发展的言论甚嚣尘上，对正常的环境保护工作开展产生了较大的干扰。开展中小企业环境守法协助项目，选择有达标潜力的企业进行达标辅导，树立企业环境守法典型，既搞好环境保护，又不伤害经济发展，这种状况也应该是最高领导层所喜闻乐见的。在实施此类项目时，也能有效摸底中小企业的环境守法状况，有利于环境标准和环境政策制定的基线设定。对于经过评估确认达标无望的企业和工艺，即可进入关停并转的名单。企业环境守法协助计划（Environment Compliance Assistance Program）在美国实施多年，美国环保局（EPA）专门成立了环境守法办公室，积累了丰富的实施经验。如果国家采纳此建议，可以通过借鉴美国做法建立起中国自身的企业环境守法协助制度。

7.5.3 利用绿色消费链、供应链、金融链等管理工具，推动企业环境履责

促进绿色消费、绿色供应链和绿色金融，都可以让绿色企业有更大的市场空间和成本、竞争优势，直接或间接提升绿色含金量，对吸引企业，尤其是大型企业从规避阶段过渡到积极阶段意义重大。当前，这几个环节都有所进展，但相互未形成联动。建议在促进信息公开的同时，打通绿色消费链、供应链、金融链。具体建议如下：

（1）在不少欧盟国家，除了电器类产品有节能标识，住房也有节能等级标识，并配有使用手册，指导买房者充分发挥房屋的节能效果；商场里出售的衣服等纺织品，如果原材料有机，也会在明显位置标识，普及概念并引导消费。建议环保部门推动有关部门

在更多行业、品类中开发类似节能标识的可以指示产品环保性能的标识，要求企业在终端产品中必须在明显位置予以标识。

（2）比利时、丹麦、荷兰、瑞典等欧盟成员国的绿色公共采购占比可达整个公共采购的 40%～60%[①]。在奥地利、丹麦、芬兰、德国、荷兰、瑞典和英国，通过可持续的公共采购计划，采购的二氧化碳足迹平均降低了 25%。其中，丹麦将政府绿色采购计划与交通节能计划相结合，通过财政拨款、开发节能技术、税收倾斜等措施，成功降低该国交通能耗增长。在中国，节能、环境类产品的政府采购分别占政府采购规模的 11%和 9%。

建议环保部、发改委与各部门合作，继续推广政府绿色采购，结合各项环境能源类规划，制订各部门的短中长期绿色采购计划并量化目标。同时，探索品牌商绿色采购的激励措施，可考虑运用税收、补贴或市场准入等刺激政策激励大型企业引入绿色采购政策，并将绿色采购与驰名商标等名誉挂钩；逐步强制要求一定规模的大型企业必须制定并公布绿色采购政策。

（3）许多欧洲国家都颁布了相关的法律法规与经济政策，规定或激励金融机构履行企业社会责任、将社会责任投资的理念融入具体业务。英国、荷兰等国通过税收减免政策以鼓励绿色投资。还有相当一部分国家通过要求养老基金、慈善基金等带有公共色彩的资本披露投资过程中对环境问题的考量，来引导资本投向环保。当前，中国该类资金的投资缺乏责任投资的理念与措施。尽管中国社保基金的三大投资理念包括责任投资，但却缺乏具体的落实细则与措施。

建议社保基金理事会、国资委、财政部等相关部门对政府操控的资本，如中国投资公司与社保基金，在进入股市时，制定严格、具体的准入原则，只允许投资那些环境绩效较好的企业；或要求国有投资机构制定并公布环境投资原则与落实方案。同时，建议环保部主导或支持开发资本市场的环保指数，为投资者提供风向标。

（4）责任投资建立在企业环境信息公开透明的基础上。目前环保部与银监会共享的企业环境信息名录每半年才更新一次，名录上也仅有十余家企业信息。中国企业 80%的融资来源为银行，银行贷款把控做得好，对环境保护做出的贡献将会非常可观。但是目前他们能获得的、可以帮他们做出贷款决策的企业环境信息非常有限。

建议环保部门积极与金融机构共享环境信息，增加共享频率与共享内容；继续与银监部门推动绿色信贷政策的实施，鼓励金融机构尤其是商业银行进行绿色金融创新，促进绿色消费和绿色供应链的发展。此外，与金融界的互动必须得到高层的大力支持，建议成立国家层面的绿色金融协调机制，总体指导。

7.5.4　实施企业环境履责先锋计划

中央政治局审议通过的《生态文明体制改革总体方案》提出要建立激励约束并重的生态文明制度体系，坚持鼓励试点先行和整体协调推进相结合。因此，在推动企业履行

① 鲁岩：《欧盟及德国、西班牙绿色公共采购对我国的借鉴》，载《招标采购管理》2014 年第 8 期，第 14～17 页。

环境责任方面，建议在协助后进的同时也激励先进，实施企业环境履责先锋计划。

2015 年 6 月，国家已经建立环保“领跑者”制度，并由财政部、国家发展改革委、工业和信息化部和环境保护部联合发布了计划实施方案。方案提出，领跑者计划以企业自愿为前提，通过表彰先进、政策鼓励、提升标准，推动环境管理模式从“底线约束”向“底线约束”与“先进带动”并重转变。国家制定环保“领跑者”指标，发布环保“领跑者”名单，树立先进典型，并对环保“领跑者”给予适当政策激励，引导全社会向环保“领跑者”学习，倡导绿色生产和绿色消费。

考虑可操作性，建议环保部在领跑者计划的基础上，制定相关的操作细节，联合媒体和社会组织，公开评选出企业环境履责先锋。对入选的先锋企业，除了给予物质奖励和政策优惠之外，更多的是从鼓励先进、激励后进的角度，加大宣传力度，让全社会广泛知晓。同时，联合银监会、证监会、保监会等金融机构，全面推行绿色信贷、污染责任保险、绿色标识、绿色采购、绿色供应链等试点政策，对自愿采用高于国家标准的企业加大支持，树立典型标杆，让企业尝到履行环境责任的甜头，让后行动者艳羡先行者，最终让企业在环境保护上形成你追我赶的局面。

7.5.5 培养具有可持续发展意识的未来商业领袖

要想从长期改变企业的行为，政府也要考虑塑造企业的环境观，让企业家理解到企业可持续发展与环境可持续发展的一致性。这只能通过教育、培训和持续的沟通来实现，虽然是远期收益，但投资回报率会很高。欧盟已制定战略，在大学推广包括环境教育在内的企业社会责任教育，并资助相关教育培训项目。在我国台湾地区，政府要求机关学校的工作人员每年接受 4 小时的环境教育；台北市还计划为企业提供定制化的环境教育教材。

具体建议如下：①建议环保部门与教育部门协调，在国内商学院 MBA、EMBA 等教育项目中强制引入环境教育的内容，将此作为必修课及办学评估的指标之一。②建议环保部门与教育部门合作，资助国内主要商学院开设企业环境管理或企业社会责任公共课程，资助商学院教师开发企业环境管理的教学案例。③建议国资委要求部分企业（如大型央企、重污染企业）必须组织企业环境管理的培训课程，企业高管每年必须接受足够学时的环境培训。

第三部分　主题报告一——环境信息公开与公众参与

主题报告一——环境信息公开与公众参与由 5 篇组成，分别是：第一篇环境监测与公开报道，执笔人为李万新（香港城市大学）；第二篇环评与环境规划中的公众参与，执笔人为王亚男（环境影响评价研究中心）；第三篇公众参与环境决策的方法与实践，执笔人为李万新（香港城市大学）；第四篇公众参与环境规划与评估中的具体操作机制与实践，执笔人为施龙（中国国际民间组织合作促进会）；第五篇环境保护公众参与综合评价及案例研究，执笔人为阳平坚（环境保护部宣教中心）。

第一篇　环境监测与公开报道*

环境监测并公开报道相应结果是实现环境信息透明的重要基础。环境信息透明能实现以下三项主要功能：保护个人免受环境污染的损害、促进环境执法的多方协作、促进社会学习。这些功能对于实现绿色增长不可或缺。

无论是《关于环境与发展的里约宣言》还是20世纪90年代签署的《奥尔胡斯公约》都正确地强调了公众获得环境信息、参与环境决策、实现环境正义的重要性。中国政府紧跟全球潮流，以立法确定政府实施环境信息公开的制度，帮助公众实现参与环境决策的权利，历年来取得了明显的成绩。

根据1979年生效的《环境保护法（试行）》，中国中央政府为环境质量及污染物排放额度设立了全国性的标准。更加建立了监控空气和水体质量状况的全国性的环境监测网络，地方环保局也建立了环境监测站，开展如下四类监测工作：环境质量监测、污染源监测、应急监测、环境管理监测。

由于经济增长水平、环境监测能力、公众环境认知水平及其对清洁环境的需求等方面存在广泛的地区差异，中央政府颁布的相关环境规章制度与国家标准往往不能在地方得到落实。不过，像北京、上海、重庆这样具备较高机构能力的地区已经成为中国环境监测与信息公开领域的领跑者。这也为上述地区的公众同政府一道，对污染企业和环境质量进行监管创造了条件。

参考中国、欧盟以及其他国家的经验，本报告建议环境保护部继续开展绿色增长的能力建设，使中国能够更好地实现监测、报告、核查环境质量与污染排放的情况。具体建议如下：

(1) 现有环境规章制度与国家标准主要依据环境功能分区与环境介质的类别。然而，我们需要环境标准更加直接地反映环境与健康风险。环保部需要加强地方环境保护局的能力建设，使其能够将环境监测的专业术语和数据转化为公众更易于理解的指标，如环境情况对健康可能造成的预期损害以及相应的活动建议。

(2) 谈判能力强的污染企业为了维护公司的形象或者经济利益，往往能够阻挠地方政府公布其污染信息或者有效执法。既然中国已经制定环境信息公开的法律，环境保护部可以开

* 执笔人：李万新（香港城市大学）。

展能力建设，努力建立污染物排放和转移清单（PRTR），对污染企业的环境表现进行评级并运用互动式通信技术发布评级结果，以此提高环境执法的效率和效果。

(3) 地方的环境表现已经纳入政府官员考核指标体系。环境保护部可以开展能力建设，提高地方政府（县市级）诊断环境问题、自我评价环境表现的能力。环境保护部公布所得信息，帮助公众更好地了解当地的环境问题，并对地方政府的环境表现进行问责。

1　中国“环境监测及公开报道”的背景与发展

1.1　理论基础：提高环境信息透明度

中国对自然与环境的态度框定了国家发展战略的选择。1949 年以前，中国是一个农业社会、依赖土地收成的国家，人们对自然既尊重又敬畏。儒家、道家以及佛教都教导人们要遵守自然规则来做事。1949 年建立新中国时，毛主席就以四个现代化构想了一个工业化的中国。他坚持以人类为中心的发展观，倡导征服自然，以确保生活必需品及工业产品自给自足。这些经济活动经常因 1949 年和 1978 年之间的政治动荡而中断。因而，这段时间发生的环境破坏并不像 1979 年至 2004 年那么严重，后来中国进行快速工业化和城市化的进程，对自然环境造成了严重破坏。中国的经济规模不断增长，无疑产生了巨大的财富，这在 1978 年经济改革之前是难以想象的。同时，中国经历了前所未有的环境恶化和自然资源耗竭，引起了国内外关注。为了应对这一危机，自 2004 年以来，中国领导人向公众传达了绿色可持续发展的目标，提出了以下概念：“科学发展观”“和谐社会”“清洁生产”“循环经济”“污染物总量控制”“节能”和“碳减排”（Li，2011a）。环境监测及信息公开为可持续发展的制度建设奠定了基础，帮助实现上述政策目标，满足公众对清洁环境日益增长的需求。

1.2　环境监测及信息公开的制度变迁

《2003 年世界发展报告》确定了可持续发展制度的四大支柱：①识别信号；②平衡利益；③实施政策；④政策学习与适应。“识别信号”是指识别出现的问题和值得追求的政策目标。“平衡利益”是指确定利益优先顺序以及利益存在冲突时政府所采取的立场。“实施政策”涉及利益协调一旦完成所要采取的实际行动。“学习与适应”指的是根据之前决策的结果改进实施情况（世界银行，2004）。环境监测及信息公开能够促进以上四个方面的制度建设。

1979 年《环境保护法（试行）》第 4 章明确赋予环境保护部门（EPBs）环境监测，调查、了解当前环境质量以及未来变化趋势的责任，以及提出环境质量改进措施。一年后成立了中国环境监测总站（CNEMC）。除了监测环境质量和环境变化趋势以外，中国环境监测总站的职责扩大到监测污染源和环境风险。

多年来，为了控制污染、保持生态活力，中央政府逐渐加强环境质量监管，制定更加严格的环境质量标准。2012 年将 1996 年版的《环境空气质量标准》（GB 3095—1996）更新为 GB 3095—2012。2002 年颁布了《室内空气质量标准》（GB/T 18883—

2002）。根据水资源和耗水量，已经有五个不同的水质标准：1989 年的《渔业水质标准》（GB 11607—89）、1992 年的《农田灌溉水质标准》（GB 5084—92）[①]、1993 年的《地下水质量标准》（GB/T 14848—93）、1997 年的《海水水质标准》（GB 3097—1997）以及 2002 年的《地表水环境质量标准》（GB 3838—2002）。1988 年颁布了《城市区域环境振动标准》（GB 10070—88）和《机场周围飞机噪声环境标准》（GB 9660—88）。2008 年制定了《声环境质量标准》（GB 3096—2008）。1995 年首次制定了《土壤质量标准》（GB 15618—1995），后来制定了更加具体的各种用途的土壤标准：2006 年的《温室蔬菜产地环境质量评价标准》（HJ/T 333—2006）和《食用农产品产地环境质量评价标准》（HJ/T 332—2006）和 2007 年的《展览会用地土壤环境质量评价标准（暂行）》（HJ/T 350—2007）。在环境质量标准之外，中国制定了更多的排放标准，对污染源进行调控管制。

中国逐渐建立了环境监测技术指南与标准，包含国家环保标准中规定的环境质量监测的标准操作程序以及更多的具体细节，如采集样本与检测的方法和设备。目前已有 129 个关于空气质量监测的技术指南，此外还有 163 个有关水质量检测、14 个有关振动与噪声监测、20 个有关土壤质量监测、18 个关于固体废物、35 个关于核辐射监测的技术指南。

除此之外，环境监测的基础设施、人力以及自动化水平已经大大提高。在第六个和第七个五年计划期间（1981—1885 年和 1986—1990 年），中国环境监测总站共建成 64 个监测站。国家有关空气、水、沙尘暴以及酸雨的环境监测网大体上于 2000 年之后逐渐建立起来。此外，各省、县/市环境保护局（EPB）都建有环境监测站。截至 2010 年，中国共有 2 492 家环境监测站和相关组织机构，合格的环境监测人员达 53 000 人之多（Zhou，2010）。

至 2007 年，中国环境监测总站建立了全国性的水质自动化监测网，由建在 63 条河流和 17 个湖泊里的 100 家自动监测站负责水温、pH、溶解氧、电导率、浊度、高锰酸盐指数、总有机碳和氨氮的监测。制定了以下三个指标用于未来的监测工作：挥发性有机化合物、生物毒性、叶绿素 a。并于 2009 年，中国环境监测总站开始在互联网上直播水质监测结果。截至 2010 年，全国空气质量自动化监测网已从 2000 年的 42 个城市逐步扩展到覆盖指定的 113 个环境保护重点城市。对以下三种空气污染物进行监测：二氧化硫、二氧化氮和可吸入颗粒物。中国环境监测总站在互联网上直播这 113 个城市的空气质量指数、主要空气污染物、整体空气质量水平和污染程度。此外，已经有 180 个地级以上城市公布每日空气质量指数，其中 90 个城市能够预测空气质量，并通过当地电视台、电台、报纸和互联网发布预测结果。

污染不分地缘政治疆界或行政边界。已建立的沙尘暴和酸雨区域监测网就有韩国、日本等国家的加入。区域监测网络的标准设定和数据报告涉及多边协商、技术援助和能力建设。

---

① 现行标准为 GB 5084—2005。

1.3 信息访问和公众参与政策

1992 年联合国环境与发展大会和《里约环境与发展宣言》第 10 条原则预示着一个新纪元，支持各国政府实践环境信息公开、公众参与环境决策，并以司法手段寻求环境正义（联合国环境与发展大会，1992）。跟随全球趋势，中国从 1999 年到 2000 年在江苏省镇江市和内蒙古呼和浩特市进行了环境信息公开的试点工作（Li，2011b）。在镇江经验的基础上，国家环境保护总局于 2005 年 11 月发布公告，正式推广技术准则，要求中国所有市级政府评估行业环境绩效，确保在 2010 年之前公开环境信息（环境保护总局 2005 年第 125 号公告）。2007 年 4 月 5 日，国务院颁布了中国历史上第一部《政府信息公开条例》（国务院令第 492 号，2007 年）。一周后，国家环保总局制定了《环境信息公开办法（试行）》，要求地方环境保护部门公开企业违规记录、清洁生产审核信息、环境影响评估报告及项目验收结果，以及信息公开申请批复（国家环保总局，2007a）。

在 2007 年国家环保总局针对环境信息制定的《环境信息公开办法》之前已有两部法律涉及公开污染信息，让公众参与环境决策。2003 年的《清洁生产促进法》和 2004 年的《清洁生产审核暂行办法》要求主要污染企业公开排放信息以及其他环境数据。2003 年的《环境影响评价法》和 2006 年的《环境影响评价公众参与暂行办法》要求公开部分环境影响评价文件。

毫无疑问，中国中央政府十分重视环境信息的透明度。其最新发展包括但不限于以下方面（IPE 和 NRDC，2012）：①环保部下发了《关于加强铅蓄电池及再生铅行业污染防治工作的通知》（环发〔2011〕56 号），要求加强铅酸电池和再生铅生产厂家的污染防治。其中第 5 条要求公开披露生产厂家信息，欢迎社会监督与执行。②环保部发布了《关于铅蓄电池企业信息公开有关情况的通报》（环办函〔2011〕1041 号），公布了铅酸电池生产厂家的信息公开实施情况。③环保部为公开重点产业的污染控制信息设立了专栏。

针对重金属污染，国务院颁布了《关于加强重金属污染防治工作指导意见的通知》（国办发〔2009〕61 号）。在该政策指导出台之后，环保部于 2011 年 5 月开始对涉及重金属污染排放的上市公司进行环境监管。环保部共有 10 个主要监管任务，其中之一是要求这些公司公开环境信息，发布年度环境报告。

中华人民共和国最高人民法院发布了题为《最高人民法院关于审理政府信息公开行政案件若干问题的规定》的司法解释，自 2011 年 8 月 13 日起施行。

工业和信息化部从 2010 年开始公布工业行业淘汰落后产能企业名单。

此外，2003 年的《环境影响评价法》明确要求公众参与环境影响评价。但最常用的两种方式——问卷调查和座谈会仍受到非议，认为还不足够（Wu，et al.，2011）。人们对环境退化的认识日益加深并日渐担忧其对健康和财产价值产生的影响，使他们有动力去争取更多的空间参与环评和相关决策。虽然中国法律条文有相关规定，但实际上中国社会在环境保护方面缺乏公共磋商和公众参与（Li，et al.，2012）。

2 中国“环境监测及信息公开”的现有规章制度

环保部负责制定全国性环境质量标准和污染物排放标准，组织环境质量监测，并与地方环保部门共同执行。国家环境保护总局于2007年出台了《环境监测管理办法》。这反映出环保部门工作人员越来越意识到环境监测的重要性，并以更加强有力的科学依据努力促进环境管理与合规整治工作。

中国环境监测总站和省、市、县环境保护部门的监测站开展了以下四种类型的监测工作：监测环境质量、污染源监督性监测、突发环境污染事件应急监测、为环境状况调查和评价等环境管理活动提供监测数据的其他环境监测活动。环境保护部门负责建立监测网，制订监测工作计划，并公布监测结果。监测站的职责是操作和管理监测网和其他设备，进行不同类型的监测，收集和管理监测数据，组织监测人员培训，进行环境监测技术与方法的科学研究（State Environmental Protection Administration，2007b）。

按照国家污染物排放申报登记管理规定，各工业设施必须申报其使用的原料、污染排放以及环境管理工作。地方环境保护部门应该根据申报的数据建立污染资料库存，并提交到环保部以建立国家污染资料库。然而，由于缺乏数据管理事实上只有极少数环保机构拥有各自辖区内的准确信息。2008年，全国范围内的公司都必须为全国污染源普查提供详细的污染物排放信息，申报不准确会受到处罚。

《水法》《大气污染防治法》等对特定环境介质规管的环境法律法规对环境监测和信息公开有明确规定。

2.1 国家层面

2.1.1 法律、行政程序、其他途径

2.1.1.1 大气

根据2000年《大气污染防治法》第1章第6条规定，国务院环境保护行政主管部门应制定大气环境质量标准。省、自治区、直辖市人民政府对国家大气环境质量标准中未作规定的项目，可以制定地方标准。

《环境空气质量标准》（GB 3095—1996）最初于1996年诞生，并在2012年加以修订（GB 3095—2012），于2016年开始施行。新标准调整了空气质量功能区划，将三类区域减少为二类区。一类区是自然保护区和受保护区域；二类区是人类生活所必需的以下功能活动地区（住宅、商业、交通、文化、工业及农业活动）。新标准还增设了$PM_{2.5}$平均浓度限值和臭氧8小时平均浓度限值，还调整了PM_{10}、二氧化氮、铅和苯并[a]芘等污染物的浓度限值。

因此，制定环境空气质量标准的基本原理是为了满足两类区域环境保护以及人类经济与社会活动的功能性用途。不同的空气污染物平均浓度水平的时间段不同，有的为 1 小时，最高为 8 小时、24 小时乃至一年。总的来说，一类区的环境空气质量标准比二类区更严格。但这些标准都低于由世界卫生组织（WHO）基于对人类健康风险的考虑所提出的环境空气质量标准。

2000 年《大气污染防治法》第 1 章第 7 条根据国家环境大气环境质量标准和经济技术条件进一步规定，国务院环境保护行政主管部门应制定国家大气污染物排放标准。省、自治区、直辖市人民政府对国家大气污染物排放标准中未作规定的项目，可以制定地方排放标准；对国家大气污染物排放标准中已作规定的项目，可以制定严于国家排放标准的地方排放标准。目前，针对不同来源或工业流程共有 53 个空气污染排放标准，如燃煤发电厂。此外，还有 129 个国家空气污染标准和取样检测方法与设备技术指南。

2.1.1.2　水

根据 2008 年《水污染防治法》第 2 章第 11 条规定，国务院环境保护行政主管部门应制定环境水环境质量标准。省、自治区、直辖市人民政府对国家水污染物排放标准中未作规定的项目，可以制定地方水污染物排放标准。

前面共提到五种水环境质量标准，本节集中探讨地表水（环境）质量标准。1983 年制定了最早的国家《地面水环境质量标准》(GB 3838—83)，1988 年（GB 3838—88)、1999 年（GBZB 1—1999）和 2002 年（GB 3838—2002）修订过三次，逐渐严格并扩展了监测项目。新标准包括以每升水质来衡量 109 种污染物和化学物的限值，其中 24 种是环境水质监测必要项，5 种是饮用水水源附加项，另外 80 种针对饮用水水源。

制定环境水环境质量标准的基本原理是为了满足水体的功能性用途。这些用途被分为以下五类：第一类，自然保护区的河流和水体的源头；第二类，一级饮用水水源保护区、濒危水生物种栖息地和鱼、虾以及其他水产品的产卵地点；第三类，二级饮用水水源保护区、鱼、虾以及其他水产品冬天的栖息地、洄游路线、水产养殖场和游泳区；第四类，用于工业与休闲，无须人们与水有直接接触；第五类，农业和景观。在这五类水环境标准中，第一类为最高的水体标准，第五类为最低。

2008 年《水污染防治法》第 2 章第 13 条根据国家环境空气质量标准和经济技术条件进一步规定，国务院环境保护行政主管部门制定国家水污染物排放标准。省、自治区、直辖市人民政府对国家水污染物排放标准中未规定的项目，可制定地方水污染物排放标准。对国家水污染物排放标准中已规定的项目，可制定严于国家标准的地方水污染物排放标准。目前，针对不同来源或工业流程共有 55 个水污染排放标准，如钢铁工业。此外，还有 163 个国家水污染标准和取样检测方法与设备技术指南。

2.1.1.3　噪声

根据 1996 年《噪声污染防治法》第 2 章第 10 条规定，国务院环境保护行政主管部门应当为不同的功能区制定国家声环境质量标准。由县级以上地方人民政府划定本行政区域内各类声环境质量标准的适用区域，并负责相应的执行工作。

1982 年首次制定了国家声环境质量标准，后来分别经过 1993 年（GB 3096—93）和 2008 年（GB 3096—2008）两次修订。这些标准是针对下列五类不同的功能区：0 类，指康复疗养区等特别需要安静的区域；1 类，指以居民住宅、医疗卫生、文化教育、科研设计、行政办公为主要功能，需要保持安静的区域；2 类，指以商业金融、集市贸易为主要功能，或者居住、商业、工业混杂，需要维护住宅安静的区域；3 类，指以工业生产、仓储物流为主要功能，需要防止工业噪声对周围环境产生严重影响的区域；4 类，指交通干线两侧一定距离之内，需要防止交通噪声的区域。

此外，1996 年《噪声污染防治法》第 2 章第 11 条规定，国务院环境保护行政主管部门应制定噪声排放标准。共有 10 类噪声排放标准设定了特定活动的限值，如施工场地、工业企业等。第 2 章第 26 项要求将来要对产品和企业的噪声排放设定限值。目前共有 14 个国家噪声污染标准以及取样与测试方法技术指南。

2.1.1.4 土壤

中国没有专门针对土壤污染防治的法规。即便如此，1989 年《环境保护法》第 3 章第 20 条也规定了各级政府须预防、控制土壤污染。1995 年首次发布了国家土壤环境质量标准，本标准适用于农田、牧场、林地、自然保护区等地的土壤。设定了三组不同的土壤污染物浓度水平限值：一级，为保护区域自然生态、维持自然背景的土壤质量的限制值；二级，为保障农业生产、维护人体健康的土壤限制值；三级，为保障植物正常生长和农林生产的土壤临界值（GB 15618—1995）。后来，又有了四个不同的国家土壤环境质量标准，分别适用于下列功能区：拟开放区域［土壤中剩余放射性可接受水平规定（暂行）（HJ/T 53—2000）］、温室蔬菜产地（HJ/T 333—2006）、食用农产品产地（HJ/T 332—2006）以及展览会用地（暂行，HJ/T 350—2007）。此外还有 20 个有关土壤污染抽样检测方法的技术指南。

2008 年，环保部下发了《关于加强土壤污染防治工作的意见》。其中第 10 条建议制定监管措施和土壤环境质量、土壤污染恢复、土壤质量监测和污染评估标准。此外，第 11 条提议将土壤环境质量监测纳入现有环境监测与应急计划当中，逐步建立全国以及省市级三级监测网。在此基础上，政府将公开报道国家与地区土壤环境质量信息。

鉴于全国严重的土壤污染，2011 年有 62 名人大代表一起提案，呼吁起草专门针对土壤污染防治的法规条例。但是各个部门对此提案持不同看法。环保部强烈要求草拟法规。农业部提议应将主要精力集中在执行环境标准与规制污染源的法规上，而不是制定新的土壤污染法，因为土壤是污染物在环境中运移的终点之一（Chen，2012）。

2.1.1.5 固体废物

国家固体废物标准可以分为以下两类：一类包括 13 个针对诸如城市固体废物填埋场和焚化炉等废物处理设施的标准；另一类共有 13 个适用于可用作生产原料的进口废

物的标准。此外还有 8 个区分危险固体废物的技术准则和 18 个抽样检测方法技术指南①。

2.1.1.6 其他

有国家放射性物质限值标准、放射性物质取样与检测技术指南、区域生物多样性、自然保护区分类以及清洁生产实施程序。

2.1.1.7 信息公开

对水、气等特定环境介质进行规制的环境法规都有关于监测和环境信息公开的条款。例如，根据 2000 年《大气污染防治法》第 2 章第 23 条规定，大中型城市应定期发布环境空气质量报告，其内容涵盖主要污染物以及空气污染严重程度。最新制定或修订的法规对环境监测和公共报道还有更详细的规定。例如，在 2008 年《水污染防治法》中，第 25 条规定国务院主管部门应建立环境水质监测网并公开报道环境水质，此外，第 3 章第 23 条还要求主要污染源须安装自动监测设备，记录监测数据。

2.1.2 环境标准与环境监测的现状与效益

2.1.2.1 环境质量监测

根据国家环境法规，按照功能区划分制定了空气与水环境质量标准。因此，功能区划分原理与方法尤为重要。1996 年制定了《环境空气质量功能区划分原则与技术方法》（HJ/T 14—1996），此后也没有修订过。功能区划分的出发点是区域与城市发展规划。显然，现行的环境空气质量标准与人类暴露在污染空气中所承受的健康风险并没有直接关联，空气污染物的监测亦尚未以控制健康风险为目标。例如，环境空气质量常规监测或空气污染源监测的指标就不包括 PM_{10} 和 $PM_{2.5}$。

2.1.2.2 污染源监督性监测

为确保环境质量，必须保证污染源的污染物排放浓度水平和排放总量都要符合排放标准。在 2003 年之前，环境保护部门在实施环境监测与整治的过程中主要一直实行浓度标准。然而，随着国家工业生产规模的大幅度扩大，即使污染源符合浓度标准，它们也产生了极其大量的污染排放，导致全国环境质量严重退化。自 2003 年起，国家环保总局就要求地方环保部门计算各自辖区内允许的空气与水污染物排放总量并对各污染源分配限额，以调节它们的污染排放。

环保部门开展对污染源的监督性检测，检查其污染物排放是否达标、是否与排放许可证相符合，并根据污染物排放情况收取排污费。私人企业由所在地环保部门检查。具有特殊行政地位的国有企业由上一级环保部门进行检测。

回应事故或公众投诉的环境监测通常都是局限于特定环境介质，但大约半数的监测

① A full list of those other standards and technical guidelines for sampling，testing，andimplementation is available at http：//kjs.mep.gov.cn/hjbhbz/bzwb/hxxhj/fsxhjbz/200412/t20041228_68697.htm；
http：//kjs.mep.gov.cn/hjbhbz/bzwb/stzl/200412/t20041229_63492.htm；
http：//kjs.mep.gov.cn/hjbhbz/bzwb/other/qjscbz/200607/t20060720_91503.htm.

是综合监测。环保监测人员在对企业进行监测时，一般在现场用移动监测设备取样，然后把样本带回监测站进行分析。一般地方环保部门下属监测站每月对大型工业设施进行现场监测。

虽然定期（突击）检查通常一年一次，但环保部根据污染源的环境影响、守法的记录，对重要污染源每年会例行监测四次。环保部门通常都将重点放在大型污染源上；而对于大部分中小企业特别是农村地区的中小企业，尽管它们的总污染排放量可能非常大，但是对它们的监测涵盖不足、没完全到位。为了能够系统地涵盖所有主要污染源，许多当地环保部门基于公众对污染事件的投诉实行目标锁定监测。

许多环保部门都有“信访室”，便于公众反映问题。许多地方都有 24 小时的“12369”电话热线，公众可以上报环境问题（省级环保部门和环保部有自己的投诉电话）。自 2002 年以来，中国已有约 2 000 个环境热线，覆盖全国 70%以上的县、市。

因为通常公众普遍缺乏环境知识、无法评估污染的环境风险，因此，如果监管部门一味回应公众投诉，依此分配宝贵的行政执法的资源，监测工作不免有失偏颇。环保部几乎每年都会与地方环保部门合作开展全国范围的污染源检查和整治活动，跟进重大工业事故（如 2005 年 11 月的松花江事故）或解决特殊环境问题，如关闭“十五小”企业、采矿企业、工业园区、城市污水处理厂等问题（OECD，2009）。

2.1.2.3 企业自我监测

企业必须向环保部和地方环保部门申报污染物排放信息。通常是每年一上报，但对于重点污染源，地方环保部门可以增加为每半年报一次或一年报四次。例如，江苏省大型企业陆续都安装了自动监控设备。这些监测设备每年都会经过官方监测站的资格认证，确保其正常运行。

大多数企业并没有自己的监测设备，而是承包给国有或私人监测服务供应商来进行测量，然后上报数据给当地环保部门。官方监测站工作人员负责对私人监测服务供应商进行定期和突击检查以保证质量。此外，环保执法人员进行污染排放现场监测，检查自我申报的污染排放数据的准确性（OECD，2009）。

2.1.2.4 环境信息公开

图 3-1 介绍了中国环境治理体系的利益相关者、其关注和利用环境信息的行动及其相互关系。环境质量信息的公开度逐年提高。2009 年，环境监测总站开始在互联网上直播水质监测结果。此外，还在互联网上开始直播指定的 113 个环境保护重点城市的空气质量指数、主要空气污染物、空气质量整体水平和污染水平。而且，已经有 180 个县级以上城市公布每日空气质量指数，其中 90 个能够预测空气质量，并通过当地电视台、电台、报纸和互联网发布预测结果。

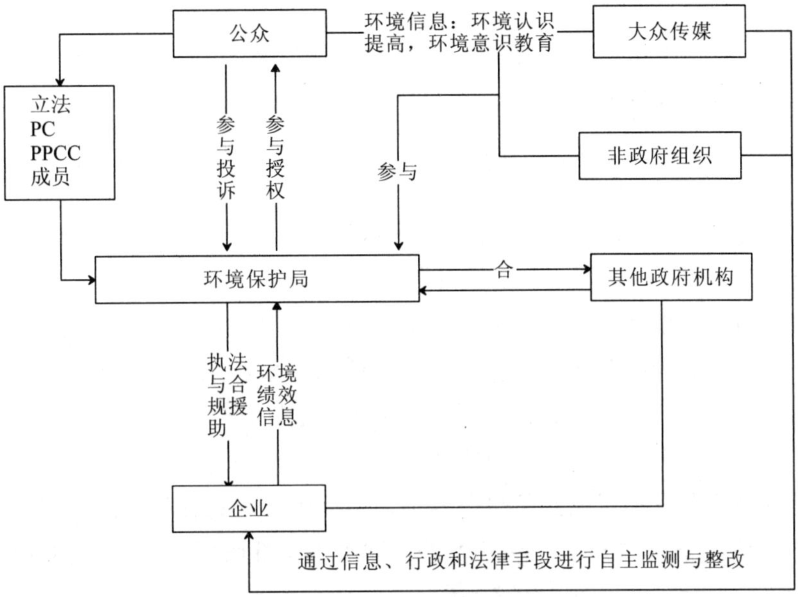

资料来源：李万兴、马骏和徐锦涛：《环境治理集权制度在中国是否可行》。

图 3-1　中国环境治理利益相关者及其相互关系和对环境信息的运用

然而，环境保护机构不大愿意发布污染源信息。尽管公共及环境事务研究所（IPE）和自然资源保护委员会（NRDC）不仅关注环境监测数据，还在 2008 年开发了污染源监管信息公开指数（PITI）。PITI 旨在评估国家环保总局在《环境信息公开办法》中指定的 113 个环境保护重点城市的实施情况。PITI 包含以下 8 大类：①企业违规记录（28 分）；②污染企业的整治结果（8 分）；③清洁生产审核信息（8 分）；④企业环境绩效评价（8 分）；⑤经核实的信访与投诉（18 分）；⑥环评及项目验收结果（8 分）；⑦排污收费数据（4 分）；⑧信息公开申请（18 分）。

每年都经过评估的 113 个城市在 2011 年的 PITI 平均得分已经达到 40.14，比 2009—2010 年高 4 分，比 2008 年高 9.08 分。整体走势是东部地区得分高于中部地区，中部地区得分高于西部地区［公共及环境事务研究所（IPE）和自然资源保护委员会（NRDC），2012］。但总的来说，如果一个地区有大量污染企业，而该地区又在地区税收和就业机会方面依赖于它们，当地环保部门不愿意公布它们的超标违规记录等信息（李，2011b）。

2.1.3　优点（目前效果很好的方面）

环境法规及标准制定遵循“摸着石头过河”的原则。监管机构和工作人员与环境保护机构在制定法律与环境标准时通常都考虑到了现有的社会经济条件。从而，我们发现环境监测项目逐渐增加，如 $PM_{2.5}$，监测网覆盖范围也逐渐扩大。

另外，政府和污染源共同负责环境监测。环境保护机构一直在进行企业环境监测与污染信息申报能力建设。

中国最终已将环境信息公开制度化。自 2008 年以来，中国环境保护机构已经在主动公开环境信息方面取得了进展。

2.1.4 缺点（目前效果欠佳的方面）

环境标准与人类暴露、健康风险、环境风险脱钩。此外，目前公开的环境质量信息难以为公众所理解并运用这些信息指导日常的户外活动。

环保部门为环境信息公开工作配备的资源不足，但其负责的工作范围却在日益扩大，资源不足已经成为有效工作的很大阻碍。例如，虽然人员和资源有限，环保执法负责包括行政许可、行政处罚、排放登记、上下沟通、应急响应等工作。加上其他部门的工作，环保局有大量的环保信息需要处理、对公众公开。机构内部职责、人员、资金以及设备分配会直接影响到信息公开工作。此外，如果在没有进行自动、瞬时污染数据监测的情况下向公众公布污染数据，其准确性和解释力会受到质疑（IPE 和 NRDC，2012）。

环保部尚未做到积极主动通知相关企业国家在环保法规及环境标准的发展和变化情况。它虽然发布了一些产业部门的指导文件，但这些文件都太笼统，不适合技术非常多样化的中小企业。近年来，环保部一直试图通过召开研讨会来促进企业环境管理。然而，这些会议精神只能下达到一小部分已经致力于环境保护还想有更大发展的企业（OECD，2009）。

2.2 省市级层面

2.2.1 法律、行政程序、其他途径

在中国，环保法律法规和标准主要由中央制定，地方政府主要负责执行国家环保法规与环境标准。尽管环保法允许地方制定比国家环境法规或环境标准更加严格的地方政府法规与标准，但在现实中这种情况非常少见。因为中国地域辽阔、地方环保局监测能力差异大，国家环保法规和环境标准实际上往往会在经济较发达地区最先实施，并逐步扩大到全国其他地区。例如，最先在北京和上海这样的大城市进行的 $PM_{2.5}$ 监测，随后在全国很多地级市展开。

2.2.2 执行情况

诸如北京、上海和重庆等环境监测、执法能力强的地区已经成为国家在环境监测与报道方面的先驱。这也促进了政府和公众的环境执法。但是，中国各地在经济增长水平、环境监测能力、公众的环境意识以及对环境质量的要求存在很大的地方差异，因此全国

统一的环保法规和标准在各地的执行力度并不完全一致。

2.3 国际惯例

（1）环境监测。已建立了沙尘暴与酸雨区域监测网，其中有韩国、日本等国家的参与。那些区域监测网的标准设定和数据报告包括多边协商、技术援助以及能力建设。

（2）信息公开。向公众公开环境信息并让其进一步参与环境决策已经成为一个全球性的趋势。

为应对重大环境事故，美国 1986 年通过了《应急计划与社区知情权法案》，紧接着在 1989 年实行了有毒物质排放清单（TRI）。

关于环境资讯自由的欧盟理事会第 90/313/EEC 号指令最早正式要求欧洲共同体的成员国政府赋予公众足够多的环境资讯自由。

1992 年在联合国大会上通过的《里约环境与发展宣言》第 10 条规定公众有访问政府当局环境信息的适当权限和参与环境决策的权利。

《奥尔胡斯公约》（1998）进一步要求签署该公约的欧盟成员国公开环境信息，该规定具有法律约束力，如果公众发现违规他们可以起诉当局政府。

影响与效益

Graham 在她 2002 年出版的《以披露实现民主》一书中简明扼要地概述了环境法规信息化的理论和实证基础，以及为何能够发挥优于直接监管或经济激励机制的作用（Graham，2002）。

信息披露与传统的政府直接监管和经济激励机制有以下三点不同：

首先，环境信息公开通过公众给予污染者改进环境表现的压力和动力，并非双方磋商协议确定可接受的风险等级。而政府直接监管通过立法等规定污染者的哪些行为可接受。经济激励确定了法定可接受的环境风险的数量或者价格。然而，信息披露是将信息提供给环境利益相关者，如消费者、供应商、从业人员、投资者、社区居民以及选民，帮助其做出决策或采取行动，从而影响个人和社会的环境风险。环保法律法规只是规定信息披露的范围、信息质量控制的程序、发布虚假信息的惩罚措施等。环境信息公开在 20 世纪 90 年代开始兴起，同 20 世纪 30 年代的财务披露机制一样，反映了公众对政治和市场的不信任，呼吁和欢迎通过信息公开赋权给公众。

其次，信息披露以沟通和交流进行监管。政府直接监管依赖于法规条例和制裁处罚来鼓励组织团体降低风险。税收、补贴和其他经济激励措施则是依赖于预期的经济损失或盈利。信息披露策略则恰好相反，通过改变行为者的认识从而影响其采购、投资、就业或集体行为的方式。将新数据放在公共领域本身就意在通过改变市场或政治运作，实现降低风险的目标。

最后，这些信息披露的工作大多都能扩大政府的影响力。信息披露并不局限于政府直接监管和经济激励手段锁定的目标，它不受州或国别界限的影响。任何一处的政府要求信息披露，这些公开所得信息便可以从地球任何地方得到并加以运用，不受政治或地理疆域的阻隔。

中国政府跟随全球趋势，已经要求政府公开环境信息，给予公众参与环境决策的机会，取得了很大的发展（国务院，2007；国家环境保护总局，2007a）。当然，对于中国传统的国家保密文化和公众参与社会管理的空间不足，也有很多批评。例如，尽管《环境影响评价法》（EIA 法）明确要求公众参与环境影响评价，但最常用的两种方式——问卷调查和座谈会，大家认为流于形式，公众参与并不足够（Ho，Edmonds，2008；Wu，2011）。

3 案例研究

3.1 乌江流域缺乏环境监测及信息公开

2012 年 1 月 12 日，中央电视台节目《焦点访谈》报道，贵州省乌江流域的渔业受到了上游大型国有企业——贵州开磷集团有限责任公司下属工厂所释放黄磷的严重污染，这起引人注目的工业污染案件在事发一年半以后仍未解决。2010 年 5 月 13 日暴雨过后，鱼类开始大规模死亡。息烽县许多养鱼户养的鱼几乎全部死亡，黄磷造成的水污染让他们彻底破产，短期内没有恢复的希望。农业部长江中上游渔业生态环境监测中心和贵州省环境保护局（EPB）对这起事件展开了调查，得出结论：导致河流污染并造成损害的是开磷工厂。调查报告于 2010 年 6 月提交至息烽县相关政府机关。但息烽县农业局局长杨先生在 2012 年 1 月的 CCTV 采访中说，他从未见过这份报告。并且，开磷工厂总经理邓先生坚持认为鱼群的损失是由于极端的天气状况（暴雨前的干旱）和那些渔场高密度放养造成的。此外，河流中发现的黄磷与他们厂无关，因为该厂是贵州省政府认可的环保模范企业，通过了循环经济认证，污染物历来达标排放并经过了息烽县环保部门的认证。因此，该厂拒绝为养殖户的生计损失提供补偿。

在中国，息烽县案例的情况并不少见。污染企业和有关部门有意识地向公众隐瞒污染信息，避免对污染企业的形象和/或利益造成负面影响；甚至如果污染企业在当地的谈判能力强，政府对其网开一面不采取执法行动的情况也很多。有关中国环境治理的研究发现，环境信息不公开、环境执法不到位的情况，更多地出现在经济发展水平落后的地区，或者是当地政府税收依赖于那些污染企业的地区。因此，中央政府一直在通过颁布信息公开的法律法规、地方环境绩效评估来努力推动地方政府对环境保护做出真实可信的承诺。

3.2　重庆加强环境监测与环境执法

地方环保部门监测污染物排放并对现有污染源的违法行为实施处罚。现实中，因为许多监测站的设施陈旧并且资金有限，会承担很多企业委托的监测工作。然而，由于拿到委托合同与维护专业和公正之间存在根本的利益冲突，监测站出具的企业监测报告的准确性往往也受到质疑（Li，2006）。

即使查出违法违例行为，处罚的程度太轻基本不足以起到威慑作用。为了解决这一问题，重庆市人民代表大会于 2007 年修订了《重庆市环境保护条例》，新增了第 111 条规定，即

"……收到要求整改已查处的环境违法违例行为行政命令后，如污染企业于规定的最后期限还处于违法违例状态，将从行政命令下达之日起对污染企业的违例行为按日计罚"。

以前，违例行为一旦查处，无论污染企业违法违规持续时间长短，只要违法违规的性质不变，都只算违例一次，根据法律规定，就算对污染企业处以最高罚款也只是一个很小的数字。如今，重庆市环保局"按日计罚"，以违规天数乘以单次罚款数额来计算罚款额度。重庆市环保局环境监察中队反映，在 2007 年 9 月 1 日按日计罚生效当天，执法人员下达行政命令，要求违例企业在 9 月 3 日以前进行整改。当执法人员在 9 月 3 日再次到厂里视察时，发现没有进行整改。他们向厂长解释第 111 条的规定。了解到新的处罚条例之后，厂长立刻要求同时采取必要措施，实现排放达标。因为利益巨大，污染企业也因此越来越关注企业自身的污染排放以及重庆环保局的监测结果。这也促进重庆市环保局的污染监测水平、执行环保法律法规和标准的能力大大提高（冯，2007）。

尽管"按日计罚"在重庆得到成功，在中国也只有其他两个城市——北京和深圳被采纳。许多学者一直主张在修订《环境保护法》和《水污染防治法》时应该加入"按日计罚"[①]这一条。可惜的是，这个动议在全国人民代表大会没有通过。企业也希望维持现状，不愿意承受利益损失（Xu，2010）。

3.3　江苏省镇江市使用环境监测数据控制工业污染

在过去，中国政府官员都习惯于报喜不报忧，因为他们担心如果公布坏消息自己的仕途会受到负面影响。因此，公众对环境质量状况或环境保护上的不足都缺乏了解。

江苏省镇江市是中国第一个利用环境监测数据对工业企业的环境绩效实行颜色评级并公开报道颜色评价结果的城市。1999 年 8 月，镇江市环境保护局与南京大学共同拟定了关于利用 1998 年环境监测数据进行指标选取、评级方法的实施手册。镇江市市政

① 2014 年 4 月修订的新《环境保护法》已采纳了这一建议，"按日计罚"。

府批准了于2000年7月26日正式召开新闻发布会，公开评级结果。镇江市市长做了开幕式致辞，镇江市环境保护局褚局长宣布了评级结果。绿色环保企业的总经理受邀上台讲话，而被评为黑色企业的总经理则在会上公开承诺今后如何改善企业的环境绩效。2000年9月19日，江苏省环保厅发布了一项行政法规，要求在江苏省所有地级城市实施环境绩效评级和信息公开。国家环保总局在2000年8月7日请全国各省、市、自治区环保局局长在镇江峰会期间学习如何开展环境及校平机和信息公开，积极推动此项工作。

国家环保总局在借鉴镇江经验的基础上，于2005年11月发布了一份行政命令，正式推广环境绩效颜色评级的技术准则。要求到2010年，全国所有城市都实施工业企业环境绩效颜色评级，并公开评级结果[《关于加快推进企业环境行为评价工作的意见》（环发〔2005〕125号）]。2005年12月，国务院发布了《关于落实科学发展观　加强环境保护的决定》。该决定第27条明确要求各省、市政府公布环境质量和生态情况评价等信息，及时发布污染事故信息，为公众参与创造条件。2007年4月5日，国务院颁布国务院令，推出中国历史上第一个《政府信息公开条例》。一个星期以后，国家环保总局颁布了《环境信息公开办法（试行）》。

4　政策制定建议

弥补差距

（1）提高现有法律/政策的全面性。现有的环保法规与环境标准主要基于对不同地理区域和环境媒介的功能性用途的考虑。然而，依据环境和健康风险来建立环境标准至关重要。这需要开展大量科学研究，确定环境质量、污染排放、健康影响的基准，并进行长期的跟踪。这些工作从长远来看才能见到成效。如果能够把环境质量监测、环保法规及环境标准、其他部门或行业的法规政策更好地结合起来，环保法律法规和政策会变得更加全面有效。

（2）制定“辅助补充”政策和法律文件。重庆的经验明确表明，更加严格的环境执法大大促进了重庆环保局监测能力的提高，并推动了污染企业更好地遵守环保法规，减少污染排放。如果能够针对企业融资生产的环节，将其他法律文件与环境监测、工业环境绩效、经济处罚等联系起来，环保工作就能够由环保部门渗透到工商业界，帮助实现公众对改善环境质量、建设美丽中国的期待。

（3）试点/示范活动。镇江市的实例说明，小范围试点的成功可以有效地推动省乃至全国的环保工作。由于中国在环境监测和信息公开上面临很大的挑战，因此在一些城市进行试点/示范项目来积累资料和经验就尤为重要，特别是一项政策的实施涉及大量的财力、物力、人力的投入以及科学上的不确定性时更是如此。可测量、可报告、可验证（MRV）不仅对于碳减排很重要，对于污染防治也同样如此。因此，环保部以及环保组织一直要求开展污染物排放与转移登记制度（PRTR）的试点/示范工作。

（4）运用欧盟的方式方法来满足中国的需要。首先，欧盟在制定环境质量标准和污染物排放标准时采用了全面而又科学的方法。制定环境质量标准是基于人类在污染中的暴露程度以及污染对健康影响的程度。根据环境质量标准，政府制定了污染物排放标准，对污染企业颁发排放许可证。

其次，欧盟不仅报道环境质量信息，还在此基础上对公众的户外活动水平提出建议，使高度技术性的环境信息和知识变得易于为公众所理解接受。因此，公众可以很方便地把环境保护、环境信息和他们的日常生活联系起来。

最后，为确保污染源排放达标、遵守环保法律法规，英国等欧盟国家已经建立了自我监测、报告以及验证的污染物排放及转移清单。政府则利用信息技术，对这些信息进行加工，并生成网络互动查询工具，便于公众监督污染源，并施加压力让其改善环境表现。

5 实现绿色发展，落实环境监测、环境信息公开、社会学习

环境信息公开为社会沟通准备条件，能够帮助大家在可持续的生产与消费方式上达成社会共识，这些共识会形成环境标准、环保法律法规、商业行为准则，成为社会运行很重要的制度基础。此外，利用这些环境信息，专业人士和环保组织可以提高公众环境意识，推动社会向更可持续的未来发展。因此，环境信息透明创造了一个让人们互相了解、关注对方环境状况的机会，这是当利益相关者立场不同时形成集体行动的关键。20世纪 90 年代的《里约环境与发展宣言》和《奥尔胡斯公约》就强调了让公众了解环境信息、参与环境决策以及实现正义的重要性。

近年来，持续了很长时间的金融危机导致了公众对商业机构、公共组织的不信任。此外，大家也质疑基于国民经济核算指标体系的发展模式，因为其过分强调有形资产在市场交易中的货币价值而忽略了环境等非市场定价物品和服务的价值。联合国和经济合作与发展组织提倡新的增长模式或经济模式，以保护自然资源，降低环境风险和生态资源匮乏，提高人类福祉，促进社会公平，超越经济学家提出的国家经济核算体系。因此，支持绿色增长框架的环境信息与指标是将棕色经济发展和以经济建设为中心转变为绿色经济并以人类福祉为中心的过程中的必不可少的一部分。它们可能会改变环境标准和环保法规、生产商与消费者的行为和习惯以及社会上不同政党机关之间的互动方式。

5.1 保护个体免受环境损害

描述和评价环境问题与污染通常是一项技术性很强的工作，往往超出了公众监督与评估的能力范围。工业污染是由于企业将盈利置于公众和社会的利益之上而造成的。因此，公众不得不遭受污染损害（Lloyd Smith，2009）。一旦以法律形式确立公众对环境污染的知情权，并严格执行的话，那些愿意参与环境治理的公众就有机会获得污染的实证，当他们希望就所关注的污染问题提出自己的看法和论点、采取行动时，就会具备充分的依据（尊敬的法官 Gonthier 先生，2002）。因此，他们可以与污染企业直接谈判获得赔偿，或者诉诸行政与司法程序来保护个体免受环境损害。

5.2 加强环境联合执法

除了预防环境损害与保证污染受损者获得合理赔偿之外，环境信息透明也可以促进环保人士采取环境联合执法的社区行动（Mitlin，2008；Satterthwaite，2011）。单靠政府无法切实落实环境执法，尤其是在国家地域广阔、社会和经济发展不均衡、缺乏法治的情况下，更是如此。环保组织和环保人士必须利用公开可得的环境信息来与污染者斗争、保护环境。例如，印度一个由非政府组织——科学与环境中心（CSE）在 1996 年发起的绿色评级项目（GRP）成功地把富人动员起来，把污染企业告上法庭，通过环保法庭向污染企业施压（Gupta & Goldar，2005；Powers，et al.，2011）。在工业化市场经济国家中，如美国、韩国以及日本，公开的污染物排放与转移清单已将投资者、生产商、消费者、政府、环保组织以及公共大众有效地团结在一起，环境表现欠佳的企业在资本市场、产品市场都会受到惩罚，从而环境绩效好的企业能够实现环保与经济效益双赢（Dasgupta，et al.，2004；Konar & Cohen，1997；Decker，et al.，2005；Agarwal，et al.，2010）。

5.3 促进社会学习

此外，污染并非不证自明的概念，对它的界定和理解具有社会性（Hawkins，1984），并且会随着人们对环境问题的成因与后果加深理解而逐渐改变。类似地，经济增长和发展的界定和理解也具有社会性，其含义随着人们对理想生活与社会的认知而不断演变。在这样一个飞速发展的多元化世界里，目前尚没有针对气候变化等问题的解决方案，城市化和发展中的其他问题如节能、土地利用规划等也都是尚未破解的难题。如果能够加强人们对环境信息的了解，具备不同教育文化背景、处于社会不同阶层的人们可以有一个沟通的基础，共同研究，定义环境与社会问题，为决策者拟定行动议程，并共同找出应对措施。因此，环境信息透明可以促进社会学习，提高社会解决棘手问题的合作能力（Weber & Khademian，1997）。

环境信息透明的社会功能和学习功能度与绿色增长尤为相关。目前对绿色经济发展模式还没有一个明确的定义，其决定因素也尚未知。然而，经合组织定义绿色增长的模式取决于“①加强资源管理，提高生产力；②鼓励有利于社会长期利益的经济活动；③能够达成以上两个目标的新方法”（OECD，2011）。以前的实证研究显示，一个企业好的环境绩效可以显著提升投资者信心，因为好的环境绩效与市场回报率、运营的稳定性和可预见性呈正相关（Villiers & van Staden，2011；Patten，1998；Powers，et al.，2011）。除了生产之外，绿色增长还与众多消费者与家庭的行为习惯有关。公布生产与消费的环境影响信息有助于提高公众的环境意识，养成环境友好的社会规范，形成个体对环境的责任感，提高个体协调取舍眼前利益和长期利益的能力。根据计划行为理论，在个人对可持续发展的态度、社会规范、预期效果都为正的情况下，个人有意愿并能够拿出实际行动，追求环境友好和可持续发展（Ajzen，1991）。因此，环境信息透明为协调环境与经济利益、加强环境联合执法、促进环境绩效改善、推动社会学习、促进绿色增长提供了坚实的基础。

参考文献

Agarwal Nikhil，Chanont Banternghansa，Linda T. M. Bui. 2010. Toxic Exposure in America：Estimating Fetal and Infant Health Outcomes from 14 Years of TRI Reporting. Journal of Health Economics，29（4）：557-574.

Ajzen Icek. 1991. The Theory of Planned Behavior. Organizational Behavior and Human Decision Processes，50（2）：179-211.

Chen Liping. 2012. Environment and natural resources committee of NPC recommended to study the feasibility of enacting regulations specifically for preventing and controlling soil pollution 环资委建议深入研究论证制定土壤污染防治法. Legal Daily，11 January 2012.

Chinese Central Television. 2012. Fish died in large scale on the Wu River in Guizhou，but no resolution found one and a half years after the incident 贵州乌江水库鱼类大规模死亡事发 1 年半仍未获解决. In Topics in Focus. Beijing.

Chongqing People's Congress. 2007. Chongqing Environmental Protection Decree 重庆市环境保护条例.

Dasgupta S，Hong J H，Laplante B，et al. 2004. Disclosure of Environmental Violations and the Stock Market in the Republic of Korea. In Policy Research Working Paper 3344. Washington D.C.：The World Bank.

Decker C S，Nielsen D A，Sindt R P. 2005. Residential Property Values and Community Right-to-Know Laws：Has the Toxics Release Inventory Had an Impact？ Growth and Change，36（1）：113-133.

Economy E. 2004. The River Runs Black：The environmental challenge to China's future. Ithaca：Cornell University Press.

Feng Jia. 2007. Charging fine by day and forcing enterprises to comply 实施按日计罚促使企业守法. China Environmental News，10 October 2007.

Graham Mary. 2002. Democracy by Disclosure：the Rise of Technopopulism. Washington，D.C.：Governance Institute/Brookings Institution Press.

Gupta Shreekant，Bishwanath Goldar. 2005. Do stock markets penalize environment-unfriendly behaviour? Evidence from India. Ecological Economics，52（1）：81-95.

Hawkins Keith. 1984. Environment and Enforcement：Regulation and the social Definition of Pollution，Oxford socio-legal studies. Oxford：Oxford University Press.

Ho Peter，Edmonds R L. 2008. China's embedded activism：opportunities and constraints of a social movement，Routledge studies on China in transition；30. London；New York：Routledge.

Honorable Mr. Justice Gonthier C D. 2002. National Environmental Governance and the Role of Law. In United Nations Environment Programme：Global Judges Symposium. Johannesburg，South Africa.

Institute of Public & Environmental Affairs（IPE），Natural Resources Defense Council（NRDC）. 2012. Open environmental information：Taking stock-The 2011 Pollution Information Transparency Index（PITI）

Third Annual Assessment of Environmental Transparency in 113 Chinese Cities. Beijing：Institute of Public & Environmental Affairs（IPE）& Natural Resources Defense Council（NRDC）.

Institute of Public and Environmental Affairs，and Natural Resources Defense Council. 2009. Breaking the Ice on Environmental Open Information：The 2008 Pollution Information Transparency Index（PITI）. Beijing.

Institute of Public and Environmental Affairs，and Natural Resources Defense Council. 2010. Environmental Open Information：Between Advance & Retreat. Beijing.

Institute of Public and Environmental Affairs，and Natural Resources Defense Council. 2011. Environmental Open Information：Three year's of progress. Beijing. Konar，Shameek，and Mark A. Cohen. 1997. Information as Regulation：The Effect of Community Right to Know Laws on Toxic Emissions. Journal of Environmental Economics and Management，32（1）：109-124.

Institute of Public and Environmental Affairs，and Natural Resources Defense Council. 2001. Does the Market Value Environmental Performance？ Review of Economics and Statistics，83（2）：281-289.

Li Wanxin. 2006. Environmental Governance：Issues and Challenges. Environmental Law Reporter：News & Analysis，36（7）：10505-10525.

Li Wanxin. 2011a. Efforts and Barriers in Developing Clean and Sustainable Technologies in China. City University of Hong Kong.

Li Wanxin. 2011b. Self-motivated vs. forced disclosure of environmental information in China—a comparative case study of the pilot disclosure programs. The China Quarterly，206：331-351. doi：10.1017/S0305741011000294.

Li Wanxin，Liu Jieyan，Li Duoduo . 2012. Getting their voices heard：Three cases of public participation in environmental protection in China. Journal of Environmental Management，98：65-72. doi：10.1016/j.jenvman.2011.12.019.

Lloyd-Smith Mariann. 2009. Information，power and environmental justice in Botany：Therole of community information systems. Journal of Environmental Management，90（4）：1628-1635.

Ministry of Environmental Protection. 2008. Comments on strengthening prevention and control of soil pollution 关于加强土壤污染防治工作的意见. edited by Ministry of Environmental Protection.

Ministry of Environmental Protection. 2012. Ambient air quality standards.

Mitlin，Diana. 2008. With and beyond the state — co-production as a route to political influence，power and transformation for grassroots organizations. Environment and Urbanization，20（2）：339-360. doi：10.1177/0956247808096117.

National People's Congress. 1996. PRC Law on Prevention and Control of Noise Pollution.National People's Congress.

National People's Congress. 2000. PRC Law on Prevention and Control of Air Pollution. National People's Congress.

National People's Congress. 2008. PRC Law on Prevention and Control of Water Pollution. National People's Congress.

OECD. 2009. Ensuring Environmental Compliance：Trends and Good Practices. Paris：Organisation for Economic Co-operation and Development.

OECD. 2011.Towards Green Growth：A summary for policy makers. Paris：Organization for Economic Cooperation and Development.

Patten，D M. 1998. The impact of the EPA's TRI disclosure program on state environmental and natural resource expenditures. Journal of Accounting and Public Policy，17（4-5）：367-382.

Powers Nicholas，Blackman Allen，Lyon Thomas，et al. 2011. Does Disclosure Reduce Pollution？ Evidence from India's Green Rating Project. Environmental & Resource Economics，50（1）：131-155.

PRC Environmental Protection Law（for trial implementation）. 13 September 1979. Satterthwaite，David. 2011. Editorial：Why is community action needed for disasterrisk reduction and climate change adaptation？ Environment and Urbanization，23（2）：339-349. doi：10.1177/0956247811420009.

State Council. 2005. State Council Decision on Embarking on A Scientific Approach to Development and Enhancing Environmental Protection（guo wu yuan guan yu luo shi ke xue fa zhan guan jia qiang huan jing bao hu de jue ding）. edited by State Council.

State Council. 2007. Open Government Information Decree（zhong hua ren min gong he guo zheng fu xin xi gong kai tiao li）. edited by State Council.

State Environmental Protection Administration. 2003. Notice on Strengthening the Calculation of Permissible Environmental Assimilation Capacity 关于加强环境容量测算工作的通知. edited by State Environmental Protection Administration：State Environmental Protection Administration.

State Environmental Protection Administration. 2007a. Measures of Environmental Information Disclosure（Trial）[huan jing xin xi gong kai ban fa（shi xing）]. edited by State Environmental Protection Administration.

State Environmental Protection Administration. 2007b. Measures on Environmental Monitoring 环境监测管理办法. State Environmental Protection Administration.

State Environmental Protection Administration [2005] No. 125. 2005. Comments on Expediting the Implementation of Rating Firm Environmental Behavior（guan yu jia kuai tui jin qi ye huan jing xing wei ping jia gong zuo de yijian）.

State Environmental Protection Administration Circular No. 125. 2005. Comments on Expediting the Implementation of Rating Firm Environmental Behavior（guan yu jia kuai tui jin qi ye huan jing xing wei ping jia gong zuo de yi jian）.

The United Nations Conference on Environment and Development. 1992. Rio Declaration on Environment and Development.

The World Bank. 2004. World Development Report 2003.

UNEP. 2011. Towards a Green Economy：Pathways to Sustainable Development and Poverty Eradication - A Synthesis for Policy Makers. New York：United Nations Environment Programme.

United Nations. 1992. Rio Declaration on Environment and Development. Edited by United Nations Conference on Environment and Development：United Nations.

United Nations Economic Commission for Europe（UNECE）. 1998. Convention on Access to Information，Public Participation in Decision-making and Access to Justice in Environmental Matters. United Nations.

Villiers C D，Staden C J V. 2011. Where firms choose to disclose voluntary environmental information. Journal of Accounting and Public Policy，30（6）：504-525. doi：10.1016/j.jaccpubpol.2011.03.005.

Weber E P，Khademian A M. 1997. From Agitation to Collaboration：Clearing the Air through Negotiation. Public Administration Review no.57（5）：396-410.

Wu Guoguang. 2011. China in 2010：Dilemmas of Scientific Development. Asian Survey，51（1）：18-32.

Wu Jing，Chang I S，Bina O，et al. 2011. Strategic Environmental Assessment Implementation in China—Five-year Review and Prospects. Environmental Impact Assessment Review，31（1）：77-84.

Xu Wei，Yuan Erjun. 2010. How far away is national legislation from local experimentation？ 地方实践到国家立法路有多远？ China Environmental News，28 October 2010.

Zhou Shengxian. Enhancing capacities for environmental monitoring，Persistently exploring new paths for environmental protection in China—Speech by Minister Zhou Shengxian at the 30th Anniversary Celebration of the Chinese National Environmental Monitoring Center（CNEMC）全面提高环境监测水平争做探索中国环保新道路的坚定实践者. Ministry of Environmental Protection 2010 [cited 16 August 2012]. Available from http：//www.gov.cn/gzdt/2010-12/17/content_1768063.htm.

附　件

附件 1　国家环境空气质量标准

标准编号	标准编号	发布时间	实施时间
环境空气质量标准	GB 3095—2012	2012-02-29	2016-01-01
乘用车内空气质量评价指南	GB/T 27630—2011	2011-10-27	2012-03-01
室内空气质量标准	GB/T 18883—2002	2002-11-19	2003-03-01
环境空气质量标准	GB 3095—1996	1996-01-18	1996-10-01
保护农作物的大气污染物最高允许浓度	GB 9137—88	1988-04-30	1988-10-01

附件 2　国家水环境质量标准

标准名称	标准编号	发布时间	实施时间
地表水环境质量标准	GB 3838—2002	2002-04-28	2002-06-01
海水水质标准	GB 3097—1997	1997-12-03	1998-07-01
地下水质量标准	GB/T 14848—93	1993-12-30	1994-10-01
农田灌溉水质标准	GB 5084—2005	2005-07-21	2006-11-01
渔业水质标准	GB 11607—89	1989-08-12	1990-03-01

附件 3　国家声环境质量标准

标准名称	标准编号	发布时间	实施时间
声环境质量标准	GB 3096—2008	2008-08-19	2008-10-01
机场周围飞机噪声环境标准	GB 9660—88	1988-08-11	1988-11-01
城市区域环境振动标准	GB 10070—88	1988-12-10	1989-07-01

附件 4　国家土壤环境质量评价标准

标准名称	标准编号	发布时间	实施时间
展览会用地土壤环境质量评价标准（暂行）	HJ/T 350—2007	2007-06-15	2007-08-01
食用农产品产地环境质量评价标准	HJ/T 332—2006	2006-11-17	2007-02-01
温室蔬菜产地环境质量评价标准	HJ/T 333—2006	2006-11-17	2007-02-01
拟开放场址土壤中剩余放射性可接受水平规定（暂行）	HJ/T 53—2000	2000-05-22	2000-12-01
土壤环境质量标准	GB 15618—1995	1995-07-13	1996-03-01

第二篇　环评与环境规划中的公众参与*

近年来，随着公众环保意识的不断加强和对环境问题的持续关注，环评阶段的公众参与已经成为公众表达对社会现状不满的集中爆发口。2012 年下半年，四川什邡市、江苏南通市、浙江宁波市先后发生了一系列因环保问题引发的群体事件，引起了国内外广泛关注，严重影响了地区稳定和社会经济的正常运行，成为中国政府和环保部门必须面对的问题。

中国的环评制度建立于 1979 年，由《环境保护法（试行）》最早提出。当时的环评制度并未提出公众参与的要求。2003 年，中国开始实施《环境影响评价法》。在这部法律中，明确提出在环评开展过程中，应进行公众参与工作。

随后多年，中国从国家层面和地方层面逐步完善了环评中公众参与工作的范围、时段、方式等操作细则。每年数以万计的环评项目，通过公众参与工作实现了企业、政府和公众的信息交流。公众对各项环保要求有了直观的认识，对如何保护自身权益有了深入的了解；企业负责人对自身职责和义务有了更深切的体会，在落实各项环保要求上更加积极主动。每一次公众参与过程，都是一次环保知识的宣传和环保法律的实践，在社会、企业和政府之间形成了良性循环，也在一定程度上缓解了社会矛盾。

但是，就在环评工作轰轰烈烈地开展公众参与工作的同时，仍不时发生涉环保的群体性事件，引发社会对环评中公众参与制度的再思考。首先，由于在项目审批中其他行业主管的行政审批（如水保、征地等）并不需要进行公众参与工作，在环评开展公众参与时，公众对其他部门的不满也借环评工作发泄出来，客观上增加了环评公众参与的复杂性，干扰了环评公众参与工作，并加大了其工作难度。其次，环评中公众参与制度在设计和执行上也存在不足。现有公众参与程序中信息公开仍不够充分，影响了公众参与的效果。部分项目环评的公众参与流于形式。评价单位或企业在开展公众参与时通常更注重程序的完备性和合法性，而忽略交流的有效性和对公众意见的反馈，出现重形式轻效果的现象。

中国环评中的公众参与受国际影响较大，公众参与环节的引入、操作方式等直接效仿美国及欧盟国家，也使环评成为中国唯一一项开展公众参与工作的管理制度。当前中国社会出现的通过环评中公众参与表达各种社会述求的现象在国际上较为罕见，需要多部门多手段加

* 执笔人：王亚男（环境影响评价研究中心）。

以解决。本报告建议环保部门内部和外部都应进行政策改进，具体包括以下几个方面。

(1)加大信息公开力度。建议环保部门在信息审批环节增加对项目审批内容的信息公开，可重点公示项目主要环境影响及减缓措施、公众参与全过程及结果等。让公众充分了解拟建项目应采取的环保措施及效果，加强对公众参与工作的监督，取得公众的信任。

(2) 及时公开项目监管结果。制定专门政策，如在各级环保部门网站上，建立企业污染源数据查询系统或公示系统，使公众可以了解到各建设项目是否能做到达标排放，是否兑现了环评阶段的承诺。将企业的环保表现放在阳光下，避免“暗箱操作”。

(3) 加强环评行业自律。发挥环评协会的引导作用，提升环评从业人员的职业荣誉感，同时建立自我处罚制度，加强环评行业的自我约束，提升环评成果的公信力。

(4) 公开公众参与优秀范例。建议各级环保部门从每年的环评案例中选取优秀范例，以各种形式进行宣传推广，供建设单位和评价单位学习借鉴，也为公众保障个人权益提供效仿依据。增加其他管理制度的信息公开环节。真正解决层出不穷的涉环保群体性事件，仅靠完善环评中的公众参与是远远不够的。建议在土地、水利、建设等多领域均应设置公众参与环节，对于征地、补偿等社会矛盾多的热点问题，在审批过程中也进行信息公开，充分听取公众意见，避免社会矛盾。同时，可引入社会风险评估机制，以社会风险评价解决社会矛盾，让环评恢复技术职能，更有针对性地解决环境问题。

1 中国环评中的公众参与发展历程

1.1 改革开放初期

中国的环评制度建立于1979年，由《环境保护法（试行）》最早提出。当时的环评制度并未提出公众参与的要求。

改革开放后，随着国际交流的深入，特别是世界银行贷款项目开展环评时要求进行公众参与工作，中国环评界逐渐了解公众参与制度，并在世界银行贷款项目中进行了应用。但对于绝大多数中国的环评项目，并未开展真正意义上的公众参与工作。

1.2 环评法颁布后

1.2.1 探索期（2003—2006年）

2003年，中国开始实施《环境影响评价法》。在这部法律中，明确提出环评开展过程中，应进行公众参与工作。这一阶段，各个环评项目开始尝试开展公众参与，但在程序和内容上有很大不同。建设单位、环评机构、政府及公众等相关方均对这一从西方引进的制度知之甚少，处于对这项工作的探索阶段。

1.2.2 成长期（2006—2009年）

2006年，《环境影响评价公众参与暂行办法》开始实施。这部法规就环评公众参与的程序、公开的环境信息、征求公众意见的方式、公众意见的处理等进行了详细的规定。2008年实施的《环境信息公开办法（试行）》进一步提出了应公开环境影响评价文件的审批结果，保护了公众对环评受理及审批过程的知情权。2009年开始实施的《规划环境影响评价条例》就规划环评中的公众参与做了更具体的规定。

这一时期，随着多项指导性文件的出台，不仅完善了公众参与的程序，也规范了公众参与的内容，公众参与在环评工作中更为广泛和深入地开展起来，是公众参与制度的重要成长期。

1.2.3 持续完善期（2009年至今）

2009年后，随着多起环境事件及社会群体性事件的爆发，公众对环境保护工作甚至环评工作的关注度持续上升，环评已成为社会矛盾的集中发泄口。在这种社会环境下，客观上要求环评中的公众参与进一步完善，努力提高沟通与交流效果，以适应社会及公众需求。

在这一时期，各地就环评中公众参与也出台了多个地方性法规，进一步推动了公众参与开展的效果和这一制度的完善。

2 中国环评中的公众参与现状与制度框架

2.1 法律、法规

2.1.1 国家层面

2.1.1.1 《环境影响评价法》

作为中国环评制度纲领法律，《环境影响评价法》（2003 年 9 月 1 日）首次明确了环评公众参与的法律地位，并对公众参与的时段、方式和公众意见处理进行了初步规定。

针对项目环评，在第 21 条规定“除国家规定需要保密的情形外，对环境可能造成重大影响、应当编制环境影响报告书的建设项目，建设单位应当在报批建设项目环境影响报告书前，举行论证会、听证会，或者采取其他形式，征求有关单位、专家和公众的意见。

建设单位报批的环境影响报告书应当附具对有关单位、专家和公众的意见采纳或者不采纳的说明”。

第一步：第一次信息公示。建设单位应当在确定了承担环境影响评价工作的环境影响评价机构后 7 日内，向公众公告下列信息：①建设项目的名称及概要；②建设项目的建设单位的名称和联系方式；③承担评价工作的环境影响评价机构的名称和联系方式；④环境影响评价的工作程序和主要工作内容；⑤征求公众意见的主要事项；⑥公众提出意见的主要方式。

第二步：第二次信息公示。建设单位或者其委托的环境影响评价机构在编制环境影响报告书的过程中，应在报送环境保护行政主管部门审批或者重新审核前，向公众公告如下内容：①建设项目情况简述；②建设项目对环境可能造成影响的概述；③预防或者减轻不良环境影响的对策和措施的要点；④环境影响报告书提出的环境影响评价结论的要点；⑤公众查阅环境影响报告书简本的方式和期限，以及公众认为必要时向建设单位或者其委托的环境影响评价机构索取补充信息的方式和期限；⑥征求公众意见的范围和主要事项；⑦征求公众意见的具体形式；⑧公众提出意见的起止时间。第二次信息公示时间不得少于 10 个工作日。

第三步：征求公众意见。建设单位或者其委托的环境影响评价机构应当在发布信息公告、公开环境影响报告书的简本后，采取调查公众意见、咨询专家意见、座谈会、论证会、听证会等形式，公开征求公众意见。公众可以在有关信息公开后，以信函、传真、电子邮件或者按照有关公告要求的其他方式，向建设单位或者其委托的环境影响评价机构、负责审批或者重新审核环境影响报告书的环境保护行政主管部门，提交书面意见。被征求意见的公众必须包括受建设项目影响的公民、法人或者其他组织的代表。

第四步：公众意见处理。建设单位或者其委托的环境影响评价机构、环境保护行政主管部门应当将所回收的反馈意见的原始资料存档备查。建设单位或者其委托的环境影响评价机构，应当认真考虑公众意见，并在环境影响报告书中附具对公众意见采纳或者不采纳的说明。公众认为建设单位或者其委托的环境影响评价机构对公众意见未采纳且未附具说明的，或者对公众意见未采纳的理由说明不成立的，可以向负责审批或者重新审核的环境保护行政主管部门反映，并附具明确具体的书面意见。

环境保护行政主管部门根据《环境影响评价法》第 21 条第 1 款规定的方式公开征求意见后，对公众意见较大的建设项目，可以采取调查公众意见、咨询专家意见、座谈会、论证会、听证会等形式再次公开征求公众意见。环境保护行政主管部门在做出审批或者重新审核决定后，应当在政府网站公告审批或者审核结果。

2.1.1.2　《规划环境影响评价条例》

为进一步提升规划环评中公众参与的效果，《规划环境影响评价条例》（2009 年 10 月 1 日）就规划环评中的公众参与做了更具体的规定：

第 13 条规划编制机关对可能造成不良环境影响并直接涉及公众环境权益的专项规划，应当在规划草案报送审批前，采取调查问卷、座谈会、论证会、听证会等形式，公开征求有关单位、专家和公众对环境影响报告书的意见。但是，依法需要保密的除外。有关单位、专家和公众的意见与环境影响评价结论有重大分歧的，规划编制机关应当采取论证会、听证会等形式进一步论证。

规划编制机关应当在报送审查的环境影响报告书中附具对公众意见采纳与不采纳情况及其理由的说明。

2.1.1.3　《环境信息公开办法（试行）》

在中国的环评制度中，除规定了评价过程中企业和评价机构应开展的公众参与工作，还要求政府在受理环评报告、审批项目等环节也应进行环境信息公开。

《环境信息公开办法（试行）》（2008 年 5 月 1 日）第 11 条要求，“环保部门应在职责权限范围内向社会主动公开以下政府环境信息：……（八）建设项目环境影响评价文件受理情况，受理环境影响评价文件的审批结果……”，进一步保护公众对环评受理及审批过程的知情权。

2.1.1.4　《关于进一步加强环境保护信息公开工作的通知》

2012 年，为应对反复出现的涉环保群体性事件，环保部发布了《关于进一步加强环境保护信息公开工作的通知》（环办〔2012〕134 号），要求公开建设项目环评信息。“对建设项目环境影响评价文件受理情况、环境影响报告书简本、环境影响评价文件审批结果以及建设项目竣工环境保护验收结果等相关信息予以全面主动公开。环境影响报告书简本作为项目受理条件之一，应当与建设项目环境影响评价文件受理情况同时在具有审批权的环境保护行政主管部门网站上公布”。

2.1.1.5 关于切实加强风险防范严格环境影响评价管理的通知

与134号文相配合，环保部同时出台了《关于切实加强风险防范严格环境影响评价管理的通知》（环发〔2012〕98号），进一步加大环境影响评价公众参与和政务信息公开力度，切实保障公众对环境保护的参与权、知情权和监督权。

2.1.2 地方层面

据了解，中国多个省级行政单位制定了本区域的公众参与地方性规定。这些地方性法规加强和规范了国家级法律法规的实施，在上层法规的原则性要求下，提出了适合本地区的具体要求。

2.1.2.1 广东省相关规定

广东省2007年印发了《广东省建设项目环保管理公众参与实施意见》，相对于国家法律法规，广东省地方性法规中细化了各种公众参与形式要求，并增加开展公众参与的环评项目范围。

对问卷调查、座谈会、论证会、听证会等公众参与形式提出了参会人数等方面的具体要求。

广东省相关要求中还扩大了开展公众参与的项目范围。对于电磁辐射、餐饮、加油站、医院或卫生站、机动车清洁或修理、KTV 娱乐、交通、石化分装、垃圾压缩站等项目，编制环境影响报告表的也应开展环境影响评价公众参与。

2.1.2.2 浙江省相关规定

在浙江省《关于切实加强建设项目环境影响评价公众参与工作的实施意见》（2008年9月）中，对公众参与的范围等进行了明确。扩大了开展公众参与的建设项目范围：项目变更报告应开展公众参与。对于其他编制环境影响报告表的建设项目，负责审批的环保部门认为有必要，也可以要求建设单位组织公众参与。进一步明确公众调查对象和要求：项目环评确定的评价范围内敏感对象和保护目标必须全部列入调查对象，并按比例随机确定具体被调查者。团体调查对象，包括项目所在地的管理机构、社会团体、科研教育单位及调查范围内的村（居）民委员会（社区委员会）、企业单位等，原则上调查数量不少于20家；个人调查对象，包括调查范围内的居（村）民，原则上调查数量不少于50人。

2.1.2.3 上海市相关规定

上海市也是针对公众参与制定地方法规较早的地区，在2009年开始实施《关于开展环境影响评价公众参与活动的指导意见（暂行）》，2010年又再次发布《关于进一步完善环评公众参与中信息发布工作的通知》，针对公众参与的实施主体、调查量等明确了相关要求。

评价机构不得委托任何第三方开展公众参与活动。可能存在重大环境风险或影响的建设项目（铁路、道路、桥梁、污水处理等），书面问卷调查表的发放数量应大于 200 份，回收的有效书面问卷调查表应大于 90%，敏感目标内调查对象的书面问卷调查表发放和回收比例均应大于 70%。可能存在较大环境风险或影响的建设项目，书面问卷调查表的发放数量不得少于 150 份，回收的有效书面问卷调查表应不少于 120 份，敏感目标内调查对象的书面问卷调查表发放和回收比例应均不低于 70%。

其他建设项目，书面问卷调查表的发放数量不得少于 100 份，回收的有效书面问卷调查表应不少于 80 份，敏感目标内调查对象的书面问卷调查表发放和回收比例均应不低于 70%。

参加座谈会的公众人数不限，其中位于可能受直接影响范围内的公众人数不得少于 70%；参加论证会的人数一般控制在 15 人左右，主要为相关专家和具有一定专业知识的公众代表，其中位于可能受直接影响范围内的公众人数不得少于 30%；参加听证会的人数一般控制在 20 人左右，主要为相关专家、专业人士以及政府部门代表和可能受影响的公众等，其中位于可能受直接影响范围内的公众人数不得少于 60%。

2.1.2.4　山东省相关规定

《山东省环境保护厅关于加强建设项目环境影响评价公众参与监督管理工作的通知》（2012 年 5 月）针对公众参与过程中经常出现的问题，专门制定了相关要求。为保证公众参与过程的真实性，对评价单位制定了处罚措施。

实施主体：建设单位或者其委托的环评机构作为建设项目环境影响评价公众参与的实施主体，受委托的环评机构不得再委托任何第三方开展公众参与工作。

调查方案：建设单位或者其委托的环评机构在开展环境响评价公众参与时，要征得项目所在地县级环保部门同意后实施。

调查范围：对于搬迁范围、卫生防护距离范围、环境防护距离范围内涉及的所有住户或单位应逐个进行调查；对于评价范围内可能受到影响的公众，按不少于当地常住人口 10%的比例进行调查；被征求意见的对象必须包括可能受到建设项目影响的公民、法人或者其他组织的代表。

调查意见的核查：省环保厅审批的建设项目，须由建设项目所在地县级环保部门对其公众参与调查问卷真实性进行核查，并出具核查证明文件。省建设项目环境审核受理中心在建设项目评估过程中应随机抽取不少于 10 份公众意见调查表核查其真实性。经核实，凡与实际调查情况一致性低于 80%的，必须重新开展公众参与工作。

责任追究：对环评单位在公众参与工作中不负责任或弄虚作假，致使公众参与结论失实的，将追究项目负责人的责任，向全省通报批评，停止其从事环评工作。情节严重、造成社会恶劣影响的，向环境保护部建议降低环评机构环评资质等级或者吊销其资质证书。

另外，对超过20%的公众有反对意见的项目，省环保厅将采取座谈会、论证会形式征询公众。

2.1.2.5 北京市、山西省相关规定

北京于 2007 年发布了《北京市环境保护局关于加强建设项目环境影响评价公众参与有关问题的通知》，通知中除重申国家相关要求外，还要求报送报告书项目的同时报送环评报告书简本电子版，“我们将充分发挥网络作用，在我局官方网站公布项目有关信息，保障群众环境知情权”。

山西省于 2009 年发布了《山西省环境保护公众参与办法》，明确要求包括项目环评、规划环评、环境规划编制等环境保护工作均应开展公众参与。

公众提出获取环境信息要求的，环境保护行政主管部门应在接到要求后 15 个工作日内予以答复。对公众反映的问题，环境保护行政主管部门必须进行调查处理，并在接到反映之日起 15 个工作日之内向公众反馈处理结果。对公众提出的合理的批评和建议，要予以采纳。

2.2 公众参与开展现状

2.2.1 概况

据了解，自 2006 年以来，全国每年审查批复的环评项目基本维持在 30 万～40 万项，其中按《环境影响评价法》要求需开展公众参与的报告书项目呈接续上升态势（图 3-2）。

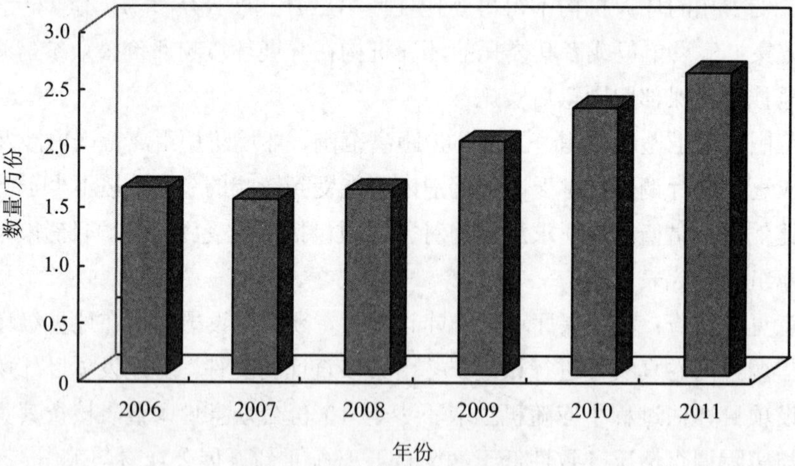

图 3-2 近年环评报告书数量变化

由于“公众参与”已成为环评报告书中的重要章节，各个项目在公众参与的执行率较高。通常能够落实《环境影响评价公众参与暂行办法》中的主要内容。其中，信息公

示多采用在居民区等人群聚居区张贴布告、在当地报纸上刊登消息、在企业或当地政府网站上发布消息等；收集公众意见多以开座谈会或入户调查为主。政府对项目审批的信息会在政府网站上公示。

对于收集到的公众意见，通常评价单位会进行区分：与本项目环境影响相关的意见，提交业主进行整改，并作为报告书中公众参与章节的重要结论；与本项目环境影响无关的意见，反馈给相关部门，供其参考。

2.2.2　工作中的亮点

（1）执行率高。在中国，环评中开展公众参与是法律要求，因此，公众参与的执行率较高。由于公众参与程序以法规形式进行了确定，《环境影响评价公众参与暂行办法》中规定的公示及意见收集程序都能得到较好落实。在执行率和程序完备性上，公众参与工作落实较好。

（2）不断引入新的与公众交流的平台。新媒体在公示及意见交流等公众参与的重要环节发挥越来越重要的作用。在网站上公示项目信息、以电子邮件收集公众意见等已十分普遍。这些新的交流平台简便、及时、经济，可以更快捷地实现信息公开及交流的目的。Patrick 在报告中提出的以电子信息的方式加强信息交流的建议，已得到了较好的落实。

（3）细化了公众参与操作环节。在地方性法规中，通常对公众参与具体操作环节给予了较多关注，如广东、浙江、上海、山东等地，就公众参与调查数量、信息公开方式等做了详细规定，便于建设单位和评价单位操作。

各地还根据本区域的实际情况，在国家规定应开展公众参与的环评项目外，扩大了公众参与范围，如广东省要求电磁辐射、餐饮、加油站、医院或卫生站、机动车清洁或修理、KTV 娱乐、交通、石化分装、垃圾压缩站等项目环评也开展公众参与；浙江对“审批部门认为有必要的报告表”也要求开展公众参与。

（4）严格了公众参与责任及处罚。上海和山东均明确建设单位或者其委托的环评机构作为建设项目环境影响评价公众参与的实施主体，受委托的环评机构不得再委托任何第三方开展公众参与工作。山东省还就公众参与中的不负责任或弄虚作假行为提出了处罚措施。

（5）延伸了信息公开环节。在部分地方性法规中，还对公众参与中的信息公开有所突破，如北京市报告书报送时增加了报送简本的要求，山西省和山东省明确了对公众意见的处理方式。

2.2.3　公众参与产生的效果

（1）提升了公众环保意识。在公众参与过程中，公众对各项环保要求有了直观的认识，对如何保护自身权益有了深入了解；企业负责人对自身职责和义务有了更深切体会，在落实各项环保要求上更加积极主动。每一次公众参与过程，都是一次环保知识的宣传和环保法律的实践，有助于在社会、企业和政府之间形成一个良性循环。

评价单位开展公众参与的难易程度可以反映这一变化：在刚刚开始此项工作的2003年，评价单位往往需要通过赠送小礼品鼓励公众填写调查问卷，而目前，很多公众在了解到意见反馈途径后，会主动与评价单位联系，提交意见。公众已经从被动参与这项工作进步到主动通过这项工作表达诉求、维护自身权益，体现了公众环保意识的提高。

（2）提升了环评的社会认知度。由于中国对环评工作的公众参与环节有明确的法律要求和具体的操作细则，因此开展公众参与成为环评工作的必要程序。每一项环评在实施这一程序时，都会将环评这一制度作为背景做相应介绍，普通民众、社会团体甚至其他政府部门也随着参与这一程序，而对环评制度有了更为清晰的了解。客观上起到了推广环评制度的作用，有利于环评制度的健康发展。

（3）促进了环评各项措施落实。通过公众参与这一程序，拟建项目可能产生的环境影响及建设单位拟采取的环保措施会向公众公示，在项目正式运营后，企业不仅要接受政府环保部门的监督，还会在客观上受到社会公众的监督，可以有效促进环评各项措施的落实。

以某化工项目为例，环评中要求企业将排水监测结果公开，并在第二次公示时，将此项要求公布。如果在项目运营后，附近渔民发现企业未实施该项措施，即可向当地环保部门举报。公众参与监督环保措施的落实，可以极大地提高监督效率。

（4）缓解了社会矛盾。公众参与为企业、政府、公众进行交流提供了平台，通过交流，可以澄清误会、粉碎谣言、避免激化矛盾。还以该化工项目为例，在该项目拟引进之初，社会上流传该项目排放的某一废气剧毒，可致200 km范围内植物死亡，一度引起社会恐慌，甚至引发了社会群体性事件。环评工作开始后，环评人员强调了实事求是、将一切摆在阳光下的公众参与工作原则，多次入户访谈、召开座谈会，将经过严密测算的预测结论向公众介绍，客观指出项目废水、废气的实际影响，并提出企业应采取的措施和政府对其监管的建议，对公众质疑进行解答，最终取得了公众的理解和信任。通过公众参与活动，不仅缓解了社会矛盾，也为政府重树了形象。

2.2.4 工作中的不足

2.2.4.1 相关制度之间缺少配合

由于中国在项目审批中其他行业主管的行政审批（如水保、征地等）并不需要进行公众参与工作，使环评开展公众参与时，公众对于其他部门的不满也借环评工作发泄出来，客观上增加了环评公众参与的复杂性，干扰了环评公众参与工作，加大了其工作难度。

2.2.4.2 公众参与的热情和能力不足

在中国，由于受教育程度差别较大，公众参与环保意见的能力也有较大差别。通常，项目选址周边为农牧民，这一人群参与意见的积极性和能力明显较弱，即使是城市居民，由于环保知识相对欠缺，也极易受流言蛊惑，以讹传讹。如上述化工项目中，当地一度出现了“该项目排放的某一废气剧毒，可致 200 km 范围内植物死亡”的谣言，对于这一明显缺少科学常识的论断，当地多数群众抱着宁可信其有、不可信其无的态度，一度给项目的环评工作带来了巨大的阻力，加剧了公众与企业甚至政府的矛盾，不利于问题的解决。

2.2.4.3 程序设计中的不足

现有公众参与程序中信息公开仍不够充分，影响了公众参与的效果。在现有公众参与程序中，较为注重环评开展过程中的信息公开和意见收集，但在了解公众的诉求后，仅仅是将这些诉求作为完善报告书的资料，在报告书中进行分类，作为环评结论的参考。虽然项目审批流程中会对项目审批结果进行再次公示，但公示内容相对简单，不对项目应采取的治理措施及效果进行详细描述。这样的程序设计使得公众并不了解自己提出的意见是否得到采纳，一方面降低了公众参与的热情，另一方面也不利于项目运营期继续发挥公众的监督作用。

2.2.4.4 程序落实上的困难

公众参与程序存在操作困难。在公众参与实践中，开展公众参与的代表往往由建设和评价单位自行确定。在选择公众方法上，由于缺少统一标准和明确规定，经常出现对其代表性的质疑。

公众意见在审批中的作用不明确。在对公众意见的处理上，无论是项目环评还是规划环评，都只是要求环评给出对意见采纳或不采纳的说明，公众反对率对项目审批的影响缺少明确规定。公众意见的反对率，不构成项目不批准的依据。

不同公众由于利益不同，也会对同一项目提出不同诉求或相反的意见，如何取舍和平衡这些意见缺少统一标准。

2.2.4.5 评价机构和企业重形式、轻效果

由于公众参与程序相对详细，而对公众意见的处理要求较少，评价单位或企业在开展公众参与时通常更注重程序的完备性和合法性，而忽略交流的有效性和对公众意见的反馈，出现了重形式、轻效果的现象。

主要表现在公示信息过于专业化，缺少直观化描述，使普通公众对项目可能产生的环境影响难以理解甚至曲解，直接导致反馈意见积极性降低或提出无效意见。使公众参与这一程序流于形式，难以收集到有价值的公众意见。

2.3 国际交流

2.3.1 国际经验对中国公众参与制度的帮助

中国公众参与受国际影响较大，公众参与环节的引入、操作方式等直接效仿美国及欧盟国家，也使环评成为中国唯一一项开展公众参与工作的管理制度。

自20世纪90年代起，随着中国环评研究人员参加国际交流越来越频繁，在中国引入公众参与的呼声越来越高。在《环境影响评价法》颁布（2003年）之前，公开发表的讨论中国开展公众参与的必要性、呼吁借鉴国外先进经验的学术论文超过千篇。中国的研究人员对比分析了美国、英国、澳大利亚、日本、乌克兰、罗马尼亚等国家以及世界银行等组织对环评公众参与的要求，探讨了中国环评开展公众参与的可行性和必要性，提出了中国公众参与制度的立法建议、开展方式等。

可以说，中国环评的公众参与制度就是在国际交流中引入的国际经验，是中国效仿西方管理制度的典型实例。

2.3.2 公众参与的国际交流未全面开展

中国环评制度建立30多年来，形成了环评研究和环评实践两个主要群体，环评研究群体以高校、社团组织、NGO、部分政府官员及某些社会知名人士为代表，环评实践群体主要以各个环评机构为代表。环评研究群体以开展环评研究、提出制度创新等为主要工作，环评实践群体以从事具体的环评项目为主要工作。某些机构和个人会同时属于这两个群体，这两个群体也会在某些时空相遇。

目前，主要以环评研究群体为主参与国际交流，在国际会议、国际谈判、国外培训中，通常由这一群体代表中国参加，而从事具体环评工作的环评实践群体则较少参与这类活动。

3 案例研究

3.1 中国南方某化工项目

3.1.1 项目基本情况与公众参与难点

该项目为一化工项目，废水排海，环境影响复杂，社会关注度高。项目选址附近居民主要为渔民，以养殖高档鲍鱼为生；项目选址所在市及省内也有大量民众关心该项目的建设及产生的环境影响。该项目公众参与的难点包括：①公众涉及面广，如何遴选公众难度较大；②公众受教育程度、主要关注问题不尽相同（附近渔民关心渔业损失，较远处民众关心空气质量安全），加之项目造成的环境影响较为专业（涉及海洋洋流扩散、大气污染物扩散等），如何向公众传达环境信息成为最大的技术难点。

3.1.2　确定公众范围

根据《环境影响评价公众参与暂行办法》，“被征求意见的公众必须包括受建设项目影响的公民、法人或者其他组织的代表”。项目组根据项目可能产生的环境影响，确定公众的范围。

根据项目环境影响的识别（表 3-1），此项目将公众界定为以下几类：①选址附近可能受项目排水影响的渔民及组织；②附近县区可能受项目废气影响的市民及组织；③周边市甚至省内关心项目建设的民众及组织。

表 3-1　项目环境影响识别

分类	废水	废气	固体废物	噪声
海洋环境	√ √ √		√	
环境空气		√ √		
声环境				√
环境安全	√ √	√	√	

注：“ √ ”表示环境影响的程度和范围。

3.1.3　确定公众参与的方式

针对不同类别的公众，识别其主要关心的问题，分析公众参与中的技术难点，制定可操作的环境信息公开方式和征求意见方式，以提高公众参与的有效性。详见表 3-2。

表 3-2　公众参与方式选择

序号	公众分类	主要关心问题	交流难点	交流方式
1	选址附近可能受项目排水影响的渔民	渔业损失	受教育程度低，难以理解专业报告中的结论	多次召开座谈会，由专家进行通俗易懂的讲解
2	附近县区可能受项目废气影响的市民	健康影响	受谣言蛊惑，对项目组有戒心、不信任	入户调查，项目组单独与其交流，并注意语言的客观、公正
3	周边市甚至省内关心项目建设的民众	环境安全	人数众多，难以面对面交流	利用网络和报纸发布环境信息

此案例生动地展示了中国项目环评在选择公众时采用的主要方法，具有较强的代表性。在提高公众参与的有效性方面，不同案例有不同的做法，此案例更为注重环境信息交流效果，是各个项目组较常采用的手段。

3.2 中国北方某煤矿项目

3.2.1 项目基本情况

项目位于中国北方某省，为年产 3 000 万 t 的露天煤矿，项目占地面积达 80 km^2。主要受影响人群除一个 200 户的村庄外，是散居在项目周边的 27 户牧民。

3.2.2 信息公开方式

由于牧民居住分散，建设单位和评价单位对项目周边的牧民进行了入户调查，向其介绍了本项目的主要建设内容及可能对其造成的影响。对居民集中的欣康村及所在的胜利苏木（相当于乡）以张贴海报方式，公示了本项目的建设内容，并公布了相关联系方式，便于公众反馈意见。

完成《环评报告书（简本）》后，建设单位在当地主要报纸上刊登公告，公布获取本项目简本的方式，散居牧民所属的村委会、当地环保局和欣康村各放置了 10 份简本。

3.2.3 采纳公众意见

在信息公开后，建设单位通过胜利苏木和欣康村村委会发布环保座谈会通知，收集公众意见。座谈会上，建设单位介绍了项目建设内容及目前进展，评价单位向与会代表介绍了本项目环境影响评价的主要结论。来自欣康村和胜利苏木 28 位牧民代表发表了意见。

由于牧民主要为蒙古族，建设单位邀请苏木常委书记包文霞作现场翻译，公众调查表分为蒙、汉两种版本。

总结牧民代表在座谈会上意见和建议，主要包括以下几点：

（1）拟开发矿区是牧民祖祖辈辈居住的地方，牧民十分不舍得离开故土，但国家把这里作为大型能源基地，牧民支持国家建设。

（2）建设单位应采取一切措施把煤炭开采带来的环境影响降到最低，并且应言而有信，落实各项承诺。

（3）建设单位可否帮助解决东二露天矿外未搬迁的牧民在生活上的一些困难，如为至今未通电的牧民拉电，安排牧民的年轻子女就业，征地补偿应公开标准等。

（4）自该矿勘探以来，大量车辆、设备对草原和牧民生活产生了一些影响，希望建设单位在今后开发中注意这些问题。牧民达古拉家的牛羊在前期勘探时，因误食施工队遗留的包装袋致死，已得到赔偿。但目前草场附近仍有废弃包装袋，牧民希望建设单位能将其收集处理，以免类似事件再次发生。

以上意见中，除环保问题外还包括了一些社会问题。经与建设单位讨论，针对牧民提出的各项意见，评价单位对建设单位提出以下要求：

（1）牧民认为项目建设的不利影响以生态恶化为主，在矿区勘探过程中，对当地草场也确实造成了一定破坏，废弃包装袋污染较重，给牧民造成了一定损失，加深了当地牧民对矿区开发破坏生态的印象。建议建设单位主动承担清理草原污染的责任，组织人力集中清理草原废弃包装袋，避免牧民更大的损失。

（2）除生态恢复措施以外，建设单位还应认真落实环评报告书中提出的各项环保措施，努力将项目其他环境影响也降到最低。

（3）煤矿建设及开采过程中，矿区新增大量外来人员，建设单位应加强对施工方及内部工作人员的管理，不得猎杀野生动物及牧民家畜，不得破坏草原植被。

（4）在煤矿土地征用过程中，应全程公开，包括征地标准、国家相关法规、征地面积等，并与被征地牧民协商搬迁补偿条件。

（5）由于煤炭开发是一个长期的过程，建设单位应与当地牧民建立长期友好的关系。鉴于此，建议建设单位为当地牧民办一些实事，如为未通电牧民解决用电问题等。

该项目通过建设单位与公众的充分沟通，双方互相理解、互相支持，项目后续建设和运行十分顺利。

3.3　黄河中上游战略环评

3.3.1　项目背景

为促进区域经济又好又快发展，解决产业发展过程中的布局性、结构性环境问题，环境保护部于 2009 年启动五大区域重点产业发展战略环境影响评价（以下简称“五大区域战略环评”）工作，“黄河中上游能源化工区重点产业发展战略环评”作为五大区域战略环评的分项目之一，旨在实现区域可持续发展并确保中长期的生态环境安全。

黄河中上游能源化工区（简称“评价区”）地处中国内陆腹地，西与青海、甘肃接壤，南部毗邻中原地区。行政范围包括：宁夏回族自治区、内蒙古自治区、陕西省、山西省沿黄河流域的 19 地市，区域面积约 52 万 km^2。

3.3.2　信息公开及公众意见征集

课题主要针对黄河中上游地区能源重化工产业发展的结构、规模、布局、资源环境效率水平等提出了建议。由于课题结论与当地经济发展密切相关，项目组对评价区进行了五轮调研，召集行业及地方专家举行了六次技术研讨会，经过三次重大专题研讨和三次阶段评估，在形成报告初步成果后又与四省代表分别进行了三轮意见交流。

每轮意见征集，都先由课题组将主要工作成果交当地省级环保部门，请其提前代为发放；然后课题组会分别赴各省组织座谈会，汇报成果内容，并听取意见。会后，将意见采纳结果再交当地省级环保部门，请其代为反馈。由于课题内容重大，各省均非常重视，参加意见征集座谈会的均为各行业专家、各地人大代表、政府行业主管部门代表等。意见征集历时半年，为完善报告起到了重大作用。

3.3.3　权衡公众意见

课题组与地方代表的矛盾焦点集中在水资源分配合理性及由此计算得出的产业新增发展规模和落后产能淘汰要求上，各地均希望为本地区争取更多的水资源使用权，以其他地区的产业升级换取区域环境的整体改善。

为争取更多的公众支持，课题组以公平、公正原则开展工作。在水资源专题研究中，引入权威专家参与工作，使用“黄河水利委员会”权威数据进行计算，科学合理地计算了各省可使用水资源量，以科学性结论说服公众。在产业专题研究中，结合各地资源环境优势和技术优势，以区域整体优势最大化为目标，对不同地区产业有保有压，确保最广大公众的利益。

4　政策改进建议

4.1　进一步明确公众的知情权和参与决策权

4.1.1　加大信息公开力度

建议环保部门在信息审批环节增加对项目审批内容的信息公开，可重点公示项目主要环境影响及减缓措施，公众参与全过程及结果等。让公众充分了解拟建项目应采取的环保措施及效果，一方面可以保护公众的知情权，让公众对项目有更深入的了解；另一方面，也可以使公众参与到环境监管工作中来，有助于环保部门工作。将公众参与全过程进行公开，有助于加强对公众参与工作的监督，取得公众的信任。

在北京等地的地方性公众参与法规中，已要求在报告书报送环节，同时报送可用于公开的报告书简本，建议这一制度在全国推广。在简本中建议应有以下内容：①建设项目概况；②建设项目的环境影响、减缓措施及效果；③环境监管要求；④公众参与；⑤环境影响评价结论；⑥联系方式。

4.1.2 及时公开项目监管结果

在环评公众参与阶段，公众最关心的是建设单位承诺的各项环保措施是否能得到落实，效果是否能达到环评报告预测的结果。因此，在建立公众对建设单位、公众对政府的信任过程中，不仅应让公众全面了解建设单位应该做什么，更重要的是，应让公众知道建设单位是否做到了。发动全社会的力量共同对建设项目的环境管理进行监督，既符合公众的利益，也有助于各级环保部门开展工作。

建议制定专门政策，要求在各级环保部门网站上，建立企业污染源数据查询系统或公示系统，使公众可以了解到各建设项目是否能做到达标排放，是否兑现了环评阶段的承诺。将企业的环保表现放在阳光下，避免“暗箱操作”。

4.2 加强公众参与相关方的能力建设

4.2.1 培养公众参与能力和水平

建议环保部门及社会应共同努力，加强宣传，培养和提高公众参与环保的能力。

首先应使公众明确在环评中开展公众参与的目的。开展公众参与，是为了更好地解决项目建设带来的环境影响，不是为了制造或加剧社会矛盾，即公众参与是为了解决问题，而不是为了制造问题或宣泄不满情绪。明确了这一目标，有助于公众采取更理智、更客观、更主动的方式参与到这项工作中来，避免由于公众参与激化社会矛盾。

同时，提高公众的环保素养，也是当前开展公众参与面临的重要课题。在实践中，公众往往不能区分什么是环境问题，什么不是环境问题。在前一章的案例中，牧民提出的用电困难等问题即不属于项目带来的直接环境影响（但企业为了与公众建立长期友好的关系，最后同意为其解决）。建议应加大环保知识宣传和项目信息公开，帮助公众提高认识，能够做到明辨是非，既不被社会上的一些无稽的谣言所欺骗，也不会受个别无良企业蒙蔽，误信其承诺。

4.2.2 制定公众参与推荐导则

在近年的环评实践中，不断出现群众不满环评审批而引发的群体性事件。矛盾主要集中在两方面：①质疑参与意见的公众的代表性。②质疑公众意见对环评结论的影响力。目前，部分地区结合本地实际情况，发布了公众参与实施细则，就公众参与对象、人数、范围进行了详细规定，但在国家级法律法规中，缺少统一要求。同时，对于公众意见仅要求提供采纳或不采纳的说明，并没有规定公众反对率与环评结论的关系。因此，在实践中引发公众不满。

建议尽快制定出台公众参与实施导则，供相关方参考，既便于建设单位和评价单位操作公众参与各流程，也便于公众接受和认可公众参与结果。

4.2.3 加强环评行业自律

针对环评业内出现的公众参与过程中的弄虚作假、走过场行为，应发挥环评协会的引导作用，提升环评从业人员的职业荣誉感，同时建立自我处罚制度，加强环评行业的自我约束，提升环评成果的公信力。

4.2.4 公开公众参与优秀范例

自 2003 年《环境影响评价法》颁布以来，公众参与已开展了近 10 年，已有超过 10 万个项目开展了公众参与工作。建议各级环保部门从中选取优秀范例，以各种形式宣传推广，供建设单位和评价单位学习借鉴，也为公众保障个人权益提供效仿依据。

此条意见在 Patrick 的报告中也是重要的建议。这一建议相对容易实施，也会取得较好效果。

4.3 增加其他管理制度的信息公开环节

其他行业主管的行政审批不需要进行公众参与工作，使环评中的公众参与成为当前社会矛盾的集中发泄口。近年多起涉及环保的社会群体性事件中，很多是公众以环境问题为借口，发泄对于征地拆迁、各类补偿款不到位等问题的不满，正如图 3-3 所示。

图 3-3 管理制度的“木桶理论”

真正解决这些问题，仅靠完善环评中的公众参与是远远不够的。建议在土地、水利、建设等多领域均应设置公众参与环节，对于征地、补偿等社会矛盾多的热点问题，在审批过程中也进行信息公开，充分听取公众意见，避免社会矛盾。同时，可引入社会风险评估机制，以社会风险评价解决社会矛盾，回复环评的技术职能，更有针对性地解决环境问题。

参考文献

中华人民共和国. 2003. 环境影响评价法.

环保总局. 2006. 环境影响评价公众参与暂行办法.

中华人民共和国. 2009. 规划环境影响评价条例.

环保部，2008. 环境信息公开办法（试行）.

北京市环保局. 2007. 北京市环境保护局关于加强建设项目环境影响评价公众参与有关问题通知.

上海市环保局. 2009. 关于开展环境影响评价公众参与活动的指导意见（暂行）.

上海市环保局. 2010. 关于进一步完善环评公众参与中信息发布工作的通知.

广东省环保局. 2007. 广东省建设项目环保管理公众参与实施意见.

山东省环保局. 2012. 山东省环境保护厅关于加强建设项目环境影响评价公众参与监督管理工作的通知.

山西省环保局. 2009. 山西省环境保护公众参与办法.

浙江省环保局. 2008. 关于切实加强建设项目环境影响评价公众参与工作的实施意见.

李天威，等. 1999. 环境影响评价中公众参与机制和方法探讨，环境科学研究，12（2）

李新民，等. 1998. 中西方国家环境影响评价公众参与的对比，环境科学，（S1）.

余晓泓. 2002. 日本环境管理中的公众参与机制. 现代日本经济，（6）.

侯凤兰，等. 2011. 项目环评中公众参与若干问题的分析. 环境与可持续发展，（1）.

杨潇，等. 2009. PPGIS 在我国环境规划公众参与中的应用初探. 环境保护科学，35（2）.

第三篇　公众参与环境决策的方法与实践*

中国社会近年来所发生的如下变化推动公众积极利用体制内和体制外的手段参与环境决策：与日俱增的环境意识、对健康和私有财产保值增值的期望以及更加开放的媒体和政治环境。中国政府已经以法律的形式确立了公众参与政府决策的权利和对个人健康及私有产权的保护。现实中公众参与的程度由政府和公众之间的博弈决定：以在多大程度上政府愿意主动地请公众参与以及公众是否有愿望有能力争取并打开参与的渠道。

尽管公众的环境意识日益提高，当面对发展经济和环境保护的两难选择时，公众仍然倾向于选择经济发展优先，尤其是在经济欠发达地区。公众仍然认为环境保护主要是政府的责任，而且政府有义务给予公众参与环境决策的机会。在现实中，如果不是担心会对自身和家人的健康造成严重危害，公众一般会选择对政府和企业的决定保持沉默。造成公众主动参与意识不足的原因可能有：①公共利益还没有很好的代言者，如中国的非政府组织相对发展不足；②公众对政府开展公共参与的诚意以及采用的方式尚存质疑。此外，公众参与的文化和能力尚待培养和提高，表现在环境知识还非常有限，在平衡个人利益、地方利益、国家利益，以及当前利益、长远利益方面往往缺乏全局性的考量。

尽管如此，还是有一些自下而上的公众参与政策决策得好的实践涌现出来。由1999年6月15日的温岭市松门镇在其举办的农业农村现代化建设论坛首创“民主恳谈”，温岭民主恳谈制度已经于2004年正式成为乡镇政府决策的必经程序，并列入政绩考核体系，与乡镇官员的奖金直接挂钩。温岭民主恳谈制度让当地普通群众当家做主，取得了极大成功。经验可以简单归纳为以下五点：①随机抽样，每次恳谈抽出200个人作为民意代表；②请专家准备会议背景材料客观介绍决策、政策的内容及可行性分析报告，并于恳谈会前10天发送给民意代表；③将与会的民意代表随机分到小组进行讨论，大约16人一组，便于深入讨论、辩论、达成共识；④每个小组讨论配备一位中立的讨论协调员；⑤民意代表在民主恳谈会之前和之后，就恳谈的各项内容的重要性和解决方案的可行性填写同一份调查问卷两次，可以反映民主恳谈会在化解分歧和形成共识方面的客观效果。

此外，自2000年在江苏省的几个镇开始试点，由国家环保总局于2006年推广到重庆、

* 执笔人：李万新（香港城市大学）。

杭州、沈阳、石家庄、邯郸、秦皇岛等市，并于 2008 年开始在全国所有的绿色社区实施以来，社区环境对话会已经成功地帮助化解社区矛盾、解决地方环境问题。并非像温岭民主恳谈制度已经运用到预算等重要的规划领域，社区环境对话会仍然着眼于为社区争议大的问题提供一个沟通交流的平台，让问题责任人、利益相关方和政府以及媒体有机会坐在一起平等地进行商议如何可以找到一个各方都认可的解决方案。

为了鼓励公众积极参与环境评价和执法，自贡市环保局于 2013 年 1 月 30 日公布了《自贡市环境保护局举报环境违法行为奖励办法（试行）》。

当然，在很多时候公众并没有充分参与环境规划和决策的制定过程，如果对已有的决定很反感，他们会采用体制外的方式积极创造机会参与力图改变政府或者企业的决策。在怒江虎跳峡建坝的项目已经通过了云南省和国家发改委的审批，对带动当地经济是很有好处的，但是环境和生态保护者担心三江平原和自然遗产会因此被破坏，于是想办法引起全社会对该项目的讨论，令政府重新审视已有的决策。福建省厦门市政府已经批准建立 PX 化工厂，但是公众担心其可能造成恶劣的环境事故，奋起抗争，于是这个项目被迫改址。北京的六里屯垃圾焚烧电厂已经通过了北京市发改委的审批，但是当地群众对已有的六里屯垃圾填埋场的恶臭已经不能忍受，更担心未来会受二噁英之害，通过努力，成功地迫使北京市政府改变垃圾焚烧电厂的选址。在这些案例中，公众采取的参与方式有：写信向政府投诉、公开举办影像展、向人大代表或者政协代表求助、集体上街散步、在规定的时间内以规定的方式表达自己的意见。

根据中国环境年鉴的统计，从 1988 年到 2010 年，群众来信已经由 57 017 封增加到 701 013 封，增长了 10.3 倍。这反映了公众环境意识和维权意识不断增强。《国务院关于加强市县政府依法行政的决定》（国发〔2008〕17 号）明确提出：建立和完善科学民主的决策程序，使公众参与、专家论证、风险评估、合法性审查和集体讨论决定成为重大行政决策的必经的法定程序，完善民主协商工作机制，确保政府决策合法有效。这为环保系统依法行政、提高公众参与度明确了努力的方向。为了实现这个目标，需要总结以往的经验和教训，并积极学习借鉴欧盟和其他国家和地区的好的经验。具体建议如下：①公众参与的时间节点提前，从城市建设和土地利用的规划开始，尽量避免出现因为环境影响恶劣而不受公众欢迎的合规、合法的建设和工业项目；②学习借鉴国外已经试验过并证明有效的公众参与的方法，如公民陪审团、愿景工作坊、寻找美好未来会议、情景分析、共识会议、审慎思辨民调等；③对环保局和规划从业人员进行培训，帮助他们了解各种公众参与的方法的实施条件和具体步骤；④培养专业的公众参与协调员，帮助他们明白在开展公众参与的活动中，除了能熟练运用各种技巧之外，态度和行为上必须保持严格中立。

1　简介：中国在公众参与方面的制度安排

1992 年发表的《里约环境与发展宣言》第 10 条阐明："解决环境问题的最好方法是所有关心此议题的公民在各自适当的层面参与"，并呼吁政府积极促进公众参与（United Nations，1992）。《奥尔胡斯公约》进一步要求政府应提供渠道，确保公众能够就关心的环境问题获取信息，参与决策并寻求司法公正［United Nations Economic Commission for Europe（UNECE），1998］。自 1992 年以来，公众参与已逐渐成为地方、区域和国际环境决策过程中不可缺少的一个环节。

中国已经建立制度化的渠道，由此公众可以向政府提出环境诉求，影响环境决策。全国人民代表大会（人大）和中国人民政治协商会议（政协）担负着表达公众意愿和代表公众参与政府决策的责任。中国共产党党员和全国政协委员提交提案，要求政府解决处理公众关注的环境问题。人大代表和政协委员提出的环境议案的总数由 2000 年的 11 467 件略微增加至 2010 年的 11 889 件。

除了通过人大代表和政协委员提出议案之外，公众还可以直接向政府就环境问题进行投诉。从 1988 年到 2010 年，环保局收到公众的来信投诉由 57 017 封增加到 701 013 封，增长了 10.3 倍（图 3-4）。信访制度提高了中国的环境治理中利益相关者的互动性。

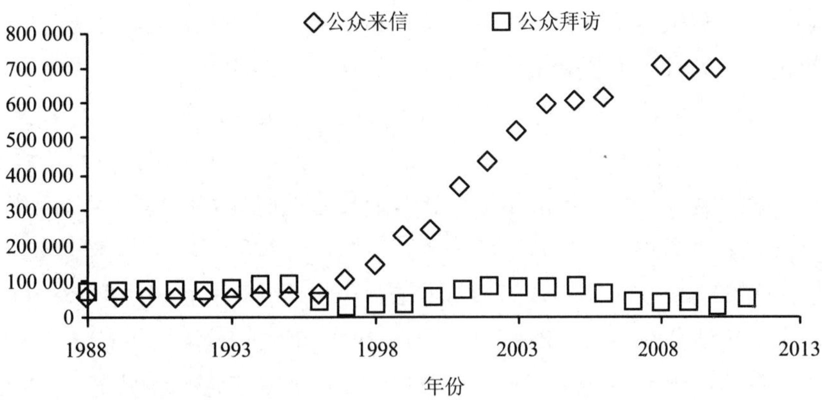

资料来源：中国环境年鉴 1999—2011 年。

图 3-4　从 1988 年到 2011 年环保局受理的公众信访次数

尽管中国政府一直因为国家保密文化和公众参与社会管理的空间不足而备受诟病，但是中国政府在赋权公众参与环境决策方面取得了很大的进步。国务院和国家环境保护总局（2008 年改名为环境保护部）要求政府公开披露其自身收集的环境信息（State Council，2007；State Environmental Protection Administration，2007）。历年来所颁布的环境和行政法将公众参与政府决策逐步制度化（National People's Congress，2002a；

2002b；State Council，1999；2004；2008）。例如，《清洁生产促进法》第6条规定，国家鼓励社会团体和公众参与清洁生产的宣传、教育、推广、实施及监督（National People's Congress，2002a）。国家环境保护总局就公众参与环境影响评价的方式方法提出了具体措施，如公共讨论、听证会和社会调查（State Environmental Protection Administration，2006）。但是，因为项目负责人和环评单位害怕潜在的反对声音，并没有采取可靠的方法来促进公众参与（Ho and Edmonds，2008；Ou，2013；Wu，et al.，2011）。因此，在缺乏有效监督的情况下，建设项目环境影响评价报告的编制过程往往偏离了《环境影响评价法》和《环评公众参与实施办法》的相关规定，损害了我国环境管理的有效性。根据阿恩斯坦的分类方法，中国公众在环评中的参与严格来讲算不上真正的公众参与，因为这个过程由商业利益操纵或者公众只是被动地接收信息，对项目是否通过缺乏真正的发言权。因此，根据阿恩斯坦的公众参与阶梯论，中国公众参与环评应该归类为"操纵，通知和咨询"（Arnstein，1969）。

在阻止对生态系统和环境产生负面影响的项目的过程中，环保主义在中国逐渐萌芽成长。李等人在其2012年发表的文章里记载了在怒江水坝、厦门PX项目、六里屯垃圾焚烧发电厂三个案例中，公众运用何种战术以及如何自我组织来争取参与环境决策的政治空间。云南的怒江水坝项目，原本旨在发展当地经济并供电给中国其他地区。但是一些环保团体和公众担心三江平原这个宝贵的自然遗产会因此被破坏，于是想办法引起全社会对该项目可能产生的环境和生态影响的讨论，令该建设项目被搁置，同时政府公布大坝的建设计划并开展公众咨询。福建省厦门市的公众担心PX项目可能造成恶性环境事故，奋起抗争，导致这个备受市政府青睐而且已获批准的PX化工厂大型投资项目被迫改址。北京六里屯垃圾焚烧发电厂因为当地居民不断地抗议而被迫叫停和搬迁。在这些案例中，公众采用了以下参与的方式：写信向政府投诉、向人大代表或者政协委员求助、公开举办影像展、集体上街散步以及在政府规定的时间期限内回应公众咨询（Li，et al.，2012）。

除了以上公众所采取的体制外的参与方法，一些地方政府积极回应公众诉求，进行制度创新，主动邀请公众参与。温岭市政府自1999年已尝试用民主恳谈会来就公众关注的问题做出集体决定，并发展了一套方法和程序，确保信息的透明度，与会者的代表性和最终集体决策的质量。在温岭，公民与政府官员共享权力来决定如何花费公共资金。这一类的参与被阿恩斯坦公众参与的梯级论定义为最高级别（第8级别），即"公民控制"（Arnstein，1969）。温岭民主恳谈模式在国内外都得到了广泛认可（Weng and Zhou，2013）。

为了引起政府关注并为紧迫的问题找到立竿见影的解决方案，沈阳、南京、镇江等城市自2006年以来开始组织社区环境对话会（Center for Environmental Communication and Education and Ministry of Environmental Protection，2009）。自贡市环保局为了让公众参与环境评估和执法，还设立了举报环境违法行为的奖励机制（Zigong Environmental

Protection Bureau，2013）。社区环境对话会和设立举报环境违法行为奖都是为了推动政府和公众进行合作，共同解决地方性的问题。依据阿恩斯坦的公众参与的梯级论，可以将其定义为第 6 个梯级，即“伙伴关系”（Arnstein，1969）。

另外，自 2006 年以来，随着公众环境意识的提升，环境保护部已经要求在城市环境质量综合定量考核中，参与城市必须进行公众对当地环境管理的满意度的调查（Ministry of Environmental Protection，2002）。这种形式则可以归类为阿恩斯坦公众参与的梯级论的第四梯级，即“咨询磋商”（Arnstein，1969）。

尽管程度不同，中国政府已经采取了一些措施让公众参与环境规划和环境决策。与此同时，中国公众在某些情况下已开始采取体制外的手段来获得参与环境规划和决策的机会。当中国政府拥有决策权，在社会中占据优势的情况下，很需要了解当权者和一般公众，特别是那些缺乏话语权的群体和个人。下一节将讨论中国公众是否已经准备好参与环境规划和环境决策。

2　中国公众在参与环境规划和决策方面的准备情况

本节回顾以前关于公众环境意识和环境参与的四次问卷调查的主要发现（表 3-3）。北京大学当代中国研究中心在 1998 年和 1999 年间进行了一项公众环保意识的全国性调查（调查 1），中华环保联合会在 2005 年开展了一个针对国家“十一五”环境保护规划的全国性调查（调查 2），南京大学环境管理与政策中心在 2004 年对江苏省常州市武进区的公众环境意识进行了调查（调查 3），笔者对参与环境绩效信息披露的政府官员、知识分子等业内人士进行了半结构化访谈（调查 4）。这四次调查涉及以下几个方面的问题：中国存在哪些主要环境问题，这些问题的严重程度如何，如何取得经济发展和环境保护的平衡、环境知识，不同社会角色应该承担何种环境责任以及其对环境产生何种影响，采取个人行动来抵制污染的意愿，期待政府采取何种行动来应对环境挑战（Yang，2002）。

表 3-3　公众环境意识的调查

项目	调查 1	调查 2	调查 3	调查 4
调研者/机构	当代中国研究中心	中华环保联合会	环境管理与政策中心	李万新博士
从属单位	北京大学	非政府组织	南京大学	弗吉尼亚理工学院
时间	1998—1999 年	2005 年	2004 年	2005 年及之后
地点	全中国	全中国	江苏省常州市武进区	镇江、南京、北京、呼和浩特
调查对象	拥有 16～65 岁成年人和一个 10～15 岁的少年的家庭	进行调查时生活在中国的人	武进区居民	政府官员、知识分子和参与环境绩效信息披露的人员的业内人士
样本量	调查 9 202 家庭，其中有 9 016 名成人和 2 436 少年	14 061 人	482 人	50 人

山蒂（Santi）和格林纳（Grenna）建立了一个环境沟通的分析框架。公众采取保护环境的行动之前需经过以下六个步骤：知晓环境问题存在→认为自己是某一环境问题的利益相关者→了解环保知识帮助理解与建构→对这一问题形成自己的态度→当其环保理念得到论证与支持（合法化）时，就会形成个人环保行动（Santi，2003）。依据此环境沟通模型，以下针对上文所述的四个问卷调查的结果，分析公众参与环境决策和执法的现状。

2.1 公众环境意识

中国公众知道环境问题广泛存在。调查 2 报告 94.9%的受访者认为中国的环境问题非常严重和紧迫（All China Environment Federation，2005）。其他三个调查中，大约有 70%的市民报告对当地的环境质量不满意（表 3-4）。调查 1 和调查 2 发现，1999 年，约 22.5%的受访公众认为环境质量与五年前相比变差；2005 年，这一数值增加到 26%（Environment Federation，2005；Yang，2002）。这些调查结果可以发现公众已经认识到污染在他们的日常生活中是已一个严重的问题。

表 3-4 你对当地的环境质量满意程度如何？

<table>
<tr><th>满意程度</th><th>调查 1</th><th>调查 3</th><th>调查 4</th></tr>
<tr><td>非常满意</td><td>2.9</td><td>3.1</td><td>0</td></tr>
<tr><td>还算满意</td><td>19.9</td><td>15.5</td><td>31.8</td></tr>
<tr><td>一般</td><td rowspan="2">41.4</td><td>47.6</td><td>22.7</td></tr>
<tr><td>不满意</td><td>28.8</td><td>45.5</td></tr>
<tr><td>非常不满</td><td>15.3</td><td>5.0</td><td>0</td></tr>
<tr><td></td><td>N=8 973</td><td>N=458</td><td>N=50</td></tr>
</table>

关于什么是中国最亟待解决的环境问题，调查 2 发现，80.5%和 79%的人分别认为控制空气污染和饮用水安全是中国政府“十一五”计划的首要任务。公众对不同环境问题的重要性进行了如下的排序（由高至低）：饮用水安全、空气污染、生活固体废物排放、工业固体废物排放、荒漠化、供水不足、噪声，以及机动车尾气（All China Environment Federation，2005）。

调查 1 曾报告，1999 年有超过 1/3 的政府官员和企业家认为农业不是中国环境恶化的重要原因。然而，在 2005 年专家和农民报告农业和乡镇企业所造成的农村环境污染是一个严重的环境问题。专家认为面源污染是继工业污染、城市生活污水、乡镇企业的工业污染之后的第四个需要优先治理的环境问题。与城镇居民相比，有更高比例的农民认为当地的环境与之前相比已经退化（(All China Environment Federation，2005）。很显然，中国人很了解存在哪些环境问题，而且环境意识也已经明显提高。

2.2 对环境问题的关注

公众如何在环境保护和其他相冲突的发展目标之间进行选择，可以反映公众对环保感兴趣的程度。调查 1 要求受访者从五个发展目标中选出三个，并根据重要性进行排序。其中，公众、政府官员、商界人士都同意经济发展是最为重要，相反对于环保则缺少兴趣（表 3-5）。然而根据 2005 年调查 2 的报道，大多数社会大众已经认为环境问题是制定发展决策的重要考虑因素。超过 97.5%的人同意将环境指标纳入政府官员的考核指标体系，而不能像以前一样过于强调 GDP 的增长速度（All China Environment Federation，2005）。

表 3-5 按照重要性从列表中选择 3 个中国最重要的发展目标

排序	社会大众*	政府官员**	企业家***
1	经济发展	经济发展	经济发展
2	科学技术	科学技术	科学技术
3	人口控制	环境保护	环境保护
4	社会公平	人口控制	人口控制
5	环境保护	社会公平	社会公平
N	8 973	1 595	770

资料来源：Yang，2002；*第 122 页；**图表 4.1.2-3，第 123 页；***图表 4.1.2-3，第 123 页。

1999 年，45.3%的公众并不同意以减缓经济的发展来保护环境①。甚至一半以上的政府官员和企业家不会选择关闭高污染工厂，只要它是高利润的（表 3-6）。

表 3-6 根据不同的盈利水平选择关闭或不关闭高污染的工厂 单位：%

工厂赢利程度	政府关于选择关闭	企业家选择关闭
案例 1：高利润	50.4	39.1
案例 2：中等利润	65.3	55.5
案例 3：低利润	91.5	81.6

资料来源：Tong，2002，图表 5，第 68 页。

① 你同意为了保护环境可以减缓经济发展吗？ 单位：%

	非常同意	同意	不同意
政府官员*	24.5	35.2	40.3
企业家*	25.2	36.5	38.2
公众**	13.1	23.2	45.3

资料来源：Tong，2002；* 表格 4.2.1-2；第 175 页；** 图表 D4-1，第 285 页。

尽管缺乏系统的研究数据，很多故事都讲到政府官员、企业人员和公众对中国环境问题的关注度日益提高。例如，在一些发达地区，尽管一些高污染企业会为当地贡献大量的税收，地方政府官员仍然会拒绝这些企业落户本地的工业园区。一些企业人员甚至表示，他们对当地的环境质量也不满意，所以一直尝试降低他们自己的企业所产生的污染[①]。公众也愿意在保护环境上承担更多的个人责任，如参加志愿者活动，向环境非政府组织捐钱等。

2.3 环境知识

调查 1 包含了 13 个有关环境知识的问题。按照总分 13 分计，当时受访大众的平均成绩只有 2.8 分，其中农村人口和城镇人口的平均成绩分别为 2.4 和 4.5。最简单的三个问题的回答情况也很不好，总平均得分只有 1.4，其中农村人口的平均分为 1.2，城市人口的平均分为 2.0（Yang，2002）。调查 1 也揭示，在 1999 年超过 20%的人对于如危险废物、荒漠化、野生物种减少、酸雨等地方环境问题不了解[②]。这些都反映中国人环境知识普遍缺乏，农村人口尤为如此。

遗憾的是调查 2 没有包括这些关于环境知识的问题，因此不能对中国公众的环境素养在 1999 年和 2005 年之间进行纵向比较。不过调查 2 报告，57%的专家认为中国缺乏环境保护的专才，而且环保技术较发达国家落后 5 年（All China Environment Federation，2005）。因此可以认为中国民众仍然缺乏环境素养、环境知识、和环保技术。

① 数据来自笔者与负责招商引资的政府官员和企业经理的访谈。

② 1999 年，公众对环境问题不知道的比重。

不知道/%	不知道/%
（全球环境问题）	（地方环境问题）
1. 空气污染 25.2	1. 汽车尾气和工业废气排放 17.2
2. 水和海洋环境污染 25.1	2. 烟尘、粉尘、总悬浮颗粒物 16.2
3. 土壤污染 31.7	3. 工业废水 15.3
4. 更低污染 15.3	4. 生活污水 11.9
5. 动物、植物资源较少 28.4	5. 水资源稀缺 9.2
6. 森林退化 28.0	6. 噪声 15.3
7. 温室气体效应 66.6	7. 危险固体废物 21.6
8. 臭氧层减少 66.0	8. 生活废物 10.6
9. 酸雨 65.1	9. 杀虫剂、化肥污染 14.1
	10. 荒漠化 27.6
	11. 野生物种减少 25.7
	12. 酸雨 51.0

资料来源：Yang，2002，表格 4，第 101 页。

2.4　环保态度

公众对环境的态度可以由其对自然、科技、国家的优先发展重点、环境退化的原因及环保责任的看法中推断出。调查1询问被访者如何看待如下关系：自然与人类活动，环境与科技。虽然公众对于大自然在人为干预后的自愈能力以及用科学技术来解决环境问题的潜力都存在合理的怀疑（表3-7和表3-8），但总体而言，对于自然和科技还是保持一个较为乐观的态度。

表3-7　大自然有自我恢复能力。不管人类做什么，也不会打破平衡　　单位：%

被访问者	强烈反对	反对	同意和非常同意	不知道
政府官员	82.9	13.9	3.1	0
企业家	76.6	14.5	8.9	0
社会大众	25.2	24.1	21.2	29.5

表3-8　科技可以解决所有环境问题　　单位：%

被访问者	强烈反对	反对	有些同意	十分同意	不知道
政府官员*	8.0	44.9	36.1	11	0
企业家**	7.9	36.2	34.5	21.3	0
社会大众***	4.5	14.5	28.8	28.6	23.6

资料来源：Yang，2002，*表格4.1.5-5，第154页；**表格4.1.5-6，第155页；***图表D4-4，第270页。

调查1还请受访者根据重要程度，对中国所面临的挑战进行排序。公众、政府官员和商界人士得出了不同的排序结果（表3-9）。公众认为环境问题第五重要，该顺序正好与马斯洛的需求层次理论相符合。然而政府官员和企业家却将环境问题排在最重要的位置（Tong，2002）。

表3-9　根据重要性对中国所面临的以下问题进行排序

排序	社会大众*	政府官员**	企业家***
1	社会安全	环境问题	环境问题
2	教育	人口	人口
3	人口	就业	就业
4	就业	教育	社会安全
5	环境问题	社会安全	教育
6	社会保险	社会保险	社会保险
N	8 973	1 595	770

资料来源：Yang，2002，*表格2，第85页；**图表4.1.2-2，第122页；***图表4.1.2-2，第122页。

不同调查群体对同一问题的不同重要性排序反映了公众对企业和政府的态度。公众普遍认为工业发展破坏环境，政府应该承担保护环境的责任。调查 1 发现，1999 年，约 80%的人认为中央和地方政府以及企业应该在保护环境上承担主要责任，约 30%的公众认为个人不应该承担保护环境的责任（表 3-10）。同样，2005 年，公众一致认为政府应该在保护环境方面担当绝大部分的责任。调查 2 发现 97.5%的公众赞成将环境指标纳入政府官员评价指标体系（All China Environment Federation，2005）。

表 3-10　以下各方应该承担多少保护环境的责任　　单位：%

被调查者	责任水平			
	10	6～9	0～5	*N*
中央政府	27.2	57.7	15.0	*N*=8 414
地方政府	22.3	63.2	14.5	*N*=8 446
企业	19.4	60.7	20.0	*N*=8 243
个人	16.5	55.1	28.4	*N*=8 415
社会团体	11.2	54.4	34.4	*N*=8 074

注：责任水平 0～10：0 是没有责任，10 是最大责任。

资料来源：Yang，2002，图表 C3，第 286 页。

但调查 1 中，公众将公众缺乏环境意识列为引起当地环境退化的头号原因，依次为：①公众缺乏环境意识；②政府对环保不够重视；③缺乏守法的公共精神；④企业重视利润超过预防和控制污染（表 3-11）。

表 3-11　选择 3 个引起当地环境退化的最重要原因　　单位：%

排序	原因	政府官员	企业家	社会大众
1	公众缺乏环境意识	87.9	84.5	67
2	政府对环保不够重视	52.5	51.8	59.6
3	缺乏守法的公共精神	85.3	82.9	59.2
4	企业重视利润超过预防和控制污染	91.2	80.2	54.5
5	人口太多	70.4	72.7	53.3
6	快速增长的消费	51.7	52.8	41.9
7	环境的污染和生态系统的破坏	69.0	69.6	40.7
8	经济的高速发展	38.2	43.7	32.9

资料来源：Yang，2002，图表 4.2.1-3，第 168 页。

从以上的调查结果可以发现，公众对环境保护的态度比较复杂，甚至自相矛盾。人们认为个人及其环境意识和守法精神的水平会对环境产生影响。但是同时，公众又依赖政府和企业去承担环境保护的责任和采取行动去改善环境质量。这种矛盾的公众态度恰好体现了环境的公益性质以及在保护环境方面存在集体行动的挑战。

总体而言，公众倾向于采用务实的方法来对待环境保护。调查2发现公众喜欢合理和可行的环保计划，而反对制定不切实际的环保目标。此外，公众和专家都同意制定环境目标需要具备一定的灵活性。由于中国幅员辽阔，区域差异甚大，因此有必要充分考虑当地的具体条件。公众支持运用经济手段治理污染，如环境税、可交易的排放许可证和生态补偿（All China Environment Federation，2005）。调查1中约有80%的受访者以及调查2中有56%的专家同意环保法律法规执行不力是环境质退化的主因（All China Environment Federation，2005）。因此，公众希望政府在执行环保法律法规上更加严格。

综上所述，中国公众认为人类的经济活动对环境产生了负面的影响，然而科学技术并不能够解决所有环境问题。个人缺乏环保意识和守法精神是导致环境退化的重要原因，但是公众却认为政府和企业才应该在保护环境中承担主要负责。公众认为在治理污染上，除了更严格地执行环保法律法规，应该以灵活务实的态度设定环保目标和环境污染控制的方法。①

2.5 合法化

当人们相信自己对环境保护的想法和说法能够找到论证与支持（合法化）时，才会采取环保行动。调查2的受访者认为政府和个人做出以下行为是合理的。第一，政府应该就保护环境的结果被问责。第二，增加环境保护的投资是十分必要的，约97%的人同意在"十一五"规划中加大环保支出占总GDP的比例。第三，个人在解决环境问题上应该担负更多的责任，99%的公众同意征收环境税，甚至有37.8%的受访者认为社会上所有人都应该缴纳环境税。第四，应赋予公众对环境事务的决策参与权，高达97.2%的公众认为政府应该就发展规划征询公众意见，94%的专家认为国家环保总局应该针对"十一五"环保规划举行听证会。第五，当出现环境违法行为时，71.2%的受访者同意法律是最有效的手段，99%的公众认为他们有权利对污染者采取法律行动（All China Environment Federation，2005）。

行为合法性其实并没有单一的标准。相反，环境行为合法化的定义对于不同的人以及在不同的时间其实相差甚异。1999年，当出现一个环境问题时，大多数政府官员和商界人士更加支持市民向政府机构投诉（表3-12）。然而6年过去了，公众（可能包括政府官员和企业家）对于选择采取法律行动来抵制污染变得更加开明。

① 以下哪个是造成目前环境恶化的主要原因？ 单位：%

被调查者	环保法律法规不够全面	执法不严	违法严重
公众*	14.2	52.0	33.8
政府官员**	17.0	60.9	22.2
企业家***	22.7	48.8	28.5

资料来源：Yang，2002，*图表C2，第24页；**表格4.1.7-1，***表格4.1.7-2，第162页。

表 3-12 当出现环境问题时，你会最同意采取下列哪一个公共行动？（单选） 单位：%

被调查者	向政府机构投诉	向媒体投诉	向人大/政协投诉	联名投诉信	上街示威抗议	什么也不做
政府官员	51.9	37.1	7.9	2.2	0.6	0.4
企业家	55.4	9.8	11.0	3.1	0.7	0

资料来源：Yang，2002，表格 4.1.6-3 和表格 4.1.6-4，第 157 页。

2.6 行动

除非公众、政府官员和企业人员都能够在日常生活中更加注重环保，否则人与自然之间真正和谐相处决不可能实现。本节中将首先探讨中国公众采取个人行动来治理污染的倾向如何，然后探讨中国公众期待其他各方在未来采取什么行动。

调查 1 发现大约 3/4 的公众购买产品时，不会考虑其对环境的影响（表 3-13）。大约有 65%的公众不愿意为了购买环境友好产品而支付更高的价格，而只有约 35%的政府官员和商界人士不愿意这样做（表 3-14）（Yang，2002）。因为尚缺乏对绿色产品的支付意愿的相关估值研究，所以目前还无法对消费者偏好得出结论。

表 3-13 除了质量、价格、品牌，当你购买一个产品时会考虑其环境友好性吗？ 单位：%

被调查者	会	不会
社会大众*	23	75
农村人口	22	77
城市人口	34	68

注：* 被调查人数为 8 821 人。

资料来源：Yang，2002，图表 D8，第 266 页。

表 3-14 你愿意支付更高的价格来购买更加环境友好的产品吗？ 单位：%

被调查者	非常愿意	愿意	中立	不愿意和非常不愿意
政府人员	13.4	53.7	20.5	12.4
企业家	12.6	49.6	18.4	19.3
社会公众（N=9 016）	34.8		28.7	36.4
农村人口	31.9		29.8	38.3
城市人口	46.6		24.3	29.0

资料来源：Yang，2002。

虽然公众还未准备好支付更高的价格来购买绿色产品，但是他们愿意进行生活废物分类和回收。调查 2 发现 73%的人认为垃圾回收是必要的。然而，一些城市的市政服务在收集和运输垃圾时将居民已经分好类的垃圾混合在一起，打击了居民保护环境的积极性（All China Environment Federation，2005）。

假设出现一个环境纠纷或冲突，调查 1 中 47.7%的受访者会选择放任置之不理，43.9%的人会直接向污染企业投诉①。调查 2 发现 53.4%的人会将社区的环境问题向媒体或政府机构进行投诉（All China Environmental Federation，2005），但有 20.4%的公众选择什么也不做，因为他们认为没有人/机构会认真考虑他们的意见。调查 3 报告，当发现一个环境违法行为，约 80%的人会向政府机构投诉，同时约 2/3 的人会选择采取法律行动②。由此可见，中国人对环境问题越来越敢于积极地表达自己的诉求。

公众在选择通过什么渠道进行环境投诉方面也越来越有战略性。调查 2 中分别有 48.3%和 39.8%的市民选择向大众媒体和政府机构进行投诉。在 1999 年调查 1 中发现，人们认为向媒体投诉比向政府机构投诉更为有效；所以在 2005 年更多的人选择媒体作为投诉渠道。

虽然调查 2 及调查 3 是在调查 1 进行多年后开展的，但是从结果中还是发现，比起采用诉讼来解决环境纠纷，向政府机构投诉似乎仍然是一种比较流行的手段。与 1999 年的调查相比，2005 年的调查结果中，选择什么也不做的人已经减少；但仍然有 1/5 的市民觉得投诉无用，认为没有人会聆听他们的意见。

调查 2 中还提到 93%的市民愿意做环保志愿者。一半的市民愿意捐钱给环保志愿者活动或者环境非政府组织（All China Environment Federation，2005）。这反映中国公民社会在不断推动环境保护的工作向前发展。

调查 1 还揭示公众认为政府在制定和执行环保法律法规、开展公众环境意识和教育、环保投资、促进公众参与方面表现得不够好（表 3-15）。

概括而言，在治理污染上，公众愿意采取实际行动，并且希望政府能够应对中国环境挑战的各个方面，如治理工业污染，治理移动源和面源污染，更好地制定和执行相关环境法律法规，增加环保投资，以及将公众参与环境决策的程序制度化。

① 如果你被附近的工厂所发出的噪声干扰，你会做什么？ 单位：%

	听之任之	向工厂投诉	搬走	其他方法	
公众	47.7	43.9	5.0	3.4	*N*=7 835

资料来源：Yang，2002，图表 E5，第 265 页。

② 你会就环境事故向政府投诉吗？ 单位：%

被调查者	一定会	一定不会	不回答	
武进区居民	78.7	21.0	0.2	*N*=442

表 3-15　政府在以下方面工作的表现如何？　　单位：%

	好	不好	不知道
制定环保法规	37.8	31.6	30.6
公众环境意识和教育	38.1	27.2	24.9
环保投资	44.6	27.0	28.4
更加严格的环境执法	37.3	24.3	38.4
促进公众参与环境问题	40.2	22.7	37.1
强制企业遵守环保法律法规和标准	37.8	19.7	42.5
以更好的技术来解决环境问题	38.7	18.9	42.4
动员社会团体	36.7	17.5	45.9

2.7　结论

可以发现中国公众在环保意识、利益、知识、态度、合法化行为和最终行动这六个层次存在不一致甚至相互矛盾的地方。例如，尽管公众的环境意识日益提高，当面对发展经济和环境保护的两难选择时，公众仍然倾向于选择经济发展优先。公众对环保的知识极其缺乏。而且在治理环境污染时会更倾向实际务实的方法。有趣的是中国公众认为政府应该对环境保护承担主要责任，但同时希望公众能够参与更多的环境决策。

这种不一致可以解释如下，与政府和企业相比，支持环保的利益相关者尚未很好地组织起来，从而在社会上处于劣势。中国的非政府组织面临着政治和财政上的双重阻碍。令人鼓舞的是，公众愿意承担个人责任来保护环境，如通过参加志愿者服务、向环保组织捐钱，以及当权利受到侵害时，向媒体或政府机构进行投诉。

一些地方政府一直在积极创造机会让公众参与有关环境和地方发展的决策。下一节将介绍三个这样的案例。

3　中国公众参与的机制和案例

本节将讨论公众参与的三种制度和方法：民主恳谈制度、社区环境对话会、奖励市民举报环境违法行为。根据阿恩斯坦的参与阶梯分类法，一般来说中国公众参与环境规划和环境决策的程度很低（表 3-16）。被操控的环评过程其实应当归类为“零参与”。采用社区环境对话会和奖励市民举报环境违法行为的方式，政府和公众携手合作解决社区环境问题和挑战已上升到梯级的“伙伴关系”。民主恳谈会制度将当地事务的决策权下放给随机抽样选出的民意代表，意味着公民与政府共享地方决策权，在阿恩斯坦的参与阶梯中属最高水平（Arnstein，1969）。

表 3-16　根据阿恩斯坦的公共参与阶梯论，对比公众参与环境规划和决策现有制度

公众参与环境规划和决策制度	公众参与阶梯理论
项目方和环评单位实施环境影响评价的操作过程	操纵、信息通报、咨询
环保部要求公开调查当地的环境管理咨询水平的满意度	咨询
社区环境对话会	伙伴关系
奖励举报环境违法行为	伙伴关系
民主恳谈会	公民控制

3.1　民主恳谈会

民主恳谈制度是由浙江省温岭市松门镇在 1999 年 6 月 15 日召开的农业农村现代化建设论坛首创的。当时有超过 150 名当地居民参加。政府官员对他们提出的问题当场答复、承诺、解决了一些问题，而且对一些一时解决不了的问题做出解释。2004 年，温岭市委规定民主恳谈会是乡镇政府对公共事务进行决策的必经程序。自 2006 年 11 月 10 日，民主恳谈制度扩大到整个台州。这种恳谈会大致经过以下几个步骤：

（1）准备。

1）恳谈会之前 5 天公告通知时间和地点，方便当地老百姓参加。

2）请专家准备会议材料来客观介绍决策背景、问题的焦点及政策的内容。

3）随机抽样，每次恳谈抽出 200 人为民意代表，并于恳谈会前 10 天将专家准备的报告发送给民意代表。

4）邀请决策的利益相关方来参加民主恳谈会。

5）要求民意代表评估问题的重要性及决策可行性。

（2）会议进行（上午阶段和下午阶段）。

6）将与会的民意代表随机分到小组进行讨论。

7）每个小组讨论配备一位中立的专业讨论协调员。

8）上午会议完成后，讨论小组就第一轮恳谈的各项内容的进行报告，同时也可以向专家提问。

9）下午会议照常进行，同样在会议结束前，讨论小组就第二轮讨论结果进行报告，同时可以向专家提问。

10）政府官员全部出席恳谈会但是不能参与小组讨论。

（3）最后决策。

11）民意代表需要再一次就恳谈的各项内容的重要性和解决方案的可行性进行评估。

12）将信息输入电脑，将各项内容的重要性和解决方案的可行性进行排序给分，最后根据得分做出决定。

山上原有清清的源泉，开山炮震坏了水脉，村里水井枯竭。在村民主议事会上，村里100多户人家强烈要求立即关闭采石场。村党支部书记姚宗辉对记者说，采石场破坏了生态环境，侵害了村民生活，我表态坚决关闭。因为采石场一年向村里上交管理费6万元，当时还有不同意见，原因一是采石场主是村班子成员的亲戚，二是关系那30多台拖拉机的生路。我一方面做村两委成员的工作，另一方面等第二次民主议事会，让群众再作表决。结果，全村413户人家，90%以上赞成关闭采石场。

在温岭和台州实施的民主恳谈制度解决了以下问题：环境保护、公共预算、土地利用、城市重建、农村发展和投资。随机选择的民意代表确保其能够代表当地居民并且了解他们的关切。提前10天将提供全面的信息和问题分析报告提供给民意代表，确保恳谈会能够进行有意义的讨论。将与会的民意代表随机分到小组进行讨论，使用第三方作为讨论协调员，如大学教授和中学教师，确保恳谈讨论的中立性。同一调查进行了两次，之前和之后的民主协商会议记录，并展示了对人民群众的意见和做出决定的参与过程的影响。2004年民主恳谈荣获“中国地方政府创新奖”，2008年又被评为“十大地方公共决策实验”。

2005年年初，泽国镇镇政府在听取了包括镇人大代表、政协委员在内的各方面关于年度城镇建设项目的意见后，提出了30个需要建设的涉及道路、桥梁、旧城改造、环卫设施、绿化园林、规划设计等项目。12位专业人员组成的专家组对30个项目的可行性方案进行了研究，并提出了每个项目的资金预算。此30个项目共需资金13 692万元，而政府预计可用城镇建设资金4 000万元。镇政府应就资金的使用安排对建设项目做出选择。

泽国镇召集了275名民意代表和12位专家开展了协商民主恳谈。协商民主恳谈采用科学的随机抽样方式从全镇12万人口中抽选了275名代表。会前10天向民意代表送发了30个项目的说明材料和由专家组提供的中立、公正的项目介绍，代表们就30个项目的重要程度填写了一份调查问卷。会议当天，有259名民意代表参加了本次恳谈。上午，代表以随机抽样方式分成16个小组开展讨论，在权衡了每个推荐项目的优缺点，仔细阅读由专家组提供的中立和公正的项目简介文件后，每位代表围绕项目发表自己的看法。小组讨论由经过培训的人员主持。小组讨论结束后，民意代表们带着小组讨论时最关注的问题和最集中的意见参加大会发言。当天下午，民意代表再分小组讨论，又带着小组讨论的新的建议和问题参与第二次大会讨论。在两次大会中，12位专家分别回答了各小组提出的问题，政府全体成员列席会议旁听。在民主恳谈会结束时，民意代表又填写了与第一次调查问卷相同的问卷。

会后，镇政府组成人员召开办公会议，讨论恳谈会上代表提出的建议和第二次调查问卷的预选结果。将第二次调查问卷中从上到下总投资约3 640万元的12个项目拟定为

2005 年城建基本项目；将其后总投资为 2 250 万元的另外 10 个项目作为备选项目，根据财力情况，按顺序选择建设。2005 年 4 月 30 日在泽国镇第十四届人民代表大会第五次会议上，镇政府就上述内容向大会作了《关于泽国镇 2005 年度城镇基础设施建设项目的报告》，提请大会审查讨论。在各代表小组分组讨论后，按照大会表决方式实行表决。会上，84 位镇人民代表投票支持，7 位镇人民代表投票反对，1 位镇人民代表投弃权票，通过了民意代表经过协商讨论所选择的 12 个项目为 2005 年城镇基本设施建设项目。泽国镇支出了大约 8 万元费用完成了这次试验（蒋招华和何包钢，2005）。

3.2　社区环境对话会

社区环境对话会于 2000 年在江苏省的几个乡镇首次试点。在 2006 年和 2008 年，国家环保总局将此模式推广到重庆、杭州、沈阳、石家庄、邯郸、秦皇岛，继而进一步要求全国所有绿色社区采用环境对话会的方式来解决当地的环境问题。

环境对话会通常由社区组织发起，提出待讨论的问题，并邀请利益相关者参与。对话会的基本规则是：①公开和透明；②对话参与者的平等地位；③务实讨论和以得出解决方案为导向；④宽容和守法。虽然政府可以参与，但是在对话中不能表现出强势。环境非政府组织和媒体的参与对讨论的透明度以及人们履行在对话会中所做出的承诺起着至关重要的保障作用。概括而言，社区环境对话会包括以下步骤：

（1）准备。

1）组织者决定对话会讨论的议题、时间和地点。

2）组织者选择一个中立的对话协调人。

3）组织者从以下组别选择民意代表：问题责任人、利益相关者、非政府环境组织和媒体的代表。

（2）进行社区环境对话会。

4）调解人主持协调对话的进行。

5）问题责任方需要提供问题解决方案，对一些一时解决不了的问题做出解释。

（3）对话会后跟进行动。

6）媒体报道已经完成的社区环境对话会及其商定的决议。

7）环境非政府组织将跟进及监察责任方是否已按承诺开展相关措施。

与民主恳谈制度旨在系统性地改变政府决策过程不同，社区环境对话会的目的是为具体问题找到解决方案。向问题责任人施压，获得政府、媒体以及公众的关注，以此解决问题。这种对话战略对于公众参与解决当地问题及对社区事务的进行决策仍然是非常有效的（Center for Environmental Communication and Education and Ministry of Environmental Protection，2009）。

3.3 奖励举报环境违法行为

为了鼓励公众积极参与环境评价和执法，自贡市环保局开始就举报环境违法行为进行奖励（Zigong Environmental Protection Bureau，2013）。举报下列环境违法行为之一，经环境保护行政主管部门调查属实，并做出行政处罚的，给予举报人奖励：①非法排放工业废水、废气的；②新建、改建、扩建建设项目未依法实施环境影响评价，或未依法执行环保“三同时”制度，投入生产或使用的；③不按照规定要求规范排污口的；④已责令关停，未完成停产治理任务，擅自恢复生产的；⑤非法转移或非法收集、贮存、处置、排放危险废物的；⑥在饮用水水源保护区违法排放污染物的；⑦排污企业不正常使用污染物处理设施，或擅自拆除、停运、闲置污染治理设施的；⑧设置暗管、渗坑、渗井偷排工业废水的；⑨其他环境违法行为。

4 以和平非暴力的公众环境抗议进行公众参与

正如上述讨论中提到，因为缺乏真实的赋权于公众参与决策的机会，中国公众觉得环境规划和环境决策过程遥不可及，产生疏远感。因此，一旦产生不满，很有可能就导致公众抗议的发生。

从前经历了建设和工业项目所产生的负面的环境影响，相关个人和团体很容易预见一个新上马的项目对大自然、生活环境、私有财产以及健康可能带来的伤害。此外，专家之间对于项目存在的风险意见并不一致，这更加削弱了政府论点的可信度和有效性。更糟的是，因为在过往多次类似的情况下，政府的决定都给人民带来了伤害，因此人们也就很难无保留地相信政府了。

在怒江大坝项目中，环保团体和生态保护者担心在虎跳峡建坝会对评为联合国教科文组织世界自然遗产的三江平原产生破坏。耐人寻味的是，国家媒体和报纸对当地居民的诉求表示同情，然而地方报纸却将目标转移至怒江水电开发是可行、有效、环保的，并可以改变怒江地区长期贫穷落后的状况。尽管当地农民对于怒江建坝给自己带来的实际利益存疑，但是这个项目可能产生的环境和生态破坏毕竟不会立即发生，所以并没有强烈反对。而且当地农民的话语权往往都要比发展商小，即使有一定的反对声音外界也不一定能听到。因此，怒江虎跳峡建坝项目的反对声音主要来自国内外的环保个人和团体。相比之下，福建厦门 PX 项目对于附近居民的健康和安全都造成危害。2007 年 6 月 1 日，人们打出横幅：“我们不要 GDP，我们要保护我们的孩子”。其实当初人们选择在厦门置业，很重要的原因就是因为它是一个花园城市，环境良好。但是，厦门在福建省 9 个设区市中由空气质量排名第一位到 2006 年已经下降至倒数第三位（百名政协委员难阻百亿 PX 项目，2007）。随即而来，房地产价格因环境退化受到影响。例如，未来海岸社区的公寓价格在 2005 年邻近的海沧化工厂的影响下一直处于停滞的窘境，而其他社区的房价一直都在上涨。因此，正是考虑家人的健康和财产的价值促使了厦门市民强烈地反对 PX 项目。

同样，北京的六里屯垃圾焚烧电厂会污染地下饮用水和带来恶臭，甚至产生致癌化学物质二噁英。社区互联网公告板上贴出了“不要恶臭，不要癌症”的标语，由此可以看出他们对垃圾焚烧产生健康危害物的担心和恐惧（*Capital's waste disposal plan raises a stink*，2007）。即便该垃圾焚烧电厂对于海淀区，甚至北京的发展都有利，但是居民还是不愿意以牺牲健康和安全作为代价。从这几个案例可以看出，环境已经成为中国公众，尤其是城镇居民主要考虑的因素。这对于公众参与环境决策也带来了启示。

总体来说，环保机构一直反对盲目地以经济增长为导向的政府或企业决策。然而，地方环保部门往往势单力薄，必须整合其他机构的力量才能带来转机，如中央高层政治人物出面施压。怒江项目中，在国内环保主义者汪永晨和国际非政环境府组织、专家、全国人大和全国政协委员，甚至泰国总理都表达了他们的关注后，2004 年 4 月 2 日，温家宝总理开始关注此项目，之后该项目才停止。其他两个案例分别是在 2007 年 6 月 1 日的厦门示威和 2007 年 6 月 5 日北京抗议后，国家环保总局叫停。

不管是哪一个机构组织，不同的策略成本对公众的反对声音是否被关注都有重要影响。生活在怒江的当地居民主要是农民和牧民，教育程度较低。他们没有组织起来讨论水电，经济增长，环境和社会影响的优先顺序。生活在大山深处的当地民众在沟通和交通上都需要高额的时间和金钱成本，而且他们不谙互联网的应用。因此，当地民众组织松散和势力单薄。怒江水电开发的项目 2013 年年初再次被提出。我们将继续观察公众对于新提出的这个水坝项目会如何反应。相比之下，厦门居民创新并有效地使用手机短信来沟通和组织动员。他们积极参与区域发展规划的环境影响评估的公众咨询。此外，尽管未经证实，警方怀疑是房地产公司和业主协会背后支持厦门的示威活动。在北京的六里屯垃圾焚烧电厂事件中，“别在我后院搞”的邻避主义是当地居民的主要态度。一方面，与政府官员周旋的时候，他们寻求律师的专业帮助；另一方面，联系全国政协委员周晋峰代表当地居民，并在“两会”上提交了《关于停建海淀区六里屯垃圾焚烧厂的提案》。从三个案例中可以发现，人们已经不愿在他们利益受损的时候保持沉默或者被动地等待环保卫士来帮他们呼吁解决问题。他们已经有能力组织起来，并积极主动地和其他部门机构合作找寻解决方案。

中国法律对公众参与环境决策有什么影响？怒江大坝项目中公众曾经就区域发展、环境保护、公众参与的程序权利进行了讨论，类似的讨论也出现在关于厦门 PX 项目和北京的六里屯垃圾焚烧电厂的新闻头条上（Editorial comment，2007）。这表明当地居民希望参与决策过程的诉求已经被普通群众和新闻媒体视为合法及正当。但是他们不得不努力尝试各种方法才能创造机会取得发言权。例如，在他们上街示威前，网上论坛被关停，如“厦门小鱼”和“莲岳的 8 个海洋”（Roberts and Hite，2007）。在厦门和北京，警方警告社区中的活跃分子不要有过激的行为（Roberts and Hite，2007）。因此，可以发现中国普通民众并没有足够的空间和机会来表达自己的意见和参与政府决策。但毋庸置疑，《环境影响评价法》为公众提供了一个法律工具，可以要求政府提供机会和程序，保障公众参与环境决策的权利。

城市的业主委员会已经成为中国社会中一支强大不容忽视的组织力量。他们不但组织居民进行谈判，与物业管理公司合作管理社区事务。而且他们还可以为了争取更好的生活环境反对对社区有负面影响的政府决策。而在农村地区，欧博文和李连江提出了“依法抗争”成为中国农民维权抗争的主要形式（O’Brien and Li，2006）。同样，依法抗争也在中国城市出现。在厦门和六里屯事件中，到底业主委员在多大程度上促进了公众参与将是一个有趣的问题。

5 面临的挑战和前景展望

为了寻找因地制宜地解决环境问题的方法，公众参与环境规划和评估很有必要。公众参与可以让公众在决策中形成主人翁意识，激励他们对决策的执行给予持续的关注，并且为政府的作为和不作为建立合法性。如前所述，中国的公众参与还只停留在法律条款的描述上，在现实中公众参与的程度取决于政府和公众之间的博弈：在多大程度上政府愿意主动地请公众参与，以及公众是否有意愿、有能力争取并打开参与的渠道。

温岭的民主恳谈制度为地方政府提供了一个公众参与决策很好的模式。当地居民能够真正成为主人公参与当地的发展规划和计划实施。温岭的民主恳谈制度主要的经验包括：随机选择的民意代表，确保其能够代表当地居民并且了解他们的关切；提前 10 天将提供全面的信息和问题分析报告提供给民意代表，确保恳谈会有意义的讨论；将与会的民意代表随机分到小组进行讨论，使用第三方作为讨论协调员，如大学教授和中学教师，来确保恳谈讨论的中立性；同一民意调查进行两次，前后对比可以记录并展示民主协商会议和公众参与的过程对群众的意见和决定产生了怎样的影响。

然而，民主恳谈会花费相当高。泽国镇 2005 年就 30 个项目进行了民主恳谈会，花费了人民币 60 000 元。对于地方财政较差的地区，温岭模式难以推广实施。

温岭市民主恳谈办公室主任却对这种模式表示担心。他认为当前的恳谈会迎来一批开明的领导，可这批领导一旦调离，情形会如何？地方政府基于自愿原则，自行决定是否采用温岭市民主恳谈模式。因此在很大程度上取决于责任领导是否支持公众参与决策。

从公众来角度看，大家是否已经准备好参与环境决策了呢？尽管公众的环境意识日益提高，当面对发展经济和环境保护的两难选择时，公众仍然倾向于选择经济发展优先，尤其是在经济欠发达地区。公众仍然认为环境保护主要是政府的责任，而且政府有义务给予公众参与环境决策的机会。在现实中，如果不是担心会对自身和家人的健康造成严重危害，公众一般会选择对政府和企业的决定保持沉默。造成公众主动参与意识不足的原因可能有：①公共利益还没有很好的代言者，如中国的非政府组织相对发展不足；②公众对政府开展公众参与的诚意以及采用的方式尚存质疑。此外，公众参与的文化和能力尚待培养和提高，表现在环境知识还非常有限，在平衡个人利益、地方利益、国家利益，以及当前利益、长远利益方面往往缺乏全局性的考量。

随着政府更加注重依法行政，我们希望地方政府提高公众参与政府决策的程度。《国务院关于加强市县政府依法行政的决定》（国发〔2008〕17 号）明确提出：建立和完善科学民主的决策程序，使公众参与、专家论证、风险评估、合法性审查和集体讨论决定成为重大行政决策的必经的法定程序，完善民主协商工作机制，确保政府决策合法有效。这为环保系统依法行政、提高公众参与度明确了努力的方向。为了实现这个目标，需要总结以往的经验和教训，并积极学习借鉴欧盟和其他国家和地区的好的经验。具体建议如下：①公众参与的时间节点提前，从城市建设和土地利用的规划开始，尽量避免出现因为环境影响恶劣而不受公众欢迎的合规、合法的建设和工业项目；②学习借鉴国外已经试验过并证明有效的公众参与的方法，如公民陪审团、愿景工作坊、寻找美好未来会议、情景分析、共识会议、审慎思辨民调等；③对环保局和规划从业人员进行培训，帮助他们了解各种公众参与的方法的实施条件和具体步骤；④培养专业的公众参与协调员，帮助他们明白在开展公众参与的活动中，除了能熟练运用各种技巧之外，态度和行为上必须保持严格中立。

参考文献

All China Environment Federation. 2006. Public Comments on the Eleventh Five-Year National Plan on Environmental Protection in China. State Environmental Protection Administration 2005 [cited January 152006]. Available from http：//www.sepa.gov.cn/eic/649096689457561600/20050816/ 10374.shtml.

Arnstein，Sherry R.1969. A ladder of citizen participation. Journal of the American Institute of Planners，35（4）：216-224.

Capital's waste disposal plan raises a stink. China Daily，14 August 2007.

Center for Environmental Communication and Education，and Ministry of Environmental Protection. 2009. Exploring new approaches for addressing environmental challenges in communities. Beijing：Chinese Environmental Science Publishing House.

Editorial comment. The real veto power is in public participation but not SEPA 真正的否决权，不在环保总局而在公众参与. Nanfang Daily，8 December.

He Baogang. Democratic consultation meeting and social science research methods. People Net，22 May 2007.

Ho Peter，Edmonds R L. 2008.China's Embedded Activism：Opportunities and Constraints of A Social Movement，Routledge studies on China in transition；30.London；New York：Routledge.

Jiang Zhaohua，He Baogang . Democratic consultation meeting：A participatory decision-making mechanism for addressing important public issues. XinhuaNet，20 December2005.

Li Hao，Sara Barsanti，Anna Bonini. 2012. Building China's municipal healthcare performance evaluation system：A Tuscan perspective. International Journal for Quality in Health Care，24（4）：403-410.

Li Wanxin，Liu Jieyan，Li Duoduo. 2012. Getting their voices heard：Three cases of public participation in environmental protection in China. Journal of Environmental Management，98：65-72. doi：10.1016/j.jenvman.2011.12.019.

Ministry of Environmental Protection. 2002. Notice on Adjusting Indicators for Quantitative Examination of Comprehensive Control of Urban Environment during the Tenth Five-Year Period. Edited by Ministry of Environmental Protection（MEP）.

National People's Congress. 2002a. Cleaner Production Promotion Law of the People's Republic of China. Edited by National People's Congress.

National People's Congress. 2002b. PRC Law on Environmental Impact Assessment. edited by National People's Congress.

O'Brien，Kevin J，Li Lianjiang. 2006.Rightful resistance in rural China，Cambridge studies in contentious politics. Cambridge；New York：Cambridge University Press.

One hundred PPCC members could not stop the 10billion PX project 百名政协委员难阻亿 PX 项目.

Nanfang Daily，29 May.

Ou Changmei. Ministry of Environmental Protection Named and Penalized 88 Accredited EIA Assessors. Oriental Morning Post，9 January 2013.

Roberts J T，Hite Amy. 2007.The globalization and development reader：Perspectives on development and global change. Malden，Mass.：Blackwell Pub.

State Council.1999.State Council Decisionon All Round Adoption of the Rule of Law[State Council 1999 No.23].Beijing：State Council.

Tatlow Didi Kirsten. Clashes mark second day of chemical plant protest. South China Morning Post，3 June 2007.

Tong Yanqi. 2002. Environmental Awareness and the Orientation of Environmental Protection Policies-A Survey of Governmental Officials and CEOs of Enterprises in Six Cities in China. In Environmental Issues：Awareness and Perceptions，edited by MingYang，56-75.Beijing：Huaxia Publishing House.

United Nations.1992.Rio Declaration on Environment and Development.edited by United Nations Conference on Environment and Development：United Nations.

United Nations Economic Commission for Europe（UNECE）.1998. Convention on Access to Information，Public Participation in Decision-making and Access to Justice in Environmental Matters. United Nations.

Weng Haohao，Zhou Minshu. Conveying the strongest public voice. Zhejiang Daily，6 October 2013.

Wu Jing，Chang I S，Bina O，et al. 2011. Strategic Environmental Assessment Implementation in China--Five-year Review and Prospects. Environmental Impact Assessment Review，31（1）：77-84.

Yang Ming.2002. Environmental Issues：Awareness and Perceptions. Edited by Baoxu Zhao. 1ed. 1vols. Vol.1，A Survey of and Reflection on Contemporary China. Beijing：Huaxia Publishing House.

Yuan Yaping. For the foundamental benefits of the people. People Net，25 August 2003.

Zigong Environmental Protection Bureau. 2013. Measures for rewarding the public who reports environmental violations to the Zigong environmental protection bureau（for trial implementation）.edited by Zigong Environmental Protection Bureau.

第四篇　公众参与环境规划与评估中的具体操作机制与实践*

这份报告汇编了最新的国际资源，介绍了成功实施公众参与环境规划与评估机制的方法与实践。“公众参与”这一经典概念在最近的学术刊物中频频现身，所以简介部分就提供了有关公众参与的文献综述，讨论了在过去几十年中公众参与机制涉及的大量理论基础和现实问题。

在开篇的大致理论背景介绍的基础上，报告的第二部分综合论述了在环境规划与评估中实施公众参与的技巧和方法。这些技巧和方法是在过去的 20 年中不断形成的，已经在很多国家得到了成功实施。综述部分也会对参与技巧和它们的主要特点进行比较。此外，还会简要探讨参与者选择、调节技巧、参与者满意度等问题。

在第三部分将会详细介绍高级别公众参与的 5 种方法，其中重点是如何使公众能在环境规划过程中发挥主人公的作用。这些方法技巧包括公民陪审团、未来探索工作坊与未来探索会议、情境分析（或情节测试）、共识会议、协商式民意调查（DOPs）。以上这些参与机制最能适用于中国当前的境况。

第四部分会介绍和平非暴力示威为方式的参与机制，它在有效环境治理中扮演着十分重要角色。第五部分将会展示几个最近的案例研究，介绍欧盟国家实施公众参与机制的情况，其中有正面例子也有反面例子。第一个案例是德国联邦铁路的“斯图加特 21 工程”。该案例刚发生不久，在重建中央铁路项目的初期规划阶段，公众参与是不允许的，甚至还受到了镇压。在公众示威抗议后，一系列的参与调解机制和民众谅解备忘录的出现使冲突得到了解决。捷克共和国科普日夫尼采的案例证明良好的公众参与机制如果可以持续进行的话，将会在当地政府和民众之间成功建立互信关系。第三个案例来自英国，为解决放射性物质管理问题而召开的共识会议有力证明了从长远来看公众参与机制可以有效地引导政府决策，也能为政府提供独到见解和可行之策来应对复杂的环境挑战。

---

* 执笔人：施龙（中国国际民间组织合作促进会）。

最后，研究总结了可适用于中国的经验和可行的建议。通过实施此报告中介绍的参与机制来加快中国的公众参与进程，对此，有五点建议：①根据中国的具体情况灵活使用公众参与机制；②国内规划和环保部门进行能力建设；③集聚一批熟悉参与机制的推动者；④实施试点项目，让基层民众参与到环境规划中来；⑤启动高层利益相关者的参与进程，包括国家或省级层面的，来探讨解决未来的环境问题和新兴技术问题。

1 简介：公众参与

“道理很简单：实施参与机制，赋权利益相关方，尤其是贫苦大众，不仅提供相关决策信息和参与决策的协商机会，同时还要让公众切实参与到有关项目中来，这种主人公的心态对于实现可持续发展的目标是至关重要的。”

——詹姆斯·沃尔芬森，世界银行行长，1996年2月26日

在大多数情况下，对环境和社区变革影响重大的项目包括矿业、资源开采、发电站、风电厂、输电线路、高速公路和基础设施建设、机场、垃圾填埋、水电大坝、工业设施、垃圾焚化炉、畜牧产业等。这类对环境影响巨大的项目通常都会遭到市民、社区、公民委员会以及环保组织的反对（罗斯科，2013）。

公众参与环境治理，包括环境规划与评估，是一项政治问题，这早在20多年前就已经被囊括在1992年的联合国环境与发展大会《21世纪议程》中，“取得可持续发展的一项根本条件就是决策中广泛的公众参与。此外，在环境与发展的具体背景下，一种新的参与机制已经形成”。如今，20多年过去了，现在的问题不是“是否”允许公众参与环境和发展治理问题，而是“如何”让公众能有效参与。

公众参与环境政策制定、评估、规划这一方式现在逐渐受到人们的青睐，它既可以帮助实行可持续发展，同时也可以防止社会冲突的发生。从欧洲的情况来看，“公众参与”这个词已经风靡了几十年，其产生的效益也是不尽相同的。然而有效的公众参与所面临的一个挑战就是针对不同的人它具有不同的意义。因此，公众参与并没有一个明确统一的定义，有时人们对它的理解甚至是大相径庭，这就带来了一些风险。

表3-17中总结了公众参与的主要利益及风险。

表3-17 公众参与的利益与风险［基于鲁耶特（Luyet）等的研究，2012］

公众参与的利益	公众参与的风险
• 增加决策的公信度	• 时间与花费较大
• 利用当地民众的知识来改善项目设计	• 潜在利益相关者的反对
• 增进对项目和有关问题的认识	• 产生新的冲突
• 整合不同利益和观点	• 涉及的利益相关者不是公众代表
• 优化项目和规划的实施	• 现有的利益相关者的权力更加强大
• 增加公众对决策的接受程度	
• 培养和发展社会化学习能力	

尽管公众参与没有明确的定义，但是很多成功实施参与机制的原则和方法已经被大众接受并认可。这些成功的公众参与的原则（鲁耶特等，2012；在2013年又有学者提出此观点）如下：

- 建立公平、公正、透明的进程使利益相关方以及政府部门能平等相待，互相了解，互相尊重；
- 整合当地民众和科学专家的知识体系；
- 事先建立好公众参与的规则；
- 尽早将各利益相关方纳入进来；
- 整合各利益相关方；
- 监测进程发展并了解利益相关方的满意度；
- 邀请富有经验的仲裁者参与进来；
- 保证充足的资源，包括时间。

在大量的公众参与的文献综述的基础上，里德（Reed，2008）也列举了 8 个最佳公众参与实践的主要特点如下：①利益相关方参与需要有哲学依据来支撑，它强调赋权、平等、信任、双向了解；②如果利益相关者与项目有联系的话，应尽早将其纳入进来，并且让其参与整个进程；③对有关的利益相关者进行分析并合理安排其参与的代表；④各利益相关方在一开始就需要就参与进程的明确目标取得一致意见；⑤所选定的参与机制应当符合决策背景，要考虑好参与的目标，参与者的类型以及适当的参与程度；⑥技艺精湛的推动者是必不可少的；⑦当地知识和科学知识应进行整合；⑧公众参与需要制度化。

就参与的不同程度而言，较为重要的首批理论贡献就是阿恩施泰因在 1969 年提出的公共参与的阶梯理论，包括 8 个阶梯。几十年来，阿恩施泰因的阶梯理论都是决策者和实践者提升公众参与的试金石。他把参与级别分为 3 个阶段：无公众参与（操作与引导）、象征性参与（告知、咨询、政策安抚）、公民控制（合作、代表权式参与、公众控制）。

“阶梯理论”有时又称为“车轮理论”（戴维森，1998）（图 3-5），它包括 4 个主要方面：告知、协商、参与、赋权。车轮理论这一概念的发展是由南拉纳克郡议会定义的，目的是鼓励公众参与社区规划与发展。

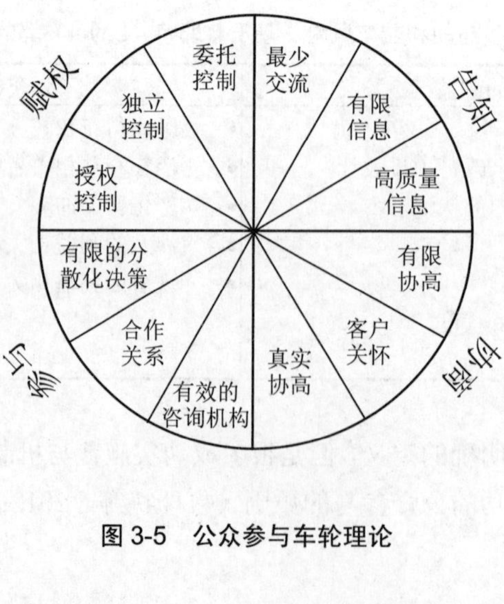

图 3-5　公众参与车轮理论

“我们用了一个比较新颖的办法来定义交流与参与进程的不同维度。我们认为正确的公众参与方法可以激发规划系统的活力。有必要提出创新性的方法来鼓励当地民众有效参与到规划系统中来。车轮理论有助于最大限度减小跟协商相关的不确定性，这包括依赖不适合的方法和不明确的目标等”（戴维森，1998）。

鲁耶特（Luyet）等于2012年在阶梯理论和车轮理论的基础上定义出了5个参与的级别（图3-6）。最低级别是“告知”，往上依次是“协商”“合作”“共同决策”“赋权”，赋权是这个参与模型中的最高级别。这5个级别显示了在规划进程中公众从被动的信息接收者到主动的得到赋权的利益相关者的过渡。

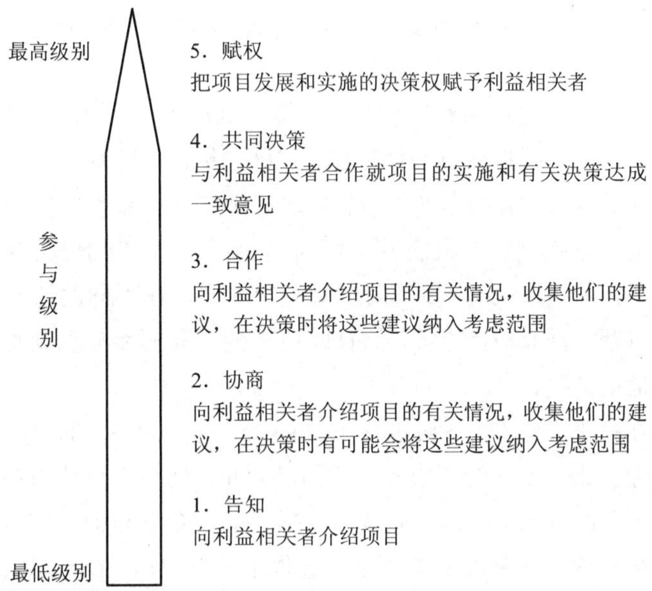

图3-6　公众参与的5个级别（由鲁耶特等提出，2012）

罗维（Rowe）和福瑞尔（Freyer）在2005年从信息流动分析的角度去看待公众参与并对3种不同的公众参与机制进行了区分：公众传播、公众协商、公众参与。在公众传播这一层面，负责公众参与倡议的发起人将信息传达给公众。这时的信息流动是单向的，并且由于不需要公众反馈，因此就没有公众的参与。在公众协商这一层面，信息由公众代表按照公众参与发起者事先开启设定好的进程传达给公众，注意这个信息传递的进程不是由公众本身来设定的。在公众参与层面，公众与公众参与的启动者之间进行信息的交流。也就是说，在整个进程中对话的级别是不同的，通常都是按一个群体来分的（图3-7）。

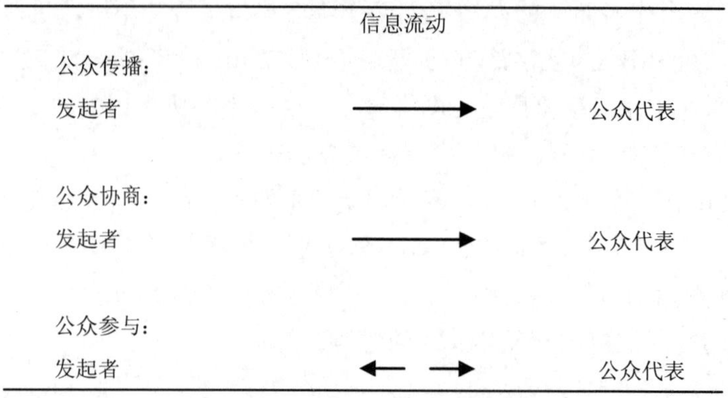

图 3-7　三种公众参与的方式（罗维和福瑞尔，2005）

众多的公众参与机制也意味着在复杂的环境规划决策中，如何更好地促进公众参与也面临着一些不确定性。根据罗维和福瑞尔在 2005 年提出的观点——“如果公众参与是一个简单的、有限定的、容易理解的进程的话，那制定一个确定的参与机制就完全足够了（就靠研究也可以找到这个机制）；然而，事实上由于人们对公众参与的理解大不相同（定义也不严密），使得公众参与的形式多种多样，在不同的情况（背景）下，需要不同种类的参与者、要求和目标等，这样才可以使不同的参与机制发挥出它的最大作用（然而这也只是定义）”。

针对《环境影响评估》项目［格拉克（Glucker）等，2013］的公众参与的研究表明公众参与的代表对于此次参与的期望各不相同。因此，格拉克等认为重要的是《环境影响评估》执行者、主管当局、利益相关者需要提前就公众参与的具体目标、形式、机制达成一致意见。表 3-18 对《环境影响评估》进程［多拉和瓦（Drohova），2011］实行早期公开听证与晚期公开听证的比较。当很多评估方法和相关文件都确定好之后再进行听证的不足就是公众会因为没能参与其中而不满。因此，要想避免公众的失望与不满，最重要的是让公众在评估过程开始之前就参与进来。

表 3-18　项目环评（EIA）和规划环评（SEA）早期听证与晚期听证的效果比较

早期听证	晚期听证
在项目环评与规划环评文件进行审视之前举行公众听证	在项目环评与规划环评文件确定好并向大众公布时进行公众听证
必要时可对评估过程中的具体方法进行讨论和更改	评估方法不能更改，只能被动接受公众批评
无须研究项目环评与规划环评文件（通常情况下讨论就足够），重要的是要切实关注该项目产生的可能影响	需要项目环评与规划环评文件，因为讨论的东西可能技术性比较强
有可能会持续讨论，并修改相关的目标和优先事项	文件就是最终定论，一律不得更改
公布明确公众参与规划环评进程的方案、时间、工具，根据公众的意见，必要时可对以上 3 个因素做出更改	规划环评进程结束

资料来源：多拉和瓦，2011。

2　公众参与环境规划与评估的技术和方法综述

前一章主要介绍了公众参与的一般原则、主要特点和种类，本章将会介绍公众参与的机制和方法。

在过去的几十年中出现很多公众参与的方法，并且有些刊物已经对这些方法进行了归纳总结，如由新经济基金会于 1998 年发表了《参与工程！21 种方法推进 21 世纪的公民参与》，目的是促进人们将这些有效的方法用到实践中推进公众参与。

表 3-19　主要的参与方法及其公众的参与级别

参与机制	告知信息	协商	合作	共同决策	赋权
时事通信	×				
报告	×				
简报、公众听证	×	×	×		
互联网网页	×	×			
采访、问卷调查	×	×	×		
实地访问与互动	×	×	×		
研讨会		×	×	×	×
参与式制图			×	×	×
小组座谈会			×	×	×
公民陪审团		×	×	×	×
地理空间/决策支持系统	×	×	×	×	
认知地图	×	×	×		
职能演习			×	×	×
多评价指标分析			×	×	
情境分析		×	×	×	×
未来研讨会		×	×	×	×
共识会议		×	×	×	×

注：×表示不同参与机制所对应的公众参与级别。

资料来源：鲁耶特（Luyet）等，2012。

以上列出的不同参与方法应该是相互补充、相得益彰，而不是非此即彼的。

此外，这些参与机制或方法仅仅是个工具，每种工具都适用于不同的目的。

同样地，国际公众参与协会（IAP2）制定了一个公众参与分布表，介绍了利益相关者和民众的不同的参与类型。这个分布表也展示了随着参与级别由“告知”到“赋权”的演变，其带来的公共影响也随之变化（表 3-20）。

表 3-20 公众参与分布

公众参与级别	公众参与的目标	对公众的承诺	示例工具
告知	向公众提供公平客观的信息以帮助他们了解有关问题、可供选择方案或解决途径等	保证公众的知情权	情况说明书 网站 开放参观日
咨询	就分析、可供选方案或决策获取公众的反馈	保证公众的知情权，倾听接纳公众关心的事项，就公众所提建议对决策的影响情况给出反馈	公众评论 小组讨论 调查 公开会议
参与	在项目进程中直接与公众进行交流以确保公众关心的事和期望能够得到理解与考虑	与公众进行合作以确保公众关心的事项和期望能直接被纳入可供选择方案的考量中，并且就公众所提建议对决策的影响给出反馈	研讨会 审议性民意测评
合作	在决策的每一方面都要与公众进行合作，包括替代方案的制定以及找寻最优解决途径等	制定决策时直接听取公众的建议和创新思路，并且在决策中最大限度地接纳公众的建议和意见	市民咨询委员会 建立共识 参与式决策
赋权	让公众享有最终决策权	直接实施公众的决策	公民陪审团 投票 委托决策

资料来源：IAP2http：//www.iap2.org/。

基于公众参与环境规划的理论和实践经验，在此要强调的是“任何一种工具都应用来使得当事方能建立互信、互敬的长久关系，并能互相学习，共同探讨可行之策。成功的秘诀就是参与的进程要有合适的指导原则，要考虑如何才能在适当时机，以适当的方式让利益相关者加入进来，使得他们能公平有效地制定环境决策”[里德（Reed），2008]。

通常情况下，大多数的公众参与都是向所有人开放的，公众都可参加，一些对参与人数有限制的方法除外，如公民陪审团、未来研究、圆桌会议等。以公民陪审团为例，选择参与者的目的就是确保参与人员的代表性和合法性。对于未来研究和圆桌会议来说，选择参与者是为了能最大限度地反映出相关社区的群体多样性以确保相关地区的所有问题都能反映出来（新经济基金会，1998）。

根据澳大利亚维多利亚州政府可持续发展和环境部（DSE）的要求，针对具体的项目和情境选择合适的参与机制时要考虑以下问题：①所选机制是否符合整体的计划目标、参与目的、预计成果？（尤其注意每个机制的目标、结果、作用）。②是否囊括了所有的利益相关方？如果没有，如何才能改善这种状况？③能否对所选机制做出调整使其更适合你的项目和当地的情境？④是否在计划中制订了针对所选机制的评估方法？这个方法能否确保所选机制的成功性和有效性，能否得出新的想法和知识以促进下次的使用？（http：//www.dse.vic.gov.au/effective-engagement/developing-an-engagement-plan/a-model-for-engagement）

撇开选择哪种公众参与机制不谈，切斯与珀赛尔（Chess，Purcell，1999）根据各种机制的比较及其结果，制定了公众参与环境问题的 5 项经验法则：①明确目标；②尽早开始公众参与，提前进行规划投资；③修正已有的参与机制，使其符合参与进程及其成果目标；④以不同的公众参与形式来实施公众参与项目；⑤收集公众参与结果的反馈；尤其值得关注的是公众参与的目标。目标有助于衡量过程的有效性，而不是用公众参与的结果来衡量此次参与是否成功。“从这一点来看，衡量公众参与计划是否成功的因素是参与机制的特点，而不是参与的结果。这类研究探索的问题包括公平性、信息交流、群体进程、参与程序等”（切斯和珀赛尔，1999）。

利益相关者的分类和身份认定也非常重要，对此现在可使用的方法有很多。除了决定谁将参与之外，利益相关者还需要知道他们应该何时参与以及如何参与。在参与过程之前，参与期间及参与完成后收集参与者的反馈以衡量他们的满意度。

最后，成功的公众参与的基本条件就是调解人的参与。这些调解人需要具备足够的经验，要熟悉所使用的参与机制。此外，他们需要提供中立的、有效的调解方法，在整个参与过程中要保持中立，对所有的利益相关者不偏不倚。

3　具体参与机制介绍

本章详细介绍了公众参与的 5 种机制或方式：公民陪审团、未来探索工作坊/未来探索会议、情境分析、共识大会、协商式民意调查。

3.1　机制 1：公民陪审团

公民陪审团机制能让更多公民参与到决策过程之中。其目的是通过这种方式缩短民众与决策之间的距离，使决策更为民主，参与者为普通民众而非专家。该机制于 20 世纪 70 年代诞生于美国，80 年代在德国发展。随后，巴西、英国、西班牙、印度、新西兰、加拿大和澳大利亚等许多国家均开始实行这一机制。

公民陪审团通常（随机或分层）抽取具有代表性的公民代表。自 1996 年在英国实施以来，公民陪审团通常由 16 人组成，并尽可能代表社会各界，并在男女比例、种族分配、就业与失业人士比例等方面实现平衡。其中一条重要原则便是，参与者不能够自选（新经济学基金会，1998）。

被选公民须简要介绍其背景，同时针对某一事件表达自己的观点，并讨论可能的解决方式。有时，这一过程将会通过电视播放。公民陪审团这一机制的设立是为了弥补其他磋商方式的不足，而非取而代之。与法庭陪审团的运作方式相同，被选公民将成为陪审员，并以报告形式发表其判断。而所议事项将与全体民众息息相关，讨论过程也将体现决策的代表性和民主性。

该机制可用于争议的处理，或提供透明且中立的观点。陪审员基于其知识储备以及个人经历所形成的判断力与智慧能够提升该机制的内在价值。通过这一机制，陪审员们可贡献自己的智慧，并进行相互交流，从而得出共同智慧的结晶。

鉴于英国的实施情况（新经济学基金会，1998），公民陪审团机制的良好运行需要以下条件：①其目的为建立共识、解决问题；②具有明确的选项；③陪审团独立行使权力，并有时间进行审查与磋商；④主管机构持开放态度，承诺在规定时间内发表陪审团的报告，并承诺采纳陪审团建议；若不采纳，则公开解释不采纳的理由。

表 3-21　公民陪审团机制的用途/优点与注意事项/缺点（DSE，2013）

用途/优点	注意事项/潜在缺点
• 缩短民众与决策之间的距离，使决策更为民主 • 参与者多元化，决策更具代表性 • 消除分歧，使决策过程透明化 • 使参与过程透明、独立、可信 • 公众民主机制 • 使公民对所议事项有更深入的理解 • 使普通公民参与其中 • 明确重大缺陷，预估公众反应及观点	• 陪审团成员须具有代表性 • 陪审团的设立包括陪审员和专家的选择，以及时间的安排，陪审团的运作时间最长可至 4 天 • 须雇用仲裁人 • 参与者须清楚讨论结果及其用途。在活动开始前，应安排时间选举陪审员、雇用仲裁人、收集其简介或背景介绍，并联系相关专家 • 陪审团最多可有 4 天时间来考虑其“裁决” • 主管部门必须采纳陪审团建议；否则，需解释不采纳的理由

注：关于公民陪审团，更多信息请见：http：//www.dse.vic.gov.au/effective-engagement/toolkit/tool-citizen-juries。

3.2　机制 2：未来探索工作坊与未来探索会议

为了给缺乏渠道的公民提供在决策过程中发言的平台，未来探索工作坊于 20 世纪 70 年代建立。该机制旨在帮助解决常见问题，制订未来发展计划，并讨论如何将这些计划付诸实践。该机制的建立者罗伯特 • 容克（容克和穆勒，1989）希望能够通过提高社会参与度来更好地解决争端。

30 多年后，关于未来探索工作坊的原则的社会政治基本理解发生了改变。而这一依赖于专家和公民的知识，并使用仲裁手段的开放型工作方式却仍未过时。此外，未来探索工作坊也是一种自主学习的工作方式。未来探索工作坊的核心成分——形象化及方法变化——均为现代研讨会的主要工具。而仲裁和教育过程中也不断涌现创新的方法（阿帕尔，2004）。

该机制的方法步骤（阶段）以及优缺点如下：未来探索工作坊的 4 个阶段：①准备

阶段：（按照参与者情况）介绍该方法，相应的规则以及流程。②评审阶段：对事件进行严格全面调查。进行形象的头脑风暴，提出全面的关键性的问题。③设想阶段：所有参与者设想一个理想状态，并对未来的可能性做出夸张的设想。④实施阶段：对各想法的可行性进行检测与评估。与未来探索工作坊相似，未来探索会议是帮助来自不同社会经济背景的人迅速改变行动能力的计划大会。"该会议目的明确，将 60～80 人分在一个房间里，或是上百人分配在相似房间里，并在 3 天里给予这些人 16 个小时的时间来讲述他们的过去、现在以及期望的未来。通过对话，找到共同之处后，他们会开始制订具体的行动计划。该会议的设想来源于过去 50 年里经多种文化检验后的理论及原则，取决于参与者的相互学习，从而激发其自愿行为及后续行动。通过该方法，人们可得出适用于未来的新型合作形式（FSN，www.futuresearch.net）。"

决定未来研究会议能否成功的八大原则（FSN，www.futuresearch.net）：①确保"整个体系"在室内进行。参与者应尽量多元化，所得结果应与其利益相关。②在讨论局部的解决办法前，应对事项的整体进行了解。让每个人对同一事项发表其观点，须高瞻远瞩，也须切合实际。③在处理问题时，应将共同点作为前提，未来重心作为中心；应将冲突作为信息，而非行动项目。④在未来探索会议前后以及过程中，均应鼓励参与者进行自我管理并承担行动责任。⑤督促全勤——尽量减少缺勤。⑥健康状况——保持室内通风，提供健康的餐点，保证充足的休息。⑦会议持续三天（两夜）——参与者需要时间对所发生的事进行消化。⑧要求参与者在离开前对接下来的具体行动自愿做出公开承诺。

可考虑进行未来探索会议的情况如下：①主管机构（如当地机关）的权威人士强烈支持实施未来探索会议；②存在（或可以形成）能够代表社会各界的当地公民群体；③有充足的时间筹备会议，尤其是人员的招募；④有人手进行人员的招募；⑤活动地点采光自然，有充足的展示墙，音响设备良好。

未来探索会议是公众或组织制定共同未来发展计划的平台。参与的利益相关者被选理由可能是因为他是所议主题方面的权威人士，也可能因为他与结果利益相关。最理想的分组方式为 64 人，每组 8 人。其过程高度结构化，由 5 个阶段构成。建议时长为 2.5 个工作日。详见表 3-22。

表 3-22 未来探索会议的各个阶段及活动

阶段	活动
1. 回顾过去	参与者按时间顺序分别写下过去个人、社区、世界的主要事件
2. 探索现在	构建影响当地社区的趋势思维图；明确重大趋势是什么，将对其采取何种措施；小组分享社区里引以为傲或令人遗憾的经历
3. 创建理想化未来	小组内建立发展计划；明确计划实行的障碍；各小组向其他人展示计划
4. 建立共识	先在各小组内部，后在全体成员中实行以下步骤：制定共同发展目标，分析可能的实现方式以及尚存的不同之处
5. 制订行动计划	自主选择行动小组进行项目策划，并对其项目做出公开承诺

资料来源：新经济学基金会，1998。

未来探索会议对人力、场所、预算的要求如下：①人力：至少 1 名仲裁人，并需要筹备活动与招募参与者的成员。②场所：房间须能容下 8 张桌子，每桌 8 人；有演讲的空间以及充足的展示墙。③预算：在英国，未来探索会的预算范围为 2 500～40 000 英镑，大多为 5 000～10 000 英镑。

未来探索会议在环境问题方面的运用案例：①东西伯利亚，哈巴罗夫斯克地区。“发展哈巴罗夫斯克生态旅游”的未来探索会议由欧亚基金会资助，由非政府机构“绿屋”主办。该组织致力于“迈向 21 世纪社会合作项目”。这一会议的利益相关者包括非政府环保机构、教育机构、地区管理部门、旅游业、媒体、青年代表、国家公园。各方达成共识，摆脱消极状态，并找到策略性的解决途径。②西班牙，加泰罗尼亚。2010 年，一场关于“垃圾管理的发展”的未来探索会议在西班牙的加泰罗尼亚举行。该会议在加泰罗尼亚地区政府环保部门垃圾管理分部的支持下，由加泰罗尼亚特殊垃圾处理行业协会（ACITRE）主办。利益相关者包括当地管理部门、理事会协会、生态组织、媒体、商业联盟、相关联合会、高校、企业、公民及学生。

3.3 机制 3：情境分析（或情境测试）

情境分析（也称情境测试）是指通过设置不同情境、对比所得结果，并对后果进行评估。情境是基于不同的推测、现象、趋势等组合来探索不同未来的一种方式。特定情境项目需要更多知识。情境分析旨在预测社会的未来发展、评估相应的发展战略。其中心思想便是探索不一样的未来。

情境分析与测试的作用如下：①明确适用于所有情境的全面的广泛的动力；②明确事件或趋势的各种合理发展（不同假设会造成不同的发展趋势，因此所得结果有积极的，也有消极的）；③各种发展趋势相结合，得出一系列情境（例如，一个事件正面的发展趋势结合后大多得出正面的情境）。

情境分析尤其适用于缺乏数据、具有大量不可量化因素的长期不确定情况，也可用于当地针对多个产业的环保计划，考量其中长期社区发展以及可持续的经营模式，其优缺点如表 3-23 所示。

表 3-23 情境测试的用途/优点与注意事项/缺点

用途/优点	注意事项/缺点
• 无须模拟复杂的场景 • 可进行不同的组合以及假设（例如，改变推测后，观察结果） • 了解事件及可能的组合情况	• 对于“正确”的情境可能观点不一 • 所设情境只能认为是某种可能性，而非绝对的预测

资料来源：DSE，2013。

后向预测是情境测试的一种特殊形式。这一形式始于 20 世纪 70 年代，后逐渐发展为传统预测和计划的一种选择。该形式最初主要被用于能源计划的政策分析，后被用于探索可持续的未来发展与途径。在过去 10 年里，利益相关者的参与和相关计划的实施十分重要，在环保计划与评估间作用则更为突出。利益相关者参与后向预测，能够在大量未来可能性中提供公众的优先选择，并提供一系列方式来实现期望的结果。

奎斯特和维戈雷格特称（2008）认为，“后向预测是一种针对可持续性的参与性预测方式，该方式富有发展前景、战略性与创新性，并依托于利益相关者的参与，可持续未来的建设，利益相关者的学习，以及参与、设计与分析活动的结合。其本质就是制订可持续发展计划，并通过后向预测分析、设计与分析将其转为后续事项、行动计划以及后续执行行动。”他们认为后向预测的情况分析步骤如图 3-8 所示。

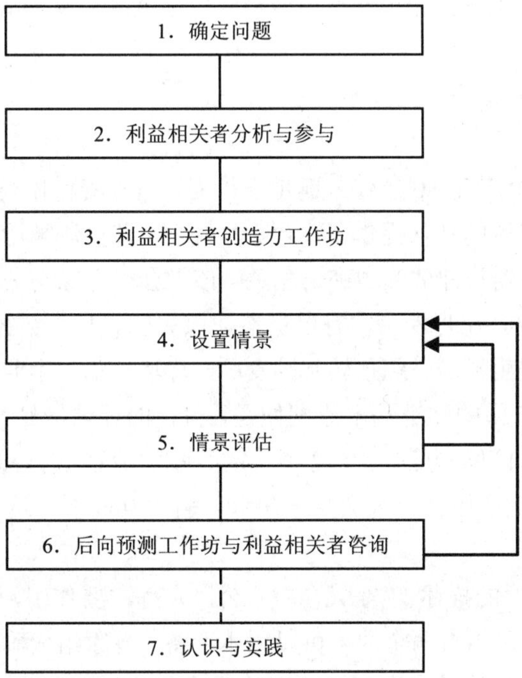

资料来源：奎斯特和维戈雷格特，2008。

图 3-8　后向预测情境分析的步骤

后向预测情境的一般方法包括以下 4 个步骤（DSE 工具[①]）：①明确未来 25～50 年的发展目标；②对特定目标实现途径的技术性和物理性特征进行分析，确定情境；③评估情境的物理、技术、社会经济可行性和政策方面的影响；④根据过去到现在的情况，对实现期望目标的方式进行头脑风暴。其优缺点如表 3-24 所示。

① DSE 工具后测：http：//www.dse.vic.gov.au/effective-engagement/toolkit/tool-backcasting。

表 3-24 后向预测的优缺点

用途/优点	注意事项/缺点
• 后向预测并非旨在展示可能的未来，而是显示不同政策目标的相对可行性与影响 • 根据分析外部的标准，而非未来的可能性，对可能的未来影响提出建议（如社会期许、环境要求等） • 针对可能的未来情况，从政策意义上决定行动的自由度	• 无可能性评估 • 未对于实现未来的潜在的世界结构特征进行发掘

通常，情境分析所得的结果有 3 种：正面的（或积极的）、负面的（或消极的）、中性的（或中立的）。这些结果对于未来的可能性进行实际评估，避免出现最好或最差的情况。同时，这些结果所包含的一些情况，虽然发生的可能性较低，但一旦发生，将会对环境与社会造成巨大影响，如工业设施建设中出现意外，从而向环境排放有害物质。

3.4 机制 4：共识大会

共识大会机制于 20 世纪 80 年代末诞生于丹麦，由丹麦科技委员会创办。该机制为公众参与所议事项或提议的评估提供了平台。传统上，该机制被用于新兴科技及其作用的评估，因此同环境规划与评估领域密切相关。该大会以专家与公民之间的对话形式展开，对公众及媒体开放。在丹麦，常有议员参加该大会。丹麦科技委员会（DBT[①]）已将该方法用于环境和卫生领域，包括转基因食品、环境评估、渔业与消费的未来发展以及未来环境等。DBT 工作的一个基本原则便是，科技的评估应结合普通人/业外人士的智慧与经验和专家的知识与方法，并遵守一定的政治流程（苏丽达，2006）。美国于 1997 年在波士顿第一次运用共识大会这一机制，就“互联网”这一技术进行了广泛的社会讨论。

根据 DSE（2013）[②]的描述，“在大会中，公民发挥主要作用，提出相关问题，并选择回答问题的专家。公民组有两个周末可以用于准备。专家组应确保在大会上能产生不同的观点、进行专业的争论。咨询/策划委员会有责任确保大会的民主、公平以及透明。目前，共识大会机制大多用于管理、科技等领域。大会成功与否取决于是否严格遵守相关实施要求。当社会成员认为他们的观点被忽略，共识大会便是他们实现民主参与的一个极佳的平台。”

以下通常视为共识大会的关键要素[③]：①组员为普通民众（10～30 人），与审查事项无直接利害关系。②针对所议事项，应进行介绍、协商，提高公众参与度（与大多数公众听审的政策讨论明显不同）。这一过程应包括话题介绍的准备大会和为期 3 天的专家

① http：//www.tekno.dk/subpage.php3？article=468&toppic=kategori12&language=uk.

② http：//www.dse.vic.gov.au/effective-engagement/toolkit/tool-consensus-conference.

③ http：//www.loka.org/TrackingConsensus.html.

组与公民组会议。③共同审议后，组员须将其所达成的共识写成报告。④该报告对公众开放，并且通过记者发布会发表。最好选择在公共立法大楼进行发布，从而提醒相关官员对其公民同胞们的观点加以特别关注。

共识大会的花费为：当地事项 30 000～60 000 美元，国家事项 100 000～200 000 美元（斯克劳夫，2000）。会议花费看似高昂，但相比技术研发或大型基础设施项目方面的投资，则是小巫见大巫。

在丹麦，共识大会已有 20 多年的历史，并已获得政治和社会认可。“该会议媒体关注度高、公众参与积极性强。组员针对话题进行激烈的公开讨论，并随后提出相应的建议。在若干共识大会上还发生了政治辩论，并产生了新的法规。例如，公民组针对辐射食品建议便被写入丹麦的禁止辐射食品这一法律”（苏丽达，2006）。

共识大会这一方式在许多方面都有利于决策，包括环保政策的制定。根据共识大会所处的决策阶段，该方式有利于发现政策设计所存在的问题、辨析矛盾性的假设、探索可能的解决方法、分析已有的不同提案、选择评估政策、曝光不良政策、更好地利用公民与专家资源。

共识大会方法的运用案例，包括 1999 年 5 月 21 日至 24 日，由英国经济环境发展中心（CEED）举办的“英国放射性垃圾管理共识大会”。该次大会的资金一部分来源于公款，一部分来源于英国一家私人的放射性垃圾处理公司 NIREX。咨询委员会成员包括科学家与政府官员。详见 5.2 部分。

3.5　机制 5：协商式民意调查（DOP）

协商式民意调查（DOP）在全世界均有所应用，尤其是在美国。该方法由詹姆士 •S. 费什金于 1991 年首次提出（费什金，1991）。该方法已有 20 多年历史，其运用表明了普通民众可以进行审议，而社会发展也能从中获益。协商式民意调查这一过程不会对公众的观点持有偏见，也不会将其两极化（费什金和卢思金，2005）。

针对特定事项进行基线调查是协商式民意调查的特点之一。在基线调查中，受调查人员（包括公众与专家）聚在一起，花几天时间共同讨论相应事项。参与民意调查的 600 人，应具有社会代表性。整个协商式民意调查的时长一般为若干个星期。

当公众对所议事项不甚了解或知之甚少时，或无法权衡公共政策的运用时，协商民意调查便尤为适用。从广义上讲，这种调查方式是一种社会科学性实验，也是公共教育的一种形式。

在实施协商民意调查时，应遵循以下步骤与准则（DSE，2013）：①随机抽取受调查人员，使参与者能代表更广大的社会群体；②进行基线调查；③联系相关专家与政府官员，为参与者就所议事项提供相关知识；④向参与者简要介绍所议事项，并分发打印版资料；⑤给予参与者 2～4 天时间来组织问题，并让决策者与专家参与全体讨论；

⑥在调查前后，均须记录针对所议事项的观点；⑦观点的改变应进行评估，并记入报告；⑧整个调查过程通常有电视/媒体公司的参与。其优缺点如表 3-25 所示。

表 3-25 协商式民意调查的优缺点

用途/优点	注意事项/缺点
随机抽取受调查人员，使参与者具有社会代表性。通过协商式民意调查，决策者与媒体界人士可以了解到，若给予公众充分的时间对所议事项进行考量，他们会有怎样的想法	• 参与者数量大（250～600 人），因此创办成本高 • 通常需要具备不同专业知识的专家为参与者供相关知识 • 须对发言者进行安排 • 参与者的观点多，因此数据管理相当重要 • 组织并进行这一调查耗时长 • 组织者应为安排时间进行初始民意调查、2～4 天的审议、第二次调查与报告陈述

2000 年中期以来，中国举办了若干次协商式民意调查。这些调查似乎表明，社会中的不平等现象并不影响协商过程。随着自己的看法逐渐演变成大会的观点，对于社会特权人士将会主导这一过程的担忧也不攻自破。2008 年，温岭市泽国镇举行“协商式民意调查”项目，科学地抽取了普通民众作为代表，就来年投资哪些基础设施项目进行了协商[①]。

4 和平非暴力公众抗议的公共参与机制

正如上文所说，决策过程缺乏切实有力的公共参与机制会导致政府与公民之间的隔阂，也使公民无法参与到城市进程之中，而这一情况可能导致公众抗议。

大多数公众抗议行为是非暴力的。在健康发展的社会，真正的安全与非暴力公众抗议余地之间应保持平衡。在这一点上，不同的利益相关者发挥着一定作用，也承担着一定责任。

非暴力抗议是指不针对任何人或财产进行暴力行为的抗议，是一种公开守纪的行为。任何形式的公众集会与街道游行等行为均属非暴力抗议的范畴。非暴力环保抗议可以引起公众与媒体对某一问题的关注，从而促进环境的治理，促使政府或公司对相应问题采取解决办法。针对环境问题进行非暴力抗议在许多国家已成为环境治理很重要的因素。例如，在德国，过去 30 年的环保抗议运动已为环境政策方面带来许多改变，也督促许多公司遵守相关环境法规。

此外，对于环保人士而言，非暴力公众抗议是一种有效的活动方式（地球之友，2006）。在公共场合进行和平抗议、示威、集会与游行可提高环境问题的关注度、认知度，或表达对环境问题的支持。

① 更多相关信息，请见协商式民主中心网站：http：//cdd.stanford.edu/polls/china/。

示威有 3 种形式，包含各种因素。环保组织所采取的主要方式如下：①游行，抗议者沿着既定路线游行示威；②集会，抗议者聚集起来听相关演讲或音乐；③罢工，抗议者将某处包围（一般保卫雇主或公司大楼）；④静坐，抗议者占领一处，静坐一段时间或无限期地坐下去，直到他们觉得事件已被解决，或他们认为静坐无法解决问题或被迫离开。

鉴于欧洲的环境治理经验，环保人士需要这些公众抗议的方式。这样他们才能监督环境政策的实施，督促私人企业遵循环境法规。若没有这些和平公众抗议形式，欧洲的环保政策就不会自 20 世纪 70 年代以来发展如此迅速。此外，和平抗议权对于民主政治而言也十分必要。

5　应用参与机制的典型案例研究

5.1　案例 1：德国联邦铁路的斯图加特 21 工程

斯图加特 21 事件对德国未来的环境和能源规划具有重要启示意义。这并不是一个公众参与的成功案例，未来在进行大规模基础设施规划时应从中吸取教训，改变做法。在最近德国发生的斯图加特 21 事件中，公众参与没有得到恰当处理，因而持续了很长时间。这导致规划项目的工期严重拖延，公众对当地政府日益不满。

斯图加特 21 事件主要发生在 2006 年到 2011 年年底。2007 年 10 月当局批准规划，将位于地上的斯图加特火车总站改建为可以连接欧洲高速铁路网的地下贯穿式火车站。2010 年 2 月 2 日项目开工，但是由于公众爆发大规模抗议示威活动，抗议者与警方发生激烈冲突，项目一直受到阻挠。9 月 30 日，在警方和示威者爆发激烈冲突之后，青年、家庭和卫生部部长海涅·盖斯勒充当起斯图加特 21 项目调解人的角色。从 2010 年 10 月 22 日到 11 月 30 日，当地开展了一场参与式民主的试验。最终双方达成一项妥协性的议案，议案内容由瑞士一家独立的咨询公司通过“压力测试”进行评估。2011 年 7 月 29 日发布报告，报告批准了议案内容，但很多反对者依然无法接受这一结果。最后，2011 年 11 月 27 日，当地就州政府是否给斯图加特 21 项目提供资金举行全民公投。58.9% 的有效投票支持给项目提供资金，在所有投票中占多数，项目最终得以批准实施。尽管举行了全民公投，截至本书写作时，依然有反对团体表示不服，继续进行抗议，并呼吁取消项目。不过多数民众都已接受公投结果，项目继续开工建设，但建设成本却比此前估计的数目高昂了许多。

斯图加特 21 事件带来的一个积极结果是近年来再次兴起了公众参与的热潮。德国高等可持续发展研究所（IASS）认为，“公民希望更多地参与政治决策。有关斯图加特 21 铁路工程的示威游行等抗议活动也表明，人们对民主的理解发生了根本性的改变。在公民增加政治参与的过程中，知识发挥了重要作用：除传统的专业知识以外，来自不同角度的重要事实、经验和见解也可以被纳入政治决策之中”（IASS，2013）。

斯图加特 21 案例表明，“核对事实”将是未来环境规划过程中的一个重要方面。目前德国的做法未能充分证明大规模建设项目的合理性，因此，未来的决策过程需要以对话为基础，更加开放。

民众抗议的主要问题是工程耗资巨大、收益分配不公、决策过程缺乏民主、政客对反对者态度恶劣。2010 年 9 月示威者与警方发生冲突时，警方使用了水炮，这也引起了争议。这些示威活动也吸引了很多平时不经常参加此类活动的人群参与（Baumgarten，2012）。

调查表明，多数示威者关心的主要问题并不是工程对环境的影响，而是过程处理（不当）（图 3-9）。公众和媒体也关心原铁路沿线房地产投机以及土地购买权的问题。

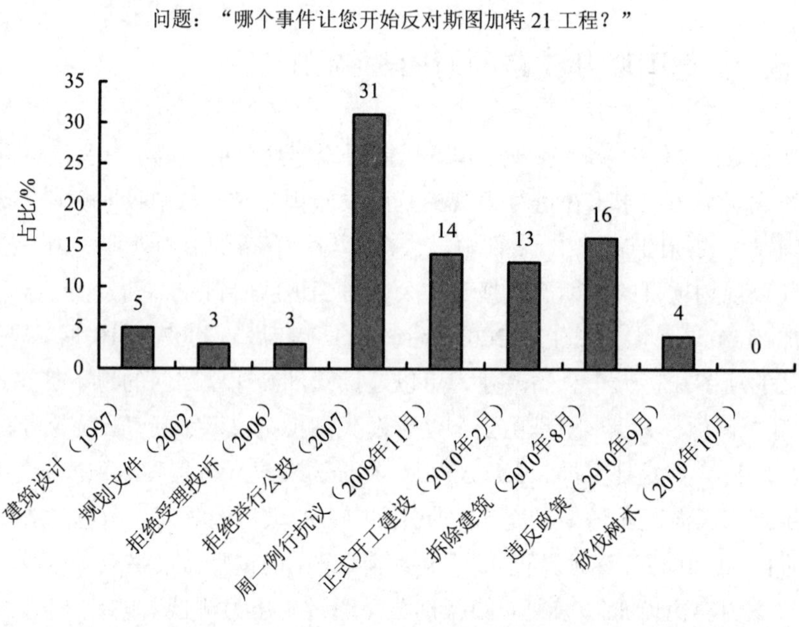

图 3-9　对斯图加特 21 抗议活动的调查（Brunold，2012）

弗里塞克（2011）认为，“针对斯图加特 21 工程及其他联邦、州和地方规划提案（如建机场、修路、建生物气工厂）的抗议活动表明，公民常常感到在政治决策过程中参与太少。此外，在金融危机和经济危机的背景下，公民对大规模建设项目、企业和政府都怀有深深的不信任感。他们越来越不愿意依赖外部专家的所谓专家意见。民众希望能更多地了解发生的变化，要求规划过程更加透明，要求共同参与决策。”

在斯图加特，通过迟来的公众参与和巧妙的调解，大多数错误的规划决策最终得到避免。由于斯图加特 21 事件的影响，多数评论者认为应该更新德国环境规划中的公众参与机制。与欧盟的其他国家相比，德国这一自上而下的机制相对落后。这样的调整可以通过优化正式参与过程、加强非正式参与过程和改进直接民主决策过程来实现。此外，有必要使用未来探索、情景测试等参与方式，以避免类似的事件在未来重演。

5.2　案例 2：科普日夫尼采（捷克共和国）的公民和利益相关方参与的范例①

捷克共和国科普日夫尼采的事例被健康城市网站②被誉为实施《21 世纪议程》过程中“公众积极参与规划和决策”的典范。健康城市网站认为，公众参与带来了如下结果：公众参与规划活动最终使居民的“愿望”得到满足。科普日夫尼采的居民至少对各个工程项目有所了解（即使无法直接参与规划过程），最理想的状况是公众了解的情况中包含来自专业人士和民众的意见，经过讨论，最终与公众共同实施。

具体来说，科普日夫尼采与利益相关方和/或公众合作，共同推行某些方面的可持续发展计划。以下是 3 个相关的例子：①改造科普日夫尼采的垃圾处理体系。②实施“活力科普日夫尼采”工程，工程资金来自环保部的周转基金。该工程包含 11 个部分，如利用条形码建立垃圾分类系统，为不同种类的垃圾提供新的垃圾箱，支持“地球日”国际运动框架下的各项活动，为老年人提供为期一年的环境与可持续发展学术课程。③与捷克本国和其他国家的城市一起，利用一套被称为“生态足迹”的特殊指标来衡量自身的可持续发展水平。

参与方式：科普日夫尼采当局根据讨论主题、目标群体和其他方面的情况组合使用几种公众参与方式。常用的做法包括组织公众讨论、圆桌会议，以及邀请工作组或委员会的合作伙伴参与，也包括宣传教育活动和市中心的互动式展览。民意调查和问卷是宝贵的信息来源。公众广泛参与的一个例子是公共听证会，听证会的结果会影响科普日夫尼采所有居民（如更新观念或计划）。如果必要且可能，来自三大利益相关方的代表，也就是普通民众、非盈利部门以及当地企业代表，都会参加听证会。

公众知情和参与：公众参与当地决策的过程由市政府、筹建工程的市镇工作人员或者市民发起。与健康城市工程（PZM）和地方 21 世纪议程（MA21）合作，共同选出最佳的公众参与方法。经过活动的前期宣传，在公布的时间举行规划会议。会议通常由协调员举办，这样才能确保调停方的公正性，不会偏向公众或是展示规划和政府意向的市政专家。参与各方包括来自非营利机构、社团、协会以及企业和“普通”市民代表，参与者没有年龄限制。向公众发布消息时，地方政府经常使用以下方式：（在城镇、机构

① 本案例研究是基于蒂娜・巴尔采访伊凡娜·拉斯科瓦的文字实录。该采访收录于《欧洲城市参与城市气候保护的答案》一书，章节标题为“科普日夫尼采市”，2011 年由 Heinrich Boell Stiftung 出版社出版。http：//www.boell-brandenburg.de/pics/images/puc_english.pdf。

② http：//www.dobrapraxe.cz/en/koprivnice-aktivni-zapojovani-verejnosti-do-oblasti-planovani-a-rozhodovani- kriterium-c-2.

团体和当地农村）贴海报、通过科普日夫尼采有线电视进行播报、在科普日夫尼采地方报纸、地方网站和健康城市工程的网站上刊登文章或发布邀请函、无线电广播、事前展览、新闻发布会。如果需要向某个目标群体发布消息，则使用以下方式：A6纸传单（放入某个地区居民的信箱里；放入幼儿园儿童的储物柜里，待儿童回家时送到家长手中；在市中心向路人发放）、在活动开始前几天播放相关话题的电视讨论（通常是镇政府代表和市政府专家之间的讨论）邀请人们参与，向特定机构发送书面、电话和邮件邀请，以及其他方式。以上所有方式都会根据讨论的话题性质而进行调整。

避免误解和深化关系：在组织公众参与的过程中，地方政府积极避免当地居民和市镇管理者之间出现误解。市政府更愿意和民众讨论他们的意向，而不是在出现问题后应付民众的请愿和投诉。人们与居住的市镇关系更加密切，因为他们能共同决定镇上的事务。通过这些广泛参与的会议，市镇管理者和居民之间建立起更加深厚的相互信任。简言之，通过这种方式，科普日夫尼采的氛围得到改善。这些做法究竟有多么成功，从有关居民对当地社区的满意度的社会学研究的结果中可见一斑（由一家外部企业在2005年、2008年和2010年分别开展）。在科普日夫尼采的网站上可以看到这些研究的结果。

后勤工作：包括两个方面，即资金和时间/人力。这两个方面都需要提前准备，以确保公众和利益相关方能够有序参与，而不是走形式主义。这两个问题都能通过不增加额外成本的方式得到解决。①资金：为居民会议租借场地（有时需要能容纳100人的会场）、准备零食和饮料、向工作人员支付报酬。②时间/人力：根据活动种类，需要一些人员对活动进行筹备、开展和评估；这些任务并不属于他们日常的职责范围。还需要至少一位外部协调人，承担布置会场（音响和技术设备）、传递评论和登记等工作。

为促进参与而设置的人事岗位：为符合地方21世纪议程（MA21）的国家标准，2004年设置了健康城市工程（PZM）协调员的职位。协调员的主要任务是发起和支持地方、区域和全国合作，组织公众参与决策。自2009年年初以来，协调员归城市发展局战略规划处管辖。另一个类似的职务是教育和外部关系局下设的联络职位，负责该镇的外联事务。健康城市工程和21世纪议程的协调员与市镇的发言人紧密配合，发言人也负责该镇的公关事务。在提供公众反馈方面，发言人负责在媒体上刊登文章、参与电视讨论和论坛，在该镇网站上发布信息等。

合理控制预期：可能出现的一个问题是对公众要求太高。由于欧盟可能提供外部资源，这就为各城市获取必要资金创造了新机会。很多城市，包括科普日夫尼采，增加了申请拨款的活动，与此同时，让公众参与规划活动的需求也在不断增加。未来两年有必要研究与公众交流的频率、目的和形式，以确保交流活动不致泛滥成灾。如果活动没有吸引力，居民可能会对此失去兴趣。

评估利益相关方的满意程度：在每次开会时，除会议文件外还会发放调查问卷，目的是收集人们的想法，对公众会议进行改进。问卷是自愿填写，回复率大约为22%。问卷上的问题大多关于举办会议的时间、日期和地点。问题也包括信息的表述是否足够清楚。问卷最后会留出空白，让受访者表达他们对此次会议是否满意。最后，要求受访者用 1～5 为会议打分（1 为最差，5 为最好）。问卷结果也包含在活动记录当中，并在健康城市工程和 21 世纪议程的网站上进行发布。

参与带来的影响：公民和利益相关方有机会在垃圾管理、医疗卫生和城市可持续发展等方面为各种进程取得成果做出贡献。为规划和概念做准备时，公众自始至终都是合作伙伴，在会议上公民提出具体的措施、活动和任务，这些措施、活动和任务如果相关，即被纳入规划当中。在投资项目时，至少在工程的最终形式上会征求公民的意见。有时甚至最终的解决方案都是由居民共同决定的。

5.3　案例 3：英国经济与环境发展中心有关放射性废物管理的共识会议（1999 年 5 月 21 日—24 日）

1999 年，英国经济与环境发展中心（CEED）举办了有关放射性废物管理的共识会议。会议由公共财政和一家名为 NIREX 的处理放射性废物的私营企业共同出资举办。咨询委员会由科学家和政治家组成。共识会议主要聚焦如何用公众可以接受的方式对英国的核废料进行有效的长期管理，这其中包括军用和民用核能产生的废料，尤其是直接的高放射性废料。公民小组作为公众的一部分，在力所能及的范围之内对他们认为重要的问题进行研究。

由公民小组选定的 22 位专家首先进行 5 分钟的陈述，然后与小组举行讨论。会议内容向民众公开，并鼓励观众提交问题，以供小组研究。2002 年春天，公民小组会议再次召开。这次会议主要关注政府咨询文件中提出的放射性废物管理问题。1999 年共识会议和 2002 年公民小组会议的结论收录在本报告的附件 4 中。

会议带来的影响：

公民小组的报告受到了政治家、环保人士和工业家的欢迎。上述人士受邀对报告进行评价，这增加了报告的权威性。所有受邀人士均认为报告中提出的建议内容合理，表述清晰。时任环境大臣的国会议员迈克尔·米彻阁下表示："我向公民小组保证，这篇报告绝不会被埋没。报告内容将会得到仔细研究。我要感谢英国经济与环境发展中心，感谢他们提出召开共识会议，这真是一个绝佳的想法。放射性废物的处理问题已困扰英国数十年之久，我认为，组织公开讨论和邀请公民参与正是解决这一问题的良策。"

共识会议报告也为向公众和利益相关方更广泛地征求意见提供信息，最终在 2001 年形成了一份题为《安全管理放射性废物》的咨询文件。文件中收录了共识会议提出的几项建议。例如，2002 年 7 月 29 日，政府宣布建议一个新的独立机构——放射性废物管理委员会（CoRWM），此举即是遵从了公民小组报告中的建议。委员会的职责之一是了解公众对英国放射性废料长期管理方面主要关注哪些问题。委员会出版了针对非专业人士的"讨论指南"，目的是在英国全境建立多个讨论小组，这将有助于委员会了解情况，更好地向政府建言献策。参与讨论的团体大多已经成立（如英国妇女协会下属的各团体），这些团体的讨论活动将由他们自己来组织。讨论指南的内容包括有关核废料的背景信息以及有关如何组织小组讨论的指南。讨论主要关注放射性废物处理过程中的道德问题（而非经济问题），讨论成果将通过开放式问卷的方式反馈给放射性废物管理委员会。这些反馈将有助于网站建设，而设立网站的目的正是以更加便捷、更加公开的方式了解舆论观点。在放射性废物管理委员会拟定建议时，这些观点将为未来的政策制定提供参考。

有关放射性废物管理的共识会议可能为未来的政策制定形成示范作用，这主要是因为决策者明确表示愿意采纳公民小组的建议。这次会议没有带来直接结果，相应的方法也没有被再次用于解决类似冲突。不过，我们依然有充分的理由继续鼓励公众参与现实生活的政治议题。

6 参与机制对中国的借鉴意义

6.1 经验总结

这项研究概述了公众参与环境规划与评估的几种常见机制。从欧洲的实践中我们可以看出，公众参与是环境规划过程中的重要因素。

然而，在许多国家和地区，包括欧洲和中国，决策者仍然认为公众参与会对大项目的实施造成障碍，或者说公众参与只不过是有效地向公众传达信息而已。这种过时的观点其实是假定决策者已经有了一个最佳方案，只需要让公众认同这一方案即可。这种情形并不是公众参与，只是说服大众而已。

这份报告介绍了公众参与的几种方式，这些方法都不仅仅是简单地向公众提供信息。国际经验表明，有效的公众参与需要公众加入到决策的过程中来，从长远来看这种参与最终会使公众获得更多权力。

从各种各样的参与方式中，这份报告归纳出了确保公众参与有效性的几个共通原则，如利益相关者要较早参与，对所有利益相关者的诉求进行整合，确立阶段性目标，对公众期待、规划过程以及利益相关者的满意度进行监测等。尤为重要的是，公众参与需要较早进行，从决策尚未做出的时候开始。只有这样才能避免实施过程中的拖延，才能及时地发现并解决专家们忽略掉的问题。

这份报告介绍了参与度较高的 5 种参与方式：公民陪审、未来研讨会/探索未来、情景分析、共识大会、讨论—表决。公民陪审可以调解冲突，也可以针对各种问题，如环境规划，提出一个透明、中立的观点。探索未来就是针对现存的某些不太令人满意的情况设想出几种理想状态，然后一起讨论如何改进当前的状况以实现理想状态。情景分析采取的也是类似的方式，但针对的是长期的发展。情景分析可以预测未来社会的发展，并且对那些应对未来发展的策略进行评估。共识大会起源于丹麦的共识大会，一直以来都是对新兴技术以及新兴技术的影响进行评估，因此与环境规划和评估有着很强的关联性。当公众掌握的知识、信息有限时，讨论—表决这种方式尤其适用，因为这种方式可以启发民智。

欧洲的这些案例，尤其是斯图加特 21 案例，表明了尽管许多参与方式在 20 多年前就已经被探索出来，但是许多公共权力机构却不太愿意采用公众参与的方式，也就不一定会采用这些方法。在该案例中，权力机构的错误想法导致了之后的拖延、社会抗议和极高的附加成本。事实证明，想要缓解紧张形势，参与性的调解手段是唯一的对策。捷克的科普日夫尼采案例却是另一番情形。该案例表明，在制定环境规划决策时，最有效的公众参与应该是一个持续的过程，而不是昙花一现。这个过程可以使政府和公民之间建立起一种相互信任的关系，共同制定解决城市面临的环境问题。在英国的案例中，英国经济与环境发展中心针对放射性废弃物的治理组织了一个共识大会。这个案例表明，在应对长期的、复杂的环境难题时，公众参与可以为政策的制定提供很多有益的想法和建议。

总之，我们从国际实践中总结出来的经验可以概括成一句话：只要透明化、合理化运行，公众参与一定可以发挥重要的积极作用。

6.2　国际实践对中国公众参与的启示

中国的社会和机构越来越复杂，中国公民也越来越重视环境规划。中国的公共权力机构现在已经无法忽视公民对于环境的关注以及想要参与公共决策的意愿。对于环境规划来说，这就意味着，只有每个利益相关者都真正参与到决策过程中来，决策才会有效。

（1）在环境规划和评估过程中，促进公共参与的一些原则和机制已经在很多国家、不同的文化背景中取得了成功。因此，中国也可以考虑采取这些方法。但是这些方法要加以调整才能适用于中国的具体情况，因为照搬照抄他国的经验和方法一定不会取得成功。

（2）中国可以对地方规划部门、环保部门以及环境影响评估部门进行能力建设，让这些部门的官员学习这份报告中介绍的公众参与方法。另外，能力建设必须要对地方官员的观念进行转变，使他们能更加积极地与公众进行对话、交流，使他们真正意识到，公众作为一个利益相关者也可以发挥建设性作用，可以对环境规划和评估决策起到积极作用。

（3）中国可以建立一个由仲裁员、促进员、调解员组成的人才库，这些人要能在全国或者各地方的公众参与机制中总领大局。负责参与过程的仲裁员需要熟悉这份报告中介绍的各种参与方法。除了仲裁员之外，私营仲裁机构也可以提供参与性仲裁服务。

（4）中国可以开展试点项目，在真实的环境规划和环境影响评估场景中对这些参与方式进行尝试、检验。可以采取的试点项目包括：规划城市基础设施建设、修建废物焚烧厂、修建化工厂等。运行试点项目时尤其可以适用讨论—表决、探索未来和公民陪审这三种公众参与方式。

（5）对于一些涉及利益范围较广的问题，如新兴技术和长期性环境问题，中国可以采取情景分析和共识大会的方式，组织国家级或省级的高层研讨会。

参考文献

Apel H. 2004. The Future Workshop.Deutsche Institut fuer Erwachsenenbildung，Bonn. URL：http：//www.die-bonn.de/esprid/dokumente/doc-2004/apel04_02.pdf.

Arnstein S R. 1969. A Ladder of Citizen Participation，JAIP，Vol.35，No.4，July 1969，pp.216-224. Available at：http：//lithgow-schmidt.dk/sherry- arnstein/ladder-of-citizen- participation.html.

Baumgarten B. 2012. Stuttgart21：How a large-scale project caused large-scale protests. An interview with Dr. Britta Baumgarten of the Social Science Research Center Berlin（WZB）. http：//www.german-african-partnership.org/news/stuttgart-21-how-a-large-scale-project-caused-large-scale-protests/.

Brunold A. 2012. Stuttgart 21 als “Lehrstück” für politische Partizipation. Workshop presentation，University of Augsburg. http：//www.bundeskongress-partizipation.de/wiki/images/6/67/Stuttgart_21_als_Lehrst%C3%BCck..._Brunold.pdf.

Chess C，Purcell K. 1999. Public Participation and the Environment：Do We Know What Works? Environmental Science and Technology，Vol.33，No.16，1999.

Davidson S. 1998. Spinning the wheel of empowerment.In：Planning.Vol.1262.

Drhova Z. 2011. How Successful Is the Aarhus Convention Implemented on the City Level? Analysing EIA，SEA and Land-use Planning Processes in the Czech Republic.In：Heinrich Boell Stiftung（2011）Participation in Urban Climate Protection-Answers of European Municipalities.Heinrich Boell Stiftung Brandenburg，Potsdam. http：//www.boell-brandenburg.de/pics/images/puc_english.pdf.

Fishkin J. 1991. Democracy and Deliberation：New Directions for Democratic Reform，Haven，CT：Yale University Press.

Fishkin J，Luskin R. 2005. Experimenting with a Democratic Ideal：Deliberative Polling ad Public Opinion.Acta Politica 40，284-298.

Friends of the Earth. 2006. How to：protest on the right side of the law. Friends of the Earth UK. http：//www.foe.co.uk/resource/how_tos/cyw_59_protest_law.pdf.

Friesecke F. 2011. Public Participation in Urban Development Projects-A German Perspective. FIG Working Week 2011-Bridging the Gap between Cultures Marrakech，Morocco，18-22 May 2011. http：//www.fig.net/pub/fig2011/papers/ts03d/ts03d_friesecke_4868.pdf.

Glucker A，Driessen P，Kolhoff A，et al. 2013. Public participation in environmental impact assessment：why，who and how? Environmental Impact Assessment Review 43，104-111.

Heinrich Boell Stiftung. 2011. Participation in Urban Climate Protection Answers of European Municipalities. Heinrich Boell Stiftung Brandenburg，Potsdam.http：//www.boell-brandenburg.de/pics/images/puc_english.pdf.

Jungk R，Müllert N. 1987. Future workshops：How to create desirable futures.Institute for Social Inventions，

London.

Matthias Kaiser M，Forsberg E M. 2002. Consensus conference on environmental values in radiation protection：a report on building consensus among experts.Science and Engineering Ethics 2002，Volume8，Issue4，pp. 593-602.

Li T H Y，Ng S T，Skitmore M. 2013. Evaluating stakeholder satisfaction during public participation in major infrastructure and construction projects：A fuzzy approach，Automation in Construction 29，123-135.

Loske R. 2013. Ökologische Verantwortung inder Bürgergesellschaft jenseits von »Obrigkeitsstaat« und »ParticipationOverkill«. In：Klaus Töpfer，Dolores Volkert，Ulrich Mans（Eds.）Verändern durch Wissen Chancen und Herausforderungen demokratischer Beteiligung：von Stuttgart 21 bis zur Energiewende.oekom verlag，Munich.

Luyet V，Schlaepfer R，Parlange M B，et al. 2012. A framework to implement stakeholder participation in environmental projects，Journal of Environmental Management 111，213-219.

New Economics Foundation. 1998. Participation Works! 21 techniques of community participation for the 21st century. New Economics Foundation &UK Community Participation Network.

Reed M S. 2008. Stakeholder participation for environmental management：a literature review.Biological Conservation 141，2417-2431.

Rowe G，Frewer L. 2005. A Typology of Public Engagement Mechanisms. Science，Technology，& Human Values，Vol.30 No.2，Spring，251-290.

Sclove R. 2000. Town Meetings on Technology，Consensus Conferences as Democratic Participation. From：Kleinman，D. ed. Science，Technology，and Democracy.State University of New York Press，pp.33-48.

Zurita L. 2006. Consensus conference method in environmental issues：relevance and strengths.Land Use Policy，Volume23，Issue1.

附　件

附件 1　由澳大利亚维多利亚省政府可持续发展与环境保护部开发出来的“有效参与工具箱”

这个在线工具箱列出了很多可以采用的方式来保障社区参与活动的有效规划、实施与评估。工具箱是在沿海合作研究中心的协助和允许下开发出来的。可持续发展与环境保护部的辅助者和从业者也将他们从自身参与实践中总结出来的有效方法收录到工具箱里面。

工具箱里还有对 50 多种可用方法的具体介绍，但这个工具箱并不是要将所有的方法都收录进来，只是为各种类型的公众参与，不管是“通知”还是“赋权”，提供多样的方法选择。对于每一种方法，工具箱里都详细介绍了该方法的目的、需要用到的资源、优缺点，还有一些有助于人们对该方法进行深入研究的资料。这个网址还包括一个“选择合适方法”的页面，帮助人们挑选最适合的社区参与方式。

网址：http：//www.dse.vic.gov.au/effective-engagement/toolkit。

附件 2　地方环境决策过程中的公众参与：奥尔胡斯公约纽卡斯尔研讨会实践手册（2000 年 7 月出版）

1999 年，奥尔胡斯公约的签署国首次会议制订了一些行动计划，计划中包括同年 12 月在英国纽卡斯尔市举办一个以“地方环境决策过程中的公众参与”为主题的研讨会。而这本手册就是根据会议内容编写而成的。这本手册的受众主要是政府决策机构，但手册对于社会大众、非政府组织以及企业来说也有是极有价值的。

手册还收录了欧洲关于公众参与项目环评的 50 多个案例，网址为 http：//www.unece.org/fileadmin/DAM/env/pp/newcastle.handbook.htm#Article%206。

附件 3　丹麦共识大会模式的具体步骤

（1）选择一些党派不一致的机构，代表不同的观点。这些机构要对议题的方方面面都很熟悉，并且愿意一起合作。由这些机构组成的领导小组负责整个共识大会的顺利进行，并且要保证领导小组提供的信息材料公正无误。

（2）通过张贴广告、随机发放邀请函等方式招募参与者。有意加入者需要递交一份申请，在申请书中介绍自己的背景并说明想要参加的原因。申请书无须过长，一页纸就可以。

（3）从申请者当中挑选10～30人（通常是15人；委员会成员如果属于多个语种，则需要30人），代表全国公民。这些人事先并不了解各党派关于这个议题的利益冲突。

（4）制作一份背景材料（信息手册），材料中需要介绍各个政治派别针对议题持有的不同态度。材料需经过领导小组的审查批准。

（5）周末做准备工作的时候，公民委员会要就背景材料进行讨论，然后形成一些问题以便之后让专家来解答。委员会成员需要在这个周末相互了解、相互熟悉，并且培养相互探讨的能力。

（6）公民委员会选择所需的专家类型。专家团成立后，公民委员会需要从专家团中挑选一些人，形成专家委员会，来回答之前准备好的问题（问题是之前公民委员会根据领导小组提供的背景材料提出的）。专家团的成员要包括与议题有关的各个领域的专家，包括伦理学专家、社会学专家、技术专家等。

（7）在第二个做准备工作的周末，公民委员会再次讨论领导小组提供的背景材料，对问题加以改进，并对专家委员会的名单加以修改完善。选择专家委员会这一流程也可以只在第二个周末进行。

（8）专家委员会要用普通民众能充分理解的语言，准备对公民委员会提出的问题进行口头以及书面回复。

（9）宣布举行公开会议，也就是共识会议。公民委员会和专家委员会要一同参加会议，媒体、立法机关以及任何对此感兴趣的公民都作为观众前来参会。

（10）会议第一天，每个专家要对公民委员会提出的问题进行15～30分钟的回答，然后回答公民委员会现场提出的补充问题。时间允许的话也要回答现场观众的问题。

（11）公开问答环节结束后，公民委员会要对专家的回答进行讨论。

（12）会议第二天，公民委员会对专家委员会进行交叉盘问。

（13）第二天和第三天的公开环节结束后，公民委员会进行审议，然后将他们达成的一致意见和存在的分歧写进一份报告里。报告完全由公民委员会执笔，但必要时助理和编辑可以从旁协助。

（14）第四天，专家委员会可以对报告中明显的事实性错误进行修正，但是不能对其他内容有任何修改。

（15）最后，公民委员会要在全国性的新闻发布会上发布这份报告。报告通常是15页到30页，必须有清晰的论述和具体细致的分析。

资料来源：http：//www.ivm.vu.nl/ en/Images/PT3_tcm53-161508.pdf。

附件 4　英国经济和环境发展中心关于放射性废物处理的共识大会

主要结论：

（1）放射性废物必须从地表移除，埋藏到地下，但埋藏的方式必须是可监测、可找回的。须不计一切成本做好埋藏工作，以便未来我们找到更好的方式来处理这些废物。

（2）可以指定一个中立的政府机构来负责废物处理工作，如选择一个放射性废物埋藏地点，选址的标准应该向社会公开。

（3）所有处理放射性废物的机构都应该遵守统一的标准，操作标准须相当严格，比如要包括随机抽查环节。

（4）应该开展更大规模的研发工作，鼓励国际合作。

（5）核工业也可以允许私有化，前提是运作合理，有足够的安全保障。

（6）目前，我们还缺乏公众的信任和理解，公众需要增强对放射性废物处理这一问题的认识。公众需要充分了解我们现在面临的问题和现有的对策。决策的过程必须公开透明。放射性废物处理应该成为政府公共教育政策的一部分。

（7）我们并不是从根本上反对核能，只是在我们还不能妥善处理污染问题的时候，不希望看到核扩散。

（8）需要建立新型的国际公认的废物分类方法，要使社会公众和工业部门能根据核废物的类别就能很清楚地了解该废物的信息。

（9）现有的国际再加工合同仍然有效，但是不能再新订立这样的合同。

（10）尽管核工业在过去一直以高度的保密性而广受赞誉，但通过共识大会，我们发现情况发生了转变。在应对污染难题时，民众开始倾向于更加公开化的方式。

资料来源：英国环境、食品和乡村事务部，威尔士环境部、国民议会，苏格兰行政院：《放射性废物的安全处理：关于在英国建立放射性固体废物处理政策的建议》，2001年 9 月。

在 2002 年春天，委员会再次召集在一起，就政府意见征询书中的议题进行探讨。主要结论包括：①向公众征询意见的前提是，各利益相关方都认可政府提供给公众的信息，认为这些信息是准确的、客观的、完整的；②社会公众对于放射性废物的处理以及相关问题的认识还需加强，这一点对于解决问题来说至关重要；③最重要的结论是，公开度、真实度和透明度需要加强，公众需要了解决策过程，决策者需要受到监督。

此外，委员会对于核工业的结构、监管和相关意见征询工作都提出了一些具体的建议。

第五篇　环境保护公众参与综合评价及案例研究*

环境保护公众参与一直是我国环境保护事业的重要组成部分，为我国环保事业发展提供了坚实动力。近年来，随着我国经济水平的大幅提升、公众环境意识的提高和信息传播及公众参与途径的创新发展，我国环境保护公众参与也面临着新形势、新问题、新挑战。本篇将对我国环境保护公众参与的历史发展、当前现状及面临问题进行综合评价，并试图提出可行性政策建议。

我国环境保护公众参与综合评价涵盖了环境信息公开、环保公众参与、环境司法救济(包括公益诉讼和私益诉讼）以及企业环境责任的内容。这4个主题既相互关联又各有侧重。在本研究中，环境信息公开被视为公众参与的前提条件，因为没有信息披露，公众就无从参与；环境司法救济是环境公众参与的底线，当公众环境权益或生态环境受到损害时，公众或社会组织进行环境维权的工具，可以视为环境公众参与最终迫不得已的手段。如果信息披露和公众参与足够充分，那么司法救济在某种程度上将会变得极其罕有，这也是环境公众参与的最终目标。至于企业环境责任主要涉及的内容是企业环境信息披露和企业环境违法监督，是公众参与的主要对象之一。以上是对几个关键词之间逻辑关系的概述。另外，针对此研究，本篇最后对重点地区进行了案例分析。

---

* 执笔人：阳平坚（环境保护部宣教中心）。

1　我国环境保护公众参与的历史发展

1.1　环境保护公众参与的定义

环境保护公众参与已成为近年来国内环境保护领域一个热点研究问题，涉及多个学科，不同的学者由于研究路径的差异，对其内涵和外延的认识不尽一致。

目前环境法理论研究中对环境保护公众参与的定义大致可分为广义、相对狭义和狭义三种。其中广义的公众参与是指“在环境资源保护中，任何单位和个人都享有保护环境资源的权利，同时也负有保护环境资源的义务，都有平等地参与环境资源保护事业和参与环境决策的权利”[①]。相对狭义说则认为：“公众参与是指公众及其代表根据环境法赋予的权利义务参与环境保护，是各级政府及有关部门的环境决策行为、环境经济行为以及环境管理部门的监管工作，听取公众意见、取得公众认可及提倡公众自我保护环境的一项制度”。而狭义说则认为：“公众参与是指在环境保护领域里，公民有权通过一定的程序或途径参与一切与环境利益相关的决策活动，使得该项决策符合广大公民的切身利益。”[②]

根据环境保护公众参与实践需要，也有不同的定义方式。例如，公众参与“指的是群众参与政府（环境保护）公共政策的权利”；或“指在环境保护领域，任何个人、组织和团体都依法享有保护环境的权利，同时也负有保护环境的义务[③]，有权对环境质量进行监督和参与环境管理”[④]及“各利益相关者，对其感兴趣的环境决策或因为自身（将）受到该决策的潜在影响，而在其权利义务范围内进行的有目的的社会行动”[⑤]等。还有研究者认为，环境保护公众参与是政府或环保行政主管部门依靠公众的智慧和力量，制定环境政策、法律、法规，确定开发建设项目的制度；同时也应当包括公民或组织的环境权利或公共的环境利益受到损害时，通过依法请求救济和环境保护公众参与已成为近年来国内环境保护领域一个热点研究问题，涉及多个学科[⑥]。

① 杨振东、王海青：《浅析环境保护公众参与制度》，载《山东环境》2001 年第 5 期。

② 田良：《论环境影响评价中公众参与的主体、内容和方法》，载《兰州大学学报（社会科学版）》2005 年第 5 期。

③ 田良：《论环境影响评价中公众参与的主体、内容和方法》，载《兰州大学学报（社会科学版）》2005 年第 5 期。

④ 高金龙、徐丽媛：《中外公众参与环境保护的立法比较》，载《江西社会科学》2004 年第 3 期。

⑤ 《促进中国绿色发展的媒体与公众参与政策研究》（中国环境与发展国际合作委员会课题组报告），2013 年 11 月 13 日—15 日。

⑥ 在“百度学术”搜索关键词“环境保护公众参与”结果显示，相关文献达 17 500 篇，其中期刊 14 800 篇，会议论文 4 830 篇，学位论文 6 900 篇。研究领域涉及哲学、法学、经济学、社会学、政治学、科学技术史、建筑学、水利工程、矿业工程、海洋科学、地理学、教育学等。其中被引用次数 50 次以上的有 24 篇。在“万方数据知识服务平台”搜索同样关键词结果显示，正式出版论文 2 624 篇，其中期刊论文 1 474 篇，学位论文 808 篇，会议论文 340 篇，外文期刊 2 篇。搜索时间：2015 年 3 月 9 日。

不同的研究者由于研究路径的差异，对其内涵和外延的认识不尽一致。目前环境法理论研究中对环境保护公众参与的定义大致可分为广义、相对狭义和狭义三种。其中广义的公众参与是指“在环境资源保护中，任何单位和个人都享有保护环境资源的权利，同时也负有保护环境资源的义务，获得赔偿而参与环境保护的行为”[①]。该定义的亮点在于将环境司法救济明确纳入了公众参与的范畴。

2014年，环境保护部发布《关于推进环境保护公众参与的指导意见》（环办〔2014〕48号），将“环境保护公众参与”定义为“公民、法人和其他组织自觉自愿参与环境立法、执法、司法、守法等事务以及与环境相关的开发、利用、保护和改善等活动。”正在起草的《环境保护公众参与办法》参考了该定义，“指公民、法人和其他组织依法参与环境保护政策制定、环境决策、环境执法、环境守法等环境保护公共事务的活动。”[②]由定义可以看出，办法草案主要规范的是公共事务。

1.2 环境保护公众参与制度建设发展

我国《宪法》明确规定“人民依照法律规定，通过各种途径和形式管理国家事务，管理经济和文化事务，管理社会事务”，为我国实行环保公众参与提供了宪法依据。我国公众参与环境保护的权利及义务法律法规及规章制度依据主要来自《环境保护法》及环境相关法律法规、我国政府发布的《21世纪议程》白皮书、国务院关于环境保护的有关决定等文件。

1979年颁布的《环境保护法（试行）》在总则中规定我国环境保护工作的总方针：“全面规划，合理布局，综合利用，化害为利，依靠群众，大家动手，保护环境，造福人民”。该法及1989年颁布的《环境保护法》均在第6条规定：“一切单位和个人都有保护环境的义务，并有权对污染和破坏环境的单位和个人进行检举和控告”，为我国公众参与环境保护提供了原则性的法律依据，但没有为公众参与环境决策提供法律程序途径。

20世纪90年代初，环境权理论被我国环境保护领域的研究者接受，深化了对公众参与的认识。《中国21世纪议程》第20章“团体及公众参与可持续发展”，为建立我国公众参与机制规定了全面系统的目标、政策和行动方案，对公众的知情权、参与权提出了一些明确的要求。

1993年，当时的国家环境保护局、国家计委、财政部、中国人民银行联合发布《关于加强国际金融组织贷款建设项目环境影响评价管理工作的通知》，其中第7项规定：“公众参与是环境影响评价的重要组成部分，《报告书》中应设专门章节予以表述，使可能受影响的公众或社会团体的利益能得到考虑和补偿；公众参与工作可在《评价大纲》编

① 艾利娜：《论环境法中的公众参与制度》，载中国环境法网，2007年。

② 《环境保护公众参与办法（试行）草案》，2015年1月8日修改稿。

制和审查、《报告书》审查阶段进行”。《国务院关于环境保护若干问题的决定》（1996年8月30日）要求“建立公众参与机制，发挥社会团体的作用，鼓励公众参与环境保护工作，检举和揭发各种违反环境保护法律法规的行为”。

1996年修订的《水污染防治法》第13条规定，“（建设项目）环境影响报告书中，应当有该建设项目所在地单位和居民的意见”。1996年新制定的《噪声污染防治法》第13条规定，“对公众参与环境影响评价做出了原则性规定，即环境影响报告书中，应当有建设项目所在地有关单位和居民的意见”。

1998年国务院颁布的《建设项目环境保护管理条例》第15条规定：“建设单位编制环境影响报告书，应当依照有关法律规定，征求建设项目所在地有关单位和居民的意见”。2000年3月发布的《立法法》第58条规定，“行政法规在起草过程中，应当广泛听取有关机关、组织和公民的意见。听取意见可以采取座谈会、论证会、听证会等多种形式”。

2002年9月1日起开始施行的《环境影响评价法》第5条规定：“国家鼓励有关单位、专家和公众以适当方式参与环境影响评价。”第11条更明确要求：“专项规划的编制机关对可能造成不良环境影响并直接涉及公众环境权益的规划，应当在该规划草案报送审批前，举行论证会、听证会，或者采取其他形式，征求有关单位、专家和公众对环境影响报告书草案的意见。但是，国家规定需要保密的情形除外。编制机关应当认真考虑有关单位、专家和公众对环境影响报告书草案的意见，并应当在报送审查的环境影响报告书中附具对意见采纳或者不采纳的说明。”第21条提出：“除国家规定需要保密的情形外，对环境可能造成重大影响、应当编制环境影响报告书的建设项目，建设单位应当在报批建设项目环境影响报告书前，举行论证会、听证会，或者其他形式，征求有关单位、专家的意见。报批的环境影响报告书应当附具对有关单位、专家和公众采纳或者不采纳的说明。”

2005年，《国务院关于落实科学发展观　加强环境保护的决定》指出，要为公众参与环境保护创造条件，“对涉及公众环境权益的发展规划和建设项目，通过听证会、论证会或社会公示等形式，听取公众意见”。原国家环境保护总局2006年2月22日正式发布了我国环保领域的第一部公众参与的规范性文件——《环境影响评价公众参与暂行办法》，明确了征求公众意见的时间和期限，要求建设单位必须在环评文件报送审查之前，征求公众意见的期限不能少于10日。

2015年1月1日起实施的新《环境保护法》对信息公开和公众参与做出专章规定，主要内容包括：对政府部门和重点排污单位环境信息公开提出具体要求；建设项目环境影响评价要充分征求公众意见；公民、法人和其他组织有权对污染环境和破坏生态行为及政府部门和环境监管部门不依法履行职责的进行举报；符合条件的社会组织可以对污染环境、破坏生态，损害社会公共利益的行为提起诉讼。

1.3　环境保护公众参与标志性事件

环保靠宣教起家，宣教工作巨大的社会影响力，得益于与媒体和社会团体的协同行动。

1.3.1　创建中国环境文化促进会

1992年成立的中国环境文化促进会，由我国著名文学家王蒙、黄宗英、雷加、徐刚等共同倡导发起，原国家环保局主办，中国环境报社代管，在民政部正式注册，属国家一级社团。它的前身是“环境文学研究会”，原国家环保局曲格平担任会长。2003年国家环保总局研究决定重组中国环境文化促进会，由国家环保总局直接管理，同时决定由潘岳副局长兼任会长，12位文化界、艺术界、理论界知名人士被选为副会长。该会的主要活动包括：对高校环保社团进行能力建设培训，开设环保论坛，与草根团体加强联系和互动，为来自各地的“草根”环境社会组织举办环境影响听证培训，提升对听证会的参与能力等。

1.3.2　中华环保世纪行活动

1993年开始持续至今22年的中华环保世纪行活动，开启了环保与媒体联合促进公众参与的里程。该活动由全国人大环资委会同中宣部、财政部、国土资源部、水利部、农业部、国家环保局等14个部门共同组织，由《人民日报》、新华社、中央电视台等28家中央和行业新闻媒体共同参加。20多年来，通过宣传环境资源保护方面的法律法规，宣扬执法好典型，曝光违法行为，推动解决重大环境问题，提高公众及领导干部的法律意识和环境资源意识。多年的磨砺使环保部门与媒体双方成为挚友和诤友，媒体作为公众的喉舌和眼睛，发出声音，监督质询，为环境保护工作的快速发展写下浓墨重彩。

1.3.3　成立中华环保联合会

中华环保联合会的创建是政府推动公众参与的又一重大举措。该会是经中华人民共和国国务院批准，民政部注册，环保部（前身为环保总局）主管，由热心环保事业的人士、企业、事业单位自愿结成、非营利性、全国性的社会组织，于2005年4月22日地球日成立。联合会的领导均由来自与环保相关的部委、企业和社团人士。成立当天，来自政府、学术界、企业界、文艺界、新闻界的国内外人士，联合国和各国驻华机构的代表，社会组织代表等400多人参加了会议，充分体现了“大中华、大环境、大联合”的宗旨。

2005年7月开始，该会委托《中国青年报》社会调查中心在全国范围内进行环境社会组织现状调查，建立了环境社会组织信息库，完成了中国环保社会组织白皮书。联合会的另一项重点活动是提供环境维权和法律咨询援助，多年来一直坚持，并积极推动维护环境权益的立法，普及环境保护和维护环境权益知识。新《环境保护法》颁布后，更是作为资深社会组织，积极开展环保公益诉讼。例如，泰州市环保联合会将泰州市泰兴经济开发区 6 家化工企业告上法庭，要求其共同赔偿环境污染修复费用等共计 1.6 亿元，成为当时环境公益诉讼汇总提出最大赔偿额的案件，并最终胜诉。

1.3.4 民间环保组织兴起

可可西里藏羚羊保护，“反对怒江建坝”等环境议题在社会上的广泛传播，开启了民间环保公众参与的过程。之后，环保社会组织又发起了“保护滇金丝猴”“空调 26 度”“反对金光集团云南毁林”等环境保护公众参与议题，这些经由公民个人和社会组织推动的环境议题，将环保保护议题推向更广大的公众视野，产生了较大的社会影响，使问题受到重视，并促进了部分问题的快速解决。

1.3.5 圆明园铺设防渗膜听证事件

2005 年的圆明园铺设防渗膜事件标志着政府主导下的公众参与创新。该事件经有专业知识背景的公民个人提出，环保组织将其向社会公布，引起媒体、公众以及消费者的关注。北京市环保局、国家环保总局等政府部门介入调查，并召开了《环境影响评价法》实施以来首个由国家环保总局主持的环评听证会，使各方充分表达意愿，参与涉及公众利益的环境决策，缓解冲突。圆明园防渗膜事件也促进了 2006 年《环境影响评价公众参与暂行办法》（环发〔2006〕28 号）和 2007 年《环境信息公开办法》（国家环境保护总局令第 35 号）的实施，并启发多个地方开展环保法庭的创新实践。

1.3.6 抵制建设项目引发环境群体事件

2007 年厦门市民抵制 PX 化工厂事件则标志公民个体在非组织状态下的公众参与。当前我国进入社会经济发展转型期，多年积累的社会矛盾和问题集中爆发，尤其以反对污染、抵制新建项目为由而引发的环境群体事件为甚。因反对大型建设项目所产生的公众抵制，多从直接利益相关者发起，为维护个人权益而采取行动，但一般会冠以保护环境、抵制污染的帽子，经普通公众通过互联网、手机等现代化通信工具广泛传播信息，同时环保抗污等公益愿望和情绪经过媒体放大，对政府形成巨大的舆论压力，最终以不合法的形式一停了之。

2012 年 7 月四川什邡抵制钼铜多金属综合利用项目的“七二”事件，开启了下级政府迫于维稳压力而叫停经过上级政府合法审批的建设项目的先例。此后，启东、宁波、江门、茂名、安宁等多个地方均步人后尘，此现象被中央媒体称为“什邡困局”，不仅考验着地方党委、政府的执政能力，关系当地社会经济发展和民众福祉，也影响党中央、国务院提出的调整产业结构、打造经济绿色升级版的进程。

从厦门PX事件到大连、彭州、昆明多地出现的抵制PX项目事件，从四川什邡事件，到启东抵制排海工程事件，均可以看出，公众维护和行使自身环境知情权、表达权和参与权的意愿不断增强。一方面，上述几起环境群体事件也反映出这个时期的公众参与存在较大程度的无序和非理性，群体容易产生纯情绪发泄的表达，甚至演化为暴力犯罪，从而丧失了参与的初衷和正当性。另一方面，各级政府部门因为种种原因，处置此类事件时也把握不准，常常以简单粗暴的方式堵和压，最后导致政府公信力和公众利益双输。

表3-26罗列了近年来比较有代表性的公众参与事件。从表中可以看出，公众抗议的主要议题都集中于重大敏感建设项目，如PX项目、核电站、垃圾焚烧厂等，既具有传统的西方国家曾经出现过的邻避效应，又带有中国当前社会经济发展的新形态。

表3-26 近年来主要公众参与议题

时间	主要的公众参与议题	参与结果
2007年	“无锡民众抗击蓝藻污染”	清污
2007年	“厦门民众反对PX项目”	迁址
2007年	“上海民众反对沪杭磁悬浮列车”	停建
2007年	“烟台民众争议海阳核电站”	引起建设方重视
2007年	“北京民众反对六里屯垃圾焚烧发电项目”	停建
2008年	“成都民众争议彭州石化”	引起建设方重视
2008年	“广州民众争议南沙大型石化项目”	不详
2008年	“南京民众争议PX项目”	不详
2009年	“广州民众反对垃圾焚烧炉事件”	停建
2012年	“四川什邡民众反对钼铜项目”	叫停
2012年	“启东民众抗议大型达标水排海基础设施工程”	叫停
2012年	“宁波民众抗议镇海PX项目”	叫停
2013年	“昆明民众抗议PX项目”	承诺不上PX
2013年	“四川民众再次抗议彭州石化项目”	引起重视
2014年	“广东茂名反对芳烃项目抗议”	暂停
2014年	“湖南平江反对大型火电建设项目”	叫停
2014年	“杭州民众反对垃圾焚烧发电项目抗议”	暂停推进

资料来源：根据《促进中国绿色发展的媒体与公众参与政策研究》（中国环境与发展国际合作委员会课题组报告）整理，2013年11月13日—15日。

1.3.7 全民参与环境保护法律法规的修订

公众参与新《环境保护法》修订成为公众参与环境立法的另一个重要里程碑。环境保护法于1989年颁布。从1995年到2011年，全国人大代表共有2 400多人次提出修改环保法的议案78件。2011年环保法修正被列入十一届全国人大的立法计划，历经2012年8月、2013年6月、2013年10月、2014年4月，全国人大常委会对环保法修正、修订草案的四次审议，最终于2014年4月通过，实现了25年来的首次修改。每次修法都要听取社会、各个部门、各个方面意见，针对社会最关切的问题做出制度上的回应。其中，两次向社会公众征求意见更是体现了开门立法的勇气和魄力。2012年8月31日至9月30日，修正案草案初审后，全国人大常委会向社会公众公开征求意见，共收到9 572位网民的11 748条意见以及17封来信。

2013年7月19日至8月18日，修正草案二次审议稿再次向社会公众征求意见，共收到网民意见2 434条及来信48封[①]。环保法从修正到修订的巨大改变，公益诉讼从无到有，直至资格大大放宽的巨大进步，立法过程中引入公众参与的力量功不可没。

此外，正在修订过程中的《大气污染防治法》，已经出台的《大气污染防治行动计划》《水污染防治行动计划》《土壤污染防治行动计划》，正在征求意见的《土壤污染防治法》等重要的环境保护法律法规和政策制度，都在公开征求意见过程中进行了广泛而深入的公众参与，真正一步步地落实开门立法、民主立法、科学立法。广泛的公众参与不仅给法律和政策带来了许多富有建设性的意见和建议，也为将来法律法规政策制度的实施打下良好的群众基础，可谓一举多得。

当然，不同的角度对于环保公众参与标志性事件的认知会有所不同。例如，有专家认为由欧盟资助的中欧环境治理项目、环境保护部对全国各地的环境群体事件进行系统调研，以及河北省、山西省、重庆市、沈阳市、昆明市等地方立法机关或政府部门出台与公众参与有关的法律法规、规章制度等，都应列入标志性事件。本研究仅按照时间顺序对过去比较有影响的公众参与事件做一个简单梳理，难免挂一漏万，未来还期待更多的研究者对此进行总结和归纳。

1.4 环境保护社会组织参与情况

我国环保社会组织起步较晚，根据其开展的公众参与活动，大致可分为3个阶段。

1978—1994年，开展环境宣传，提高公众意识。这一阶段我国环保社会组织处于诞生和萌芽阶段。1978年5月，政府部门发起成立我国第一个环保社会组织——中国环境科学学会，之后相继成立中国环境文化促进会和中华环保联合会；1994年，梁从诫先生在北京创立“自然之友”，民间自发成立的环保组织开始迅速发展。这一时期，环保社会组织主要开展环保知识宣传普及，提高公众环境意识等相关活动。

1995—2002年，保护特定物种，带动公众行动。这一时期，我国环保社会组织进入快速发展阶段。1995年，“绿色江河”“自然之友”等环保社会组织发起保护滇金丝猴和藏羚羊行动，迎来了我国环保社会组织发展的第一次高潮。环保社会组织从公众关心的物种保护入手，并向公众开展宣传，树立了良好的公众形象。1999年，“北京地球村”

① 《环保法大修历经 4 次审议　治理雾霾更关怀公众健康》，载正义网，2014-04-28，http：//news.jcrb.com/jxsw/201404/t20140428_1382429.html。

与北京市政府合作，建立绿色社区，把环保工作向基层延伸，环保社会组织逐步为社会公众所了解和接受。

自2003年起，组织公众参与，影响政府决策。以“反对建设怒江水电争鸣”和“26度空调”等行动为标志，我国环保社会组织逐渐壮大，由初期的单个组织行动，开始进入相互联合、合作时代；其活动领域也发展到组织公众参与环保，为国家环境事业建言献策，开展社会监督，维护公众环境权益，推动可持续发展等诸多领域。[①]

2006年，《中国水危机》一书的作者马军在北京市朝阳区注册成立公众环境研究中心（IPE），标志着我国环保社会组织逐渐走向专业化和细分化。IPE明确其宗旨是通过信息公开，推动公众参与，使政府和大众予环境污染以一定的重视和关注，从而抗击污染、保护环境。目前，IPE组织开发并运行中国水污染地图和中国空气污染地图两个数据库，收集超过19万条官方发布的企业超标违规排污记录，促使近百家跨国公司解决在华供应链存在的污染问题；在移动互联网终端上线蔚蓝地图（其前身为污染地图）APP，通过收集和整理地方环保部门发布的在线环境监测数据，督促企业达标排放，提醒公众预防污染。该APP下载量已超过300万次，产生了巨大的社会影响。此外，IPE还积极与相关的政府部门和学术机构开展合作，专注推动环境信息公开和公众参与，促进环境治理机制的完善。例如，与美国自然资源保护委员会（NRDC）合作，开发了污染源信息公开PITI指数，并且已经连续5年对全国各大城市的指数进行排名和公布[②]；与有关机构合作开展绿色供应链项目，利用CITI评分体系推动国内外150余个品牌绿化及其在华供应链[③]。随着IPE影响力的日益扩大，越来越多的污染企业迫于公开的压力而整改了自身的违法环境行为。IPE的成功为我国环保社会组织未来走向专业化发展之路提供了典型的案例。

为促进环保社会组织健康、有序发展，努力构建全民参与环保的社会行动体系，环境保护部于2010年12月出台了《关于培育引导环保社会组织有序发展的指导意见》（以下简称《指导意见》）。该意见认为，近年来环保社会组织在提升公众环境意识、促进公众环保参与、改善公众环保行为、开展环境维权与法律援助、参与环保政策的制定与实施、监督企业的环境行为、促进环保国际交流与合作等方面发挥了重要作用，但与构建资源节约型、环境友好型社会，进一步提高生态文明水平的需要相比，我国环保社会组织的能力还需进一步提高。

《指导意见》明确了培育引导环保社会组织的基本原则和总体目标，即积极扶持、加快发展，加强沟通、深化合作，依法管理、规范引导，积极培育与扶持环保社会组织健康、有序发展，促进各级环保部门与环保社会组织的良性互动，发挥环保社会组织在

① 《环保法大修历经4次审议　治理雾霾更关怀公众健康》，载正义网，2014-04-28，http：//news.jcrb.com/jxsw/201404/t20140428_1382429.html。

② 根据IPE网站发布的系列报告，如http：//www.ipe.org.cn/about/notice_de_1.aspx？id=6235。

③ 根据IPE网站发布的系列报告，如http：//www.ipe.org.cn/about/notice_de_1.aspx？id=9495。

环境保护事业中的作用，力争在“十二五”时期，逐步引导在全国范围内形成与“两型”社会建设、生态文明建设以及可持续发展战略相适应的定位准确、功能全面、作用显著的环保社会组织体系，促进环境保护事业与社会经济协调发展。

《指导意见》明确提出，为培育引导环保社会组织健康、有序发展，必须加强政策扶持力度，改善环保社会组织发展的外部环境，加强能力建设，引导环保社会组织健康、有序发展。要求各地做好以下工作：制定培育扶持环保社会组织的发展规划；拓展环保社会组织的活动与发展空间；建立政府与环保社会组织之间的沟通、协调与合作机制；奖励表彰优秀的环保社会组织与个人；加强人才队伍建设，开展多方面、多层次的业务培训；加强规范引导，促进环保社会组织的自律；促进环保社会组织的国际交流与合作等。

1.5 公众监督和举报环境违法情况

公众是环境保护工作取得成效的重要力量，也是环境质量改善的最终受益人。尤其在我国目前这种污染形势严峻、环境执法资源和力量不足的情况下，如何调动公众监督和举报的积极性，显得尤为重要。李克强总理提出要铁腕治污，要求全社会对污染宣战，那么团结一切可以团结的力量，尤其是公众的力量，共同抗击污染，打好治污的人民战争，将是环保工作取得成效的必由之路。环境保护部“12369”举报热线是公众监督企业环境违法最重要的形式之一。2015 年新一批环保部领导上台后，高度重视公众监督和举报工作，并提出要尽快建立微博、微信等环境污染在线举报平台。目前，相关工作已经进行测试阶段，上线指日可待。

专栏 3-1 “12369”热线

环境保护部和地方环保局运行的“12369”热线是公众参与环境保护和监督企业违法排污的主要途径，公众可以通过电话举报污染事件，并监督环保法规的执行。然而，过去许多人并不知道“12369”热线。在 2005 年进行的一项调查显示，只有不到 20%的受访者知道它的存在。2013 年全国范围雾霾肆虐，然而，据环保部统计，当年 6 月该热线共收到来自公众的 149 宗投诉，这表明公众通过热线举报环境污染的意识仍然偏低。2015 年 2 月底，前央视主持人柴静在网络上发布了个人雾霾调查纪录片《穹顶之下》，其中提到了“12369”举报热线，极大地促进了该热线在公众中的知晓度。

许多地方环保部门在公众环境监督和举报方面做了非常有意义的探索。例如，重庆市环保局的“12369”举报平台建设，山东省环保厅的微博在线举报平台和随手拍污染等活动，都为环保部门的环境执法提供了极大的帮助，也大大缓解了公众与环保部门之间的对立情绪。此外，由中欧环境治理项目支持的环境公众参与嘉兴模式推广项目，对浙江省嘉兴市的许多公众参与创新举措进行了总结，包括制定《嘉兴市环境污染举报奖励办法》《嘉兴市环保信用不良企业公示管理办法》《嘉兴市企业环境行为信用等级评价实施办法》《嘉兴市民环保检查团组织管理办法》等管理办法，成立环保志愿者服务组织、市民检查团、评审团等，通过污染企业公开道歉书、市民听证会参与摘帽验收、项目审批、飞行监测执法、派驻企业环保专管员等创新形式，拓展了公众监督、举报、参与的范围和渠道。

2　我国环境保护公众参与现状

我国的环境保护工作由政府首先推动。40 多年来，从“基本国策”到“科学发展观”，再到“生态文明”，充分显示了历届党和国家领导人高度的历史责任感。不仅把环境保护摆上了更加突出的位置，而且为公众参与提供了政治保障。但由于我国环境保护工作的推动主要依靠政府，长期以来，公众参与环境保护往往是在政府主导下的被动参与，存在着环保知识认知较差、参与程度较低且多为末端参与、参与制度不完善及环保社会组织发展面临困难等诸多问题。[①]

2.1　环境保护公众参与主体、范围、方式、渠道

环境保护的公众参与由参与主体、范围、方式和渠道等要素构成。

参与主体，即谁能够参与；参与范围，即参与哪些事情。由于公众参与定义不同，参与主体和参与范围的也呈现差异性。广义说认为参与主体包括一切单位和个人，对于参与范围则认为包括环境保护的所有环节；相对狭义说则认为公众参与的范围限于参与环境决策、环境经济行为的执行和环境管理；而狭义说则认为参与的主体只能是与决策利益相关的公民，参与的范围仅限于环境决策。环境保护公众参与中的公众，不是单一群体，而是多样化、持续变动的利益和联盟集合体。这种多样性和变化性，导致实践中存在公众参与主体难以划定的问题。

公众参与环境保护的实现能力及国家法律规章界定的公众参与的程度，是环境保护公众参与范围的决定性因素。有学者提出：“一方面我们希望国家在维护正常的宪政秩序和社会良性发展的情况下最大限度地容许公众参与，另一方面对参与制度的设计又要结合本国国情，注重它的可行性，否则无限制的参与只会导致行政权运作的失衡，使正常的社会秩序难以为继。”[②]从目前各国经验来看，环境保护公众参与的范围主要有参与国家环境管理的预测和决策、参与开发利用的环境管理过程以及环境保护制度实施过程、组成环保团体、参与环境纠纷的调解、环保请求权及参与环境科学技术的研究和推

① 方伶俐、李文芳：《中国环境保护公众参与现状、问题及对策》，载《学理论》2013 年第 32 期。

② 周珂、王小龙：《环境影响评价中的公众参与》，载《甘肃政法学院学报》2004 年第 3 期。

广等。[①]

《环境影响评价法》在专项规划的环境影响评价条文与建设项目的环境影响评价条文中列举了“论证会、听证会”以及规定了抽象的“其他形式”。2012 年年初浙江省绍兴市出台《关于进一步加强环保公众参与的实施意见》，从信息公开、环保审批、信访处理、环境执法、案件审议、环境维权等 10 个方面规定了公众参与的渠道。

全国首部环境保护公众参与的地方性法规《河北省环境保护公众参与条例》2015 年 1 月 1 日起正式实施，填补了全国公众参与环境保护综合立法的空白。该条例规定，公众参与环境保护，依法享有获取环境信息，对环境决策、行政许可以及环境执法表达意见和建议，对环境违法行为和环境保护工作中不依法履行职责的行为进行举报，寻求行政或者司法救济、提起环境公益诉讼等权利。条例明确了公众参与环境保护的范围、内容、方式、渠道、途径和程序。[②]

2.2 环境保护公众参与制度现状

完整的环境保护公众参与制度设计应当包括环境信息知情制度、环境立法参与制度、环境行政参与制度、环境司法参与制度，以及出于保障上述制度实施的程序保障制度。目前国际上较为通行的制度设计主要有欧盟国家实施的《奥尔胡斯公约》。

专栏 3-2 《奥尔胡斯公约》

1998 年由联合国欧洲经济委员会（UNECE）成员国讨论通过的《奥尔胡斯公约》是一部有关决策制定过程中的信息获取、公众参与，以实现环境正义的协议。公约对多种信息渠道，以及个人、组织、企业、NGO 或其他公民社会团体在环境相关事务中的参与权利进行了保障。其中对信息公开范围做了大致界定。

《奥尔胡斯公约》要求政府向公众发布一般环境信息，以及与特定个人或团体相关的重要环境信息。公约声明，公众应在“环境决策流程的初期通过充分、及时和有效的方式”了解会对其产生影响的特定环境事件，获知用于进一步理解和分析的相关信息，并得到反馈意见的渠道。

除了鼓励环境信息的发布外，《奥尔胡斯公约》还授予个人或组织获取未公开发布信息的权利。公约中规定，任何个人或组织都能从任何国家或地方政府部门、公共机构和提供公共服务的私营企业要求和获取一切“环境相关的”信息。申请者不需要对其诉求提供任何理由。还有一些与信息披露相关的假定，就是公共机构必须在规定时间内提供公众所需的信息，除非具有某些不适合公布的特殊原因。所公布的信息不只局限于数据和最终政策文件，还包括与决策制定过程相关的一系列材料。

① 徐祥民、田其云：《环境权环境法学的基础研究》，北京：北京大学出版社，2004 年版。

② 环境保护部网站，http：//www.zhb.gov.cn/zhxx/hjyw/201412/t20141201_292184.htm，最后访问时间：2015 年 3 月 1 日。

我国环境保护公众参与制度不全面、不充分，或相关制度彼此呼应不足甚至存在制度缺失，具体表现在环境立法参与途径狭窄，程序尚不完善。主要问题包括：

（1）提起立法议案的主体范围较窄。根据我国《宪法》和《人大组织法》的规定，从公众层面讲，现阶段只有人大代表有提案权，即提起环境立法动议的权利，公众、社会团体没有立法动议权。虽然从法理层面上讲，人大代表是由公众选举而来，其所代表的就是公众的利益和诉求，但是我国目前的人大代表制度还不尽完善，人大代表多为兼职代表，无法花费很多的时间和精力深入基层和公众去收集公众环境诉求。

（2）公众参与立法的程序不完善。法律规定了立法公众参与的多种形式，但无论是征求公众意见、立法调研、立法座谈会、论证会、听证会或全民讨论，大部分公众参与程序都是任意性规定，不是强制性程序，是否采纳属于立法机关或行政机关自由裁量权的范围。例如，立法听证会召开与否，主要由行政机关或部门自由决定，公众参与的自愿性、广泛性、代表性不能得到保障。

（3）环境保护公众参与程序制度仍需完善。我国《环境影响评价法》及与之配套的《环境影响评价公众参与暂行办法》中规定了较为具体可行的公众参与环境决策制度。《环度影响评价法》中关于公众参与的规定存在范围不清晰、途径不明确、程序不具体、公众难以操作的缺陷。《环境影响评价公众参与暂行办法》对以上缺陷做了较大的补正，但仍然存在不足，突出表现为未规定相关的法律责任，在遇到违反有关规定的情形下则无相应的强制性措施来保障义务的实现。总体来说，仍需在参与范围、参与程序等方面加以完善。此外，环境保护公众参与在很大程度上仅限于环境影响评价，覆盖领域很不全面。在环境保护其他重要方面，如环境保护单行法、环境标准的制订、许可证制度等方面，公众参与则颇显不足。许多超出环境保护领域，但与环境休戚相关的资源开发和经济发展活动，公众参与更是举步维艰。

（4）环境司法制度亟待破冰。环境司法参与制度中环境公益诉讼制度是环境保护的最后一道防线，是环境正义得以实现的有效途径。目前我国公众只能对影响自己的环境权益提起诉讼，新《环境保护法》对规定了符合条件的社会组织可提起环境公益诉讼，从目前来看，相关案例还非常少。环境公益诉讼效力的发挥仍需要在相关制度设计和具体法律实践中不断探索。

2.3　环境信息公开制度落实现状

环境信息公开又称环境信息披露，是指将与环境保护有关的各种显性和隐性的信息加以收集整理，并在一定范围内以适当形式公开，用以提供各种刺激与激励机制，从而改进环境行为，改善环境质量[①]。政府环境信息公开是指政府行政机关通过一定的途径和方式，为公民、法人或其他组织主动披露或依其要求而提供的其所不知道的环境信息

① 王华、曹东、王金南等：《环境信息公开：理念与实践》，北京：中国环境科学出版社，2002年版。

或资料的行为[①]。

我国中央领导人高度重视环境保护问题，为环境信息公开制度建设打下了坚实的基础。我国政府环境信息公开大致经历了 2000 年以来的起步和试点阶段、2002 年以来的全国推进阶段和 2007 年以来的全面推进阶段[②]。其中尤以 2007 年以来的发展最为迅速、成效最为明显，这主要是由于在这一阶段信息公开首次被上升为国家层面的立法。

2007 年 4 月 5 日，国务院第 492 号令公布了《政府信息公开条例》。4 月 11 日，原国家环境保护总局第 35 号令公布了《环境信息公开办法（试行）》，二者均于 2008 年 5 月 1 日起施行。《环境信息公开办法（试行）》已经对政府环境信息公开的范围、方式和程序、监督和责任进行了明晰的规定，政府信息公开行为应据此有效展开。

《环境信息公开办法（试行）》是一部对环境信息公开制度完整规定的行政规章，也是我国第一个部门信息公开的法规，其第一条就明确指出：规章的目的在于"维护公民、法人和其他组织获取环境信息的权益"，对公民的环境知情权做了充分的肯定，也为改进过去政府与企业、个人之间的信息不对称状况，加快从传统政府主导的环境管理模式向多方参与的开放式环境共管模式的转变[③]。

关于企事业单位环境信息公开方面，2014 年 7 月 23 日国务院第 57 次常务会议通过了《企业信息公示暂行条例》，国务院总理李克强签发第 654 号国务院令，宣布自 2014 年 10 月 1 日起施行该条例。[④]环境保护部也于 2013 年 7 月 30 日颁布了《国家重点监控企业自行监测及信息公开办法（试行）》及《国家重点监控企业污染源监督性监测及信息公开办法（试行）》两个文件[⑤]，要求各地环保部门加强监督，督促企业履行责任与义务，开展自行监测；进一步规范环保部门监督性监测，推动污染源监测信息公开。此外，2014 年 12 月 15 日环境保护部审议通过了《企业事业单位环境信息公开办法》，自 2015 年 1 月 1 日起施行[⑥]。环境保护部将定期对相关企业环境信息披露工作开展情况进行考核。

2.4 环境保护社会组织参与现状

当前阶段，我国环保社会组织不断向专业化发展，工作领域分工更为细化，关注的对象更为具体，彼此之间的相互支持、联合行动也表现得更为积极。在国际交流合作中，我国环保社会组织也开展了很多活动。例如，世界可持续发展首脑会议（WSSD）和全球环境基金年会（GEF）两次活动均为我国环保社会组织提供了典型的公众参与环保决策的范例。但是，所开展的公众参与还面临以下一些问题：

① 黄爱宝：《透明政府构建与政府环境信息公开》，载《学海》2009 年第 5 期。

② 阚宝光：《环境信息公开助推环保事业大发展》，载《环境保护》2008 年第 13 期。

③ 申进忠：《我国环境信息公开制度论析》，载《南开学报（哲学社会科学版）》2010 年第 2 期。

④ 中国政府网，http：//www.gov.cn/zhengce/content/2014-08/23/content_9038.htm。

⑤ 环境保护部网站，http：//www.zhb.gov.cn/gkml/hbb/bwj/201308/t20130801_256772.htm。

⑥ 环境保护部网站，http：//www.zhb.gov.cn/gkml/hbb/bl/201412/t20141224_293393.htm。

第一，政府对环保组织的引导支持还不够。一些政府部门对于环保组织了解不够，对其发展情况的研究不够，对其所能发挥的作用和能力存有疑虑，尤其是担心此类组织与境外机构合作，接受境外资金支持等，在一定程度上也阻碍了环保社会组织的发展。

第二，环保社会组织发展资金不足。受社会公益捐助意识低等因素的影响，不少环保社会组织筹款能力弱、资金来源不稳定，资助额度难以保障组织正常运转，极大地阻碍了环保社会组织进一步发展的空间。可以说，资金不足成为环保社会组织积极开展公众参与的主要障碍之一。

第三，人才短缺。收入低、公众认知不足、福利不稳定、保险等福利待遇匮乏等因素导致了环保社会组织在招徕和留住人才方面缺乏吸引力。目前许多环保社会组织除了核心的创建者或管理者，依然不能建立有效的人团梯队，从而阻碍了组织高效开展相关工作。

第四，组织能力建设水平较弱。近年来，我国环保社会组织的能力不断提升，专业化水平不断加强，但能力建设仍然是制约发展的薄弱环节。一部分组织处于虚名状态；缺乏明确的工作目标和定位，工作随意性较大。

第五，环保社会组织的国际交流与合作能力有待提升。我国环保社会组织参加国际交流合作大多是自发的，没有指导，社会阅历有限，政策解读能力不足；过分依赖境外资金，无法争取到本国企业的支持；缺少具有国际视野和交流能力的专业人才。

第六，高校环保社团发展问题重重。高校环保社团量大面广，积极参与环保行动，但由于成员流动性大，缺乏专业指导，没有长期发展目标和战略，使此类组织的环保公众参与难以长期深入开展[①]。

第七，国际环保社会组织的作用有待加强。目前包括绿色和平组织（Green Peace，GP）、世界自然基金会（WWF）、大自然保护协会（The Nature Conservancy，TNC）、自然资源保护协会（The Natural Resources Defense Council，NRDC）、世界资源研究所（World Resources Institute，WRI）、美国环保协会（Environmental Defense Fund，EDF）等世界著名环保社会组织都在中国设立了办公室或开展活动。联合国环境规划署（UNEP）、德国环境保护部国际合作机构（GIZ）、中欧环境治理项目（EGP）等也在国内开展了许多卓有成效的研究或项目。目前国家层面尚无统一的法律法规对国际组织开展项目进行规范和支持。如何让优秀的国际组织以及它们的先进经验更好地发挥作用，是未来中国政府部门需要思考和解决的问题。

2.5　环境诉讼制度与实践发展现状

环境诉讼包括环境私益诉讼和环境公益诉讼。其中环境私益诉讼在《民事诉讼法》之中早有规定，主要是指因为环境污染或生态破坏等产生的个人利益受损而发生的诉

① 中华环保联合会：《中国环保民间组织发展状况报告》，2008 年。

讼。环境公益诉讼则是国家或社会组织代表生态环境向污染者提起诉讼，以达到恢复或保护生态环境的目的。

1989—2006年，各地陆续设立了一些环保法庭和环保巡回法庭。为了促进环境案件快立快审快决，同时为了帮助解决跨区域环境问题，2007年11月20日，贵州省贵阳市中级人民法院环境保护审判庭、清镇市人民法院环境保护法庭正式挂牌成立。2008年5月8日，江苏省无锡市中级人民法院建立了专门的环境保护审判庭。2008年12月11日，在阳宗海砷污染事件发生后，昆明、玉溪市中级人民法院分别成立了环境保护审判庭，负责审理区域范围内涉及环境保护的公益诉讼的刑事、民事、行政案件。截至2012年年底，全国法院共成立了77个环保法庭，实行环境保护案件专业化审判。2008年至2012年6月，各级人民法院审结环境污染损害赔偿案件7 780件。

近年来，我国在立法上逐渐增加了公益诉讼的相关内容。早在2005年12月3日，国务院就发布了《国务院关于落实科学发展观　加强环境保护的决定》。该决定指出，“研究建立环境民事和行政公诉制度”，“发挥社会组织的作用，鼓励检举和揭发各种环境违法行为，推动环境公益诉讼”。由此来看，我国已经明确要建立环境公益诉讼制度，目前亟须有适合我国国情、有可操作性的司法实践方案出台。

2013年1月1日开始实施的《民事诉讼法》中就增加了一条对公益诉讼的规定：“对污染环境、侵害众多消费者合法权益等损害社会公共利益的行为，法律规定的机关和有关组织可以向人民法院提出诉讼。

新《环境保护法》正式实施当天，2015年1月1日，由环保社会组织自然之友和福建绿家园作为共同原告提起的环境公益诉讼作为新《环境保护法》生效后的第一起公益诉讼案，被福建省南平市中级人民法院立案受理；2014年12月31日，江苏省高级法院维持了一审法院做出的“排污企业需支付1.6亿余元赔偿”的判决，天价环境公益诉讼案终审宣判，环保社会组织胜诉。这两个案件标志着环境公益诉讼向前迈进了一大步，其进步意义不言而喻。

2014年12月19日，最高人民法院召开新闻发布会，公布环境保护行政案件十大案例，其中3件与环境公众参与有关。

专栏3-3　最高人民法院首次公布的环境保护行政案件十大案例

一、佛山市三英精细材料有限公司诉佛山市顺德区人民政府环保行政处罚案

二、动感酒吧诉武威市凉州区环境保护局环保行政命令案

三、海丽国际高尔夫球场有限公司诉国家海洋局环保行政处罚案

四、卢红等204人诉杭州市萧山区环境保护局环保行政许可案

五、君宁机械厂诉六安市金安区环境保护局环保行政处罚案

六、苏耀华诉广东省博罗县人民政府划定禁养区范围通告案

七、泉州弘盛石业有限公司诉晋江市环境保护局环保行政管理案

八、梦达驰汽车系统（苏州工业园区）有限公司诉苏州工业园区环境保护局环保行政处罚案

九、夏春官等4人诉东台市环境保护局环评行政许可案

十、正文花园业委会、乾阳佳园业委会诉上海市环保局不服环评报告审批决定案

资料来源：人民网-法治频道。

2.6　科研人员参与环境保护现状

环境保护公众参与中一直活跃着科研人员的身影。全国性和地方性环境环保社会组织中，一些政府指导成立的行业协会（学会）往往专业性较强，如中国环境科学学会、中国环保产业协会、中国节能协会、中国可持续发展研究会等都拥有较强的专家队伍，在环境规划、技术决策咨询、环保、能源技术开发利用、学术交流推广等方面有着很强的优势。此外，从“反对怒江建坝”的发起到圆明园铺设防渗膜的发现，多个具有重要影响的公众参与事件中，也有相关科研人员提供专业知识，为公众解答疑问，提供背景知识，为公众和媒体对政府、企业进行监督发挥了更强有力的作用。此外，还有许多专家学者、科研人员以个人的身份，在不同的场合，通过各种方式，如接受媒体访问、发表科普文章等，对公众进行环境知识普及和政策答疑解惑。这种参与对于缩小科研与公众之间的鸿沟意义很大，非常值得推崇。研究类社会组织在发挥作用的同时也应注意到，行政化色彩或者学术色彩比较浓厚的环保社会组织，也呈现出脱离社区和民众需要，受政府行政力影响过大，缺乏独立性、创新性和灵活性等问题。

2.7　新媒体兴起之后的公众参与现状

新媒体的兴起，特别是微博、微信等社交媒体的普及，为公众参与环境保护提供了更为简捷便利的渠道，“人人都是观察员，人人都是监督员，人人都是环保员”的理念更接近成为现实。各种环保微公益活动在社会化新媒体中得以广泛尝试：“随手拍家乡污染”“随手拍黑烟囱”“污染地图”等活动都在微博中成为热门话题，唤醒了公民监督意识。2015年全国“两会”期间，也有政协委员通过提案建议鼓励公众以随手拍等方式促进环境整治。

2015年2月28日，前央视记者柴静自费拍摄的纪录片——《柴静雾霾调查：穹顶之下》由人民网和优酷网联合首发之后，立刻占据各大视频网站浏览量榜首，关于它的讨论也在微博、微信等社交媒体频频刷屏。据统计，播放后5日内，全网播放量已超2.75

亿次①，有超过 43%的网民在视频发布的头 4 天浏览了该片，创造了传播史上的奇迹，使得围绕该片的讨论成为近年来公共事件之冠。

《柴静雾霾调查：穹顶之下》让我们看到依托媒体（包括自媒体）、号召公众所能展现的巨大力量。该片所引发的广泛关注和评论是公众对我国严峻的环境形势的一次全面意见爆发，是公众热切向往美好环境质量的一次集体呼吁，并带动了大量的公民行动。片中提到的污染地图因网友密集访问而瘫痪，多地“12369”环保举报电话被高频次拨打，其所创造的奇迹是多年来几代环保人不懈努力、从量变到质变的结果。

环保公众参与在新媒体平台的活跃，也大大推动了环保类政务社交平台的发展，基层一些环保部门积极建立微博、微信等平台，已有多地在社交媒体的信息公开方面积累了大量经验，其中山东和重庆在社交媒体建设中，环保部门“一把手”亲自抓工作，调兵遣将，形成合力，在及时回应网民的同时，也改进和提高了环境执法效率。环境保护部也正在积极建立“12369”官方微信举报平台。原环境保护部部长陈吉宁上任后数次表示，要建立环境污染微信举报平台，支持和动员全社会力量与环境违法行为作斗争。新媒体的兴起和普及为环境保护公众参与带来了一番全新的天地，非常值得各级环境管理部门重视和加强。

3　我国环境保护公众参与问题识别

3.1　公众参与环境保护立法的法律内容及程序欠缺

当前，我国与环境保护公众参与相关的法律法规主要有《环保举报热线工作管理办法》《环境信访办法》《环境保护行政许可听证暂行办法》等。此外，《环境保护法》中也规定了环境保护公众参与的基本原则，如依靠群众保护环境原则、依靠群众监督原则、环境保护的民主原则等。

但是，我国当前与环境保护公众参与相关的法律法规及相关规定还是存在形式单一、过于零散、缺乏可操作性等问题，主要表现在：

第一，《宪法》中没有规定公民享有“环境权”。公民的环境权主要包括对环境资源的利用权、环境状况的知情权和环境侵害的请求权。但在当前的《宪法》和其他单行法中，都缺乏对环境权的明确规定，这使得我国环境权立法滞后。当然，在相关法律的制定和完善过程中，也应坚持权利与义务相统一的原则，在保障公众享有环境权的同时，规定公众有履行积极参与环境保护的义务，全过程、多方面、积极参与环境保护。

第二，缺乏落实环境基本法中的有关公众参与的配套规定。新《环境保护法》中有关信息公开和公众参与环境保护的规定要发挥作用，达到实施效果，还需强有力的制度

① 数据由人民网提供。

支撑。在我国环境问题日益严重、环境群体事件频发的背景下，着力构建环境保护公众参与法律制度，将《环境保护法》中的规定转化为可操作的法规和规章制度尤为重要。然而，目前环保部内部尚不能统筹谋划，整体协调，各部门之间依然处于自说自话、维护过去自留地的格局。

第三，我国现有法律法规中对公众参与环境保护的相关法律程序规定在实际中难以发挥效力。例如，《环境影响评价法》中规定了鼓励公众参与的条款，但是对于公众参与的范围、原则、组织者的义务以及如何保障等问题均未做具体界定。[①]当前我国的环境影响评价制度中，利益相关方没有被纳入环境影响评价的全过程，这在一定程度上增加了因信息沟通不畅出现社会抗争的可能。目前，听证会、问卷调查、专家咨询和座谈会等公众参与途径往往被安排到项目环评的后期，这就导致项目建设方和政府无法全面收集利益相关者对建设项目的意见以及对于提升项目设计的建议。为此，政府应该建立一种利益相关者参与和公众咨询的决策机制，在发展规划、建设项目以及公共基础设施的规划和概念设计阶段就加以考虑。

第四，与环境信息公开相关的法律法规亟待完善。颁布于 2002 年的《环境影响评价法》只要求公开环评报告简本，但随着城市化的快速发展，市民对自身健康和周边环境的关注日益增强，市民获取信息的途径和方式也越来越多，因此迫切需要改革环评报告信息的公开机制，以扩大公众对环境信息的知情权，提升公众对环境影响评价可信度和质量的信心。目前，除了少数受商业机密条款限制的情形，环保部已经要求环评单位公开披露环评报告全本。但是，环评之外的环境信息公开制度依然亟待完善。例如，环境科学研究是正确的环境决策出台的基础，而任何研究必须基于大量的基础数据，可是现实中环境科研的数据获取依然困难重重。

第五，尚无组织法来系统化、科学化、合理化地规定环保机构的设置、职责与权限的划分等事项。受各种因素制约，长期以来，我国环保执法中衍生的职责权限划分不合理、执法关系难以理顺等弊病，与缺乏这方面的立法有很大的关系。尤其具体到环保公众参与工作，目前尚无专门的机构负责这块工作，职责和权限的划分也不明了，导致公众参与工作缺乏整体规划和推进力度。

3.2　引导公众有序参与环境保护的程序及法律解释不足

各国公众参与环境保护的立法及实践，可资借鉴的一条重要经验是制定关于公众参与程序的专门立法，做到公众参与有法可依。我国应该在环境法规中明确公众参与的具体法律程序，现有的《环境影响评价法》《环境影响评价公众参与暂行办法》等虽对程序有所规定，但这些程序无法为公众参与立法的实施提供完善的程序保障。值得一提的是，《沈阳市公众参与环境保护办法》在地方法规层面对此进行了破冰，其第 3 条规定，

① 肖文：《如何提升环保执法能力》，载《环境经济》2012 年第 7 期。

本办法适用于本行政区域内公众参与环境保护活动。但是该办法属地方规章，立法层次低，适用范围有限。

《河北省环境保护公众参与条例》将环境保护公众参与立法上升到地方条例的层次，是一个巨大进步，但从适用范围上不能覆盖全国。此外，多数环境单行法及行政法规、规章对公众参与的内容均为原则性的规定，对整个公众参与领域的公众参与程序缺乏规定。2014 年 5 月，环境保护部出台了《关于推进环境保护公众参与的指导意见》，其中提出：完善法律法规，建立健全环境公益诉讼机制，明确公众参与的范围、内容、方式、渠道和程序，规范和指导公众有序参与环境保护，制定和采取有效措施保护举报人，避免举报人遭受打击报复等。上述地方和部门法规探索的尝试都表明，只有具有完整具体的程序，做到公众参与有法可依，才能真正把环境保护公众参与落到实处。

3.3 环境信息公开制度尚不完善，已有制度落实不足

环境信息公开是公众参与环境管理的前提条件。只有掌握充分真实的环境信息，公众才能在面对环境问题时做出合理选择。

《政府信息公开条例》和《环境信息公开办法（试行）》实施 5 年来，在建设和实践方面，我国政府环境信息公开较之以前有了长足的进步和发展。近年来，随着互联网等新媒体的普及，人们获取信息的渠道变得更加多元化，信息传播的速度和广度也发生了巨大的变化。这些都给我国政府环境信息公开带来了新的问题和挑战。具体而言，新形势下我国环境信息公开制度存在以下问题：

（1）缺乏对互联网媒体的重视。现有的政府环境信息公开相关立法及部门规章、条例等缺乏对互联网媒体的重视，这与上述法规设立的时间较早有关。然而，随着信息技术的变革和传播手段的更新，政府环境信息公开已经不可避免地身处新媒体时代的“洪流”中，为传统媒介形式和传播渠道而设立的环境信息公开制度从观念理念到方式方法都亟待补充完善，以期与时俱进。

（2）缺乏清晰明确的范围界定。政府环境信息公开应以公开为原则，不公开为例外。一般来说，除涉及国家、商业机密和个人隐私的信息外，其他的环境信息都应该公开。但公众获得信息也会受到笼统和模糊的例外规定的抑制。因此，例外规定不仅要明确列举，而且要清晰界定——包括适用的具体情形、条件等，避免政府以滥用公共利益之名来剥夺公众的知情权[①]。

（3）缺乏行之有效的程序保障。目前，我国政府环境信息公开的方式较为单一，公民和社会组织向环境保护行政机关申请提供信息一般很难得到满意的答复，这导致公众对高质量的环境信息的需求得不到有效满足[②]。在现有的依申请公开制度下，被申请人

① 吴玉萍：《中国政府环境信息公开制度探究》，中国优秀硕士学位论文全文数据库，2012 年。

② 郝瑞彬、范金玲：《我国政府环境信息公开问题研究》，载《唐山师范学院学报》2007 年第 1 期。

的自由裁量权过大，导致许多信息公开申请人得不到想要的信息。

3.4　环境公益诉讼制度程序有待完善，诉讼成本需降低

环境诉讼是公众参与环境管理的一种重要方式，不仅是个人和单位造成环境污染和生态破坏，导致公共利益受损，需要有代表提出公益诉讼；此外，当政府机关不履行环境立法规定的职责或从事违法行政行为时，也需有相关方提起行政诉讼。一方面，当单位或个人实施违法行为、造成环境民事损害时，如果没有公众出来提起诉讼，实行“不告不理原则”的政府或法院很难主动进行干涉。另一方面，政府环境管理行政部门及其工作人员实施不当、出现违法行为，需有公众以第三方的名义出来监督。

长期以来制约公益诉讼的原因，在于《民事诉讼法》中对原告资格的限定，在一些环境污染案件中，一些环保组织向法院提起公益诉讼却很难立案，新增公益诉讼制度虽然做出了相关规定，但其中仍然存在实践难的问题。

目前，我国环境法庭还没有发挥其应有的作用，主要表现在：第一，虽然国内环境污染事件频发，但环保法庭却面临着无案可审的尴尬局面。造成这一现象的主要原因是立法依据太少，鼓励公民进行环境参与的立法缺失，并且没有实现的程序。同时，检察院对于公益诉讼的积极性并不甚高，因为它既要为高额的诉讼成本担心，又要面临机构不独立的困境。第二，从案件的内容来看，对已经破坏了环境，损害公共利益的，普通公众提起诉讼的可能性低，积极性低，诉讼费用也过于昂贵，投入精力过大。第三，环保法庭的法官在环保方面的专业知识和审判专业知识不足。第四，我国法律法规规定的行政处罚额度低，仅靠单纯的处罚远不足以威慑违法者。

在新的《环境保护法》下，环境公益诉讼制度得到了进一步完善。2015 年 1 月 7 日，《最高人民法院关于审理环境民事公益诉讼案件适用法律若干问题的解释》（以下简称《解释》）正式开始实施。《解释》第 2 条规定：“依照法律、法规的规定，在设区的市级以上人民政府民政部门登记的社会团体、民办非企业单位以及基金会等，可以认定为环境保护法第五十八条规定的社会组织。”司法解释的出台，又进一步弥补了立法上的空白，为法律提供了相配套的规定。这在很大程度上打破了环境公益诉讼原告资格面临的困境。在实践上，再次提高了可操作性。配合按日计罚的规定也大大提高了违法者的成本。

然而，环境公益诉讼作为一个新的法律制度，在实践中仍面临不少困境。首先，环境公益诉讼的可复制性问题。例如，2015 年的泰州公益诉讼胜诉获赔偿的案例还不具有普遍性，是特例。环境公益诉讼的可复制性有多大，值得探讨。其次，开展公益诉讼的组织缺乏长期可持续地进行公益诉讼的资金和专业人才支持。最后，公益诉讼存在败诉的风险，败诉后没有很好的资金支持，公益组织难以生存。此外，我国的环境公益诉讼还在起步阶段，环境损害鉴定的机构资质问题以及环境资源庭的法官的专业能力问题也

不容忽视。一些重大的环境污染，往往发生在落后的偏远地区，这些地方的法治水平相对落后。因此，从目前实践情况来看，环境案件与行政、民事以及刑事案件相比，仍属一个特殊的法域。“环境公益诉讼有别于行政、民事以及刑事案件，具有独特的法律特征，无论是审理程序和裁判方法，都需要进一步完善，需要设置符合环境治理特点的一些裁判方法。”①

3.5 环境保护社会组织发展受到内外多重因素制约

我国环境保护社会团体特别是非政府环境保护组织的数量、规模、资金、影响仍然非常有限。不少环保社会组织筹款能力弱，缺乏来自政府和社会的必要资金支持。由于社团登记门槛过高，一些环保社会组织只能不注册或在工商部门登记注册，从而失去了向社会筹款的资格。加之资金筹集动员能力弱、资金来源不稳定、社会公益捐助意识低等因素的影响，资金不足成为环保社会组织发展的一大障碍。

环保社会组织在发展过程中普遍面临人才短缺问题。收入低、公众认知不足、福利不稳定、保险等福利待遇匮乏等因素导致了环保社会组织在吸引人才方面的无力。此外，环保社会组织自身能力建设水平较弱，近年来虽然不断提升，但在专业化水平方面还受到诸多因素的限制，成为制约其发展的薄弱环节。

3.6 社交媒体降低公众参与门槛的同时，也带来了无序参与的挑战

新媒体的兴起，特别是社交媒体的普及，已经成为环境公众参与的重要组织形式。一人一部手机的移动互联网时代，公众参与的内涵和外延得到拓展。

在议题设置上，在传统媒体活跃推动环保议题的同时，新媒体也开始起到重要作用。公民在网络平台上进行信息发布，展开对重大环境议题的辩论并形成民意关切，再由大众媒体加以报道放大，成为环境议题形成的重要途径之一。

在信息传播上，近年来，很多环境事件中都有效运用新媒体进行组织，形成了基于互联网的新组织动员模式。传统媒体与新媒体将各种参与角色置于聚光灯之下，一方面将民众的声音传递给政府，另一方面也将政府的所有回应呈现出来，交由更多的社会公众、专家以及评论家在媒体平台上进行点评。

在社会动员上，微博、论坛等新媒体和社交媒体日渐成为维权者重要的技术工具。行动者越来越注意到新的传播技术和传播手段的力量，他们试图搭建大众传媒网络，并建立自己的媒介（网站、博客、短信或 Web2.0 工具等）。当我国都市抗争得以在新媒体平台上展开持续的在线协商与动员，并且新媒体议题转而成为传统媒体的重要议题，获

① 《中华环保联合会提两起环境公益诉讼》，http：//www.legaldaily.com.cn/index/content/2015-01/14/content_5926351.htm？node=20908。

得持续关注，媒体与都市抗争之间就会形成特殊的互激模式，并且促进公共协商。在这个模式当中，都市抗争者通过各种新媒体平台进行动员，调整行动的策略与目标，并且表达自己的诉求。新媒体平台使他们能够通过民主过程形成相对权威的意见领袖，以及相对理想化的群体决策过程。传统媒体则往往倾向于提升行动者的诉求，使其可能为公众以及政府接纳，并且积极整合国家与公民行动者之间的框架，促进政策的回应。

环保一直是社会热点话题，涉及公众利益，具有极大的舆论传播效力。近年来，相比科学研究、监测、治污等环保硬实力的大幅提升，公众对环保部门的期待更高；但环保软实力的提升相对滞后，尤其是环境科普不足、信息公开不够、正面引导乏力、公众参与不畅等问题相对突出，公众对环保部门的评价反而降低。自 2012 年全国大范围雾霾以来，政府加强了信息公开，制定了一系列行动方案，释放了很大一部分舆论压力。不过，污染治理复杂性、长期性与公众期待环境质量尽快改善的迫切心情存在差距，一旦有名人重提该话题，就立即引爆舆论。

近几年，环境保护公众参与中一个不容忽视的问题是因环境问题引发的群体性事件愈演愈烈。这些事件的产生有其社会经济背景和人群心理因素，也有不同利益方的背后角逐。一方面，随着新媒体信息传播工具的普及和技术的突飞猛进，一个以微信、微信公共号、微博、社交网站、论坛、博客、新闻跟帖等为代表自下而上形成的民间舆论场异军突起，致使由宣传部门牵头报刊、广播、电视等媒体参与的官方舆论场独占话语权的垄断地位被打破，出现分庭抗礼之势。而另一方面，官方对包括社交媒体在内的新媒体了解不够，研究不透，使用不熟，大多沿用救火式的方式仓促应战，结果是收效甚微。因此，迫切需要建设环保部门新媒体平台，借助主流媒体和有影响的自媒体力量，探索打造全媒体传播体系，利用传统媒体和新媒体多环节、多形式的交替和配合，“传”与“播”不断反复，提升环境战略传播能力，改善环保部门公共形象。

4 促进我国环境保护公众参与的政策建议

4.1 完善新《环境保护法》配套法律法规，为环保公众参与提供组织制度保障

需围绕新《环境保护法》的实施，对相关配套法律法规和制度具体化、明确化。第一，明确利益相关方的法律责任、损失赔偿等。第二，应补充关于环境法律责任、行政复议与诉讼、纠纷处理、损害补偿、环境公益诉讼和公民环境权利等方面的配套法律规定，使新《环境保护法》信息公开和公众参与的规定落实有更强的可操作性。第三，建立和完善环境保护单行法，对现行法律中笼统的条款具体化。

应考虑建立对外关系管理机构，增加与地方政府部门、企业机构、社会组织以及受

影响群体的互动，从而促进在政策制定、环境影响评估过程中的公众参与。

（1）注重受影响群体的参与。在项目规划与开发之前，综合运用环境影响评估（EIA）、环境听证会（public hearing）、工作坊（work shop）以及民意调查（poll）等方式，增强受影响群体的参与。

（2）促进利益相关方展开监督与对话。第一，在项目执行过程之中，定期举办环保论坛、运用环保热线以及上访接待等方式，从而让相关专家、环保组织、环保人士参加公共项目的监督。第二，要促进利益相关方的沟通，必须做好环境上访的接待工作，尤其需要认真处理重信重访。此外，也要认真做好回访工作。第三，环保热线“12369”也是民众参与环境保护的重要途径。环保部门要在公众中普及环保热线，同时，对群众的投诉既要尽快解决，也要长期跟踪，对于短时间内无法解决的问题要定期查看核实，明确办理责任。第四，建立民间信息库（citizen science）。公开由民间搜集的关于 PX、垃圾焚烧项目、核能源项目等重大议题的知识（wikipedia）以便获得民众的信任。

（3）针对不同项目产生的环境影响，应在项目发展过程中或建成后举办环保听证会，全过程引入信息公开及公众参与机制，落实信息反馈责任。通常而言，听证会可以分成三类：立法、行政许可（如 EIA）和行政处罚中的公众意见听证会。在听证制度方面，建议以立法形式实行环保部门一审负责制，在组织公众、专家对环境影响进行民主科学评审的同时，要明确规定，环保部门对环境影响的审批结果承担法律责任。

（4）充分利用自媒体等平台，对于民众进行环境意识的教育；鼓励民众参与环保活动，减少碳足迹；与此同时，促进环保社会团体建立和发展，鼓励公众举报。

（5）保证公众参与环境保护执法的途径。公众参与可以对行政机关行使执法权进行有效的监督，保障执法权的正确与合法的行使。为确保公众的执法参与，首先，环保部门应该采取多种形式征询公众对环境行政执法的意见；其次，主动向公众及时公示其执法信息、执法的情况，接受公众的质疑监督；最后，公众发现环保部门及其工作人员的不法行为，也可以通过申诉、检举、控告、诉讼等形式维护公众的合法权益。

4.2 促进环境信息公开制度的实施和完善，巩固和提升各级政府和企业的信息化管理能力，并推进信息公开立法

我国环境法公众参与制度下的信息公开可以从两个方面加以改进。一是加强信息公开相关立法，以法律规范的形式确定公民的信息权，促进政府环境信息公开；二是全面推行政府环境信息公开，缓解公众在信息获取方面的被动局面；三是推行企业环境信息披露，满足公众环境利益诉求。为了有效引导公众参与，政府必须通过一定的机制设置，进行更为开放、有效的信息发布。可考虑建立媒体关系管理机构，运用（新、旧）媒体平台，即时进行信息发布，由专业化人士处理信息。

（1）开设环保部官方微博，及时发布环保部官方网站上的重要环境信息，定期公布

相关数据，增进公众沟通。网络舆情监控固然重要，但更为重要的是，相关政府部门要开辟微博，直接和公众沟通对话，积极回应网络舆情，尤其是网络谣言。

（2）搭建手机信息发布系统，确保项目信息及时发布。借鉴突发事件应急措施中对于手机的灵活应用，在项目规划、环评等阶段，将相关信息及时快速通过手机短信告知公众。另外，也可以通过手机普及相关环境知识，传播环境新闻和解读重要环境政策、法律等。

（3）发挥传统媒体作用。传统媒体拥有较高公信力，应发挥传统媒体在环境公众参与中的作用，利用传统媒体平台发布权威信息。为此，需要构造专业的环保传播组织机构、提高从业人员的业务素质，培养“专家型”记者。

（4）加强传统媒体与网络媒体的整合，在环境传播中发挥两者的合力。新媒体有明显的技术优势，但传统媒体则更为专业、理性，结合两者可能促进更为有效的信息发布与沟通。

（5）开放以公众为导向的信息采集方式（crowd-sourcing）。借鉴“开放文明环境地图”等，开发更多公开、亲民、即时的环境保护平台，为公众随时随地分享、获取环境信息提供便利。

（6）加强与政府部门、企业等的互动，敦促他们建立信息发布机制（PRTR），尤其是环境严重污染地区与事件的信息发布，摆脱“不作为”的政府形象。

（7）进一步完善环境信息公开制度，并推进信息公开立法，强制推行公众及时获得信息公开的权利。当然，信息公开立法的范围远远超出环境保护相关信息，需要国家立法机关和中央政府统筹协调，同时做好商业机密和个人隐私保护等相关领域的配套工作。

（8）建立国家级的环境信息系统。该系统中，数据和信息收集一次但可以共享多次；各数据源管理负责；易于满足数据报送规定；方便用户，包括公众获取简便，并且最好支持实时访问；能够实现地域规模较大的比较，支持公众参与；对在通用标准和可互操作的系统投资的用户更有价值。

4.3　建立引导培训环保社会组织健康发展的长效机制，为其创造良好成长环境

环保社会组织在公众环境法律意识的培养方面发挥着非常重要的作用，有助于为环境法治的发展构建稳固的社会思想基础。环保社会组织通过组织活动、公益诉讼等促进环境法律的实施，通过参与政府环境政策、意见表达等方式，实现对国家环境权力的制约。建议制定相关法律法规，促进非政府组织（NGO）和非企业社会团体（NPO）依法、有序参与环境决策。政府应简化 NGO 和 NPO 的登记注册程序，并通过购买其社会服务等方式，支持环保非政府组织、非企业社会团体以及民间智库的发展。

从各个方面加大对环保社会组织的扶持力度，尤为重要的是各级政府部门需要改变过去的老套思维，把社会组织从政府的对立面扭转过来，将其视作可靠的合作伙伴，将其当作新形势下建设新型社会治理模式的重要力量。只有思维的转变才能带动行动的转变。在这一方面，我们依然任重道远。

4.4 推进国家环境教育立法，促进社会各界对保护与发展之间的科学认识，制定前瞻、主动、综合的环境传播战略

较高的环境教育水平是决定公众参与成败的重要一环，全面系统推进环境与可持续发展教育，提高公众环境意识是科学理解公众参与以及提高公众参与质量的重要基础。在全国多起环境群体事件中，因为公众不了解而发生的非理性抵制，给国家、企业、民众造成了巨大的损失，要化解这种局面，必须做好长期的准备，从教育一代人、影响一代人做起。

在新的传播技术环境下，应该充分利用自媒体等平台，对于民众进行环境意识的教育。新媒体形势下，给环境战略传播带来巨大挑战，传统的环境传播方式几近失效。因此，国家各级政府部门应该顺势而为，抓住新媒体带来的机遇，制定前瞻、主动、综合的环境传播战略，以此作为增强环保软实力和树立国家形象的大好机会。

新的环境传播战略必须将公众视为重要的参与主体，所有的策略和方案必须围绕公众的环境权利而展开。整体战略的宗旨是敞开胸怀欢迎监督，及时回应各方关切，打造环保统一战线，发动监督违法排污的人民战争，形成良好的向污染宣战的舆论氛围，弥补环保部门整体人员、资源能力不足的短板，形成众志成城、齐心抗污的合力。

4.5 建立新媒体语境的信息传播机制，打通民间和官方两个舆论场，增进社会互信感，传播环保正能量

基于目前环保部门公众形象树立和环境战略传播的迫切需要，要结合心理学、传播学、社会风险等理论，加大环保科普、宣传策略、公众参与、舆论引导等方面理论和方法研究，尽快列入环保部专项资金支持；要拓展传统环保宣教领域、方法和渠道，改变过去单向传播的思路；要尽快建立全国环保系统新媒体联盟。在与公众互动、交流的过程中，通过“润物细无声”的方式，倾听公众、教育公众、引导公众、影响公众。

建议在新媒体建设方面重点开展以下工作：

（1）进一步提高对社交媒体重要性的认识。新媒体就如同一把“双刃剑”，如果能够迅速适应并为己所用，那就会更加便捷、更加有效率地进行信息发布，为执政工作带来便利；但是，如果不能够适应当下的媒体环境，仍然只依赖传统的报纸、广播、电视等渠道发布信息，则会严重影响传播效果。

（2）加大资金投入，系统全面开展基础研究。通过研究新媒体上网民的情况，来收集、研判和引导“民意”，有助于政府更加科学进行决策。目前，我国针对新媒体平台上的有关环境问题的民意表达、网络动员及与社会运动的关系的研究还是一个空白领域，迫切需要通过基础研究，摸清规律，探索有效的预防及响应机制。

（3）增加编制和设立机构，把如何与新媒体打交道作为主要工作来做。近年来，因环保问题引发的群体事件接连发生，新媒体在其中推波助澜。我们调研发现，一些地方通过设立专门机构和专职人员，统筹运用网站、手机报、微博、微信等新媒体，及时公开环境信息，跨部门开展舆情监测，妥善应对环境舆情，及时引导舆论走向，为政府决策部署及社会情绪稳定营造了良好的舆论氛围。新媒体时代，为使客观、科学的环境信息有效传播，引导公众从情绪表达转向客观表达，迫切需要一支懂得如何与新媒体打交道的专业化队伍，为政府经济社会发展决策部署营造良好的社会舆论提供精准、高效的服务。

4.6 建立和完善环境突发事故与环境群体事件的预警和应急响应机制

结合国内外环境事件沟通与响应的相关案例和政府部门现有的环境群体事件应对方案，建议建立面向社会公众的重大环境事件沟通与响应机制，主要内容包括如下几个方面：

（1）完善对重大环境事件管理三个范畴的规划设计，包括危机战略规划、危机预控和危机处理。不同的阶段需要采取不同的管理方式，并辅以配套措施，做到未雨绸缪，有备而战。

（2）建立沟通与响应工作组织体系，包括建立沟通工作领导小组、工作小组和专家团队。一旦事件发生，在新媒体时代，沟通工作出现差错完全有可能影响整个事件走向，引发次生舆情危机，因此领导重视、专业沟通显得尤为必要。

（3）建立沟通与响应工作流程。任何一起群体事件的应急和处置，都会涉及多个部门之间的协调与合作。在事件发生之前，必须建立起完备的沟通和相应工作流程，避免出现部门之间相互矛盾、扯皮、推诿的现象。

5 重庆垃圾焚烧项目公众参与案例

5.1 为什么选择重庆案例

垃圾焚烧处理设施是城市发展必需的市政环卫设施。然而，过去几年全国各地掀起一股强劲地抵制垃圾焚烧项目之风。北京、上海、广东、浙江等多个省市都有垃圾焚烧项目因为公众的抵制而停建、迁址或缓建。在一片叫停之声中，重庆市的垃圾焚烧项目建设推进工作却风景这边独好。

自 2005 年正式投产建设我国第一个 BOT 垃圾焚烧发电项目以来，该市陆续又有其他多个类似项目进入建设或筹建中。这些项目，无论是已经建成的，还是筹划建设的，都与周边的民众沟通良好，在一定程度上赢得了周边老百姓的理解和支持。为了探究重庆垃圾焚烧发电项目的公众参与状况，总结其有益经验和教训，并向全国其他地区推广，特选择重庆同兴垃圾焚烧发电厂作为典型案例研究。

5.2 重庆市同兴垃圾焚烧发电厂概况

5.2.1 运营情况

重庆市同兴垃圾焚烧发电厂（以下简称同兴垃圾发电厂）位于重庆市北碚区童家溪镇同兴村，占地面积 149.9 亩，与周边村庄最短距离为 300 m，由原属重钢集团的三峰环境公司投资 3.25 亿元建成。同兴垃圾发电厂是我国第一个以 BOT 方式[①]运作的垃圾焚烧发电项目，特许运营期 25 年。该厂一期项目于 2001 年 4 月和 8 月分别获得原重庆市计委和重庆市政府立项批准，2002 年 12 月动工建设。自 2005 年 3 月投产运行以来，日处理垃圾能力 1 200 t，约占重庆市主城区生活垃圾日产量的 17%[②]；年上网电量为 1.4 亿 kW·h[③]，取得了较好的社会效益和经济效益。如表 3-27 所示，除了同兴处理厂之外，重庆市还有丰盛和万州两座垃圾焚烧发电厂进入运营之中，处理能力分别是 2 400 t/d 和 800 t/d。

表 3-27 重庆市已建成垃圾焚烧发电厂运营情况概览

厂名	厂址	建成时间	日处理能力/t	年上网电量/亿 kW·h
重庆市同兴垃圾焚烧发电厂	重庆市北碚区	2005 年 3 月	1 200	1.4
重庆市丰盛环保发电厂	重庆市巴南区	2012 年 6 月	2 400	0.8
重庆市万州垃圾焚烧发电厂	重庆市万州区	2014 年 11 月	800	—

① BOT，build-operate-transfer 的英文缩写，意为建设—经营—转让，是指政府授予私营企业以一定期限的特许专营权，许可其融资建设和经营特定的公用基础设施，回收投资并赚取利润。特许权期满时，该基础设施无偿移交给政府。

② 2014 年数据。

③ 2014 年数据。

5.2.2 垃圾处理与焚烧发电能力

同兴垃圾发电厂拥有 2 套处理能力为 600 t/d 的 SITY2000 型垃圾焚烧炉，半干式 SNCR 烟气净化处理系统；总装机容量为 24 MW。该厂可处理重庆市主城区生活垃圾约 1 550 t/d（其中约 1 200 t 入炉焚烧，350 t 渗滤液进入污水处理系统），年均垃圾处理量 55 万 t 以上；垃圾焚烧发电上网电量约 1.4 亿 kW • h/a，可满足约 6 万户居民用电需求。

2012 年 6 月，三峰环境公司投资的重庆市第二座垃圾焚烧发电厂——丰盛环保发电厂也建成投入使用，处理能力为 2 400 t/d。两座垃圾焚烧发电厂能消纳重庆市主城区 50%的生活垃圾[①]。重庆第三座垃圾焚烧发电厂——万州垃圾焚烧发电厂也即将建成投产，设计处理能力为 800 t/d。据《重庆晚报》报道，到 2020 年，重庆主城区将有五座垃圾焚烧厂全面建成投产，届时将实现重庆市主区生活垃圾 100%无害化和资源化，成为全国生活垃圾利用率最高的城市，能使全市主城区 40 万个家庭超过 100 万位居民用上绿色电力[②]。按重庆市主城区人口 808 万计，垃圾焚烧发电可满足约 12%的居民用电。

5.2.3 运营成本及收益情况分析

在 25 年的特许运营期内，该厂计划前 10 年为成本回收期，后 15 年为盈利期，主要运营成本及收益情况估算如下：

（1）年均主要运营成本分析。表 3-28 列出了同兴处理厂主要运营成本的相关数据，包括垃圾处理成本、人工成本和水电成本，总计每年约 3 202.4 万元。

表 3-28 同兴垃圾发电厂主要运营成本

垃圾处理成本分析			
项目	用量/处理量/（t/a）	单价/（元/t）	小计/万元
△烟气处理	—	—	697.15
其中需：石灰	6 570	700	459.90
尿素	730	2 000	146.00
活性炭	182.5	5 000	91.25
△危废处理	13 000	1 000	1 430.00
△渗滤液处理	12 000	80	96.00
小计/万元			2 223.15

① 2014 年数据。

② 《下月主城九成生活垃圾用于发电 2020 年 40 万户居民超过 100 万人受益》，载《重庆晚报》2012 年 5 月 10 日，http：//www. cqwb.com.cn/cqwb/html/2012-05/10/content_311629.htm。

人工成本分析			
项目	员工数量/人	人均工资/（万元/人）	小计/万元
△人工成本	95	7.4	703.00
小计/万元			703.00
水电成本分析			
项目	用量/（万 t/a）	单价/（元/t）	小计/万元
△耗水	85	3.25	276.25
△用电	厂内自发自用		
小计/万元			276.25
合计/万元			3 202.40

（2）年均收益估算。表 3-29 统计了同兴处理厂主要收益的相关数据，包括发电收益和政府发放的垃圾处理补贴，总计每年约 12 944.5 万元。

表 3-29　同兴垃圾发电厂收益

发电收益		
年上网电量/亿 kW・h	上网电价/［元/（kW・h）］	收入小计/万元
1.4	0.65	9 100.00
垃圾处理补贴		
年垃圾处理量/万 t	垃圾处理费/（元/t）	收入小计/万元
55	69.9	3 844.50
合计/万元		12 944.50

扣除运营成本，年均收益结余 9 742 万元。由此可以看出，同兴垃圾发电厂经济效益较好，在 25 年的特许经营期内实现成本回收与盈利毫无压力。从实际情况来看，同兴公司刚开始运行的两年中存在亏损。2007 年开始盈利并一直延续到现在。公司收入有两部分，一部分是垃圾发电上网带来的收入，另一部分来源于政府追加的政策补贴。按照国家相关政策，从 2006 年起新建的垃圾发电厂，每度电上网电价可以享受脱硫燃煤机组标杆上网电价加 0.25 元补贴的优惠。

5.3　重庆同兴垃圾焚烧发电厂公众参与情况分析

5.3.1　同兴垃圾发电厂信息公开与公众参与经验

一是严格进行环境信息公开。项目建设过程中，确保按照项目审批要求开展环境影响评价及信息公开，使公众及时了解项目的有关情况。垃圾发电厂正式运行投产后，严格做好自检和监测，并实时公开监测数据。

二是丰富公众参与和监督形式，落实公众意见建议。同兴垃圾发电厂采取多种方式，促进公众参与和接受公众监督，包括：24 小时开放厂区，随时接待公众无预约入厂参观；定期进行走访或邀请村民代表来厂座谈；聘用周边村民从事厂内后勤安保等工作，使其了解和掌握厂内真实状况等。针对群众提出的道路遗撒、垃圾渗滤液滴漏等问题进行积极整改，获得周围居民的理解与信任。

三是认真履行企业社会责任。针对附近居民饮水困难问题，同兴公司资助了居民水费补贴。按照北碚区环保局的总体部署，支持配合环保教育从娃娃抓起等各项公众环保宣传教育活动，使垃圾发电厂成为全区及重庆市青少年环保教育基地和宣传窗口。

5.3.2　同兴垃圾发电厂的公众参与问卷调查

2014 年 3 月、10 月和 2015 年 1 月，宣教中心三次前往重庆调研，并在同兴垃圾发电厂周边发放公众参与调查问卷，根据问卷调查结果，有以下发现：

一是企业信息公开透明是获得公众满意的基础和前提。如图 3-10、图 3-11 所示，针对“对同兴垃圾发电厂的环保投入及设施是否了解”的问题，受访者表示基本了解和非常了解的，所占比例为 73.3%；针对“对同兴垃圾发电厂的环保投入及设施是否满意”的问题，受访者认为满意和非常满意的，所占比例为 52.7%。可见，周边群众对厂内环保设施知晓度和满意度较为乐观。

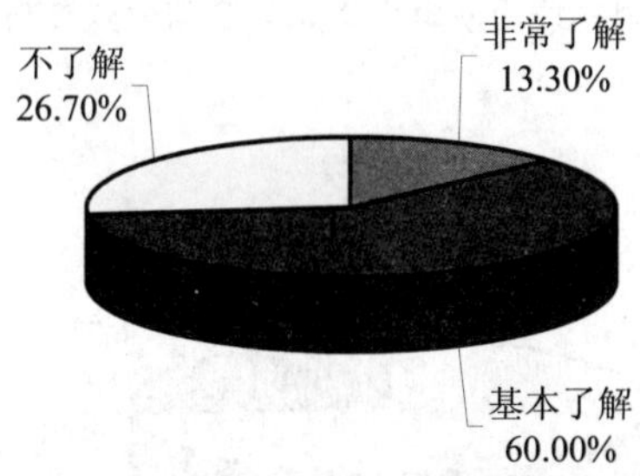

图 3-10　同兴垃圾发电厂环保投入及设施知晓率

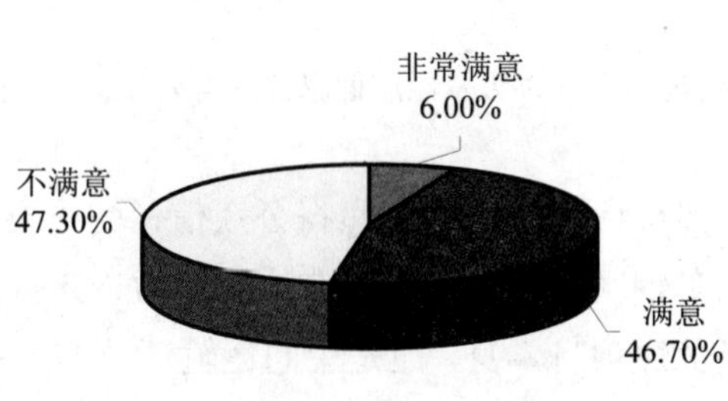

图 3-11　同兴垃圾发电厂环保投入及设施满意率

二是企业积极投身公益事业、帮扶周边社区居民是建立并维护自身品牌形象的重要途径。受访者普遍认为，该厂在定期走访慰问厂区周边居民，履行社会责任，热心公益事业，及时公开回应质疑或投诉，定期公开发布企业环境信息等方面有所作为（图 3-12），对该厂在信息公开与公众参与方面的工作满意度较高，满意率为 73.3%（图 3-13）。

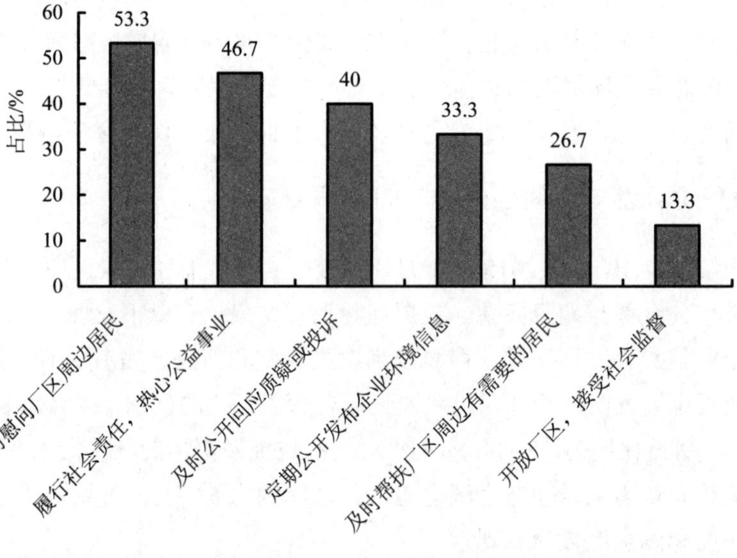

图 3-12　受访者对同兴垃圾发电厂信息公开与公众参与工作的认知

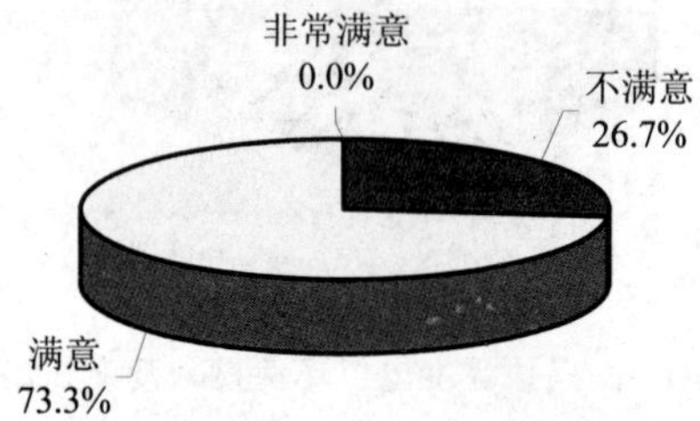

图 3-13　受访者对同兴垃圾发电厂信息公开与公众参与工作的满意率

三是政府统筹管理与多部门协调联动是赢得公众信任的重要保障。受访者的意见建议多集中于市政垃圾运输车辆密封性较差，存在垃圾遗撒、异味等问题。由此可见，不满意的原因并非针对垃圾焚烧项目本身，而是中间运输环节的硬件设备待改进和监管疏漏问题。因此，政府统筹管理和解决运输过程中的遗撒和异味是消除公众疑虑，提升满意度与支持率的关键所在。

5.4　重庆同兴垃圾焚烧发电厂公众参与存在的不足

在看到公众较高满意率的同时，也要看到同兴垃圾发电厂所存在的改进空间。仍有26.7%的受访者对发电厂环保投入及设施不满意，这与对其信息公开情况的不满意基本保持一致。

受访者担心的环境问题中，排前三位的分别是排放异味（80%）、排放有毒有害物（46.7%）和排放污水（46.7%）。这对于后期生产线扩建获得公众支持仍是隐患。

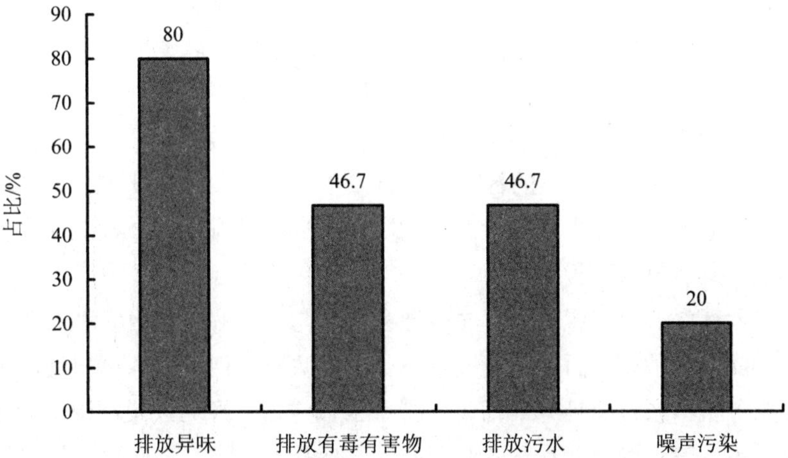

图 3-14　受访者对同兴垃圾焚烧发电厂项目最担心的环境问题

5.5　促进重庆垃圾焚烧发电项目公众参与的政策建议

根据以上重庆垃圾发电项目的案例分析，在利益机制创新、环境教育基地建设、专业环保社会组织培育、试点示范工作开展等方面提出以下政策建议：

（1）创新投资收益机制，建设公共服务设施，让周边社区和关键的利益相关方得到实惠。

垃圾焚烧发电的目的是为社会公益服务，并有一定经济效益，可以考虑吸引社会各界，包括公众个人的投资。结合目前我国正在大力推行的 PPP 模式，重庆垃圾焚烧项目的建设推荐仍有很大空间。通过探索推进垃圾处理的利益分配机制与综合配套措施，使社区和敏感项目之间成为建设伙伴关系，进而实现包容式发展。一方面，在现有 BOT 方式基础上，引导利益相关方以入股方式投资垃圾焚烧发电企业，作为受项目影响的经济补偿的一部分，与企业共享经济效益；另一方面，可尝试借助垃圾焚烧厂的资源在厂区内设立垃圾资源化无害化宣教基地（访客中心）、公共浴室、棋牌室、便民购物超市、社区活动中心等服务公众生活的设施，既为周边居民提供生活便利和福利，同时也方便接受群众监督、打消群众顾虑。

（2）打造以垃圾为主题的国家级环境教育基地，有助于为敏感项目脱敏，带动垃圾减量化和资源化行动。

以运作优良的垃圾焚烧发电厂为基础，打造国家级环境教育基地，通过眼见为实的参与互动，可以从以下两方面实现良性的公众参与：一是让公众降低和消除对垃圾焚烧发电项目的心理恐慌，科学、理性认识现代化的垃圾回收、净化、再利用等科学技术知识；二是引导公众参与环境社会监督，身体力行开展垃圾减量和分类活动。

重庆同兴、丰盛等垃圾焚烧发电厂是生动、具体、直观且有说服力的环境宣传教育场所。当前，重庆三峰集团计划投资 2 312 万元于重庆丰盛垃圾焚烧发电厂内筹建一座 2 300 m^2 的环境宣教基地，以丰盛和同兴两个垃圾焚烧发电厂为两个主要窗口，面向公众传播科学的垃圾焚烧发电知识，树立科学认知，消除恐慌与抗拒心理。

在公众谈“焚烧”则“色变”的社会舆论背景下，以重庆顺利投产运营的垃圾焚烧发电厂为基础，打造以垃圾焚烧发电为主题的国家级环境教育基地，对于打破公众恐惧焚烧的固有概念，具有直观的说服力。

（3）培育专业环保社会组织，为有序引导公众参与、破解邻避困境注入新力量。以垃圾焚烧为代表的环境敏感项目，其脱敏者不是一个政府部门就能独自担当，而是需要专业化的社会服务机构系统化地开展信息传播、公众沟通、意见收集和评估等工作。

破解邻避困境，需培养一批具有专业素养的环保社会组织，充分发挥其在建设项目公众参与中的桥梁和纽带作用，建立多方对话平台和社会监督机制，引导公众合法表达诉求，就各方诉求和问题解决方案进行有效沟通，为问题解决提供一个更具有弹性和张力的解决方案。环保社会组织存在资金、人员、技术等方面的不足，有必要以垃圾资源化、无害化宣教基地（访客中心）的运营为载体，扶持有影响力的环保社会组织发展成为垃圾领域的品牌环保社会组织，以第三方身份来推进环保工作、促进社会和谐和推动社会治理。他们不仅担当基地日常维护管理，负责访客接待和讲解，还可以举办各类垃圾资源化无害化培训，主动联系和接待其他地区尤其是面临垃圾焚烧发电建设项目发展困境地区的人员，做好科普的同时，又以生动的实例让更多群众对垃圾焚烧发电企业的顾虑“脱敏”，给其提供学习借鉴。

（4）推广重庆垃圾焚烧公众参与示范项目，为研究方案落地提供实践经验，探索破解垃圾焚烧邻避困境的新范式。

重庆市计划建成 7 座垃圾焚烧发电厂，其中主城区 4 座，远郊区 3 座。现已建成投产 3 座垃圾焚烧发电厂，其中 2 座位于主城区，分别是建于 2005 年的同兴垃圾焚烧发电厂和建于 2012 年的丰盛环保发电厂；另一座位于远郊区，即万州垃圾焚烧发电厂。

当前，重庆三峰集团拟于江津区筹建主城区的第三座垃圾焚烧发电厂。值此时机，有必要以此筹建中的垃圾焚烧发电厂为基点，推进重庆主城区垃圾焚烧公众参与示范项目建设，将信息公开与公众参与、多元投资机制、环境教育基地建设、环保社会组织参与等理念付诸实践，发挥示范效应，探索破解垃圾焚烧邻避困境的新范式。同时，面对我国多地频发的反对环境焚烧项目的群体事件，重庆的经验非常值得好好总结，并结合当地的实际情况予以借鉴。

第四部分　主题报告二——环境司法与企业环境责任

主题报告二——环境司法与企业环境责任由 6 篇组成，分别是：第一篇我国环境治理相关重要法律法规研究，执笔人为罗宏、曹宝（中国环境科学研究院）；第二篇我国环境法庭面临的挑战及其应对，执笔人为于文轩（中国政法大学）；第三篇环境损害评估方法，执笔人为 Peter Pechacek（中国环境科学研究院）；第四篇我国环境司法现状评估及政策建议，执笔人为严厚福（北京师范大学法学院）；第五篇环境损害评估，执笔人为於方（环境风险与损害评估研究中心）；第六篇自愿性企业环境行为，执笔人为郭沛源（商道纵横）。

第一篇　我国环境治理相关重要法律法规研究*

本篇分6章介绍了中国环境治理相关重要法律法规研究，分别为环境法律框架概述、信息公开相关法律与法规评价、公众参与/环境规划与决策相关法律法规评估、环境司法相关法律法规评价、私营部门激励机制相关法律法规评价、案例分析。

* 执笔人：罗宏、曹宝（中国环境科学研究院）。

1　我国环境法律框架概述

1.1　我国环境法律框架简介

《宪法》是我国环境保护法的基础和源泉，它规定了政府的组织形式、法律制定程序和基本权力。现行《宪法》制定于 1982 年，于 1988 年、1993 年、1999 年和 2004 年进行了补充与修订。

2000 年颁布的《立法法》旨在为我国建立法律组织框架。该法规定，地方法规应服从《宪法》和中央级基本法、单行法和条例。

《宪法》第 7 条规定，国家立法权由全国人民代表大会和全国人民代表大会常务委员会行使。全国人民代表大会负责刑事、民事、国家机构和其他事务相关基本法律的制定和修改；全国人民代表大会常务委员会负责除上述法律外其他法律的制定和修改，并在全国人民代表大会闭会期间对全国人民代表大会制定的法律进行部分补充和修订，但其补充修订不得有违原始法律的基本原则。

国家部委和机关可以向全国人民代表大会和全国人民代表大会常务委员会提交立法建议。在环境领域，中央政策法规由环境保护部制定，地方规章则由省和地方级环保局和地方政府协作起草。

我国环境保护法律法规分级如下：①《宪法》；②国家环境保护法律法规，由全国人民代表大会及其常委会颁布（约 236 部）；③环境保护行政法规，由国务院颁布（约 690 部）；④地方环境保护管理法规，由地方人大或政府发布（约 8 600 部）；此外，我国还遵守已签订的国际环境保护公约，其中多数为联合国公约。图 4-1 对我国环境保护法律法规分级及其相互关系进行了总结。

国家级环境保护法律包括环境保护基本法和环境保护单行法两大类。基本法为主要环境要素的保护制定框架，单行法则针对环境污染防治和资源保护领域的具体问题进行专门规定。

环境保护行政法规及部门规章规定了环境保护单行法的具体实施办法。

环境保护标准及地方行政法规对地方政府如何贯彻实施环境保护单行法进行更具体的规定。

环境保护部网站登载的法律法规一般含中、英文两个版本，但同时声明“……英文版仅供参考。中英文表述存在差异时以中文版为准”。

表 4-1 为环境保护部（前国家环保总局或国家环保局）颁布的主要法律。

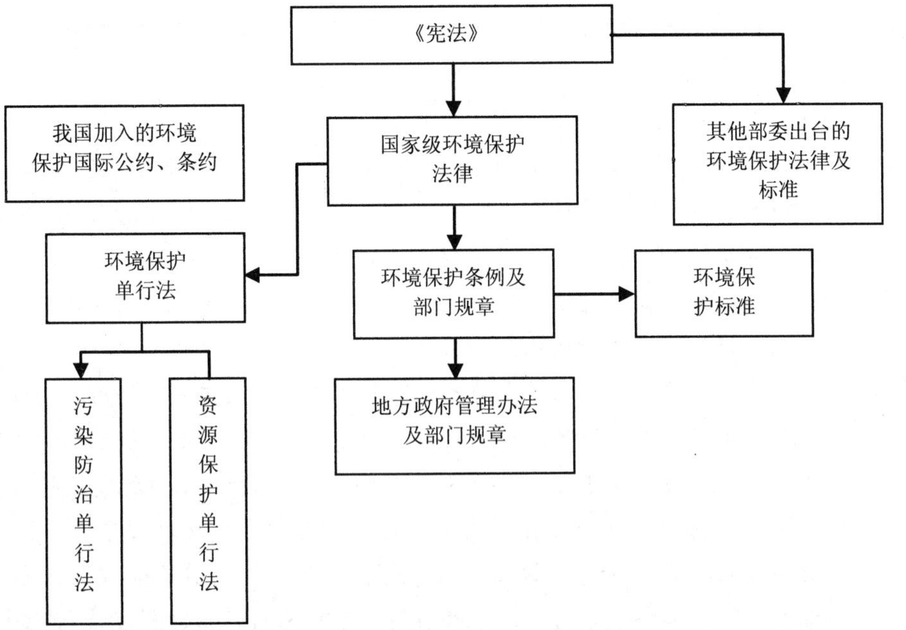

图 4-1　我国环境保护法律体系框架

表 4-1　环境保护部出台的主要法律

序号	法律	本篇使用版本
1	《中华人民共和国环境保护法》	1989 年
2	《中华人民共和国海洋环境保护法》	1982 年
3	《中华人民共和国水污染防治法》	2008 年
4	《中华人民共和国大气污染防治法》	2000 年
5	《中华人民共和国固体废物污染环境防治法》	2004 年
6	《中华人民共和国环境噪声污染防治法》	1996 年
7	《中华人民共和国放射性污染防治法》	2003 年
8	《中华人民共和国环境影响评价法》	2002 年
9	《中华人民共和国清洁生产促进法》	2002 年
10	《中华人民共和国循环经济促进法》	2008 年

其他环保相关国家级主要法律包括：《防沙治沙法》《森林法》《草原法》《渔业法》《土地管理法》《水法》《矿产资源法》《野生动物保护法》《水土保持法》。

在实施层面，环保部出台的法律与其他部门出台的单项法律常常存在冲突，从而影响法律的执行效果。两者间彼此不协调且缺乏一致性是我国环保法律法规实施中的主要薄弱环节。

（1）我国环境保护法律的基本原则。我国各项环保法律均遵循《宪法》第 9 条中规定的以下基本原则：①国家保障自然资源的合理利用；②保护珍贵的动物和植物；③禁止任何组织或者个人用任何手段侵占或者破坏自然资源。

（2）我国环境保护法包含以下四项指导原则。

☞ 环境保护与经济发展相协调——政府必须采取对环境友好的措施：根据这一原则，地方政府应当对其辖区内的环境质量负责，而促使地方政府履行其环保职责的主要机制即法律的实施和法规体系的建立健全。这一法规体系不仅应着眼于将对环境友好的理念注入决策过程，还应着力指导和改变地方政府的决策行为，从而提高环境保护效益。

☞ 预防为主：预防为主指在污染尚未产生前即采取积极措施预防污染的发生，以此取代污染产生后采取的末端控制与治理方法。应鼓励企业和个人积极改变行为方式保护环境，同时鼓励政府不仅要在规划工业和基础设施发展时理性考量环保问题，在制定社会经济发展规划时也应充分考虑环境因素，以此保证制定环境理性的产业和基础设施发展规划；鼓励环境决策实施相关的研究、宣传教育、监督和公众参与。这一原则纳入了我国自然资源保护单行法律之中，如《清洁生产法》是这一原则应用于工业生产的较好例子。

☞ 谁污染谁治理：所有排放废物、造成环境污染和破坏的单位或个人应承担污染源治理、环境整治责任，并承担相应的成本。

☞ 建立强有力的监督机制网络：这一原则意味着地方政府应在充分获知国家环境目标和政策的基础上予以相应执行。监督手段包括地方环保局对当地企业开展的现场调查。地方政府应承担相应责任以确保环境目标特别是污染减排目标的实现。国家级（环境保护部）应与省级政府部门签订总量减排协议，省级政府再与下级地方政府签订减排协议。例如，有新建污染排放单位或污染源发生重大改变时，污染排放单位必须就其污染物排放种类及数量在地方环保局进行登记，这些信息将用于排污收费和责任监督的履行。

1.2 环境治理相关法律法规分类

我国环境治理相关法律法规分为以下几类：①《宪法》中有关环境保护的条款；②环境保护相关法律；③环境保护单行法；④地方性行政法规和部门规章；⑤环境保护标准；⑥其他部门出台的环境保护法律规范；⑦中国加入的国际环境保护条约。

根据中欧环境治理项目的 4 个核心主题，本书分 4 个章节对我国现行法律和法规进行了回顾，即：①环境信息公开；②公众参与环境规划与决策；③环境司法；④企业积极参与可持续实践（企业社会责任和经济手段）。

附件 1 为本篇涉及的环境信息公开相关法律法规的详细（但非全部）清单以及相关信息，其中的检索编号方便读者对照书中的表格进行前后查找。

2　信息公开相关法律与法规评价

2.1　现有政策

为积极推进政府信息公开，环境保护部依据《公共企事业单位信息公开办法》在 2009 年出台的《依申请公开工作规程》中发布了政府信息公开目录。政府应主动公开的信息主要涉及环保部公告、部令、标准规范、人事任免等各类政府信息 885 条，发布其他环境信息 4 768 条。信息公开数量比 2008 年增加 960 条，增长率为 21%。环境信息公开形式多样，主要为中央（环保部）、省级和地方政府（环保局）网站、《中国环境报》和环境保护部公报。

2009 年环保部收到的政府信息公开申请共涉及 72 条环境信息，考虑到我国地域之广及其面临环境问题之繁杂，这一信息公开量并不算大。省级和地方环保局收到的公开申请数量也整体较少。这表明环境信息的供求之间依然存在脱节，政府部门公布的环境信息尚不能充分满足公众获得全面可靠信息的要求。

目前我国环境信息公开主要由政府主导，这或许是导致上述脱节的主要原因。尽管各级政府信息公开的内容、范围和渠道日趋多元，但其公开的信息，无论是与其生活息息相关的环境信息（如空气质量和水质报告）还是企业超标排污通报，仍然不能满足公众对准确可信的环境信息的需求。

以下涉及环境公开的法律法规构成了我国环境法制的基础。

2.1.1　中华人民共和国宪法

《宪法》保障公民的基本权利，虽未明文指出，但其中隐含了“公民享有知情权”。根据《宪法》第 27 条和第 41 条，国家机关和公务员必须接受人民的监督，这可以理解为《宪法》赋予公民知情和对国家机关进行监督的权利，并保护公民在政府环境信息公开的内容和质量方面的发言权。

2.1.2　环境保护法

1989 年颁布的《环境保护法》在总则部分对环境知情权作了类似《宪法》的原则性规定；第 11 条第 2 款规定政府发布环境状况公报的义务；第 31 条规定，因发生事故或者其他突然性事件，造成或者可能造成污染事故的单位，必须立即采取措施处理，及时通报可能受到污染危害的单位和居民。在《环境保护法》中，我国首次将环境信息公开正式列为政府的义务。

2.1.3 环境保护相关立法

在各项环境基本法律法规中，《环境影响评价法》最能体现法律对公众获取环境信息权利的保护。然而值得注意的是，环境影响评价报告并不在《环境信息公开办法》规定的政府应主动公开的信息之列。根据《环境信息公开办法》，项目单位只需向可能受项目影响的公众提供环评报告的精编版，这往往导致因信息不足而无法对项目及其影响做充分评估。《清洁生产促进法》则明确规定，地方环保局应公布污染物超标排放或污染物排放总量超过规定限额的企业名单。

2.1.4 特别行政法和部门规章

我国与环境知情权相关的重要法律规范主要有两部，即《政府信息公开条例》和《环境信息公开办法（试行）》。《环境信息公开办法（试行）》规定了地方环保局应主动公开的17类环境信息（见附件2）以及应鼓励企业主动公开的10类信息。《政府信息公开条例》第3章对信息公开方法和程序做了详述（见附件3）。此外，环境保护部还发布了《信息公开指南》，规定了政府主动公开信息的范围和形式，同时明确了依申请公开的相关事项以及对政府部门信息公开进行监督的方式和程序。

2.2 环境保护领域的重要法律法规及相关条款

涉及环境信息公开的重要法律法规见表4-2。

表4-2 涉及环境信息公开的重要法律法规

检索编码	法律法规	相关条款
3	《中华人民共和国环境保护法》（1989年12月26日颁布）	**第十一条** 国务院环境保护行政主管部门建立监测制度，制定监测规范，会同有关部门组织监测网络，加强对环境监测的管理。国务院和省、自治区、直辖市人民政府的环境保护行政主管部门，应当定期发布环境状况公报。 **第三十一条** 因发生事故或者其他突然性事件，造成或者可能造成污染事故的单位，必须立即采取措施处理，及时通报可能受到污染危害的单位和居民，并向当地环境保护行政主管部门和有关部门报告，接受调查处理。可能发生重大污染事故的企业事业单位，应当采取措施，加强防范。
12	《中华人民共和国政府信息公开条例》（2007年4月5日颁布）	**第六条** 行政机关应当及时、准确地公开政府信息。行政机关发现影响或者可能影响社会稳定、扰乱社会管理秩序的虚假或者不完整信息的，应当在其职责范围内发布准确的政府信息予以澄清。 **第九条** 行政机关对符合下列基本要求之一的政府信息应当主动公开：

<table>
<tr><th>检索编码</th><th>法律法规</th><th>相关条款</th></tr>
<tr><td>12</td><td>《中华人民共和国政府信息公开条例》（2007 年 4 月 5 日颁布）</td><td>（一）涉及公民、法人或者其他组织切身利益的；
（二）需要社会公众广泛知晓或者参与的；
（三）反映本行政机关机构设置、职能、办事程序等情况的；
（四）其他依照法律、法规和国家有关规定应当主动公开的。
第十条　县级以上各级人民政府及其部门应当依照本条例第九条的规定，在各自职责范围内确定主动公开的政府信息的具体内容，并重点公开下列政府信息：
（一）行政法规、规章和规范性文件；
（二）国民经济和社会发展规划、专项规划、区域规划及相关政策；
（三）国民经济和社会发展统计信息；
（四）财政预算、决算报告；
（五）行政事业性收费的项目、依据、标准；
（六）政府集中采购项目的目录、标准及实施情况；
（七）行政许可的事项、依据、条件、数量、程序、期限以及申请行政许可需要提交的全部材料目录及办理情况；
（八）重大建设项目的批准和实施情况；
（九）扶贫、教育、医疗、社会保障、促进就业等方面的政策、措施及其实施情况；
（十）突发公共事件的应急预案、预警信息及应对情况；
（十一）环境保护、公共卫生、安全生产、食品药品、产品质量的监督检查情况。
第十一条　设区的市级人民政府、县级人民政府及其部门重点公开的政府信息还应当包括下列内容：
（一）城乡建设和管理的重大事项；
（二）社会公益事业建设情况；
（三）征收或者征用土地、房屋拆迁及其补偿、补助费用的发放、使用情况；
（四）抢险救灾、优抚、救济、社会捐助等款物的管理、使用和分配情况。
第十二条　乡（镇）人民政府应当依照本条例第九条的规定，在其职责范围内确定主动公开的政府信息的具体内容，并重点公开下列政府信息：
（一）贯彻落实国家关于农村工作政策的情况；
（二）财政收支、各类专项资金的管理和使用情况；
（三）乡（镇）土地利用总体规划、宅基地使用的审核情况；
（四）征收或者征用土地、房屋拆迁及其补偿、补助费用的发放、使用情况；
（五）乡（镇）的债权债务、筹资筹劳情况；
（六）抢险救灾、优抚、救济、社会捐助等款物的发放情况；
（七）乡镇集体企业及其他乡镇经济实体承包、租赁、拍卖等情况；
（八）执行计划生育政策的情况。
第十三条　除本条例第九条、第十条、第十一条、第十二条规定的行政机关主动公开的政府信息外，公民、法人或者其他组织还可以根据自身生产、生活、科研等特殊需要，向国务院部门、地方各级人民政府及县级以上地方人民政府部门申请获取相关政府信息。</td></tr>
</table>

检索编码	法律法规	相关条款
16	《中华人民共和国水污染防治法》（1984年1月1日颁布，2008年2月28日最后修订）	**第十九条** 国务院环境保护主管部门对未按照要求完成重点水污染物排放总量控制指标的省、自治区、直辖市予以公布。省、自治区、直辖市人民政府环境保护主管部门对未按照要求完成重点水污染物排放总量控制指标的市、县予以公布。 县级以上人民政府环境保护主管部门对违反本法规定、严重污染水环境的企业予以公布。 **第二十五条** 国家建立水环境质量监测和水污染物排放监测制度。国务院环境保护主管部门负责制定水环境监测规范，统一发布国家水环境状况信息，会同国务院水行政等部门组织监测网络。
28	《中华人民共和国大气污染防治法》（2000年4月29日颁布）	**第二十条** 单位因发生事故或者其他突然性事件，排放和泄漏有毒有害气体和放射性物质，造成或者可能造成大气污染事故、危害人体健康的，必须立即采取防治大气污染危害的应急措施，通报可能受到大气污染危害的单位和居民，并报告当地环境保护行政主管部门，接受调查处理。在大气受到严重污染，危害人体健康和安全的紧急情况下，当地人民政府应当及时向当地居民公告，采取强制性应急措施，包括责令有关排污单位停止排放污染物。 **第二十三条** 大、中城市人民政府环境保护行政主管部门应当定期发布大气环境质量状况公报，并逐步开展大气环境质量预报工作。大气环境质量状况公报应当包括城市大气环境污染特征、主要污染物的种类及污染危害程度等内容。
43	《环境影响评价公众参与暂行办法》（2006年2月14日颁布）	**第七条** 建设单位或者其委托的环境影响评价机构、环境保护行政主管部门应当按照本办法的规定，采用便于公众知悉的方式，向公众公开有关环境影响评价的信息。
45	《环境信息公开办法》（试行，2007年4月11日颁布）	**第五条** 公民、法人和其他组织可以向环保部门申请获取政府环境信息。 **第十三条** 环保部门应当将主动公开的政府环境信息，通过政府网站、公报、新闻发布会以及报刊、广播、电视等便于公众知晓的方式公开。 **第十五条** 环保部门应当编制、公布政府环境信息公开指南和政府环境信息公开目录，并及时更新。
49	《环境保护行政主管部门政务公开管理办法》（2003年4月1日颁布）	**第五条** 环保部门政务公开的内容，除属于国家秘密、国家安全以及涉及社会稳定事项的工作情况外，凡被社会和公众、企事业单位普遍关注的环境问题和环保工作，按管理权限，经规定的审查程序审查后，对外公开。 **第六条** 各级环保部门可以根据本地实际情况，通过会议、报刊、广播、电视、便民手册、电子触摸屏、互联网、政务公开栏等多种形式，实行环保政务公开。 **第十条** 对公众要求公开的其他事项，由相关部门提出意见，报政务公开领导机构审核，可以公开的应予公开，公开内容应告知有关当事人。

检索编码	法律法规	相关条款
64	《中华人民共和国清洁生产促进法》（2002 年 6 月 29 日颁布）	**第六条**　国家鼓励开展有关清洁生产的科学研究、技术开发和国际合作，组织宣传、普及清洁生产知识，推广清洁生产技术。国家鼓励社会团体和公众参与清洁生产的宣传、教育、推广、实施及监督。 **第十七条**　省、自治区、直辖市人民政府环境保护行政主管部门，应当加强对清洁生产实施的监督；可以按照促进清洁生产的需要，根据企业污染物的排放情况，在当地主要媒体上定期公布污染物超标排放或者污染物排放总量超过规定限额的污染严重企业的名单，为公众监督企业实施清洁生产提供依据。 **第三十一条**　根据本法第十七条规定，列入污染严重企业名单的企业，应当按照国务院环境保护行政主管部门的规定公布主要污染物的排放情况，接受公众监督。

2.3　法律法规实施障碍

《政府信息公开条例》和《环境信息公开办法（试行）》是目前我国最重要的两部与环境信息公开相关的法律法规。尽管政府信息公开工作正在逐步完善，信息公开量日渐增长，这仍然不能满足公众对准确全面的环境质量和污染信息日趋强力的获知需求。其中主要包括以下问题：

2.3.1　政府责任不明确

《环境保护法》（1989 年）第 6 条和第 11 条第 2 款中仅提到公民有对政府部门进行检举和控告的权利，而对其有权知晓哪些事务、获得哪些环境信息则未作具体规定。对于向相关部门申请环境信息公开而未获答复时公众可以采取哪些措施，《环境保护法》也未作具体说明。

《政府信息公开条例》明确规定，掌握环境信息的公共部门（特别是环保局）应将环境信息公开。《环境信息公开办法》对 17 类应向公众公开的信息做了规定（见附件 2），但各地环保局执行情况参差不齐，这在公众最希望获得的环境信息方面（如居住地周边环境质量和污染排放情况）体现得尤为明显。大部分关键而实用的数据（如超标排放的污染物种类和排放量等）尚未得以如实上报，甚至根本未进行公开。

《环境信息公开办法》公布了 10 类企业应公开的环境信息（见附件 2）。然而，这种信息公开是以自愿为前提的，正因为如此，根据国际第十九条组织（ARTICLE19）和污染受害者法律帮助中心（CLAPV）[①]两家机构对地方政府《环境信息公开办法》执行情况进行的评估，只有少数企业对环境进行了主动公开。

① ARTICLE 19 & CLAPV，“Access to Environmental Information in China：Evaluation of Local Compliance”，2010-12.

2.3.2 企业环境信息公开规定不明确

《环境信息公开办法》第 11 条规定，污染企业应公开第 6 类、第 13 类和第 14 类环境信息，而 ARTICLE19 和 CLAPV 的调查指出，地方环保局并未严格执行这一规定，而是倾向于对污染企业加以维护，其中很多为国有企业。

《政府信息公开条例》和《环境信息公开办法》并未对企业污染排放进行全面明确的规定。《环境信息公开办法》虽然鼓励企业公开环境信息，但规定较为笼统，并未要求企业公开生产过程中以及产品和副产品产生的污染情况。《政府信息公开条例》并未对公众参与的具体形式做出规定。另外，信息公开责任形式单一，对超标排污的惩罚力度太轻，威慑力不足。

对于产品的环境影响，我国也进行了一定的尝试，如设立环境标志和绿色产品标志等，但并未对标志的审批标准和程序进行明确规定，整个环节往往也不向公众公开。

2.3.3 政府部门对法律法规的单向解释权不利于保护公众的环境知情权

与众多发达国家一样，我国的环境信息公开主动权主要由环保部门掌握。然而，相关规定不明确导致政府部门可以对规定做符合自身利益的解读，进而不公布对自己不利的资料。例如，以下这些条款就给政府回避信息公开留有余地：①行政机关公开政府信息，不得危及国家安全、公共安全、经济安全和社会稳定。②行政机关不得公开涉及国家秘密、商业秘密、个人隐私的政府信息。③涉及商业秘密、个人隐私，公开后可能损害第三方合法权益的，应当书面征求第三方的意见；第三方不同意公开的，不得公开。④公民、法人或者其他组织认为行政机关在政府信息公开工作中的具体行政行为侵犯其合法权益的，可以依法申请行政复议或者提起行政诉讼。

2.3.4 污染防控和监测立法不完善

我国环境检测和监测相关立法主要有 1983 年发布的《全国环境监测管理条例》和 2006 年国家环境保护总局发布的《环境监测质量管理规定》。前者对污染防控和环境质量监测机构的责任及相关工作流程只字未提，后者虽增加了污染排放超标相关处罚条款，但操作性仍然不强，在企业污染排放许可和监测流程以及环境要素质量监测和上报方面仍存在薄弱环节。很多情况下，地方环保局的监察人员无法掌握企业污染排放的真实情况。污染排放许可则仅规定了一定时间内的污染排放总量上限，具体污染物监测数据则往往只掌握在排污企业自己手中。

2.4 完善法律法规的经验与机会

2.4.1 扩大环境知情权的权利主体

我国的环境信息公开从本质上讲属于政府信息披露，对公众知情权并无明文规定。这种做法并不符合环境信息公开的国际趋势。同时，在我国环境信息公开制度下，能够获得相关信息的基本仅限于与某问题有直接利害关系的各方（如污染受害方）。目前对公众的环境知情权尚无公认的明确定义。

2.4.2 强化企业环境知情权的义务主体地位

很大一部分环境问题源于企业污染物的排放以及对自然资源的消耗。然而，目前我国并未规定企业在全面准确上报自然资源消耗和污染排放数据方面负有法律义务。公开环境信息从本质上讲有悖于企业利益，因此自愿公开制度在各国执行效果都不佳。因此，有必要通过强制性要求敦促企业翔实上报自然资源消耗和污染排放数据，并定期进行监督，从而确保企业如实上报环境信息。与此同时，环保部门可在发放企业运营许可的同时公布上述信息，且必须将排污超标情况一并公布。

2.4.3 扩大环境信息公开范围

目前我国环境信息公开政策较为笼统，对信息的性质、范围和公开程度均未做明确规定。我国的信息公开形式主要包括环境状况公报、区域或流域环境状况公报、空气质量周（日）报以及有限的企业环境信息公告。此外，监测和公开数据来源不明，相关部门数据准确性和质量既未作明确规定也未进行记录。因此，未来中国还需健全环境信息监测体系，从而获得更为精确的监测数据。同时，应针对不同环境要素分别进行更详尽的数据收集、分析和整合，并进行质量控制，对于需公开的环境数据尤应如此。

2.4.4 加大对环境知情权的保护

在我国通常只有直接受到污染威胁的各方才能要求知情。事实上，一些与污染并无直接利害关系的公益组织也有权获得相关环境信息。民间环保组织在获得公开完整可靠的环境信息基础上参与环境信息公开工作将有利于维护公众的环境知情权。同时还应鼓励环保部门为污染受害者提供相关环境信息和企业排污治污数据，从而帮助其维权。

2.4.5 加强落实环境信息公开相关法律责任

一旦发生事故或突发事件造成环境污染，企业有责任迅速向环保部门上报，以保护相关民众免受污染威胁。然而，中国目前相关法律法规并未明确规定在此情况下企业应上报哪些信息，向谁上报以及上报渠道，导致法律法规对企业的约束力十分有限。因此，在相关法律法规的完善过程中，应明确规定企业开始运营后、常规运营中以及发生突发事件时应立即向环保部门和公众公开哪些信息。这就意味着，相关法律法规需明确规定企业应就信息公开不主动、不准确或迟延导致的损害承担哪些责任。

此外，相关法律法规还应明确规定相关环保部门有及时准确公布环境信息的责任，对于其不作为和过失行为应追究法律责任并给予行政处罚。

2.4.6 完善环境信息公开援助机制

首先，应完善投诉监督机制，对环保部门和企业不公开环境信息引起的投诉进行监督并追究其责任。

这一机制应以清晰的规章制度规定应向投诉方反馈何种信息以及投诉办理时限，同时应针对相关部门和企业的不当行为明确规定相关行政处罚办法。该机制还应增加行政复议相关条款，从而允许上诉方在申请信息公开未获满意答复或答复不符合相关规定之时向上级部门提请复议。此外，可以考虑依托公众熟悉的网站，将该机制的各流程公布于网上，以便包括公众在内的各方获得信息，保证各环节的透明度并帮助公众建立对环保部门的信任。

其次，即使相关部门或企业不公开或有意不充分公开环境信息的行为并未直接对任何人造成污染损害，权利主体也应有权提起环境公益诉讼，从而对其未能履行相关法律责任进行追究。

3 公众参与环境规划与决策相关法律法规评估

3.1 公众参与环境规划与决策相关政策

公众参与环保事务和决策在我国的环境立法中并未得到充分体现。

3.1.1 宪法

《宪法》并未对公众参与环保事务和决策作明确规定。例如，《宪法》第2条规定：“中华人民共和国一切权利属于人民，人民依照法律规定，通过各种途径和方式，管理国家事务，管理经济和建设事业，管理社会事务”。这一条款仅从原则上赋予公民广泛参与公共事务管理的权利。《宪法》第41条则规定，公民对于任何国家机关和国家工作人员有提出批评和建议的权利，这也是在原则上涵盖了公众参与环保事务的权利。

3.1.2 环境保护法

《环境保护法》（1989年）第6条规定，“一切单位和个人都有保护环境的义务，并有权对污染和破坏环境的单位和个人进行检举和控告”。然而，此条款主要针对“事后参与”，即公众有权对已在执行的决策做出反应，而非直接赋予公众参与决策过程的权利。《环境影响评价法》第 21 条要求建设单位应在报批建设项目环境影响报告书前举行论证会、听证会，或者采取其他形式征求有关单位、专家和公众意见。“其他形式”中较为常见的是邮寄调查问卷征求公众意见，因此很多建设单位自然倾向于依赖这些“其他形式”，避免举行听证会以免与公众意见正面交锋。

3.1.3　环境保护单行法

很多环保单行法均规定公众有权对造成环境污染的个人和单位进行检举控告，从而履行公民的环保义务。例如，《清洁生产法》明确规定公众有权对排污超标企业进行监督。然而，各项单行法均未对公众参与进行强制性规定。

3.1.4　环境行政法规和部门规章

为促进公众参与环境保护，我国制定了一些主要针对公众参与的环境行政法规和部门规章。例如，《环境信访办法》第 7 条规定，“信访人检举、揭发污染环境、破坏生态的违法行为或者提出的建议、意见，对环境保护工作有重要推动作用的，环境保护行政主管部门应当给予表扬或者奖励”；《环境影响评价公众参与暂行办法》则对环境影响评价中公众参与的范围、组织者、组织形式和环境保护行政主管部门对公众参与的相关责任等做出明确规定。

3.2　重要法律与法规及条款列表

公众参与环境规划及决策相关重要法律法规及具体条款见表 4-3。

表 4-3　公众参与环境规划及决策相关重要法律法规及具体条款

检索编码	法律法规	相关条款
2	1.《中华人民共和国宪法》（1982 年 12 月 4 日颁布，2004 年 3 月 14 日修订）	**第二条**　中华人民共和国一切权利属于人民，人民依照法律规定，通过各种途径和方式，管理国家事务，管理经济和建设事业，管理社会事务。 **第二十七条**　一切国家机关和国家工作人员必须依靠人民的支持，经常保持同人民的密切联系，倾听人民的意见和建议，接受人民的监督，努力为人民服务。 **第四十一条**　中华人民共和国公民对于任何国家机关和国家工作人员，有提出批评和建议的权利对于任何国家机关和国家工作人员的违法失职行为，有向有关国家机关提出申诉、控告或者检举的权利。
3	《中华人民共和国环境保护法》（1989 年 12 月 26 日颁布）	**第六条**　一切单位和个人都有保护环境的义务，并有权对污染和破坏环境的单位和个人进行检举和控告。

检索编码	法律法规	相关条款
16	《中华人民共和国水污染防治法》（1984 年 1 月 1 日颁布，2008 年 2 月 28 日最后修订）	**第十条**　任何单位和个人都有义务保护水环境，并有权对污染损害水环境的行为进行检举。县级以上人民政府及其有关主管部门对在水污染防治工作中做出显著成绩的单位和个人给予表彰和奖励。
28	《中华人民共和国大气污染防治法》（2000 年 4 月 29 日颁布）	**第五条**　任何单位和个人都有保护大气环境的义务，并有权对污染大气环境的单位和个人进行检举和控告。
41	《中华人民共和国环境影响评价法》（2002 年 10 月 28 日颁布）	**第五条**　国家鼓励有关单位、专家和公众以适当方式参与环境影响评价。 **第十一条**　专项规划的编制机关对可能造成不良环境影响并直接涉及公众环境权益的规划，应当在该规划草案报送审批前，举行论证会、听证会，或者采取其他形式，征求有关单位、专家和公众对环境影响报告书草案的意见。但是，国家规定需要保密的情形除外。 编制机关应当认真考虑有关单位、专家和公众对环境影响报告书草案的意见，并应当在报送审查的环境影响报告书中附具对意见采纳或者不采纳的说明。 **第二十一条**　除国家规定需要保密的情形外，对环境可能造成重大影响、应当编制环境影响报告书的建设项目，建设单位应当在报批建设项目环境影响报告书前，举行论证会、听证会，或者采取其他形式，征求有关单位、专家和公众的意见。 建设单位报批的环境影响报告书应当附具对有关单位、专家和公众的意见采纳或者不采纳的说明。
42	《规划环境影响评价条例》（2009 年 8 月 17 日颁布）	**第十三条**　规划编制机关对可能造成不良环境影响并直接涉及公众环境权益的专项规划，应当在规划草案报送审批前，采取调查问卷、座谈会、论证会、听证会等形式，公开征求有关单位、专家和公众对环境影响报告书的意见。但是，依法需要保密的除外。 有关单位、专家和公众的意见与环境影响评价结论有重大分歧的，规划编制机关应当采取论证会、听证会等形式进一步论证。 规划编制机关应当在报送审查的环境影响报告书中附具对公众意见采纳与不采纳情况及其理由的说明。
43	《环境影响评价公众参与暂行办法》（2006 年 2 月 14 日颁布）	**第五条**　建设单位或者其委托的环境影响评价机构在编制环境影响报告书的过程中，环境保护行政主管部门在审批或者重新审核环境影响报告书的过程中，应当依照本办法的规定，公开有关环境影响评价的信息，征求公众意见。但国家规定需要保密的情形除外。 建设单位可以委托承担环境影响评价工作的环境影响评价机构进行征求公众意见的活动。 **第十二条**　建设单位或者其委托的环境影响评价机构应当在发布信息公告、公开环境影响报告书的简本后，采取调查公众意见、咨询专家意见、座谈会、论证会、听证会等形式，公开征求公众意见。 **第三十三条**　根据《环境影响评价法》第八条和第十一条的规定，工业、农业、畜牧业、林业、能源、水利、交通、城市建设、旅游、自然资源开发的有关专项规划的编制机关，对可能造成不良环境影响并直接涉及公众环境权益的规划，应当在该规划草案报送审批前，举行论证会、听证会，或者采取其他形式，征求有关单位、专家和公众对环境影响报告书草案的意见。

检索编码	法律法规	相关条款
49	《环境保护行政主管部门政务公开管理办法》（2003 年 4 月 1 日颁布）	**第十一条**　对涉及公众切身利益的重要事项，公开后，应收集公众意见和反应。对公众提出的合理建议，应当积极采纳；对公众反映的问题，应当及时研究，一时解决不了的，应做出说明解释。
50	《环境保护行政许可听证暂行办法》（2004 年 6 月 23 日颁布）	**第四条**　环境保护行政主管部门组织听证，应当遵循公开、公平、公正和便民的原则，充分听取公民、法人和其他组织的意见，保证其陈述意见、质证和申辩的权利。 除涉及国家秘密、商业秘密或者个人隐私外，听证应当公开举行。公开举行的听证，公民、法人或者其他组织可以申请参加旁听。 **第五条**　实施环境保护行政许可，有下列情形之一的，适用本办法： （一）按照法律、法规、规章的规定，实施环境保护行政许可应当组织听证的； （二）实施涉及公共利益的重大环境保护行政许可，环境保护行政主管部门认为需要听证的； （三）环境保护行政许可直接涉及申请人与他人之间重大利益关系，申请人、利害关系人依法要求听证的。 **第六条**　除国家规定需要保密的建设项目外，建设本条所列项目的单位，在报批环境影响报告书前，未依法征求有关单位、专家和公众的意见，或者虽然依法征求了有关单位、专家和公众的意见，但存在重大意见分歧的，环境保护行政主管部门在审查或者重新审核建设项目环境影响评价文件之前，可以举行听证会，征求项目所在地有关单位和居民的意见： （一）对环境可能造成重大影响、应当编制环境影响报告书的建设项目； （二）可能产生油烟、恶臭、噪声或者其他污染，严重影响项目所在地居民生活环境质量的建设项目。 **第七条**　对可能造成不良环境影响并直接涉及公众环境权益的工业、农业、畜牧业、林业、能源、水利、交通、城市建设、旅游、自然资源开发的有关专项规划，设区的市级以上人民政府在审批该专项规划草案和做出决策之前，指定环境保护行政主管部门对环境影响报告书进行审查的，环境保护行政主管部门可以举行听证会，征求有关单位、专家和公众对环境影响报告书草案的意见。国家规定需要保密的规划除外。
64	《中华人民共和国清洁生产促进法》（2002 年 6 月 29 日颁布）	**第六条**　国家鼓励开展有关清洁生产的科学研究、技术开发和国际合作，组织宣传、普及清洁生产知识，推广清洁生产技术。国家鼓励社会团体和公众参与清洁生产的宣传、教育、推广、实施及监督。
66	《建设项目环境保护管》	**第十五条**　建设单位编制环境影响报告书，应当依照有关法律规定，征求建设项目所在地有关单位和居民的意见。

3.3 法律法规实施障碍

3.3.1 法律法规缺失或规定不明确

与发达国家不同，我国的环保相关法律大多只将公众参与作为原则进行表述，而未包含配套执行办法和标准。目前只有《环境影响评价公众参与暂行办法》对公众参与的具体方法和程序等进行了规定。

3.3.2 缺乏激励机制

我国虽有一些规章规定政府应对环保做出卓越贡献的单位和个人进行奖励，但其效果有限。此外，参与环保和参与环境相关决策并不相同。事实上，参与环境决策可以使公众感到自己在规划和项目决策过程中拥有发言权，还能使项目和决策更加环保，因此可以将参与决策作为对参与环保的公众的重要奖励措施。

在环境污染诉讼方面，受时间、能力和精力所限，个人和非政府公益组织在诉讼各环节常因法律支持和经费不足而面临困难。由政府为提起环境公益诉讼的个人提供经费支持可以激发公众参与环保的积极性。

3.3.3 公众参与面窄且形式单一

公众可以参与的环保活动范围相对较窄，主要局限于《环境影响评价法》规定的项目环境影响评估。在公众参与或对环境产生重大影响的规划决策方面，我国尚未出台任何法规。发达国家的经验表明，尽早允许公众参与评估或对环境产生重大影响的规划有助于完善规划设计和实施以及受影响人群对规划的接受度。

3.3.4 非政府环保组织力量薄弱

在发达国家，环境事务中的公众代言人和社区领导常来自非政府环保组织，这些组织对环保问题的认知和理解都比较充分。在我国，公众则主要在政府部门的组织下参与环境治理，而公众环境意识薄弱的问题日渐凸显。在此过程中非政府组织的作用则较为有限，社会认同度不高，且并未被环保部门充分视为重要的民间合作伙伴。一些民间环保组织在中国无法作为非营利性公益组织进行登记，更多则无法保证有经费维持运行。加强负责任的非政府组织能力，简化登记流程，为其提供筹款协助以维持运营有助于帮助这些非政府组织产生公众代言人和社区领导，促进政府部门与公众进行环境对话。

3.3.5 公众环境危机意识强但参与程度低

在很多情况下，公众参与还停留在植树种草、拣拾垃圾等活动上，这些确是公众自愿参与环保活动的范例，有助于提高公众的环保意识，但此类活动仍属“边缘参与”，而并非真正的深度参与环境决策。近期一项调查显示：我国仅 6.3%的公众最近 3 个月中参加过环保活动；知道“12369”环境问题免费举报电话的人不到 20%。实际调查还发现，多数普通百姓并不了解如何参与环境决策。

3.4　完善法律法规的经验与机会

3.4.1　加强非政府组织作用

首先，可以考虑专门出台综合性的社团组织法。对各类社团组织的成立条件、程序和活动规则做出相应规定。其次，应在环境保护基本法中强调公民有权成立或加入非政府环境组织，并允许这些非政府组织作为民间利益相关方就可能产生重大环境影响的规划和项目与政府部门展开对话。社团组织法应强调非政府组织在促进可持续发展中的重要作用，同时除协助这些组织开展公众环境宣教活动外，还应支持其参与环境决策、监督和管理工作。

3.4.2　完善公众参与途径

首先，应建立明确的公益环境诉讼制度，从而有助于促进公众参与相关法律机制的建设，完善环境监督和执法。其次，应细化并完善公众事前参与办法，使其真正参与到对环境可能产生重大影响决策、项目和规划的制定过程中。这就需要对受影响公众、信息公开内容以及公示时长进行明确定义，以便公众做出知情决定。若参与主体缺乏广泛代表性，或不能及时获得待审批项目和规划具体环境信息，则公众很难与环保部门建立实质性沟通并提出有效建议，这将影响环境决策的质量和可持续性以及公众对项目或规划的接受度，导致不满，甚至影响社会和谐。促进公众参与还需明确规定政府部门如何在决策过程中解决公众关切，以及如何在项目审批文件对此番考量进行记录。

3.4.3　公众参与机制

环境权法制化是促进公众参与的有效途径，即政府部门需确保每个公民都充分享有利于其健康的环境。这项权利还意味着公民有权参与对环境有重大影响的项目和规划的决策。这就需要政府部门明确职责，以确保公众广泛参与环境决策并能在权利受到侵害时随时获得有效的法律支持，从而帮助公众更广泛地参与环保法律维权。

4　环境司法相关法律法规评价

我国的环境司法体系远未完善。我国目前实行四级法院体系，即基层、中级、高级和最高人民法院。早在 20 世纪 80 年代我国便已开始试点建立环境法庭，但直至 2007 年试点工作才全面铺开，其中包括在诉讼资格、管辖权和救济等方面开展多样化的创新尝试。目前至少已有贵阳、江苏、云南建立了环境专门法庭，然而，国家尚未就环境法庭的监管专门出台相应政策法规。

4.1　环境事务司法相关政策

4.1.1　环境污染侵权责任的法定条件

根据我国现行法律，环境污染民事责任需具备一些基本条件方可成立，而这在一定程度上增加了公众获得环境司法公正的难度。例如，上诉方需证明污染者的排污行为是造成环境危害的原因，而在没有科学评估数据、方法和专业技能的情况下公众很难举证。又如，原告方需证明排污行为对其个人造成伤害，这也需要相关知识、数据和技能，而这对大多数普通公众而言也过于专业。而环境公益诉讼则是由与污染无直接利害关系的第三方作为原告代表公众的环境利益，这在我国尚不普遍。尽管国务院于 2005 年颁布了《关于落实科学发展观　加强环境保护的决定》，明确强调推动环境公益诉讼，但我国的环境公益诉讼工作仍然进展缓慢。目前我国仅有几个省份建立了环境法庭，探索环境公益诉讼试点工作。在我国环境公益诉讼案件若要立案，须先由原告方举证，证明环境污染、污染损害以及原告代表的一方受到的损害间存在直接因果关系。《环境保护法》（1989 年）第 41 条的规定，“造成环境污染危害的，有责任排除危害，并对直接受到损害的单位或者个人赔偿损失”；《侵权责任法》第 65 条则规定“因污染环境造成损害的，污染者应当承担侵权责任”。

4.1.2　法定免责情形

我国法律中规定了排污单位免责情形，即不可抗力、受害人故意和第三人过错。在《民法通则》第 153 条中，“不可抗力”是指不能预见、不能避免并不能克服的客观情况。在实践中，它主要是指地震、海啸等自然灾害以及战争。例如，《环境保护法》（1989 年）第 41 条和《海洋环境保护法》第 92 条还特别规定，对于完全由于不可抗的自然灾害导致，且采取合理措施后仍无法避免造成环境损害的污染，排污方可免于承担责任；对于由受害人故意造成的环境污染损害，排污方不承担赔偿责任；对由受害人重大过失造成的污染损害是，可减轻排污方的赔偿责任；对因第三方过错导致的环境污染损害，承担赔偿责任的一方有权向第三方要求赔偿。

4.1.3　无过错责任原则

我国在环境污染案件中实行“无过错原则”。根据《环境保护法》（1989 年）第 41

条规定以及原国家环保局《关于确定环境污染损害赔偿责任问题的复函》所做解释，排污方是否承担赔偿责任不取决于其有无排污过错。

《侵权责任法》第 7 条特别规定，“行为人损害他人民事权益，不论行为人有无过错，法律规定应当承担侵权责任的，依照其规定”。

4.1.4　举证责任

在我国，民事诉讼多实行绝对责任的归责原则，举证责任主要由上诉方承担。根据《侵权责任法》第 66 条规定“因污染环境发生纠纷，污染者应当就法律规定的不承担责任或者减轻责任的情形，及其行为与损害之间不存在因果关系，承担举证责任”。关于举证不能，最高人民法院 2001 年《关于民事诉讼证据的若干规定》第 2 条明确规定，“没有证据或者证据不足以证明当事人的事实主张的，由负有举证责任的当事人承担不利后果。”然而实际操作中，对于到底由谁承担举证责任以及如何举证，各地并无明确或统一规定。

4.1.5　环境污染侵权的司法救济

我国对环境侵权的救济方式主要为损失赔偿和侵害排除，救济途径主要包括当事人自行和解、民事诉讼、行政调解、行政裁决、行政诉讼等。《民法通则》第 134 条规定了承担民事责任的 10 种形式，其中适用于环境侵权救济的方式主要有停止侵害、排除妨碍、消除危险、恢复原状和赔偿损失。《环境保护法》（1989 年）第 41 条第 1 款对直接受到损害的单位和个人赔偿损失问题做了规定，而《海洋环境保护法》第 41 条也对此做出类似规定。

4.1.6　环境损害评估鉴定

对于因污染引起的损害赔偿和赔偿金额纠纷，当事人可委托环境监测机构提供监测数据，从而向污染排放单位要求索赔。例如，《水污染防治法》第 86 条和《固体废物污染环境防治法》第 87 条均规定，当事人可以委托环境监测机构提供必要环境监测数据，环境监测机构则应接受委托并如实提供数据。

4.2　重要法律与法规及条款列表

环境事务司法相关重要法律法规及条款见表 4-4。

表 4-4　环境事务司法相关重要法律法规及条款

检索编码	法律法规	相关条款
3	《中华人民共和国环境保护法》（1989年12月26日颁布）	**第四十一条**　造成环境污染危害的，有责任排除危害，并对直接受到损害的单位或者个人赔偿损失。 赔偿责任和赔偿金额的纠纷，可以根据当事人的请求，由环境保护行政主管部门或者其他依照法律规定行使环境监督管理权的部门处理，当事人对处理决定不服的，可以向人民法院起诉。当事人也可以直接向人民法院起诉。 完全由于不可抗拒的自然灾害，并经及时采取合理措施，仍然不能避免造成环境污染损害的，免于承担责任。 **第四十二条**　因环境污染损害赔偿提起诉讼的时效期间为三年，从当事人知道或者应当知道受到污染损害起时计算。
11	《中华人民共和国侵权责任法》（2009年12月26日颁布）	**第八章　环境污染责任** **第六十五条**　因污染环境造成损害的，污染者应当承担侵权责任。 **第六十六条**　因污染环境发生纠纷，污染者应当就法律规定的不承担责任或者减轻责任的情形及其行为与损害之间不存在因果关系承担举证责任。 **第六十七条**　两个以上污染者污染环境，污染者承担责任的大小，根据污染物的种类、排放量等因素确定。 **第六十八条**　因第三人的过错污染环境造成损害的，被侵权人可以向污染者请求赔偿，也可以向第三人请求赔偿。污染者赔偿后，有权向第三人追偿。
16	《中华人民共和国水污染防治法》（1984年1月1日颁布，2008年2月28日最后修订）	**第八十五条**　因水污染受到损害的当事人，有权要求排污方排除危害和赔偿损失。 由于不可抗力造成水污染损害的，排污方不承担赔偿责任；法律另有规定的除外。 水污染损害是由受害人故意造成的，排污方不承担赔偿责任。水污染损害是由受害人重大过失造成的，可以减轻排污方的赔偿责任。 水污染损害是由第三人造成的，排污方承担赔偿责任后，有权向第三人追偿。 **第八十六条**　因水污染引起的损害赔偿责任和赔偿金额的纠纷，可以根据当事人的请求，由环境保护主管部门或者海事管理机构、渔业主管部门按照职责分工调解处理；调解不成的，当事人可以向人民法院提起诉讼。当事人也可以直接向人民法院提起诉讼。 **第八十七条**　因水污染引起的损害赔偿诉讼，由排污方就法律规定的免责事由及其行为与损害结果之间不存在因果关系承担举证责任。 **第八十九条**　因水污染引起的损害赔偿责任和赔偿金额的纠纷，当事人可以委托环境监测机构提供监测数据。环境监测机构应当接受委托，如实提供有关监测数据。
28	《中华人民共和国大气污染防治法》（2000年4月29日颁布）	**第六十一条**　对违反本法规定，造成大气污染事故的企业事业单位，由所在地县级以上地方人民政府环境保护行政主管部门根据所造成的危害后果处直接经济损失百分之五十以下罚款，但最高不超过五十万元；情节较重的，对直接负责的主管人员和其他直接责任人员，由所在单位或者上级主管机关依法给予行政处分或者纪律处分；造成重大大气污染事故，导致公私财产重大损失或者人身伤亡的严重后果，构成犯罪的，依法追究刑事责任。 **第六十二条**　造成大气污染危害的单位，有责任排除危害，并对直接遭受损失的单位或者个人赔偿损失。

检索编码	法律法规	相关条款
28	《中华人民共和国大气污染防治法》(2000 年 4 月 29 日颁布)	赔偿责任和赔偿金额的纠纷，可以根据当事人的请求，由环境保护行政主管部门调解处理；调解不成的，当事人可以向人民法院起诉。当事人也可以直接向人民法院起诉。 **第六十三条**　完全由于不可抗拒的自然灾害，并经及时采取合理措施，仍然不能避免造成大气污染损失的，免于承担责任。
33	《中华人民共和国固体废物污染环境防治法》（1995 年 10 月 30 日颁布，2004年12月29日：最后修订）	**第八十三条**　违反本法规定，收集、贮存、利用、处置危险废物，造成重大环境污染事故，构成犯罪的，依法追究刑事责任。 **第八十四条**　受到固体废物污染损害的单位和个人，有权要求依法赔偿损失。赔偿责任和赔偿金额的纠纷，可以根据当事人的请求，由环境保护行政主管部门或者其他固体废物污染环境防治工作的监督管理部门调解处理；调解不成的，当事人可以向人民法院提起诉讼。当事人也可以直接向人民法院提起诉讼。 国家鼓励法律服务机构对固体废物污染环境诉讼中的受害人提供法律援助。 **第八十五条**　造成固体废物污染环境的，应当排除危害，依法赔偿损失，并采取措施恢复环境原状。 **第八十六条**　因固体废物污染环境引起的损害赔偿诉讼，由加害人就法律规定的免责事由及其行为与损害结果之间不存在因果关系承担举证责任。 **第八十七条**　固体废物污染环境的损害赔偿责任和赔偿金额的纠纷，当事人可以委托环境监测机构提供监测数据。环境监测机构应当接受委托，如实提供有关监测数据。

4.3　法律法规实施障碍

4.3.1　法律保障机制尚不完善

环境是全体公民的共同财产，但我国缺乏与公民环境权相应的法律保障。目前，我国的立法仅对于环境侵权案的受害人的人身权和财产权给予保护，而受害人的环境权则不在保护之列。我国《宪法》第 26 条规定，“国家保护和改善生活环境和生态环境防治污染和其他公害”，这仅是以政府义务的形式承认了“环境权”的概念。然而中国现行的环境保护法却缺乏对公民环境权的明确规定。《环境保护法》（1989 年）第 6 条强调了公民的环保义务，却并未提及公民的环境权利，而其所指的公民在环境事务中的权利也仅限于检举权和定义模糊的控告权。相比之下，中国对公民环境权的保护无论在范围还是力度上均与发达国家存在较大差距。

4.3.2　环境诉讼中因果关系难以证明

就环境侵权因果关系证明而言，我国缺乏具体且可操作性强的规定。现行的无过错责任原则使得举证责任倒置，在一定程度减轻了受害方的举证责任（受害方须证明其所受污染损害是由排污方所致）。排污方则须相应承担更多举证责任，证明其活动与环境污染损害无直接因果关系。然而，目前我国并未针对环境污染侵权案的因果关系证明出台任何具体标准，因此多数情况下原告仍需证明其所受损害是由被告排污所致。鉴于环境污染侵权案的复杂性，要求原告证明污染与损害高度相关往往十分困难，这对原告较为不利。

4.3.3 责任追究有限

《侵权责任法》中专门对环境污染责任的承担进行了规定，却并未对具体侵权行为进行明确分类定义，而只是进一步重申排污方须证明其所排污染与原告所受损害无因果关系。同时，环境损害赔偿也仅限于财产和人身损失赔偿，并未考虑受害人的精神损失以及污染对生态造成的影响。此外，《侵权责任法》中与环境污染相关的条款也并未涉及应采取何种能够起到威慑作用的惩罚性措施以追究排污者赔偿责任。由于存在这些弊端，现行的《侵权责任法》难以全面保护环境污染受害人的权益。

4.3.4 诉讼时效过短

我国的环境相关法律法规所规定的环境行政诉讼时效均比较短。例如，《环境保护法》规定，“提起环境损害赔偿诉讼的时效期间为三年，从当事人知道或者应当知道受到污染损害时起计算”。鉴于污染造成的损害往往较长时间才能显现，3 年的诉讼时效并不够长。《大气污染防治法》和《水污染防治法》也规定，当事人对行政处罚决定不服，可以在收到处罚通知之日起 15 天内向人民法院起诉。这一时效也比较短。此外，根据《行政诉讼法》规定，在直接对环保部门不当行为提请诉讼时，原告方应在该具体行政行为发生之日起 3 个月内提出诉讼请求，这一时效也过短。更合理的方法则应是以当事人实际获知该不当行为之日为起诉期限的起算点。

4.4 完善法律法规的经验与机会

4.4.1 确立环境权为公民的基本权利

在《宪法》和《环境保护法》中明确规定公民的环境权有助于我国的完善环境司法。与此同时，还需完善与之相应的程序性环境权相关规定，如环境知情权、参与决策权以及受害求偿权等。

4.4.2 明确环境污染侵权诉讼证明标准

在环境诉讼中，应进一步明确举证方法，以便证明污染损害与污染行为之间是否直接联系。目前我国对这一过程鲜有具体规定，而污染受害公众往往缺乏举证所需的专业知识和技能，因此在诉讼中往往很难与资源丰富的排污企业抗衡。在这一方面，国际经验，如表见证明、间接反证和流行病学旁证等都是可以借鉴的方法。

4.4.3　完善环境侵权赔偿机制

我国可以考虑通过专项基金和保险制度完善环境侵权赔偿机制。这就需要完善环境侵权相关法律法规并针对排污企业引入环境责任保险制度。同样重要的还有相关国家标准和指南的出台，以便对环境损害赔偿的范围、损害评估和计算方法进行合理规定，从而在全国建立统一的损害赔偿机制，便于损害评估和赔偿计算。

4.4.4　延长环境诉讼时效

由于环境污染损害具有长期性，其影响的确定是漫长的过程（如地下水污染），因此，在环境污染损害赔偿诉讼中，可探索不再对时效期间作具体规定，或大幅度延长诉讼时效，从而维护受害方的起诉权。

4.4.5　探索环境司法保障机制

我国应加强环境行政执法与司法程序之间的跨部门合作。应探索完善环保部门与公安机关、人民检察院和人民法院间的相互协调机制，同时探索制定具体办法，供多部门就污染损害防治、赔偿和纠纷共同开展评估和其他相关工作。此外，国家还需出台环境公益诉讼相关法规，从而为政府和非政府公益组织起诉非法或超标排污企业创造有利条件。

5　私营部门激励机制相关法律法规评价

在我国，私营部门主要通过 3 种方式积极参与环保行动，即企业环境责任、自愿性环境管理手段、以市场为导向的政策工具。2008 年，我国企业共发布各类社会责任报告 169 份，占全球报告总数的 5%，而 2009 年报告数量则大幅增至 582 份，占全球报告总数的 15%，是 2008 年的 3.44 倍。截至 2009 年，我国已发展出 71 大类环境标志，涵盖汽车、建材、纺织品、电子产品、日化产品、家具、包装制品等各个行业。同时，全国已有 2 140 家重点企业依照《清洁生产法》开展了强制性清洁生产审核，其中 1 290 家重点企业完成了审核评估，1 125 家已完成审核验收。以市场为导向的政策工具目前在我国主要是指生态补偿政策，补偿范围包括大型生态建设工程、农村新能源、农田保护、水资源利用等方面，政府正在大力加强这些领域的投入力度。

5.1 私营部门激励机制相关政策

5.1.1 企业社会责任

企业环境责任是指企业在生产经营过程中贯彻清洁生产的要求，合理利用资源，充分采取措施防治污染，通过利用自身核心资源开展生产、加工和服务实现更好的环保和社会效益。环境责任是企业社会责任的一个重要组成。中国国资委除在 2008 年 1 号文件中明确要求有条件的企业定期发布社会责任报告或可持续发展报告外，还颁布了《关于中央企业履行社会责任的指导意见》和《中国企业社会责任标准原则》。同年 5 月，上交所也发布《上海证券交易所上市公司环境信息披露指引》。2010 年 4 月 15 日，财政部、证监会、审计署、银监会和保监会联合下发《关于印发企业内部控制配套指引的通知》（财会〔2010〕11 号），其中包括《企业内部控制应用指引第 4 号——社会责任》。

在履行企业社会责任方面，大型企业的情况明显好于中、小型企业。大型企业往往具备良好的环境责任意识且愿意履行责任，而中、小型企业的环境责任意识则较弱，很少将其纳入企业管理。2007 年，中国企业家调查系统对 4 586 位中国企业家进行了问卷调查，结果显示，东部地区大型企业、国有企业、上市公司和营利性企业的经营者对环境污染表现出更多关注。另外，在中西部煤炭资源丰富地区，中小企业对自然资源的破坏和环境污染问题异常突出，而东部沿海地区的民营企业（多为中、小型企业）在发达地区导致了严重的近海污染问题。

5.1.2 自愿性环境管理手段

ISO 14000 环境管理标准系列是针对国际经济贸易发展需求和环保国际趋势建立的一系列管理标准，其核心即 ISO 14001“环境管理体系－规范及使用指南”。该标准从政府、社区和购买方的角度提出环境管理体系的要求，从而有效预防和控制污染并提高能能源和资源效率。ISO 14001 标准是建立和实施环境管理体系和开展认证评估工作的基础。

为提高区域环境管理水平和环境管理的有效性，建立环境保护长效机制和自我约束机制，规范 ISO 14000 国家示范区申报、创建、验收、审批、命名和后续管理，我国制定了“ISO 14000 国家示范区管理办法”。该办法适用于 ISO 14000 国家示范区开展申报、创建、验收、审批、命名和后续管理工作。

ISO 14000 国家示范区的申报条件：①有负责环境管理体系建立和实施的环境管理机构，各级组织环境管理职责明确；②已经按照 ISO 14001 标准的要求建立环境管理体系，通过认证并持续有效运行 6 个月以上；③区域内 15%以上工业污染企业建立了 ISO 14001 环境管理体系；④按全过程管理原则制定环境管理、污染预防、清洁生产、循环经济、节能降耗、废物利用、绿色采购等方面的措施和激励政策；⑤建立突发性生产安全、自然灾害、环境污染事故应急措施、演练人员培训制度，区域内相关组织和人员的环境意识普遍提高，自觉参与环境管理体系的实施。

ISO 14000 国家示范区创建原则：①自愿性原则；②示范性原则；③辐射性原则；④创新性原则。

截至2011年7月，我国已有32个ISO 国家示范区，这些示范区已成为推广ISO 14000系列标准的典范。

5.1.3　市场手段

（1）环境标志认证制度。我国的环境标志认证制度是基于第三方评估的自愿性认证制度，它通过在政府、企业和消费者之间架起绿色桥梁，传递有关环境保护的信息，引导企业、消费者选择和识别绿色产品，进行可持续消费，为企业和公众自觉参与环境保护提供途径。中国环境标志认证已形成完整的认证体系以及严格的标准要求和认证流程。截至 2010 年年底，我国已围绕环境绩效、可再生回收利用、区域环境质量、居室环境质量、保护人类健康和节约资源能源六大领域开展了环境标志认证工作。2006 年，中国财政部和国家环保总局联合颁布《关于环境标志产品政府采购实施的意见》，2007年，为鼓励政府绿色采购，国务院又下发了《节能减排综合性工作方案的通知》，扩大了环境标志产品政府采购范围。环境标志已成为中国推动循环经济战略的重要手段。

（2）环境税制度。我国税制中与环境资源有关的税种主要有资源税、消费税、城建税、车船使用税、固定资产投资税等。但是，对煤、石油、天然气、盐等征收资源税的目的在于调节在我国境内从事资源开发的公司因资源本身的优劣条件和地理位置差异而形成的级差收入，因而并非真正意义上的环境税。

（3）环境补贴及生态补偿制度。对保护环境的生产者给予一定的财政补贴是我国促进可持续发展的一项重要手段，主要包括减免税收、比例退税、特别扣除及投资减税等形式。在生态补偿制度建设方面，辽宁、山西、浙江等省正在通过试点工作对生态价值进行明确定义，并对严重影响自然生态的采矿项目实施生态环境补偿机制。江苏、河南、河北、湖南、福建、山西、山东、江西、海南、广东等 10 多个省、市也已出台关于流域生态环境补偿的政策性文件并开展相关试点工作。

（4）绿色信贷和环境污染责任保险制度。一些地区的环保部门已经开始将企业的环境污染记录与信贷资格相关联/挂钩。一些银行则开始对企业排污大户实行限制和暂缓贷款发放措施，甚至收回已发放贷款。目前全国已有 20 多个省、市出台了绿色信贷政策实施性文件。河北、山西两省创新绿色信贷评审机制，启动了对银行机构绿色信贷实施效果的评估工作，四川省发布了钒钛钢铁行业绿色信贷指南，上海、重庆、辽宁、云南、广东、湖南、湖北、江苏、浙江、四川等 10 个省、直辖市则开展了环境污染责任保险试点工作。

5.2 重要法律与法规及条款列表

重要法律与法规及条款见表 4-5。

表 4-5 私营部门激励相关重要法律与法规及条款列表

检索编码	法律法规	相关条款
3	《中华人民共和国环境保护法》(1989年12月26日颁布)	**第六条** 一切单位和个人都有保护环境的义务，并有权对污染和破坏环境的单位和个人进行检举和控告。 **第十四条** 县级以上人民政府环境保护行政主管部门或者其他依照法律规定行使环境监督管理权的部门，有权对管辖范围内的排污单位进行现场检查。被检查的单位应当如实反映情况，提供必要的资料。检查机关应当为被检查的单位保守技术秘密和业务秘密。 **第十一条** 国务院环境保护行政主管部门建立监测制度，制定监测规范，会同有关部门组织监测网络，加强对环境监测的管理。 国务院和省、自治区、直辖市人民政府的环境保护行政主管部门，应当定期发布环境状况公报。 **第十九条** 开发利用自然资源，必须采取措施保护生态环境。 **第二十四条** 产生环境污染和其他公害的单位，必须把环境保护工作纳入计划，建立环境保护责任制度；采取有效措施，防治在生产建设或者其他活动中产生的废气、废水、废渣、粉尘、恶臭气体、放射性物质以及噪声、振动、电磁波辐射等对环境的污染和危害。 **第二十五条** 新建工业企业和现有工业企业的技术改造，应当采用资源利用率高、污染物排放量少的设备和工艺，采用经济合理的废弃物综合利用技术和污染物处理技术。 **第二十八条** 排放污染物超过国家或者地方规定的污染物排放标准的企业事业单位，依照国家规定缴纳超标准排污费，并负责治理。水污染防治法另有规定的，依照水污染防治法的规定执行。 征收的超标准排污费必须用于污染的防治，不得挪作他用，具体使用办法由国务院规定。 **第三十一条** 因发生事故或者其他突然性事件，造成或者可能造成污染事故的单位，必须立即采取措施处理，及时通报可能受到污染危害的单位和居民，并向当地环境保护行政主管部门和有关部门报告，接受调查处理。 可能发生重大污染事故的企业事业单位，应当采取措施，加强防范。 **第三十四条** 任何单位不得将产生严重污染的生产设备转移给没有污染防治能力的单位使用。 **第四十一条** 造成环境污染危害的，有责任排除危害，并对直接受到损害的单位或者个人赔偿损失。 赔偿责任和赔偿金额的纠纷，可以根据当事人的请求，由环境保护行政主管部门或者其他依照本法律规定行使环境监督管理权的部门处理；当事人对处理决定不服的，可以向人民法院起诉。当事人也可以直接向人民法院起诉。 完全由于不可抗拒的自然灾害，并经及时采取合理措施，仍然不能避免造成环境污染损害的，免予承担责任。

检索编码	法律法规	相关条款
116	《深圳证券交易所上市公司社会责任指引》（2006 年 9 月 25 日颁布）	**第五章 环境保护与可持续发展** **第二十七条** 上市公司应根据其对环境的影响程度制定整体环境保护政策，指派具体人员负责公司环境保护体系的建立、实施、保持和改进，并为环保工作提供必要的人力、物力以及技术和财力支持。 **第二十八条** 上市公司的环境保护政策通常应包括以下内容： （一）符合所有相关环境保护的法律、法规、规章的要求； （二）减少包括原料、燃料在内的各种资源的消耗； （三）减少废料的产生，并尽可能对废料进行回收和循环利用； （四）尽量避免产生污染环境的废料； （五）采用环保的材料和可以节约能源、减少废料的设计、技术和原料； （六）尽量减少由于公司的发展对环境造成的负面影响； （七）为职工提供有关保护环境的培训； （八）创造一个可持续发展的环境。 **第二十九条** 上市公司应尽量采用资源利用率高、污染物排放量少的设备和工艺，应用经济合理的废弃物综合利用技术和污染物处理技术。 **第三十条** 排放污染物的上市公司，应依照国家环保部门的规定申报登记。 排放污染物超过国家或者地方规定的公司应依照国家规定缴纳超标准排污费，并负责治理。 **第三十一条** 上市公司应定期指派专人检查环保政策的实施情况，对不符合公司环境保护政策的行为应予以纠正，并采取相应补救措施。
45	《环境信息公开办法（试行）》（2007 年 4 月 11 日颁布）	**第一条** 为了推进和规范环境保护行政主管部门（以下简称环保部门）以及企业公开环境信息，维护公民、法人和其他组织获取环境信息的权益，推动公众参与环境保护，依据《政府信息公开条例》《清洁生产促进法》和《国务院关于落实科学发展观 加强环境保护的决定》以及其他有关规定，制定本办法。 **第二条** 本办法所称环境信息，包括政府环境信息和企业环境信息。政府环境信息，是指环保部门在履行环境保护职责中制作或者获取的，以一定形式记录、保存的信息。 企业环境信息，是指企业以一定形式记录、保存的，与企业经营活动产生的环境影响和企业环境行为有关的信息。 **第三条** 国家环境保护总局负责推进、指导、协调、监督全国的环境信息公开工作。 县级以上地方人民政府环保部门负责组织、协调、监督本行政区域内的环境信息公开工作。

5.3 法律法规实施障碍

5.3.1 企业、政府与公民间缺乏互动机制

企业环境责任的主体是企业，但政府和公众也可以通过相应的奖惩机制敦促企业履

行环境责任。然而，由于各地都有大量环境污染诉讼悬而未决，致使企业、政府和公众三者间长期以来的对立局面，导致企业往往对社会责任的价值缺乏认同，从而仅是出于维护其生产运营的目的，为达到政府出台的最低标准而被动地履行环境责任。

5.3.2 企业社会责任观念不正确

很多中国企业将社会责任理解为企业办社会。很多企业担心履行环境责任会增加生产运营成本，影响经济效益，从而造成亏损。同时，很多企业环保意识极低，认为环保与其无关，一些企业甚至将盈利建立在破坏和污染环境的基础之上。此外，有些企业靠国家的优惠政策积累了大量财富，却缺乏回报社会的意识。

5.3.3 立法不完善，执法不严

从国家和政府的角度看，立法不完善和执法不严是我国企业社会责任建设滞后的主要原因。很多政府官员并未意识到，在环境治理领域，只有“管控”到位，自愿性环境管理手段才能发挥效用，从而促进环境保护。只要执法不严问题仍然存在，企业履行环境责任的价值就无法通过经济效益得以体现，而与此同时，会有大量排污企业利用体制中的薄弱环节攫取经济利益。

5.3.4 现行税制不足以影响企业的环境绩效

从环境保护的角度看，现行税制对企业并无明显影响。大部分税种的税目、税基、税率的制定都未将环境保护和可持续发展考虑在内。目前我国没有通过税收手段有效减少资源消耗，而无污染的产品和清洁生产也没有享受到税收优惠政策。目前实行的资源补偿费主要针对土地和矿产资源的开发利用，收费出发点是自然资源的经济价值，而并未考虑自然资源的生态功能。

5.4 完善法律法规的经验与机会

目前我国仍然完全依靠法律法规等强制性手段促使企业履行环境责任。若要利用市场手段激励企业更好地履行其环境责任，则需首先确保相关法律法规得到公平充分落实。只有这样，才能为积极履行环境责任的企业创造公平的机制，消除其因提高环境绩效而损失经济效益的顾虑。为此，可以考虑以下几项举措：

5.4.1 推进企业社会责任法制化

可以将企业环境和社会责任纳入《公司法》并强化其执行，从而确保企业在生产经营过程中严格遵守《劳动保护法》《安全生产法》和相关环保法律法规。

5.4.2 强化企业环境责任信息公开

可以通过发布企业社会责任报告、鼓励公众广泛参与以及完善企业社会责任评估机制提高企业环境责任信息的透明度，包括通过公众参与实施一系列奖惩措施。

5.4.3 完善企业绿色管理

可以通过系统、彻底的环境审核对企业运营中的环境绩效、清洁生产和能源消耗情况进行评估。对于环境绩效不达标的企业，应将此作为强制性约束手段。

5.4.4 建立企业社会责任评价体系

应建立企业社会责任评价体系，制定一套完善可行的评价指标，从经济、社会和环境 3 个方面对企业绩效进行综合评价，激励企业改进生产技术、更新设备并重新设计生产流程，从而降低能耗，节约资源。同时，可以考虑在相关奖项评选、环境监察以及企业贷款信用评价中引入该系列指标和评价体系。

5.4.5 建立独立的环境资源税税种

可以按照“污染者负担、利用者补偿”的原则，引入独立的环境资源税税种，对企业生产运营过程中的资源消耗（含水资源消耗）以及排污行为（如污水排放和空气污染）征税，这有助于将企业对自然资源的消耗和污染内化为其运营成本。可以在初始阶段将此项税收的税率定在较低水平，而后随着公众环境意识的不断增强而逐步提高税率。

6 案例分析

6.1 案例 1：松花江污染事件的法律思考及对策

6.1.1 事件概述

2005 年 11 月 13 日，吉林省境内中石油吉化公司双苯厂胺苯车间发生爆炸，百吨苯类污染物流入松花江。虽然环保部门次日即测出水体苯超标 108 倍，但直到爆炸案发生 5 天后（11 月 18 日），吉林省政府办公厅和吉林省环保局才将产生污染的信息通报给黑龙江省政府和黑龙江省环保局。通报送达后第 3 天（11 月 21 日），哈尔滨市政府一日连发两个原因完全不同的停水公告，先称“对市区市政供水管网设施进行全面检修并临时停止供水”，后称因吉化爆炸事件“预测近期有可能受到上游来水的污染，市区市政供水管网将临时停止供水”，两公告唯一相同的信息是“停水时间约为 4 天”。11 月 23 日，国家环保总局有关负责人通报说，受中国石油吉林石化公司爆炸事故影响，松花江发生重大水污染事件，中石油吉化公司在企业管理方面的失误是造成这一污染事件的主要原因。同日，黑龙江省政府向媒体通报污染实情，吉林省副省长也对哈尔滨市民表示“慰问和深深的歉意”。这时距污染发生已经 10 天，此前松花江流域的人民和全国公众还一直蒙在鼓里。

6.1.2 从松花江污染事件看我国环境保护立法的缺陷

松花江污染事件给松花江流域造成巨大损害，也折射出我国环境保护立法在处理水污染事故方面存在四方面缺陷。

（1）关于环境信息公开制度。目前我国有关环境信息公开制度的法律规范散见于各种法律法规中，如《环境保护法》（1989 年）第 11 条和第 31 条，而《水污染防治法》则并未对环境信息公开制度进行明确规定，仅在第 5 条规定“一切单位和个人都有责任保护水环境，并有权对污染损害水环境的行为进行监督和检举”。这一规定间接指出公众拥有环境知情权。此外，环保部（前国家环保总局）于 2003 年 9 月出台《关于企业环境信息公开规定》，对企业公开环境信息也进行了原则性规定。

我国的环境信息公开制度尚未真正建立起来，诸多方面仍然存在缺陷。第一，《环境保护行政主管部门突发环境事件信息报告办法（试行）》只是部门规章，效力层级不高，并且缺乏环境信息公开制度配套法律法规。第二，环境信息公开制度的内容及保障措施不完善。例如，《环境保护法》（1989 年）第 11 条规定，“国务院和省、自治区、直辖市人民政府的环境保护行政主管部门，应当定期发布环境状况公报”，但对于政府公布环境信息的范围、程序以及未能及时履行公布义务应承担的法律后果都无明确规定。第三，负有环境信息公开义务的主体范围较窄。例如，1989 年颁布的《环境保护法》只规定国务院和省、自治区、直辖市人民政府的环境保护行政主管部门应发布环境状况公报，而并未对市、县级人民政府环境保护行政主管部门的环境信息公开义务进行规定，也未提及企业的环境信息公开义务。《水污染防治法》则未在这方面进行任何规定。

（2）关于环境污染民事赔偿制度。松花江污染事件对我国环境污染民事赔偿制度提出了新的挑战。第一，环境污染赔偿责任的认定具有一定的难度。松花江污染事件所产生的损害赔偿责任，究竟应适用《民法通则》，还是适用《环境保护法》和《水污染防治法》，无疑是个难题。第二，松花江污染事故所造成的损害无法估量，仅凭吉林石化一家企业难以承受如此巨大的赔偿金额。第三，现行立法对赔偿的范围、赔偿金额的计算标准等未做明确规定。

（3）关于环境污染事故应急制度。1989 年《环境保护法》有关环境污染事故应急制度的规定存在以下缺陷。第一，只规定污染事故的肇事者有义务向当地环境保护部门报告，却没有明确规定国家环境保护总局和污染事故发生地的人民政府在污染事故应急工作中的法律地位。第二，没有针对污染事故肇事者未能履行报告义务或采取应急措施的行为制定相应的法律责任条款。第三，没有明确规定污染事故肇事者在污染事故发生后应采取何种具体应急措施。

（4）关于水污染的刑事责任制度。《水污染防治法》和1997年颁布的《刑法》对因水污染事故产生的刑事责任有明确规定。但目前《水污染防治法》中的相关条文已经失效，而《刑法》则并未规定专门的"水污染罪"。因此，对中国石油吉林石化公司的行为，只能依照《刑法》第338条关于"重大环境污染事故罪"的规定执行，但《刑法》第338条规定的"致使公私财产遭受重大损失或者人身伤亡的严重后果"和"致使公私财产遭受重大损失"这两个量刑情节，目前尚无具体的司法解释，导致有关司法机关在执法中的标准不统一，认定罪与非罪的尺度不明确，有违法制统一化的原则。

6.1.3 对策与建议

（1）完善环境信息公开制度。第一，应在《环境保护法》和其他单行环境保护法律中明确环境信息公开制度和公众环境信息权的法律地位。第二，完善环境信息公开制度的内容，制定相应的保障措施，明确规定政府应予公布的信息的范围、程序和未及时公布信息的法律后果。第三，借鉴国外立法经验，出台环境信息法。

（2）完善民事赔偿责任制度。第一，删除《民法通则》中环境污染侵权以"违法性"要件为前提的规定。第二，建立环境污染损害赔偿基金制度，使环境污染损害赔偿能真正落到实处。第三，对现行法律中的赔偿范围和金额的计算标准等进行明确和具体的规定，从而使司法机关可以通过量化标准准确认定污染赔偿金额。

（3）完善环境污染事故应急制度。第一，对于不跨区域或流域的污染事故，《环境保护法》和《水污染防治法》应明确规定污染事故肇事者在事故发生时同时上报当地环保部门和人民政府。第二，对于跨区域或流域的污染事故，《环境保护法》和《水污染防治法》应明确规定污染事故肇事者在上报污染事故发生地的人民政府和环保部门的同时还应上报环保部。第三，《环境保护法》和《水污染防治法》应明确规定环保部在跨流域污染事故的处理中具有协调职责。第四，设置相应的责任追究机制，在《环境保护法》和《水污染防治法》等单行环保法律中明确规定污染事故肇事者不履行上报义务或不采取应急措施应承担的法律责任。第五，《环境保护法》和《水污染防治法》可以进一步明确具体的对应急措施种类。

（4）完善水污染刑事责任制度。第一，删除《水污染防治法》第57条的类推条款规定，从而与1997年《刑法》的规定相一致。第二，建议最高人民法院尽快出台司法解释，对《刑法》第338条规定的"重大损失""人身伤亡的严重后果""公私财产遭受重大损失"等模糊性条款进行明确界定。第三，建议未来修改《刑法》时将因水污染产生的犯罪行为从"重大环境污染事故罪"中分离出来，单独设立水污染罪以强化对水污染犯罪行为的制裁。

6.2 案例 2：厦门 PX 项目及公众参与

6.2.1 案例简介

“厦门 PX 项目事件”源于台资企业腾龙芳烃（厦门）有限公司投资的对二甲苯（PX）化工项目，该项目早在 2004 年 2 月就获得了国家发展和改革委员会批准立项，选址于厦门市海沧台商投资区。这是福建省对外合作重点工程，预期总投资额 108 亿元人民币，投产后每年工业产值可达 800 亿元人民币。2005 年 7 月，该项目的环境影响报告书获得国家环保总局审批通过。

此后，自 2006 年 8 月起，征地拆迁和筹备施工等工作迅速在海沧区展开。该项目中心地区距离厦门市中心和国家级风景名胜区鼓浪屿均为 7 km，距离拥有 5 000 名学生的厦门外国语学校和北师大厦门海沧附属学校为 4 km。项目 5 km 半径范围内的海沧区人口超过 10 万，居民区与厂区最近处不足 1.5 km。10 km 半径范围内，覆盖了大部分九龙江河口区，整个厦门西海域及厦门本岛的 1/5。而项目的专用码头，就在厦门海洋珍稀物种国家级自然保护区。由于 PX 化工项目靠近众多居民区以及院校等人口稠密区，这一庞大项目的安全问题日益遭受各方质疑。

6.2.2 法律法规实施障碍及案例分析

6.2.2.1 该事件中的公众参与

厦门 PX 项目集中体现了目前我国公众参与的特点。第一，出于经济发展的考虑，地方政府一般不会向公众公开项目规划或建设信息，与公众相关的决策则完全由政府替公众决定。在此过程中，公众民意并非主要考量因素，某些情况下甚至被忽略。第二，类似的环境影响评价法定程序一般也是“先上船后补票”，公众并不清楚具体应经过哪些程序，甚至视程序为行政决策的障碍。第三，只有在公众对某些规划或建设项目意见强烈时，政府才开始重视民意并允许公众参与，而此时的参与主要是为消解公众的不满，而不是维护公众参与的程序正义和价值，程序的法律功能也就未能得到充分体现。

厦门 PX 项目自申请批准立项到审批通过用时仅一年半，如此高的效率确实让人感到困惑。不过值得欣喜的是，在厦门市民的诉求和努力下，当地政府不得不宣布暂缓建设这个获得国家批准建设、地方政府鼎力支持的项目，同时重新进行区域规划环境影响评价。公众参与在此次事件中发挥了极其重要的作用。

从厦门居民的诉求中可以看出，作为生活在拥有众多自然和人文遗产、素有“花园城市”之称的厦门城市居民，有着强烈的环境保护意识。PX 事件中厦门当地居民投入了极大的热情和关注，其产生的影响巨大而深远。

6.2.2.2 公众参与中存在的问题

（1）环境事件中的公众参与尚处于自发性应对阶段。在这次 PX 事件中，公众充分发挥了正面力量，影响了事件的发展，使一项环境风险重大的工程接受重新评估。但此次事件中，公众参与只是由政协委员“提案”产生巨大社会反响媒体和网络热议引发的一次自发行动。通过这一事件，公众才真正认识到参与环境影响评价以及关注自己的生存和生活环境何等重要。这也激发了公众极高的参与热情。然而，公众参与尚未从自发转向自觉。目前就中国而言，许多国家机关对公众参与政府决策仍持否定或反对态度，公众也尚未形成参与政府决策的意识和习惯。特别是在环保领域，很多人仍然认为环保是政府、工厂和企业的事，与自己关系不大。

（2）法律没有明确规定公众参与的效力。公众参与的效力是指环境影响评价机构对于公众的问题和意见的认定，它决定着相关决策是将公众意见作为主要决策依据还是仅作为参考依据。然而，《环境影响评价法》和《环境影响评价公众参与暂行办法》均未就此进行明确规定，只有暂行办法第 17 条规定，“建设单位或者其委托的环境影响评价机构，应当认真考虑公众意见，并在环境影响报告书中附具对公众意见采纳或者不采纳的说明。环境保护行政主管部门可以组织专家咨询委员会，由其对环境影响报告书中有关公众意见采纳情况的说明进行审议，判断其合理性并提出处理建议。环境保护行政主管部门在做出审批决定时，应当认真考虑专家咨询委员会的处理建议”。这显然是单方面的规定，没有指明在对主管机构未在最终决策中采纳其意见表示异议，或认为主管机构的行为违反法律时，公众享有怎样的请求权利和救济方式。

（3）公众参与的制度保障尚未确立。切实有效的公众参与需要制度上的保障，其中包括组织保障和信息公开。根据《环境影响评价公众参与暂行办法》第 7 条规定，“建设单位或者其委托的环境影响评价机构、环境保护行政主管部门应当按照本办法的规定，采用便于公众知悉的方式，向公众公开有关环境影响评价的信息”。这条规定明确了公众参与应由建设单位或其委托的环境影响评价机构组织，但未对公众参与信息公开的原则、阶段、范围、主体、方式、保障等制度进行规定。

6.2.3 完善法律与法规的经验与机会

6.2.3.1 公众参与环保过程中的问题

（1）传统政治经济体制的影响。尽管我国在环保领域取得了巨大成就，但遗憾的是，这些成就的取得主要依靠政府的力量，而公众发挥的作用甚微。在传统经济政治体制下，包括环境事务在内的国家事务由政府垄断，公众缺乏参与的空间，而政府也没有利用法律与制度因素引导公众参与环境事务的管理。此外，我国也存在相关程序价值和程序正义缺失的问题，即“重实体，轻程序”，程序制度尚不完善，这也导致了公众对包括环境事务在内的国家事务漠不关心的局面，认为保护环境应该是政府的任务和责任。由于缺乏正式参与制度与程序的保障，公众参与受到了极大抑制。时至今日，传统政治经济体制仍在阻碍公众参与环境保护机制的进一步完善。

（2）公众参与成为行政工具。由于传统经济政治体制的惯性，政府（特别是地方政府）倾向用环境来换取经济增长，忽略了公众的环境权益。因此，在经济开发建设过程中，政府往往将公众参与视为行政过程的障碍，致使其行政过程缺乏透明度，决策过程则排斥公众参与。随着公众环保意识不断增强，参与环保的广度与深度不断推进，民众的参与热情不断增高，政府将面临更大的压力。为了回应这种热情，政府也开始重视公众参与。然而，为保证行政效率，政府必定会对公众的参与过程，尤其是参与程序加以控制，从而保障行政目标的实现。在这种情况下，公众参与逐渐扭曲，成为政府的行政工具，其保障公众环境权益及程序权利的功能也就逐渐削弱。

（3）事后参与为主，事前参与不足。目前我国的公众参与主要是事后监督参与，事前决策参与和决策执行中的监督参与则很少。以厦门 PX 项目为例，对于此类对当地民众产生重大影响的环境项目，政府既未于前期公开有关信息，也未及时举行听证会或专家论证会，环境影响评价则仅为走形式。同时，这些项目都是已然开建，迫于各方压力才开始“补程序”，公众面临极大的参与障碍，此时的参与和环评程序形式大于实际意义。

（4）制度和程序不完善。从组织形式来看，我国公众参与的环保活动大多由政府发起、组织和支持，未能形成公众自觉参与的机制。我国虽然已有一些公众参与相关法律法规，但都属于原则性规定，而公众参与制度基本还停留在纸面上，在程序方面的规定更是多具随意性，对行政机关和企业的约束力有限。例如，厦门 PX 项目，尽管《环境影响评价法》对项目的开工建设做出了相关规范，但环评程序并没有形成对该项目的制约机制，程序价值没有得到体现。

6.2.3.2 环境影响评价中公众参与制度的完善

（1）加强公众权利意识和环保教育。对公众进行更广泛的权利意识和环保教育，让更多人了解自己享有哪些受宪法和法律保护的权利以及具体的环境权，从而在确立自身权利的同时，更好地投入环境保护事业。

（2）明确公众参与的具体权利、行使方式和效力。公众在参与环境决策中享有的具体权利包括知情权、参与权和申请救济权。为实现公众的上述权利，需通过立法确立适当的方式来推动公众参与。

（3）确立公众参与的制度保障。权利的实现需要制度的保障。目前，《环境影响评价法》及相关法律法规还没有确立公众参与的制度保障，因此，应在法律上确立公众参与的制度保障。

6.3　案例 3：吴某诉苏嘉杭高速公路有限公司噪声污染损害赔偿纠纷案

6.3.1　案情简介

（1）背景。吴某于 1999 年购买苏州市东港新村 141 幢 101 室房屋，并在 6 月取得了该房的所有权。苏嘉杭高速公路在 2002 年 12 月 8 日通车，地理位置在吴某住房的东面。据原告吴某叙述，刚入住东港新村 141 幢 101 室房屋时，周围环境良好；到 2003 年年初，苏嘉杭高速公路开通，半年来，平均每天通车 4 万辆，其中 80%是超载车，每两秒多就有一辆车从他家窗前经过，产生了大量的汽车尾气、高分贝噪声，原告曾向公路指挥部多次反映，但没有答复。6 月 28 日，原告再次向报社反映，同时也向市政府反映此事，市环保局安排环境检测中心在其住地东窗设监测点，最高噪声为 83 dB，使原告一家通宵失眠。原告今年 62 岁，患有冠心病、神经衰弱，老伴患有职业性肺间质炎、肺气肿等疾病。原告认为被告侵犯了其安宁居住权，现请求被告限期采取解决高速公路噪声污染的措施，将原告住地的噪声降到标准以下。

（2）判决概述。因原告提供的监测数据既无分析意见，也无监测单位盖章，不符合证据要件，经法院行使释明权，原告提出了环境噪声司法鉴定的申请，法院委托江苏省环境科学学会对原告住宅的环境噪声进行鉴定，但终因苏嘉杭高速公路与东环路分流线平行，无法进行环境噪声鉴定，否则须暂时封闭一条道路。法院再次向原告行使释明权，告知原告可以追加被告，但原告表示不申请追加，并愿意承担对损害事实举证不利的法律后果，从而未能完成噪声鉴定。

基于以上事实，法院认为原告对自己受苏嘉杭高速公路噪声污染的损害事实不能举出确切的证据，所以依法判决驳回原告的诉讼请求。

6.3.2　由案件引发的法律思考

（1）环境侵权诉讼中的举证责任分配。从本案判决可见，原告败诉的主要原因是没有完成对损害事实的举证责任。举证责任也称证明责任，是指谁负有提出证据证明案件有关事实的义务，如果不能举出确切证据，则负有举证责任的一方应承担由此导致败诉的不利后果。传统侵权理论采取“谁主张，谁举证”的原则，这对于环境侵权这类特殊侵权案件的受害人而言，显然有失公平。

（2）环境侵权民事救济中的实体权利缺失。本案中，原告以被告侵犯其安宁居住权为由提起诉讼，法院虽受理此案，但严格说来，该项权利作为环境权的具体内容之一尚未得到立法的确认。由于环境权概念的模糊性和环境问题具有高度利益冲突的性格等，传统环境权理论在环境权的内容、性质等方面一直众说纷纭。特别是在司法实践活动中，环境权因其各个要素的界定十分困难，缺乏实体法的根据，可操作性差等而受到相当冷落。

（3）环境侵权民事救济中的归责原则。本案属于污染环境引起的损害赔偿诉讼，由于原告未能完成有关损害事实的初步证明责任，使得案件在尚未涉及被告举证的情况下就已告终结。污染环境引起的侵权民事责任的归责原则是“无过错责任原则”，这一观点已经得到大多数环境法学者的认可，但从我国现有的立法和司法实践出发，环境侵权的归责原则应当认定为“二元论”：环境污染侵权采用“无过错责任原则”；破坏环境侵权，除少数特别规定外，采用“过错推定责任原则”。

6.3.3 完善环境侵权民事救济制度的对策性建议

完善环境侵权民事救济制度的对策性建议主要有：①在立法中对环境权进行明确规定，使公民环境诉讼有法可依；②对环境侵权民事诉讼中举证责任倒置问题进行细化规定；③对环境侵权问题进行专门立法；④进一步完善环境侵权的损害赔偿制度；⑤建立环境侵权民事责任的社会分担机制，完善环境侵权民事救济制度的整体框架。

附　件

附件1　我国环境保护领域重要法律法规列表

检索编号	法律法规及文件名称	发布日期	修订日期	相关领域
1	一、宪法、环境基本法及相关重要法律法规			
2	1.《中华人民共和国宪法》	04/12/1982	14/03/2004	Ⅰ、Ⅱ、Ⅲ
3	2.《中华人民共和国环境保护法》	26/12/1989		Ⅰ、Ⅱ、Ⅲ、Ⅳ
4	3.《中华人民共和国民法通则》	12/04/1986		Ⅰ、Ⅱ
5	4.《中华人民共和国立法法》	15/03/2000		Ⅰ、Ⅱ
6	5.《中华人民共和国行政监察法》	17/09/2004		Ⅰ、Ⅱ、Ⅲ
7	6.《中华人民共和国行政复议法》	24/12/1990	01/10/1999	Ⅰ、Ⅱ、Ⅲ
8	7.《中华人民共和国行政许可法》	27/08/2003		Ⅰ、Ⅱ、Ⅲ
9	8.《中华人民共和国行政处罚法》	17/03/1996		Ⅰ、Ⅱ、Ⅲ
10	9.《中华人民共和国国家赔偿法》	12/05/1994	29/04/2010	Ⅲ
11	10.《中华人民共和国侵权责任法》	26/12/2009		Ⅲ
12	11.《中华人民共和国政府信息公开条例》	17/01/2007		Ⅲ
13	12.《国民经济和社会发展规划纲要》(如《国民经济和社会发展“十二五”规划纲要》)	16/03/2011		
14	二、污染防治相关法律法规			
15	(一)水污染防治领域			
16	1.《中华人民共和国水污染防治法》	01/06/2008		Ⅰ、Ⅱ、Ⅲ
17	2.《中华人民共和国水污染防治法实施细则》	20/03/2000		Ⅱ、Ⅲ
19	4.《中华人民共和国海洋环境保护法》	23/08/1982	25/12/1999	Ⅰ、Ⅱ、Ⅲ
20	5.《中华人民共和国海洋倾废管理条例》	06/03/1985		Ⅰ、Ⅱ、Ⅲ
21	6.《防治船舶污染海洋环境管理条例》	09/09/2009		Ⅰ、Ⅱ、Ⅲ
22	7.《中华人民共和国防治陆源污染物污染损害海洋环境管理条例》	22/06/1990		Ⅰ、Ⅱ、Ⅲ
23	8.《中华人民共和国防止拆船污染环境管理条例》	18/05/1988		Ⅰ、Ⅱ、Ⅲ
24	9.《中华人民共和国海洋石油勘探开发环境保护管理条例》	29/12/1983		Ⅰ、Ⅱ、Ⅲ
25	10.《中华人民共和国防治海岸工程建设项目污染损害海洋环境管理条例》	25/06/1990	25/09/2007	Ⅰ、Ⅱ、Ⅲ
26	11.《淮河流域水污染防治暂行条例》	08/08/1995		Ⅰ、Ⅱ、Ⅲ

检索编号	法律法规及文件名称	发布日期	修订日期	相关领域
27	（二）大气与噪声污染防治领域			
28	1.《中华人民共和国大气污染防治法》	05/09/1987	4/29/2000	Ⅰ、Ⅱ、Ⅲ
30	2.《汽车排气污染监督管理办法》	15/08/1990	22/12/2010	Ⅰ、Ⅱ、Ⅲ
31	3.《中华人民共和国环境噪声污染防治法》	29/10/1996		Ⅰ、Ⅱ、Ⅲ
32	（三）固体废物污染防治领域			
33	1.《中华人民共和国固体废物污染环境防治法》	30/10/1995	29/12/2004	Ⅰ、Ⅱ、Ⅲ
34	2.《医疗废物管理条例》	06/16/2003		ⅠⅢ
35	（四）核与辐射污染防治领域			
36	1.《中华人民共和国放射性污染防治法》	28/06/2003		Ⅰ、Ⅱ、Ⅲ
37	2.《放射性同位素与射线装置放射防护条例》	24/10/1989		ⅠⅢ
38	3.《核电厂核事故应急管理条例》	04/08/1993		Ⅰ、Ⅱ、Ⅲ
39	4.《中华人民共和国核材料管理条例》	15/06/1987		Ⅰ、Ⅱ、Ⅲ
40	（五）环境影响评价领域			
41	1.《中华人民共和国环境影响评价法》	28/10/2002		Ⅰ、Ⅱ、Ⅲ
42	2.《规划环境影响评价条例》	17/08/2009		Ⅰ、Ⅱ、Ⅲ
43	3.《环境影响评价公众参与暂行办法》	14/02/2006		Ⅰ、Ⅱ
44	（六）环境信息公开领域			
45	1.《环境信息公开办法（试行）》	11/04/2007		Ⅰ、Ⅱ、Ⅲ、Ⅳ
46	2.《环境保护部信息公开目录》	30/04/2008		Ⅱ
47	3.《环境保护部信息公开指南》	07/05/2008		Ⅱ
49	5.《环境保护行政主管部门政务公开管理办法》	01/04/2003		Ⅱ、Ⅲ
50	6.《环境保护行政许可听证暂行办法》	23/06/2004		Ⅰ、Ⅱ、Ⅲ
51	（七）环境执法领域			
52	1.《环境保护违法违纪行为处分暂行规定》	20/02/2006		Ⅰ、Ⅱ、Ⅲ
53	2.《环境保护行政处罚办法》	06/08/1999	05/11/2003	Ⅰ、Ⅱ、Ⅲ
54	3.《报告环境污染与破坏事故的暂行办法》	10/09/1987		Ⅰ、Ⅱ、Ⅲ
55	4.《关于进一步严格上市环保核查管理制度加强上市公司环保核查后督查工作的通知》	08/07/2010		Ⅰ、Ⅱ
56	（八）环境风险防范领域			
57	1.《危险化学品安全管理条例》	02/03/2011		Ⅰ、Ⅱ、Ⅲ
58	2.《废弃危险化学品污染环境防治办法》	30/8/2005		Ⅰ、Ⅱ、Ⅲ
59	3.《新化学物质环境管理办法》	19/1/2010		Ⅰ、Ⅱ、Ⅲ
60	4.《危险化学品登记管理办法》	8/10/2002		Ⅰ、Ⅱ、Ⅲ
61	5.《化学品首次进口及有毒化学品进出口环境管理规定》	16/03/1994		Ⅰ、Ⅱ、Ⅲ

检索编号	法律法规及文件名称	发布日期	修订日期	相关领域
62	（九）其他			
63	1.《中华人民共和国循环经济促进法》	29/08/2008		Ⅰ、Ⅱ、Ⅲ
64	2.《中华人民共和国清洁生产促进法》	29/06/2009		Ⅰ、Ⅱ、Ⅲ
65	3.《清洁生产审核暂行办法》	26/08/2004		Ⅰ、Ⅱ、Ⅲ
66	4.《建设项目环境保护管理条例》	29/11/1998		Ⅰ、Ⅱ、Ⅲ
67	5.《建设项目环境保护设施竣工验收管理规定》	31/12/1994		Ⅰ、Ⅱ、Ⅲ
68	6.《全国污染源普查条例》	9/10/2007		Ⅲ
69	7.《中华人民共和国自然保护区条例》	02/09/1994		Ⅰ、Ⅱ、Ⅲ
70	8.《国务院关于落实科学发展观　加强环境保护的决定》	03/12/2005		Ⅰ、Ⅱ、Ⅲ
71	9.《环境标准管理办法》	05/01/1999		Ⅱ、Ⅲ
72	10.《排污费征收使用管理条例》	02/01/2003		Ⅰ、Ⅱ、Ⅲ
73	11.《全国环境监测管理条例》	21/07/1983		Ⅰ、Ⅱ、Ⅲ
74	12.《国家环境保护规划》（如国家环境保护“十一五”规划）	22/11/2007		Ⅰ、Ⅱ
75	三、资源保护相关法律法规			
76	（一）国土资源保护领域			
77	1.《中华人民共和国土地管理法》	28/08/2004		Ⅰ、Ⅱ、Ⅲ
78	2.《中华人民共和国矿产资源法》	29/08/1996		Ⅰ、Ⅱ、Ⅲ
79	3.《中华人民共和国海域使用管理法》	27/10/2001		Ⅰ、Ⅱ、Ⅲ
80	4.《中华人民共和国气象法》	31/10/1999		Ⅰ、Ⅱ、Ⅲ
81	（二）农、林资源保护领域			
82	1.《中华人民共和国农业法》	02/07/1993	28/12/2008	
83	2.《中华人民共和国渔业法》	31/10/2000	27/08/2009	Ⅰ、Ⅱ
84	3.《中华人民共和国基本农田保护条例》	27/12/1998		Ⅰ、Ⅱ、Ⅲ
85	4.《中华人民共和国退耕还林条例》	14/12/2002		Ⅰ、Ⅱ、Ⅲ
86	5.《中华人民共和国森林法》	20/09/1984	29/04/1998	Ⅲ
87	6.《中华人民共和国草原法》	28/12/2008		Ⅰ、Ⅱ、Ⅲ
88	7.《中华人民共和国野生动物保护法》	28/08/2004	27/08/2009	Ⅰ、Ⅱ
89	8.《中华人民共和国防沙治沙法》	31/08/2001		Ⅰ、Ⅱ、Ⅲ
90	9.《中华人民共和国野生植物保护条例》	90/09/1996		Ⅰ、Ⅱ
91	10.中华人民共和国农药管理条例》	08/05/1997	29/11/2001	Ⅰ、Ⅱ、Ⅲ
92	（三）水资源保护领域			
93	1.《中华人民共和国水法》	21/01/1998	29/08/2002	Ⅰ、Ⅱ、Ⅲ
94	2.《中华人民共和国水土保持法》	29/06/1991	25/12/2010	Ⅰ、Ⅱ、Ⅲ

检索编号	法律法规及文件名称	发布日期	修订日期	相关领域
95	3.《中华人民共和国防洪法》	29/08/1997		Ⅰ、Ⅱ、Ⅲ
96	（四）能源利用领域			
97	1.《中华人民共和国节约能源法》	01/11/2007	28/10/2007	Ⅰ、Ⅱ、Ⅲ
98	2.《中华人民共和国可再生能源法》	28/02/2005	26/12/2009	Ⅰ、Ⅱ、Ⅲ
99	3.《中华人民共和国煤炭法》	29/08/1996	22/04/2011	Ⅰ、Ⅱ、Ⅲ
100	（五）旅游资源保护领域			
101	1.《中华人民共和国文物保护法》	29/12/2007		Ⅰ、Ⅱ、Ⅲ
102	2.《中华人民共和国风景名胜区条例》	06/09/2006		Ⅰ、Ⅱ、Ⅲ
103	四、其他相关重要法律法规			
104	1.《中华人民共和国标准化法》	29/12/1988		Ⅰ、Ⅱ、Ⅲ
105	2.《中华人民共和国公路法》	28/08/2004		Ⅰ、Ⅱ、Ⅲ
106	3.《中华人民共和国城乡规划法》	28/10/2007		Ⅰ、Ⅱ、Ⅲ
107	4.《中华人民共和国建筑法》	01/11/1997		Ⅰ、Ⅱ、Ⅲ
108	5.《中华人民共和国安全生产法	29/06/2002		Ⅰ、Ⅱ、Ⅲ、Ⅳ
109	6.《中华人民共和国全民所有制工业企业法	13/04/1988		Ⅰ、Ⅱ、Ⅲ、Ⅳ
110	7.《中华人民共和国对外贸易法》	12/05/1994	06/04/2004	Ⅰ、Ⅱ、Ⅲ
111	8.《中华人民共和国公司法》	29/12/1993	27/10/2005	Ⅰ、Ⅱ、Ⅲ、Ⅳ
112	9.《中华人民共和国城镇集体所有制企业条例》	09/09/1991		Ⅰ、Ⅱ、Ⅲ、Ⅳ
113	10.《中华人民共和国私营企业暂行条例》	25/06/1988		Ⅰ、Ⅱ、Ⅲ、Ⅳ
114	11.《中华人民共和国资源税暂行条例》	26/11/1993		Ⅰ、Ⅱ
115	12.《关于印发〈关于中央企业履行社会责任的指导意见〉的通知》	29/12/2007		Ⅰ、Ⅱ、Ⅳ
116	13.《深圳证券交易所上市公司社会责任指引》	25/09/2006		Ⅰ、Ⅱ、Ⅳ

注：Ⅰ. 信息公开；

Ⅱ. 环境规划与决策的公众参与/咨询；

Ⅲ. 环境事务司法途径；

Ⅳ. 私营部门激励手段。

附件 2　《环境信息公开办法（试行）》中规定企事业单位需公开的信息类别

（1）第 11 条中规定环保部门应向社会主动公的信息包括：①环境保护法律、法规、规章、标准和其他规范性文件；②环境保护规划；③环境质量状况；④环境统计和环境调查信息；⑤突发环境事件的应急预案、预报、发生和处置等情况；⑥主要污染物排放总量指标分配及落实情况，排污许可证发放情况，城市环境综合整治定量考核结果；⑦大、中城市固体废物的种类、产生量、处置状况等信息；⑧建设项目环境影响评价文件受理情况，受理的环境影响评价文件的审批结果和建设项目竣工环境保护验收结果，其他环境保护行政许可的项目、依据、条件、程序和结果；⑨排污费征收的项目、依据、标准和程序，排污者应当缴纳的排污费数额、实际征收数额以及减免缓情况；⑩环保行政事业性收费的项目、依据、标准和程序；⑪经调查核实的公众对环境问题或者对企业污染环境的信访、投诉案件及其处理结果；⑫环境行政处罚、行政复议、行政诉讼和实施行政强制措施的情况；⑬污染物排放超过国家或者地方排放标准，或者污染物排放总量超过地方人民政府核定的排放总量控制指标的污染严重的企业名单；⑭发生重大、特大环境污染事故或者事件的企业名单，拒不执行已生效的环境行政处罚决定的企业名单；⑮环境保护创建审批结果；⑯环保部门的机构设置、工作职责及其联系方式等情况；⑰法律、法规、规章规定应当公开的其他环境信息。

（2）第 19 条中规定国家鼓励企业自愿公开的环境信息包括：①企业环境保护方针、年度环境保护目标及成效；②企业年度资源消耗总量；③企业环保投资和环境技术开发情况；④企业排放污染物种类、数量、浓度和去向；⑤企业环保设施的建设和运行情况；⑥企业在生产过程中产生的废物的处理、处置情况，废弃产品的回收、综合利用情况；⑦与环保部门签订的改善环境行为的自愿协议；⑧企业履行社会责任的情况；⑨列入污染物排放超过国家或者地方排放标准，或污染物排放总量超过地方人民政府核定的排放总量控制指标的污染严重的企业名单的企业，应在环保部门公布名单后 30 日内，在所在地主要媒体上公布其环境信息，并将向社会公开的环境信息报所在地环保部门备案；⑩企业自愿公开的其他环境信息。

附件 3　依据《政府信息公开条例》第 3 章规定进行环境信息公开的方式和程序

（1）信息公开方式。我国的环境信息公开方式分政府主动公开和依申请公开两类，公开形式包括：环保部门网站、行政服务大厅、中国环境报以及其他媒体。

（2）信息公开程序。

1）政府主动公开信息：①公布信息公开范围；②环保部门依照环境信息公开规定主动公开相关信息；③申请人可以通过环保部门官方网站获得相关信息。

2）依申请公开信息：

书面申请提交

申请人可提出书面申请，并填写《信息公开申请表》。若采用书面形式确有困难，则申请人可以口头提出，由接待人员代为填写政府信息公开申请。

申请的处理

环境保护部在收到《信息公开申请表》后，将进行登记，并在登记之日起 15 个工作日内做出下列答复：①属于公开范围未公开的，将依相关规定在 10 个工作日内进行公开，并告知申请人获得该环境信息的方式和途径；②属于免予公开范围的，将告知申请人不予公开的理由；③不属于环境保护部工作范围的，将告知申请人该信息的所属机关及联系方式；④申请公开的政府信息不存在的，将告知申请人；⑤申请内容不明确的，将告知申请人做出更改、补充。

（3）监督方式及程序。公民、法人或其他组织认为本机关未依法履行政府信息公开义务的，可以向监督部门投诉此外，公民、法人或其他组织也可以向监察机关举报或通过法律途径加以解决。

第二篇　我国环境法庭面临的挑战及其应对*

近年来，随着经济和社会的发展，环境问题日益突出。中国政府高度重视环境保护，并为有效解决环境问题付出巨大努力。其中一个重要方面就是探索建立环境法庭，积极推动环境正义有效实现。

建立环境法庭，有助于应对日益增大的环境案件审判压力，高效审理极具特殊性的环境案件，推进环境公益诉讼，提高环境保护的司法水平。在我国，设立环境法庭具有法理和法律上的依据，并有前期工作基础和其他专门审判机构的实践经验作为借鉴。目前，我国初步形成了包括环境保护审判庭、环境保护合议庭、环境保护巡回法庭和基层环境保护派出法庭4种类型的环境法庭体系。然而，由于环境法庭工作起步较晚、公民环境保护和维权意识有待提高等原因，现有的环境法庭实践暴露出法律依据不足、建制和管辖范围不科学、案件来源不足、支持保障机制不健全等问题。

基于中国具体国情，特别是加强环境司法工作的现实需要，同时借鉴欧盟的成熟经验，建议从以下方面完善环境法庭工作：

(1) 为建立环境法庭提供明确的法律依据。通过修改《人民法院组织法》相关规定，或针对该法的相关规定制定司法解释，明确在基层人民法院设立专门环境法庭的法律依据。出台相关司法解释，规定审批主体、审批程序、设立程序等事项，明确在中级以上人民法院设立环境法庭的法律依据。

(2) 健全环境法庭体系。结合现有的法院体系，灵活采用多种形式，形成以环境审判庭为主、基层环境保护派出法庭、环境保护巡回法庭和环境保护合议庭为补充的完整的环境法庭的体系。根据各地经济发展和生态环境的具体情况，因地制宜地设立环境法庭，适当确定管辖机制，特别要完善地域管辖。在职能定位、案件管辖、案件执行等方面，厘清与其他审判机构和行政主体的关系。

(3) 完善环境法庭的审判程序。充分发挥司法调解的积极作用，必要时运用“大调解”模式，尽量化解当事人双方的矛盾冲突。同时，还应推动建立“多审合一”的环境法庭审判程序。

---

* 执笔人：于文轩（中国政法大学）。

（4）拓宽环境法庭的案件来源。将资源破坏等行为引发的案件纳入环境法庭受案范围。合理确定环境公益诉讼的起诉主体，明确检察机关、行政机关和环保公益社团组织的原告资格。通过改进诉讼费用承担方式、检察机关支持起诉等方式，提高污染受害者寻求司法救济的意愿。

（5）完善环境法庭的支持保障机制。通过健全完善选拔、培训、考评、交流等机制，形成专业化的审判队伍。提高环境监测机构和鉴定评估机构的独立性与中立性，制定和完善相关标准和规程，健全诚信制度，使其在为环境法庭审判工作提供科学支持方面发挥更大的作用，使环境案件得到高效的审理和公正的裁决。

1　环境法庭概述

1.1　环境法庭的概念和特征

环境法庭也称“环保法庭”，是“环境保护审判组织”的简称，是指人民法院依法设立的，专门审理环境保护法律主体（公民、企业、行政机关、公益组织等）之间在利用、保护和改善环境的过程中产生的纠纷的审判机构。

环境法庭具有专业性和综合性特征。其专业性表现有二：一是环境法庭作为专业化的审判机构，在原有的审判机构体系外设立，专门受理环境案件；二是环境法庭的组成人员需具备环境法学、环境科学以及其他相关学科的专业知识。其综合性表现为：环境法庭将原属于传统法庭分别管辖的环境民事案件、环境行政案件、环境刑事案件，甚至环境执行案件，一并纳入其管辖范围，节约司法资源，提高司法效率。

1.2　设立环境法庭的必要性

（1）应对日益增大的审判压力的需要。近年来，我国生态破坏和污染事件呈迅速增长趋势，环境纠纷的数量也不断增多。设立专业的环境法庭，有助于对环境案件进行专门、公正、及时的审判，减轻现有相关审判组织压力，维护环境污染受害者合法权益。

（2）高效审理极具特殊性的环境案件的需要。环境损害具有长期性、潜伏性和难以恢复性等特点，环境案件审理过程中的大量争论集中于复杂的证据认定、责任归属、损害赔偿的合法合理性等方面。与普通案件相比，环境案件的专业性和技术性特别强。因此，由具有相关专业背景的人员组成的环境法庭能够更加胜任环境案件审理的需要。

（3）推进环境公益诉讼的需要。环境公益诉讼是指当环境遭受侵害或有侵害之虞时，任何公民、法人、公众团体或国家机关为维护环境公共利益向法院提起诉讼的制度（别，2007）。目前环境司法的困境表现为立案难、取证难、鉴定难、胜诉难，不愿诉、不敢诉、不会诉。建立和完善环境公益诉讼制度，是解决这些问题的重要途径。业已建立的一些环境法庭依据地方规范审判了几起较有影响的环境公益诉讼案件，是环境公益诉讼的有益探索。

1.3　设立环境法庭的可行性

（1）法理基础。正义是法的首要价值追求（于，2009）。环境正义要求实现环境利益和负担的正当分配，在可持续发展理念的指引下，追求生态平衡和人与自然的和谐相处。现代社会环境问题日益凸显，不仅背离了法的正义、秩序等价值追求，而且极大影响了社会发展的效率性。在此情形下，通过审判权的专业化，保护公民的环境权益，使得设立环境法庭必要且可行。

（2）法律基础。《人民法院组织法》第 23 条规定：“中级人民法院设刑事审判庭、民事审判庭、经济审判庭，根据需要可以设其他审判庭。”第 26 条规定：“高级人民法院设刑事审判庭、民事审判庭、经济审判庭，根据需要可以设其他审判庭。”第 30 条规定：“最高人民法院设刑事审判庭、民事审判庭、经济审判庭和其他需要设的审判庭。”据此，中级人民法院、高级人民法院和最高人民法院有权根据需要设置专门的环境法庭（黄，李，2010）。2010 年 6 月最高人民法院印发的《关于为加快经济发展方式转变提高司法保障和服务的若干意见》的第 13 条亦规定，“在环境保护纠纷案件数量较多的法院可以设立环保法庭，实行环境保护案件专业化审判，提高环境保护司法水平。”

（3）已有环境法庭的经验基础。截至 2013 年 7 月，中国已设立 134 个环境保护审判庭、环境保护合议庭、环境保护巡回法庭和基层保护环境派出法庭（李，2013）（另见附表 3），有些地方还专门制定了环境审判方面的制度与规则。例如，2011 年 10 月，重庆市高级人民法院发布《关于试点设立专门审判庭集中审理刑事、民事、行政环境保护案件的意见》，对于环境公益诉讼以及环境法庭的受案范围、审判机制等做出了指导性规定。由此形成的一些共通的、规律性的做法和成果，为环境法庭的健全和完善提供了重要的实践经验基础。同时，一些环境法庭也在环境诉讼中发挥了重要的作用。例如，贵州清镇市环境保护法庭审理的贵阳市两湖一库管理局诉贵州天峰化工有限公司污染侵权案、中华环保联合会和贵阳公众环境教育中心诉贵阳市乌当区定扒造纸厂水污染责任纠纷案、中华环保联合会诉贵州好一多乳业水污染责任纠纷环境公益诉讼案、中华环保联合会诉贵州省修文县环境保护局环境信息公开案等，成为中国推进环境公益诉讼的重要的实践。

（4）其他专门审判机构的经验借鉴。我国先后设立过专门的军事法院、海事法院、铁路法院、农垦法院、林业法庭、石油法院以及知识产权庭等专门审判机构，对环境审判机构的设置方式、制度建构、人员选任指派等具有借鉴价值。以林业法庭为例，根据 2012 年 6 月的统计，福建省设立生态资源审判庭 39 个，林业审判 26 个，生态资源合议庭 16 个，成效显著：涉及生态和资源的案件结案数年均增长 10%，较全省平均指标高 2.27 个百分点（祝，2011）。

2　我国环境法庭的设立及运行

2.1　概述

中国设立环境法庭已经有 20 余年的探索和实践历史。1989 年，湖北省武汉市硚口区人民法院的审判庭试点设立环境保护合议庭。此后 20 年间，环境法庭数量并无显著增长。截至 2008 年 10 月，全国仅设立了 4 个环境法庭。但此后，各地开始陆续大规模设立环境法庭。2012 年 6 月，全国已设立环境法庭 77 个。2012 年年底，这一数字增长值至 99 个（地域分布详见附件 3）。2013 年 7 月，全国范围内已设立了各类环境法庭 134 个，在环境案件集中管辖、环境公益诉讼、环境侵权诉前禁令、群体性环境纠纷预防、判决执行回访、第三方监督、生态修复等方面做出了有益的探索（李，2013）。在这些环境法庭中，高级人民法院级别的有 2 个，中级人民法院级别的有 19 个，其余设在基层人民法院。这些环境法庭目前主要采用如下三类案件受理模式：

- ☞ “四合一”模式，即将有关环境保护的民事、刑事、行政和执行四类案件统一交由环境保护审判组织管辖。采用这种模式的有江苏省连云区人民法院环境保护合议庭、山东省青岛市城阳区法院上马法庭成立的环保法庭、贵阳市中级人民法院环境保护审判庭、清镇市环境保护法庭及云南省昆明市中级人民法院环境保护审判庭等。
- ☞ “三合一”模式，即将民事、行政和刑事三类环境保护案件合而为一，实行集中管辖，统一交由环境法庭审理。江苏无锡市中级人民法院环境保护审判庭、北京延庆县人民法院环境保护审判庭、重庆万州、渝北区人民法院环境保护审判庭采取此种模式。
- ☞ 单一模式，即民事、刑事和行政审判庭分别设立环境保护审判组织，各环境保护审判组织分别受理所属类别的环境保护案件。例如陕西西安市碑林区法庭环境保护合议庭由行政庭法官组成，主要受理环保行政处罚案件，天津和平区人民法院环境保护合议庭主要受理民事环保类案件。

2.2　环境保护审判庭

环境保护审判庭，是指各级人民法院内部设置的专门审理环境案件的审判机构，其人员可由各级人民法院的法官和具有环境保护专业知识的人员组成（万，1994）。环境保护审判庭一般设置于环境污染和生态破坏较为严重的地区（尽管并非所有环境问题较为严重的地区均设立了环境保护审判庭，如山西），或者对环境保护较为重视的地区。较之于普通审判庭，环境保护审判庭的受案范围更为广泛，在一定许可范围内还拥有跨越管辖范围的审判和执行权（徐，2009）。目前已设立且尚在运行的环境保护审判庭数量占环境法庭总数的 1/3 左右。

2.3　环境保护合议庭

环境保护合议庭是指由三名以上专门的环境法官以及专家型陪审员组成的审理环

境案件的审判组织。在实践中，环境保护合议庭往往是为了审理环境案件而临时组建的，由院长或者庭长指定一名审判员担任审判长。环境保护合议庭处理审判业务较为专业化，主要审理各类涉及自然生态与环境保护问题的刑事、民事和行政纠纷案件。该庭组成人员除法官外，一般还包括环境保护方面专业人员。目前已设立且尚在运行的环境保护合议庭数量占环境法庭总数的1/3左右。

2.4 环境保护巡回法庭

环境保护巡回法庭是指由人民法院选派法官，定点到辖区各地巡回处理环境案件的审判组织。环境保护巡回法庭一般不在所在人民法院设立专门的审判场所，其审判活动一般在同级环境保护行政机关的办公场所或同级的其他场所内进行。环境保护巡回法庭的法官一般不固定，且不常驻法庭（张，2012）。目前已设立且尚在运行中的环境保护巡回法庭有十余个。

2.5 基层环境保护派出法庭

基层环境保护派出法庭是指在一些污染较为严重、环境污染事件频发的地区设立的属于基层人民法院组成部分的专门审理环境案件的派出人民法庭。基层环境保护派出法庭的人员组成规模小，组织结构简单，主要审理一些简单环境案件（张，2012）。目前已设立且尚在运行中的基层环境保护派出法庭共有2个：一个是2007年在贵阳市清镇市人民法院设立的环境保护法庭，作为清镇市人民法院的派出法庭；另一个是2010年4月6日设立的山东省青岛城阳区环境保护法庭。

3 我国环境法庭面临的挑战

3.1 法律依据不足

3.1.1 基层人民法院：缺少法定权限

《人民法院组织法》第18条第2款规定："基层人民法院可以设刑事审判庭、民事审判庭和经济审判庭"。这一规定表明，基层人民法院无权设立除此之外的任何审判机构，由此排除了设立环境法庭的法律授权。1989年，最高人民法院在对湖北省武汉市硚口区人民法院拟设立环保法庭的报告的答复中，认为"环保法庭与人民法庭性质不同，目前在基层人民法院设立环保法庭尚无法律根据。为适应实际需要，可在武汉市硚口区人民法院有关审判庭内设立专门审理环保案件的合议庭进行试点，并注意总结经验。”可见，目前在基层人民法院设立的环境法庭，严格上说均不符合法律规定。

3.1.2　中级以上人民法院：缺少程序规定

前已述及，根据《人民法院组织法》的相关规定，中级人民法院、高级人民法院和最高人民法院可以根据需要设立包括“环境审判庭”在内的其他审判庭。但是，对于设立其他审判庭的形式、具体由谁决定以及该决定的审批程序等，却无规定。审判权是国家赋予人民法院的公权力，其行使要以法律的明确规定或授权作为依据。在中级以上人民法院能否自行决定设立环境法庭，设立环境法庭的决定是否需要经过上级人民法院批准、是否需要同级人大常委会批准等事项尚不明晰时，在中级人民法院和高级人民法院内部设立环境保护审判庭的地方实践亦缺乏充分的法律依据（孟，2011）。

3.1.3　小结

在不具备法律依据的情况下，地方试点设立环境法庭事实上是规范意义上的“超前”；同时，环境法庭的出现，也一定程度上反映了法律的“滞后”。为了解决此种“超前”或“滞后”问题，关键在法律支撑。唯有明确设立环境法庭的法律依据，方可使环境法庭得以健康发展。

3.2　建制和管辖范围不科学

3.2.1　缺乏合理建制

目前多数环境法庭的运行效果并不令人满意，甚至有些地方虽然很早就设立了环境法庭，但从未审理环境案件，其后又被撤销（范，2011）。例如，辽宁省环境法庭的数量在全国一度位居前列，但一直困扰于“乏案可审”的窘境，目前大多已被取消。究其原因有三。第一是缺乏独立性。现有环境法庭多设在普通法院的内部，人员编制、财政来源均依赖于普通法院或地方政府，审判工作在原有普通法院的工作体制内进行，一定程度上影响了环境法庭的司法独立性。第二是缺少完整的审判体系。大多数环境法庭地方性、试点性、分散性特点相当明显，未能形成一个系统、完善的审判体系。第三是职责定位不清晰。一些环境法庭基本上没有清晰的职责定位，也没有建立同其他普通法院、行政机关较为完善的分工和工作协调机制（张，2012）。

3.2.2　管辖范围不科学

我国的诉讼管辖分为级别管辖、地域管辖、移送管辖、指定管辖四类。环境法庭的管辖可从级别管辖和地域管辖两方面进行分析。

（1）级别管辖。级别管辖旨在划分不同级别人民法院对环境案件的管辖权。根据《人民法院组织法》第 11 条，我国实行“两审终审”的审判制度。我国 3/4 的环境法庭设在基层人民法院，只有 20%左右的环境法庭设在中级人民法院，设在高级人民法院只有两个，最高人民法院尚未设立环境法庭，因而只有重庆市、海南省以及贵阳市中级人民法院环境审判庭和其下辖的清镇市法院环境法庭的设置可能符合“两审终审制”的审级规定。在大多数地方的审判实践中，如果某一案件由中级人民法院的环境审判庭审理后，案件一方当事人不服，上诉至高级人民法院，而该院又没有专门的环境法庭，只能由非环境案件专门审判机构进行审理，无法落实民事、刑事、行政和执法案件“四合一”的司法标准，这与当初设立环境法庭的初衷不符（赵，2012）。

另外，如果统一在中级人民法院和高级人民设立两级环境法庭，又会与现行法律对于级别管辖的规定相冲突。在我国，原则上由基层人民法院管辖第一审案件，中级人民法院和高级人民法院管辖的第一审案件主要是重大涉外案件、在本辖区内有重大影响的案件或是最高人民法院确定由中级人民法院管辖的案件。但在实践中，并非所有的环境案件均符合现行法关于“重大”的标准。因而，作为一审法庭的环境法庭原则上应设置于基层人民法院，但这又缺乏法律依据。

（2）地域管辖。地域管辖旨在划分同级人民法院之间对环境案件的管辖权。在我国，人民法院在地域管辖方面与行政区域一致。然而，环境问题和环境纠纷多具有跨行政区域性，使得按行政区域处理环境案件往往不具有效率性。同时，传统的地域管辖往往受到地方保护倾向的影响，使司法裁判的公正性受到影响。另外，不同地区对审判标准的把握也在事实上存在或多或少的差别。因而，如果审理环境案件仍然采用传统的诉讼管辖，会产生诸多弊端。

《民事诉讼法》第 37 条规定的“指定管辖”为环境法庭审理跨地域环境案件提供了法律依据。在同一省级的行政区划里的跨区域环境案件，可由高级人民法院指定管辖；跨省的环境案件由最高人民法院指定管辖。然而，由于环境纠纷显著的跨区域性特征，若指定管辖成为跨区域环境案件审理的常态，对各级人民法院而言将是一项十分繁重的任务。并且，由于环境案件往往牵涉多个地区的经济利益，即使最高人民法院做了指定管辖，无论是将案件交由哪个省的环境法庭审理，其他相关的省份常常提出异议（徐，2009）。

3.3 案件来源不足

案源不足是环境法庭面临的一个主要问题，其原因如下：

3.3.1 受案范围有限

由附表 1 可见，各环境法庭的受案范围各有不同，侧重点也各有区别。这一情形对受案范围影响较大。

（1）一些环境法庭的受案范围不包括生态环境破坏的民事诉讼，但实践中此类案件大量发生。如果公众不能就此向环境法庭提起诉讼，案件来源将大为减少。

（2）环境法庭对环境行政诉讼案件的管辖范围仅限于保护公民、组织的利益，如果环境行政行为未损害特定人的利益，无权管辖。

（3）根据《行政诉讼法》，环境行政诉讼的范围限于具体行政行为，使得受到抽象环境行政行为（如环境资源规划行为）影响的受害人无法起诉，而必须有特定的受害人之后，才能维护自己的权益（董，2007）。

3.3.2 受害者起诉意愿不足

在实践中，污染受害者主动提起环境诉讼的案件并不多。其主要原因有以下 3 个方面：

（1）诉讼成本高。按照一般的诉讼费用承担模式，作为污染受害者的原告即使胜诉并获得了赔偿，其额度往往只相当于所受到的直接损失，其间接损失、生态环境受到破坏的潜在损失、律师费和诉讼过程中产生的鉴定等其他费用有时难以得到法院的支持，而且环境案件的举证、因果关系证明等往往还需要当事人付出大量的时间和精力。而一旦败诉，作为污染受害者的原告不仅无法获得赔偿或补偿，还需承担高昂的诉讼费、律师费以及诉讼过程中产生的其他费用。

（2）诉讼过程复杂。环境案件专业性较强，审判过程中通常需要审判人员对当事人提供的证据进行分析，由专门的环境监测机构提供相关证据证实环境污染或破坏的存在，由专业的鉴定评估机构对行为与结果之间的因果关系进行鉴定。特别是在环境公益诉讼中，如果只有造成损害的可能性，那么环境侵权行为与损害可能性之间的因果关系，以及对可能造成的后果的证明就更为复杂。原告作为非直接利害关系人，还需要投入大量的时间和精力收集证据。复杂的诉讼程序降低了原告的起诉意愿。

（3）当事人在诉讼中的实际地位不对等。尽管法律强调诉讼双方当事人在诉讼中拥有平等的法律地位，但在环境案件中，受害者与加害者在所掌握的资源、知识、技术以及经济实力等方面往往存在巨大差异，从而在事实上使受害者处于弱势地位，寻求对其有利的公正诉讼结果的机会变小，致使其怠于行使诉权。

3.3.3 环境公益诉讼制度不健全

《民事诉讼法》第 55 条规定："对污染环境、侵害众多消费者合法权益等损害社会公共利益的行为，法律规定的机关和有关组织可以向人民法院提起诉讼"，从而在法律上认可了环境公益诉讼。但是，对于何为"法律规定的机关和有关组织"，目前有限制解释的倾向，这使得诉讼主体范围过窄，起诉门槛过高，必将影响环境诉讼的案源数量。

3.4 支持保障机制不健全

3.4.1 特别程序缺失

审判机构的设置与相应的诉讼程序和机制相对应。我国《民事诉讼法》《刑事诉讼法》《行政诉讼法》分别确立民事诉讼、刑事诉讼和行政诉讼这三大诉讼程序和机制，也使得现行的法院机构设置中形成了民事审判庭、刑事审判庭和行政审判庭三大类型业务庭的基本格局（刘，2010）。环境案件中，民事、刑事、行政三大法律关系往往相互交织，具有综合性和复杂性。目前环境法庭采用的“三合一”和“四合一”模式，实际上还是适用传统的诉讼机制，有时难以适应环境诉讼的一些独有特点：公法手段对私法领域的介入，导致行政权的扩大以及对民事权利的直接裁量；对行政权、民事权利主张的双重审查；社会公共利益的裁量；无过错责任和公平责任的运用（吕，2003）。这可能导致司法资源的重复配置，或是环境案件被重新划归刑事、民事和行政审判庭（刘，2010），并可能导致同一案件的不同法律关系在审判程序中发生冲突。

3.4.2 监测评估机构缺乏中立性

在审判环境案件的过程中，环境法庭往往需要委托环境监测机构对污染物的排放量、环境状况等进行监测，需要专业的环境鉴定和评估机构对损害发生的原因、程度及范围进行鉴定和评估。监测数据、鉴定和评估结果都是环境法庭审理案件的重要证据。目前环境损害司法鉴定普遍存在主体不明确、标准不规范、程序不严谨、收费不合理等现象，难以确保环境评估与鉴定结果的公正性和法律效力，导致环境诉讼中当事人举证、法院采证困难。具体而言，主要存在以下 3 个方面的问题：

（1）环境监测机构。环境监测机构隶属于各级环境行政部门。根据《污染源监测管理办法》第 15 条的规定，接受当事人的委托进行环境监测并非环境监测站必须履行的义务，其也可以不进行相关的监测工作，这就可能造成当事人无法证明污染或损害的存在。即使环境监测站接受委托，由于其与环境保护主管部门的密切联系，中立性和独立性不足，易给审判过程造成障碍（沈，2012）。

（2）鉴定评估机构。由于缺乏完善的鉴定标准、程序、资格认证、法律责任等监督制约机制，导致现有的鉴定评估机构资质不一，出具的鉴定评估意见也往往偏向委托当事人或是相关行政机构一方，难以保证其应有的独立性和中立性。这不仅影响了审判效率，而且可能导致审判结果的不公正。

（3）工作经验不足。目前，河北、江苏、山东、河南、湖南、重庆、云南等试点单位和其他一些非试点省、市，成立了环境污染损害鉴定评估机构。但由于环境污染损害鉴定评估工作开展较晚，很多方面尚不完善（童，高，2013）。例如，2004 年江苏省环境科学学会成为全国环保系统首家经最高人民法院批准的环境司法鉴定机构，但司法鉴定的范围中并没有环境污染损害的鉴定评估。

3.4.3 审判人员专业性不强

审判人员的专业水平和业务素养直接影响到环境法庭作用的发挥程度。由附表 2 可见，环境法庭审判人员的配备存在一些共同特点。一方面，未突出专业化需求。环境法庭的审判人员大多由人民法院的内部从事民事、刑事或者行政审判工作的法官兼任，欠缺相关专业知识、环保审判和环境执法经验。另一方面，人员配备标准不统一。在人数方面，有的环境法庭只有 3 人，有的却高达 12 人；在职务职级方面，除特别情况（如清镇市人民法院环境保护法庭级别高配为正科级，核定编制 12 名，另可以聘请 6 名工勤人员）外，环境法庭岗位的职务职级均无明确规定（蔡，2011）。

4 借鉴欧盟经验，完善我国环境法庭

本研究作为中欧环境治理项目的研究成果之一，旨在借鉴欧盟国家在环境法庭建设和运行方面的成功经验，为我国进一步推进环境法庭工作提供借鉴。欧洲在此方面的一个重要的法律文件是 1998 年的《奥尔胡斯公约》。该公约第 1 条明确规定：“为促进保护今世后代人人得在适合其健康和福祉的环境中生活的权利，每个缔约方应按照本公约的规定保障在环境问题上获得信息公众参与决策和诉诸法律的权利。”在此，“诉诸法律的权利”被认为是实现环境正义的重要途径。环境法庭在此方面发挥了重要的作用。尽管欧盟国家的具体情况与中国存在较大差别，但鉴于环境法的“世界共同性”特征（王，1997），同时基于法律移植的原则和适当的法律技术，借鉴欧盟经验以完善我国的环境法庭实践，是完全必要和可行的。

4.1 明确法律依据

欧盟经验表明，建立环境法庭，应以清晰、连贯的法律基础为保障。通过明确的法律条款，规范并统一环境法庭的设立、职责定位及基本权限，使环境法庭的运行更具可见性和执行力。在我国，由于很多环境案件无法达到“在辖区内有重大影响”的要求，从而无法将中级人民法院作为一审法院，所以在基层人民法院设置环境法庭十分必要。①对于基层环境法庭的设立依据问题，有两种解决方案可供选择。第一，对《人民法院组织法》第 18 条第 2 款进行修改：基层人民法院可以设刑事审判庭、民事审判庭和经济审判庭等其他专门审判庭，设庭长、副庭长。第二，针对《人民法院组织法》相关规定（如第 19 条）制定司法解释，将“环境法庭”解释为人民法庭的一种特殊形式。这样既可解决在基层人民法院设立专门环境法庭的法律依据问题，又符合我国现行审判制

度中关于案件两审终审制的要求（王，2012）。②对于中级以上人民法院设立环境法庭的法律依据问题，建议出台相关司法解释，明确规定审批主体、审批程序、设立程序等事项。③在修改《环境保护法》的过程中，也可增加有关推进环境司法的原则性条款，以便为环境法庭工作提供法律依据。

4.2 健全环境法庭体系

4.2.1 环境法庭的形式

建议结合现有的法院体系，灵活采用多种形式，形成以环境审判庭为主、基层环境保护派出法庭、环境保护巡回法庭和环境保护合议庭为补充的完整的环境法庭的体系。①在普通法院内部设立专门的环境审判庭，审理环境案件，更为便捷有效、也可节省司法资源。②基层环境派出法庭人员组成规模小、形式灵活，对于处理简单的环境案件、普及环境法律法规、提高公众环保意识都将发挥重要作用。③环境保护巡回法庭能动性较强，适用于一些较为特殊的环境案件。④环境保护合议庭属于非常设审判组织形式，可承担案情较简单的非诉行政行性的审查案件，或事实清楚的二审普通环境案件（瞿，2011）。

4.2.2 环境法庭的层级

我国法院系统实行四级两审终审制。原则上，层级完备的环境审判机制需要在四级人民法院都设立相应的环境法庭。但目前阶段，由于司法资源的有限性以及各地区司法实践的复杂性，在全国范围内普遍设立环境审判机构并不现实。建议：①在经济较为发达、人口密集、环境纠纷较多的地区，按照行政区划逐级设立环境法庭。②在经济欠发达特别是生态较为脆弱的地区，如西藏、青海、内蒙古等地，在人口相对集中的几个地区设立环境法庭，对环境案件进行集中管辖。③在其他地区，应根据生态环境的特点，人类开发活动的程度以及环境案件的数量等视具体情况设立环境法庭（陈，2011）。

4.2.3 与其他审判机构和行政主体的关系

妥善处理其与其他审判机构之间的关系，是环境法庭顺利有效运行的前提。①在职能定位方面，司法职能与行政管理职能相互独立。环境法庭只审理管辖范围内案件，不接受其他机构的领导或干涉。②在案件管辖方面，根据地区不同环境法庭的设置情形，对符合环境法庭受案范围的案件，贯彻环境专业审判机构优先审理原则，确保环境案件及时得到专业、公正的处理。③在案件执行方面，应贯彻由人民法院直接执行的原则，建立由人民法院、人民检察院、公安局和环保局共同建立的环境执法协调联动机制（王，2010；赵，2012；张，2012）。

环境法庭的设立不一定严格按照行政区划。一些国家采取按照水的自然流域进行管理的做法，设立以自然区划为基础的集中管辖权（资，2009；史，2007）。建议实行以环境要素和污染程度为基础的集中管辖（郑，2010）。对不同行政区域内的环境要素、污染程度和共同的环境侵权主体实行集中管辖，可避免地方保护主义对环境法庭案件审理工作的干扰（沈，2012），有效解决环境案件的跨区域性问题。

4.3　完善审判程序

4.3.1　完善审前调解程序

欧盟经验表明，环境法庭的成功有效运转，需要完善的审判程序及策略。欧盟在此方面的一个重要经验是：在环境案件审判过程中，审判者可以灵活采取广泛、可行的手段，如合理运用传统调解、审前调解等替代性纠纷解决机制（ADR），以调解协议结案的方式化解纠纷。关于此，有以下两个方面的建议：

（1）尽量使用司法调解。司法调解在我国民事诉讼中的运用较为普遍。通过调解，可以使诉讼双方当事人缩小争议范围，避免审理过程中出现不必要的争论，提高案件的审结效率。在审理环境民事案件时，环境法庭可以确定解决环境案件纠纷的先行调解机制。除非法律规定无须先行调解，否则环境法庭主审法官均应对原被告双方诉求依照特定的调解程序和机制先行调解，尽量化解当事人双方的矛盾冲突。

（2）在一些环境案件中，当事人的争议点往往是损害大小的确认、因果关系的证明，不确定性因素较多，通过普通调解很难解决当事人之间的争议。在周和忠诉百隆陶业有限公司环境污染民事赔偿案中，清镇市环保法庭通过邀请清镇市招商局、环保局、林业局相关人员共同参与调解，促成案件的顺利解决。这种调解模式属于“大调解”，即在审判员和诉讼双方当事人之外，纳入与案件有关的其他行政机关。不同的主体从各自的角度对案件的相关问题进行分析，使当事人双方能够掌握更多的信息，权衡利弊，从而有利于达成一致意见，促进纠纷的解决，节约诉讼成本（李，2010）。当然，并非所有的案件均需适用大调解机制，这需要审判人员根据案件的具体情况予以权衡。对于其他参与人员的范围也须严格限制，以避免过多宽泛的意见影响正常的司法判断（陈，2011）。

4.3.2　建立“多审合一”的审判程序

欧盟经验表明，环境法庭的成功实践需要科学、统一的审判程序，以有效应对审判中遇到的具体情形，提高司法效率、降低司法成本。

（1）在“三合一”模式下，可对涉及环境与资源保护的民事与行政交叉案件、民事与刑事交叉案件以及行政与刑事交叉案件进行统一审理。审理过程中，可首先确定案件所涉法律关系的交叉情况，在此基础上适用相应的裁判程序。例如，在民事与行政交叉案件中，应分析是民事争议引起了行政争议，还是行政争议引起了民事争议。引起其他争议的争议应优先解决，因为被引起争议的解决要依赖于前者的解决。若二者之间没有引起和被引起的关系，或争议解决的结果不存在矛盾，则应根据案件的具体情况，确定是并行还是优先解决其中的一个争议（沈，2010）。

（2）在环境公益诉讼中，有时存在加害方的行为既损害了环境公益，同时又损害了某一个体或组织私益的情形。此时，环境公益诉讼与环境一般侵权诉讼发生交叉，人民法院可以合并审理。若损害存在继续扩大的可能性，应当先判决加害方停止侵害并采取有效措施，防止损害的进一步扩大。若生态破坏的损害程度暂时无法断定，则应先对环境一般侵权的损害赔偿做出判决，然后就环境公益诉讼部分进行审理（赵，2012）。

4.4 拓宽案件来源

4.4.1 扩大受案范围

目前，我国环境法庭的受案范围可以包括如下几类：①环境污染纠纷引起的案件；②资源破坏纠纷引起的案件；③环境保护部门提起的强制执行案；④检察机关提起公诉的环境刑事案件；⑤有关环境规划和环境保护的刑事、民事、行政责任的强制执行案；⑥环境影响评价纠纷引起的案件；⑦其他属于环境法庭管辖的案件（杨，2009；瞿，2011；沈，2012）。

4.4.2 合理确定环境公益诉讼的起诉主体

《民事诉讼法》第 55 条规定将有权提起环境公益诉讼的主体限定为“法律规定的机关和有关组织”，由此排除了个人作为起诉主体的可能性，这显然是一大缺憾。在此制度框架下，起诉主体至少应包括以下 3 个：

（1）检察机关。由检察机关作为环境公益诉讼原告，有着重要的意义。一方面，检察机关作为法律监督机关，其职责之一就是监督法律的实施，保护国家利益和社会公共利益。污染环境、破坏生态的行为是违法行为甚至可能构成犯罪，检察机关有权积极作为，履行法定职权。另一方面，较之于其他政府机关，检察机关具有更大的中立性和独立性，拥有更强的人力、物力、财力优势，在诉讼中有较强的对抗力，有助于更有效地应对困扰环境诉讼的地方保护主义等问题（曾，章，2013）。云南、江苏、贵州等省份的环境法庭对检察机关的环境公益诉讼起诉资格均予认可。

（2）行政机关。行政职能机构负有依法管理社会公共事务、维护公众利益之职责。在不特定人群的环境权益遭受侵害时，赋予其公益诉讼原告资格很有必要。特别是，环境保护、林业、土地和水利等行政机关拥有专业的人才和设施，在环境监测、证据收集等方面拥有较强的技术和资金实力，可为提起环境公益诉讼提供更大的便利。

（3）环保公益社团组织。环保公益社团组织在环境法庭的司法实践中发挥了非常重要作用。一些组织具有强烈的公益性和中立性，可提供专业的人力和技术资源，这些特点为其参与环境公益诉讼奠定了必要的基础。

4.4.3　鼓励起诉

（1）改进诉讼费用承担方式。欧盟经验表明，环境案件高昂的诉讼、鉴定等成本支出，是公民维护环境权益的一大障碍。目前我国实行的是由原告方预付诉讼费，判决生效后由败诉方承担。建议通过改变诉讼费用的承担方式，减轻原告的经济负担，提高其提起环境诉讼的意愿。

- 检察机关和行政机关提起环境诉讼的，必要的诉讼费用由国家财政支付。
- 社会团体提起环境公益诉讼的，原则上实行缓缴制度，不必预交案件诉讼费。为防止其滥用起诉权，可以视情况向原告适当收取（张，2008）。原告胜诉的，其律师费、监测鉴定费等诉讼费用可由被告合理分担；原告败诉的，原告只需承担自己在诉讼中产生的费用，其他费用可通过设立环境诉讼基金解决。
- 根据欧盟经验，环境专项基金可以来源于政府公共财政投入、社会公开捐赠、环境违法案件的行政罚款等。昆明市建立“环境公益诉讼救济资金专户”，救济资金主要用于环境公益诉讼案所涉及的调查取证、鉴定评估、诉讼费用、环境恢复和执行救济等合理费用（齐，郑，2011；吕，2011）。这一经验值得推广。
- 应从每件胜诉案件的罚金中提留一定比例，作为环境诉讼基金，用于支付社会团体败诉承担的相关费用（邓，2008）。

（2）检察机关支持起诉。2008 年 9 月，无锡市中级人民法院和无锡市人民检察院共同出台《关于办理环境民事公益诉讼案件的试行规定》，对人民检察院“支持起诉”做出了明确规定。根据该规定，对于相关单位或者个人提起的环境民事公益诉讼，人民检察院可以通过帮助原告收集证据、派员参加庭审等方式予以支持。这一经验也值得推广。

4.5　完善支持保障机制

4.5.1　审判队伍建设

（1）人员资质。欧盟经验表明，建立一支既精通环境法学专业知识又掌握基本环境技术的职业化审判队伍，对于环境法庭而言至关重要。

- 具有审理和裁判的权利的审判人员即环境法官，是法庭的核心，应满足《法官法》的一般规定，同时还应拥有相应的环境法专业知识，并具备审理专业、复杂环境案件的能力。

- ☞ 负责提供专业意见的技术专员，可以是规划领域、环境科学领域、环境评估领域、土地评估领域、建筑领域、工程领域、测量领域、建筑物构建领域、自然资源管理等方面获得相关资质的专家和工作者。

（2）专业陪审员和专家委员会。

- ☞ 一审程序：专业陪审员。在我国，一审环境案件合议庭的成员可以由审判人员和人民陪审员共同组成。专业人民陪审员可以为环境一审案件提供专业支持。福建省三明市泰宁县人民法院旅游生态资源保护合议庭在人员组成上，就依托原有的林业审判庭，由3名法官组成固定的合议庭，并选聘了5名林业方面的高级工程师、生态资源保护专业的人员作为人民陪审员、人民调解员。这些专业人员的参与，为案件的顺利解决提供了充足可靠的专业支持。
- ☞ 二审程序：专家委员会。二审环境案件只能由审判员组成合议庭进行审理。建议建立环境保护审判的专家委员会，其中包括技术方面的专家委员，如在城乡环境规划、环境工程、环境科学、环境评估、自然资源管理等领域具有专业知识、经验或资质的相关人员（黄，2010）。专家委员会可作为法院的常设机构，在环保法庭审理案件时以旁听的形式，或者审查卷宗的形式了解案情，并根据专业知识做出判断，为法官审判案件提供帮助，或根据法官的要求提供专业的咨询意见（陈，2011）。贵阳市中级人民法院就成立了由13名环保专家组成的环境保护审判专家咨询委员会，成员分别来自贵州省和贵阳市环境保护、生态资源的相关职能部门，有一定学术造诣并有一定影响力的专业人士，为法院的环境保护审判工作提供专业意见，发挥咨询和监督的作用。这一经验值得推广。建议建立专家数据库，使专家遴选机制逐步实现系统化和正规化。

（3）培训、考评和交流机制。通过加强对律师、法官、检察官等的环境相关专业理论和技术的综合能力建设，不断推动其审判的专业化、职业化发展进程，也为欧盟经验所印证。

- ☞ 对于新任审判人员，严把准入关，建立科学完善的环境法官选拔机制，在入职前均须接受系统性培训，并取得合格证书。
- ☞ 对于既有审判人员，一方面，可以通过在民事审判庭、行政审判庭、刑事审判庭轮流办案，积累审判不同种类案件的经验；另一方面，定期参与涉及环境资源法、环境状况和污染状况的监测、损害的评估与鉴定等相关方面的知识的专业、系统培训（陈，2011）。
- ☞ 建立年度定期考核或不定期考评机制。对于连续2次考核不称职的法官实行专向培训，若培训后仍不能胜任环境案件审判工作，则责令其退出环境审判队伍。
- ☞ 欧盟经验也表明，与其他司法辖区域的审判团体定期举行审判实务交流，通过会议、座谈会和网络等方式分享经验，并且积极与学术界、环保公益社团组织等协作开展理论及实务的交流互动，也为一条可行的途径。

4.5.2　监测和评估鉴定机构

（1）监测机构。目前的很多监测机构不具有中立性，可能影响证据的客观性和真实性，影响案件的公正审判。为此建议：①将目前的环境监测机构从行政隶属关系中独立出来，使其成为中立的第三方机构，为环境诉讼活动提供公正、客观的环境监测数据，从而保证环境诉讼制度的良好运行（刘，2004）。②设立一些由国家相关主管部门认证或者认可的独立的环境监测组织，专门为申请者提供环境监测数据（沈，2012）。③制定详细的规程，对环境监测机构的资质认定、监测人员的资格认可、环境监测方法标准、监测工作程序与过程的科学规范、检测仪器的可靠性等做出明确规定，从而规范环境监测行为（吕，2011）。

（2）评估鉴定机构。①扩大专业鉴定机构的司法鉴定范围，为环境法庭的审判工作提供支持，促进案件得到高效的审理和公正的裁判。②根据需要，认证一批具有独立性和中立性的鉴定评估机构，为环境法庭的判工作提供技术支持（王，2002）。③建立和完善鉴定标准、鉴定程序、鉴定方法规范、责任追究等法律机制，确保鉴定机构的独立性和中立性，逐步实现环境损害鉴定工作的规范化、程序化和标准化（丁，2012；吕，2011）。④建立健全环境评估鉴定诚信制度，对提供伪证的鉴定机构应予以曝光，并取消其资格（王，2010）。

参考文献

[美]E. 博登海默. 1999. 法理学——法律哲学与法律方法. 邓正来，译. 北京：中国政法大学出版社.

[美]P. 诺内特，P. 塞尔兹尼. 2004. 转变中的法律与社会：迈向回应型法. 张志铭，译. 北京：中国政法大学出版社.

《法学词典》编辑委员会. 1989. 法学词典（第三版）. 上海：上海辞书出版社.

1989. 在环境问题上获得信息、公众参与决策和诉诸法律的公约.

别涛. 2007. 环境公益诉讼. 北京：法律出版社.

张泽涛. 2009. 司法权专业化研究. 北京：法律出版社.

苏力. 1996. 法治及其本土资源. 北京：中国政法大学出版社.

江伟. 2007. 民事诉讼法. 北京：高等教育出版社.

王树义，等. 2012. 环境法前沿问题研究. 北京：科学出版社.

邓一峰. 2008. 环境诉讼制度研究. 北京：中国法制出版社.

刘国涛. 2004. 环境与资源保护法学. 北京：中国法制出版社.

王灿发. 2002. 环境纠纷处理的理论与实践. 北京：中国政法大学出版社.

王灿发. 1997. 环境法学教程. 北京：中国政法大学出版社.

张卫平，齐树洁. 2012. 司法改革论评（第 14 辑）. 厦门：厦门大学出版社.

徐祥民. 2010. 我国环境法学评论（2009 年卷）. 北京：科学出版社.

王立. 2012. 环保法庭案例选编. 北京：法律出版社.

吕忠梅. 2011. 理想与现实：我国环境侵权纠纷现状及救济机制构建. 北京：法律出版社.

自然之友. 2012. 我国环境发展报告：2012. 北京：社会科学文献出版社.

刘婉婕. 2011. 论我国环境法庭的构建. 太原：山西财经大学.

张广磊. 2012. 我国环境审判机构专业化研究. 济南：山东师范大学.

沈忱. 2012. 论我国环保司法审判机关的构建. 南京：南京大学.

陈一诚. 2011.论我国的环境保护法庭. 长沙：湖南师范大学.

高妙婕. 2011. 我国环境保护审判庭体制研究. 郑州：郑州大学.

赵苹苹. 2012. 环保法庭设置研究. 杭州：浙江农林大学.

王汉水. 2010. 我国环境法庭设立研究. 昆明：昆明理工大学.

李方. 亮 2011. 我国环保法庭（院）设置问题研究. 北京：中国政法大学.

瞿年生. 2011. 我国环境保护法庭建设之研究. 西安：西安建筑科技大学.

吕忠梅. 2003. 环境诉讼初探——有没有环境诉讼？环境资源法论丛（第 3 卷）.

杨华. 环境司法中的法院//生态文明与环境资源法——2009 年全国环境资源法学研讨会（年会）论文集.

郑艺群. 环境审判制度初探//生态文明与林业法治——2010 年全国环境资源法学研讨会（年会）论文集（下册）.

万加连. 1994. 关于我国设立环境法庭的设想. 环境保护，（5）.
徐寅杰. 2009. 我国环保审判庭设立依据、现状及建议.江苏警官学院学报，（4）.
黄莎，李广兵. 2010. 环保法庭的合法性和正当性论证——兼与刘超博士商榷. 法学评论（双月刊），（5）.
夏锦文. 2010. 当下能动司法亟待处理的六大关系及解决思路.法律适用，（10）.
丁岩林. 2012. 超前抑或滞后——环保法庭的现实困境及应对. 南京法学评论，（2）.
孟祥沛. 2011.环保法庭的建设与现行法制之冲突. 法治论丛，（5）.
蔡守秋. 2009. 关于建立环境法院（庭）的构想. 东方法学，（5）.
刘超. 2010. 反思环保法庭的制度逻辑——以贵阳市环保审判庭和清镇市环保法庭为考察对象. 法学评论（双月刊），（1）.
董燕. 2007. 从澳大利亚土地环境法院制度看我国环境司法机制的创新. 华东政法学院学报，（1）.
资敏. 2009-05-28. 云南将在九湖流域设环保法庭. 中国环境报，3 版.
史春. 2007-12-06. 设立环保法庭加快淮河治理——安徽高法到阜阳市开展调研. 中国环境报，3.
张杰. 2008. 关于设立环保法庭及建立环境公益诉讼制度的思考. 中国环境法治，（1）：215.
李挚萍. 2010. 美国佛蒙特州环境法院的发展及对中国的启示. 中国政法大学学报，（1）.
沈跃东. 2010. 论环境法庭的裁判程序. 东南学术，（5）.
黄辉. 2010. 设立环境保护专门审判组织的理论思考. 东南学术，（5）.
郝昭，甘桂芬. 2006. 论司法公正与行政诉讼管辖改革的方向. 河南师范大学学报（哲学社会科学版），（6）.
慈延年，杨梅花. 2009-11-23. 最高院：坚持能动司法是时代的新要求. 人民法院报.
王胜俊. 2010-01-06. 充分发挥司法能动作用保障经济平稳较快发展. 人民法院报.
童克难，高楠. 2013-08-28.深入开展环境污染损害鉴定评估. 中国环境报，4 版.
于文轩. 2009. 生物安全立法研究. 北京：清华大学出版社.
李纪平. 一百三十四家法院成立环保法庭或合议庭公益诉讼组织设立条件待明确. [2013-09-20]. http：//www.legaldaily.com.cn/bm/content/2013-07/29/content_4706036.htm.
祝昌霖. 周密谋划生态资源司法保护，着力推进生态省建设.[2013-07-08]. http：//www.acef.com.cn/subject/news/43988.shtml.
范春生. 环保公益 15 年“零”诉讼　直戳立法软肋. [2013-07-09]. http：//news.xinhuanet.com/2011-05/15/c_121418066.htm.
蒋欢. 民诉法修改后环境公益诉讼对人民法院的挑战与回应.[2013-07-09]. http：//court.gmw.cn/html/article/201301/15/117032.shtml.
袁定波. 环境保护法庭公益诉讼成生态环境司法重点难点. [2013-07-18]. http：//www.mzyfz.com/cms/pinganzhongguo/anbaowenti/pinganbobao/html/893/2013-07-15/content-808198.html.
江西打破行政界限　探索建立鄱阳湖环保法庭. [2013-07-09]. http：//www.jx.xinhuanet.com/news/2010-10/31/content_21272454.htm.
孙洁. 江西省人大内务司法委员会关于全省法院生态环境司法保护工作情况的调研报告. [2013-07-09].

http：//jxrd.jxnews.com.cn/system/2012/10/25/012153336.shtml.

罗碧文. 泰宁能动司法保护旅游生态资源. [2013-07-09]. http：//rmfyb.chinacourt.org/paper/html/2011-05/17/content_27365.htm？div=-1.

赵正辉. 无锡成立环保审判庭开创“三合一”审判模式. [2013-07-10]. http：//old.chinacourt.org/html/article/200805/07/300131.shtml.

昆明中院成立环境保护审判庭. [2013-07-10]. http：//www.gy.yn.gov.cn/Article/xwgj/jrkd/200812/10188.html.

南京设立“环保巡回法庭”. [2013-07-10]. http：//www.chinamil.com.cn/site1/xwpdxw/2008-02/29/content_1143861.htm.

蔡明. 从环保法庭成立背景、运行现状谈环保审判走专业化之路的必要性、可行性以及对未来发展趋势的构想. [2013-07-11]. http：//www.gzcpc.com/2011/12/29/32772.html.

曾小军，章玉娟. 完善环境公益民事诉讼制度的几点思考——从新民诉法第五十五条说起.[2013-07-12]. http：//www.chinacourt.org/article/detail/2013/06/id/1017759.shtml.

环境保护部. 2010. 2009 年我国环境状况公报.

环境保护部. 2011. 2010 年我国环境状况公报.

环境保护部. 2012. 2011 年我国环境状况公报.

环境保护部. 2013. 2012 年我国环境状况公报.

最高人民法院. 2010. 关于为加快经济发展方式转变提供司法保障和服务的若干意见.

1989-02-10. 最高人民法院对“关于武汉市硚口区人民法院设立环保法庭的情况报告”的答复.

2012-04. 江苏省高级法院《关于在我省部分法院开展环境保护案件集中化审判试点工作的通知》.

2008-11. 无锡市中级人民法院和无锡市检察院《关于办理环境民事公益诉讼案件的试行规定》.

2009-05-13. 云南省高级法院《全省法院环境保护审判建设及环境保护案件审理工作座谈会纪要》.

2008-11-05. 昆明市环境保护局、市公安局、市检察、市中级人民法院《关于建立环境保护执法协调机制的实施意见》.

2011-02-28. 玉溪市中级人民法院、玉溪市人民检察院《关于办理环境资源民事公益诉讼案件若干问题的意见（试行）》.

2007-09-25. 贵阳市中级人民法院《贵阳市中级人民法院关于设立环境保护法庭的实施方案》.

2007-12-12. 贵阳市中级人民法院《贵阳市中级人民法院制定管辖决定书》.

2007-12-20. 贵阳市中级人民法院《关于贵阳市中级人民法院环境保护审判庭、清镇市人民法院环境保护法庭案件受理范围的规定》.

2011-10-20. 重庆市高级人民法院《关于试点设立专门审判庭集中审理刑事、民事、行政环境保护案件的意见》.

附　表

附表 1　部分环境法庭的受案范围

环境法庭	受案范围
清镇市环境保护法庭	受理涉及“两湖一库”水资源保护、贵阳市所辖区域内水土、山林保护的排污侵权、损害赔偿、环境公益诉讼等类型的一审民事、行政、刑事案件和相关执行案件；按照贵阳市中级人民法院下达的指定管辖决定书，依法审判贵阳市辖区外涉及“两湖一库”水资源环境保护、管理、侵权等民事、行政一审相关案件[1]
贵阳中级人民法院环保法庭	受理涉及“两湖一库”水资源保护、贵阳市所辖区域内水土、山林保护的环境保护、管理、侵权等类型的一、二审民事、行政、刑事案件和相关执行案件；按照省高院下达的指定管辖决定书，依法审判贵阳市辖区外涉及“两湖一库”水资源环境保护、管理、侵权等民事、行政一审相关案件[1]
江苏无锡市环境保护审判庭	审判涉及无锡市辖区内水土、山林保护的排污侵权、损害赔偿、环境公益诉讼等涉及环保的一、二审刑事、民事行政案件；负责对经审理的案件在案件生效后的相关执行工作；对有关部门和企业提出环境保护方面的司法整改建议，做好相关的法制宣传工作；负责对基层人民法院进行业务指导[2]
云南昆明市环境保护审判庭	负责审理昆明市行政管辖范围内涉及环境保护和“一湖两江”流域治理，集中式饮用水资源保护的公益诉讼的刑事、民事、行政、执行一审案件和相关二审案件[3]
南京建邺区环保巡回法庭	审理和执行辖区内的环境行政案件，开展环保法律、法规知识的宣传和咨询活动，参与化解、组织协调环境保护行政争议[4]

资料来源：1 参见《贵阳市中级人民法院关于设立环境保护法庭的实施方案》。

2 赵正辉：《无锡成立环保审判庭开创“三合一”审判模式》，http：//old.chinacourt.org/html/article/200805/07/300131.shtml，最后访问时间：2013 年 7 月 10 日。

3 《昆明中院成立环境保护审判庭》，http：//www.gy.yn.gov.cn/Article/xwgj/jrkd/200812/10188.html，最后访问时间：2013 年 7 月 10 日。

4 《南京设立“环保巡回法庭”》，http：//www.chinamil.com.cn/site1/xwpdxw/2008-02/29/content_1143861.htm，最后访问时间：2013 年 7 月 10 日。

附表2　部分环境法庭人员编制情况

环境法庭	人员编制
江苏省无锡市惠山区人民法院环境保护合议庭	审判长1人、审判员2人
江苏省江阴人民法院环境保护合议庭	审判长1人（行政庭庭长兼）、审判员2人、书记员1人
江苏省无锡市锡山区人民法院环境保护合议庭	审判长1人、审判员3人
江苏省宜兴市人民法院环境保护合议庭	审判长1人（行政庭庭长兼）、审判员2人、书记员1人
江苏省无锡市中级人民法院环境保护审判庭	庭长1人、审判员3人、书记员1人
贵州省清镇市人民法院环境保护法庭	庭长1名、副庭长2名、审判员3名、另聘用了书记员2名、法警2名、工勤人员2名
云南省昆明市中级人民法院环境保护审判庭	庭长1人、副庭长2人、书记员1人
贵州省贵阳市中级人民法院环境保护审判庭	庭长1人、副庭长2人、书记员1人
云南省澄江县法院环境资源保护审判庭	庭长1人、审判员1人、书记员1人
福建省三明市泰宁县人民法院旅游生态资源保护合议庭	庭长1人、审判员2人、另有5名林业高级工程师、生态资源保护专业人员为人民陪审员、人民调解员

资料来源：蒋欢：《民诉法修改后环境公益诉讼对人民法院的挑战与回应》，http：//court.gmw.cn/html/article/201301/15/117032.shtml，最后访问时间：2013年7月11日。

附表3　我国环境法庭地域分布（数据更新至2012年12月）

省份	高级人民法院	中级人民法院		基层人民法院			
		环境保护审判庭	环境保护合议庭	环境保护派出法庭	环境保护审判庭	环境保护合议庭	环境保护巡回法庭
总计99	2	16	3	2	25	40	11
辽宁							2（沈阳铁西区、东陵区）
陕西						1（西安碑林区）	
贵州		1（贵阳审判庭		1（清镇市）	2（平坝县；六盘山钟山区）	2(万山特区、黔西县)	
江苏		1（无锡审判庭）	1（南京环境保护合议庭）			12（南京秦淮区、雨花台区、建邺区、玄武区、六合区；无锡滨湖、锡山、惠山区、北塘区、江阴、宜兴；连云港连云区）	6（南京建邺区；常州金坛、新北区、溧阳；射阳县；滨海县）
云南		3（昆明、玉溪、曲靖）			6(玉溪澄江、江川、通海县；昆明安宁市；大理洱海；曲靖富源）	2（会泽、富宁）	
四川							2（宜宾翠屏区；泸县）
天津						1（和平区）	
山东		1（东营审判庭）		1（青岛城阳区）		1（郓城县）	
湖南		1（株洲兼）				2（茶陵、宜章）	
福建		4（漳州、三明、龙岩、泉州）			12（柘荣县；漳州南靖、平和、长泰、华安；大田；龙岩永定、武平；泉州永春、德化、惠安、洛江）	12（福州鼓楼区；龙海市、漳浦县、芗城区；泰宁县；泉州7县）	1（三明梅列区）

省份	高级人民法院	中级人民法院		基层人民法院			
		环境保护审判庭	环境保护合议庭	环境保护派出法庭	环境保护审判庭	环境保护合议庭	环境保护巡回法庭
江西						5（九江武宁、修水、永修县、共青城；南昌西湖区）	
北京					1（延庆）		
海南	1（环境保护审判庭）	5（海口、三亚、第一、第二、海事）			1（海口市琼山区）	1（昌江县）	
浙江					1（丽水莲都区）	1（苍南县）	
重庆	1（三个合议庭		2（一、二中级人民法院合议庭）		2（万州、渝北）		

资料来源：本表依据公开发表的文献统计而成，仅统计目前正在运行的环境法庭。对于已被撤销或从公开文献中无法查知的，本表未予纳入。参见蒋欢：《民诉法修改后环境公益诉讼对人民法院的挑战与回应》，http：//court.gmw.cn/html/article/201301/15/117032.shtml，最后访问时间：2013 年 7 月 9 日。2013 年，环境法庭数量大幅度增长，截至 7 月达到 134 个。

第三篇　环境损害评估方法*

在欧盟国家，环保意识较强的公民都十分重视因错误或过失行为对公共自然资源造成的损害应承担赔偿责任，这些公共自然资源包括：野生动植物及其栖息地、水域和土地等。2004年的《环境责任指令》为防止和弥补这种损害制定了一个框架。《环境责任指令》的基本原则是通过资源替代的方式弥补对自然资源的损害，经济赔偿并不是主要目的。

委员会赞助了“补救”项目，该项目在2008年开发出一个工具箱，工具箱中包含了按照《环境责任指令》要求进行补救成本估算的多种方法。对等方式可以用来确定弥补损失所需的补充性和/或赔偿性补救的类型和数量。2010年，委员会出版了一份报告，报告分析了《环境责任指令》的适用情况和实施情况，来考察《环境责任指令》在实践中是如何应用的。该报告列出了造成《环境责任指令》在某些地区不能很快适用的几个影响因素，如成员国的现行法律制度、《环境责任指令》中过高的技术要求以及《环境责任指令》自身的框架特点等。2011年的利益相关方及从业者研讨会讨论了《环境责任指令》的执行情况，讨论的结果是：我们还需继续努力找出对策，并在实践中检验这些对策。

1979年的《鸟类指令》以及1992年的《栖息地指令》都支持建立一种全欧盟范围内的受保护栖息地网络，叫作“大自然2000”。“大自然2000”并不是要预先阻止新的活动或开发行为。与《环境责任指令》直接相关的是《栖息地指令》第6条第4款，该条款规定了一些补偿性措施来确保“大自然2000”包括的那些栖息地的重要地位。1985年的《环境影响评估指令》与《环境责任指令》的联系在于，前者详细规定了开发商需要提供的信息。信息中至少需要描述开发商为了避免、减少或者补救项目对环境的不利影响而计划采取的措施。《环境责任指令》在2001年《策略性环境评估指令》中体现的是，《策略性环境评估指令》规定，对环境有影响的计划或项目必须通过适当的实施措施尽可能地弥补其负面影响。其他的一些文件也对《环境责任指令》的要求有所体现，如1996年的《污染综合防控指令》，2000年的《水框架指令》，2003年的《对有关有毒物质的重大事故危害的控制指令》（《塞韦索法令二》），2008年的《刑法指令》，2009年的《二氧化碳地质封存指令》，等等。

《环境责任指令》的最终定稿为成员国将《环境责任指令》融入本国法律提供了多种选

* 执笔人：Peter Pechacek（中国环境科学研究院）。

择。例如，英国正在探索生物多样性弥补方法。生物多样性弥补就是通过设计一些保护性活动来创造生物多样性方面的好处，以此来弥补损失。生物多样性本身不能测量，因此需要间接指标来衡量，如栖息地公顷数。在捷克共和国，一个环境评估暑期学校对全国的非市场性评估研究进行了批判性分析。其中，一份报告分析了《环境责任指令》对捷克立法的影响，报告显示，监测要求以及证据规定是需要克服的两大难题。另一份报告提供了量化、评估森林功效的方法。在西班牙，国内的相关立法与欧盟指令是一致的，但是在赔偿方面却没有达到欧盟的要求。自治地方的法规应当与全国性法规相统一，甚至要比全国性法规更加严格。

从欧盟成员国中挑选出来的实例研究记录了一些环境损害评估的实例。西班牙的两项实例研究分别是：①有毒物质泄漏对多尼亚纳国家公园的损害；②公路项目中的赔偿措施。第一个实例研究分析了损害赔偿时价值对等方法的应用，第二个实例研究介绍了赔偿措施的实行。一份来自捷克共和国的实例研究分析了使用何种指标来衡量生态功能受到的损害，以及怎样进行对等分析来计算煤矿开采地区的环境负债。另外，通过德国一个保护区开发空客设施的例子，显示了补救措施对生态环境造成的损害。

要想将欧盟的环境损害赔偿方法应用到我国的具体实际中，可以通过以下步骤：①促进去中心化；②鼓励土地使用者与所有者的利益相关方合作；③加大对保护农村地区弱势群体的关注。

1　“公众对环境公正的享有权”的进步

在欧盟，自20世纪90年代末期几项欧盟指令的颁布开始，公众对环境公正的享有权被提升到一个极高的地位。1992年里约热内卢的联合国环境与发展大会以及1998年《奥尔胡斯公约》之后，国际社会对相关问题进行了广泛讨论，而这些指令其实是欧盟对这些讨论结果的总结。这些指令主要包括:《1997/11/EC 环境影响评价指令》以及2003年的修订版《2003/35/EC 指令》和2009年的修订版《2009/31/EC 指令》;《2011/92/EU 指令》(有关某些公共或私人项目的环境影响评估);2001年的《战略环境评价指令》(关于某些计划和项目的环境影响评估，包括2001/42/EC 指令和2011/92/EU 指令)。

无论是实际上还是从法律关系上拥有水、动植物、栖息地和土地等自然资源的欧盟成员国，都具有与这些资源相关的索赔权，而这种索赔权也在民法的范围之内。然而，对于公共享有的无主财产，相关的法律法规却很模糊，并且各成员国的规定也各有不同。

对公共自然资源的损害很难恢复，因为这些资源的经济价值不能确定，也很有限。因为国家是公共自然资源的托管者，因此有义务采取行动。如果国家没有负责，公共利益群体也可以采取行动弥补损失。因此，对公共自然资源的赔偿责任也得到了环保意识较强的公民和非政府组织的关注。由于前面提到的一些政策授予了公民享有环境公正的权利，因此欧盟公民越来越强烈地要求参与到捍卫环境公正的过程中，因此对有关公共自然资源的赔偿责任也越来越关注。

公众的强烈呼吁都表达了这样一种观点——环境损害行为的实施者必须承担经济责任。欧洲议会和欧盟理事会在欧洲委员会的提议下，于2004年通过了《环境责任指令》(《2004/35/EC 指令》)，为“实施者负责”这个得到广泛赞同的观点打下了基础。这项《环境责任指令》的目的就是按照“谁污染，谁负责”的原则，让造成环境损害的公司承担经济责任来弥补、防止损害，同时也是为了统一各成员国的责任制度。

2　对于环境赔偿评价方法的制度政策总结

2.1　欧盟的规则框架——《环境责任指令》

2.1.1　目标

包括附件2在内的《环境责任指令》，即《2004/35/EC 指令》，为环境赔偿责任建立了一个统一的框架，以此来防止或者弥补动植物、自然栖息地、水资源以及土地等资源受到的损害。赔偿制度不仅适用于特定的职业活动，也适用于其他实施者有过错或过失的情况。《环境责任指令》的总原则是，通过栖息地替代或者资源替代的方式来赔偿损失。《环境责任指令》主要使用资源或服务分级对等的方法，如栖息地对等分析法、资源对等分析法（见《环境责任指令》附件 1）。栖息地对等分析法即服务分级对等，是以受到损害的栖息地来计算损失的，并且这种损失也只能通过类似的栖息地来弥补。资源对等分析法即资源分级对等，是以资源单位，如鱼类和鸟类的数目，来计算损失的（Le Jeune，Lipton，2007）。只有当资源对等或服务对等不可行的时候，才需要用到经济价值计算方法，如价值对等，或者价值—成本对比。

公共部门要确保损害行为的实施者采取必要的预防或补救措施，或者为这些措施提供资金支持。2004 年 2 月，当调解委员会解决了欧洲议会和欧盟委员会（代表欧盟各成员国的利益）在损失补救、资金安全协调和海事请求等方面长期存在的分歧后，《环境责任指令》终于得到了这两大立法机构的批准。

2.1.2 范围和责任制度

根据《环境责任指令》，环境损害（“对自然资源造成的可量化的不利影响或者对自然资源服务造成的可量化的直接或间接损害”）的定义是：①对欧盟水管理立法（2000 年《水框架指令》，即《2000/60/EC 指令》）覆盖下的水生环境（包括内陆地表水、地下水、过渡性水域和沿海水域）的直接或间接损害，即严重影响了生态、化学和/或数量状态和/或生态潜力；②对受 1979 年《鸟类指令》，即《79/409/EEC 指令》或 1992 年《栖息地指令》保护的物种或自然栖息地（达到或保持在重点保护级别，参见《92/43/EEC 指令》）造成的直接或间接损害；③对“土壤保护主题策略”（COM（2006）232 提案）覆盖下的土地（土壤，地壳表层经受侵蚀、有机物质退化、污染、盐渍化、压缩、生物多样性减少、封闭、洪水、滑坡等退化过程的部分）造成的直接或间接污染（通过某种物质或有机体造成的污染，可能会严重威胁人类健康）。

责任原则不仅适用于环境损害，也适用于职业活动可能带来的环境损害威胁，后者是指该项活动与环境损害之间可能存在一种因果联系。《环境责任指令》为指令中提到的职业活动和指令中没有提到的职业活动分别制定了责任制度，以示区分。

第一种责任制度适用于指令附件 3 中列出的危险性或潜在危险性职业活动，主要包括：按照 2008 年《污染综合防控指令》（《2008/1/EC 指令》）的要求需要有营业许可的工农业活动，向水或空气中排放重金属物质，生产装置产生有毒化学物质，废物治理程序（如垃圾堆和焚烧炉），有关转基因有机物（参见《2001/18/EC 指令》和转基因微生物（参见《90/219/EEC 指令》）的活动，等等。根据这种责任制度，损害行为的实施者即使没有过错也要负责。

第二种责任制度适用于《环境责任指令》附件 3 中没有列出的职业活动，但是只有当该种活动对欧盟法规所保护的物种或自然栖息地造成损害或可能造成损害时才可适用。在这种情况下，损害行为的实施者只有在有过错或过失时才需承担责任。

《环境责任指令》也制定了一些关于环境责任的免责条款。如果已经造成的环境损害或者潜在的环境损害是由以下活动引起的，则不适用责任制度：武装冲突、自然灾害、欧洲原子能共同体成立条约中涵盖的活动、国防活动或国际安全活动、附件 4 列出的国际条约中涵盖的活动。

2.1.3　环境损害的预防和补救

如果产生了环境损害威胁，各成员国的有关部门必须要求损害行为的实施者或潜在的损害行为实施者采取必要的预防性措施，或者有关部门先自行采取预防措施，之后再要求实施者返还费用。

如果环境损害已经造成，有关部门必须要求实施者按照《环境责任指令》附录 2 的要求采取必要的补救措施，或者先自行采取补救措施，之后再要求实施者返还费用。如果发生了多起环境损害事件，有关部门有权决定赔偿的先后顺序。

根据环境损害的不同类型，可以采取不同的方式进行赔偿。①如果对土地造成损害，指令要求对相关土地受到的污染进行净化，确保其不再威胁人类健康；②如果对水源、受保护的物种和自然栖息地造成损害，指令要求，至少要将受到损害的环境恢复到之前的状态。因此，受到损害的自然资源或受到影响的服务必须用相同的、类似的或对等的自然资源或服务来修复、替代，可以在损害事件发生的地点进行，必要时也可在其他地点进行。

更多关于环境损害赔偿方式的信息可以参见《环境责任指令》附件 2。Cole（2012）和 Lipton 等（2012）对此问题做了全面的研究总结。

2.1.4　环境损害的预防、补救成本

如果有关部门已经自行采取了预防和补救行动，可以要求损害行为实施者或潜在损害行为实施者返还费用。如果有关部门做了环境评估来确定损害程度并决定采取何种补救行动，同样也可以要求返还费用。有关部门须主动申请返还费用，申请时限为补救、修复行动完成之日或实施者/第三方确定之日起五年内，以两个日期中较晚的一个为准。

如果多个实施者共同对环境损害承担责任，他们必须共同并独立承担修复费用，或者按比例分摊费用。指令不强迫责任人通过经济担保的方式，如保险，来应对可能出现的破产风险。但是，成员国必须鼓励责任人采用这种保障手段，必须促进这类服务的发展。如果环境损害或潜在的环境损害可能影响多个成员国，则相关成员国必须合作采取预防或补救行动。

2.1.5　行动要求

环保机构以及受到环境损害影响的自然人或法人，在环境损害发生时，可以在满足特定条件的情况下要求相关部门采取行动。自然人、法人或环保组织有权向法院或类似

的临时机构提起诉讼，要求审查相关部门所做决定以及所采取的行动的合法性，或者对相关部门的失职提起诉讼。

2.1.6 附件 2

在附件2确立的框架之下，可以选取最合适的措施，来对环境损害进行补救（图4-2）。补救方式包括首选修复、补充修复、赔偿修复。资源对等或服务对等依然是优先考虑的方法。但如果资源对等和服务对等不可行，应采取价值对等方法，如对损失的资源或服务进行经济方面的价值评估，来确定补充修复或赔偿修复的程度。

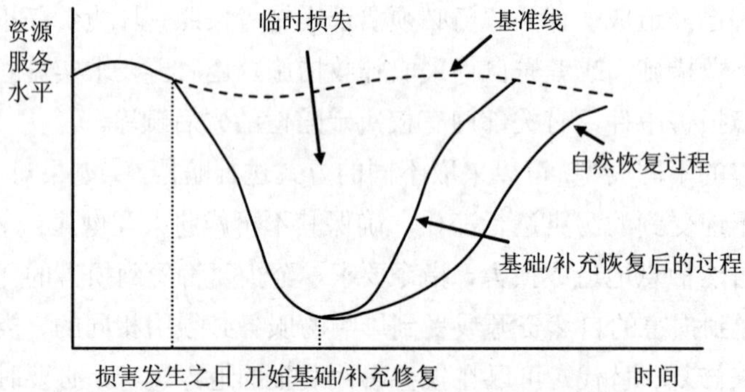

图 4-2 损害分析（Ozdemiroglu，2008）

- 首选修复——恢复到初始状态（基准状态）。
- 补充修复——如果首选修复不（完全）可行，或者过程太慢，可以选择恢复到与基准状态类似的状态，如在环境损害发生地点之外的另一个地点进行环境赔偿。质量上的瑕疵可以通过数量来弥补。
- 赔偿修复——赔偿修复仅仅是恢复到初始状态或类似初始状态之前的一个过渡措施。目的并不在于经济赔偿。

2.1.7 补充阅读

亨特里格（2008）对欧洲的环境责任法做了全面的分析。她对欧洲的环境责任现状做了总体概括，介绍了相关的国际条约以及《环境责任指令》，还讨论了关于跨国环境损害的法律冲突问题。亨特里格还对一个比较性项目进行了成果总结，该项目主要就环境责任的私法方面对 13 个欧洲国家（奥地利、比利时、英格兰和威尔士、芬兰、法国、德国、希腊、爱尔兰、意大利、荷兰、葡萄牙、苏格兰、西班牙、瑞典）内的 14 个地区进行了比较。亨特里格对环境法中侵权法的适用问题进行了探讨，如无过错责任、因果关系的建立、可供选择的补救措施以及法律地位问题。她得出的结论是，由于《环境责任指令》的协调统一功能还很有限，因此在环境责任方面，各国的侵权法仍将发挥十分重要的作用。

2.2　欧盟的指导性文件

《环境责任指令》在欧盟及其成员国内的实施，得到了欧盟监督下的各种指导原则的保障。关于环境损害评估方法，以下原则可以适用：

2.2.1　“补救”项目

委员会发起了“补救”项目，即环境评估的资源对等方法，来帮助成员国实施《环境责任指令》附件 2。该项目总结了许多补救成本的估计方法，还包含了许多案例研究，我们可以参考这些实例来确定，实施何种级别的补救措施才能并按照《环境责任指令》《环境影响评价》和《栖息地和鸟类指令》的要求充分补偿环境损失（Lipton et al.，2008）。这些方法和案例研究汇总到一起形成了一个工具箱。该项目还出版了其他的研究成果（REMEDE“补救”项目网站，2008）。

这个工具箱不是一种规范要求，并且由于环境资源和环境事件的多样性，该工具箱也没有提供普遍适用的对策。但它体现了《环境责任指令》的原则——通过栖息地/资源替代的方式来赔偿损失。要通过“五步法”进行对等分析，来实行补救行动，替代损失的生态或人类服务（Lipton et al.，2008）。可以用对等方法来确定，需要何种类型、何种数量的补充修复和/或补偿修复来弥补某个环境事件的损失（LeJeune，Lipton，2007）。

因此，工具箱与《环境责任指令》的要求相一致，都把重点放在栖息地对等分析（服务对等）和资源对等分析（资源对等）。前者是以栖息地来衡量损失，并且通过类似的栖息地来弥补损失；后者是以资源单位（如鱼类和鸟类的数目）来衡量损失（LeJeune，Lipton，2007）。

2.2.1.1　对等分析原则

对等分析可以对栖息地或资源进行量化，有了这个量化的数据，我们便可以在损失发生后，提供与已造成的损失等量的资源或服务来进行补救（Lipton et al.，2008）。在对等分析中，对环境损害所造成的损失进行量化后得到的数值叫作债额。通常，在栖息地对等分析和资源对等分析中，可以使用一种或多种衡量标准，来确定主要资源或服务的受损指数。在选择债额衡量标准（通常称为“度量标准”）时，我们要确保，根据选定的指标制定的补救方法，也会对对等分析中没有明确分析的那些损失（债额）有所弥补。在对等分析中，收益额指的是通过补充或补偿修复可以得到的资源或服务利益的量化值。我们对项目的数目、类型和规模进行分级，使得在同样的度量标准下，收益与债额的数量大致相等。

对债额和收益额进行对等分级的主要步骤包括：①对损失进行量化，算出总债额；②确定单位补救措施可以获得的收益额，也就是单位收益额；③用总的债额除以单位收益额，算出所需的补救数量。

由于生态系统功能具有复杂性，并且很难理解并量化一个可预见或不可预见的事件对物种、栖息地和/或生态系统功能的影响，所以量化债额和收益额通常要求对等分析小组拥有足够的专业技能和判断力。通常，小组成员包括生物学家、生态学家、毒理学家、化学家、水文学家、经济学家、休闲产业经理人以及其他的环境专家。

进行栖息地对等分析和资源对等分析时需要的信息和参数包括：初始年份、结束年份、基准年份（用于现值计算的年份）、空间范围、服务损失程度等。进行栖息地对等分析时，在一定空间范围内，资源或服务的损失相较于基准状态来说有一个程度值，损失程度从 0%（无损失）到 100%（完全损失）不等。损失程度和基准状态都会随着时间的推移有所变化，如果资源状况逐渐好转，那么损失程度甚至会逐渐减少到 0%。进行资源对等分析时，损失的程度可以用损失的个体数量、生物多样性的减少、人口减少、繁殖量减少和繁殖能力减弱（包括寿命缩短、新生儿数量减少）或者其他的资源损害度量标准来衡量。进行价值对等分析时，损失的程度可以用经济价值来衡量，即人们为了避免损失而愿意支付的数额或者人们要能容忍环境损害而需要得到的赔偿数额。变量包括：服务收益（通过补救项目可以得到的利益的数量）；基准状态（在没有损害发生的情况下应有的状态）；度量标准［用来衡量服务损失和所得的计算单位，可以是任何计量单位，只要适合具体情境、可以用来衡量损失（债额）和所得（收益额）即可］；损失或恢复曲线（描述服务损失和所得的变化过程，反映退化或恢复速率）；折现率或复利率（将过去、现在和未来的损失、收益进行比较，将过去或未来的资源或服务数量折现成现值，使用相同的折现率和复利率）。

2.2.1.2 进行对等分析的 5 个步骤

（1）初始评估。决定是否应该进行对等分析，如果有必要的话，确定对等分析的规模和具体内容。

（2）确定损害数值（债额）。这一步骤中，需要确认受损的资源、栖息地和/或服务，并对基准状态的损失进行量化，还需确定损害发生的原因。最终要确定首选修复方案的利益值以及总债额。

（3）确定补救收益额（前面所说的收益额）。确定可供选择的补救方案并对方案进行评估，计算出通过补充修复或赔偿修复项目可以获得的收益，从而确定收益额。

（4）对补充修复或赔偿修复进行分级。对等分析的最后一步就是确定修复项目的级别和数量。分级是为了使修复项目所得（收益额）等于受损地区的损失（债额）。

（5）监测和报告。完成对等分析、选定修复项目并确定了修复项目的级别后，要制订一份修复项目计划，包括项目目标、执行细则、工程计划和设计、生物计划和设计等。修复项目计划中还需包括如何对资源、服务的恢复过程进行监测，如何对项目成果进行评估。针对这些问题，项目计划中需要列出具体的步骤和时间表。

2.2.2 由欧盟理事会委员会、欧洲议会、欧洲经济社会委员会和地区委员会发的报告

成员国必须根据《环境责任指令》第 14 条第 2 款的规定，最迟在 2013 年 4 月 30 日之前向委员会汇报指令的实施情况。委员会于 2010 年 10 月 12 日公布了一项报告，该报告分析了《环境责任指令》的适用情况和实施情况，来考察其在实践中是如何应用的，并详细阐述了环境损害实际修复相关条例的有效性、合理支出条件下的实用性以及与保险和其他确保附件 3 各项活动财政安全的条款（欧洲委员会，2010 年）。

委员会并没有采取整个欧盟范围内强制性的经济赔偿制度，强迫企业为环境损害承担责任。委员会认为，是否实施这样的制度应该由各成员国自己来决定。该报告同时指出，缺乏环境损害赔偿意识是我们当前面临的一大难题，这使得指令不能得到有效的实施。

尽管该报告并没有充足的数据来说明《环境责任指令》在修复环境损害方面的实际有效性，但报告增强了利益相关者的意识，促进了利益相关者之间的信息交流。成员国需在 2013 年 4 月向委员会提交自己国家的报告，而这份报告的发布也让成员国在起草本国的报告时有所参考。该报告列出了影响指令实施的主要原因：①成员国现有的法律制度：已经制定了环境责任相关法规的成员国需要将这项新的《环境责任指令》融入其现行的法律框架中。②技术需求过高：例如，需要对受损的资源或服务进行经济评估，没有对“严重损害”等关键术语进行严格定义，不同种类的环境修补方法，对受保护的物种和自然栖息地所造成的破坏等，成员国对于这些新鲜的提法都还不太熟悉。③《环境责任指令》自身的原因，即给成员国留有很大的自主权和选择的余地，而这些选择往往只有在实施的时候才能确定。这就导致指令久久不能实施，因为成员国要确定这些问题必须先经过相关国家部门的讨论。

由于指令的实施过程太慢，所以当前相关部门接手的相关案件数目很少（2010 年年初，只有 16 起与《环境责任指令》有关的案件；到 2010 年年底，整个欧盟区约出现 50 起相关案件）。导致案件数目较少的原因主要包括：①实施者的了解不够；②《环境责任指令》可能已经产生了预防效果；③一些成员国在土壤和水源的修复问题上仍然沿用现有的法律，这些国内法的规定可能比《环境责任指令》更严格；④《环境责任指令》规定了一些例外情形，比如损害行为实施者无法支付赔偿，或者无法确定实施者。

现在之所以无法对《环境责任指令》的有效性进行正确评估，是因为我们现在还不确定相关案件的具体情况。然而：①大多案件是与水资源和土地资源破坏有关的，只有一小部分是关于受保护的物种和自然栖息地。但这个结论并不完全适用于所有成员国。②大多数情况下，首选修复方式能很快得以运用（如土壤清理、土壤替换、水资源清理，都是为了修复到基准状态）。然而，现已上报的案件中，并没有关于其他两种修复方式的信息（补充性修复和赔偿性修复）。③就目前所知，修复措施的总开支在 12 000～

250 000 欧元。④各个地区环境恢复所需时间各不相同，在目前已经上报的案件中，最短只需一个星期，而最长需要三年。

各项环境损害活动基本上都在《环境责任指令》附件 3 中列了出来，主要都是《污染综合防控指令》（1996/61/EC 指令）涵盖的各项活动。当然，还包括废物治理措施，危险物品、配制剂，以及相关产品的生产、使用和存储等活动。

各成员国在《环境责任指令》的指导下为处理环境破坏所做的准备程度不一。一些成员国就技术和经济评估方面准备较为充分（如比利时、丹麦、法国、匈牙利、荷兰、西班牙和英国），一些成员国在风险评估程序方面准备较好（如西班牙、葡萄牙和意大利），而另一些国家在立法指导方针上面进展较快（如西班牙、匈牙利、捷克共和国、拉脱维亚和波兰）。尽管相关部门已努力提升环保意识，但普遍来说，企业部门，尤其是《环境责任指令》附件 3 中涵盖的那些容易产生风险和破坏的工业部门，对《环境责任指令》并没有充分的了解。

经证明，保险是最受欢迎的支付环境负债的手段，其次是银行担保（奥地利、比利时、塞浦路斯、捷克共和国、荷兰、波兰、西班牙和英国等国都采用银行担保）和其他市场化工具，如基金、债券等（使用的国家主要有奥地利、比利时、保加利亚、塞浦路斯、波兰和西班牙）。西班牙、法国和意大利还有保险联营。《环境责任指令》要求的赔偿责任主要按照传统的《一般第三方债务》或《环境损坏债务》政策来承担。

任何一种经济保障方法，无论是保险、银行担保还是信托基金，都不能提供无限贷款。因此，不管是自愿和还是强制性经济保障机制都应该设一个上限。要确保赔偿超过上限的可能性很小，并且这种可能性取决于损害行为的地点、类型和规模。可以对附件 3 所列活动的潜在环境破坏做出风险评估，然后将低风险活动排除在强制性经济保障机制之外。

此报告还指出了其他急需关注的问题：①《环境责任指令》的适用范围：尽管《环境责任指令》涵盖了各种具体的环境损害方式，但主要是针对陆地，而针对海洋环境的规定却不完善。《环境责任指令》按照《水资源框架指令》，将“水源损害”中的“水源”的范围延伸到了沿海水域和领海，还将受保护物种和栖息地的范围延伸到成员国管辖范围内（包括专属经济区和大陆架）的受保护海洋物种以及“自然 2000”地点。这样其实产生了海洋环境损害修复的漏洞。例如，《环境责任指令》不能完全解决海上石油钻井引起的石油泄漏造成的海洋环境问题。②各成员国的具体规则不同，这就造成了实际操作中的困难。例如，提供经济保障的金融机构必须对非商标产品加以修改，来满足各成员国的要求。③各成员国法律中，针对受保护物种和自然栖息地的赔偿范围各不相同。④经济保险方式设定的上限十分有效，足以应对可能发生的大范围事故。

2.2.3 利益相关者和从业者研讨会——欧盟范围内《环境责任指令》的实施情况

2011 年 10 月 8 日，来自于欧盟及欧盟之外地区的大约 170 名利益相关者和从业者参加了在布鲁塞尔举行的研讨会。此次研讨会气氛活跃、开放度极高，与会者都积极参与其中，就《环境责任指令》的实施展开讨论（匿名作者，2011）。此次会议的目的是：①调查并讨论主要的困难和障碍。②找到可能的解决方案。③建立一个由《环境责任指令》利益相关者和从业者的团体，若已有这样的团体，则进一步加强团体建设。目的是让利益相关者和从业者增强本国、本社区内人们的相关意识，并在本国或本社区内对环境责任进行宣传。

围绕“基础性、补充性的和赔偿性的修补方案——经济评估和工具”这一子话题，与会者讨论对评估方法展开了讨论。在讨论中，我们总结出以下几个最为迫切的问题：①在补充性和赔偿性修补措施的实施过程中，主要存在哪些问题和挑战？②进行各种补救行动时，需要哪些信息和工具，走哪些程序？③对环境破坏进行经济评估时，有哪些具体困难？我们有合适的处理方案吗？是否可以将一个地区的经验适用到另一地区？我们是否需要一个统一的指导方针？④在环境赔偿的经济评估方面，我们如何帮助实施者和相关部门研究出比较可行的实践方法？

此次研讨会的结论是，我们还需要继续努力，找出可能的解决方案并在实践中加以检验。《环境责任指令》能否较好地实施，取决于利益相关者、从业者尤其是与会者的参与的支持。

2.3　相关指令

2.3.1　主要相关指令

2.3.1.1　栖息地和鸟类保护指令

鸟类保护指令于 1979 年在欧盟实施，其目的是保护欧盟所有野生鸟类和最重要的鸟类栖息地（法令 79/409/EEC）。此法令终止了买卖和任意屠杀本地野生鸟类的行为，确立了相关法律机制来保证可持续的水禽捕猎方式。但是，鸟类保护指令主要的成就是规定了对所有候鸟和超过 190 种濒危鸟类物种的保护。法令特别强调保护具有全球重要性的湿地。

栖息地保护指令则于 1992 年实施（法令 92/43/EEC）。此法令通过扩大鸟类保护指令的覆盖范围而进一步规定了保护欧洲野生动物的措施。保护对象包括除鸟类以外的多种濒危稀有本地动植物品种。另外，法令也保护稀有及典型的栖息地种类。最重要的是，栖息地保护法令进一步推动了建立一个覆盖全欧盟的重点保护地网络，现称为自然 2000 保护地网络（NATURA2000）（图 4-3）。此网络为大约 400 个动物品种、360 个植物品种和 230 个栖息地种类提供了保护区。自然 2000 保护地网络因此成为欧盟自然和生物多样性政策的核心内容，政策的目标是在 2010 年前停止生物多样性的减退（欧盟第六次环境行动方案）。

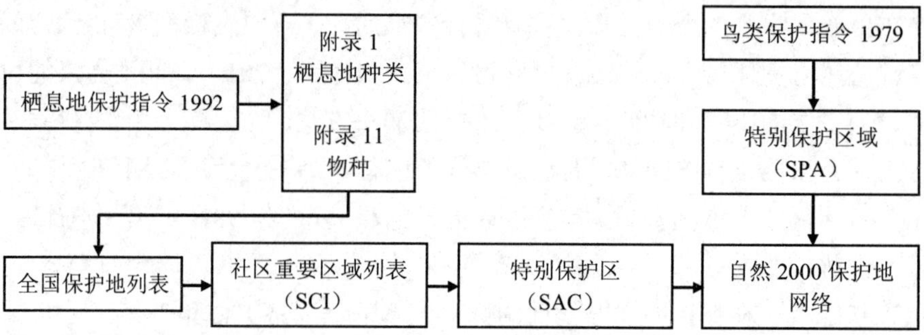

图 4-3　欧盟自然 2000 保护地网络规定的保护区建立过程

自然2000保护地网络并不是一个严格意义上排除所有人类活动的自然保护区网络，这是它的一个重要特点。尽管它包含有自然保护区，但大多数地区可能继续为私人所有。其重点是确保未来保护地管理的可持续性，包括生态、经济和社会可持续性。因此，自然 2000 保护地网络本身并不禁止人类活动或者开发行为。

栖息地和鸟类保护指令等案例法和环境责任指令是相互关联的。栖息地保护指令第 6（4）条阐明了此指令同环境责任指令之间的直接关联。

☞ 如果必须执行的计划和工程会对保护地产生负面影响，成员国需采取一切必要的补偿性措施确保自然 2000 保护地网络的连贯性。

☞ 法令并没有明确定义“补偿性措施”。

☞ 关于此项请求，一些欧盟文件［欧洲委员会（2007）和欧洲委员会网站（2012）关于栖息地保护指令第 6（4）条的指导性文件］提供了以下指导：拟补偿性措施应当针对：①受到负面影响的栖息地和物种；②相关成员国内同样受影响的生物地理区。补偿性措施可以包括：①在一个新的或者面积更大的保护区内重建一个栖息地；②按比例改善另一个保护区上的栖息地以补偿工程造成的损失。

☞ 如果出现临时损失，则需考虑额外补偿措施。

2.3.1.2　环境影响评价法令

欧盟的环境影响评价法令（EIA）（法令 1985/337/EEC）可以总结为如下：开发商应提供相关的环境影响评价信息，并可以要求主管部门指明此信息应当包含哪些具体内容（范围界定阶段）；开发商必须提供环境影响相关的信息（环境影响评价报告——附录Ⅳ）；开发商必须与环境当局和公众（以及受影响的成员国）咨询并向他们公开项目信息；主管部门应决定并考虑咨询结果。公众有权知晓最终决策并可以用起诉的方式反对决策。

自从于 1985 年颁布起，环境影响评价法令已经经过三次修改，时间分别为 1997 年、2003 年和 2009 年。最初的法令和后来的三次修正都已根据 2011 年 9 月 13 号颁布的法令 2011/92/EU 进行编纂。环境影响评价法令同环境责任指令之间的直接关联存在于修正后的环境影响评价法令 97/11/EC［第 5（3）条］：开发商需提供的信息应当至少包括对为了避免、减少或者补救严重负面影响而设想的措施的描述。

2.3.1.3　战略环境评价法令

战略环境评价法令（SEA）（法令 2001/42/EC）适用于一系列公共计划和项目（如关于土地使用、交通、能源、废物和农业等）。此法令并不涉及政策。当局（国家、地区或者地方层面）必须准备或采用同此法令相关的计划和项目，立法、管理和行政规定必须要求执行这些计划和项目。此法令没有类似于环境影响评价法令那样的计划/项目清淡。法令自 2001 年开始实施并本应当于 2004 年进行变换。

战略环境评价法令对以下计划/项目具有强制性：为农业、森林、渔场、能源、工业、交通、废物/废水管理、通信、旅游、城乡规划或土地使用而准备的计划和项目，以及为环境影响评价法令中列出的工程制定开发许可框架而进行的计划和项目，或在栖息地保护法令规定下需接受环境评价的计划和项目。

战略环境评价法令与环境责任指令之间的直接关联存在于为了最大限度抵消某个计划或项目的执行对环境产生的影响而采取的一些措施。

2.3.2　次要相关法令

（1）综合污染防治与控制法令（IPPC 法令 96/61/EC）的目标是在欧盟防止和控制工业设备向大气、水和土壤排放污染物，并弥补现行工业排放立法的不足。此法令的重点是要求增加“最佳可行技术”的使用，以确保工业运营商使用最具成本效益的技术实现高度环保。此法令加大了对欧盟某些工业部门的排放限制——特别是减排力度不够的大型燃烧车间，为工业设备的环境检测设立了最低标准并改善了许可审查的效率。法令也拓宽了立法范围，涵盖了包括中型燃烧车间等污染活动，因而确保了所有欧盟成员获得同等力度的环境保护，并将会为环境和人类健康带来巨大利益。

（2）水框架指令（2000/60/EC）提供了最佳的单一水利管理体系模式，即流域管理。每一个流域——有些流域会穿越国界——都需要一个“流域管理计划”。生态保护措施应当应用于所有的水域，包括地表水和地下水。保护欧洲的水资源需要公民、利益攸关方和非政府组织更大的参与。为实现这个目标，水框架指令将要求有关方在制订管理计划时提供相关信息并做有关咨询：流域管理计划需以草案形式出台，决策所依据的背景材料必须公开。除此以外，还需要每年两次组织一次会议来交换管理执行方面的看法和经验。

（3）塞维索二号指令（Seveso Ⅱ指令 2003/105/EC）旨在预防涉及危险物质的重大事故。由于事故不可避免地会发生，此指令的目标是限制此类事故对人（安全和健康方面）和环境（环境方面）造成的不良后果。指令涵盖各种工业活动以及危险化学物品的储藏。所有在此涵盖范围之下的企业经营者应向管理当局发送申报并确立主要的事故预防政策。除此以外，大型企业经营者需要制定安全报告、安全管理体系和应急计划，而应急计划需要必要的审查、修订和更新。土地使用计划政策应确保高危建筑和居民区保持一定的距离。经营者和政府当局有义务向公众通知有关情况（被动信息仅指信息永远是可获取的，主动信息则指经营者或主管当局主动向民众提供信息，如通过发传单和小册子告知公众如何应对灾难）。成员国需通过重大事故报告系统向欧盟委员会报告重大事故。

（4）通过刑法保护环境的措施（刑法指令 2008/99/EC）针对违反环境立法和严重损害或威胁环境和人类健康的行为。最为人熟知的环境犯罪为非法排放，即向空气、水和土壤排放有害物质、野生动物非法交易、消耗臭氧层物质的非法交易以及非法运输和倾泄垃圾。环境犯罪通常造成跨境影响。刑法指令列出了一些破坏环境的行为，并规定，如果这些破坏是故意的行为或由于重大疏忽而造成的，所有成员国需将其视为刑事犯罪。成员国需确保那些为谋求自身利益而造成环境破坏的法人应当为其行为负责，包括刑事责任还其他责任。成员国可以维持或制定更加严格的保护措施。

（5）二氧化碳地下封存指令（CCS 指令 2009/31/EC）为安全的碳封存制定了法律框架，为应对气候变化做出了贡献。此法令涵盖欧盟所有的二氧化碳地下封存，并确立了贯穿储存场所整个生命周期的一些规定。现存法律框架已应用于管理碳捕获和碳封存运输。二氧化碳流必须绝大部分由二氧化碳组成，从而避免给运输网络或储存场所造成负面影响。储存场所的运行必须得到严密的监测，泄漏事故发生时需采取补救措施。关于泄漏事故的责任，排放交易体系确保任何由泄漏事故造成的排放会扣除事故方的碳排放额。关于负责地方环境破坏的事宜需按照环境责任指令处理；关于负责健康和财产破坏的事宜则按照成员国层面的规章处理。

3　国家“环境破坏评估方法论”方法及实践概述

《环境责任指令》最后的内容措辞并不强硬，因此各成员国在实行时可有多种选择。一些成员国已着手制定相应指导性文件，将《环境责任指令》纳入国家法律之中。比利时瓦隆地区、丹麦、爱尔兰、荷兰与英国都已备有最终指导性文件。此外，一些成员国已将指导性文件纳入法律文件（欧盟环境责任指令实施交流，2012）。

关于《环境责任指令》在各国立法中适用性的讨论弱化了现有的国家立法，因此国家级的非政府组织须紧密关注公众的参与度。由于《环境责任指令》中案例甚少，因此很难评价某种补救方法是否有效，或所提议的财政支持是否充足（欧洲环保局，2012）。

3.1　英国

3.1.1　生物多样性赔偿

出于《环境责任指令》的适用责任，继全国性的讨论（Treweek，2009；DEFRA，

2011b）及分析了运用赔偿机制来实现生物多样性（影响评估）的不同政策实施要求的潜在成本及利益之后（DEFRA，2011c；GHK，2011），英国制定了生物多样性赔偿流程（DEFRA，2012a）。赔偿机制所采取的弥补生物多样性丧失的保护行动是可测量的，因此更为有效（DEFRA，2011a）。

简言之，生物多样性赔偿机制通过设计保护行动，创造生物多样性利益从而来赔偿相应丧失。开发者须根据相应政策赔偿其所造成的生物多样性丧失，也可通过赔偿机制实施。对开发者而言，利益如下：①简化了关于所需赔偿金额的讨论：发展所造成的影响可量化。②透明：整个流程中，相关信息对所有人都是公开、可利用的。③开发者可付钱请他人实施该赔偿，可将管理赔偿的责任转移（对赔偿不负持续性责任）。

生物多样性赔偿机制的运用是指开发者根据其发展可能影响的栖息地面积、情况以及程度，采用标准公式来计算受发展影响而丧失的“生物多样性单位”数量。开发者（或第三方）继而提供等量赔偿，从而弥补生物多样性丧失。

根据测量结果的正式标准，生物多样性赔偿与其他生态赔偿的形式有所区别：即使所涉及的栖息地不同，衡量发展所造成的生物多样性丧失与赔偿机制可实现的收益的方法相同。生物多样性作为一个整体不可测量，因此用相关度量来表示及测量整体的生物多样性（DEFRA，2012e）。度量即为媒介或一系列测量，对某一区域的生物多样性价值进行评估。度量将发展对生物多样性造成的影响进行量化，从而明确了赔偿要求以及赔偿行为的价值。不同的区域及栖息地的度量可进行换算，这使得保护行动可在不同区域之间，和/或不同种类/质量的栖息地之间进行转换。

单一度量指标包括植被密度、覆盖率或生物总量、幼苗密度、植被结构多样性指数（DEFRA，2012e）。综合指标则运用多种不同的测量方式来得出单一的数据或指数。综合指标作为测量生物多样性价值的方式，通常更复杂，也更准确。最为人们所熟知的度量体系便是“栖息环境”。这一体系是专门为赔偿机制设置的综合度量指标。运用该方法测量的数据包括大型苗木、覆盖度、下层植被、恢复率、有机垃圾、原木、斑块面积、邻域、核心区距离。

英国的生物多样性赔偿机制试点是根据栖息地选择指标。发展区域须标注并划分成栖息地片区。在此基础上运用赔偿机制要求。同样的方法可用来确定赔偿项目能提供的赔偿水平。根据其不同点，栖息地将被事先归类（DEFRA，2012d）。依据的参数包括物种丰度、物种多样性、物种稀有程度（当地水平、地区水平、国家水平、国际水平）以及生境稀有性。

生物多样性赔偿指南运用于6个试点地区，为开发商运用赔偿机制进行生物多样性丧失赔偿提供参考（DEFRA，2012b）。该指南阐述了参与试点项目的好处、计算所需赔偿的方法，以及不同的赔偿来源。针对自身提供赔偿的开发者及为开发者提供赔偿的其他组织或个人，均设有其他指南（DEFRA，2012c）。

3.1.2 赔偿试点

生物多样性赔偿已在6个地区进行试点，为期两年，至2014年4月。由DEFRA、英格兰自然署以及地方当局依据DEFRA（2012f）的信息说明共同运作。试点地区所获得的信息和证据将为英国政府所用，用以决定是否在英国推广这一项目，以及如何提高其效率。

例如，诺丁汉郡的当地赔偿战略则是由地方当局通过发展垃圾处理及郡议会的设施（如学校、图书馆及公路）等方式实现。在纽瓦克和舍伍德区，则是通过其他规划应用（如住房、工业和商业设施）等进行试点项目。预计还有三个区也会参与试点项目，一旦最终确定，名单将会公布。潜在赔偿提供者和项目的名单正在建立，从而帮助运用这一机制来进行赔偿的开发者们找到适宜的赔偿区域。

埃塞克斯郡的生物多样性赔偿试点项目由该郡议会领导，在公、私领域及非营利性组织之间建立起密切的合作关系。其中，与环境银行密切合作，进行代理体系的试行，并与矿用产品行业协会合作探索整个行业的作用及利益。这一赔偿战略由埃塞克斯野生生物信托基金会与地方当局及社区合作者共同建立的“生命风光”项目领导。

3.2 捷克共和国

3.2.1 非市场评估方法及其应用、模型选择法和组合分析法的重点审查

该培训重点介绍在捷克已实施的13项非市场评价研究结果以及正在进行的“可持续发展信息——教育、经济方法与指标”项目框架下，欧盟委员会赞助了布拉格查尔斯大学的关于“环境评价”项目的暑期学校。其主要目标便是对捷克共和国内已实行的非市场评价研究进行总结及重点审查（Melichar，Scasny，2005）。对不同环境管理政策的评价方法进行审查是该项培训的基础所在。该培训特别注重确保效果一致性的利益成本分析，以及政策中成本和利益的货币价值比较，并且分类展示不同的评价方法，并简要描述市场和非市场评价方法的研究。大多研究运用条件评估调查，并对许多标准进行讨论，如研究面积、条件产品、使用方法、研究日期、研究设计、数据收集、样本策略、样本大小、条件市场情况，以及产出问题。大多数研究或单独运用了条件价值评估法（CVM），或将其与其他方法混合使用。因此，即使对于最常用的环境细分价值评估方法的真正市场价值仍存在质疑，人们仍愿接受和支付对条件产品的赔偿。总体而言，在捷克共和国，可以在学术和科学的氛围中学习优秀的经验和专业的技能，并接收专业的培训。

巴斯大学经济学与国际发展系的讲师讲授选择模型法和组合选择实验（Longo，2005），介绍组合分析研究的设计，并讨论组合分析法与条件价值评估法的优劣。

在环境经济学中，选择模型法与组合选择实验法这两种非市场价值评估方法越来越

受欢迎。组合分析与组合选择实验法属于意向调查法，是通过询问调查对象在某些假设情境中可能会采取的行为来推测其意向和价值观，而非通过观察市场中的实际行为。在典型的组合分析调查中，调查对象将会被展示商品由一系列属性所描述的不同变量。由两个及两个以上的属性所描述的变量彼此不同。在条件分级的操作中，调查对象须根据其偏好对一系列不同的变量进行分级。该调查方法的一大缺点便是需要运用强势假定将等级转化为功能。

3.2.2 《自然环境保护和自然环境恢复法案》

Vicha（2008）的论文促进了《环境责任指令》对于捷克立法的作用。将《环境责任指令》纳入捷克共和国立法的 167 号法案/环境保护和环境恢复公报及相关的修正案是该论文的主题所在。该论文阐述了一些基本原则（环境保护、“谁污染谁治理”、生态重建）、自然环境保护的新立法及其与 114 号法案/1992 年自然环境和景观保护公报修正版之间的联系。在捷克，最重要的内容包括对野生物种保护和自然栖息地保护方面的环境破坏的定义、客观责任、预防性措施、恢复性措施、政府相关管理、相关财政事项。作者提出了监管要求与举证这两大短处，并指出这两点须根据方法论进行处理。

3.2.3 森林功能的量化与评估——森林功能量化与评估方法的实际运用

在向多功能森林治理过渡的过程中，以下两种需要愈加突出：①详细阐述森林功能评估体系；②对特殊森林种类的不同功能潜力进行量化。因此，制定了生态系统量化方法与森林功能，包括生物产量、生态稳定、保水能力、土壤保持、社会休闲功能与公共卫生，以及其他特殊森林功能评价标准（Vyskot，2003）。

森林是根据其实际功能潜力进行分类的。而实际功能潜力的价值则根据捷克国内分布的不同生态系统而有所区别。也有人提出森林功能的财政评估法。根据该项目的公式，对生态系统价值及森林功能价值进行计算。通过相应计算步骤可获得以下数值：森林功能的实际潜力、森林功能的实际影响、社会对森林功能的影响、对森林功能的破坏。

通过森林模型在不同条件下的情况，展现了森林功能评估的量化方法与评价方法的实际运用。

3.3 西班牙

赔偿运作

西班牙国家立法与欧盟指令相符合。但其赔偿制度却并不完善（Villaroya，Puig，2009）。如何确定赔偿的适用范围以及关于赔偿方法的具体适用情况都尚无依据可循。如何将环境赔偿与决策过程相结合，以及如何监测该制度的实施与效率等问题均没有具体的说明。

“赔偿”这一说法源自欧盟《环境影响评价指令》、自然环境保护其他相关领域。环境影响评价法规指明《环境影响报告书》必须包括项目实施时的环境保护、减少破坏和/或赔偿方面的相应措施（Ministerio de Obras Públicas y Urbanismo，1988；Ministerio de Medio Ambiente，2008）。但是上述法律法规中尚未有关于“赔偿”的定义（Villaroya，Puig，2009）。

另外，自治条例与国家条例相符，但有些地区的条例更为严格。这些条例仅适用于其所在的自治区域（Villaroya，Puig，2009）。西班牙约有 17 个“自治地区”通过了促进执行赔偿金制度的相关管理条例。自治区安达卢西亚 2007 年 7 号法律（Comunidad Autónoma de Andalucía，2007）规定，对于自然环境造成不可修复的破坏行为，主管部门有权令其行使赔偿金规定。同时，该法规定开发者可以罚款的形式执行赔偿金措施。在阿拉贡地区，2006 年 4 月 4 日法令规定，若在生态敏感的风电场造成环境破坏，则须执行赔偿措施。巴利阿里群岛 2006 年 11 号法（Comunidad Autónoma de las Illes Balears，2006）强制规定开发者须在保护区和非保护区执行生态赔偿制度。埃斯特雷马杜拉的自治法则规定，针对禁止鸟类在输电设施上筑巢的行为，须支付相应赔偿（Consejería de Economía y Trabajo de Extremadura，2004）。而自治区纳瓦拉则规定，森林砍伐须通过种植相同面积的森林来进行赔偿（Comunidad Foral de Navarra，1990）。

其他一些自治法则表示赔偿方式的内容必须在《环境影响报告书》中有详细说明，如相应地图（Departamento de Ordenación del Territorioy Medio Ambiente del País Vasco，2003）、实施预算与安排（Presidència de la Generalitat de Catalunya，1988；Comunidad Autónoma de Madrid，2002）。阿拉贡地区的《环境影响报告书》中的赔偿措施设计（Comunidad Autónoma de Aragón，2006）必须包括监测实施情况与实施效力的指标。纳瓦拉地区 2006 年 93 号法令（Comunidad Foral de Navarra，2006）规定，《环境影响报告书》中须明确开发者为赔偿所应支付的准确金额（Villaroya，Puig，2009）。

4 国家级应用案例研究

4.1 有毒物质泄漏污染多尼亚那国家公园

题目：填补现有的知识空白——有关损害赔偿的价值等价法应用

作者与应用地点：马丁·奥尔特加等（2011），西班牙

（1）内容概览：1998 年阿斯纳尔科利亚尔的有毒物质泄漏使西班牙南部的多尼亚那国家公园的部分区域受到了污染。事后，人们对有毒物质进行了分析。由资源损害造成的福利损失是用非市场评估方法来估计的，同时还将损失与事故后采取的补偿性措施的

价值进行了比较。结果显示实物补偿不足以抵消污染所造成的福利损失。因此，全面了解因环境损害造成的人类福利效应对于补偿决策至关重要，因为不完善的信息将会导致错误的决定，这又进一步增加了社会损失。

（2）案例描述：多尼亚那国家公园位于西班牙南部，占地 106 000 hm^2。园内生态系统复杂多样，包括固定和移动的沙丘、湿地等。同时，它还是很多禽类的栖息地，如濒临灭绝的伊比利亚猞猁和其他特有珍稀物种。公园分两部分：国家公园（约 50 720 hm^2）和自然公园（约 55 323 hm^2）。多尼亚那国家公园在世界享有盛名，它已经被列入了生物圈保护区、拉姆萨尔湿地、联合国教科文组织世界文化遗产等名录中。同时，它也被列入了欧盟自然 2000 保护区网络（Nature 2000 Network），成了欧盟《鸟类指令》认定的特殊保护区域（SPA）和共有利益区（Zones of Communitarian Interest）当中。此外，该公园为农业生产活动和水产养殖活动提供了丰富的资源，有着重要的科学、文化、休闲价值。

波利顿阿皮尔萨公司位于阿斯纳尔科利亚尔，距国家公园北部有 50 km。1998 年 4 月 25 日，该公司下属的黄铁矿尾矿坝出现缺口，造成 600 万 m^3 的酸性水和富含重金属的淤泥流入瓜迪亚马尔河。若非及时采取措施，国家公园会遭受更大面积的污染，受有毒物质污染的面积大约有 4 268 hm^2，其中高达 98%的区域都在公家公园内。

事故发生后，环境损害的补救重点被放在了“绿色长廊”（Green Corridor）的建设上。建设绿色长廊的目的包括以下几个方面：①使受污染的瓜迪亚马尔河流域得以恢复；②建立新的娱乐休闲区域；③为园内栖息的物种建立一条绿色长廊，将多尼亚那国家公园与莫雷纳山脉的保护区连接起来；④建立一个缓冲地带加强对国家公园的保护。目前，在区域法中，多尼亚那国家公园已被列为风景保护区。

决定建立绿色长廊时，《欧盟环境责任指令》还未诞生，所以建立绿色长廊的初衷并不是出于环境责任的考虑而是把绿色长廊当作初级或补充性的环境修复。然而，与当初的设想相比，绿色长廊发挥的补救性作用远不止前面提到的“初级或补充性的环境修复”。它不仅是园内动物物种的走廊（这在有毒物质泄漏之前是不存在的），同时还为多尼亚那国家公园的保护加了一层防护罩。因此，可以把绿色长廊看作一种环境补偿，因为它在履行《欧盟环境责任指令》补偿暂时性损失的同时，额外地改善了对自然生态和物种的保护。

通过公众的支付意愿（WTP）来衡量福利损失是为了避免有毒物质泄漏和相应的环境损害事故再次发生。事故后采取的实物补偿的价值也是通过个人的支付意愿来衡量的，目的是保护绿色长廊所提供的生态服务。支付方式是由国家税收来实现。主体调查包括 350 次面对面访谈。调查时间是三个星期。

告知调查对象提供绿色长廊新型服务需要的必要措施，询问他们对于保护绿色长廊和其生态功能的支付意愿。把绿色长廊额外服务的福利措施与支付意愿进行比较以预防环境损害（福利损失）的再度发生。基础情况就是没有额外管理以及绿色长廊生态功能的缺失，然而我们的目标就是保护好绿色长廊并且使其功能能够长久发挥下去。

（3）结果：大约 70%的受访对象仍记得 1998 年的有毒物质泄漏事件，并且认为国家公园受到了严重的污染。几乎有 60%的受访对象认为保护多尼亚那国家公园很重要或者说是非常重要。只有 1/3 的受访对象知道绿色长廊。仅有一小部分人（大约有 5%）参观过绿色长廊。3/4 的受访对象认为建立像绿色长廊这样的动物通道非常重要。高达 85%的人认为有毒物质泄漏事件发生后采取的措施远远不够。不到 40%的人认为绿色长廊可以弥补泄漏事件造成的环境损害。

大约有 40%的受访对象表示原则上他们愿意出钱去阻止类似事件的发生。19%的人反对出钱，因为他们认为污染者应该承担责任。据开放式问卷调查，要想阻止类似多尼亚那国家公园受污染事件的发生，每个家庭每年需要支付 10.11 欧元。若是按多项选择性问卷调查来看，每个家庭每年需支付 9.59 欧元。以绿色长廊为例，根据开放式问卷调查，每个家庭每年的支付意愿是 4.75 欧元。

（4）结论：调查结果显示，如果把十几年前发生的多尼亚那国家公约有毒物质污染事件当作一个法律问题来处理，按照《欧盟环境责任指令》的要求去解决，那绿色长廊带来的额外效益在公众看来是不足以弥补污染所造成的临时性损失。据估计，环境补偿的经济价值还不到福利损失的经济价值的一半。或许按照生态学的角度来看，绿色长廊的建立使受污染地区的生态情况得以恢复，并且还产生了以前不曾存在的额外效益。然而，在受污染地区的民众看来，绿色长廊带来的额外效益不足以弥补污染产生的环境损失，这表明以实物方法定义环境补偿与社会遭受的实际福利损失之间存在差距。一些因素影响了人们对阻止国家公园类似事件和保护绿色长廊的支付意愿，分析发现非使用价值这一因素对于国家公园来说更加重要。由于人们对绿色长廊认识不足以及游览人数较少，使其价值低于国家公园的价值，不过这只是部分原因。

《欧盟环境责任指令》规定要发展一种等价方法来更好地评估补偿性措施的价值使其足以弥补环境污染带来的损失。尽管《环境责任指令》倾向于使用生态和资源等价法，但是经济估算在环境责任案例中的作用也不可小觑。这主要是因为资源等价法无法考虑到社会经济福利的因素。人类福利损失是很重要的考虑因素，因为必须要恢复生态系统服务价值以及补偿污染造成的临时性损失。这是《环境责任指令》的应有之义，同时也符合了生态服务使人类受益这一饱受认同的观点。全面了解环境损害所造成的福利损失对于决定弥补临时性损失的补偿措施至关重要。如果信息不够全面的话，会使人们做出错误的决定，使社会遭受损失。经济评估法要发挥一定的作用，在使用资源和服务等价法的同时，要考虑环境损害和补偿性措施所带来的人类福利价值。

4.2 公路项目中的补偿性措施

题目：公路项目实施补偿性措施决策记录的审议

作者与应用地点：比利亚罗亚、普伊赫（2010），西班牙

（1）内容概览：西班牙环境影响评价规则审核的公路项目决策记录 1 300 多份，都于 2006—2007 年向公众公布。研究这些档案是为了探索环境补偿确立的机制，目标是确定西班牙利用环境影响评价是否能起到保护环境资源基础的作用。因为西班牙环境影响评价关注的是那些允许净损失的污染地治理，那环境影响评价中采取的生态补偿就足以像人们期待的那样可以长久地避免环境资源基础的净损失吗？

（2）案例描述：有必要用规章制度来促进环境补偿实践，不过规章制度也有缺点，它不会考虑实际的实施问题。因此，本案例研究的重点就是考察西班牙环境影响评价决策记录中是否把环境补偿纳入以预防环境资源基础的净损失的产生。为了回答这一问题，本案例共对 2006—2007 年的 1 302 个项目（公路项目）的环境影响评价程序进行了复审。这 1 302 个公路项目种类广泛，包括一般性基础设施（如农场、采石场、大坝等）、铁路基础设施、公路等。分别从不同地区的每种项目中各随机抽查一些项目，至多 10 个（可能的情况下，每年各 5 个）。一旦选定了公路项目，那相关的环境补偿的参考文献和术语就需要收集。因此，根据补偿措施的不同，公路项目可以分为三个类别：①无补偿措施（“No CM”类别）：这些公路项目根本就未提及环境补偿的问题；②未指明的补偿措施（“Unspecified CM”种类）：这些公路项目虽然提到了环境补偿措施，但是并未具体描述；③明确补偿措施（“Specific CM”种类）：这些公路项目明确并详细描述了项目实施过程中将要采取的补偿措施。

（3）结果：在这 1 302 个公路项目中，只有 407 个（占 31%）项目提到了环境补偿，仅有 117 个（占 9%）描述了项目所采取的补偿措施。公路和铁路项目所产生的剩余环境影响是不言自喻、不可避免的，数据显示这两类项目未提及环境补偿的原因不是因为项目实施是可持续的，而是因为人们以为环境影响评价允许环境资源基础产生净损失。在不同的地区，上述三个类别（无补偿措施类别、未指明补偿类别、明确补偿类别）的项目的所占比例大不相同。出乎意料的是，这种差别跟每个地区有关环境补偿制度的发展程度是不一致的。公路项目环境补偿的实施方式各不相同，标准也是千差万别。如果在某个地区，某一年的某类项目对环境补偿描述的非常具体，那么该地区这一年的同类的项目也应该对环境补偿做出具体的规定，然而事实并非如此，这些同类的项目根本就没有提及环境补偿的问题。

有 24 个公路项目对其所采取的环境补偿措施都有不同程度的提及，本例对这 24 个项目进行了详细的研究。这些项目中所提及的补偿措施包括补偿措施的一般特点。例如，当公路项目需要占用林地或灌木地时，补偿措施就是营造一片新的林地或灌木地；对于那些被损害的特殊保护区域的补偿措施就是建立一个新的比原来面积增加一半的特殊保护地；对于受损害的乌灰鹞（马戏团乌灰鹞）繁殖区的补偿措施是通过付费让一些已选定的乌灰鹞繁殖区的种植者先不要收割繁殖区内的粮食作物。

在公路项目中，“补偿性的”和“补偿”两个词混用，非常混乱，有时其所谓的补

偿性措施甚至就是指缓解措施。公路项目中描述的补偿措施差别巨大，每个项目对补偿性的措施描述的细节都各不相同。这些描述都没有遵循一定的模式。例如，在一些项目中，把“重新造林”这一补偿性措施描述成“补偿性的重新造林”，之后并未给出具体的细节描述。其他一些项目具体描述了再造林的面积和所选的树种。补偿性措施的实施过程在不同的地区甚至同一地区也是不相同的。因此，同一补偿性措施在不同地区产生的影响也不尽相同。

（4）结论：环境补偿应该以避免出现环境资源基础净损失的方式来弥补人类发展所产生的环境影响，而不应只是偿付资源消耗。用“生态补偿”代替“环境补偿”也是为了强调这一点，因为环境补偿有时是指用钱来补偿环境资源基础的消耗。“生态补偿”这个词也很好地反驳了这一观点——在可持续的环境影响评价中，“人类创造的资本”可以用来代替或者补偿“自然资本”的损失。

生态补偿可以理解为采取一系列的措施来代替这些确定受到损害或丧失的生态环境、生态价值和相关的功能，即使之前已采取了措施来弥补基础设施建设带来的损失，这些补偿也属于生态补偿。从理论上说，生态补偿可以是受损害地区的生态改善，也可以是建立全新的与原来的相同或相似的生态环境。缓解措施（最大程度减小、扭转、减小基础设施建设造成的负面影响）与生态补偿（一般是指在另外一个地方建立一个新的生态环境）这两个概念要加以区分。

尽管采取了所有可能的缓解措施，环境影响评价管理中的大部分项目最终都会产生自然资源基础的损耗。新的道路、大坝、铁路或者城市发展所产生的影响是无法扭转、无法复原的。不过，如果环境影响评价实践认为它们应减少这些项目带来的环境危害，使项目变得更加可持续的话，那决策者是不会拒绝这些项目的。在环境影响评价的框架内，环境补偿已经成为预防环境价值净损失的工具。但是，环境补偿到底能挽回或恢复多少环境价值的流失。这个问题有待进一步讨论。

4.3 受煤矿影响的地貌的环境责任

题目：使用多种度量单位（包括植被覆盖率、生物多样性、温度等）来记录不同层面生态功能的损失并且用等值分析来计算环境责任

作者与应用地点：博哈克（2008），捷克共和国

（1）内容概览：捷克共和国的煤矿造成了较大的环境损害，包括对物种、生境和地貌的负面影响。生态功能和服务也受到了损害。利用可获得的土地修复项目的数据和等值分析方法计算环境责任。着重评估了生物多样性的数据。研究显示在描述生态服务损失时，不同的度量单位对环境责任的描述效果是不同的。

（2）案例描述：位于捷克共和国波西米亚北部和西部的露天采矿项目毁坏了几百平方千米的地貌，导致该区域植被的整体破坏以及水循环的崩溃。土地挖掘和表层土的覆

盖造成了地表植被的毁灭。水管代替了天然水道，由人工确定其流向。湿地已变干，大量的湿地变成了露天煤矿或是用来存放地表土，这些土一般都是黏土、劣质煤和硫化铁矿的混合物。煤矿不仅改变了当地的水质，同时还产生了其他的环境影响，如植被面积大量减少，植物、无脊椎动物、爬行类动物、鸟类及鱼类的多样性严重下降。生态和地貌层面的变化包括土地、湿地和开放水域生态环境的消失，这些地貌承载很多物种，其中有些是濒危物种。

煤矿造成的环境影响也包括生态功能的缺失，如它改变了水循环，降低了土壤的持水能力，减少了微生物活动和垃圾处理能力，改变了温度状况。因此，受影响的服务包括生境服务，动植物生物多样性的减少，以及一些生态服务，如水循环、分解、热动态等。可能受影响的相关人类服务包括农业、林业、审美价值以及休闲型、商业性、生计型的打猎和捕鱼。

根据捷克的法律，开采结束后，采矿公司必须要对矿区的林业和农业进行修复。在1989年以前农业修复非常盛行，之后林业修复更加常见。其他一些修复方式包括修建道路，湖泊、溪流和湿地的水源管理，基础设施建设等。

本案例的研究目的是将利普顿等（2008年）描述的等值方法应用于一个假设的环境损害案例——10 hm^2 的橡树林和 10 hm^2 的湿地受到了破坏。接下来的预设场景包括预估环境损害开始的年份、基础修复及其修复的面积。这些暴露的环境损害按其所占基线区域的百分比来计算。初级修复的效益用线性恢复期和恢复程度来计算。根据不同的修复方式，恢复的周期从5年到35年，恢复面积从10%到100%。

（3）结果：采矿前的基础情况是根据早期的绘图研究并参考附近地区的情况来确定的。由煤矿开采造成的环境损害包括以下几方面：地表植被覆盖率由65%～70%下降到大约20%，根据分类群（植被、鸟类、两栖动物、无脊椎动物-陆地甲壳虫的相对数量）研究，动植物的生物多样性下降到了参照地区的45%～90%，改变了生态功能，如改变了土壤的热动态（例如，无植被覆盖的采矿区的日地表平均温度会扩大两倍，日温波动会扩大6倍）。采取的修复方式包括以下几方面：①自然恢复——不采取任何行动；②把旱地改造成农业用地——采取限制性种植将其改造成草地；③把旱地改造成森林——用当地树种进行森林复原；④将受损的湿地改造成农业用地——发展旱地农业；⑤将受损的湿地改造成功能性湿地——以挖掘和湿地植物再种植的方式建成自然湿地。

修复措施的效益评估显示：尽管修复地区不能发挥原来的生态功能，但是效果还是不错的，湿地恢复相对比较迅速，旱地农业的改造也非常成功。但是，从植被覆盖、热幅、土壤湿度等衡量指标来看林地的修复并未取得预期的效果。因此，初级修复措施没能完全把受损的区域恢复到基线情况。

按照每年每公顷生态系统服务价值贴现值（DSHaY）来计算，以评估橡树林和湿地的环境损失。初级的损害情况下的计算值分别是479 DSHaY 和457 DSHaY，初级修复后残留损害情况下的计算值分别是434 DSHaY 和351 DSHaY（这些数字是按无脊椎动物的多样性为指标来衡量的)。因此，需要采取补充性或补偿性措施来弥补剩余损害。

对林地来说，先农业后林业的修复方式较为有效，然而对湿地来说，直接修复或湿地再造是最有效的方式。假设采取了修复措施后，每公顷的修复林地（农业用地+复原的林地）会产生 15.0 DSHaY 的收益，每公顷的湿地会产生 15.2 DSHaY 的收益。每种度量标准要求的修复面积总量是根据这些修复方式的单位收益对剩余影响进行分配的。按照捷克的人工费率来看，对湿地和林地的修复费用分别是 7 000 欧元/ hm^2 和 45 000 欧元/hm^2。

（4）结论：捷克共和国西北部的历史采矿造成了较大的环境损害，包括对物种、地形、地貌的不利影响以及该地区生态功能的损害。等值分析显示植被覆盖率在测量生态服务缺失方面是个不太灵敏的指标，然而研究证实生物多样性的变化是很有效的测量指标。不过，在评估生物多样性数据时需要着重注意以下几方面：在观察受采矿影响区域的物种数量时不考虑：①物种丰度或生物量；②物种是否有抗污染能力；③受影响的生态区是否完全支持这些物种的需求或观察的物种对象是季节迁徙的物种；④与自然林区相比，这些植被稀疏区域的物种的捕获概率增加。尽管生物多样性指标存在瑕疵，但是它依然是等值计算中衡量地区和物种损害程度的有效指标。

4.4 在保护地内建立机场设施的环境补偿

题目：修复措施的生态失灵

作者与应用地点：威达利·R、S. 瑙曼、I. 布劳尔（2008），德国

（1）内容概览：该案例描述了根据《欧盟栖地指令》第 6 条第 4 款的规定对德国米尔勃格湖保护地的环境损害进行修复的决策和实施过程的评估。本案例研究考虑了一个很重要的不确定性：预计修复措施的失灵，换句话说，尽管修复措施是经过深思熟虑的，但它依然没能提供其原有的资源或服务，究其原因就是人工创造的系统无法代替自然生态系统。

（2）案例描述：在未开发之前，占地 675 hm^2 的米尔勃格湖是易北河的潮汐平原。因为该区域是重要的野生动物聚集区，尤其是一些候鸟类和鱼类，在 1992 年这片区域被列入国际重要湿地名录，并且被《欧盟鸟类指令》划为特殊保护区域。此外，在 1997 年根据《欧盟栖地指令》该区域又被划为社区重要区域。

20 世纪 90 年代晚期，空中客车公司正在为其空客 A380 的生产地选址。根据汉堡的计划（现有空客厂区的扩建），厂区需占用 171 hm^2 的米尔勃格湖保护地。考虑到该项目实施后所带来的可观的公共利益以及该区域的特殊性，项目的最终决定权就落在了欧盟身上。尽管该项目对 2000 年 4 月的欧盟自然保护区网络（Nature 2000）产生了负面影响，欧盟依然投了赞成票。2001 年年初期的时候，扩建工程和按照《欧盟栖地指令》第 6 条第 4 款采取的修复措施同时开工。

（3）结果：空中客车的厂区扩建项目如期完工，然而受德国和欧洲法律保护的 171 hm^2 的潮汐和泥滩的修复却远没有完工。修复过程中遇到了很多困难，每种措施都面临不同的挑战。米尔勃格湖的生态修复要求在同一地区建立与受影响区域同样大小的生态区，也就是说要在易北河低谷地区重建一个 171 hm^2 的潮汐和滩涂地。空客扩建选在了德国汉堡，然而事实上所有修复重建的地区（哈洪费森特岛和哈萨尔多福马希）却不在汉堡（汉堡地理面积非常小）。

哈洪费森特岛（Hahnöfersand）这项修复措施的目标是把易北河流域的岛上的两片农业用地改造成淡水潮汐滩涂。在该修复措施完工两年后，100 hm^2 的淡水潮汐滩涂生态系统足以承载 1 000 只北方琵嘴鸭和绿翅鸭。根据“计划申报”，修复措施提升了受影响区域的价值。

哈萨尔多福马希（Haseldorfer Marsch）修复项目建成后可承载大量的草原鸟类，包括一些世界范围内濒危物种，如长脚秧鸡。此修复项目的两个重要方面是：①建设防洪堤使防洪堤后面的潮汐地得以复原；②增加潮汐效应对周围地区的影响。通过这两方面的努力，会建成总面积约 55 hm^2 的河口区、淡水潮汐滩涂区、浅水区，这就符合了欧盟 Nature 2000 的要求。哈萨尔多福马希这项修复措施会增加该区域的生态价值。

根据 2005—2006 年的数据显示，哈洪费森特岛这项修复措施所承载的琵嘴鸭的数量只有 50 只，远远低于规划报告中预计的 1 000 只。修复措施失灵的原因是该地区的水文状况。在修复措施实施前，专家就已经发出警告称：易北河流域的个别河段不适合建潮滩，这些地段的淤泥会在自然状态下快速堆积。

反对空客扩建的势力采取了不同的办法来阻止扩建项目以及相应的修复措施，其中一项行动就是对哈萨尔多福马希的修复提出了诉讼。2002 年年初，法庭制止了修复工程，2006 年 9 月，法庭又重新允许修复工程的继续，其依据是此前并没有有效的论据证明修复措施可以提升这一地区的生态价值。原有的生态保护标准无法有效证明修复措施对这一地区物种构成情况带来的影响是什么性质的。尤其是在考虑到是扩建工程摧毁了该地区的生态环境的时候，那一论据——建立江口栖息地这一修复措施虽然违法但是它符合了欧盟 Nature 2000 的要求，就变得苍白无力。

很明显，米尔勃勒湖地区的环境补偿措施失败的罪魁祸首是体制和管理问题。另外，此次修复工程失败的一个主要原因是《补救措施第三部分》的问题，即决定和量化修复措施的效益。因此，米尔勃勒湖地区修复工程的失败跟人们对修复方法的认识与评估有很大关系。虽然人们无法确定制定修复措施过程中的哪一环节出了问题，但是失败着实是由相关的负责部门造成的。

（4）结论：本案例研究提出了影响修复效果的两个不确定因素。技术上的不确定性关乎人们是否可取得预期效果（因为生态系统和修复措施本身的复杂性）。社会或体制的不确定性会导致利益相关方的反对、合法性受到质疑、政治压力、公众舆论等。

在计算过程中使用补偿系数可以解决技术不确定性的问题，如可以调整预计的效益。通过提供宽泛的修复措施来适应不确定性可以弥补任何无法预计的负面影响。社会不确定性很有可能会导致修复措施的落空。如果在一个案例中出现了重大的社会不确定性因素的话（如利益相关方的反对），那么负责设计和实施修复措施的一方就需要考虑更换方案。在这种情况下，如果在实施过程中受到了阻挠（如受到了政府或法院的阻挠），那么修复措施仍然可以在合理的时间范围内完工，这就会减少暂时性损失、形象损失以及诉讼的可能性。

重要的一点就是利益相关方充分参与修复措施的设计以及监测政府和社会对修复措施的反响能降低技术和社会的不确定性。充分考虑利益相关方和一些非技术性因素，以及在修复措施制定过程中对这些问题进行考量和应对可以有助于：①降低技术和社会的不确定性；②增加修复措施成功的可能性；③如果修复措施被迫停止，如遭到了法院的反对，可以找到备选方案。

5 经验教训及对我国的建议

《环境责任指令》自2004年实施以来，在慢条斯理地进行着，因此主管当局（匿名，2011）跟踪的案例数量非常有限。欧盟在实施《环境责任指令》时所取得的经验概括如下：①《环境责任指令》需要掌握环境资源为人类提供生态服务的相关数据，然而这类数据的可获得性很差。因此，需要改善对生态服务的整体性评估。②一些技术要求难度很大，如针对受保护物种和地区的环境损害的经济评估。因此，需要根据国际经验开发新的技术和方法。③由于缺乏历史数据，很难确定基线情况。在将来，要避免这一问题就需要建立生态和物种多样性基础数据监测和评估项目。④海洋环境覆盖不够全面。

除上述经验外，以下几点建议是针对我国当地情况而提出的：

（1）尽管民主原则已经得到了认同，但是我国的政治治理仍高度集中，公共参与决策十分有限。体制不完善、腐败问题、缺乏经验、公众民主意识淡薄等因素都是问题产生的主要根源。因此，我国需要下放权力，实行国际认同的民主原则以促进公众的参与和合作，这些都是完善体制、打击腐败、能力建设的必要条件。

（2）因土地利用不合理造成的荒漠化、水土流失、土地退化继续威胁着农村人口的生活。现有的政策和制度框架无法解决这些问题，更重要的是影响了环境补偿措施的实施。土地管理部门须明确各级责任人所扮演的角色，承担的责任。土地使用方应在专业人员的领导下实行自主管理，同时还要扩大与其他利益相关方的合作意愿，包括其他部门的利益相关方。此外，还需要加强监督。

（3）经济改革使经济稳定发展，国内生产总值大幅上升，但是贫穷和福利的缺失问题在农村地区依然很突出。如果不提高农村地区的生活水平，这些新增人口会使土地集约化需求不断增长，这又会影响珍贵的环境资源。推进经济改革和贸易自由化，同时保护弱势群体是确保经济长期发展、自然资源可持续利用、发展公众参与文化的必要条件。

参考文献

Anonymous. 2011. Stakeholder & Practitioner Workshop Implementation of the ELD in the EU. http：//ec.europa.eu/environment/legal/liability/workshop081111.htm.

Bohac J. 2008. Chronic Mining Pollution，Czech Republic. Deliverable No. 12，REMEDE project.http：// www. envliability.eu/docs/D12CaseStudies/D12_REMEDE_mining_Czech_Oct%2008.pdf.

Cole S. 2010. Environmental compensation using Resource Equivalency Analysis（REA）and Habitat Equivalency Analysis（HEA）：is it just for the birds？ Umeå：Sveriges lantbruksuniv. ISBN 978-9186197-78-0.

Comunidad Autónoma de Andalucía. 2007. Ley 7/2007，de Gestión Integrada de la Calidad Ambiental. http：//www.boe.es/boe/dias/2007/08/09/pdfs/A34118-34169.pdf.

Comunidad Autónoma de Aragón. 2006. Ley 7/2006，de 22 de junio，de protección ambiental de Aragón. http：//www.boe.es/ccaa/boa/2006/081/d09819-09854.pdf.

Comunidad Autónoma de las Illes Balears. 2006. Ley 11/2006，de 14 de septiembre，de evaluaciones de impacto ambiental y evaluaciones ambientales estratégicas en las Illes Balears. http：//www.boe.es/boe/dias/2006/10/13/pdfs/A35382-35405.pdf.

Comunidad Autónoma de Madrid. 2002. Ley 2/2002，de 19 de junio，de Evaluación Ambiental de la Comunidad de Madrid. http：//www.boe.es/boe/dias/2002/07/24/pdfs/A27195-27220.pdf.

Comunidad Foral de Navarra. 1990. Ley Foral 13/1990，de 31 de diciembre，de protección y desarrollo del Patrimonio Forestal de Navarra. http：//www.boe.es/boe/dias/1991/03/22/pdfs/A09073-09080.pdf.

Comunidad Foral de Navarra. 2006. Decreto Foral 93/2006，de 28 de diciembre，por el que se aprueba el Reglamento de desarrollo de la Ley Foral 4/2005，de 22 de marzo，de Intervención para la Protección Ambiental. http：//www.lexnavarra.navarra.es/detalle.asp？r=5485.

Consejería de Economía y Trabajo de Extremadura. 2004. Decreto 47/2004，de 20 de abril，por el que se dictan Normas de Carácter Técnico de adecuación de las líneas eléctricas para la protección del medio ambiente en Extremadura. http：//doe.juntaex.es/pdfs/doe/2004/480O/04040050.pdf.

Defra. 2011a. Guiding principles for biodiversity offsetting. http：//archive.defra.gov.uk/environment/biodiversity/offsetting/documents/110714offsetting-guiding-principles.pdf.

Defra. 2011b. Summary of responses to discussion material on biodiversity offsetting. http：//archive.defra.gov.uk/environment/biodiversity/offsetting/documents/110714offsetting-discuss-response.pdf.

Defra. 2011c. Summary of the Options Impact Assessment for biodiversity offsetting. http：//archive.defra.gov.uk/environment/biodiversity/offsetting/documents/110714offsetting-technical-oia-summary.pdf.

Defra. 2012a：Biodiversity Offsetting. http：//www.defra.gov.uk/environment/natural/biodiversity/uk/offsetting/（accessed 6 June 2012）.

Defra. 2012b. Guidance for developers. http：//www.defra.gov.uk/publications/files/pb13743- bio-guide-developers.pdf.

Defra. 2012c. Guidance for offset providers. http：//www.defra.gov.uk/publications/files/pb13742-bio-guide-offset-providers.pdf.

Defra. 2012d. Appendix 1 to the Guidance for offset providers and developers – Distinctiveness Bands for the Biodiversity Offsetting Pilot. http ： //archive.defra.gov.uk/environment/biodiversity/offsetting/documents/1204-bio-offset-pilot-appendix.pdf.

Defra. 2012e. The metric for the biodiversity offsetting pilot in England. http ： //www.defra.gov.uk/publications/files/pb13745-bio-technical-paper.pdf.

Defra. 2012f. Information note for local authorities. http ： //www.defra.gov.uk/publications/files/pb13744-bio-local-authority-info-note.pdf.

Departamento de Ordenación del Territorio y Medio Ambiente del País Vasco，2003. Decreto 183/2003，de 22 de julio，por el que se regula el procedimiento de evaluación conjunta de impacto ambiental. http：//www.euskadi.net/cgi-bin_k54/bopv_20？c&f=20030904&a=200304936.

Directive 1979/409/EEC Birds and amending acts [Directive 81/854/EEC；Directive 91/244/EEC；Directive 94/24/EC；Directive 97/49/EC；Regulation（EC）No 806/2003；Directive 2006/105/EC]. http：//ec.europa.eu/environment/nature/legislation/birdsdirective/index_en.htm.

Directive 1985/337/EEC Impact Assessment（EIA）and amending acts [97/11/EC；2003/35/EC；2009/31/EC；all codified by Directive 2011/92/EU]. http：//ec.europa.eu/environment/eia/eia-legalcontext.htm.

Directive 1990/219/EEC Genetically modified micro-organisms contained use and amending acts [Directive 98/81/EC；Directive 2001/204/EC；Regulation（EC）No 1882/2003；Directive 2005/174/EC].

Directive 1992/43/EEC Habitats and amending acts [Directive 97/62/EC；Regulation（EC）No 1882/2003；Directive 2006/105/EC]. http ： //ec.europa.eu/environment/nature/legislation/habitatsdirective/index_en.htm.

Directive 1996/61/EC Integrated Pollution Prevention and Control（IPPC Directive）. http：//ec.europa.eu/environment/air/pollutants/stationary/ippc/index.htm.

Directive 1997/11/EC amending Directive 85/337/EEC on the assessment of the effects of certain public and private projects on the environment [Environmental Impact Assessment（EIA）].

Directive 2000/60/EC Water Framework and amending acts（Decision 2455/2001/EC；Directive 2008/32/EC；Directive 2009/31/EC）. http：//ec.europa.eu/environment/water/water-framework/index_en.html.

Directive 2001/18/EC Genetically modified organisms（GMOs）deliberate release and amending acts [Regulation（EC）No 1829/2003；Regulation（EC）No 1830/2003；Directive 2008/27/EC] Directive 2001/42/EC Assessment of the effects of certain plans and programs on the environment [（Strategic Environmental Assessment（SEA）]. http：//ec.europa.eu/environment/eia/sea-legalcontext.htm.

Directive 2003/35/EC Public participation in respect of the drawing up of certain plans and programmes relating to the environment and amending act Directives 85/337/EEC and 96/61/EC Directive 2003/105/EC Control of Major-Accident Hazards Involving Dangerous Substances（Seveso II Directive）and amending act（96/82/EC）. http：//ec.europa.eu/environment/seveso/legislation.htm.

Directive 2004/35/EC Environmental Liability（adoption co-decision COD/2002/0021）and amending act Directive 2006/21/EC. http：//ec.europa.eu/environment/legal/liability/index.htm Directive 2008/99/EC on the protection of the environment through criminal law control. http：//ec.europa.eu/environment/legal/crime/index.htm.

Directive 2008/1/EC Integrated pollution prevention and control.

Directive 2009/31/EC Geological storage of carbon dioxide and amending acts [Directives 85/337/EEC；2000/60/EC；2001/80/EC；2004/35/EC；2006/12/EC；2008/1/EC；Regulation（EC）No 1013/2006]. http：//ec.europa.eu/clima/policies/lowcarbon/ccs/directive/index_en.htm.

Directive 2011/92/EUb Assessment of the effects of certain public and private projects on the environment.

EU Environmental Liability Directive Practice Exchange. 2012. An Interactive Website for Diverse Professionals Working on the EU Environmental Liability Directive and Related Directives and Practice Issues. http：//www.eueldpracticeexchange.com/index.htm （accessed 06 June 2012）

European Commission. 2007. Guidance document on article 6（4）of the Habitats Directive（2007）：http：//ec.europa.eu/environment/nature/natura2000/management/docs/art6/guidance_art6_4_en.pdf.

European Commission. 2010. Report from the Commission to the Council，the European Parliament，the European Economic and Social Committee and the Committee of the regions under Article 14（2）of Directive 2004/35/CE on the environmental liability with regard to the prevention and remedying of environmental damage. http：//eur-lex.europa.eu/LexUriServ/LexUriServ.do？uri=CELEX：52010DC0581：EN：NOT or http：//ec.europa.eu/environment/legal/liability/pdf/com_2010_0581.pdf.

European Commission website. 2012. Management of Natura 2000 sites：Guidance. http：//ec.europa.eu/environment/nature/natura2000/management/guidance_en.htm.

European Environmental Bureau. 2012. Environmental Liability. http：//www.eeb.org/index.cfm/activities/governance-tools/enforcement/environmental-liability/ （accessed 06 June 2012）.

GHK. 2011. Costing potential actions to offset the impact of development on biodiversity including Annexes. http：//archive.defra.gov.uk/environment/biodiversity/offsetting/documents/110714offsetting- technical-costing-potential.pdf and http：//archive.defra.gov.uk/environment/biodiversity/offsetting/ documents/110714offsetting-technical-costing-potential-annex.pdf.

Hinteregger M. 2008. Environmental Liability and Ecological Damage In European Law（The Common Core of European Private Law）. Cambridge University Press. ISBN-10：0521889979. p. 760.

LeJeune K，Lipton J J. 2007. Review Report on Resource Equivalence Methods and Applications in the US，Resource Equivalency Methods for Assessing Environmental Damage in the EU（REMEDE）. Deliverable No. 6a，REMEDE project. http：//www.envliability.eu/docs/REReviewUS_ D6A_Stratus_

FINAL.pdf.

Lipton J，LeJeune K，Calewaert J B，et al. 2008. Toolkit for performing resource equivalency analysis to assess and scale environmental damage in the European Union，and Annexes. REMEDE project. http：//www.envliability.eu/docs/D13MainToolkit_and_Annexes/REMEDE_D13_Toolkit_310708.pdf and http：//www.envliability.eu/docs/D13MainToolkit_and_Annexes/D13_All%20Toolkit%20Annexes_July%202008.pdf.

Lipton J，Ozdemiroglu E，Chapman D J. 2012. Equivalency Methods for Environmental Liability in the European Union Assessing Damage and Compensation under the Environmental Liability Directive. ISBN 978-90-481-9811-5，Due：May 31，2012.

Longo A. 2005. Choice Modeling and Conjoint Analysis. In：Melichar J. & I. Hoenigova（eds.）. Ocenovani zivotniho prostredi，pp. 73-81. Centrum pro otazky zivotniho prostredi Univerzity Karlovy. Praha. http：//www.czp.cuni.cz/czp/images/stories/Vystupy/publikace/2005/sbornik%202005%20LS%20J izerky.pdf.

Melichar J，Scastny M. 2005. Introduction to non-market valuation methods and critical review of their application in the Czech Republic. In：Melichar J. & I. Hoenigova（eds.）. Ocenovani zivotniho prostredi，pp. 1-72. Centrum pro otazky zivotniho prostredi Univerzity Karlovy. Praha. http：//www.czp.cuni.cz/czp/images/stories/Vystupy/publikace/2005/sbornik%202005%20LS%20J izerky.pdf.

Ministerio de Medio Ambiente. 2008. Real Decreto Legislativo 1/2008，de 11 de enero，por el que se aprueba el texto refundido de la Ley de Evaluación de Impacto Ambiental de proyectos. http：//www.boe.es/boe/dias/2008/01/26/pdfs/A04986-05000.pdf.

Ministerio de Obras Públicas y Urbanismo. 1988. Real Decreto 1131/1988 de 30 de septiembre，por el que se aprueba el Reglamento para la ejecución del Real Decreto Legislativo 1302/1986，de 28 de junio，de Evaluación de Impacto Ambiental. http：//www.boe.es/boe/dias/1988/10/05/pdfs/A28911-28916.pdf.

Martin-Ortega J，Brouwer R，Aiking H. 2011. Application of a value-based equivalency method to asses environmental damage compensation under the European Environmental Liability Law. Journal of Environmental Management 92：1461–1470. http：//www.sciencedirect.com/science/article/pii/S0301479710004421.

Ozdemiroglu E. 2008. Primary，complementary and compensatory remediation actions – economic evaluation and tools. Power Point presentation http：//ec.europa.eu/environment/legal/liability/pdf/workshop/pres_Ozdemiroglu.pdf.

Presidència de la Generalitat de Catalunya，1988. Decreto 114/1988，de 7 de abril，de evaluación de impacto ambiental. http：//www.miliarium.com/Paginas/Leyes/eia/ccaa/Catalunya/decreto114-88.asp.

Proposal COM. 2006. 232 Soil protection thematic strategy.

REMEDE website. 2008. Publications. http：//www.envliability.eu/pages/publications.htm.

Treweek J. 2009. Scoping study for the design and use of biodiversity offsets in an English Context. http：//archive.defra.gov.uk/evidence/economics/foodfarm/reports/documents/BiodiversityOffse ts12May2009.pdf.

Vicha O. 2008. Zakon o predcahazeni a naprave ekologicke ekologicke ujmy z pohledu ochrany prirody [The Act On prevention of environmental damage and its remedying from a point of view of nature conservation – in Czech]. Ochrana prirody. http：//www.casopis.ochranaprirody.cz/Pravo-v-ochrane - prirody/zakon-o-predchazeni-a-naprave- ekologicke-ujmy-z-pohledu-ochrany-prirody.html.

Vidaurre R，Naumann S，Bräuer I. 2008. Compensation for Development of the Airbus Facility within the Mühlenberger Loch/Germany. Deliverable No. 12，REMEDE project. http：//www.envliability.eu/docs/D12CaseStudies/D12_REMEDE_Airbus%20facility_Oct%2008.pdf.

Villarroya A，Puig J. 2010. Ecological compensation and environmental impact assessment in Spain. Environmental Impact Assessment Review 30：357–362 http：//www.sciencedirect.com/science/article/pii/S0195925509001425#bib23.

Vyskot I. 2003. Quantification and evaluation of forest functions on the example of the Czech Republic. Ministry of Environment of the Czech Republic. http：//www.mzp.cz/osv/ edice.nsf/2A53D862A433F9A0C12570F200559D65/$file/English.pdf European Communities Council. 1992. Council Directive 92/43/EEC of 21 May 1992 on the Conservation of Natural Habitats and of Wild Fauna and Flora. Official Journal L 206：7-50.

Directive 2004/35/EC of the European Parliament and of the Council of 21 April 2004 on environmental liability with regard to the prevention and remedying of environmental damage http：//eur-lex.europa.eu/LexUriServ/LexUriServ.do？uri=OJ：L：2004：143：0056：0075：EN：PDF Directive 2006/21/EC of the European Parliament and of the Council of 15 March 2006 on the management of waste from extractive industries and amending Directive 2004/35/EC - Statement by the European Parliament，the Council and the Commission http：//eur-lex.europa.eu/LexUriServ/LexUriServ.do？uri=OJ：L：2006：102：0015：0033：EN：PDF.

Proposal for a European Parliament and Council Directive of 22 September 2006 setting out a framework for soil protection and amending Council Directive 2004/35/EC. Commission Communication of 22 September 2006 entitled Thematic strategy for soil protection [COM（2006）231 final - Not published in the Official Journal].

Directive 2000/60/EC of the European Parliament and of the Council of 23 October 2000 establishing a framework for Community action in the field of water policy [See amending acts] Equivalency Methods for Environmental Liability in the European Union Assessing Damage and Compensation under the Environmental Liability Directive. Lipton，Joshua；Ozdemiroglu，Ece；Chapman，David J.（Eds.），2012，V，320 p. 30 illus.，Hardcover，ISBN 978-90-481-9811-5，Due：May 31，2012.

Cole Scott. 2010. Environmental compensation using Resource Equivalency Analysis（REA）and Habitat Equivalency Analysis（HEA）：is it just for the birds？ Umeå：Sveriges lantbruksuniv. ISBN 978-9186197-78-0.

第四篇　我国环境司法现状评估及政策建议*

环境司法是实现环境法治的最终保障。总体上看，近年来我国环境司法工作取得了长足的进展，环保法庭、环境公益诉讼等新鲜事物从无到有建立起来，进一步增强了环境司法在解决环境纠纷中的效力。然而，由于一些内部和外部的制约因素，目前的环境司法还远远未能符合社会公众的预期，未能严格落实各项立法规定，也未能为环保执法提供充分的保障。

环境民事司法存在的主要问题是：

(1) 环境民事诉讼立案难。法院经常不依法受理环境污染损害赔偿案件，也不依法出具不予受理案件的裁定书，致使环境污染受害人无法获得司法救济。

(2) 无过错责任原则和举证责任倒置规则未得以正确适用。增加了污染受害人的举证难度，致使污染受害人难以获得应有的救济。

(3) 法官在处理环境“私益”诉讼案件时仅仅追求个案的“案结事了”不利于保护环境公益。环境污染侵害的一个重要特征就是会同时侵害私益和公益。当污染直接受害人向法院提起诉讼，要求加害人承担侵权责任时，如果法院仅仅着眼于个案的解决，着眼于对于直接受害人本身的救济，拘泥于“不告不理”原则，置环境公益于不顾，不利于环境问题的最优化解决。

环境行政司法存在的主要问题是：

(1) 环境行政诉讼立案难。由于各种原因，大量符合行政诉讼审理条件的案件法院不予受理。

(2) 环境行政诉讼中法院“偏袒”政府部门的倾向比较明显。据统计，行政诉讼的上诉率是最高的，申请再审率也是最高的，大概是民事和刑事的 6 倍和 8 倍，有一些地方甚至出现了行政案件件件上诉。

(3) 对环保部门申请强制执行不甚积极。致使环保部门做出的处罚（主要是罚款）决定往往无法实际履行，降低了环境执法的威慑力。

(4) 对公众程序性环境权利的司法救济保护不够。目前我国司法机关对环境知情权受到侵害的救济相对而言比较完善，但对于公众程序性参与权受到侵害的救济非常有限。

---

* 执笔人：严厚福（北京师范大学法学院）。

环境刑事司法存在的主要问题是：

(1) 2013 年“两高”颁布新的司法解释前大量涉嫌污染环境犯罪的案件未被追究刑事责任。

(2) 对危害环境犯罪适用的刑事责任过轻。虽然都做了有罪判决，但量刑普遍较轻，且大多使用缓刑和罚金。

环保法庭存在的主要问题是：

(1) 基层人民法院设立环保法庭于法无据。《人民法院组织法》和其他法律并未授权基层人民法院设立除“刑事审判庭、民事审判庭和经济审判庭”之外的其他法庭。

(2) 按照行政区划设置的环保法庭作用有限。目前我国按照行政区划设置的 399 多家环保法庭基本上面临着案源不足的问题。同时，按照行政区划设置的环保法庭，难以公正、有效地解决普遍存在的跨界环境案件。

(3) “三合一”“四合一”的审判机制无法弥补缺乏专门的环境诉讼机制的遗憾。在“三合一”“四合一”的审判机制下，环保法庭运作的内核还是适用传统的诉讼机制而没有适用专门的环境诉讼机制，难以关照或者兼顾环境诉讼具备的私权与公益交织的问题，可能导致案件处理的偏颇与不妥帖，甚至导致错误。

基于上述问题，本报告提出以下政策建议：

(1) 顶层设计：推动独立公正行使司法权，提升司法公信力。①从人、财、物方面尽量让司法机关摆脱地方政府的影响和控制；②建立领导干部干预司法活动、插手具体案件处理的记录、通报和责任追究制度；③建立跨行政区域的司法机关；④改变以 GDP 为中心的考核指标体系。

(2) 进一步完善涉及环境司法制度的立法或司法解释。①建议立法机关修改《人民法院组织法》，明确在基层人民法院设立环保法庭的法律依据。②建议立法机关制定专门的环境诉讼程序法，或者由最高人民法院出台有关环境诉讼特殊程序规则的司法解释。③为了保障环境行政罚款的执行率，震慑违法者，建议立法赋予环保部门强制执行某个数额以下的罚款的强制执行权。超过这个数额的罚款仍然申请法院强制执行。④建议最高人民法院发布有关先予执行、临时禁令救济的司法解释，明确先予执行、临时救济的适用条件。

(3) 司法机关应当严格遵守法律的要求。①严格适用“立案登记制”的规定。对于不依法立案的违法人员，追究相应的法律责任。②严格适用《侵权责任法》及相关司法解释规定的环境污染侵权案件适用无过错责任和举证责任倒置规则。③依法及时受理、审查和执行环保部门和其他负有环境监督管理职责的部门提交的申请强制执行案件。④严格按照《行政许可法》《环境保护法》《环境影响评价法》及相关法律法规的规定，加强对公众参与权的保护。⑤依法严惩构成危害环境犯罪的行为人，慎用缓刑、轻刑。

(4) 提升司法机关和司法人员环境司法的能力。①环境审判继续走专业化道路，推进环保法庭的制度化建设。②最高人民法院应当定期或不定期发布典型环境司法指导性案例，推广各地行之有效的环境司法经验，促进全国各地的法院统一环境司法尺度。③定期或者不定期请国内外的专家对司法人员，尤其是环保法庭的法官进行环境司法方面的培训，及时学习国内外最新的环境司法理论和实践。④鼓励高校和科研机构环境领域的专家学者担任环境案件的人民陪审员。在条件比较成熟的地方，邀请环境法律专家或者环境科学专家到司法机关去兼职。⑤建立从符合条件的环境法律师、环境法学专家中招录法官制度。

(5) 进一步完善涉及环境司法的配套制度。①健全生态环境污染损害鉴定制度。②健全国家法律援助制度，鼓励律师从事公益性环境法律援助工作，为污染受害人或者提起环境公益诉讼的社会组织提供法律援助。③建立环境污染责任保险制度。④加强司法机关与负有环境保护监督管理职责的部门的联动和协调。⑤为了保障法院的判决能够切实得到执行，可以考虑引进第三方监督判决执行情况制度。⑥加大民间调解或者行政调解力度，减少进入司法程序的环境污染侵害私益诉讼案件数量，尽快解决纠纷并维护受害人的权利。⑦完善环境行政执法与刑事司法衔接制度，加大对环保部门移送涉嫌构成犯罪的案件监督，切实避免环保部门“以罚代刑”。

本篇属于中欧环境治理项目板块三“环境司法”下的研究。本篇的研究目的是对我国当前环境司法的总体状况进行系统评估，识别环境司法发展存在的难点和障碍，提出制度和政策调整和改进的建议。研究重点是：

（1）从环境保护部和最高人民法院需求的角度，总体评估我国环境司法的状况：包括环境诉讼制度的进展、对环境污染受害人的诉权和公众程序性环境权利的保障状况、危害环境犯罪立法和司法实践的进展、环境损害赔偿评估的进展、环境法庭建设、环境律师、环境法官能力建设的进展等；

（2）识别当前环境司法解决环境纠纷、环境犯罪等过程中的难点和障碍，如环境污染侵权诉讼中的立案难问题、公众程序性环境权利的司法救济问题、追究危害环境犯罪的程序问题、环境公益诉讼的成本分担问题、环境损害评估的技术问题、环境法庭审判和执行中的问题等；

（3）根据中欧环境治理项目中央及地方层面项目实践成果，及相关欧盟与国际经验，提出改进环境司法、加强环境司法制度建设、发挥环境司法作用的政策建议等。

1 环境司法的概念界定

随着时代的进步、社会的发展，司法这一概念越来越具有开放性和多层次性，但其核心部分依然是比较确定的，它是指以法院、法官为主体的对各种案件的审判活动。司法以享有司法权为前提，现实中法学界对司法权的范围理解也不尽相同，概括起来主要有4种观点：广义司法权说、中义司法权说、狭义司法权说、最狭义司法权说。本篇采用“最狭义司法权说”，司法权仅指审判权或裁判权，是指法院享有的，对纠纷当事人的事实问题主张和法律问题主张依法进行判断，以维护法的价值的终局性权力。[①]

环境司法，从字面意义上看，是指司法功能在环境保护方面的具体体现和应用，是与环境保护有关的各种司法活动的总称，具体指法院对环境案件的审理和执行。不过，鉴于环境案件相对于一般案件而言具有特殊性，必须充分考虑其特殊性，才能更好地发挥环境司法的功能。

最高人民法院副院长奚晓明指出，环境案件具有公益性、复合性、专业性、恢复性和职权性 5 个主要特点。[②]一是公益性，因为无论是污染环境还是生态破坏行为，其侵害行为往往不是直接作用于人身或者财产，而是首先作用于环境要素，从而破坏生态环境，危害人身财产安全，因此以环境要素为媒介的损害机制以及环境资源本身所具有的公共价值特征，决定了侵害行为的结果必定包含了对环境的损害，也决定了环境案件所具有的公益性。二是复合性，环境案件中的诉讼关系具有复合性，主要表现在环境纠纷可能涉及民事、行政、刑事中的两类或三类关系以及私益诉讼和公益诉讼的交叉。三是

① 胡建淼：《公权力研究——立法权、行政权、司法权》，杭州：浙江大学出版社，2005年版，第367页。

② 奚晓明：《准确把握环境资源审判特点推进审判专门化建设》，载《人民法院报》2014年10月22日第5版。

专业性，对于环境损害行为的认定以及因果关系等专门性问题往往要从专业技术的角度进行鉴定和评判。四是恢复性，环境审判的目标不仅仅是解决当事人之间的纠纷，更要注重对生态环境的恢复，在不能恢复的情况下更应当采取替代性的修复措施。五是职权性，环境案件双方当事人往往存在经济实力和诉讼能力不对等的情况，因此法院应发挥一定的职权主义色彩，促进环境案件审判进程。

习近平总书记在《关于〈中共中央关于全面推进依法治国若干重大问题的决定〉的说明》中指出："司法是维护社会公平正义的最后一道防线。……如果司法这道防线缺乏公信力，社会公正就会受到普遍质疑，社会和谐稳定就难以保障。……公正是法治的生命线；司法公正对社会公正具有重要引领作用，司法不公对社会公正具有致命破坏作用。"

同理，环境司法也是实现环境正义的最终保障。司法公正，对于促进生态文明建设具有极其重要的引领作用；司法不公，就会严重阻碍生态文明建设的开展。

2　我国环境司法的新进展

2.1　总体进展

"中国是一个行政权强大，而司法权比较薄弱的国家，而且，环境司法在整个司法体系中的地位也很低下。但是，这种状况在近十年得到了改变。"[①]进入 21 世纪以来，尤其是党的十八大以来，党中央、国务院、最高人民法院和最高人民检察院高度重视司法在环境保护中的作用。例如，为了贯彻《中共中央关于构建社会主义和谐社会若干重大问题的决定》，2007 年 1 月最高人民法院发布了《关于为构建社会主义和谐社会提供司法保障的若干意见》，要求各级人民法院"妥善审理环境侵权案件，促进人与自然和谐。加大涉及资源、环境方面纠纷案件的审理力度，依法严厉惩处重大环境污染事故、非法采矿、盗伐林木、非法占用农用地、非法捕猎等污染环境、破坏资源的违法犯罪行为，推动社会循环经济体系、资源开发利用补偿机制和生态环境恢复补偿机制的建立和完善。"2010 年 6 月，最高人民法院发布了《关于为加快经济发展方式转变提供司法保障和服务的若干意见》，要求各级人民法院"妥善审理各类环境保护纠纷案件，保障和服务推进节能减排和环境保护。……依法受理环境保护行政部门代表国家提起的环境污染损害赔偿纠纷案件……在环境保护纠纷案件数量较多的法院可以设立环保法庭，实行环境保护案件专业化审判，提高环境保护司法水平。"

2013 年 6 月，最高人民法院与最高人民检察院共同出台了《关于办理环境污染刑事

① 孙佑海：《我国环境法治四十年回顾和建议》，载孙佑海主编：《环境司法理论与实务研究》，北京：人民法院出版社，2014 年版，第 5 页。

案件适用法律若干问题的解释》，加大了惩处污染环境犯罪的力度。2014 年 7 月，最高人民法院正式成立了环境资源审判庭，同时发布了《最高人民法院关于全面加强环境资源审判工作为推进生态文明建设提供有力司法保障的意见》，要求有序推进环境资源司法体制改革，合理设立环境资源专门审判机构，积极探索环境资源刑事、民事、行政案件归口审理，探索建立与行政区划适当分离的环境资源案件管辖制度等。为了加强对环境司法的指导，最高人民法院还公布了涉及环境资源保护的 9 个典型案例。2015 年 1 月，最高人民法院发布了《关于审理环境民事公益诉讼案件适用法律若干问题的解释》。2015 年 5 月，最高人民法院成立了“环境资源司法研究中心”。2015 年 6 月，最高人民法院发布了《关于审理环境侵权责任纠纷案件适用法律若干问题的解释》。

2014 年 10 月，党的十八届四中全会通过了《中共中央关于全面推进依法治国若干重大问题的决定》，升级版“全面推进依法治国”成为治国方略，而“保证公正司法，提高司法公信力”是其中关键的一个环节，“努力让人民群众在每一个司法案件中感受到公平正义”成为衡量司法机关工作绩效的主要标准。“公正司法”当然也包括公正的环境司法。

2.2 环保法庭的成就

进入 21 世纪以来，环境司法最大的成就体现在“环保法庭”的建立及其所进行的各种探索。从 2007 年 11 月贵阳市中级人民法院和清镇市人民法院首次成立真正意义上的“环保法庭”到 2014 年 9 月 16 日，全国已有 20 个省、自治区、直辖市设立了 368 个环境保护法庭、审判庭、合议庭或者巡回法庭。其中基层法院设立的环境资源审判机构多达 291 个，占总数的 79.1%，中级人民法院有 62 个，占 16.8%，高级人民法院有 14 个（包含专门审判庭和合议庭），占 3.8%，最高人民法院设有 1 个。[①]这些“环保法庭”在环境司法领域作了大量的制度创新，推动了我国环境司法的深化与发展。“环境法庭的出现推动了环境法的司法化，不仅增强了环境法的生命力，也是检验环境法律的可行性、实施效果的重要平台。环境法庭的出现也提供了一个环境法制创新的平台，法院针对具体案件所做出的司法能动，丰富了环境的实践，也为环境法理论的发展提供了重要支撑。在环境危机日益加深的年代，环境法庭会产生积极的宣传效应和社会效应，向排污者和环境破坏者传递了国家严格执行环境法的决心，也向全社会表明了国家保护环境和公民环境权益的态度。”[②]

环保法庭这些年，至少在以下几个方面，做出了很多有益的探索。

---

① 高环智：《提高环境司法水平实现环境治理法治化——关于全国环境资源审判机构设置及现状的调研报告》，载《人民法院报》2014 年 12 月 3 日第 8 版。

② 李挚萍：《外国环境司法专门化的经验及挑战》，载《法学杂志》2012 年第 11 期，第 118 页。

2.2.1 推动环境公益诉讼

清镇市人民法院环境保护法庭成立之后审理的第一个案件就是贵阳市人民政府所属“两湖一库”管理局诉天峰化工公司停止排污侵权案。清镇市人民法院环保法庭当庭判决：“被告应在判决生效之日起，立即停止使用尾矿废渣场，停止尾矿废渣场对环境的侵害，并于2008年3月31日前消除对环境的影响。”该案判决确认了行政机构在环境公益诉讼中的原告资格，被评为2007年全国最有影响的公益诉讼案件之一。

此后，我国第一起以环保团体为共同原告的环境民事公益诉讼案和第一起以环保团体为原告的环境行政公益诉讼案先后在无锡中院环保法庭和清镇市人民法院环境保护法庭“破冰”。昆明中院环保法庭成立之后，也审理了被称为云南公益诉讼第一案的“昆明市环保局诉昆明羊甫联合牧业有限公司、昆明三农农牧有限公司污染损害赔偿案”。其他各地的环保法庭也陆续审理了多起环境公益诉讼案件。

为规范环境公益诉讼的顺利展开，贵阳、无锡、昆明、海南等地都出台了一系列规范性文件，如贵阳市中级人民法院、清镇市人民法院共同制定了《关于大力推进环境公益诉讼、促进生态文明建设的实施意见》，无锡市中级人民法院和无锡市人民检察院共同制定了《关于办理环境民事公益诉讼案件的试行规定》，昆明市中级人民法院与昆明市人民检察院联合制定了《关于办理环境民事公益诉讼案件若干问题的意见（试行）》，昆明市人民政府制定了《昆明市环境公益诉讼救济专项资金管理暂行办法》，海南省高级人民法院制定了《关于环境资源民事公益诉讼试点实施意见》，等等。这些先锋性的探索最终促成我国在修订《民事诉讼法》和《环境保护法》时明确规定了环境公益诉讼制度。

目前，我国环境公益诉讼主要是环境民事公益诉讼。在环境民事公益诉讼主体方面，根据《民事诉讼法》《环境保护法》《海洋环境保护法》的规定，“法律规定的机关和相关组织”“依法在设区的市级以上人民政府民政部门登记、专门从事环境保护公益活动连续五年以上且无违法记录的社会组织”“代表国家行使海洋环境监督管理权的部门”可以依法提起环境民事公益诉讼。在实践中，人民法院也曾经受理过由人民政府[①]、环境保护主管部门[②]、检察机关[③]提起的环境民事公益诉讼。

遗憾的是，当前我国环境行政公益诉讼不仅数量少，而且面临着无法可依的状态。2014年11月1日全国人大常委会修订的《行政诉讼法》并未规定环境行政公益诉讼制度。即便学者们长期热议的“检察机关提起行政公益诉讼”，也最终未被新的《行政诉讼法》所采纳。不过，《中共中央关于全面推进依法治国若干重大问题的决定》却明确

① 例如，1999年黑龙江省高级人民法院审理的鸡西市梨树区人民政府诉鸡西市化工局、沈阳冶炼厂环境污染赔偿案。

② 例如，2010年昆明市中级人民法院审理的昆明市环保局诉昆明羊甫联合牧业有限公司和昆明三农农牧有限公司水污染案。

③ 例如，2012年广州市番禺区人民法院审理的番禺区检察院诉广州市番禺新造食品有限公司大气污染案。

提出要“探索建立检察机关提起（行政）公益诉讼制度”，这也算是“柳暗花明又一村”。检察机关是我国的法律监督机关，有权对行政违法行为进行监督，就这个角度而言，检察机关是理想的提起环境行政公益诉讼的主体。正如习近平总书记在《关于〈中共中央关于全面推进依法治国若干重大问题的决定〉的说明》中指出的那样：“在现实生活中，对一些行政机关违法行使职权或者不作为造成对国家和社会公共利益侵害或者有侵害危险的案件，如国有资产保护、国有土地使用权转让、生态环境和资源保护等，由于与公民、法人和其他社会组织没有直接利害关系，使其没有也无法提起公益诉讼，导致违法行政行为缺乏有效司法监督，不利于促进依法行政、严格执法，加强对公共利益的保护。由检察机关提起公益诉讼，有利于优化司法职权配置、完善行政诉讼制度，也有利于推进法治政府建设。”①

2015 年 7 月，全国人大常委会通过了《检察机关提起公益诉讼改革试点方案》，将在全国 13 个省（自治区、直辖市）试点检察机关提起公益诉讼，试点期限为两年。检察机关提起的公益诉讼包括民事公益诉讼和行政公益诉讼。民事公益诉讼的案件范围确定为污染环境、食品药品安全领域侵害众多消费者合法权益等损害社会公共利益的案件。行政公益诉讼的案件范围为生态环境和资源保护、国有资产保护、国有土地使用权出让等领域负有监督管理职责的行政机关违法行使职权或不作为，造成国家和社会公共利益受到侵害的案件。试点期间，重点是对生态环境和资源保护领域的案件提起行政公益诉讼。这标志着党的十八届四中全会决定中提出的“检察机关提起公益诉讼制度”开始进入实际操作阶段。

当然，从长远来看，未来我国的环境行政公益诉讼制度应当向环境民事公益诉讼制度看齐，明确规定有关社会组织也可以提起环境行政公益诉讼。

2.2.2 推动全新的审理模式

传统上，我国各级人民法院内部的民事、行政、刑事庭是各司其职，“互不干涉”的。但由于环境资源审判所涉及的法律领域具有复合性，许多环境资源事件可能同时涉及民事、行政、刑事中的两类或者三类法律关系，而且交织着私益诉讼和公益诉讼，如果仍然按照传统的民事、行政、刑事互相分离的审理模式，不利于有效地处理环境案件。因此，贵阳、无锡、昆明等地成立环保法庭时，均实行民事、行政、刑事审判“三合一”甚至“四合一”（外加“执行”）的模式。例如，根据贵阳中院的指定管辖决定，清镇市人民法院环境保护法庭负责审理贵阳市辖区内包含刑事、民事、行政所有涉及环境保护的一审案件，同时还负责环保案件生效后的执行工作，在全国率先建立起环境保护类案

① 2014 年 12 月，贵州省金沙县人民检察院以金沙县环保局“怠于处罚逾期不缴纳排污费的企业”为由，向集中管辖赤水河流域环境案件的遵义怀仁市人民法院提起行政公益诉讼，请求法院判决环保局对企业进行处罚。收到法院的《应诉通知书》后，金沙县环保局对涉事污染企业做出行政处罚决定。金沙县人民检察院认为，行政公益诉讼目的已达到，因此提出撤诉。怀仁市人民法院审查后，裁定准予撤诉。据媒体报道，这是全国首例由检察机关提起的环境保护领域的行政公益诉讼。

件三类审判合一、集中专属管辖的崭新模式。无锡市中级人民法院环保法庭也实行“三合一”审判方式，即涉及环保的案件，不论是民事、刑事或是行政案件，统一立为环保案件，由环保审判部门专门审理并做出裁判。昆明市中级人民法院环保法庭对涉及环保的刑事、民事、行政及执行案件实行“四审合一”的模式。

“三合一”或者“四合一”的审判模式，集中管辖同类案件，有利于统一审判标准、统一裁量尺度、提高法官专业素质、提高案件质量。也使传统的审判方式在环境资源利用保护的司法实践上有了突破的可能。“传统的审判方式限制了法官的思维，不能够拓展开去想问题。而‘三合一’审判方式的最大优点是，能够创新环保司法的理念，统一司法的标准，最大程度上保护当事人的合法权益和环境资源的自然生态及科学利用。”①

2.2.3　创新裁判方式

（1）通过先予执行、禁止令防止损害扩大。由于环境损害所具有的复杂性、长期性、不可逆转性等特点，环境保护应秉承预防为主的基本原则，环境司法保护也应体现这一原则。否则，判决虽已做出，但环境损害业已发生，环境司法保护的功能将大打折扣。因此，环境诉讼较其他传统诉讼更需要行为保全制度。②

环境诉讼中临时禁令的使用在国外已有判例。例如，在德国波罗的海高速路案件中，法院对政府发布临时强制令暂停工程的建设，以避免对保护区可能造成的损害，并且不要求作为原告的环保组织提供担保。③

无锡市法院在环保审判实践中积极探索“环境司法提前介入制度”。所谓“环境司法提前介入”，是指在环境案件立案之后，审结之前，基于诉讼个案的申请，有确切证据表明，被诉环境污染行为正在对环境造成持续性损害或无法弥补的后果，法院有权做出司法裁定，以临时救济的形式保护环境公益，责令污染者立即停止污染行为，以避免污染进一步扩大。④“近年来，对污染环境行为的立即叫停，客观上实现了环保行政部门所期待的制止环境污染的行政效力，司法因能动获得了额外的生命力。同时，制度落实所带来的快捷性、威慑力大大提升了裁判的形象，极大地提升了环保审判在公众心目中的地位，获得各界一致好评。难能可贵的是，制度的落实也获得了被执行人及污染者

① 赵卫民等：《树立变革环境保护的科学司法观念——从一起涉环境民事侵权案件说起》，载《司法论坛》2008 年第 23 期，第 75 页。

② 韩卫平、黄锡生：《论我国环境司法的制度障碍及法律对策》，载《2013 年全国环境资源法学研讨会论文集》，第 487 页。

③ Lord Justice Carnwath，“Judicial Protection of the Environment：At Home and Abroad”，*Journal of Environmental Law*，2004，Vol.16，No.3，319.

④ 顾铮铮：《环境与司法提前介入制度的现状与未来——无锡特色的环境司法应对之策探析》，载《中国环境法治》（2012 年卷·上），第 169 页。

的认同，环保庭是无锡法院为数不多实现零上诉、零信访的审判部门。”①

昆明中院与市检察院联合制定的《关于办理环境民事公益诉讼案件若干问题的意见》规定：在紧急情况下，不及时制止被告的行为会严重危害环境时，公益诉讼人可申请禁止令，禁止被告的相关行为。禁止令由人民法院做出，公安机关协助执行。

环保法庭创造的这些做法也被最高人民法院采纳。《最高人民法院关于全面加强环境资源审判工作为推进生态文明建设提供有力司法保障的意见》指出：充分发挥保全和先予执行措施的预防和减损作用，对于保全和先予执行申请，要及时受理、迅速审查、依法裁定、立即执行。

（2）创造“补偿环境”式的责任承担方式。让环境违法者承担修复环境的责任是环境法律责任的应有之义。但此前的环境法律责任承担方式注重对受害人的救济或者对加害人的惩罚，往往忽视了受到损害的环境本身。而环保法庭创造性地设立了一些“补偿环境”式的责任承担方式，让“环境”法律责任更加名副其实。

例如，一些环保法庭在追究危害环境犯罪行为人的刑事责任时，根据行为人对资源的破坏程度，判令行为人复垦、植造“赔偿林”或交纳林木赔偿金，取得较好的法律效果与社会效果。2012 年，在中华环保联合会诉无锡市蠡湖惠山景区管理委员会生态环境侵权案中，无锡市滨湖区人民法院认为：虽然被告建造消防水池和观光电梯同的行为属于社会公益建设的性质，但未获得用地批准，其行为客观上对生态环境造成损害，应当承担相应的民事责任。但如果要求被告原地恢复林地状态，拆除已建大型设施，则是对财富的极大浪费。最终，法院综合考虑苗木选择的合理性、林木养护的便利性和补植方案的可行性等因素，拟订了三套“异地补植”方案，并进行网上公示。在广泛听取民意后，法院最终判令被告于 6 个月内在十八湾荒地补植 4 500 m^2 林木。景区管委会于 2013 年 3 月、4 月在杨湾地块，投入近 80 万元，开垦种植 7 000 m^2 的城市绿地，法院全程参与监督和验收，并监督景区管委会进行树木的缺陷期（一年）养护。该案产生了良好的社会影响，2014 年 3 月入选最高人民法院第二批保障民生典型案例。在最高人民法院公布的《关于审理环境民事公益诉讼案件适用法律若干问题的解释》第 20 条中，也规定了“原告请求恢复原状的，人民法院可以依法判决被告将生态环境修复到损害发生之前的状态和功能。无法完全修复的，可以准许采用替代性修复方式”，明确了环境司法的恢复性司法理念。

此外，环保法庭在审理环境案件的过程当中，充分发挥法官的智慧，探索创新了很多的办法和措施。例如，针对当前环境损害鉴定资质制度的不完善，尝试引入了环保专家的证言制度；创新使用补栽树苗等手段弥补生态损失；为保证裁判的有效执行，实行环境案件回访制度；建立了与行政机关的联动机制；根据审判专业化的要求，尝试建立

① 顾铮铮：《环境与司法提前介入制度的现状与未来——无锡特色的环境司法应对之策探析》，载《中国环境法治》（2012 年卷·上），第 171 页。

环保审判专家咨询委员会以及环保专家陪审员制度，等等。[①]这些尝试有很多都已经被最高人民法院发布的《关于审理环境民事公益诉讼案件适用法律若干问题的解释》和《关于适用〈中华人民共和国民事诉讼法〉的解释》所采纳。

总体上看，近年来我国环境司法工作取得了长足的进展，环保法庭、环境公益诉讼等新鲜事物从无到有建立起来，进一步增强了环境司法在解决环境纠纷中的效力。最高人民法院也成立了环境资源保护庭，显示了党中央及最高人民法院对于环境司法的高度重视。然而，由于一些内部和外部的制约因素，目前的环境司法还远远未能符合社会公众的预期，未能严格落实各项立法规定，也未能为环保执法提供充分的保障，“最后一道防线”经常失守。要打造环境司法的“铜墙铁壁”，还有很长的路要走。在下文中，本篇将选择其中一些在实践中比较突出的问题进行分析。

需要指出的是：由于本篇主要关注环境司法中存在的问题，因此，不再分析那些主要由于立法缺失或者立法不合理导致的司法问题，而是集中论述由于司法机关自身存在的问题而导致的司法问题。

3　环境民事司法存在的问题

理论上，司法救济通常被称为“正义的最后一道防线”，对于环境污染受害人而言更是如此。然而，从实践来看，目前的环境民事司法并未体现出“最后一道防线”应有的功能。

3.1　环境民事诉讼立案难

卡夫卡在《法的门前》中写道：“法的门前有一位守门员在站岗。一个从乡下来的人走到守门人跟前，请求进去见法，但守门人说现在不能放他进去。……这些困难是乡下人不曾料到的。他以为任何人在任何时候都是可以晋见法的……”[②]

结果，乡下人至死也没有进入这道门。

这本来是一个寓言，却经常成为我国环境污染侵害司法救济的真实写照。

据统计，我国每年的环保纠纷案件有 10 多万件，但真正告到法院的不足 1%。各级法院受理的环境侵权案件更是屈指可数，而其中胜诉的案件又微乎其微。[③]

据原国家环保总局统计，2002—2006 年，有关环境问题的举报平均增长率约为 87%，但与此形成鲜明对比的是，环境诉讼案件数量并未出现相应的增长，2002 年审结环境污

① 蔡明：《从环保法庭成立背景、运行现状谈环保审判走专业化之路的必要性、可行性以及对未来发展趋势的构想》，载当代先锋网：http：//www.ddcpc.cn/2011/12/29/32772.html，最后访问时间：2014 年 8 月 25 日。

② [美]博西格诺等：《法律之门》（第八版）（邓子滨译），北京：华夏出版社，2007 年版，第 1~2 页。

③ 武卫政：《环境维权亟待走出困境》，载《人民日报》2008 年 1 月 22 日第 5 版。

染损害赔偿案件1 473件，2003年1 540件，2004年4 453件，2005年1 545件，2006年2 146件，2007年1 085件，2008年1 509件，2009年1 783件，2010年2 033件，2011年1 883件。①

10年来，法院每年审结的环境污染损害赔偿案件的数量，与现实中数量庞大的环境污染事件和环境污染纠纷显然不成比例。“据统计，环境纠纷数量——进入到行政程序的案件数量——进入到司法程序的案件数量”之间的比率为255∶38∶1，这充分说明环境案件进入到司法程序的少之又少。”②如果追究背后的根源，我们可以发现，污染受害人主观上不愿③或者客观上不能④提起损害赔偿诉讼只是次要原因，许多环境污染损害赔偿诉讼被卡在了立案环节，法院不予立案才是更重要的原因。⑤

依据《民事诉讼法》第119条的规定，法院受理民事起诉时只需要做“形式审查”，无须做实体审查，证据是否充足、有没有过诉讼时效等，都不应成为拒绝立案的理由。起诉只需满足4个形式要件——原告与本案有直接利害关系；有明确的被告；有具体的诉讼请求和事实、理由；属于法院受理民事诉讼的范围和受诉法院管辖。根据《民事诉讼法》第123条的规定：“人民法院应当保障当事人依照法律规定享有的起诉权利。对符合本法第一百一十九条的起诉，必须受理。符合起诉条件的，应当在七日内立案，并通知当事人；不符合起诉条件的，应当在七日内做出裁定书，不予受理；原告对裁定不服的，可以提起上诉。”

“诉权”是公民的基本权利之一。但在现实中，许多地方法院都制定了关于“谨慎受理某些复杂、敏感、疑难案件”的内部规定，⑥并且依据这些内部规定，既不依法受

① 袁春湘：《2002—2011年全国法院审理环境案件的情况分析》，载《法制资讯》2012年第12期，第20页。

② 吕忠梅、张忠民、熊晓青：《中国环境司法现状调查——以千份环境裁判文书为样本》，载《法学》2011年第2期，第84页。另外一个可以印证的数字是：浙江省2011年前三季度涉环保信访数量为4.3万件，而同期环境一审案件仅为261件，相当于仅有0.6%的环境纠纷通过诉讼渠道进入法院。参见钱水苗，孙海萍：《论环境司法与执法协同保障的完善——以浙江省的实践为例》，载《中国环境法治》（2013年卷·上），第14页。

③ 有人可能会说这是因为中国人“厌讼”。但是，受害人为什么厌讼？如果胜诉率较高，受害人为什么不去起诉？“厌讼作为一种社会现象不是一种观念的产物，而是在一定的制约条件下形成的趋利避害的行为态势或行为习惯。”（苏力：《法治及其本土资源》（修订版），北京：中国政法大学出版社，2004年版，第34页。）换句话说，厌讼不仅仅是原因，很可能是结果。厌讼并不是因为受害人“先天”地不想去诉讼，而是因为年复一年的经验告诉受害人，即便去诉讼了，也不一定有好的结果，因此就干脆不去诉讼，而选择其他的救济方式了。

④ 例如，由于知识、能力或身体上的原因，不知道如何提起诉讼或者无法提起诉讼。

⑤ 甚至有中级人民法院院长公然说：“此类环境污染案件太多了，到目前为止还未立案一起，我们不能开这个头，否则会得罪很多人。”参见宋杰彬：《“最后的防线”坍塌，百姓还能求谁？》，载《中华环保联合会会刊》2007年第6期，第24页。

⑥ 最典型的就是《山东省高级人民法院新类型、敏感、疑难案件受理意见（试行）》（鲁高法发〔2006〕3号）。2006年由中华环保联合会支持的铁山小区居民诉淄博铁鹰钢铁有限公司环境污染损害赔偿案中，山东省地方法院正是依据《山东省高级人民法院新类型、敏感、疑难案件受理意见（试行）》，迟迟不予立案。原告四次提起诉讼，均未获得受理。

需要指出的是：限制公民的诉权，不仅是地方法院的问题，最高人民法院自己也难辞其咎。最典型的例子就是最高人民法院2005年年底发布的《关于人民法院受理共同诉讼案件问题的通知》（法〔2005〕270号）。

理环境污染损害赔偿案件，也不依法出具不予受理案件的裁定书。[①]

在发生重大、特大环境污染事件之后，法院更是通常不受理由此引发的环境污染损害赔偿案件。例如，2005 年松花江特大水污染事件、2010 年中石油大连漏油事件、2011 年中海油、康菲公司渤海湾漏油事件，直接受害人提起的民事损害赔偿诉讼，法院基本上不予受理。以至于有人质问："环保诉讼立案难，难于上青天？"[②]这些重大环境污染事件往往会给数量众多的受害人造成严重的损害，法院拒绝救济这些受害人，对司法公信力造成了巨大的不良影响。

司法途径是解决纠纷的最终手段，但现在的环境案件受害者宁愿通过上访，甚至采用堵厂门、围攻政府等手段解决问题，也不愿通过司法途径解决，这是值得我们认真思考的问题。[③]最高人民法院常务副院长沈德咏也坦承自己的担忧："当前，部分群众对司法的不信任感正在逐渐泛化成普遍社会心理，这是一种极其可怕的现象。"[④]最高院的领导亲自出来说这样的话，表明问题确实已经到了非常严重的地步。

从理论上来说，如果法院能够依法追究污染者的民事责任，让其承担恢复原状或者损害赔偿的义务，就能在相当大的程度上震慑污染者，促使他们遵守环保法律，这对于环保部门的执法活动也是一个有力的支持。无论是司法还是执法，最终目的都是一致的，就是促进守法。然而，法院经常不依法受理环境污染侵权案件的做法极大地降低了污染者的违法成本（逃避污染的民事责任），使得他们更加有恃无恐，从而加大了环保执法的难度。

"法院不予立案，不但明显违法，而且非常不明智。这等于在关闭一扇理性、有序解决纠纷的大门。""如果群众找不到可以'说理'的地方，又无法获得正确的信息，他们就只有走上街头了。而一旦通过环境诉讼搭建起了官民沟通的平台，试问群众还有什么必要走上街头呢？"[⑤]

法院不愿意受理环境污染案件，尤其是"复杂""敏感"的环境污染事件，很大程度上是担心受理案件后处理不当可能引发群体性事件。但实践表明，法院依法受理环境

---

① 曾被媒体报道的一起此类事件是：2014 年 6 月，武汉市锅顶山垃圾焚烧污染受害者张细姣、任瑞等五人来到湖北省武汉市汉阳区法院申请立案，要求两被告武汉博瑞环保能源发展有限公司（于 2012 年 12 月 29 日至 2013 年 12 月 17 日非法运营锅顶山生活垃圾焚烧项目）和武汉汉氏环保工程有限公司（于 2012 年 7 月至今运营锅顶山医疗垃圾焚烧项目）承担损害赔偿责任。7 天后，法院立案庭法官告知他们："经请示上级法院，研究决定，不符合《民法通则》第 119 条，不予立案。"并且拒绝出具不予立案裁定书。参见李蒙：《武汉锅顶山环境诉讼难立案——〈环境诉讼立案何其难〉系列报道之一》，载《民主与法制》2014 年第 24 期。（汉阳区法院根据《民法通则》第 119 条不予立案显然是张冠李戴：《民法通则》第 119 条的内容是："侵害公民身体造成伤害的，应当赔偿医疗费、因误工减少的收入、残废者生活补助费等费用；造成死亡的，并应当支付丧葬费、死者生前扶养的人必要的生活费等费用。"与法院是否应当立案完全无关。正确的法条应当是《民事诉讼法》第 119 条。）

② 刘慧莉：《环保诉讼立案难，难于上青天？》，载《环境保护》2010 年第 13 期，第 66～70 页。

③ 中华环保联合会法律专家委员会第四次工作会议材料之五：《关于环境案件诉讼的建议》，第 1 页。

④ 吴兢：《追求看得见的公正》，载《人民日报》2009 年 8 月 29 日第 18 版。

⑤ 李蒙：《武汉锅顶山环境诉讼难立案——〈环境诉讼立案何其难〉系列报道之一》，载《民主与法制》2014 年第 24 期。

污染案件，恰恰可以避免群体性事件，维护社会稳定。例如，2006 年，甘肃徽县发生血铅中毒事件之后，当地群众多次上访，到县政府，到陇南市政府，到甘肃省政府，有时达到千人。但是上访了 4 年，他们没有拿到一分钱赔偿。在这种情况下，2010 年，800 多位村民决定起诉污染企业。通过两位律师的艰辛努力，终于说服当地法院给村民立案，将这一环境污染事件纳入了司法程序。

2013 年，受害群众最后拿到了上千万元的赔偿，问题得以圆满解决。虽然赔偿不算多，但相比于之前的上访无果要好得多。而对于政府来说，自从法院立案后，受害群众再也没有去上访的了，一下子稳定住了当地局势。[①]

《最高人民法院关于全面加强环境资源审判工作为推进生态文明建设提供有力司法保障的意见》提出要“依法审理环境资源民事案件。畅通司法救济渠道，完善司法便民措施，依法及时受理环境资源保护民事案件。”党的十八届四中全会通过的《中共中央关于全面推进依法治国若干重大问题的决定》更是进一步指出：“改革法院案件受理制度，变立案审查制为立案登记制，对人民法院依法应该受理的案件，做到有案必立、有诉必理，保障当事人诉权。”这说明党中央和最高人民法院都已经意识到法院违法不立案可能产生的后果，因此需要出台强有力的措施来解决这个问题。2015 年 1 月 30 日最高人民法院发布的《关于适用〈中华人民共和国民事诉讼法〉的解释》第 208 条明确规定了“立案登记制”。[②]2015 年 4 月 1 日，中央全面深化改革领导小组第十一次会议审议通过了《关于人民法院推行立案登记制改革的意见》，4 月 15 日，最高人民法院发布了该意见及《最高人民法院关于人民法院登记立案若干问题的规定》，自 5 月 1 日起施行。从目前来看，“立案登记制”运行效果良好，[③]全国各地法院登记立案数量显著增长，甚至一些之前被拒绝立案的环境纠纷案件，也被法院立案了。[④]

但“立案登记制”毕竟才刚开始实施，在遇到疑难、复杂、敏感的环境案件时，立案登记制是否能不折不扣地实施，尚需继续观察。

---

① 李蒙：《武汉锅顶山环境诉讼难立案——〈环境诉讼立案何其难〉系列报道之一》，载《民主与法制》2014 年第 24 期。

② 第 208 条第 1 款规定：“人民法院接到当事人提交的民事起诉状时，对符合民事诉讼法第一百一十九条的规定，且不属于第一百二十四条规定情形的，应当登记立案；对当场不能判定是否符合起诉条件的，应当接收起诉材料，并出具注明收到日期的书面凭证。”

③ 《最高法院新闻发言人通报全国法院实施立案登记制度进展情况》，载中华人民共和国最高人民法院网：http：//www.court.gov.cn/zixun-xiangqing-14675.html，最后访问时间：2015 年 7 月 2 日。

④ 例如，前文提到的武汉锅顶山垃圾焚烧污染侵权案，在实施立案登记制后，终获汉阳区人民法院立案。参见李蒙：《环保诉讼立案有起色——〈立案登记制改革〉专题报道之四》，载民主与法制网：http：//www.mzyfz.com/cms/benwangzhuanfang/xinwenzhongxin/zuixinbaodao/html/1040/2015-05-15/content-1124532.html，最后访问时间：2015 年 7 月 2 日。

3.2　无过错责任原则和举证责任倒置规则未得以正确适用

我国《民法通则》第124条规定："违反国家保护环境防止污染的规定，污染环境造成他人损害的，应当依法承担民事责任。"从该条文的措辞来看，"违法"是承担民事责任的前提条件之一，而"违法"当然意味着"过错"，也就是说，依据该条款，环境污染侵害适用的是过错责任。然而1989年修改通过的《环境保护法》第41条第1款规定："造成环境污染危害的，有责任排除危害，并对直接受到损害的单位或者个人赔偿损失。"该条并未以"违法"作为承担民事责任的要件，也没有提到"过错"，是一个典型的无过错责任的规定。此后颁布或修改的污染防治单行法也都规定了和《环境保护法》相同的民事责任条款。

虽然《民法通则》是全国人大制定的法律，而《环境保护法》和各部污染防治单行法是全国人大常委会制定的法律，但根据《宪法》《立法法》等法律的规定，全国人大和全国人大常委会制定的法律仅仅是"基本法律"和非基本法律的区别，在效力上并没有差别。也就是说它们的法律效力是相同的。但是《环境保护法》和污染防治单行法颁布在后，而且相对于《民法通则》的原则性规定来说，《环境保护法》和污染防治单行法是特别法。根据《立法法》第83条的规定："同一机关制定的法律、行政法规、地方性法规、自治条例和单行条例、规章，特别规定与一般规定不一致的，适用特别规定；新的规定与旧的规定不一致的，适用新的规定"，当然应当适用《环境保护法》和污染防治单行法的规定：在环境污染侵害案件中应当实行无过错责任原则，不需要以"违反国家保护环境防止污染的规定"为前提。

2009年12月《侵权责任法》颁布之后，关于环境污染侵权应当实行无过错责任已经无可争议。然而，长期以来，人民法院在环境侵权案件的审判实践中基本上以"违法性"作为判断侵权责任成立的依据，如在我国东部某基层法院已审结的环境侵权案件中超过六成的案件都是如此。[①]显然，这种做法既违反了法律的明确规定，也不利于保护污染受害人的利益，容易引发社会矛盾。

在举证责任倒置方面，尽管最高人民法院2002年颁布的《关于民事诉讼证据的若干规定》已经明确了环境污染案件实行举证责任倒置，由加害人就法律规定的免责事由及其行为与损害结果之间不存在因果关系承担举证责任，但根据中南财经政法大学环境资源法研究所2007—2009年在全国31个省、自治区和直辖市收集的近10年来的782份环境民事裁判文书来看，关于因果关系的判断，"其中判定'行为与后果之间没有因果关系'的占37.2%，基本上没有适用因果关系的推定程序规则，也没有发现降低因果关系证明标准的情况。只有2个案件认定'排放污水是造成鱼塘死鱼的原因'，仅占0.3%；因果关系依赖鉴定结论或明确的法律规定进行判断的占75%，而法官运用证据规则认定

① 袁春湘：《我国环境司法的现状、问题及相关建议》，载《中国审判》2013年第5期，第99～100页。

因果关系的仅为 25%。从收集到的裁判文书来看，运用举证责任倒置的仅为 49.6%；更令人不解的是，一些文书一边适用举证责任倒置规则，一边仍然坚持运用鉴定结论认定因果关系。”①

这种情况的出现，表明法官审理环境民事案件的能力不足。“法官对因果关系的判断，应当是一个综合考量各种证据、发现案件事实以达到‘内心确信’的过程。法官仅仅依靠或者依赖鉴定结论，忽略了案件事实的其他证据，极有可能导致‘事实认定错误’，对司法公正必然带来负面影响。”②

《最高人民法院关于全面加强环境资源审判工作为推进生态文明建设提供有力司法保障的意见》指出：“对于因污染环境、破坏生态发生的纠纷，原告应当就存在污染行为和损害承担举证责任，并提交污染行为和损害之间可能存在因果关系的初步证据，被告应当就法律规定的不承担责任或者减轻责任的情形及其行为与损害之间不存在因果关系承担举证责任。”本书赞同最高人民法院的这个意见。在环境污染损害赔偿诉讼中，原告对于因果关系的举证责任仅限于“提交污染行为和损害之间可能存在因果关系的初步证据”，并不需要证明污染行为和损害之间确定存在因果关系。法院可以以原告未能证明损害赔偿的数额和计算依据为由不支持原告的诉讼请求，但不能以原告未能证明污染行为和损害后果之间存在因果关系为由判决原告败诉。

2015 年 6 月 1 日，最高人民法院发布了《关于审理环境侵权责任纠纷案件适用法律若干问题的解释》，明确规定“因污染环境造成损害，不论污染者有无过错，污染者应当承担侵权责任。污染者以排污符合国家或者地方污染物排放标准为由主张不承担责任的，人民法院不予支持。”此外还明确规定了被侵权人的举证责任以及污染者如何证明其污染行为与损害之间不存在因果关系。希望随着这个司法解释的出台，各级人民法院都能在环境污染侵权案件中严格适用无过错责任原则和举证责任倒置规则，切实保护污染受害人的合法权益。

3.3 法官在处理环境“私益”诉讼案件时仅仅追求个案的“案结事了”不利于保护环境公益

环境污染侵害的一个重要特征就是会同时侵害私益和公益。当污染直接受害人向法

① 吕忠梅、张忠民、熊晓青：《中国环境司法现状调查——以千份环境裁判文书为样本》，载《法学》2011 年第 2 期，第 87 页。一个经典的例子是历经湖南省人民检察院和最高人民检察院两次抗诉，历时五年，先后进行了四次审判的刘德胜诉湖南省吉首市农业机械管理局喷漆环境污染损害案，四次审判的法官均未适用举证责任倒置规则。另一个经典的例子是浙江平湖一起 270 万尾蝌蚪遭污染之死索赔案，经历了 14 年的诉讼，从基层人民法院打到最高人民法院。此前，平湖市人民法院、嘉兴市中级人民法院、浙江省高级人民法院高院均未适用举证责任倒置规则。2009 年 4 月 2 日，最高人民法院做出判决，认为原审历次审理均要求受害人养殖场就污染行为与损害后果的因果关系即水污染是导致蝌蚪死亡的原因承担举证责任，系举证责任分配不当，适用法律错误。

② 吕忠梅、张忠民、熊晓青：《中国环境司法现状调查——以千份环境裁判文书为样本》，载《法学》2011 年第 2 期，第 87 页。

院提起诉讼，要求加害人承担侵权责任时，如果法院仅仅着眼于个案的解决，着眼于对于直接受害人本身的救济，拘泥于“不告不理”原则，置环境公益于不顾，不利于环境问题的最优化解决。

“法官对于原告诉讼请求的支持程度，很大程度上表明了法官对于这类案件所涉社会关系以及相应法律秩序的判断。在环境民事案件中，赔偿损失的诉讼请求得到的支持多，意味着法官对于环境污染和生态破坏所可能造成的不可逆转的后果认识不足，对于环境民事纠纷兼具个人私益与环境公益的性质不明，对于如何维护正常的环境法律秩序还缺乏深刻的理解和把握……在这样的情况下，法官面对当事人的赔偿诉讼请求，有‘一赔了之’的倾向，更关注的是‘赔偿结案’而非环境法律秩序维护，司法能动性严重不足，释明权也就名存实亡了。”①

目前《民事诉讼法》和《环境保护法》已经明确规定了环境公益诉讼制度。从理论上来说，对于环境公益的维护，可以通过提起环境公益诉讼来解决。但实践中，并非对于每一起由环境污染的直接受害人提起的侵权纠纷案件，都会有人提起相应的环境公益诉讼。因此，需要法官在一定范围内，行使释明权来“附带”保护环境公益。《最高人民法院关于审理环境民事公益诉讼案件适用法律若干问题的解释》第 9 条规定：“人民法院认为原告提出的诉讼请求不足以保护社会公共利益的，可以向其释明变更或者增加停止侵害、恢复原状等诉讼请求。”虽然这里的释明权针对的是环境公益诉讼，但在某些环境“私益诉讼”中，如果法院发现污染者已经侵害了环境公共利益，并且污染者的污染行为尚未停止，或者尚未对被污染的环境进行修复，并且原告只提出了损害赔偿的请求，那么法官也可以甚至应当依职权向原告释明增加停止侵害、恢复原状等诉讼请求，以最大限度地维护原告的利益。由于原告的“私益”与环境公益存在很大的重叠之处，因此，维护原告的“私益”的同时也就“附带”地维护环境公益。“只有充分考虑到了环境污染侵权案件中的公共利益，才能够防患于未然，避免公民群体性的身体损害发生，避免环境发生不可逆转的损害，避免大规模公民诉讼和群体性抗议的发生；才能够给污染企业以法律警示，防止污染企业为追逐经济利益的目的而有恃无恐，甚至不择手段。”②

如果法官认为在环境污染侵权案件中不宜行使此种“释明权”，那么法院至少应当与环保部门建立一种联动机制。《最高人民法院关于审理环境民事公益诉讼案件适用法律若干问题的解释》第 12 条规定：“人民法院受理环境民事公益诉讼后，应当在十日内告知对被告行为负有环境保护监督管理职责的部门。”本书认为，法院在审理环境污染侵害私益诉讼案件时，如果发现污染者的违法行为已经侵害了环境公共利益，也应当及

---

① 吕忠梅、张忠民、熊晓青：《中国环境司法现状调查——以千份环境裁判文书为样本》，载《法学》2011 年第 2 期，第 89 页。

② 赵卫民等：《树立变革环境保护的科学司法观念——从一起涉环境民事侵权案件说起》，载《司法论坛》2008 年第 23 期，第 73 页。

时通报环保部门，建议环保部门依法对污染者的违法行为进行查处。

4 环境行政司法存在的问题

4.1 对政府部门的监督不够

4.1.1 环境行政诉讼立案难

在现行司法体制下，行政权力对司法审判进行干预，导致行政诉讼案件难受理已成为不争的事实。曾对此问题进行过实地调研的全国人大常委会委员修福金表示，由于地方政府直接或者隐性干预，大量符合行政诉讼审理条件的案件得不到受理。“我们调查了一个市，2010 年到 2012 年行政案件受理率分别为 38.5%、39.12%、35.19%。有的高达 17 282 件案件不予受理。”①2014 年 9 月，北京市人大内务司法委员会公布的一项调研显示：2011—2013 年，北京行政诉讼立案率连续下降，平均立案率仅 30%左右，一审行政机关败诉的仅 10%左右。②

在普通的行政诉讼中，案件受理率已经如此低了。在“敏感”的群体性行政诉讼中，案件受理率可想而知更低。而环境行政诉讼案件往往涉及群体性诉讼，如因为兴建垃圾焚烧厂或者其他具有重大环境风险的项目或者发生重大环境污染事件所导致的行政诉讼。2006 年，最高人民法院发布了《关于妥善处理群体性行政案件的通知》，这份通知在很大程度上“促进”了各级人民法院不受理群体性行政案件。无论是“在党委的统一领导和协调下依法妥善处理”，还是“及时向上级人民法院报告”，表达的都是一个意思：法院尽量别去接这个“烫手的山芋”，把这些麻烦事交由政府或党委去处理。但实际上很多情况下，公众正是因为政府或党委不予处理或者处理不当才来法院起诉的。

最高人民法院也意识到不受理行政诉讼可能带来的风险。2009 年，最高人民法院在《关于依法保护行政诉讼当事人诉权的意见》中表示：“只有畅通行政诉讼渠道，才能引导人民群众以理性合法的方式表达利益诉求，最大限度地减少社会不和谐因素，增进人民群众与政府之间的理解与信任。诉讼渠道不畅，必然导致上访增多，非理性行为加剧，必将严重影响社会和谐稳定，削弱人民法院行政审判‘为大局服务，为人民司法’的职能作用。”并且措辞强烈地提出“要坚决清除限制行政诉讼受理的各种‘土政策’，严禁以服务地方中心工作、应对金融危机等为借口，拒绝受理某类依法应当受理的行政案件。要准确理解、严格执行行政诉讼法和相关司法解释关于起诉条件、诉讼主体资格、起诉期限的规定，不得在法律规定之外另行规定限制当事人起诉的其他条件。”但实际上，

① 梁国栋：《挣脱行政诉讼立案难“瓶颈”》，载《中国人大》2014 年第 2 期，第 25 页。
② 乌梦达：《“民告官”立案率 30%，一审“官”败诉 10%》，载《新华每日电讯》2014 年 9 月 26 日第 4 版。

各地违法不受理行政诉讼的情形依然屡屡发生。

为了解决行政诉讼“立案难”的问题，2014 年 11 月 1 日新修改的《行政诉讼法》扩大了行政诉讼案件的受理范围，对限制人身自由、房屋土地征收补偿、滥用行政权力、行政机关侵犯公民人身财产权利等 12 种情形法院应予受理。此外，为了贯彻《中共中央关于全面推进依法治国若干重大问题的决定》中提出的“立案登记制”和“建立领导干部干预司法活动、插手具体案件处理的记录、通报和责任追究制度”，新《行政诉讼法》明确规定：行政机关及其工作人员不得干预、阻碍人民法院受理行政案件。人民法院在接到起诉状时对符合本法规定的起诉条件的，应当登记立案。起诉状后不出具书面凭证，以及不一次性告知当事人需要补正的起诉状内容的，当事人可以向上级人民法院投诉，上级人民法院应当责令改正，并对直接负责的主管人员和其他直接责任人员依法给予处分。人民法院既不立案，又不做出不予立案裁定的，当事人可以向上一级人民法院起诉。上一级人民法院认为符合起诉条件的，应当立案、审理，也可以指定其他下级人民法院立案、审理。很显然，这些规定都是“有的放矢”，如果能严格执行，行政诉讼“立案难”的问题将迎刃而解。

各级人民法院实行“立案登记制”一个月之后，各地行政诉讼案件登记立案数量同比增长 221%，其中，天津法院同比增长 7 倍，山西、上海同比增长近 5 倍，浙江同比增长近 3 倍。[①]这是一个很好的开始，能否继续保持这种良好的势头，还需要各级人民法院付出艰苦的努力。

4.1.2　环境行政诉讼中法院“偏袒”政府部门的倾向比较明显

即便受理了行政案件，法院判决原告败诉的可能性也非常高。上文提及，2011—2013 年，北京市行政诉讼一审行政机关败诉率仅为 10%左右。另据最高人民法院行政庭副庭长王振宇介绍，“10 年前被告败诉率占 30%左右，近年来下降到 10%以下，有一些省份甚至只有 2%。行政诉讼的上诉率是最高的，申请再审率也是最高的，大概是民事和刑事的 6 倍和 8 倍，有一些地方甚至出现了行政案件件件上诉。”[②]

具体到环境行政诉讼领域，根据中南财经政法大学环境资源法研究所抽样调查的近十年 111 件环境行政裁判文书显示，一审环境行政判决结果中原告胜诉的仅为 26.53%，原告败诉的比例高达 73.47%。[③]这个数据显示在环境行政诉讼领域，行政机关的败诉率要高于普通的行政诉讼案件，但这个败诉率是否能真实反映当前我国环境行政执法的总体水平，仍然存在疑问。“从现实中一些环境执法人员在环境执法中玩忽职守、滥用职

① 《最高法院新闻发言人通报全国法院实施立案登记制度进展情况》，载中华人民共和国最高人民法院网：http：//www.court.gov.cn/zixun-xiangqing-14675.html，最后访问时间：2015 年 7 月 2 日。

② 张渝：《再插手民告官案，拿行政机关“说事”——全国人大常委会办公厅新闻局请有关专家就新修行诉法接受记者采访》，载《大河报》2014 年 11 月 5 日第 A11 版。

③ 吕忠梅、张忠民、熊晓青：《中国环境司法现状调查——以千份环境裁判文书为样本》，载《法学》2011 年第 2 期，第 89 页。

权而屡招指责的情况看，环境行政机关的执法行为还远没有达到较高依法行政的水平。如何强化司法机关对行政机关环境执法行为的监督，而不是对其一味地支持维护，是在当前以行政纠纷解决模式为主导的环境治理结构中充分发挥环境司法功能所必须考虑的重要问题。”[①]

“民告官，难告赢”的原因十分复杂，很难说主要是由于法院“偏袒”行政机关的后果，也有原告“不会告”以及行政机关做出行政行为完全合法的原因，但无论是学术界还是司法实务界都承认当前法院“偏袒”行政机关的倾向是客观存在的，其主要原因在于法院受制于行政机关的干预，不得不如此。《中共中央关于全面推进依法治国若干重大问题的决定》之所以提出要“建立领导干部干预司法活动、插手具体案件处理的记录、通报和责任追究制度”，新《行政诉讼法》第3条之所以提出、之所以明确规定“行政机关及其工作人员不得干预、阻碍人民法院受理行政案件”，显然是为了回应实践中大量存在的行政机关、领导干部违法干预行政诉讼的受理、审理、判决的情形。

建立行政诉讼的目的，就是让司法机关对行政机关做出的行政行为的合法性进行审查。如果法院“偏袒”环保部门的违法行为，不但不能保障相对人的合法权益，弱化“立案登记制”的实施效果，实际上也不利于真正保障环保执法。环保执法水平的提高，需要包括司法机关在内的社会各界的监督。

4.2 对环保部门申请强制执行不甚积极

在新《环境保护法》修改之前，由于环保部门缺乏强制执行权，[②]如果相对人拒绝履行环保部门做出的处罚决定或者行政命令，环保部门就只能申请法院强制执行。法律没有授予环保部门强制执行权的目的是防止环保部门滥用权力，侵害行政相对人的合法权益。环保部门申请法院强制执行，法院可以通过对环境行政处罚的合法性与合理性审查对其进行监督。[③]如果法院对环保部门的申请强制执行“来者不拒”，显然是背离了法律设计申请法院强制执行制度的本意。但如果法院对环保部门的申请强制执行“拒之门外”，就会让整个环境行政处罚过程“前功尽弃”。

实践中，不同地方的法院对于受理环保部门申请强制执行的案件的积极性存在很大

① 杨林：《实现“美丽中国梦”之环境司法保护图景——以环境司法保护现状为基础的宏观分析与制度设计》，载《山东审判》2013年第6期，第65页。

② 2008年修订的《水污染防治法》和2014年修订的《环境保护法》赋予环保部门部分强制执行权，主要是强制拆除排污口或暗管，查封、扣押造成污染物排放的设施、设备。对于相对人拒不缴纳罚款的行为仍然缺乏强制执行权。

③ 但有学者认为：“在我国现行的司法执行模式中，行政强制执行有一个前提，即相对人既不复议，也不提起诉讼。如果对这种没有任何疑义的行政处理决定再进行司法审查，这首先浪费了司法资源。再深层次分析，对已经设置的行政复议和行政诉讼这两种法律制度也是浪费，人们谁还有兴趣去提起行政复议和行政诉讼？毕竟在强制执行前还有法院审查这一关。有鉴于此，在已有行政复议和行政诉讼这两个法律制度外，没有必要再交法院审查。”参见高伟凯：《中国行政强制执行体制的模式选择与构建》，载《南京大学学报》2002年第1期，第41页。

的差异。例如，2005年浙江省慈溪市环保局向慈溪法院提出了188个强制执行的申请，当地法院全部予以执行。[①]2010—2012年，慈溪法院共受理非诉环保行政处罚执行案件706件，执结705件。[②]同样在浙江省，嵊州市就有过法院不肯受理环保局的强制执行申请而使责令停产关闭的处罚决定几年都落实不了的情况。[③]与其类似，乐清市人民法院不予执行环保局申请强制执行的非诉行政案件，环境行政处罚文书成为"白条"，最后乐清市环保局无奈之下，于2008年3月上书乐清市人大请求协调。[④]

从调研了解到的情况来看，法院受理和执行环境行政处罚非诉执行案件随意性较大，人情似乎成了影响执行效果的关键因素。例如，贵州省环境监察总队副总队长表示，实践中很多法院是想立案就立案，他说对这个企业不执行就不执行，根本不按照法律法规的规定来办案，而且从程序上屡屡刁难环保部门。[⑤]深圳市人居环境委员会相关负责人则表示，他们的执行效果的确不错，但这是因为多年来与法院建立起来的感情与关系。深圳南山区环保部门的负责人表示，南山区执行率较高也是因为与法院的关系协调得比较好的缘故。而与法院关系较为"普通"的深圳龙岗区环保水务局2011年的处罚执行率则只有50%左右。[⑥]

从理论上分析，环保部门做出的处罚决定最终没能执行到位的原因可能有以下几种情形：①法院审查之后认为环保部门的处罚决定违法，因此裁定不予执行；②法院裁定环保部门的处罚决定合法，也去执行了，但被执行人无力履行；③法院裁定环保部门的处罚决定合法，但根本没去执行；④法院根本就没有对环保部门的处罚决定是否合法进行审查，一直拖着，更别提去执行了；⑤相对人拒不履行处罚决定，环保部门也根本没有申请法院强制执行，最后不了了之。

由于缺乏充分的数据，本报告无从得知每一种原因各自占多少比例。但从日常接触到的各种资料以及调研了解到的情况来看，环保部门处罚决定违法、被执行人无力履行、环保部门不申请法院强制执行都不是主要原因，法院对环保部门申请强制执行的不配合才是主要原因。[⑦]

当然，法院"不配合"也有客观方面的原因，例如环保部门申请强制执行的案件数

---

① 陈卓文、赵璐：《188次申请法院强制执行慈溪环保部门铁腕执法并寻求司法支持》，载《宁波日报》2006年5月8日第B03版。

② 周红：《慈溪法院关于非诉环保行政处罚案件执行情况的调研》，载慈溪市人民法院网：http：//fayuan.cixi.gov.cn/art/2013/7/6/art_10324_1037119.html，最后访问时间：2014年8月25日。

③ 陈新荣：《试论我国环保行政强制制度的建立与完善》，载《中国环境管理》2006年第3期，第18页。

④ 侯兆晓：《何时不再面对执行尴尬？》，载《中国环境报》2008年11月13日第3版。

⑤ 信息来源于北京大学资源、能源与环境法研究中心于2011年11月2日在贵州省遵义市进行的"贵州省环境监察执法调研"。

⑥ 信息来源于北京大学资源、能源与环境法研究中心于2011年12月6日在深圳市人居环境委员会对深圳市环境执法情况所作的调研。

⑦ 严厚福：《环境行政处罚执行难中的司法因素：基于实证的分析》，载《中国地质大学学报（社会科学版）》2011年第6期，第26页。

量过多，法院缺乏足够的人力、物力来处理数量如此巨大的非诉行政执行案件。

如果相对人认为环保部门做出的行政处罚决定违法，可以通过行政或司法途径进行救济和纠正。而对于法院拒不受理或执行非诉强制执行案件的违法行为，环保部门没有任何司法上的救济途径。“司法救济已经是‘最后’的防线，如果发生错误，如何救济和纠正？”[①]

新修订的《环境保护法》第 25 条已经赋予环保部门直接“查封、扣押”造成污染物排放设施、设备的权力，在新《环境保护法》生效之后，“查封、扣押”这两种行政强制措施无须再申请法院强制执行，但实践中运用最频繁的“罚款”，如果相对人拒不履行的话，环保部门还得申请法院强制执行。由于新《环境保护法》规定了“按日计罚”制度，可以预见环境行政处罚的数额会更高，违法排污者更有可能以种种理由拒不履行，因此就更需要法院积极协助环保部门去强制执行。如果法院做不到这一点，那么“按日计罚”的威慑力很可能无法充分发挥出来。

另外，可以预见，在新《环境保护法》生效之后，环保部门的执法力度会进一步加大，环境行政处罚的案件数量会有很大的增长，相应地需要申请法院强制执行的案件数量也会有一个较大的增长。法院应当及时在人力、物力和相关配套制度方面做好相应的应对措施，积极监督并协助环保部门执行已经做出的处罚决定或者其他行政命令。对于拒不履行义务的被执行人的法定代表人、主要负责人，法院执行部门应当依法采取罚款、拘留直至追究刑事责任等方式予以制裁，以提升环境行政处罚和其他行政命令的执行率。

4.3 对公众程序性环境权利的司法救济保护不够

公众参与已经成为环境保护不可或缺的一部分。2014 年新修订的《环境保护法》更是明确规定了公众的知情权、参与权和监督权。[②]法谚有云：“无救济则无权利。”如果缺乏对公众程序性环境权利的司法救济，这样的权利也难免成为“泡沫权利”。[③]反之，“若能使公众对于有争议的程序行政行为及时诉诸司法，不仅可以使公众参与落到实处，也能最大限度地减少体制外的抗争所引发的社会成本。”[④]

目前我国司法机关对环境知情权受到侵害的救济相对而言比较完善，根据《最高人民法院关于审理政府信息公开行政案件若干问题的规定》（法释〔2011〕17 号）第 1 条规定，公众可以在“向行政机关申请获取政府信息，行政机关拒绝提供或者逾期不

① 张晏：《中国环境司法的现状与未来》，载《中国地质大学学报（社会科学版）》2009 年第 5 期，第 23 页。

② 第 53 条：公民、法人和其他组织依法享有获取环境信息、参与和监督环境保护的权利。

③ 林华：《因参与、透明而进步：互联网时代下的公众参与和政府信息公开》，载《行政法学研究》2009 年第 2 期，第 90 页。

④ 沈跃东：《论程序行政行为的可诉性——以规划环境影响评价公众参与为视角》，载《行政法学研究》2012 年第 3 期，第 12 页。

予答复的”情形下提起行政诉讼。但司法机关对于公众程序性参与权受到侵害的救济非常有限。

以《行政许可法》为例。《行政许可法》第 36 条规定：“行政机关对行政许可申请进行审查时，发现行政许可事项直接关系他人重大利益的，应当告知该利害关系人。申请人、利害关系人有权进行陈述和申辩。行政机关应当听取申请人、利害关系人的意见。”第 47 条规定：“行政许可直接涉及申请人与他人之间重大利益关系的，行政机关在做出行政许可决定前，应当告知申请人、利害关系人享有要求听证的权利；申请人、利害关系人在被告知听证权利之日起五日内提出听证申请的，行政机关应当在二十日内组织听证。”由此，如果在行政许可过程中行政机关未能对利害关系人尽到告知义务，或者拒绝申请人、利害关系人陈述和申辩，或者申请人或利害关系人要求听证而未予听证的，申请人、利害关系人可以提起行政诉讼。具体到环保领域，如在环境影响评价文件审批过程中，如果建设项目存在重大环境风险，可能会对附近居民的人身权、财产权造成严重威胁；环保部门在审批过程中如果未告知利害当事人，听取利害当事人陈述和申辩，或者未召开听证会征求利害当事人意见的，利害关系人可以提起行政诉讼。

实践中，由于《行政许可法》规定的“直接关系”“重大利益”过于模糊，且以“行政机关审查时发现……”为前提，相当于是否让利害关系人知情和参与完全取决于行政机关的判断，而这种判断的依据是什么，《行政许可法》本身未做任何交代。[①]即便行政机关明知该许可与他人之间有重大利益关系，却假借审查后没有发现或者发现后不予通知，也不用承担任何责任。正因为如此，尽管 2004 年原国家环保总局就已经颁布了《环境保护行政许可听证暂行办法》，[②]但实际上全国各地环评审批过程中召开听证会的例子屈指可数，环保部更是直至该办法颁布近 10 年之后，在 2013 年 12 月才第一次召开环评审批听证会。实践中，有不少利害关系人以环保部门违反法定程序，未告知当事人听证为由提起过行政诉讼，[③]但很少见到法院撤销环保部门未进行告知或听证程序做出的决定。本来，由于法律本身的模糊性导致行政机关享有过大的自由裁量权，在许多具体案件中已经很不合理地侵害了利害关系人的参与权，在这种情况下，如果司法机关依然不适用正当法律程序原则对利害关系人的参与权进行救济，难免使得利害关系人名义上享有的参与权名存实亡。

---

① 从学理上分析，未来如果修改《行政许可法》，以“涉及他人合法利益”取代“重大利益”可能是一个更好的选择。

② 第 6 条规定：对于对环境可能造成重大影响、应当编制环境影响报告书的建设项目，或者可能产生油烟、恶臭、噪声或者其他污染，严重影响项目所在地居民生活环境质量的建设项目，如果公众与有关单位、专家的意见存在重大分歧的，环保部门在审批之前可以举行听证会。但这里的措辞只是“可以”，而非《行政许可法》第 47 条规定的“应当”。

③ 例如，楚德升诉郑州市环境保护局等环保行政审批纠纷案（河南省郑州市中原区人民法院行政判决书〔2011〕中行初字第 82 号；河南省郑州市中级人民法院行政判决书〔2012〕郑行终字第 135 号）；李君明等诉深圳市龙岗区环境保护和水务局环境影响评价批复撤销案（广东省深圳市龙岗区人民法院行政判决书〔2011〕深龙法行初字第 116 号）。

除了“未告知”“未召开听证会”之外，环境行政许可过程中另外一些更纯粹的程序性事项也会影响利害关系人的参与权。例如，利害关系人的代表性不够均衡、参与期限太短、参与程序规则不够公平、环保部门未对利害关系人提出的意见做出必要的回应等。根据目前的司法政策，这些程序性权利侵害均不能获得司法救济。事实上，我国司法机关对于行政许可中的程序性事项，一直都是秉持不可诉是原则、可诉是例外的态度。[①]《最高人民法院关于审理行政许可案件若干问题的规定》（法释〔2009〕20号）第3条规定：“公民、法人或者其他组织仅就行政许可过程中的告知补正申请材料、听证等通知行为提起行政诉讼的，人民法院不予受理，但导致许可程序对上述主体事实上终止的除外。”换言之，只要行政机关没有赤裸裸地“剥夺”利害关系人的参与权，而是悄悄地“限制”利害关系人的参与权，如只给利害关系人很短的准备时间、很短的发言时间、不采纳其意见并且不做出合理说明等，利害关系人就无法获得司法救济。

长期以来，我国的《行政诉讼法》《行政许可法》等法律都是重实体、轻程序。但随着法治的进步，环境法律赋予了公众更多的程序性权利，公众对正当法律程序提出了越来越高的要求。如果司法机关不能合理地回应这种需求，那么环境法律设计的公众参与制度再完美，最终也难免成为空中楼阁。

2014年12月19日，最高人民法院公布了人民法院环境保护行政案件十大案例。在“夏春官等4人诉东台市环境保护局环评行政许可案”中，夏春官等4人认为东台市环保局在没有召开座谈会、论证会以及征询公众意见的情况下，即做出《关于对东台市东台镇四季辉煌沐浴广场洗浴服务项目环境影响报告表的审批意见》（以下简称《审批意见》），侵犯了其合法权益，故提起行政诉讼，请求法院撤销该《审批意见》。一审法院江苏省东台市人民法院和二审法院江苏省盐城市中级人民法院均认为，根据《行政许可法》第47条的规定，夏春官等4个家庭作为与本案审批项目直接相邻的利害关系人，应当认定与审批项目存在重大利益关系。环保机关在审查和做出这类事关民生权益的行政许可时，应当告知夏春官等人享有陈述、申辩和听证的权利，并听取其意见，其未告知即径行做出《审批意见》违反法定程序，遂判决撤销该《审批意见》。[②]在该案中，东台市和盐城市人民法院充分保障了公民在建设项目环评审批过程中的知情权、参与权，彰显了程序正义和司法公正，值得全国其他人民法院学习、借鉴。

① 赵大光、杨临萍、王振宇：《最高人民法院〈关于审理行政许可案件若干问题的规定〉的理解与适用（上）》，载《法制日报》2010年1月6日第12版。

② 《夏春官等4人诉东台市环境保护局环评行政许可案》，载中国法院网：http：//www.chinacourt.org/article/detail/2014/12/id/1519866.shtml，最后访问时间：2014年12月25日。

5　环境刑事司法存在的问题

5.1　2013 年“两高”颁布新的司法解释前大量涉嫌污染环境犯罪的案件未被追究刑事责任

2002—2011 年，全国法院共审结破坏环境资源保护犯罪案件 81 435 件，其中审结重大环境污染事故犯罪案件 109 件。[①]远远少于同期发生的突发环境污染事件的数量。[②]“刑事法律作为打击犯罪、保护人民的最后一道法治防线，理应在遏制环境污染方面做出其应有的贡献，但全国范围内极少的刑事判决以及对绝大多数地方法院来说的‘零判决’现象既不符合将环境污染行为纳入刑法规制的立法目的，也不符合法治的正常逻辑，需深刻检思。”[③]

从实践来看，污染环境犯罪案件数量稀少，主要是由于环保部门“不移送”导致的，与法院无关，但公安机关和检察机关难辞其咎。[④]《行政执法机关移送涉嫌犯罪案件的规定》第 16 条规定：行政执法机关违反本规定，逾期不将案件移送公安机关的，或者应当向公安机关移送的案件不移送，或者以行政处罚代替移送的，由本级或者上级人民政府，或者实行垂直管理的上级行政执法机关，责令改正，并追究法律责任（包括刑事责任）。根据这个规定，如果环保部门不移送，人民政府可以责令环保部门移送，公安部门也可以依靠其在政府中的影响力，请求本级人民政府责令环保部门移送。同时，如果环保部门应当移送而不移送，或者以罚代刑，作为法律监督部门的检察机关完全可以凭职权直接追究环保部门[⑤]负责人或者直接责任人员“徇私舞弊不移交刑事案件罪”的刑事责任。但构成重大环境污染事故罪的案件如此之少，说明人民政府、公安机关和检察机关显然未能依法积极履行职责。

实践中，司法机关在追究污染环境罪时“抓小放大”的倾向十分明显，近年来后果最严重的几起环境污染事件，如 2005 年松花江水污染事件、2010 年大连漏油事件、2011

① 袁春湘：《我国环境司法的现状、问题及相关建议》，载《中国审判》2013 年第 5 期，第 99 页。

② 《国家突发环境事件应急预案》规定“发生 3 人以下死亡”的，属于“一般事件”；而无论是 2006 年《关于审理环境污染刑事案件具体应用法律若干问题的解释》还是 2013 年《关于办理环境污染刑事案件适用法律若干问题的解释》，均规定“致使一人以上死亡”就应当追究刑事责任。因此，只要发生了人为原因导致的突发环境事件，理论上都应当追究危害环境犯罪的刑事责任。

③ 焦艳鹏：《我国环境污染刑事判决阙如的成因与反思——基于相关资料的统计分析》，载《法学》2013 年第 6 期，第 75 页。

④ 汪劲：《环保法治三十年：我们成功了吗？——中国环保法治蓝皮书（1979—2010）》，北京：北京大学出版社，2011 年版，第 295～297 页。

⑤ 众所周知，公安机关可能是所有政府部门中权力最大、最受瞩目的部门。这一点从公安部门的领导在党委中的地位就能看出来。

年渤海湾漏油事件，没有任何人被追究污染环境犯罪的刑事责任。松花江水污染事件发生之后，国家环保总局政法司别涛副巡视员曾毫不含糊地指出："吉化公司造成重大环境污染事故，涉嫌犯罪，环保行政部门应当按规定及时移送有关材料，并积极配合司法机关立案侦查。"[①]但最终的结果却是不了了之。

2013 年 5 月，习近平总书记在主持中共中央政治局就大力推进生态文明建设进行第六次集体学习时强调："在生态环境保护问题上，就是要不能越雷池一步，否则就应该受到惩罚。""对那些不顾生态环境盲目决策、造成严重后果的人，必须追究其责任，而且应该终身追究。" 2013 年 6 月，最高人民法院、最高人民检察院发布了《关于办理环境污染刑事案件适用法律若干问题的解释》，极大地降低了污染环境罪的入罪门槛，使得我国对污染环境犯罪的追究力度一跃进入世界先进甚至世界领先的行列。此后，环境保护部和公安部联合出台了《关于加强环境保护与公安部门执法衔接配合工作的意见》，环境保护部办公厅印发了《关于加强环境保护行政执法与刑事司法衔接工作的通知》，许多省、自治区、直辖市环保厅（局）与公安厅（局）等司法机关联合出台了办理环境污染犯罪案件的相关程序，确立了联动执法的工作方式。总之，各级环保部门和公安机关显著加大了对于涉嫌污染环境犯罪的案件的移送力度和打击力度。环保部统计数据显示：2013 年，各级环保部门全年共向公安机关移送涉嫌环境犯罪案件 706 件，移送数量超过以往 10 年总和；公安机关受理 637 件，以污染环境罪判决 109 件，抓捕犯罪分子 186 人。[②]2014 年，各级环保部门向公安机关移送涉嫌环境违法犯罪案件 2 080 件，是过去 10 年总和的 2 倍。[③]最高人民检察院的统计数据显示，从 2013 年 6 月至 2014 年 5 月，全国检察机关共批准逮捕涉嫌污染环境罪案件 459 件 799 人，起诉 346 件 674 人，办案数量同比提升了六七倍。[④]

这一年多来，环境刑事司法终于开始"爆发"，这也同时反衬出前十多年我国环境刑事司法多么"疲软"。我们希望，各级司法机关对于污染环境犯罪的这种高压态势能够成为一种常态，真正发挥环境刑法的威慑作用。

5.2 对危害环境犯罪适用的刑事责任过轻

本来，我国刑法中规定的危害环境犯罪的法定刑与美国、德国、日本等发达国家刑

① 别涛：《重大环境污染事故不容忽视——再谈吉化公司污染事故的环境法律问题》，载《绿色视野》2006 年第 2 期，第 31 页。

② 郄建荣：《去年涉嫌环境犯罪移送案件数量大增以污染环境罪抓捕 186 人判决 109 件》，载《法制日报》2014 年 6 月 13 日第 6 版。

③《环保部部长陈吉宁作反馈报告时表示去年移送案件 2 080 件取缔小作坊 3 102 个》，载中国人大网：http: //www.npc.gov.cn/ npc/xinwen/jdgz/2015-06/30/content_1939978.htm，最后访问时间：2015 年 7 月 2 日。

④ 刘毅：《生态文明制度体系日臻完善：环保"猴皮筋"锻成"高压线"》，载《人民日报》2014 年 8 月 26 日第 1 版。

法以及印度等发展中国家刑法有关环境犯罪的量刑相比就偏轻。[①]在司法实践中，“环境刑事案件的一个较为突出的现象，即虽然都做了有罪判决，但量刑普遍较轻，且大多使用缓刑和罚金。”[②]进一步降低了环境刑法的威慑力。例如，环境案件较多的云南法院在2006—2008 年 9 月因环境犯罪判处缓刑 1 140 人，单处罚金 95 人，免于刑事处罚 10 人，达到环境犯罪判决总人数的 72.85%。[③]温州市各级人民法院 2012 年至 2014 年 2 月共审结 134 件环境刑事案件， 105 件适用缓刑，占比高达 78.36%。[④]

“环境犯罪量刑的轻缓化体现了人民法院掌握宽严相济刑事政策从宽的一面，然而由之而来的犯罪成本低廉化对环境犯罪的打击也似乎较为不利。”[⑤]“就我国环境犯罪的刑事处罚而言，刑罚力度显著轻微，已经不能起到刑法对犯罪行为的惩罚、警戒、教育等基本作用。特别是重大环境污染事故案件的量刑问题，长期以来一直受到社会舆论广泛关注。在一些案件的审判中，非但没有对公众产生警戒、教育作用，反而会引发人们对法律权威甚至环境保护目标的质疑。”[⑥]2009 年江苏省盐城市水污染事故最终以“投放危险物质罪”定罪量刑曾经引发了广泛的争议。从法院的角度来看，也不乏对于“重大环境污染事故罪”法定性偏轻，难以“服众”的考量。

当前，我国的环境形势仍然十分严峻，党中央、国务院已经下了最大的决心来治理环境污染，推进生态文明。实践中绝大多数涉嫌污染环境犯罪的行为人主观恶性较大，污染环境的后果导致的“民愤”也较大，量刑的轻缓化，会让行为人以及潜在的违法者产生“污染环境犯罪的后果不过如此”的错误观念，既不符合罪责刑相适应原则，也不符合目前对污染环境犯罪高压严打的政策要求和公众期待。2013 年 12 月，江苏省高级人民法院、江苏省人民检察院联合发布了《关于依法办理环境保护案件若干问题的实施意见》，要求对污染环境犯罪要审慎适用缓刑；对被告人判处缓刑的，可以同时宣告禁止令，禁止其在缓刑考验期内从事与排污工作有关的活动。本报告赞同这种做法，在追究污染环境犯罪的刑事责任时，应当慎用缓刑和轻刑（包括自由刑与罚金刑）。

6　环保法庭存在的问题

如前文所述，自从 2007 年 11 月贵阳市中级人民法院环境保护审判庭和清镇市人民法院环境保护法庭成立以来，各级环保法庭为促进我国环境司法的进步做出了巨大的贡

① 沈晓悦、李萱：《增强国家环境司法力量》，载《中国环境报》2010 年 7 月 8 日第 2 版。

② 吕忠梅、张忠民、熊晓青：《中国环境司法现状调查——以千份环境裁判文书为样本》，载《法学》2011 年第 2 期，第 90 页。

③ 况继明，沈竞舟：《云南法院环境司法保护实践与探索》，载《中国环境法治》（2009 年卷 · 上），第 158 页。

④ 浙江省温州市中级人民法院课题组：《环境司法的困境、成因与出路》，载《法律适用》2014 年第 6 期，第 82 页。

⑤ 杨林：《实现“美丽中国梦”之环境司法保护图景——以环境司法保护现状为基础的宏观分析与制度设计》，载《山东审判》2013 年第 6 期，第 64 页。

⑥ 沈晓悦、李萱：《增强国家环境司法力量》，载《中国环境报》2010 年 7 月 8 日第 2 版。

献，但也不可避免地面临着一系列体制和机制上的障碍，从而限制了环保法庭的制度潜能。“如果我们用计算机的架构来描述当前的环保法庭的现状，可以借用‘硬件’和‘软件’之间的关系形象地刻画出环保法庭的境况。可以说目前的环保法庭就如同一台硬件配置合理但系统漏洞百出的电脑，很难流畅地运行。环保法庭当前运行不畅，其核心问题在于法律支持不够，应该通过顶层设计用立法扫除环保法庭软件和硬件上的障碍。”①

6.1 基层人民法院设立环保法庭于法无据

实践中，绝大多数的环保法庭均设置在基层人民法院。如前文所述，截至 2014 年 9 月 16 日，全国 20 个省、市、区人民法院设立的 368 个环保法庭中，基层人民法院设立的环境资源审判机构多达 291 个，占总数的 79.1%。②

根据目前《人民法院组织法》的规定，中级、高级和最高人民法院可以根据需要设立其他审判庭，但是并没有赋予基层人民法院这一权力。③事实上，最高人民法院早在 1989 年就对武汉市硚口区人民法院设立环保法庭明确表态：“环保法庭与人民法庭性质不同，目前在基层人民法院设立环保法庭尚无法律根据，为适应实际需要，可在武汉市硚口区人民法院有关审判庭内设立专门审理环保案件的合议庭进行试点，并注意总结经验。”④

《人民法院组织法》是公法，法无规定则不可为。“无论现有的环境问题如何严峻，我们也不能突破现行法律规定来进行司法制度创新。”⑤如果要在基层人民法院设立环保法庭，就必须对《人民法院组织法》进行修改，或者在其他相关法律中进行明确授权。

基层法院是否有法律依据设置环保法庭，是一个牵一发而动全身的问题，关系到我国三大诉讼法规定的两审终审制能否顺利得到实施。要设立环保法庭，必须有对应的两级环保法庭的设置，尤其是在环保法庭普遍适用的对于民事、刑事、行政和执法案件“三合一”或“四合一”的司法标准下。可能有学者认为，只需要在一级法院设立环保法庭，在其上级法院不设立专门环保法庭或者是在既有法庭中设立环境保护合议庭可以解决这一问题。但是，如果下级环保法庭适用“三合一”或“四合一”的标准审理环境案件，在既有的法院划分的任何一个庭中进行二审都难以实现“两审终审”制度的

① 丁岩林：《超前抑或滞后——环保法庭的现实困境及应对》，载《南京大学法律评论》2012 年第 2 期，第 240 页。

② 高环智：《提高环境司法水平实现环境治理法治化——关于全国环境资源审判机构设置及现状的调研报告》，载《人民法院报》2014 年 12 月 3 日第 8 版。

③ 《人民法院组织法》同样没有授权基层人民法院设立行政庭，但 1990 年的《行政诉讼法》第 3 条（2014 年修订后的第 4 条）规定“人民法院设行政审判庭，审理行政案件”，因为本条并未限定“人民法院”的级别，因此这一条可以视为是对基层人民法院设立行政庭的一个授权。

④ 参见 1989 年 2 月 10 日最高人民法院对《关于武汉市硚口区人民法院设立环保法庭的情况报告》的答复（法[经]函〔1989〕19 号）。

⑤ 刘超：《反思环保法庭的制度逻辑——以贵阳市环保审判庭和清镇市环保法庭为考察对象》，载《法学评论》2010 年第 1 期，第 123 页。

预期效果。①

既然基层法院设立环保法庭于法无据，而《人民法院组织法》规定中级、高级和最高人民法院可以根据需要设立其他审判庭，那么是否可以在中级人民法院、高级人民法院和最高人民法院设立三级环保法庭来实现两审终审制的目的呢？这种建议会面临一个“按下葫芦浮起瓢”的法律困境：虽然这种设置符合《人民法院组织法》关于审判庭设置权限的规定，但又会与《人民法院组织法》《民事诉讼法》《刑事诉讼法》《行政诉讼法》等现行法律对于级别管辖的规定相冲突。因为原则上基层人民法院管辖第一审案件，中级人民法院和高级人民法院管辖的第一审案件由法律明确规定，一般只有“在本辖区有重大影响”的案件，才会由中级人民法院或者高级人民法院一审。但并非每个环境案件都是“在本辖区有重大影响”的案件，因此根据级别管辖的规定，许多（如果不是大多数的话）环境案件，一审法院应当是基层人民法院，因此有必要在基层人民法院设立环保法庭。

因此，基层法院设立环保法庭的法律依据问题，必须尽快解决。在地方“试点”阶段，“突破”法律规定尚属情有可原，但如今最高人民法院已经成立了环境资源审判庭，继续“放任”基层人民法院环保法庭的存在，有违法治精神。《最高人民法院关于全面加强环境资源审判工作为推进生态文明建设提供有力司法保障的意见》指出：“个别案件较多的基层人民法院经高级人民法院批准，也可以考虑设立环境资源审判机构。”但《人民法院组织法》并未规定经高级人民法院批准，基层人民法院可以设立其他审判庭，因此该意见是否妥当还值得商榷。并且现在基层人民法院已经设置了290多个环保法庭，已经远远不是“个别”地区了。这些已经设立了环保法庭的基层人民法院到底应当怎么做，是“依法”撤销，还是继续“非法”保留，将是一个棘手的问题。

本书建议：作为一种补救措施，在《人民法院组织法》修改或者其他法律明确授权之前，为了避免“违法”的嫌疑，一种可行但不那么完美的替代方案是：名义上取消基层人民法院设立的独立于其他审判庭的“环保法庭”（无论其具体名称是“环境保护审判庭”“环境资源审判庭”“生态环境保护审判庭”“环境保护案件审判庭”还是其他），改为“有实无名”的环境审判合议庭，由比较固定的合议庭成员专门负责审理环境案件。环保合议庭是体制内的内部机构，并不违反《人民法院组织法》。

6.2　按照行政区划设置的环保法庭作用有限

我国已经设立了300多家环保法庭，但由于案件少，大部分环保法庭形同虚设，形式意义大于实质意义。以2013年的办案情况为例，一些省市的环境资源审判机构2013年度结案量为零，如北京、上海、天津、广西、河南、山西、陕西、广东、内蒙古、湖

① 刘超：《反思环保法庭的制度逻辑——以贵阳市环保审判庭和清镇市环保法庭为考察对象》，载《法学评论》2010年第1期，第123页。

南、新疆、宁夏、西藏、湖北等。还有一些法院"等米下锅"现象明显，如河北 11 个环境资源审判机构有 24 名法官，一年环境案件结案总量为 24 件，平均每人一年结案 1 件；江苏省 5 个环境资源审判机构一年共结案 5 件；浙江 2 个环境资源审判机构一年共结案 3 件。[①]

设立环保法庭的初衷在于回应现实中环境司法的需求，重要的不在数量多，而在于能够解决问题，因此环保法庭应当按地方的生态环境状况、经济发展需求来设立，没有必要"遍地开花"。

目前，地方法院审理环境案件的最大障碍之一就是地方政府对独立审判的不当影响。"在经济政绩观的导向下，一些地方政府不惜以牺牲环境为代价，谋求短期经济发展。实践中一些企业的环境违法行为屡禁不止甚至酿成重大环境污染事件，往往与地方政府部门环保执法不力甚至直接或间接地纵容企业环境违法有着直接的关系。'政府失灵'在一定程度上排斥了环境问题进入司法救济程序。因为环境问题大多涉及政府的宏观决策或调控，而根据我国现行法律规定，这些宏观决策或调控行为一般都是不可诉的，对之无法启动司法审查程序。以企业为被告的环境民事诉讼也经常受到政府公权力的影响，有时这类案件本身已不再重要，案件的最终结果取决于司法部门与政府的角力。在相关诉讼规则尚未完善、行政与司法的互动机制尚未健全之前，环境法庭只是在形式上为审理环境案件提供了一个专门平台，其不可能推动环境司法取得实质性进展。"[②]

因此，理想状态下，环保法庭最好应当跨区域设置，这样才能够有效处理跨流域跨区域的环境案件，减少"地方保护主义"对案件审理的干扰，并且才能有比较充分的案源。但目前跨区域设置的环保法庭数量很少，绝大多数都是按照行政区划设置的，这样的环保法庭在解决跨界环境纠纷时并无优势。

为了有效应对跨区域的环境纠纷，一个值得考虑的方案是在现有的海事法院内设立"环保法庭"。海事法院本身就是跨区域设置的，在现有的法院体系下最适合解决跨界环境纠纷。[③]如果能在海事法院设置一个"环保法庭"，显然能比现有的按照行政区划设立的环保法庭发挥更大的作用。而且海事法院是现成的，新设一个审判庭的改革成本相对也较低。

授权在海事法院设立环保法庭管辖跨界环境纠纷的改革成本包括如下几个方面：一是需要修改《人民法院组织法》和《民事诉讼法》的相关规定，对海事法院的管辖区范围做出新的授权，并且与普通法院的管辖权进行再次分工。一般来说，改变长期以来形成的制度秩序必然会带来一定的制度变迁成本。但这种改革只是对现行普通法院和海事法院的管辖权范围进行微调——只是很少一部分案件的管辖权的转移，并非伤筋动骨的再造，因此，这种制度变迁的成本不会很高。二是可能会增加海事法院的负担。增加对跨界环境污染纠纷的管辖权后，海事法院的负担会有所增加。但这种增加是建立在普通

① 孙佑海：《对当前环境资源审判若干问题的分析和对策建议》，载《人民法院报》2014 年 9 月 17 日第 8 版。
② 张璐：《我国环境司法的障碍及其克服》，载《中州学刊》2010 年第 3 期，第 104 页。
③ 严厚福：《海事法院对跨省水污染纠纷的管辖权问题研究》，载《京师法律评论》2013 年第 7 卷，第 103～108 页。

法院案件负担相对减少的基础上，因此从社会总成本的角度来看并没有明显的增加。由于海事法院一直以来都在处理通海水域的污染案件，所以在解决跨界环境纠纷尤其是水污染纠纷问题时，无论是在专业知识方面还是在人员配备方面都具有相当的基础，无须进行大的机构改革，最多只是需要适当增加一些法官。三是可能会增加当事人的诉讼成本。目前我国只有 10 个海事法院，外加一些派出法庭，一般设置在沿海地区以及长江沿岸地区，数量相对较少。相对于到原先的普通法院提起诉讼，当事人去海事法院提起诉讼，可能会增加差旅费用。但考虑到海事法院的处理结果可能更公正，这种诉讼成本的增加应当是可以接受的。不过，目前西北地区没有一家海事法院，西南地区也仅有重庆一家海事法院，但西北和西南地区同样存在跨界甚至跨省环境污染纠纷，因此，可以考虑在离西南、西北地区最近的海事法院增设派出分庭，以方便群众诉讼。

海事法院对跨界环境纠纷行使管辖权的收益主要是能够更公正地提供司法救济。而提供更公正的司法救济正是司法机关最重要的目标，也是公众尤其是受害人对于司法机关的最高期待。所以，如果能实现这个目标，付出一定的成本显然是值得的。更何况，根据上文的分析，这种改革的成本相对较小。相对于可能带来的巨大收益，这种成本完全可以接受。

此外，由海事法院统一审理辖区内的跨界环境纠纷案件，而不是由各个普通法院单打独斗地审理此类案件，可以获得“规模效益”，既有利于节约司法资源，也有利于快速积累经验和知识，提高法院和法官的专业化水平，从而更好更快地处理此类案件。

另一种提升环保法庭效力的思路是新建跨区域的环境法院。在 2014 年 5 月底最高人民法院召开大力推进环境资源审判工作座谈会上，清华大学法学院王明远就建议：要解决深层次的生态系统整体化的需求和行政管理地方化、局部化割裂的矛盾，可以考虑在大区层面建立专门的环境法院，即在最高人民法院之下，在东北地区、西北地区、华北地区、华中地区、华南地区、西南地区等设立大区法院，对上与最高人民法院衔接，对下与中级甚至基层人民法院进行业务上的衔接。[①]与此同时，“可以考虑在各省、自治区、直辖市行政区域内根据环境案件情况设立跨区域的中级人民法院建制的环境法院，并在环境法院下设立流动的环境巡回法庭，审理各类普通环境一审案件。”[②]这种模式的环境法院更加“名副其实”，但由于是全新的创造，相对于在现有的海事法院的基础上进行改革，其成本要更高。[③]

无论采用哪种改革方案，设立跨区域的环保法庭都势在必行。党的十八届三中全会

① 李成思：《环保法庭建设尚存五大问题专家建议最高法设立环境资源审判机构》，载《中国环境报》2014 年 6 月 11 日第 8 版。

② 杨林：《实现“美丽中国梦”之环境司法保护图景——以环境司法保护现状为基础的宏观分析与制度设计》，载《山东审判》2013 年第 6 期，第 66 页。

③ 此种改革方案类似目前正在推进的知识产权法院。2014 年 8 月 31 日，全国人大常委会通过了《关于在北京、上海、广州设立知识产权法院的决定》，规定知识产权法院对案件实行跨区域管辖。在知识产权法院设立的 3 年内，可以先在所在省（直辖市）实行跨区域管辖。

通过的《中共中央关于全面深化改革若干重大问题的决定》提出“探索建立与行政区划适当分离的司法管辖制度”。《最高人民法院关于全面加强环境资源审判工作为推进生态文明建设提供有力司法保障的意见》指出：“探索建立与行政区划适当分离的环境资源案件管辖制度。逐步改变目前以行政区划分割自然形成的流域等生态系统的管辖模式，着眼于从水、空气等环境因素的自然属性出发，结合各地的环境资源案件量，探索设立以流域等生态系统或以生态功能区为单位的跨行政区域环境资源专门审判机构，实行对环境资源案件的集中管辖，有效审理跨行政区域污染等案件。”党的十八届四中全会通过的《中共中央关于全面推进依法治国若干重大问题的决定》指出：“最高人民法院设立巡回法庭，审理跨行政区域重大行政和民商事案件。探索设立跨行政区域的人民法院和人民检察院，办理跨地区案件。完善行政诉讼体制机制，合理调整行政诉讼案件管辖制度，切实解决行政诉讼立案难、审理难、执行难等突出问题。”2014 年 12 月 2 日，中央全面深化改革领导小组第七次会议审议通过了《最高人民法院设立巡回法庭试点方案》和《设立跨行政区域人民法院、人民检察院试点方案》，建议根据会议讨论情况进一步修改完善后按程序报批实施。会议指出，最高人民法院设立巡回法庭，审理跨行政区域重大行政和民商事案件，有利于审判机关重心下移、就地解决纠纷、方便当事人诉讼。探索设立跨行政区域的人民法院、人民检察院，有利于排除对审判工作和检察工作的干扰、保障法院和检察院依法独立公正行使审判权和检察权，有利于构建普通案件在行政区划法院审理、特殊案件在跨行政区域法院审理的诉讼格局。

2014 年 12 月 28 日，十二届全国人大常委会第十二次会议表决通过任免名单，任命刘贵祥为最高人民法院第一巡回法庭庭长、胡云腾为最高人民法院第二巡回法庭庭长，此外还任命了四位巡回法庭副庭长。这标志着最高人民法院巡回法庭试点正式启动。同日，上海市成立了跨行政区域的第三中级人民法院。2014 年 12 月 30 日，北京市也成立了跨行政区域的第四中级人民法院。值得注意的是，上海市和北京市新设立的两个跨行政区域的中级人民法院管辖的一审案件中，均包括“跨地区的重大环境资源保护案件”。

根据最高人民法院 2015 年 1 月 28 日发布的《关于巡回法庭审理案件若干问题的规定》，最高人民法院设立的巡回法庭相当于最高人民法院的派出机构，在审级上等同于最高人民法院，巡回法庭的判决效力等同于最高人民法院的判决，均为终审判决。本报告认为，最高人民法院成立巡回法庭，无疑能在一定程度上促进对跨行政区域的环境案件的公正审理，但这种作用可能比较有限。

从理论上来说，目前最有必要成立的审理跨行政区域重大案件的法院应当是管辖范围跨省级行政区域、但审级为高级人民法院级别或者中级人民法院级别（如现在的海事法院）的法院；以及一省之内，管辖范围跨市级行政区域，但审级为中级人民法院级别的法院，如上海市新设立的第三中级人民法院和北京市新设立的第四中级人民法院。这样就可以保证跨行政区域——包括跨县、跨市、跨省——的重大案件，在一审和二审当中，至少有一次能够在跨行政区域设立的法院中获得审理。对于那些由高级人民法院一审、最高人民法院二审的跨行政区域的案件，我们有理由相信，在二审的时候，最高人民法院——无论是最高人民法院本部，还是最高人民法院的巡回法院——肯定会公正处理。[①]公众，尤其是案件当事人所担忧的，是那些由普通的基层人民法院或者中级人民法院一审，由普通的中级人民法院或者高级人民法院二审的跨行政区域的案件。如果两次审理的法院均是按照行政区划设置的，其判决的公正性就可能受到质疑。

以跨省的环境案件为例。当前，跨省的环境案件，以中级人民法院一审居多。[②]无论在原告还是被告所在地的中级人民法院一审，二审都将由原告或者被告所在地的省高级人民法院审理。也就是说，这些案件的一审和二审当中，没有一次是在跨行政区域的法院中审理的，可能存在"偏袒"某一方当事人的嫌疑。而如果最高人民法院设立的"巡回法庭"是高级人民法院级别的，那么，在这种案件中，无论一审是在原告还是被告所在地的中级人民法院审理，二审都可以在跨省的"巡回法庭"审理，至少二审的结果可以让原被告双方及公众都觉得比较"公正"。但目前最高人民法院设立的"巡回法庭"在审级上等同于最高人民法院，因此，如果仍然由中级人民法院来管辖跨省的环境案件的一审，二审的时候就不能由巡回法庭来管辖，巡回法庭也就无法发挥"审理跨行政区域的重大案件"的作用。而如果规定跨省的重大环境案件统一由高级人民法院一审，那么在审级上等同于最高人民法院的巡回法院的地位就更加尴尬——因为，即便没有巡回法院，二审本来也是由最高人民法院审理的，巡回法庭的作用只是相当于将二审的审理地点从北京改为其他城市。换言之，目前的这种模式的"巡回法庭"，意义仅在于"推动审判机关重心下移、就地解决纠纷、方便当事人诉讼"，[③]似乎很难起到"审理跨行政区域的重大案件"的作用。

目前，管辖范围跨省级行政区域、但审级为中级人民法院级别的法院已经有海事法

---

① 即便案件当事人认为最高人民法院的处理不公正，根据现在的法律框架，也只能接受这样的结果。

② 例如，浙江嘉兴的"沉船拦污事件"：浙江省嘉兴市秀洲区自从20世纪90年代以来，频频遭受来自江苏省苏州市吴江盛泽镇麻溪江的跨界水污染，群众意见极大，但是一直得不到解决。2001年11月21日深夜，嘉兴数千名村民自筹资金100万元，动用8台推土机、数万只麻袋，自沉28条水泥船截断河流，堵塞麻溪江上盛泽至嘉兴间的航道，以此阻断来自盛泽镇的污水。该事件震惊了中央政府，时任国务院总理朱镕基和副总理温家宝先后做出批示，要求水利部、国家环保总局和相关地方政府部门妥善处理该事件。事件发生之后，嘉兴47户因污染遭受巨大损失的渔民向嘉兴市中级人民法院起诉江苏盛泽的21家印染企业，索赔710万元。2002年12月，嘉兴市中级人民法院做出一审判决，47户渔民胜诉。被告不服一审判决，向浙江省高级法院提起上诉。2003年8月，浙江省高级人民法院做出终审判决：21家被告连带赔偿47名原告损失总计789万元。连云港市石梁河水库污染案件。石梁河水库是江苏省最大的人工水库，位于连云港市北部的东海、赣榆两县境内，与山东省临沭县接壤。从1998年起，库区农民投入大量资金发展网箱养殖，但1999年7月至2000年6月，他们在汛期内先后3次遭受上游山东临沭县一些工厂污水集中下泄导致的"灭顶之灾"，3 030只网箱中的在养鱼苗全部死亡，造成直接经济损失560余万元。2001年3月，97户农民向连云港市中级人民法院提起诉讼，要求造成污染的山东省相关单位赔偿经济损失。同年12月，连云港市中级人民法院做出一审判决，判决山东省某纸业公司、山东省某县化工总厂连带赔偿560.4万元。被告不服提起上诉，2002年4月，江苏省高级人民法院依法做出终审判决，维持原判。

③ 罗书臻：《最高人民法院巡回法庭分别设在深圳沈阳》，载《人民法院报》2014年12月30日第1版。

院作为先例。无论是在现有的海事法院的基础上，通过修改法律赋予其管辖一般跨省重大环境案件的权限，还是新成立一种与海事法院的管辖范围和审级类似的普通跨省级行政区域法院，相对于新成立管辖范围跨省级行政区域、但审级为高级人民法院级别的法院而言，改革成本要更低一些，因此相对来说是一种更加可行的方案，尤其是考虑到最高人民法院刚刚设立了最高院级别的巡回法庭，不太可能在短期内再次组建管辖范围跨省级行政区域、但审级为高级人民法院级别的法院。但就理想状态而言，如果将来最高人民法院能够组建管辖范围跨省级行政区域、但审级为高级人民法院级别的法院，那就更完美了。

6.3 “三合一”“四合一”的审判机制无法弥补缺乏专门的环境诉讼机制的遗憾

“环境司法的专门化是大势所趋。所谓专门化不仅是司法机构的专门化，也包括其他配套制度的专门化。传统诉讼制度对环境司法存在诸多内生性障碍，需要构建与环境案件特点相适应的专门环境诉讼制度来推进环境的司法保护。”[①]

环境法作为新型法律，具有综合性或者跨法域的独特个性，其制度有明显的公法私法化或私法公法化的趋势。这些都要求有相应的诉讼制度予以保障。我国当前在诉讼制度方面不承认第三法域的存在，按照传统的三大诉讼设立审判机构，并且严格分工。尽管设立有附带诉讼制度，但很少被使用。一些新类型案件被简单按照传统的诉讼原则进行审理，不能正确区分传统法律与新型法律调整的社会关系的不同特性，不能综合考虑私权与公益、权利与权力、个人与社会、政府与社会的关系，导致案件处理的偏颇与不妥帖，甚至导致错误。[②]在已经成立的环保法庭中也是如此，专门的环保法庭并不适用专门的环境诉讼机制，其适用的程序和规则也分别将是刑事诉讼机制、民事诉讼机制和行政诉讼机制，这些既有的诉讼机制的适用难以关照或者兼顾环境诉讼具备的以下一些基本特征：①公法手段对私法领域的介入，导致行政权的扩大以及对民事权利的直接裁量；②对行政权、民事权利主张的双重审查；③社会公共利益的裁量；④无过错责任和

① 韩卫平、黄锡生：《论我国环境司法的制度障碍及法律对策》，载《2013 年全国环境资源法学研讨会论文集》，第 486 页。

② 例如，关于在环境民事诉讼中如何对待环保局依职权处理所做出的调查结论问题，按照现行的《民事诉讼法》和《行政诉讼法》，分别由民事审判庭和行政审判庭审理，可能出现以下尴尬可能性：按照《环境保护法》的规定，根据受害人的请求，环保局经过调查，可能得出的一种结论是致害人行为构成污染，应由致害人承担赔偿责任。于是，受害人以此结论为依据提起环境民事诉讼，请求损害赔偿。致害人不服此决定，提起行政诉讼，请求撤销此环保局的行为。随后就可能出现民事审判庭以此为依据决定损害赔偿，行政庭认为环保局对致害人承担赔偿的判决不合规定而予以撤销。参见吕忠梅：《环境行政司法：问题与对策——以实证分析为视角》，载《法律适用》2014 年第 4 期，第 5 页。

公平责任的运用。[①]无论是刑事、民事、行政案件统一管辖的“三合一”还是刑事、民事、行政与执法案件统一管辖的“四合一”模式，环保法庭运作的内核还是适用传统的诉讼机制而没有适用专门的环境诉讼机制，因为环境诉讼有着上述与传统 3 种诉讼的不同之处，这种体制不但不能应对上述环境诉讼，而且演进到最后要么是持续司法资源的重复配置，要么面临“兔死狗烹”，被重新划归刑事、民事和行政审判庭的命运。[②]

因此，“要预期发挥环保法庭在解决环境纠纷中的作用，必须重视专门环境诉讼机制的构建。专门的环境诉讼机制在价值追求和制度安排上，需要改变把环境案件纳入传统诉讼模式，区分为环境民事诉讼、环境行政诉讼和环境刑事诉讼的现状，对环境公益和私益进行综合衡量，对行政行为和民事权利进行综合审查，重视环境公益的衡量，扩大诉讼主体资格，实现诉权社会化。在具体法律技术适用上，要突出解决环境诉讼中环境损害是否发生、环境损害的鉴定、致病机理、因果关系认定等法律难题，确立专门规则和细化相关规定。只有从这些方面进行了完整的专门环境诉讼机制设计，确立了专业性的制度和规则，才能解决专门性的环境案件审判组织运行的体制基础和法律依据，环保法庭才能发挥预期作用。否则，在没有专门的环境诉讼机制作为体制基础的前提下，环保法庭的运作只能是依然如故——在专门的审判组织（环保法庭）中适用传统的诉讼机制和诉讼模式解决环境纠纷，传统诉讼模式中固有的问题依然存在。”[③]

尽管当前环境司法还存在种种问题甚至困境，但本书认为，鉴于当前无论是中央领导层还是普通公众，对于环境问题都极其重视，以及“两高”新的司法解释发布以来，被追究污染环境犯罪的案件出现“井喷”的情况，我们有理由相信，党的十八届三中、四中全会提出的司法改革措施以及新《环境保护法》《行政诉讼法》规定的新的环境司法制度都将得以贯彻落实，从而将我国的环境司法推向一个更高的境界。

7　解决我国环境司法中存在的问题的政策建议

7.1　顶层设计：推动独立公正行使司法权，提升司法公信力

司法能否有效地解决纠纷最终取决于司法公信力。树立司法公信力的一个关键因素是破除“地方保护主义”或者“行政干预司法”的顽疾，推进独立公正行使司法权。

《中共中央关于全面深化改革若干重大问题的决定》第 32 项提出：“确保依法独立

① 具体分析参见吕忠梅：《环境诉讼初探——有没有环境诉讼？》，载吕忠梅、徐祥民主编：《环境资源法论丛》（第 3 卷），北京：法律出版社，2003 年版，第 318～332 页。

② 刘超：《反思环保法庭的制度逻辑——以贵阳市环保审判庭和清镇市环保法庭为考察对象》，载《法学评论》2010 年第 1 期，第 127～128 页。

③ 刘超：《反思环保法庭的制度逻辑——以贵阳市环保审判庭和清镇市环保法庭为考察对象》，载《法学评论》2010 年第 1 期，第 128 页。

公正行使审判权检察权。改革司法管理体制，推动省以下地方法院、检察院人财物统一管理，探索建立与行政区划适当分离的司法管辖制度，保证国家法律统一正确实施。”长期以来，由于在财政问题上受到地方政府的控制，司法机关往往“人在屋檐下，不得不低头”，许多司法不公正由此产生。本书总结的许多实践中出现的环境司法问题，最终能否顺利解决，主要取决于司法机关能否真正独立公正行使审判权。司法机关财政上的独立以及在管辖范围上与行政区划适当分离，是实现“司法独立”的关键步骤，应当尽快付诸实施。

除了从人、财、物方面尽量让司法机关摆脱地方政府的影响和控制外，还应当从制度层面建立“权力的笼子”，让其他不正当的公权力之手无法伸向审判权，让环境司法处于一个独立、安全的位置。针对如何控制公权力的渗透和影响，《中共中央关于全面推进依法治国若干重大问题的决定》明确提出，“建立领导干部干预司法活动、插手具体案件处理的记录、通报和责任追究制度，建立健全司法人员履行法定职责保护机制”，从制度层面控制司法审判的外部影响，并加强内部保护机制，旨在构建独立公正行使司法权的内外“组合拳”。最新修改的《行政诉讼法》也明确规定“行政机关及其工作人员不得干预、阻碍人民法院受理行政案件”。

建立跨行政区域的司法机关，也有利于减少“地方保护主义”对司法的干预，提升司法的独立性，从而促进环境司法的公正性。党的十八届四中全会提出的设立跨行政区域的人民法院、人民检察院的试点方案，应当在总结试点经验的基础上尽快在全国范围内推行。或者可以考虑在海事法院的基础上，设置跨省级行政区域的中级或者高级人民法院来审理跨省的重大环境案件。

最后，改变以 GDP 为中心的考核指标体系，也可以为司法独立创造更好的外部环境。2013 年 12 月中央组织部出台《关于改进地方党政领导班子和领导干部政绩考核工作的通知》，明确提出对政绩考核不简单以 GDP 论英雄。不能仅仅把地区生产总值及增长率作为考核评价政绩的主要指标，不能搞地区生产总值及增长率排名。中央有关部门不能单纯以地区生产总值及增长率来衡量各省（自治区、直辖市）发展成效。地方各级党委、政府不能简单以地区生产总值及增长率排名评定下一级领导班子和领导干部的政绩和考核等次。对限制开发区域不再考核地区生产总值。据媒体报道，截至 2014 年 8 月，我国已经有 70 多个县取消了 GDP 考核，以环境和民生的考核导向取而代之。当地方政府的政绩观朝向更加“绿色”的方向倾斜时，当前环境司法中存在的一些地方干预的问题必然会逐渐减少，实现环境司法的独立性和公正性也因此少了一个巨大的障碍。

7.2 进一步完善涉及环境司法制度的立法或司法解释

法治首先是“良法之治”。当前实践中存在的一些环境司法问题，有很大一部分是由于立法不完善或者缺乏相应的司法解释导致的，因此需要进一步完善立法和司法解释，为环境司法的顺利进行铺平道路。

（1）建议立法机关修改《人民法院组织法》，明确在基层人民法院设立环保法庭的法律依据。鉴于目前《人民法院组织法》并未授权基层人民法院可以根据需要设立其他审判庭，而当前成立的环保法庭绝大多数都设置在基层人民法院。为了让这些基层人民法院设立的环保法庭“有法可依”，最高人民法院应当根据《立法法》第24条的规定，尽快提请全国人大常委会修改《人民法院组织法》。

（2）建议立法机关制定专门的环境诉讼程序法，或者由最高人民法院出台有关环境诉讼特殊程序规则的司法解释。环境法具有典型的社会法特征，具有公法、私法融合的特征。一个环境案件往往涉及社会关系的各个领域，需要通过结合公法和私法救济手段的才能更好地维护公众环境权益。目前人民法院实行的刑事、行政、民事三大诉讼分立的传统模式，已经难以适应环境司法专业化审判的需要。当前一些环保法庭采用了民事、行政、刑事审判“三合一”方式，取得了良好的效果。但这种审判方式目前还缺乏明确的法律依据和全国统一的程序规则，因此有必要建议立法机关制定专门的环境诉讼程序法，融合目前三大诉讼法的相关内容，并有所创新，以更好地适应环境司法的客观需求。如果短期内制定专门的环境诉讼程序法的难度较大，可以考虑先由最高人民法院出台有关环境诉讼特殊程序规则的司法解释。

专门的环境诉讼机制在价值追求和制度安排上，需要改变把环境案件纳入传统诉讼模式，区分为环境民事诉讼、环境行政诉讼和环境刑事诉讼的现状，对环境公益和私益进行综合衡量，对行政行为和民事权利进行综合审查，重视环境公益的衡量，扩大诉讼主体资格，实现诉权社会化。在具体法律技术适用上，要突出解决环境诉讼中环境损害是否发生、环境损害的鉴定、致病机理、因果关系认定等法律难题，确立专门规则和细化相关规定。只有从这些方面进行了完整的专门环境诉讼机制设计，确立了专业性的制度和规则，才能解决专门性的环境案件审判组织运行的体制基础和法律依据，环保法庭也才能发挥预期作用。[①]

（3）为了保障环境行政罚款的执行率，震慑违法者，建议立法赋予环保部门强制执行某个数额以下的罚款的强制执行权。超过这个数额的罚款仍然申请法院强制执行。新《环境保护法》已经赋予环保部门直接“查封、扣押”造成污染物排放设施、设备的权力，但实践中运用最频繁的“罚款”，如果相对人拒不履行的话，环保部门还得申请法院强制执行。建议立法机关修改相关法律，赋予环保部门强制执行某个数额（如4万元[②]）以下的罚款的强制执行权，超过这个数额的罚款仍然申请法院强制执行。这样既

① 刘超：《反思环保法庭的制度逻辑——以贵阳市环保审判庭和清镇市环保法庭为考察对象》，载《法学评论》2010年第1期，第128页。

② 根据环境保护部公布的2014年第三季度环境行政处罚及移送涉嫌环境污染犯罪案件的情况，2014年第三季度全国共处罚环境违法案件11 114件，处罚金额48 345.63万元。对每个环境违法行为的平均处罚金额约为4万元。因此可以考虑对平均数额以下的罚款由环保部门直接强制执行，平均数额以上的罚款数额，由环保部门申请法院强制执行。

能减轻法院的负担，保障环保执法的及时性和威慑力，同时也没有显著降低对相对人的司法保护。

（4）建议最高人民法院发布有关先予执行、临时禁令救济的司法解释，明确先予执行、临时救济的适用条件。环境污染和生态破坏具有长期性、潜伏性、一旦损害发生则难以逆转等特点，如果等到诉讼结束之后再对污染或破坏环境的行为进行强制执行，很可能为时已晚。当前，一些环保法庭已经在实践中开始创造性地适用“先予执行”“临时禁令救济”制度。例如，无锡中院环保法庭在环境案件立案之后，审结之前，基于诉讼个案的申请，并有确切证据表明被诉环境污染行为正在对环境造成持续性损害或无法弥补的后果，法院有权做出司法裁定，责令污染者立即停止污染行为，以避免污染进一步扩大。贵阳清镇市环保法庭也在环境公益诉讼案件中采用先予执行措施，以求在最短的时间内最大可能地减轻污染对环境的危害。

但是，“正在对环境造成持续性和无法弥补的损害”目前还没有具体的标准，需要法官审判时的自由心证，实际上是赋予法官更多立法者的任务。为了保障司法的中立性，防止法官在未经审判前偏向一方，将法院推向行政执行的第一线，迫切需要最高人民法院统一“先予执行”或者“临时禁令救济”的条件，在维护司法中立的基础上维护环境公益。[①]

7.3 司法机关应当严格遵守法律的要求

“徒法不足以自行”。纸面上的良法要变成实践中的良法，还需要司法机关的努力。司法机关应当努力排除来自内部和外部的干预和干扰，以法律规定作为唯一的准绳，不折不扣地实施法律。

（1）严格适用《民事诉讼法》和《行政诉讼法》关于案件受理的规定。对于不依法立案的违法人员，追究相应的法律责任。《民事诉讼法》第 119 条明确规定了立案的条件。党的十八届四中全会通过的《中共中央关于全面推进依法治国若干重大问题的决定》提出“改革法院案件受理制度，变立案审查制为立案登记制，对人民法院依法应该受理的案件，做到有案必立、有诉必理，保障当事人诉权。”“建立领导干部干预司法活动、插手具体案件处理的记录、通报和责任追究制度”。新近修改的《行政诉讼法》也加强了对法院违法不立案行为的监督。各级人民法院应当严格执行这些规定，切实保障公民、

① 2015 年 6 月 1 日最高人民法院发布的《关于审理环境侵权责任纠纷案件适用法律若干问题的解释》第 12 条规定：“被申请人具有环境保护法第六十三条规定情形之一，当事人或者利害关系人根据民事诉讼法第一百条或者第一百零一条规定申请保全的，人民法院可以裁定责令被申请人立即停止侵害行为或者采取污染防治措施。”该条规定在很大程度上明确了先予执行的条件。但《环境保护法》第 63 条规定的 4 种情形中有 3 种的构成要件包括“被责令改正，拒不执行的”，这在治安管理处罚中是合理的，但在环境污染侵权诉讼中未免过于严格。如果严格适用该条解释的话，那就意味着，如果行政机关没有介入，没有责令污染者改正违法行为，那么污染受害人在民事诉讼中就不能向法院申请保全。

法人和其他组织的诉权。

（2）严格适用《侵权责任法》规定的环境污染侵权案件举证责任倒置规则。《侵权责任法》第66条规定："因污染环境发生纠纷，污染者应当就法律规定的不承担责任或者减轻责任的情形及其行为与损害之间不存在因果关系承担举证责任。"该条规定的"举证责任倒置"是为了平衡污染受害人和加害人之间的信息不对称而采取的法律技术性措施，也代表了环境法律保护污染受害人的价值取向。但实践中，部分法院或法官出于一些案外因素的考虑，在环境污染侵害案件中故意不适用举证责任倒置原则，并以受害人举证不能判受害人败诉，极大地影响了法院的公信力。法院的使命，就是严格适用法律。对环境污染受害人的司法保护，关系到最基本的环境正义。各级法院应当充分关注这个问题，让污染受害人在一个个具体的案件中感受到公平正义。

（3）依法及时受理、审查和执行环保部门和其他负有环境监督管理职责的部门提交的申请强制执行案件。对于环境违法行为，在环保部门已经做出处罚并且已经申请法院强制执行的情形下，由于法院的原因最终未能实际执行，无论是对于环境保护还是对于环境法律的权威而言，都是一个沉重的打击。近年来，为了解决环境领域"违法成本低"的问题，很多人都提出应当在修改法律时提高处罚额度。这种观点当然是正确的，因为我国环保法律中规定的罚款额度确实太低。但同时这种观点也存在很大的误区。提高处罚额度必须建立在处罚能够获得执行的前提之上，否则100万元的处罚和1 000万元的处罚都是零，新《环境保护法》规定的"按日计罚"也很可能沦为一纸空文。

为了维护环境法律的权威，保证环境行政处罚得以及时执行，法院应当依法及时受理、审查和执行环保部门和其他负有环境监督管理职责的部门提交的申请强制执行案件。为了增强法院的执行能力，可以考虑增加法院执行部门的人员编制，改进执行的方法，将非诉执行率作为法官或法院考核的重要指标之一等。

（4）严格按照《行政许可法》《环境保护法》《环境影响评价法》及相关法律法规的规定，加强对公众参与权的保护。法谚有云："无救济则无权利"。新《环境保护法》已经明确规定了公众的知情权、参与权，目前司法机关对公众知情权的保护已经比较完善，但当公众的参与权受到侵犯，公众依照《行政许可法》等法律寻求司法救济的时候，法院基本上都没有支持公众的诉讼请求，使得公众的参与权名存实亡。

如果说，对于建设项目环境影响评价中的参与权，多少还算有一点司法救济的话，那么对于规划环境影响评价中的参与权，几乎没有任何司法救济可言。因为规划环境影响评价过程中法定的公众参与只限于环境影响报告书编制阶段，并且规划环境影响报告书依法只需"审查"而非审批，不属于行政许可，因此上述对于行政许可中的参与权的司法救济条款完全不适用于规划环评。

由于对于公众参与权的司法救济不完善，公众表达意见的权利受到侵犯后难以通过司法途径获得救济，因此往往直接选择"自力救济"，上街"散步""晒太阳"，从而酿成群体性事件。鉴于此，司法机关应当依法加强对公众参与权的司法救济，当发现公众的参与权受到行政机关的不法侵害时，应当勇于判决行政机关败诉，要求行政机关重新启动公众参与程序。

（5）依法严惩构成危害环境犯罪的行为人，慎用缓刑、轻刑。刑事责任是对违法者最严重的惩罚。在当前我国环境形势极其严峻的情况下，我国的刑事政策应当是加大对危害环境犯罪的打击力度。毫无疑问，法院不能任意“治乱世用重典”，而是必须在法定刑范围之内进行自由裁量。但目前一些法院在审判危害环境犯罪案件时，存在明显失当的轻刑化倾向，甚至对一些导致非常严重的危害后果的行为人也适用轻刑甚至缓刑，很难实现刑罚的一般威慑和特殊威慑功能。为了充分发挥环境刑法的威慑力，法院应当刑法规定的范围内，依法严惩构成危害环境犯罪的行为人，慎用缓刑、轻刑。

7.4 提升司法机关和司法人员环境司法的能力

环境司法审判的专业性较强，对相关司法人员的专业素养要求较高，因此应当一方面加大对司法人员的培训力度，另一方面邀请专业人士参与环境司法过程。

(1)环境审判继续走专业化道路，推进环保法庭的制度化建设。最高人民法院在2014年7月下发的《关于全面加强环境资源审判工作为推进生态文明建设提供有力司法保障的意见》中明确提出要本着确有需要、因地制宜、分步推进的原则，建立环境资源专门审判机构，各高级人民法院要按照审判专业化的思路，理顺机构职能，合理分配审判资源，设立环境资源专门审判机构。中级人民法院应当在高级人民法院的统筹指导下，根据环境资源审判业务量，合理设立环境资源审判机构，案件数量不足的地方，可以设立环境资源合议庭。个别案件较多的基层人民法院经高级人民法院批准，也可以考虑设立环境资源审判机构。

当前，我国已经在从最高人民法院到基层人民法院的四级法院中设立了300多个环保法庭，初步建立了环境审判的专业化格局。未来，我国应当继续推进环保法庭的制度化建设，让环保法庭充分发挥在解决环境纠纷中的作用。

（2）最高人民法院应当定期或不定期发布典型环境司法指导性案例，推广各地行之有效的环境司法经验，促进全国各地的法院统一环境司法尺度。由于我国的环保法庭在建立初期，普遍依据地方性法规或者规范性文件作为受案的依据，并且在缺乏上位法依据的情形下进行了一些探索、创新，导致各地的环保法庭存在司法尺度不统一的情形。这种情形可以理解，并且有其独特的历史价值，但在我们这样一个中央集权的单一制国家里，也存在着很大的问题。在最高人民法院成立环境资源审判庭后，迫切需要在一些重大的制度或者规则上统一司法尺度，定期或不定期发布典型环境司法指导性案例，推广各地行之有效的环境司法经验，以保证类似的案件在全国各地的法院中均能得到类似的处理。

据最高人民法院奚晓明副院长介绍，最高人民法院现已着手编辑《环境资源审判实务手册》《环境资源典型案例选（民事卷）》等审判参考丛书。相信这些丛书将有助于促进全国各地的法院统一环境司法尺度。

（3）定期或者不定期请国内外的专家对司法人员，尤其是环保法庭的法官进行环境司法方面的培训，及时学习国内外最新的环境司法理论和实践。环境案件具有很强的专业技术性和复杂性，对法官的素质和水平要求较高。要通过加大培训力度，更新法官的环境资源司法理念，全面提升法官队伍的司法能力，打造一支专家型的法官队伍。

（4）鼓励高校和科研机构环境领域的专家学者担任环境案件的人民陪审员。在条件比较成熟的地方，邀请环境法律专家或者环境科学专家到司法机关去兼职。加强对法官的培训有利于在一定程度上提升法官审理环境案件的专业能力，但毕竟有很多法官原本对环境法律的研究不够深入，相关环境科学知识更是匮乏，靠一时的培训难以从根本上解决专业能力不足的问题。因此，有必要从法院外部引进一些专家，协助法官处理专业化程度很高的环境案件。例如，鼓励高校和科研机构环境领域的专家学者担任环境案件的人民陪审员，为法官提供专业指导意见。在条件比较成熟的地方，可以考虑邀请环境法律专家或者环境科学专家到司法机关兼职或者挂职，这样就可以在较长的时间内为司法机关处理环境案件提供较为稳定的专业性智力支持。

（5）建立从符合条件的环境法律师、环境法学专家中招录法官制度。《中共中央关于全面推进依法治国若干重大问题的决定》中提出“建立从符合条件的律师、法学专家中招录立法工作者、法官、检察官制度”。在美国、欧洲以及我国的台湾地区，法官的重要来源之一就是在某个领域造诣深厚的律师或者法学专家，从而极大地促进了法官队伍专业化水平的提升。目前最高人民法院已经试点了聘请高校著名法学教授到最高人民法院挂职的做法，取得了良好的效果。未来应当更进一步，在法院系统的环保法庭中推行从符合条件的环境法律师、环境法学专家中招录法官的制度，以提升环保法庭法官队伍的专业化水平。

7.5　进一步完善涉及环境司法的配套制度

（1）健全生态环境污染损害鉴定制度。目前我国尚缺乏类似美国的“自然资源损害评估制度”或者《欧盟环境责任指令》中规定的“环境损害”制度这样的针对生态环境本身受到损害时应当如何进行损害赔偿的制度，只在《海洋环境保护法》中有零星的规定。这显然不利于对生态环境本身的保护，也不利于环境公益诉讼的开展。

2011 年 5 月，环境保护部发布了《关于开展环境污染损害鉴定评估工作的若干意见》（环发〔2011〕60 号）和《环境污染损害数额计算推荐方法（第 I 版）》，我国环境损害鉴定评估工作取得了积极进展。在借鉴国内外环境损害鉴定评估方法并总结国内外环境损害鉴定评估实践经验的基础上，2014 年 10 月，环境保护部又发布了《环境损害鉴定评估推荐方法（第Ⅱ版）》，重点修订生态环境损害鉴定评估方法。

本书建议负有环境保护监督管理职责的部门应当进一步完善相关生态环境损害鉴定评估方法，以便于环境污染或生态破坏受害人或者环境公益诉讼原告计算损害数额。与此同时司法机关应当加强与负有环境保护监督管理职责的部门和司法鉴定主管部门的沟通，推动完善环境损害司法鉴定和损害结果评估机制。

（2）健全国家法律援助制度，鼓励律师从事公益性环境法律援助工作，为污染受害人或者提起环境公益诉讼的社会组织提供法律援助。环境诉讼的专业性较强，但由于经济实力的限制，无论是环境私益诉讼的原告还是环境公益诉讼的原告，都可能请不起律师，因此，非常需要由国家或者民间组织提供法律援助服务。首先，国家有必要健全环境诉讼法律援助服务，在某些情形下由国家“埋单”来为环境诉讼的当事人提供法律援助服务。其次，当前一些公益律师也在从事免费的环境诉讼法律援助服务，国家应当对此进行精神或者物质上的鼓励。

（3）建立环境污染责任保险制度。当前，我国正处于环境污染事故的高发期。一些地方的工业企业污染事故频发，严重污染环境，危害群众身体健康和社会稳定，特别是一些污染事故受害者得不到及时赔偿，引发了很多社会矛盾。环境污染责任保险是以企业发生污染事故对第三者造成的损害依法应承担的赔偿责任为标的的保险。利用保险工具来参与环境污染事故处理，有利于使受害人及时获得经济补偿，稳定社会经济秩序，减轻企业和政府负担。国际经验表明，实施环境污染责任保险是维护污染受害者合法权益、提高防范环境风险的有效手段。

（4）加强司法机关与负有环境保护监督管理职责的部门的联动和协调。司法机关在审理环境“私益”诉讼时，发现加害人的违法排污或者开发行为侵害环境公益的，应当及时通报负有环境保护监督管理职责的部门。司法机关在审理环境行政诉讼案件时，发现行政机关的行政行为虽然没有违法但却存在不合理之处，应当及时向行政机关发送司法建议，建议行政机关进行修正。

（5）为了保障法院的判决能够切实得到执行，可以考虑引进第三方监督判决执行情况制度。实践中，很多法院为了保障判决能够切实得到执行，都建立了执行回访制度。但执行回访依赖于法官的行为，而法官的时间、精力毕竟有限，单靠法院力量尚不能充分保障案件判决之后的污染者能自觉履行判决，改正违法行为。如果能发挥公众的作用，引进第三方监督判决执行情况制度，则可以有效地弥补了司法资源的不足，督促被告尽快履行义务。[①]

（6）加大民间调解或者行政调解力度，减少进入司法程序的环境案件数量，尽快解决纠纷并维护受害人的权利。司法途径是解决环境纠纷的最后一种手段。如果能通过其

① 第三方监督判决执行情况制度肇始于贵阳清镇市生态环保法庭审理的中华环保联合会诉贵州好一多乳业股份有限公司超标排放污水案。原被告双方在清镇市生态保护法庭的主持下达成和解，此外原被告双方及贵阳公众环境教育中心还签订了《第三方监督协议》，约定由贵阳公众环境教育中心在结案后对被告的污水处理运行及今后可能导致污染的问题进行监督，并由被告向贵阳公众环境教育中心支付 10 万元监督费用。在贵阳公众环境教育中心的监督下，被告很快改正了违法行为，外排废水 COD、BOD 含量均已达到国家污水排放标准。

他途径解决纠纷，就没有必要寻求司法救济。邻里间的水污染、噪声污染等纠纷，可以先尝试通过人民调解委员会等民间调解机制解决。社会关注度高、涉及人数众多的环境污染损害赔偿案件，可以先尝试通过行政调解，或者政府斡旋等方式予以解决。

（7）完善环境行政执法与刑事司法衔接制度，加大对环保部门移送涉嫌构成犯罪的案件监督，切实避免环保部门“以罚代刑”。刑事责任是对严重环境违法行为的终极威慑。对于涉嫌构成危害环境犯罪的环境违法行为的追究，除了少数直接由公安机关立案侦查的案件之外，大多数情形下都涉及环境行政执法和刑事司法之间的衔接制度。因此，完善环境行政执法与刑事司法的衔接制度，对于环境刑事责任的“落地”至关重要。《中共中央关于全面推进依法治国若干重大问题的决定》：健全行政执法和刑事司法衔接机制，完善案件移送标准和程序，建立行政执法机关、公安机关、检察机关、审判机关信息共享、案情通报、案件移送制度，坚决克服有案不移、有案难移、以罚代刑现象，实现行政处罚和刑事处罚无缝对接。

目前，环保部门向公安机关移送涉嫌构成危害环境犯罪的案件的积极性比之前有了很大的提升，但危害环境犯罪案件的发生，很可能与环保部门的监管失职有关。环保部门如果向公安机关移送了涉嫌危害环境犯罪的案件，其自身的负责人或者直接责任人员就可能被追究“环境监管失职罪”。因此，在有可能把自己人“搭进去”的情形下，环保部门及其工作人员有很强的动力不向公安机关移送案件，而倾向于“以罚代刑”。

为了加大对于危害环境犯罪的打击力度，防止环保部门“以罚代刑”，本级或者上级人民政府，或者上级环保部门，或者检察机关，应当加强对环保部门移送涉嫌构成危害环境犯罪的案件的监督，发现环保部门应当移送而不移送的，应当追究其失职渎职的行政责任甚至刑事责任。与此同时，“两高”或者环境保护部应当尽量明确在日常环境执法时“尽职”或“失职”的标准，减少环保部门工作人员移送涉嫌构成犯罪的案件时的顾虑。

参考文献

[美]博西格诺，等. 2007. 法律之门（第八版）. 邓子滨，译. 北京：华夏出版社.

胡建淼. 2005. 公权力研究——立法权、行政权、司法权.杭州：浙江大学出版社.

苏力. 2004. 法治及其本土资源（修订版）. 北京：中国政法大学出版社.

孙佑海. 2014. 环境司法理论与实务研究. 北京：人民法院出版社.

汪劲. 2011. 环保法治三十年：我们成功了吗？——中国环保法治蓝皮书（1979—2010）.北京：北京大学出版社.

汪劲. 2006. 中外环境影响评价制度比较研究——环境与开发决策的正当法律程序. 北京：北京大学出版社.

Robert Carnwath.2004.Judicial Protection of the Environment：At Home and Abroad，16 Journal of Environmental Law（3）.

别涛. 2006. 重大环境污染事故不容忽视——再谈吉化公司污染事故的环境法律问题. 绿色视野，（2）.

陈新荣. 2006. 试论我国环保行政强制制度的建立与完善. 中国环境管理，（3）.

丁岩林. 2012. 超前抑或滞后——环保法庭的现实困境及应对. 南京大学法律评论，（2）.

高伟凯. 2002. 中国行政强制执行体制的模式选择与构建. 南京大学学报，（1）.

顾铮铮. 2012. 环境与司法提前介入制度的现状与未来——无锡特色的环境司法应对之策探析. 中国环境法治，（上卷）.

韩卫平，黄锡生. 论我国环境司法的制度障碍及法律对策//2013 年全国环境资源法学研讨会论文集.

焦艳鹏. 2013. 我国环境污染刑事判决阙如的成因与反思——基于相关资料的统计分析. 法学，（6）.

况继明，沈竞舟. 2009. 云南法院环境司法保护实践与探索. 中国环境法治，（上卷）.

李挚萍. 2012. 外国环境司法专门化的经验及挑战. 法学杂志，（11）.

梁国栋. 2014. 挣脱行政诉讼立案难“瓶颈”. 中国人大，（2）.

林华. 2009. 因参与、透明而进步：互联网时代下的公众参与和政府信息公开. 行政法学研究，（2）.

刘超. 2010. 反思环保法庭的制度逻辑——以贵阳市环保审判庭和清镇市环保法庭为考察对象. 法学评论，（1）.

刘慧莉. 2010. 环保诉讼立案难，难于上青天？环境保护，（13）.

吕忠梅. 2003. 环境诉讼初探——有没有环境诉讼？//吕忠梅，徐祥民. 环境资源法论丛（第 3 卷）. 北京：法律出版社.

吕忠梅. 2014. 环境行政司法：问题与对策——以实证分析为视角. 法律适用，（4）.

吕忠梅，张忠民，熊晓青. 2011. 我国环境司法现状调查——以千份环境裁判文书为样本. 法学，（2）.

钱水苗，孙海萍. 论环境司法与执法协同保障的完善——以浙江省的实践为例. 中国环境法治，（上卷）.

沈跃东. 2012. 论程序行政行为的可诉性——以规划环境影响评价公众参与为视角. 行政法学研究，（3）.

严厚福. 2013. 海事法院对跨省水污染纠纷的管辖权问题研究. 京师法律评论，（3）.

严厚福. 2011. 环境行政处罚执行难中的司法因素：基于实证的分析. 中国地质大学学报（社会科学版），(6).
杨林. 2013. 实现“美丽中国梦”之环境司法保护图景——以环境司法保护现状为基础的宏观分析与制度设计. 山东审判，（6）.
袁春湘. 2002—2011 年全国法院审理环境案件的情况分析. 法制资讯，（12）.
袁春湘. 2013. 我国环境司法的现状、问题及相关建议. 中国审判，（5）.
张璐. 2010. 我国环境司法的障碍及其克服. 中州学刊，（3）.
张晏. 2009. 我国环境司法的现状与未来. 中国地质大学学报（社会科学版），（5）.
赵卫民，等. 2008. 树立变革环境保护的科学司法观念——从一起涉环境民事侵权案件说起. 司法论坛，（23）.
浙江省温州市中级人民法院课题组. 2014. 环境司法的困境、成因与出路. 法律适用，（6）.
常纪文. 2014-09-03. 环境公益诉讼需解决八个问题. 经济参考报.
陈卓文，赵璐. 2006-05-08. 188 次申请法院强制执行慈溪环保部门铁腕执法并寻求司法支持. 宁波日报.
高环智. 2014-12-03. 提高环境司法水平实现环境治理法治化——关于全国环境资源审判机构设置及现状的调研报告. 人民法院报.
侯兆晓. 2008-11-13. 何时不再面对执行尴尬？中国环境报.
李成思. 2014-06-11. 环保法庭建设尚存五大问题专家建议最高法设立环境资源审判机构. 中国环境报.
李蒙. 2014. 武汉锅顶山环境诉讼难立案——《环境诉讼立案何其难》系列报道之一. 民主与法制，(24).
刘毅. 2014-08-26. 生态文明制度体系日臻完善：环保“猴皮筋”锻成“高压线”. 人民日报.
罗书臻. 2014-12-30. 最高人民法院巡回法庭分别设在深圳、沈阳. 人民法院报.
郄建荣. 2014-06-13. 去年涉嫌环境犯罪移送案件数量大增以污染环境罪抓捕 186 人判决 109 件. 法制日报.
沈晓悦，李萱. 2010-07-08. 增强国家环境司法力量. 中国环境报.
宋杰彬. 2007. “最后的防线”坍塌，百姓还能求谁. 中华环保联合会会刊，（6）.
孙佑海. 2014-09-17. 对当前环境资源审判若干问题的分析和对策建议. 人民法院报.
乌梦达. 2014-9-26. “民告官”立案率 30%，一审“官”败诉 10%. 新华每日电讯.
吴兢. 2009-08-29. 追求看得见的公正. 人民日报.
武卫政. 2008-01-22. 环境维权亟待走出困境. 人民日报.
奚晓明. 2014-10-22. 准确把握环境资源审判特点推进审判专门化建设. 人民法院报.
张渝. 2014-11-05. 再插手民告官案，拿行政机关“说事”——全国人大常委会办公厅新闻局请有关专家就新修行诉法接受记者采访. 大河报.
赵大光，杨临萍，王振宇. 2010-01-06. 最高人民法院《关于审理行政许可案件若干问题的规定》的理解与适用（上）. 法制日报.
中华环保联合会法律专家委员会第四次工作会议材料之五：《关于环境案件诉讼的建议》.
蔡明.从环保法庭成立背景、运行现状谈环保审判走专业化之路的必要性、可行性以及对未来发展趋势的构想.[2014-08-25].当代先锋网：http：//www.ddcpc.cn/2011/12/29/32772.html.

孔令钰.常纪文：环境保护应党政同责.[2014-12-26].财新网：http：//china.caixin.com/2014-05-28/100683720.html.

张帆.吕忠梅：走出环境司法的困境.[2015-01-13]. 财新网：http：//special.caixin.com/2015-01-05/100771004_all.html#page3.

周红. 慈溪法院关于非诉环保行政处罚案件执行情况的调研.[2014-08-25]. 慈溪市人民法院网：http：//fayuan. cixi.gov.cn/art/2013/7/6/art_10324_1037119.html.

最高法院新闻发言人通报全国法院实施立案登记制度进展情况.[2015-07-02].中华人民共和国最高人民法院网：http：//www.court.gov.cn/zixun-xiangqing-14675.html.

李蒙. 环保诉讼立案有起色——《立案登记制改革》专题报道之四.[2015-07-02]. 民主与法制网：http：//www.mzyfz.com/cms/benwangzhuanfang/xinwenzhongxin/zuixinbaodao/html/1040/2015-05-15/content-1124532.html.

环保部部长陈吉宁作反馈报告时表示去年移送案件 2 080 件取缔小作坊 3102 个.[2015-07-02].中国人大网：http：//www.npc.gov.cn/npc/xinwen/jdgz/2015-06/30/content_1939978.htm.

宪法（2004 年修正）.

行政诉讼法（2014 年修正）.

环境保护法（2014 年修正）.

海洋环境保护法（2013 年修正）.

刑事诉讼法（2012 年修正）.

民事诉讼法（2012 年修正）.

侵权责任法（2009 年颁布）.

民法通则（2009 年修正）.

人民法院组织法（2006 年修正）.

行政许可法（2003 年颁布）.

环境影响评价法（2002 年颁布）.

立法法（2000 年颁布）.

全国人大常委会. 关于在北京、上海、广州设立知识产权法院的决定（2014 年 8 月 31 日）.

全国人大常委会法制工作委员会. 关于环保部门就环境行政处罚决定申请人民法院强制执行的期限有关问题的答复（法工委复字〔2001〕17 号）.

国务院. 行政执法机关移送涉嫌犯罪案件的规定（2001 年颁布）.

国家环保总局. 环境保护行政许可听证暂行办法（2005 年颁布）.

最高人民法院. 关于审理环境侵权责任纠纷案件适用法律若干问题的解释（法释〔2015〕12 号）.

最高人民法院，司法部. 人民陪审员制度改革试点方案（法〔2015〕100 号）.

最高人民法院. 关于人民法院推行立案登记制改革的意见（法发〔2015〕6 号）.

最高人民法院. 关于人民法院登记立案若干问题的规定（法释〔2015〕8 号）.

最高人民法院. 关于适用《中华人民共和国民事诉讼法》的解释（法释〔2015〕5 号）.

最高人民法院. 关于审理环境民事公益诉讼案件适用法律若干问题的解释（法释〔2015〕1 号）.
最高人民法院. 关于全面加强环境资源审判工作为推进生态文明建设提供有力司法保障的意见（法发〔2014〕11 号）.
最高人民法院，最高人民检察院. 关于办理环境污染刑事案件适用法律若干问题的解释（法释〔2013〕15 号）.
最高人民法院. 关于审理政府信息公开行政案件若干问题的规定（法释〔2011〕17 号）.
最高人民法院. 关于为加快经济发展方式转变提供司法保障和服务的若干意见（法发〔2010〕18 号）.
最高人民法院. 关于审理行政许可案件若干问题的规定（法释〔2009〕20 号）.
最高人民法院. 关于为构建社会主义和谐社会提供司法保障的若干意见（法发〔2007〕2 号）.
最高人民法院. 关于妥善处理群体性行政案件的通知（法〔2006〕316 号）.
最高人民法院. 关于审理环境污染刑事案件具体应用法律若干问题的解释（法释〔2006〕4 号）.
最高人民法院. 关于人民法院受理共同诉讼案件问题的通知（法〔2005〕270 号）.
最高人民法院. 关于民事诉讼证据的若干规定（法释〔2006〕33 号）。
最高人民法院. 对《关于武汉市硚口区人民法院设立环保法庭的情况报告》的答复（法[经]函〔1989〕19 号）.
环境保护部. 关于开展环境污染损害鉴定评估工作的若干意见（环发〔2011〕60 号）.
江苏省高级人民法院，江苏省人民检察院. 关于依法办理环境保护案件若干问题的实施意见（2013 年 12 月）.
海南省高级人民法院. 关于环境资源民事公益诉讼试点实施意见（2011 年 7 月）.
昆明市中级人民法院，昆明市人民检察院. 关于办理环境民事公益诉讼案件若干问题的意见（试行）（2010 年 11 月）.
昆明市人民政府. 昆明市环境公益诉讼救济专项资金管理暂行办法（2010 年 11 月）.
贵阳市中级人民法院，清镇市人民法院. 关于大力推进环境公益诉讼、促进生态文明建设的实施意见（2010 年 3 月）.
无锡市中级人民法院，无锡市人民检察院. 关于办理环境民事公益诉讼案件的试行规定（2008 年 11 月）.
山东省高级人民法院. 新类型、敏感、疑难案件受理意见（试行）（鲁高法发（2006）3 号）.
中共中央关于全面深化改革若干重大问题的决定（2013 年 11 月 12 日中国共产党第十八届中央委员会第三次全体会议通过）.
中共中央关于全面推进依法治国若干重大问题的决定（2014 年 10 月 23 日中国共产党第十八届中央委员会第四次全体会议通过）.
习近平. 关于《中共中央关于全面推进依法治国若干重大问题的决定》的说明.
中央组织部. 关于改进地方党政领导班子和领导干部政绩考核工作的通知（2013 年 12 月）.
北京大学资源、能源与环境法研究中心. 贵州省环境监察执法调研（2011 年 11 月 2 日在贵州省遵义市）.
北京大学资源、能源与环境法研究中心. 深圳市环境执法情况调研（2011 年 12 月 6 日在深圳市人居环境委员会）.

第五篇　环境损害评估*

我国目前处于快速工业化和城镇化的关键时期，近年来环境污染事件频繁发生，公众的人身健康与财产安全受到威胁，私益损害不能得到足额赔偿，由此引发的环境纠纷成为影响社会稳定的重要因素；同时，环境公益损害赔偿尚未提到正式日程，在实践中，污染清除与后续修复费用基本由政府承担，有些跨国界污染事件还引起国际纠纷。因此，充分借鉴发达国家的实践经验，进行环境污染损害 鉴定评估与赔偿专项研究，针对这项工作在法律、工作机制、技术方法和资金保障方面的缺陷提出相关建议，对于我国建立环境污染损害赔偿制度，维护环境公平正义具有重要的现实意义。

发达国家在自身的环境保护工作中逐渐形成了各具特色的环境损害评估与赔偿制度，美国、日本、欧盟及其成员国等国家和国际组织结合各国的法律制度体系、行政管理体制和主要环境污染问题，在法律层面对环境污染损害赔偿范围、损害评估工作程序、环境责任制度、资金保障机制、信息公开与公众参与做出明确界定，在实践中逐步形成了适应本国体制的损害评估与赔偿工作机制，不断丰富完善环境污染损害鉴定评估技术方法体系，并在此基础上设计赔偿标准与资金管理模式，形成了比较健全的资源环境保护和环境权益保障体系。

作为世界上第一个对环境损害问题施行彻底严厉制度的国家之一，美国通过实际案例评估工作经验的积累，创造性地构建了一套完整的自然资源环境损害评估制度。在法律方面，形成了以超级基金法、石油污染法、清洁水法为基本框架的环境损害赔偿与责任追究立法体系，对 NRDA 工作程序与适用方法做出原则性规定；在工作层面，形成了以内政部及其下属机构与/或国家海洋与大气管理局与/或责任方为主，农业部、环保局等联邦部门、州相关部门共同参与组成自然资源损害评估委托方，由具备损害评估能力的咨询公司与/或高校、科研机构具体承担，公众参与的工作模式；在技术方面，DOI 与 NOAA 评估规则构成了美国自然资源损害评估的基本框架，首次提出了考虑自然资源恢复之前“期间损失”、以将生态环境资源损害恢复至基线状态为最终目标的替代等值分析法；在资金保障方面，环境损害赔偿专项基金为赔偿与修复的主要资金来源。美国的 NRDA 经验已经比较成熟并广泛为世界其他地区所借鉴。

---

* 执笔人：於方（环境风险与损害评估研究中心）。

欧盟目前施行的环境责任指令及REMEDE技术框架主要吸取了美国法律和技术方法的经验，同时克服了美国法律制度中的一些缺点。在法律方面，环境责任指令是欧盟指导成员国进行环境责任界定与开展NRDA的核心法律，传统损害赔偿由各国法律调整；在工作方面，各成员国根据各国法律体系组织实施；在技术方面，正在开发REMEDE项目，尝试建立自然资源损害评估模型库、方法库与案例库；在资金保障方面，欧盟国家似乎更青睐于环境责任保险制度，新环境保护法（2007）要求环境责任保险同时承担传统损害赔偿和环境污染治理费用。

日本在应对环境公害事件的50多年的历程中，针对健康损害和矿山修复形成了自己独特的责任与赔偿制度。在法律方面，针对健康损害，经历了从仅赔付医疗费用（20世纪60年代）到赔付医疗和福利事业费（70年代）再到损害预防（80年代）的法律制度演变，针对矿区破坏修复，出台《金属矿业等矿害对策特别措施法》要求对矿区进行污染治理与生态恢复；在工作层面，建立了中央制定规则、地方具体开展损害与赔偿标准认定的工作机制；在技术方面，确定了“指定地区—指定疾病—暴露期限”三要件损害认定标准，不完全科学但操作性好；在资金保障机制方面，日本针对巨额健康损害赔偿费用创造性地建立了行政救济补偿制度，针对矿区恢复建立了矿害防止公积金与事业基金制度，保证损害得到快速及时赔偿。

我国当前的环境损害相关立法和实践还主要关注环境私益损害的责任追究与赔偿，正处于逐渐向环境公益损害的主张和求偿过渡的初期阶段，与上述国家存在明显差距。在法律方面，我国目前对环境损害有比较明确的上位法规定，但生态环境资源损害的外延与内涵不明确，且关于环境污染私益损害的举证责任、损害赔偿与公益诉讼等相关机制不健全，缺乏具体可操作的实体法和程序法规定；在工作层面，生态环境资源的管理权责散落在多个部门，环境损害评估委托管辖权不明确，环境损害评估鉴定机制尚未建立，环境损害鉴定评估机构资质条件不明确；在技术方面，国外广泛采用的环境资源价值评估法与替代等值分析法尚未得到立法与行政主管部门的认可，相关部门各自为政，没有形成统一规范的评估程序与技术导则；在资金保障方面，尚未建立有效的环境损害赔偿资金保障制度，导致环境损害赔偿与生态恢复远不到位。

我国目前对于环境污染损害鉴定评估工作的强烈现实需求与工作基础形成较大反差，为此，本书从完善环境污染损害赔偿法律体系、建立环境污染损害评估司法鉴定制度、规范环境污染损害鉴定评估技术与方法、加强资金保障四方面提出建议，促进环境污染损害鉴定评估由理论研究向实际损害赔偿工作层面的推进，切实维护公众的环境权益。

1 环境污染损害评估在我国的开展情况

1.1 文献回顾

1.1.1 环境污染损害评估方法研究进展

我国学术界从20世纪70年代开始环境损害评估方面的研究与计算，但当时所说的“损害评估”多集中于国家与区域层面的环境污染与生态破坏所导致的经济损失评估（过孝民等，1990；金鉴民等，1994；葛吉琦等，1991；郑易生等，1996；WB，1996；Smil，1996；夏光，1998；许嵩龄等，1998），并在80—90年代达到高潮，这些研究主要采用传统的环境经济学方法对国家或区域的环境污染与生态破坏代价进行估算。

随着综合环境与经济核算（又称绿色国民经济核算）在国际上的兴起，以及我国政府对以 GDP 为核心的政绩评价指标所带来的巨大的资源与环境损耗带来的担忧，我国学术界于20世纪初期又兴起了新一轮的绿色GDP核算、环境污染损失高潮(张颖,2004;雷明，2004；石敏俊，2009），其中以前国家环境保护总局与国家统计局联合开展的环境经济核算研究最为系统（王金南，2009；於方，2004—2009），产生了广泛的社会与国际影响。该研究在基础核算单元、暴露-反应关系、环境与社会人口基础数据等方面较之前有了显著提升，但仍然停留在宏观层面生态环境代价的测算。

我国对污染事件导致环境污染损失评价的研究起步相对较晚，随着20世纪80年代溢油污染事件的发生，学术界开始关注溢油导致海洋生态损害的研究。陈尚等（2006）建立了我国海湾生态系统服务功能分类体系，张朝晖等（2007）初步完成了海洋生态系统服务功能和价值的研究报告，国家海洋局（2005）启动了“海洋生态系统服务功能及其价值评估”研究计划，北海分局（2007）编写了相关行业标准（参阅该标准 1.2.2.1节）。此外，很多学者（耿晓辉等，2000；肖井坤等，2001；杨伟华等，2006；宁庭东等，2011）对溢油事故等级评价、溢油危害预报、海域船舶溢油污染危害评估以及考虑了溢油事故特点的溢油损害程度评估模型进行了研究。

我国学者较早就开始关注环境污染事件导致的健康损害研究，张兆华（1995）在流行病学研究基础上，定量描述了环境污染对人群健康的影响及其经济损失；夏彬（2001）通过文献资料分析优选法，提出了环境污染健康损害评价指标体系，其中生理评价指标分为暴露指标和效应指标，前者包括摄入量指标和暴露标志物指标，后者包括一般人群健康指标和效应标志物指标，健康损害指标体系包括污染源、健康损害和健康损害经济损失指标3个部分。此外，夏彬（2009）还依照健康的定义将健康损害评价分为生理评价和心理评价两部分，暴露指标、效应指标和易感性指标三大类，提出了环境污染事件导致健康损害的指标体系。吴瑞肖（2012）总结了国内外主要环境污染与健康损害的因果关系机理，提出了基于统计分析的环境污染致健康损害因果关系判定原则。

我国污染事件导致的生态环境资源损害评估研究主要集中于海洋水产领域。《防止船舶污染海域管理条例》《海商法》《水域污染事故渔业损失计算方法规定》等共同构建了我国的海洋污染损害赔偿制度。但这些规定还比较原则，关于损害赔偿范围，主要是《水域污染事故渔业损失计算方法规定》关于渔业损失的规定，包括直接经济损失和天然渔业资源损失。前者包括“水产品损失、污染防护设施损失、渔具损失以及清除污染费和检测部门取证、鉴定等工作的实际费用”。后者“由渔政监督管理机构根据当地的资源情况而定，但不应低于直接经济损失中水产品损失额的 3 倍”。这一规定是抽象且不完整的，没有涉及对非使用价值的赔偿和受损资源的修复。

张天柱（2008）首先关注到我国相关法律对环境与财产的交叉界定，提出了区分财产与环境损害的基本原则以及污染损害经济损失的构成，阐述了由时间边界、空间边界、基准水平和贴现 4 个要素组成的环境污染损害经济评估方法。此外，张天柱（2010）还在国际通用的等价分析法的基本原理和方法总结的基础上，通过实际案例分析，探索了受损环境恢复时间、恢复后能达到的生态水平以及贴现率 3 个因素对环境损害评估结果的影响，为环境损害计算的方法学研究打开了思路。

1.1.2 环境污染损害相关立法研究进展

近 20 年来我国制定了大量的环境资源保护法律、法规，初步形成了我国的环境资源法体系，但从其内容来看，基本上属于环境行政管理法，少有环境民事规范。实践中对环境污染损害的责任追究往往一罚了事、一判了事，民事赔偿方面发展滞后，环境保护法仅对污染造成的直接经济损失赔偿做了规定，对于公共环境利益损害的赔偿未作规定（米岚等，2009）。法学界因此有我国的环境资源法“重行政轻民事、重实体轻程序、重处罚轻赔偿”的评价（王灿发，2003）。

随着实践中环境污染事件频发，传统单一的行政处罚手段显得单薄无力，直接经济损失赔偿乏善可陈，理论界开始全面审视环境污染损害赔偿责任制度。从环境立法的发展上，立法者开始转变观念，将间接经济损失也包含在赔偿范围内。承认“环境权益”的基础上，进一步明确环境公益可以提起公益诉讼，通过公益诉讼来保障公众的环境权益（蔡守秋等，2005）。环境污染损害从传统的直接经济损害范围扩展至间接经济损失，从行政管理延伸至民事权益保护，从环境私益扩展至环境公益。环境损害赔偿的对象是公共环境资源，法律关系的客体是环境利益，从而有别于传统民事损害赔偿（周晨，2007）。

目前，环境损害赔偿制度研究已经进入对环境损害赔偿专门立法阶段（潘德勇，2011）。目前，国内学者提出健全环境损害赔偿法律制度存在 3 种立法模式，一是修改现有民事法律体系中环境污染损害的相关制度。二是制定专门的程序法《环境纠纷处理法》，李艳芳（2005）认为该方案不会对当前法律体系造成大的冲击，比较切实可行。三是实体程序统一立法方式。其中有代表性的是王灿发（2005）提出的“采取实体和程序一体、行政处理与司法处理一体的立法模式”制定《环境损害赔偿法》，他认为环境损害赔偿法分为实体和程序两大部分，实体内容为环境污染损害的定义、范围、责任构成条件、赔偿原则、赔偿主体、赔偿方式；程序规定包括建立公益诉讼，完善行政处理方式，规定鉴定评估机构的权利、义务、责任和鉴定评估基本程序，延长诉讼时效等内容。

1.2　环境污染损害评估工作现状

1.2.1　我国开展环境损害评估的必要性

1.2.1.1　环境污染事件呈高发态势

随着经济社会的快速发展，我国的环境风险隐患问题在近几年逐渐显现，跨界污染、重金属及有毒有害物污染事件频发，呈现出突发性风险事故与累积性风险事故并存的态势。环境污染事件，尤其是重大环境污染事件的发生往往具有较强的突发性和不可预见性，影响范围广、危害性大，给公众的健康财产和区域的环境安全带来威胁，如果处置不当，还会引发社会群体性事件，危及公共安全与社会和谐，跨境污染事件还会引起国际纠纷。

近年来接连发生的松花江特大水污染事件、紫金矿业尾矿污水渗漏事件、大连港“7・16”油污染事故、蓬莱“19-3”溢油事件等均造成较大社会影响，环境事故的防范与损害赔偿引起了社会各界的高度关注和环境监管部门的高度重视。可以预见，由于经济快速发展造成的布局性、结构性环境隐患和风险的存在，今后一段时期内环境污染事故的高发态势将持续存在。

1.2.1.2　污染责任追究制度尚未建立

目前，我国在环境污染损害方面的立法缺少明确具体的规定，环境保护部门在处理污染纠纷、污染事故时存在许多不适应的地方，许多环境污染纠纷得不到很好的解决，问题集中反映在污染者承担的责任远低于污染事件所造成的损害。污染者往往只承担十分有限的行政罚款和民事赔偿责任，而对花费巨大的污染场地清理与环境修复及污染事故应急处置费用等，往往由政府出资解决。污染者从污染行为中获得了利益，而污染的后果则由政府和全社会与其共同承担，造成了新的社会不公。

开展环境污染损害评估工作，有助于为分清环境责任提供坚实的技术保障，有效惩处环境违法行为，切实贯彻落实“污染者负担”的原则，有效应对严峻的环境挑战（环境保护部，2011）。

1.2.1.3 环境污染损害得不到有效赔偿与修复

环境污染造成的损害可以分为公益损害和私益损害两大类，目前我国在环境管理实践中对环境、资源破坏等公益损害的补偿很少涉及，对私益损害的赔偿远不能足额到位，导致公众的基本权益得不到保障，生态环境资源被无偿使用，甚至遭到不可逆转的破坏。通过法律对环境污染损害的概念、范围、认定原则和计算方法进行规制，实现对环境污染损害的量化评估，有助于将违法行为造成的实际损失与获得的收益挂钩，科学设计赔偿数额与修复方案，从根本上解决环境污染“违法成本低，守法成本高”的突出问题，同时也将促进环境责任保险、绿色信贷、污染赔偿基金等环境管理手段的创新，促进我国环境管理模式由粗放型向精细型的转变。

1.2.1.4 环境污染损害案件判决与行政处罚缺乏依据

虽然目前环境纠纷呈急速增加态势，但大量纠纷并未进入诉讼程序而是以行政处理方式解决，导致实践中存在大量“以罚代刑”“以罚代赔”的现象。导致这一现象的原因除了我国自身“厌诉文化”的影响以及行政与司法权力的设置关系外，目前我国环境行政案件移送制度标准不明、程序不细，环保部门与公安机关、检察院及法院之间的案件衔接断层，本应在行政处罚后交由司法机关处理、继续追究民事或刑事责任的污染纠纷仅由环保部门给予行政处罚了事。同时，由于环境污染损害鉴定评估的专业技术性强，在缺乏专业鉴定评估机构和规范标准的情况下，环境纠纷案件存在立案难、审理难、执行难的问题。

开展环境污染损害评估工作，培育环境污染损害鉴定评估专业机构，确立统一标准的鉴定评估原则与方法，有助于为司法机关审理环境污染损害案件提供技术支撑，合理确定行政罚款数额，维护国家和公众环境权益，推动环境司法深入开展（环境保护部，2011）。

1.2.2 我国的环境污染损害评估工作现状

目前我国主要有环境保护部、国家海洋局、农业部、司法部、最高人民法院等行政和司法部门关注到环境损害鉴定评估与赔偿的问题，他们分别从本部门的职能出发制定了相关技术导则或规定，规范环境污染损害评估与赔偿工作的开展。

1.2.2.1 农业部工作开展情况

农业部和下属渔业部门从 2000 年起开始针对环境污染造成的种植业和渔业损害评估陆续发布了相关技术文件，如针对渔业污染事故分别于 2000 年和 2008 年颁布了《渔业污染事故调查鉴定资格管理办法》（农渔发〔2000〕7 号）和《渔业污染事故经济损失计算方法》（GB/T 21678—2008）（以下简称《计算方法》），对水域污染渔业养殖和天然鱼类损害的评估技术做了明确规定。目前很多水环境污染事件都利用《计算方法》测算环境污染造成的渔业损失，但如 1.1.1 节所述，《计算方法》对环境污染导致的渔业资源损失过于简化，缺乏科学合理性。

针对农业环境污染事故，于2007年颁布了《农业环境污染事故损失评价技术准则》（NY/T 1263—2007），对农业环境污染事故损害评估做出了原则性的规定，但对评估范围、评估主体和工作程序还缺乏配套规定，未提出对土壤资源损害进行鉴定评估。

1.2.2.2　国家海洋局工作开展情况

国家海洋局于1997年和2007年先后颁布《海面溢油鉴别系统规范》和《海洋溢油生态损害评估技术导则》（HY/T 095—2007），后者较前者更为具体，对海洋环境污染造成的生态环境损害量化评估方法进行了规定，但存在评价范围重复、评价方法依据不足、生物种群修复方案的确定过于原则等问题。作为国家行业标准，这两个规范为海洋溢油事件的处理提供了技术依据，如国家海洋局北海分局处理2002年“塔斯曼海”油轮海洋生态污染损害索赔案时采用前者进行了评估，成为我国首例在海洋溢油生态索赔案中的关键性证据。在渤海溢油事件（参见3.1节）发生后，国家海洋局依据后者开展了生态环境损害评估，并发起海洋生态损害索赔。

此外，山东省还于2009年颁布了《山东省海洋生态损害赔偿和损失补偿评估方法》（DB37/T 1448—2009）和《山东省海洋生态损害赔偿费和损失补偿费管理暂行办法》。

1.2.2.3　司法部工作展情况

2005年全国人大颁布并实施《关于司法鉴定管理问题的决定》，其中明确由国家统一管理的司法鉴定业务包括法医类鉴定、物证类鉴定及声像资料鉴定“三大类”，对三大类之外的鉴定业务未明确范围与管理方式。针对环境损害问题，司法行政部门许可了一些高等院校、科研院所、环境监测机构、科技团体以及其他社会性的优质环境检测资源开展环境司法鉴定，如山东海事司法鉴定中心、北京市劳保所室内环境司法鉴定中心、国家海洋环境监测中心司法鉴定所、福建力普环境司法鉴定所等，可以开展环境监测鉴定及微量物证鉴定业务。

其中，山东海事司法鉴定中心的专家对天津海域“塔斯曼”轮溢油污染程度和损害结果进行了鉴定，它运用海洋科学技术、采用科学方法对原油扩散路径、归宿进行了模拟分析，并结合油指纹比对及室内生物毒性试验，确定了此次溢油影响到的海域范围、沉积物及滩涂的面积，以及受损程度、所造成的损失，并出具了损害评估报告。

1.2.2.4　环保部环境损害评估工作进展

为了有效解决环境污染纠纷案件，环保部联合最高人民法院于2004年发布了《关于审理环境污染刑事案件具体应用法律若干问题的解释》，于2006年在中国环境科学学会成立了环境污染损害鉴定评估中心，但是由于缺乏损害评估计算标准与污染损害责任主体确定原则，司法解释的实施效果并不理想，环境污染损害鉴定中心发挥的作用也十分有限。

为此，环境保护部于2007年就环境污染损害赔偿法律体系、鉴定评估管理体系、技术方法体系开展了综合性专项研究，取到了以下工作进展：

（1）学习欧美国际先进经验，就环境损害因果关系与范围界定、数额计算方法等提出技术规范，同时对鉴定评估机构与人员的资质，管理机制等进行研究和规范，提出完善我国环境损害赔偿制度与法律的具体建议。

（2）在下属事业单位成立环境风险与损害鉴定评估研究中心和环境污染损害鉴定技术中心，协助环保部开展环境风险与损害鉴定评估与赔偿修复方面的监测、研究与评估工作。

（3）2011 年出台《关于开展环境污染损害鉴定评估工作的若干意见》（环发〔2011〕60 号）、《环境污染事故损失数额计算推荐方法》等管理性与技术性文件，对未来 10 年的环境污染损害鉴定评估工作做了总体部署。

（4）2011 年 10 月，正式启动环境污染损害鉴定评估试点工作，确定了河北、山东、湖南等五省二市环保厅（局）为试点单位。同时，印发《环境污染损害鉴定评估试点工作方案》（环办函〔2011〕1019 号），指导地方开展试点工作，开展了具体案例评估。

（5）目前正在与司法部共同谋划将环境污染损害鉴定评估纳入国家司法鉴定体系，建立环境污染损害司法鉴定的管理机构及管理制度。

1.3　小结

通过以上对我国环境污染损害评估相关立法、评估方法研究与工作实践现状的总结，可以发现：

（1）我国的立法理念正在经历由支持公共权力的部门立法向保障公民私人权益的立法转变，保护公民的环境权益正逐步成为环境立法的主导思想和重要内容。同时，《侵权责任法》《民事诉讼法》修正案等法律的颁布实施，对开展环境污染损害评估工作提出了更为迫切的要求。目前法学层面关于完善环境污染损害赔偿相关立法的研究已经比较深入全面，但关于环境损害评估与赔偿的真正立法突破尚待时日。

（2）相比较欧美国家的环境污染损害评估研究，我国起步晚且基础薄弱，学术层面主要关注领域集中于海洋溢油事件以及相关的环境污染评估，并已走入实践层面，为国家海洋局出台相关技术导则提供了技术支撑；健康污染损害评估虽然得到学术界的广泛关注，但由于健康损害成因复杂、卫生与环境监测能力不足等原因，导致理论研究无法应用于实际。环境保护部主导的研究与试点工作虽然起步晚，但起点高，不仅重视国际经验的学习与部门间的沟通衔接，同时将理论研究与试点实践相结合，提出的推荐性技术方法相对其他部门更加科学规范。

（3）环境污染损害评估同时涉及环保和农业、国土、林业、海洋等资源管理部门，目前这些部门都在或已经组织编制相关技术规范，但是各部门各有侧重，关于污染损害范围的界定与评估方法有所差别，“百花齐放”的技术规范必然导致“百花齐放”的评估结果，必然给具体执行部门带来困惑，该问题需要引起国家高层立法或司法部门的关注，进行总体协调与部署。

2 环境污染损害评估立法与技术现状

2.1 我国的环境污染损害赔偿法律框架

2.1.1 综述

我国当前的环境损害相关立法和实践还主要关注环境私益的评估与赔偿，正处于逐渐向环境公益损害的主张和求偿过渡的初期阶段。

在我国近 20 年颁布的各项法规中，如《民法通则》(1987 年)、《环境保护法》(1989 年)、1997 年《刑法》修订、2008 年《水污染防治法》以及 2010 年颁布的《侵权责任法》，都仅对环境污染损害的责任进行了较为原则性的规定，主要关注环境污染造成的私益损害，只有 2004 年《海洋环境保护法》对排污造成的海洋生态环境损害进行了明确规定（表 4-1)。

2.1.2 民事环境损害相关法律

2.1.2.1 相关法律

《民法通则》对环境污染民事责任的成立要件、承担方式及免责事由等做了最原则的规定。

2009 年通过的《侵权责任法》列专章对环境污染侵权予以规定，在《民法通则》的基础上细化了环境污染侵权责任的法定成立要件、责任承担方式、免责情形，强调了无过错与合法排污不影响环境污染侵权责任的承担，明确了环境污染损害举证责任承担以及损害赔偿范围，并对环境污染中核事故等高度危险责任进行了规定。

作为专门的环境保护领域的基本法，《环境保护法》专门对环境污染损害导致的赔偿责任承担、赔偿金额纠纷的行政处理及环境污染损害赔偿诉讼时效进行了规定，《大气污染防治法》《水污染防治法》《固体废物污染环境防治法》《噪声污染防治法》《海洋环境保护法》等环境保护的单行法也基本作了与《环境保护法》相似的规定，其中，《大气污染防治法》与《水污染防治法》中规定了免责事由，而《固体废物污染环境防治法》与《噪声污染防治法》没有免责事由相关规定。

除以上实体性规定外，《民事诉讼法》规定了环境侵权的民事诉讼适用当事人一方人数众多的共同诉讼规则。

2.1.2.2 主要问题与差距

针对环境污染导致的人身财产损害赔偿，我国目前的法律体系基本都有了原则性的规定，但在明确性和可操作性上尚待加强，问题与差距主要体现在以下 4 个方面：

（1）归责原则不清，导致实践中经常出现以过错责任原则代替无过失责任原则处理环境污染侵权案件的情况。根据《侵权责任法》以及《环境保护法》等相关法律，环境侵权主要适用无过错责任原则，但《民法通则》第106条第2款和第3款以及第124条将环境污染致人损害的责任成立以“行为违法性”为前提，由此造成环境污染侵权过错责任与无过错责任并存的冲突。

（2）举证责任倒置与因果关系推定原则规定不明确甚至缺失，导致实践中受害人仍承担较大的举证责任。目前相关法律对环境侵权的民事诉讼案件仅原则性地规定了举证责任倒置规则，并没有规定与之配套适用的因果关系推定原则，实践中原告仍需要对污染损害行为、损害事实及因果关系的存在承担证明责任，不利于保护受害者的利益。

（3）环境侵权导致的人身损害存在赔偿范围较窄的问题，不利于充分对受害人受损利益进行弥补。目前我国的民事及环境保护法律仅以实际发生的损害结果作为环境损害赔偿责任的要件之一，不承认非现实发生的损害，即环境污染可能导致的潜在健康威胁与精神损害未列入赔偿范围。

（4）对受害人救济的途径和保障存在明显不足。在诉讼主体和解决途径方面，现行《民事诉讼法》对于环境污染导致的不特定多数人的人身财产损害赔偿类案件的主体诉讼资格未予界定，同时又缺乏行政处理环境纠纷的具体规定；在证据获取方面，目前的环境监测与鉴定机构在进行人身财产因果关系与损害程度鉴定等业务上力不从心；在赔偿途径方面，没有提出责任方不明确或无力承担情况下的资金保障途径。

2.1.3 生态环境资源损害相关法律

2.1.3.1 相关法律

目前我国的现行法律除了在《海洋环境保护法》中规定，对破坏海洋生态环境造成国家损失的，由行使海洋环境监督管理权的部门代表国家对责任者提出赔偿要求外，其他法律均未对生态环境赔偿做出特别规定，而是将其纳入传统环境损害之中，在民事、刑事与行政法律中做了比较模糊的规定。在民事法律方面，将生态环境资源损害责任视为特殊侵权责任，归责原则、举证规则以及责任承担方式同传统损害，没有针对生态环境资源损害的特殊性做出专门规定。

在行政法律方面，环境保护相关法律则从各环境要素的保护出发规定了国家环保部门对环境违法行为的行政应急、行政处罚职责，以及环境污染损害（包括生态环境资源损害）赔偿纠纷的调解义务，但没有明确对损害赔偿处理的责任。

在刑事法律方面，近年关注了对生态环境污染损害的制裁。2011年，刑法修正案（八）删除“造成事故”并且“重大损失或者人身伤亡”的犯罪构成要件，只要“严重污染”就构成犯罪，同时将“环境破坏”和“财产损失“纳入犯罪要件（修正前只关注财产损失），突出了刑法对环境本身的保护。但目前的问题是，法律未就何谓“严重污染”做出界定，最高人民法院也尚未出台相关司法解释，难以诉诸实践。

在现行民事诉讼制度中，没有对生态损害做出特别规定，实践中原则上归入公益诉讼的范畴。

2.1.3.2　主要问题与差距

综上所述，目前我国没有针对“生态环境资源损害”的专门立法，相关法律中没有明确使用“生态环境资源损害”这一概念，而是将环境污染导致的传统及生态环境资源损害作为一个整体笼统地由民事法律以及环境保护的基本法与单行法加以规制。同时，现行法律法规也没有针对生态环境资源损害的特殊性，对其责任承担与赔偿方式做出特别规定，在实践中存在诉讼主体不明确、赔偿数额难以确定、赔偿金来源与使用没有规定、公益诉讼立案难等困难。

2.2　环境污染损害评估工作国别比较

欧盟、美国、日本等国家或地区 20 世纪六七十年代频繁发生的环境污染事件唤醒了公民的环保意识，环保运动空前热烈。为顺应环保意识与法律实践的变化，欧盟、美国、日本等国家或地区针对环境污染事件的解决相继制定了一系列法律与技术导则，以有效解决污染事件的环境修复和损害赔偿问题。

2.2.1　法律体系

2.2.1.1　美国

美国是世界上第一个建立完备环境损害评估和赔偿制度的国家，早期主要依靠普通法来解决环境损害问题，其中环境资源的生态价值未得到关注，仅对环境资源中的生物资源进行财产性的保护。随着 20 世纪六七十年代一系列恶性环境事件的发生，美国开始有专门的环境立法针对生态环境资源损害进行严格责任追究，并在随后的约 20 年里逐步建立了完善的自然资源损害评估与赔偿的相关立法体系。

在美国联邦层面，《清洁水法》（CWA）、《综合环境反应、赔偿与责任法》（CERCLA）和《石油污染法案》（OPA）是三部最主要的环境损害响应和责任追究法律。三部法律中，CWA 和 CERCLA 主要针对资源环境损害，而 OPA 则对损害评估和求偿的范围做了较大的扩展，不仅涉及环境公益损害，还涉及较为宽泛的环境私益损害评估与赔偿。

这三部法律明确授权有关部门制定自然资源损害评估制度，确定并量化环境污染行为造成的自然资源损害，为环境污染损害赔偿提供技术依据（环境规划院等，2009）。

2.2.1.2　欧盟

欧盟对于所有权明确的自然资源损害赔偿由各成员国的民法进行调整，但是对于无主的财产，即所谓的“公共物品”，没有明确的法律法规。随着民间环境意识的提高，要求造成环境损害的生产经营者承担财务责任的呼声日益高涨。2004 年，欧盟颁布了基于“污染者负责原则”、以预防和修复损害为基本理念的环境责任指令（ELD2004/35/CE）。指令对两类生产活动做了严格的环境责任规定，即对于涉及或存在危险物质的生产活动，无论经营者是否存在过错，责任者都必须承担责任；对于其他生产活动，则应当证明责任者存在过错或疏忽时，才承担相应的责任。

环境责任指令（ELD2004/35/CE）的保护对象包括水、土壤和自然栖息地，分别对应野生鸟类保护指令（79/409/EEC）和自然生境和野生动植物保护指令（92/43/EEC）涉及的受保护物种及其栖息地、欧盟水框架指令（2000/60/EC）中涉及的水生态环境，包括内陆地表水、地下水、跨境河流、近岸带水域，以及对人体健康存在潜在风险的污染土地［COM（2006）232］。指令推荐使用资源对等法和服务对等法等实物量评估方法量化自然资源损害，利用栖息地和资源重置的手段赔偿受损的环境；只有当实物量方法不可行时，才推荐使用基于货币化方法的价值对等法或价值-成本法。

2.2.1.3 日本

基于日本环境保护的特定国情和背景（四大公害），日本的环境法规及实践主要围绕人为活动对人体健康及生活环境的相关损害（“公害”）展开，同时日本企业界、政府及民众对环境保护的权责规定与欧美有较大差异，相关法律更加重视健康损害，政府负有更多对污染修复与生态恢复的责任，参与或主导恢复环境。

日本的环境污染损害诉求范围非常宽泛，包括赔偿实际损失、停止侵害行为、赔偿预期可能的损失。经过 50 多年应对公害健康损害赔偿实践，日本不仅建立了成熟健全的环境权益维护制度，形成了先进的环境管理制度和全民环境维权意识，同时，日本还建立了除强大的司法救济途径（包括民事诉讼、刑事诉讼、行政诉讼）以外的、独特的公害健康损害行政救济立法体系，克服了传统民事诉讼的不足，实现了公害健康被害行政救济的目的，对于环境健康损害赔偿制度的建立具有重要的借鉴意义（罗丽，2009）。此外，日本还针对有色金属采选冶地区面临的矿区环境修复问题，制定了《金属矿业等矿害对策特别措施法》等法律，旨在解决矿山关闭后的污染源封堵、废水治理与农用地土壤修复问题（於方等，2011）。

2.2.1.4 法律体系国别比较

总体来看，美国、欧盟针对环境污染损害建立了较完备的环境立法体系，在相关法律中对环境损害的界定、环境损害的预防与应急、损害评估与修复、损害赔偿责任等做出了全面的规定，建立了比较全面的环境损害赔偿制度体系。日本针对环境公害健康损害建立了较完备的立法体系，对健康损害的认定与赔偿责任做了较全面的规定（表 4-6）。

表 4-6　美国、欧盟、日本和中国环境损害相关法律比较

项目	美国	欧盟	日本	中国
立法概况	成文法主要针对资源环境损害；普通法中的环境侵权诉讼针对人身或财产损害；采用“法规制定的协商程序”，以充分考虑并平衡环境纠纷多方当事人的利益	欧盟内部存在成员国国内法和欧盟法两个独立的法律体系，欧盟法律主要针对资源环境损害，对人身或财产损害由成员国法律调整	主要针对环境公害健康损害的认定与赔偿责任、赔偿标准、纠纷处理方式等做了全面的规定	相关法律都仅对环境污染损害的责任进行了较为原则性的规定，主要关注私益损害，只有《海洋环境保护法》对排污造成的海洋生态环境损害进行了明确规定
环境损害的界定	不同法律对栖息地、水、大气和土壤等方面分别做了环境损害的界定	对栖息地和水是否造成重大不利影响，对土壤是否达到严重威胁人体健康的程度	将公害定义为 7 类：大气污染、水质污浊、噪声、振动、恶臭、地面下沉、土壤污染	只有原则性规定
环境损害的预防与应急措施	要求企业制定预防和应急预案，以预防和应对突发环境事故	包括“采取预防行动”原则和“风险预防原则”，同时预防能被科学证实的损害和还不能被科学证实的损害	新法转向实施公害保健福利事业与公害的事前预防措施	制定突发事件应对法，要求企业制定环境应急预案
环境损害的评估	制定了一套完整的评估程序，并提出推荐使用的评估方法。要求根据评估结果，制订详细的修复行动计划	制定了一套完整的评估程序，正在开发评估工具与方法 REMEDE。要求制订详细的修复行动计划	制定了一套完整的公害健康受体与赔偿标准程序	不同行政管理部门提出了原则性的评估推荐方法
环境损害的修复	对栖息地运用危害分级系统（HRS）	对不同类型的环境损害规定了不同程序进行修复，修复方式包括基本修复、补充修复和补偿性修复	要求对污染进行修复	相关条例对污染修复和生态恢复做了原则性规定
环境损害的责任制度	CWA 和 CERCLA 构建了美国自然资源损害赔偿精细的量化处罚方法和责任的追溯性、严格性和连带性原则	针对不同经济活动的环境风险设立责任原则，若有风险，采用严格责任原则；若无风险，采用过错责任原则	建立了有效的公害健康行政救济与责任制度，要求可能成为公害原因的企业以及特定健康原因企业承担责任	对环境污染民事责任的成立要件、承担方式及免责事由等做了原则的规定，内容上也基本上体现了无过错责任原则、排除妨害与损害赔偿相结合的责任承担方式
环境损害的诉讼	包括法定诉因和普通法诉因，前者只需证明企业未获得许可证或未按要求排污，无须证明排污是否造成损害；后者适用于由普通法中的环境侵权责任调整的诉讼，诉讼主体并不限于环境损害的“直接利害关系人”	原告需要受到环境损害的威胁或与环境损害决策有利害关系，但不具有原告资格的人可以依据程序法的特别规定提起诉讼	建立了健全成熟的环境权益维护制度，可以通过民事、刑事、行政等途径提起诉讼	规定了环境侵权的民事诉讼适用当事人一方人数众多的共同诉讼规则，以及环境污染侵权比普通诉讼时效延长一年的诉讼时效等特殊要求

项目	美国	欧盟	日本	中国
环境损害保险制度	分为事故型责任保险和索赔型责任保险，前者使用“日落条款”限制其责任承担；后者一般只对非故意的、突发性环境污染事故所造成的人身、财产损害承担保险责任	要求将环境污染（传统损害）责任保险和环境污染治理保险责任分离	公害健康损害赔偿法类似于环境责任保险	相关部门出台了开展环境污染责任保险试点的意见

我国就环境污染导致的人身财产权侵害，在结构上形成了民事基本法律与侵权法律、环境基本法、环境单行法和民事程序法等有关法律构筑的较严密的法律体系，在内容上也体现了环境污染侵权的特殊责任承担方式、比普通诉讼时效延长一年的诉讼时效等环境污染侵权的特殊要求。但相关法律未对生态环境损害以及环境污染所致传统损害的特殊性做出专门规定，导致司法或行政主管部门在处理环境污染纠纷过程中缺少明确细致的技术依据或证据支持，不仅难以有效地对受损权益进行赔偿与救济，也不利于对污染的修复与遏制（季林云等，2011）。主要问题表现在：

（1）立法理念的滞后。目前我国关于环境保护的立法理念是传统的私权保护的思想，并且立法的价值取向是经济增长优于环境保护，缺少对资源环境生态价值公益性的考量及环境损害社会化特征的关注。

（2）立法体系的结构形式比较分散。目前我国与环境污染损害赔偿相关的立法主要分散体现在《民法通则》《侵权责任法》以及环境保护的基本法与单行法中，不仅缺少专门的环境污染损害赔偿规定，而且污染行为违法性的认定及归责原则上还存在冲突矛盾之处。

（3）立法体系关于评估与赔偿的内容不完善。从实体规定来看，第一，损害赔偿责任的构成要件规定相互矛盾；第二，赔偿范围规定很不明确；第三，现行立法没有关于赔偿原则的规定；第四，现行法律没有关于环境污染事故责任保险和赔偿基金的规定。从程序规定来看：第一，对环境公益诉讼缺乏明确规定；第二，立法有关环境污染事故损害赔偿的行政处理方式存在不足；第三，现行立法对跨行政区的环境污染事故缺乏通过司法途径解决的规定；第四，因果关系推定和举证责任倒置等程序规则还不健全；第五，其他方面的程序问题，如诉讼有效期、诉讼费用减免、支持诉讼制度和法律援助制度等缺乏具体的程序规定。

2.2.2 工作机制

2.2.2.1 美国

根据美国联邦法律，美国内政部（DOI）、商务部（DOC）及国家海洋与大气管理局（NOAA）、农业部（DOA）、国防部（DOD）、能源部（DOE）、州政府以及部落组织可以作为自然资源管理部门组织开展NRDA。在美国州层面也有相关立法规定，如加利福尼亚州指定渔猎部（DFG）负责开展 NRDA，佛罗里达州和新泽西州指定州环保局（EDP）负责开展 NRDA，华盛顿州指定州生态部（DOE）负责开展 NRDA，明尼苏达州指定州污染控制署（MPCA）负责开展NRDA（环境规划院，2011）。在NRDA的实践中，美国EPA主要在环境污染事件处置前期的应急响应与后期污染修复过程中发挥作用，与作为自然资源受托人的内阁级别的联邦政府部门和州政府进行协调配合。

在美国，具体的 NRDA 工作由自然资源管理部门或潜在责任人委托具有一定技术力量和资质的环境咨询公司或科研机构开展。

2.2.2.2 欧盟

欧盟 ELD 指令将开展环境损害评估的实施主体、评估机构设置以及运行机制交给各成员国自行设定。以意大利为例，根据该国第152/2006号法令，意大利环境、领土与海洋部为环境损害评估主管部门，意大利环境保护与研究院（ISPRA）是意大利唯一的环境损害评估专业机构（环规院，2009）。

2.2.2.3 日本

日本在公害行政救济的实践中，形成了分工明确、紧密协作的较完备的公害损害赔偿与救济工作体系。在中央层面，环境公害健康的赔偿救济与预防工作主要由环境省负责，厚生劳动省配合环境省制定相关制度与标准。原来隶属于环境省、目前为独立行政法人的环境再生保全机构负责大气类公害健康受害补偿征收金的核算与支出管理。矿害防治事务由经济产业省负责，原来隶属于经济产业省、目前为独立行政法人的石油天然气/金属矿物资源机构负责矿害防止公积金与矿害防止事业基金的核算与支出管理（於方，2009）。

在地方层面，各都、道、府、县设置了公害认定审查委员会和诊疗报酬审查委员会，具体负责公害病及其诊疗补偿标准的认定，委员会主要由卫生健康专家组成。

2.2.3 技术方法体系

2.2.3.1 美国

（1）工作程序。美国有两套不同的自然资源损害评估程序，分别称为DOI、NOAA规则（Lipton，2010）。DOI规则由《清洁水法》及《综合环境反应、赔偿与责任法》授权内政部制定，该规则规范《综合环境反应、赔偿与责任法》下的除石油外所有危险物质的泄漏引起的污染损害和《清洁水法》下的石油泄漏引起地表水污染损害的评估；NOAA规则由《油污法案》授权美国国家海洋与大气管理局制定，规范石油污染造成的海洋损害的评估，DOI与NOAA评估规则构成了美国自然资源损害评估的基本框架。

在 DOI 规则中，自然资源损害评估分为预评估期、评估计划期、评估期和后评估期4个阶段。NOAA规则下的自然资源损害评估包括预评估期、修复计划期和修复实施期。两种规则都注重自然资源“基线”的确定，以此作为环境污染损害量化的参考标准。两种规则也都关注了自然资源自损害发生到恢复至基线状态这一时段内丧失的生态服务，即“期间损失”。但两种规则在目的与方法上也有不同，DOI 规则注重以经济学工具评估自然资源使用价值，而 NOAA 规则的重点是以将受损害自然资源恢复到基线状态所发生的实际工程费用为依据计算损害赔偿金额。

（2）技术方法。20 世纪七八十年代环境损害评估方法研究集中在传统的环境经济学的货币化评价方法，如旅行费用法、隐含价格法、防御支出法等。1990 年，受埃克森瓦尔迪兹号油轮泄漏事件赔偿数额久悬不决的影响，美国国会迅速通过并签署了《石油污染法》，生态环境损害评估方法逐渐从传统的环境经济学的价值评估方法转移到了以实物恢复为思路的替代等值分析法（服务等值法、资源等值法、生境等值法）。目前替代等值分析法和环境资源价值货币化评估方法都被法律推荐使用。

在美国 DOI 和 NOAA 颁布的 NRDA 技术导则中，环境损害评估以将受损环境资源与生境恢复至基线状态作为首选方案和最终目标，利用文献总结、现场勘察监测、模型模拟、实验分析等技术方法，必要时辅以专项研究，有选择地开展污染物运移扩散模拟、敏感受体暴露途径和毒性分析、物理损害结果量化、污染修复与生态恢复方案设计、资源环境损害经济评估，得到自然资源或自然资源提供的生态环境服务的损害量，以及相应的修复方案。

2.2.3.2 欧盟

欧盟《环境责任指令》推荐在评估环境损害时采用资源等值分析法，该评估方法主要借鉴美国经验，评估程序包括初始评估、确定和量化损害、确定和量化增益以及确定补充和补偿性补救措施的规模 4 个阶段。欧盟目前正在针对这 4 个阶段用到的模型工具和技术方法开发 REMEDE 工具包。

2.2.3.3 日本

鉴于环境健康损害因果关系判定的复杂性和健康损害赔偿的时效性需求，日本在判定公害健康损害受体以及确定赔偿数额时，采用了不完全科学但非常实用的鉴定评估方法，通过指定地区、指定疾病和暴露期限 3 个要件认定损害受体，并根据症状的不同确定赔偿标准。对于非特异性疾病患者，赔偿费用包括医疗费（含疗养费）、残疾补偿费、遗属补偿费、遗属一次性补偿金、儿童补偿津贴、疗养补助及丧葬费；对于特异性疾病患者，具体赔偿数额由受害团体与责任企业协议确定。

2.2.4 资金保障

环境污染损害通常具有损害后果严重、双方当事人不平等、责任方财力不足或责任方不明确等有别于一般传统损害的特点，因此，环境污染损害特别强调社会化分担赔偿的资金保障制度的设计，综观国际经验，主要包括环境污染责任保险、环境污染损害赔偿基金、行政给付以及事先专项存款制度、社会保险等制度构成，各项制度之间互不排斥。总体来说，优先适用以市场为主导的责任保险制度，受害人无保险救济或者保险赔偿不能覆盖全部损失时，可以申请赔偿基金；当穷尽以上两种制度及其他私利救济手段后仍不能获得全部赔偿时，政府就需要进行行政给付。实践中，有时也会出现几种手段并行使用的情形。

以上制度在欧、美、日等国家通过法律规定，由商业银行、保险公司等市场主体或政府与社会第三方机构确定具体规则与标准。在我国，与环境污染损害赔偿相关的法律尚不健全，目前推行的主要相关政策有环境责任保险与矿山环境治理恢复保证金制度。

2.2.4.1 环境责任保险

从 20 世纪 70 年代开始，全球各国都开始重视发展完善的环境污染责任保险体系。其中，美国是最早立法明确商业银行应承担企业的环境风险责任，主要法律依据是《超级基金法》《小型企业法律责任减轻和棕地修复法》及相关判例。由于国家排污企业主体不同和政府治污权力归属的不同，各国实施环境污染责任保险的特点不同。

（1）国际经验。美国和瑞典推行强制污染责任保险，通过《环境污染法》对企业污染责任的保障范围和承保条件规定，并由商业保险公司对该强制险种进行承保。美国规定该险种主要承保的责任是对第三方造成污染方侵权的民事诉讼和之后的民事赔偿，具体包括第三方的场外人身伤害、财产损失以及消除污染的费用。

德国采取强制责任保险与财务担保制度相结合来进行排污风险控制，其中德国为适应欧盟 2007 年最新推出环境保护法的规定，保险公司将环境污染责任保险和环境污染治理保险责任分离，其中前者指传统的“民事侵权责任”的相关损失赔偿，后者新增加了公法范畴义务的承保，一是避免造成环境损失，二是治理已经造成的环境损失，三是赔偿由此造成的费用（金缦，2010）。

法国和英国则以任意责任保险为主，强制保险为辅。以法国为例，一般情况下由企业自主决定是否就环境污染责任投保，但法律规定必须投保的，则应依法投保，在油污损害赔偿方面采用强制责任保险，且保险公司的承保范围不仅局限于突发性的环境污染事故，也包括反复性和累积性事故引起的环境责任（李华友等，2008）。

以上国家实施环境责任保险的一个共同点是该制度集中使用于环境风险重大的领域，并采取清单管理模式，即以规定保险目录的方式承保，如德国规定了特殊设施清单，美国规定了危险物质和危险废物清单。

（2）中国。中国从 20 世纪 90 年代初开始推出商业环境责任保险，并在大连、沈阳、长春、吉林等试点城市推广，2008 年开始，又鼓励保险公司推出可以适应北京、上海等各大中型城市投保的环境责任保险。

2007 年 12 月 17 日，原国家环保总局与中国保监会联合发布了《关于环境污染责任保险工作的指导意见》，两部门同时积极联合商业保险公司与投保企业和科研单位，开展了各类环境责任保险产品的分析、评价，开发环境污染责任保险产品，目前无锡、宁波、重庆等城市正在开展环境责任保险试点。

总体来看，中国的环境责任险工作仍然处于摸索阶段，主要面临以下挑战：一是法制建设较为滞后，缺少污染损害赔偿与责任保险的法律规定；二是承保范围和索赔时效没有考虑环境污染损害的特殊性，相关法律关于“损害赔偿责任”界定不清；三是关键技术问题没有解决：①缺乏科学的企业环境风险评估技术与方法，保险费率的确定缺乏科学性；②环境责任保险涉及复杂的环境污染损害评估方法、赔偿标准、风险分担方法等技术问题，目前没有得到解决；③保险率测算方法依据不足，中国目前的环境责任保险赔付率远低于国外保险业70%～80%的赔付率。

2.2.4.2 环境赔偿基金

（1）国际经验。很多发达国家在实践中都尝试利用基金对环境污染造成的损害进行经济补偿，最具有代表性的是美国的超级基金、石油信托责任基金，以及日本的公害健康损害补偿制度。美国1980年通过的《超级基金法》规定设立“超级基金”，申请“超级基金”的受害人必须先向责任人请求损害赔偿，只有当责任人无法确定或没有赔偿能力时，才由“超级基金”对受害人进行补偿。超级基金的资金来源主要包括石化行业税收、环境税、政府财政支出以及对责任方的罚款和追索的清理费用等，该基金由美国国家环保局直接管理使用。根据《石油污染法》，溢油损害原则上由船舶所有权人或经营人承担，但为了保护责任人的生产力，法律对污染责任人设定最高赔偿限额，对赔偿金额超过最高赔偿限额的部分将动用“石油责任信托基金”进行赔偿。由此可见，美国的基金制度作为一种社会化的救济机制，与民事赔偿相比，具有功能上的填补性和次序上的后位性（於方，2012）。

日本1973年的《公害健康损害补偿法》确立了公害健康受害补偿制度，补偿金主要通过向污染制造者征收赋课和税收的形式获得。在第一类地区，公害补偿金由全国的污染责任企业共同承担，目前由污染负荷量征税以及汽车重量税的准备金构成，各占补偿金的80%和20%。第二类地区的补偿金来自污染企业缴纳的特别税金。该制度的最大特点是通过补偿基金对受害人进行迅速、及时的补偿，维护了受害人的生存权和发展权，与该制度配套的公害补偿金计算方法也简便易行、易于核查。

（2）中国。中国在环境保护基金制度方面已有初步实践，根据《预算法》和《基金会管理条例》等规定，已经建立了一些全国性和地方性环境保护基金会，如中华环境保护基金会（China Environmental Protection Foundation）、广东省环境保护基金会等，但是与真止的“赔偿基金”还存在较大差距。

2.2.4.3 其他

除了责任保险和赔偿基金两种最常见的环境污染经济损害赔偿的社会化制度外，行政给付和事先专项存款应用也较广泛，如日本针对还在开采的矿山和已经关闭、需要治理的矿山分别制定了矿害防止公积金制度和矿害防止事业基金制度，前者属于事先专项存款制度，后者对于无主的矿山则由国家和地方财政分别注资基金，类似于行政给付制度，欧盟国家也有类似制度。

中国在环境资源领域已经有了类似行政给付性质的立法实践。如《野生动物保护法》第 14 条规定，“因保护国家和地方重点保护野生动物，造成农作物或者其他损失的，由当地政府给予补偿。补偿办法由省、自治区、直辖市政府制定。”《渔业法》《草原法》《土地管理法》等也有类似规定。同时，国务院于 2007 年下发的《关于促进资源型城市可持续发展的若干意见》，明确提出要研究建立可持续发展准备金制度，由资源型企业在税前按一定比例提取可持续发展准备金，专门用于环境恢复与生态补偿以及产业升级，此后很多资源型城市都试点实施了该制度；此外，很多地方从 2006 年起陆续出台了矿山环境治理恢复保证金制度，该制度采取企业所有、政府监管、专款专用的方式，由企业负责对在生产或闭矿后的矿山进行治理恢复，这些制度属于事先专项存款制度。

2.2.5 美国、欧盟、日本和中国环境污染损害评估比较

针对环境损害赔偿问题，世界各国提供了各种不同的解决方案。其中，美国是世界上第一个对环境损害问题施行彻底严厉制度的国家之一，经过上千个 NRDA 实际案例的评估，美国对环境污染损害问题的认识不断深入，从立法修订、技术方法和组织实施等方面不断改进和完善，现行的美国 NRDA 经验已经比较成熟并广泛为世界其他地区所借鉴。欧盟目前施行的环境责任指令及 REMEDE 技术框架主要吸取了美国法律和技术方法的经验，同时克服了美国法律制度中的一些缺点，并试图建立自然资源损害评估模型库、方法库与案例库。日本在应对环境公害事件的 50 多年的历程中，针对健康损害和矿山修复形成了自己独特的责任与赔偿制度。

总体上来看，与上述国家或组织相比，中国构建环境损害评估制度体系在法律法规、技术方法和工作机制等方面都明显面临不足（表 4-7），具体表现在以下几个方面：

（1）法律体系方面，中国目前虽然对环境损害具有比较明确的上位法规定，但相关法律还主要关注环境污染造成的人身财产损失，没有专门针对生态环境资源损害立法，且关于环境污染私益损害的举证责任、损害赔偿与公益诉讼等相关机制不健全，缺乏具体可操作的实体法和程序法规定。从实体规定来看，不仅缺乏生态环境资源损害评估的管理及工作机制规定，也缺乏基于污染修复的赔偿机制；从程序规定来看，环境公益诉讼机制尚不健全，环境行政救济机制未充分发挥作用。

（2）工作机制方面，中国生态环境资源的管理权责散落在环保、农业、海洋、林业等不同部门，目前只有《海洋环境保护法》赋予了“行使海洋环境监督管理权的部门代表国家对责任者提出了损害赔偿要求”的权利，其他部门的生态环境资源管辖权不明确。同时，中国施行的侵权损害鉴定人制度还需要理清司法部与其他环境或资源主管部门的职责分工。在传统损害评估方面，由于环境损害鉴定评估特有的专业性与技术复杂性，一般科研机构难以独立承担。

（3）技术方法方面，国外广泛采用的环境资源价值评估法与替代等值分析法尚未得到立法与行政主管部门的认可，环保、农业、海洋、林业等部门分别针对本部门管辖权

内的污染事故类型、各有侧重地提出了不同的损害评估范围与评估方法，没有形成统一规范的评估程序与技术导则，导致不同部门和机构的评估结果差异大，难以被法院采信。

（4）资金保障方面，中国目前仅有部分省与城市试行环境污染责任保险与矿山环境治理恢复保证金等制度，前者由于缺乏上位法支持以及企业环境责任的淡薄，导致投保企业少、费率低、保费不具规模、承保范围狭窄，没有起到转移企业环境风险与有效赔付环境损害的作用，后者仅用于矿区环境治理与生态恢复，实践中由于资金规模有限大多仅用于植被恢复，没有涉及矿区公众健康损害与河道、生物多样性的恢复。总体来看，由于尚未建立有效的环境损害赔偿资金保障制度，导致环境损害赔偿远不到位。

表 4-7 美国、欧盟、日本和中国环境损害评估综合比较

比较项目	美国	欧盟	日本	中国
法律体系	优点：相关法律对环境污染致传统损害和生态环境资源损害进行调整，发生环境污染时能够采取有效的预防性措施和程序；实施严格赔偿责任，坚持利益相关方的信息披露和参与 缺点：环境法律方面仍有缺陷；法庭审理程序漫长且成本高；存在企业掩盖污染行为的现象	优点：欧盟具有推动其成员国采取严格的环境标准和责任标准的能力；关于环境责任制定了具体的、综合性指令；要求信息公开和利益相关者参与；制定了标准性的修复目标 缺点："合理的"排污行动引起的环境损害，得不到赔偿，诸多问题由成员国自行解决	优点：公害健康损害行政救济制度能够保障公害疾病患者的长期治疗，具有迅速、及时救济公害健康被害人的作用。同时，建立了健全成熟的环境权益维护制度 缺点：损害程度的认定具有主观性，导致公害诉讼不断	优点：已有广泛的环境法律；对造成"重大环境污染"的违法行为可提起刑事诉讼；环境纠纷可通过协商和调节机制解决 缺点：关于生态环境损害没有明确规定；利益相关方在应对环境突发事件时作用有限；相关机构和司法机关在评价环境损害时的法律规定和程序不够明确；环境损害保险和/或经济担保制度不够健全
工作机制	相关联邦和州自然资源管理部门组织开展 NRDA，具体的 NRDA 工作由管理部门或责任方委托具有相应技术力量和专业知识的环境咨询公司或科研机构开展	由各成员国自行组织实施。以意大利（大陆法系）为例，环境、领土与海洋部为环境损害评估的主管部门，意大利环境保护与研究院（ISPRA）是意大利唯一的环境损害评估专业机构；英国（英美法系）与美国类似，实施专家证人制度	厚生省配合环境省制定相关制度与标准，损害和赔偿标准的认定由各都、道、府、县设置的公害认定审查委员会和诊疗报酬审查委员会执行。石棉类疾病由中央委员会认定	实施"鉴定人制度"，目前农业、渔业和海洋生态环境损害由具有相关资质的机构或具有专业知识的科研机构承担，经济损失由物价部门核定。总体来看，没有形成统一规范的工作机制

比较项目	美国	欧盟	日本	中国
技术方法	对于生态环境资源损害，首先推荐“资源对等法”和“服务对等法”，其次推荐价值评价方法	同美国	通过指定地区、指定疾病和暴露期限3个要件认定损害受体，并根据症状的不同确定赔偿标准	农业、渔业、海洋和环境保护部门提出了不同的损害评估范围与评估方法
资金保障	通过环境基金和环境污染责任保险保障环境污染损害得到赔偿，其中超级基金、DOI恢复基金主要用于污染修复与生态恢复，石油责任信托基金同时用于传统损害、生态环境资源损害与纯经济损失赔偿，环境污染责任保险主要用于传统损害的补偿	新环境保护法（2007）要求环境责任保险同时承担传统损害赔偿和环境污染治理的费用。要求成员国分别建立“保证金”和“治理基金”制度，保证矿山环境管理有稳定的资金渠道	综合采用排污税、国家与地方财政补偿金、公积金、污染企业设立基金等方式赔偿公害健康损害、恢复生态环境，并由独立机构负责基金的核算与支出管理	环境责任保险承保范围过窄，没有建立完善的污染损害赔偿资金保障体系
实践	已开展了1 000多个污染场地或污染事件的NRDA	由于责任指令2004年颁布，尚无专门针对环境污染事件的损害赔偿案例	保障公害疾病患者得到显性疾患的快速救济以及隐形疾患的长期治疗，使公害疾病患者基本得到比较妥善的处置	传统的民事环境侵权有赔偿案例，生态环境资源损害赔偿尚无成功案例

3　典型环境污染事件分析

3.1　2004年沱江特大环境污染事件

3.1.1　事件概况

2004年2月11日至3月2日，中川化集团川化股份有限公司第二化肥厂，在水污染防治设施未经环保部门检验的情况下擅自进行试生产，由于污水处理设备没有正常运行，导致大量高浓度氨氮废水直接外排入沱江支流的毗河，致使沱江中、下游地表水水体氨氮指标严重超标，引发7县市遭受特大水污染事故。

从2004年3月2日开始，沱江发生死鱼，沱江沿线城市简阳、资阳、资中和内江四地（市）饮用水水源遭受污染，到3月26日污染事故解除，共造成沱江下游死鱼

100 万 kg，25 天近 100 万群众饮水中断，沱江水生生态环境遭受严重破坏，大量工业企业和服务行业停产。水污染事故发生后，四川省委、省政府领导迅速采取措施，采用消防车调用生活用水，引岷江水冲污，解决群众用水困难，消除污染（环境保护部，2004）。

3.1.2 事件处理结果

事发后当地环保部门依据《水污染防治法实施细则》第 43 条的规定，对该公司进行了 100 万元的行政处罚。同时，当地检察机关依据《刑法》第 338 条“重大环境污染事故罪”及第 346 条“单位犯破坏环境资源保护罪处罚”的有关规定追究了该事故直接责任人员的刑事责任。

检察机关分别委托四川省经委及农业部长江中上游渔业生态环境监测中心对污染事故造成的直接经济损失和渔业损失进行评估，两家损失评估单位出具的报告显示事故分别造成 2.19 亿元直接经济损失及 1 569 万元渔业损失。但法院经审理后认为，四川省经委不具有认证资格，其认定的 2.19 亿元经济损失不具有客观性及科学性。因此，此案中法院实际只采信了渔业损失的报告结论，认定其中的 1179.8 万元渔业损失。其中，350 万元用于赔偿对天然渔业资源的损失，具体用于对天然水域的人工增殖放流、鱼类资源的恢复、保护和管理，以逐步恢复受到污染的沱江水域生态环境；820 多万元赔偿金用于对沿江合法渔民和渔业养殖户的赔偿。

3.2 2010 年蓬莱“19-3”油井溢事件

3.2.1 事件概况

2011 年 6 月 4 日，蓬莱 19-3 油田 B 平台因注水和岩屑回注作业增加了地层压力，造成原油漏油。出现原油泄漏的海上油气田是我国建成的最大海上油气田，由中海油和美国康菲石油公司的全资子公司康菲中国石油合作开发，作业方为康菲石油中国有限公司。漏油情况被康菲公司隐瞒，直到 6 月 21 日，由微博最早披露的漏油消息才被社会公众知悉。

6 月 30 日，国家海洋局介入调查蓬莱 19-3 油气田漏油事件。此后，国家海洋局多次叫停康菲石油开采作业并责令康菲公司彻底排查漏油风险并彻底堵住溢油点，同时，国家海洋局牵头联合国土资源部、环境保护部、交通运输部、农业部、安监总局、国家能源局等部门组成蓬莱 19-3 油田溢油事故联合调查组，并就相关问题对责任企业进行质询。但到 9 月 6 日，溢油累计造成 5500 多平方公里海水污染，溢油隐患仍未彻底排除。

2011 年 6 月出现漏油时，国家海洋局北海分局即着手开始进行生态环境损害评估调查。6 月 14 日，北海分局向渤海沿岸各省、市通报情况，要求沿海各地收集相关索赔证据。截至 9 月底，北海分局已经完成 4 次大规模的事故污染海域生态调查评估工作，补充调查工作也将近结束，取得了大量监测和调查资料，为受害方和国家索赔提供依据。北海分局共监测覆盖溢油影响区域及周边海域面积达 2.43 万 km^2，基本掌握了本次溢油对水质、沉积物和生物生态的影响。卫星、飞机、船舶现场监视监测及油指纹检验鉴定结果显示，溢油污染面积至少 5 500 km^2，主要集中在蓬莱 19-3 油田周边海域和西北部海域，其中劣四类海水海域面积累计约 870 km^2。蓬莱 19-3 油田附近海域海水石油类平均浓度超过历史背景值 40.5 倍，最高浓度是历史背景值的 86.4 倍，溢油点附近海洋沉积物样品有油污附着。

3.2.2　事件处理结果

2011 年 8 月 17 日，国家海洋局北海分局宣布面向全社会公开选聘以一家法律服务机构为主、多家法律服务机构为辅的法律服务团队开展海洋生态损害索赔，但最终并未提起诉讼。

2012 年 1 月，农业部与康菲公司及中海油行政调解后达成 13.5 亿元渔业赔偿与资源修复资金。

2012 年 4 月 27 日，国家海洋局宣布，依据《海洋环境保护法》规定，国家海洋局积极推进蓬莱 19-3 油田溢油事故海洋生态损害索赔工作，取得了重大进展：康菲石油中国公司和中国海洋石油总公司总计支付 16.83 亿元，其中，康菲公司出资 10.9 亿元，赔偿本次溢油事故对海洋生态造成的损失；中国海油和康菲公司分别出资 4.8 亿元和 1.13 亿元，承担保护渤海环境的社会责任。两项合计，两家公司总计为溢油事故支付了 30.33 亿元人民币的赔偿和补偿款。国家海洋局表示，上述资金将用于渤海生态建设与环境保护、渤海入海石油类污染物减排、受损海洋生境修复等。

2011 年 12 月 30 日，天津海事法院受理 136 名养殖户诉康菲公司损害赔偿，其中 29 人集体索赔两亿余元，目前该案仍在审理中，渔民缺乏收集证据与举证的能力成为诉讼难点。

3.3　云南曲靖铬渣污染事件

3.3.1　事件概况

2011 年 6 月 12 日上午，曲靖市某村的群众反映部分放养的山羊死亡。经过现场勘查，发现附近有一堆来源不明的工业废料铬渣，经确认铬渣由承运云南省陆良化工实业有限公司工业废料的运输公司在途中非法倾倒所致，共计 5 222.38 t。至案发时，非法倾倒已造成倾倒地附近农村 77 头牲畜死亡，对农田的污染程度还需进一步评估。

与此同时，调查人员还发现在珠江源头的南盘江边，陆良化工实业有限公司堆放了超过 14 万 t 的庞大铬渣堆。如果下大雨，铬渣堆被雨水冲刷，南盘江面临极大的铬污染风险，据推测该铬渣堆从开始堆放到案发时已长达 22 年。长期以来，周边很多村民莫名得病，据称有 30 多人得了癌症，但是是否由于铬渣污染导致还无法确定，村民维权举步维艰。

根据报道，事件的直接原因是承运铬渣的公司人员因利益驱动私自倾倒造成，但从整个铬渣的处理来看，是生产企业长期以来唯利是图，无视国家法律法规，不规范利用处置危险废物，非法堆积、转移、倾倒造成的。

3.3.2 事件处理结果

曲靖铬渣事件的处置工作包括清理铬渣及受污染的泥土 9 130 t，全部运回生产企业的专门堆放点，处理受污染的池塘水至达标排放，筑坝防止受污染的水下泄等。

此次事件的 7 位直接责任人已被当地人民法院判决，以污染环境罪追究刑事责任。同时，为促使污染企业承担消除污染、恢复当地生态并赔偿相应损失的民事责任，民间组织自然之友、重庆绿色志愿者联合会将两家责任企业列为共同被告，于 2011 年 9 月向曲靖市中级人民法院提起环境民事公益诉讼，后将曲靖市环保局追加为原告，目前该案还在审理当中。

3.4 小结

通过上述案例分析可以看出，目前我国的环境污染损害评估和赔偿工作在法律、技术和管理制度建设方面才刚刚起步，还面临诸多问题，主要表现在以下 3 个方面：

（1）立法模式没有体现环境污染损害赔偿的特殊性。环境污染事故往往造成巨大的生态环境损害，但囿于传统私权理论的限制，现行立法缺乏关于环境损害责任追究、赔偿范围、赔偿责任、赔偿基金等实体规定以及诉讼主体、因果关系推定、诉讼制度和法律援助制度等程序性规定。以云南曲靖铬渣污染事件为例，原告的主体资格存在争议，根据云南省高院的相关规定，两家 NGO 组织作为原告没有争议，但法院为降低自身风险，更乐意受理由国家机关如环保部门或检察机关提起的环境公益诉讼，因此将“曲靖市环保局”追加为原告，此举有悖于民间环保组织与行政主管部门之间的监督与被监督关系。在蓬莱“19-3”溢油事件的损害赔偿过程中，也面临法律关于环境损害赔偿规定过于原则、诉讼主体资格的法律限制、损害赔偿法律依据不足等问题。

（2）环境污染损害评估缺乏适用的技术导则。目前环境污染事故发生后，事故的调查与处理工作往往只注重事故的经过、原因分析、应急处理和责任划分，由于没有统一的环境污染损害的评估原则、评估程序、评估方法及评估标准，事故损失的统计评估结果随意性很大，且基本不涉及后续的赔偿修复工作。由于缺乏法律依据，目前部门或国家出台的损失评估标准和方法成为赔偿和行政或司法判决的重要文件，但目前仅有渔业损失有专门的技术规范可以引用。在沱江特大环境污染事件的庭审中，由于环境污染损害鉴定评估技术规范的缺失，污染企业高管以2.19亿元事故影响损失的确定缺乏技术依据为由进行抗辩，最终作为法院做出行政和刑事处罚裁决的唯一依据就是渔业部门出具的渔业损失证明，对水体本身造成的环境损害与事件对下游7个市县的工农业生产与人民生活造成的影响未计算在内，造成量刑过轻。值得注意的是，8年过后，渔业损失仍然是法院或相关部门做出赔偿和行政处罚判决时所唯一承认的损失。在蓬莱“19-3”溢油事件的后续赔偿谈判中，生态环境损害鉴定评估技术导则的不成熟也成为追偿不利的因素之一。

（3）环境污染损害评估工作制度与资金保障体系尚未建立。目前我国的法律与部门管理制度没有对环境污染损害评估与赔偿中的部门职能做出明确规定，环境与资源管理部门组织开展环境损害评估与赔偿的依据不足，没有专业的环境污染损害评估机构和统一的工作规范，污染事件发生后基本不开展专门的环境污染损害评估工作；同时，也没有建立环境污染损害赔偿资金保障制度，环境纠纷无法得到有效处置，专业人员机构和资金的匮乏对环境污染损害的鉴定评估与赔偿修复工作的开展构成严重的制约。蓬莱“19-3”油田漏油事件的处理体现了我国环境污染损害评估管理制度不健全的弊病，事件爆发之初，责任方蓄意隐瞒真实情况，消极应对溢油处置，暴露出环境监管、信息披露和对虚假隐瞒的行政处罚中存在的法律和制度偏软的缺陷；在责任方消极处置漏油，国家海洋局进行干预时面临海洋环境保护法对应急处置规定的模糊和无法操作的尴尬；进入损害评估阶段，生态损害评估机构经验不足、评估依据不充分等问题制约了评估结果的科学性（田超等，2011）。在云南曲靖铬渣污染事件的公益诉讼案件中，被告委托具有司法鉴定资质但严格来讲并无生态环境资源损害评估专业资格的机构进行评估，可能造成损害评估结论证据力不足的问题。

4　政策建议

我国对于环境污染损害鉴定评估工作的强烈现实需求与工作基础形成较大反差，为此，我们提出要完善我国的环境污染损害赔偿法律体系，建立环境污染损害鉴定评估工作制度，成立专业的环境污染损害鉴定评估机构，加强环境污染损害评估技术方法的研究，尽快出台既与国际接轨又适应国情的评估标准和方法，尽快研究建立环境污染损害赔偿资金保障体系，规范中国的环境污染损害鉴定评估与赔偿修复工作。

4.1　完善环境污染损害赔偿法律体系

针对环境污染损害相关法律存在的概念界定模糊、责任主体不明、诉讼立案难、赔偿数额评估难、政府为污染者买单等问题，建议制定专门的法律，统一对环境损害评估与赔偿的实体和程序问题进行规定；并清理相关上位法中存在的关系，在其中增加关于环境污染损害评估与赔偿的原则性规定。具体建议（季林云等，2011）如下：

（1）在《民法通则》等相关法律的修订中，明确定义环境污染损害的内涵与外延，明确规定环境污染损害不仅包括污染导致的人身、财产损害，还应包括潜在健康威胁与精神损害、环境损害以及对工农业生产与居民生活造成的影响损害，以及公共管理部门清理污染的支出。

（2）在《环境保护法》的修订中，明确规定环境损害鉴定评估制度，明确部门职责，为环境污染损害鉴定评估工作提供明确的法律依据。

（3）在《民事诉讼法》等相关法律的修订中，明确将生态环境资源损害等赔偿内容纳入诉讼范围，并对诉讼主体、因果关系认定、费用承担、赔偿金管理等做出原则性规定。

（4）制定专门的《环境污染损害赔偿法》或《环境污染责任法》，研究环境污染损害在赔偿范围、赔偿责任、诉讼主体、鉴定评估技术、环境修复、公益诉讼性质、赔偿数额巨大、公众参与等方面的特殊要求，专项立法对相关问题进行规制。

4.2 建立环境污染损害鉴定评估工作制度

针对缺乏专业的环境污染损害鉴定评估机构、鉴定评估程序不规范等问题，以及中国司法“鉴定人”制度需要选任鉴定机构或专家的需求，需要对环境污染损害鉴定评估的业务范围、管理模式与环境损害鉴定评估机构的资质条件等做出统一规定。具体建议如下：

（1）明确环境污染损害鉴定评估的业务属性，建议国务院司法行政部门商最高人民法院、最高人民检察院，将环境污染损害鉴定评估纳入第四类司法鉴定事项单列。确定执业领域划分办法，明确鉴定评估收费标准。

（2）按照“两级二元”管理模式对环境污染损害鉴定评估进行管理。中央层面，建议由环保部门制定环境污染损害评估司法鉴定工作流程、技术方法和标准；司法行政部门主要负责机构与人员的登记、名册的编制与公告，资格的变更、撤销以及对从事鉴定的机构与人员的违规违法行为进行处理。地方层面，具体的环境污染损害鉴定评估机构由省级环保部门与司法行政部门分别审核，报国家行政机关备案（刘倩等，2012）。

（3）明确环境污染损害鉴定评估机构与专家的资质条件。针对不同类别的环境污染损害鉴定评估工作的特点与技术要求，研究确定申请从事具体类别环境污染损害鉴定评估机构与鉴定人的资质条件。

（4）促进环境污染损害鉴定评估机构的健康发展。鉴于环境污染损害鉴定评估的技术专业复杂性，建议评估机构由“政府内设模式”向“完全社会化模式”逐步过渡。同时，对机构设置应施行“严进严考”的资质准入与考核制度，避免出现其他类司法鉴定机构泛滥无序的问题。

4.3　规范环境污染损害鉴定评估技术与方法

针对环境污染损害鉴定评估相关基础研究薄弱、部门标准不统一、评估结果差异大等现实问题，建议做好评估范围与评估方法的顶层设计，加强我国基础科学研究与环境监测能力，逐步形成与我国基础科研、管理模式相适应的环境污染损害鉴定评估适用标准与技术规范。具体建议如下：

（1）重视制度体系与技术方法的顶层设计。针对我国法律修订与立新法阻力巨大的现实，建议以重大突发环境事件为突破口，努力获得国家高层对环境污染损害赔偿问题的认知和决策，通过行政手段进行环境污染损害赔偿制度的顶层设计，明确中央相关部门的职责以及中央和地方相关机构的权利与义务，统一部门认识，有序制定相关技术规范。

（2）加强基础科学研究与环境监测能力。环境污染损害鉴定评估涉及环境物理、环境化学、环境毒理学、环境基准、环境监测、环境经济、环境法等所有环境学科与生态学、水文学、地质学等其他基础学科，我国在基础研究、实验科学与工程实践方面都与国外差距巨大，在该领域必须重视国外经验学习，加强基础科学研究与基础数据和知识储备，逐步建立环境污染损害鉴定评估方法库、知识库、案例库，为形成环境污染损害鉴定评估工作能力奠定基础。

（3）逐步规范环境污染损害鉴定评估标准与技术方法。针对我国环境污染所致传统损害的环境纠纷案件量大、生态环境资源损害尚未关注的实际需求，学习美国石油污染法同时兼顾传统损害与生态环境资源损害的经验，率先形成涵盖两方面内容的环境污染损害鉴定评估技术导则之总则。同时围绕典型生态系统污染、突发水污染事件、污染场地环境损害以及重金属污染等常见环境污染事件类型，同时兼顾污染物与损害类型，分类开发相关技术标准与规范。

4.4　加强资金保障等相关环境经济政策的研究

我国目前开展环境污染损害赔偿与生态恢复，除面临法律法规标准体系不健全、监管权责划分不清、评估标准制度设计存在空白和盲区、社会公众力量作用发挥不足等问题外，赔偿与修复恢复资金保障机制的缺失成为这项工作开展的最大障碍。为此，针对我国损害赔偿与生态恢复同时涉及私益与公益损害、责任主体情况复杂、即时性损害与潜在损害并存、资金需求量大等特点，借鉴国外相关经验，提出以下建议：

（1）建立环境损害赔偿或责任基金制度，针对责任主体明确、赔偿或恢复资金需求量大的污染事件，建立企业污染损害赔偿基金，必要时采取政府注资、企业分期偿还的资金保障制度；针对责任主体不明、资金需求量大的污染事件以及巨额的污染场地修复资金需求，建立包括国家与地方财政支出、环境税费、损害赔偿金在内的类似美国超级基金的固定资金筹集制度；建立行业环境污染责任基金，采取以重大环境污染事故高发行业企业注资为主、其他方式补充的资金筹集方式。研究各类基金的资金筹集、使用与管理方式，形成完整的环境污染损害赔偿与生态恢复资金制度。

（2）完善环境责任保险制度，全面总结与评估欧美国家和我国环境责任保险制度的实施效果与经验教训，提出适合我国国情的环境责任保险的投保模式，对高环境风险行业实行强制性投保，逐步将保险范围从突发环境污染事故延伸至累积性环境污染事件，从传统损害扩展到污染治理费用，研究针对不同环境损害特点合理设定索赔期限和保险费率，更好地发挥环境责任保险对预防污染事故发生、保证环境损害得到快速赔偿的制度优势。

（3）建立矿区生态环境恢复资金保障制度，针对我国目前矿产资源开发集中地区生态破坏与环境损害严重，但矿区环境治理恢复保证金无法涵盖巨大环境修复与生态恢复资金需求的现状，借鉴在日本和欧盟应用较成功的矿害防止公积金制度和矿害防止事业基金制度，选择试点地区开展试点，确定不同责任主体情况的资金筹集原则与管理制度，为矿山关闭后污染源封堵、废水治理与农用地土壤修复提供资金保障。

（4）协调开展环境损害评估相关环境经济政策研究。目前国家发改委、财政部、商务部、环境保护部等相关部门围绕区域或流域生态补偿、在金融信贷领域建立环境准入门槛，对污染企业和产品征收出口环节税等经济、金融与贸易手段，出台了关于生态补偿、绿色信贷、绿色贸易的一系列指导性文件，但这些政策在技术上还面临挑战，由于缺乏科学的行业与区域环境风险与损害评估方法，难以制定有效的政策实施细则，降低了上述政策的可操作性。因此，有必要协调开展环境损害评估与相关环境经济政策的研究，为相关政策细则的出台提供技术支撑。

参考文献

过孝民，张慧勤，李平. 1990. 我国环境污染造成的经济损失估算. 中国环境科学，10（1）：51-59.

葛吉琦. 1991. 江苏省太湖地区水污染对渔业影响的损失估算. 农村生态环境，（1）：46-48.

郑易生. 1996. 宏观环境污染损失计量的一个理论方法问题. 科技导报，（4）：41-43.

Todd Johnson. 1997. Clear Water，Blue Skies：China's Environment in the New Century. Washington，D. C：World Bank Publications，32-41.

Vaclav Smil. 1996. Environmental Problems in China：Estimates of Economic Costs. East- West Center Special Reports，5（4）：37-39.

夏光. 1998. 我国环境污染损失的经济计量和研究. 北京：中国环境科学出版社.

石敏俊，马国霞. 2009. 中国经济增长的资源环境代价——关于绿色国民储蓄的实证分析. 北京：科学出版社.

张颖. 2004. 绿色 GDP 核算的理论与方法. 北京：中国林业出版社.

雷明，胡宜朝. 2004 地区绿色投入产出表编制——宁夏 1997 年绿色投入产出表编制与分析. 统计研究，（6）：36-42.

王金南，蒋洪强，於方，等. 2009. 绿色国民经济核算. 北京：中国环境科学出版社.

於方，马国霞，曹东，等. 2004—2009. 中国环境经济核算研究报告.

陈尚，张朝晖，马艳，等. 2006. 我国海洋生态系统服务功能及其价值评估研究计划. 地球科学进展，21（11）：1127-1132.

张朝晖，王宗灵，朱明远. 2007. 海洋生态系统服务的研究进展. 生态学杂志，26（6）：925-932.

国家海洋局，海洋溢油生态损害评估技术导则（HY/T 095—2007）.

耿晓辉，任福安，殷佩海. 2000. 溢油事故威胁程度的模糊神经网络评价. 世界海运，21（2）：40-42.

杨伟华，施欣，俞成国. 2006. 基于层次分析法的船舶溢油污染危害程度评估. 水运管理，28（5）：13-16.

宁庭东，王新胜. 2011 船舶溢油的危害及损害程度评估研究. 中国水运，（10）：30-31.

张兆华. 1995. 环境污染对人群健康影响评价及其经济损失估算. 江苏环境科技，（4）：36-38.

夏彬，陈建伟，罗启芳，等. 2009. 环境污染健康损害评价指标体系探索. 中国社会医学杂志，26（4）：245-248.

夏彬. 2011. 环境污染人群健康损害评估体系研究. 武汉：华中科技大学.

吴瑞肖. 2009. 环境污染致健康损害的因果关系判定研究. 武汉：华中科技大学.

张天柱，赵毅红. 2009. 环境污染损害及其经济学评估的概念框架. 中国环境管理，（4）：13-21.

郑鹏凯，张天柱. 2010. 等价分析法在环境污染损害评估中的应用与分析. 环境科学与管理，35（3）：177-182.

农业部. 1996. 水域污染事故渔业损失计算方法规定.

米岚，王晓川. 2009. 关于完善环境污染损害赔偿法律救济的思考. 中国环境管理干部学院学报，19(2)：25-27.

周晨. 2007. 环境损害赔偿立法研究. 青岛：中国海洋大学，44-46.

李艳芳. 2005. 关于制定《环境损害赔偿法》的思考. 法学杂志，(2)：65-67.

潘德勇. 2011. 欧盟环境责任立法对中国的启示. 时代法学，9（1）：109-114.

王灿发. 2005. 环境损害赔偿立法框架和内容的思考. 法学论坛，20（5）：30-34.

蔡守秋. 2005. 关于处理环境纠纷和追究环境责任的政策框架. 科技与法律，(1)：111-118.

王灿发. 2003. 论环境纠纷处理与环境损害赔偿专门立法. 政法论坛，21（5）：18-25.

农业部. 2000. 渔业污染事故调查鉴定资格管理办法.

农业部. 渔业污染事故经济损失计算方法（GB/T 21678—2008）.

徐嵩龄. 1998. 我国环境破坏的经济损失计量—实例与理论研究. 北京：中国环境科学出版社.

环境保护部. 2011. 关于开展环境污染损害鉴定评估工作的若干意见.

农业部. 农业环境污染事故损失评价技术准则（NY/T 1263—2007）.

国家海洋局. 海面溢油鉴别系统规范（GB/T 21247—2007）.

国家海洋局. 海洋溢油生态损害评估技术导则（HY/T 095—2007）.

环境保护部. 2011. 环境污染损害数额计算推荐方法.

环境规划院，意大利达伯络尼亚公司. 2009. 中意环保合作项目环境污染事故损失核定技术与鉴定机制研究报告.

罗丽. 2009. 日本公害健康被害行政救济制度的启示. 环境保护，(20)：71-73.

於方，刘倩，牛坤玉，等. 2012. 环境损害赔偿国际经验对中国的启示 . 重要环境信息参考，(9)：1-40.

季林云，刘倩，於方，等. 中国环境损害赔偿与责任追究法律缺陷（内部报告）.

环境保护部. 2004. 中国环境状况公报.

Joshua Lipton，et. al. 2010. Natural Resource Damage Assessment（NRDA）：A Brief Review of the History and Practice of NRDA in the United States.

环境保护部环境规划院. 2011. 环境损害评估项目 2011 年研究报告.

李华友，冯东方. 2008“绿色保险”的国际经验及发展趋势. 环境经济，(9)：28-31.

金缦. 2010. 中国环境污染责任保险承保范围的合理界定. 环境经济，(4)：42-47.

沱江重大环境污染事故敲响环保警钟.http：//info.water.hc360.com/2005/01/17090047455. shtml.

中海油“漏油门”事件处理进程. http：//www. pil. org. cn/q_news/q_news_page_1471. html.

海洋局：康菲作业不正确破坏地层导致溢油事故. http：//news. sina. com. cn/c/2011-09-03/025723097654. shtml.

国务院要求彻查蓬莱溢油事故. http：//news.xinhuanet.com/energy/2011-09/08/c_121999672. html.

海洋局成立渤海溢油索赔小组正编制损害评估. http：//news. qq. com/a/20110831/ 000104. htm

康菲漏油事件执法偏软行政执法机关应及时作为. http：//news.cntv.cn/20110825/107129.shtml.

云南曲靖通报非法倾倒剧毒废料致污染事件. http：//news. sina. com. cn/c/2011-08-13/230422986086.

shtml.

曲靖公布污染事件后续工作已筑坝拦污水作处理. http：//law. dahe. cn/2011/0815/ 12350. html.

田超，於方，张红振，等. 2011. 关于近期几起重大环境事件的思考. 环境规划与政策，(11)：1-40.

刘倩，郭华，王金南. 2012. 如何构建环境污染损害评估司法鉴定管理体系. 环境保护，(5)：35-38.

第六篇　自愿性企业环境行为*

自愿性企业环境行为在我国的发展大致可划分为 4 个阶段：第一阶段从新中国成立到 20 世纪 90 年代初，环境政策的主要形式是命令控制型，极少自愿性企业环境行为；第二阶段为 90 年代，产品环保标志和企业环境管理体系开始兴起；第三阶段从 2000 年到 2006 年，自愿性企业环境行为主要围绕节能和（污染）减排两大主题展开，探索排污权交易制度、自愿节能协议；第四阶段从 2006 年至今，自愿性企业环境行为开始变得更加多样化。

自愿性企业环境行为可以分为内部的自愿性企业环境行为和外部的自愿性企业环境行为两大类。在我国，内部的自愿性企业环境行为主要表现为企业环境管理体系和企业环境信息披露。环境管理体系目前以 ISO 14000 系列为主，也有一些前瞻性企业开始探索将环境管理整合到企业战略中；2007 年的《环境信息公开办法（试行）》客观上促进了企业披露环境信息，企业社会责任的发展则刺激了企业社会责任报告的快速发展。

外部的自愿性企业环境行为主要表现为产品环境标志、绿色采购、节能自愿协议、排放权交易、指数评级和榜单。我国环境标志是国内较早的产品环境标志，应用也最广泛，此外还有绿色食品标志、节能标志等；2006 年，政府颁发《关于环境标志产品政府采购实施的意见》，政府绿色采购成绩显著；节能自愿协议在 2003 年开始实施，目前主要在山东、上海、福建、江苏、江西等地，但仍未全面推广；排放权交易在 2001 年开始探索，2003 年达成首笔交易，十余年间，交易对象从原来的二氧化硫、COD 及其他污染物，逐步扩展到温室气体；与环境相关的市场指数包括低碳指数、责任指数、环保指数三类，评级方面主要是一些地方政府对企业环境行为进行评级，并探索将评级结果与企业信用、银行信贷挂钩。

本书选取了 4 个较为典型的案例：一是部委牵头推动自愿性企业环境行为的案例，即财政部、原国家环保总局联合实施的政府绿色采购；二是地方政府在企业环境行为评级方面的探索，介绍了江苏省的经验；三是行业层面的案例，介绍了纺织服装行业及其社会责任管理体系；四是从 NGO 视角出发，介绍了我国水污染地图对促进企业采取环境行为的作用。

与欧盟国家相比，我国在 ISO 14001 环境管理体系、产品环境标志、政府绿色采购等方面发展较快，政府绿色采购甚至要比欧盟国家实施得更好。存在较大差距的方面主要是：企

* 执笔人：郭沛源（商道纵横）。

业环境信息披露（包括企业社会责任报告）、企业绿色采购、节能自愿协议、排放权交易、指数和评级等。

本书建议，政府要促进企业自愿采取环境行为必须要采取三类行动，以发挥市场力量、影响企业品牌形象、塑造企业环境观；同时还要构建信息披露和能力建设两大体系，作为行动的支撑。

具体建议如下：

行动 1：综合运用经济政策，让好企业获取额外市场利益：第一，继续推广政府绿色采购，探索品牌商绿色采购的激励措施，可考虑运用税收、补贴或市场准入等刺激政策激励大型企业引入绿色采购政策，并将绿色采购与驰名商标等名誉挂钩。第二，逐步完善节能自愿协议、绿色信贷政策、排放权交易政策，尤其是要引入严格的奖惩机制，对参与或不参与的企业都能产生吸引或震慑的作用。第三，积极探索绿色投资政策，引导资本流向绿色企业。政府应主导或支持开发资本市场的环保指数，为投资者提供风向标；对政府操控的资本，如我国投资公司或社保基金，在进入股市时，政府应制定严格的准入原则，只允许投资那些环境绩效较好的企业。

行动 2：适度支持媒体和 NGO 对企业施压，以影响企业品牌形象：第一，政府适度放开媒体对污染企业的负面报道，保障公众知情权。第二，政府支持媒体或行业协会及专业社团发布各种企业环境绩效的榜单和排名。第三，政府允许或适度鼓励 NGO 采取行动，对污染企业施压。

行动 3：支持对企业及企业家的环境教育，以塑造企业环境观：第一，政府与教育部门协调，在国内商学院 MBA、EMBA 等教育项目中强制引入环境教育的内容，将此作为必修课及办学评估的指标之一。第二，政府资助国内主要商学院开设企业环境管理或企业社会责任公共课程、资助商学院教师开发企业环境管理的教学案例。

支撑体系 1：建立企业环境信息披露体系：第一，政府建立按行业细分的企业环境信息披露指引，规定重点行业环境绩效的关键定量指标。第二，政府建立环境信息披露企业目录，将企业分为强制类和鼓励类，强制类企业必须按照披露指引披露信息，鼓励类企业可自愿披露信息。

支撑体系 2：建立企业外部利益相关方的能力建设体系：第一，政府应建立关于企业环境信息的公共数据库，向企业外部利益相关方免费开放，以便外部利益相关方及时了解企业环境绩效动态。第二，政府应针对媒体和 NGO 两大群体，编制手册、读本，并资助组织培训，提升他们对企业实施监督的能力。

1　研究背景

中欧环境治理项目（EU-China EGP）旨在通过加强政府职能、信息透明、公众参与和企业环境责任提升中国的环境治理水平。该项目包括 4 个核心主题：公众获取环境信息、公众参与环境规划和决策、环境司法、企业环境责任。

本书是中国-欧盟环境治理项目政策研究的一部分，主要考察如何完善可促进自愿性企业环境行为的政策举措、激励机制，以为中国的政策制定者提供参考。

1.1　何谓自愿性企业环境行为

顾名思义，自愿性企业环境行为（Voluntary Corporate Environmental Behavior，VCEB）是指企业自愿采取的、高于政府相关法律法规要求的环境保护行为。这一概念包含 4 个要点：首先，行为主体必须是企业；其次，行为必须是与环境保护有关的；再次，行为必须高于法律要求；最后，行为必须是自愿的。这 4 个要点，缺一不可。

当然，自愿性只是一个相对的概念。有时，企业迫于市场或者声誉的压力会采取某些行动，也可以被视为自愿。因为倘若企业不那样做，则可能会失去某些商机，但企业又不会完全被限制在市场之外。因此，自愿与否的一个重要判别依据是有没有和市场准入挂钩。

自愿性企业环境行为与自愿性环境协议（VEA）有所不同。后者是自愿性企业环境行为的一种形式，但不是唯一形式。自愿性企业环境行为与企业社会责任（CSR）也不同。首先，企业社会责任包括三个方面的绩效：经济绩效、社会绩效和环境绩效，只有环境绩效涉及企业环境行为。其次，环境绩效中所指的环境责任既包括法律合规责任，也包括超出法规要求的责任，后者才能算是自愿性企业环境行为。因此，自愿性企业环境行为只是企业社会责任、企业环境责任中的一部分内容。

1.2　典型的自愿性企业环境行为

自愿性企业环境行为有多种表现形式。比较典型的有如下几种：

- ☞ 企业环境管理体系（EMS），即企业自愿在内部实施环境管理的制度和管理措施（如获取 ISO 14000 体系认证等），提升企业的环境管理水平。
- ☞ 自愿性环境协议（VEA），即单个或多个企业与政府等利益相关方达成关于环境保护的自愿协议。
- ☞ 企业环境信息披露，即企业自愿对外发布有关企业能耗、排污、绿色研发等与环境相关的运营行为及结果的信息。较为典型的一种形式是定期发布的企业环境报告书。

- 产品生态标签或认证，即企业通过自身努力改善产品或服务过程中的环境影响，从而为产品申请某种生态标签或认证，已获得客户或消费者青睐。
- 企业环境公益行动，即企业自行组织植树造林等有益环境的行动，或对外捐赠及参与政府或 NGO 组织的环境公益行动。
- 自愿参与碳排放交易或排污权交易，即从交易市场卖出或买入碳排放信用或排污权，以换取直接经济收益或降低自身减排成本。
- 自愿加入绿色指数或排名，即通过提升自身综合环境绩效，入选由企业组成的绿色指数或绿色排名，获取品牌效益或经济收益。
- 自愿参与绿色采购，即通过提升自身综合环境绩效及产品的环境性能，满足部分采购方的环境标准，获取订单。

上述自愿性企业环境行为可以按照不同标准进行不同的分类。按实施主体的多寡，这些行为可以分为内部的自愿性企业环境行为（internal approach）和外部的自愿性企业环境行为（external approach）两大类。前者是指企业自身可独立实施的自愿环境行为，包括企业环境管理体系、企业环境信息披露、企业环境公益活动等；后者是指企业必须要依赖外部机构参与才能实施的环境行为，如自愿性环境协议、生态标签或认证等。

2 我国自愿性企业环境行为的发展历程

2.1 第一阶段：从新中国成立到 20 世纪 90 年代初

我国环境保护工作可追溯到 20 世纪 70 年代。1979 年 9 月，全国人大常委会通过新中国的第一部环境保护基本法——《环境保护法（试行）》，标志我国环境保护工作开始走上法制化轨道。1982 年城乡建设环境保护部设立环境保护局，1984 年国务院成立国务院环境保护委员会，1988 年在国务院机构改革中设立国家环境保护局，并被确定为国务院直属机构，这标志着我国从组织结构上为环境保护提供了保障。1983 年 12 月，国务院提出保护环境是我国一项基本国策，并制定了我国环境保护事业的战略方针。

这一阶段，环境立法的核心是污染控制，尤其是工业污染的控制。采取的形式往往是命令控制型（command-and-control）政策或法规。一些典型的环保制度，如排放污染物许可证制度、污染集中控制和限期治理制度、环境影响评价制度、“三同时”制度都是这一阶段的产物。这一阶段，几乎没有企业会有意采取自愿性环境行为。政府也缺乏倡导自愿性企业环境行为的政策与机制。

2.2　第二阶段：20 世纪 90 年代

20 世纪 90 年代初，产品环保标志和企业环境管理体系开始兴起，这为企业实施自愿性的环境行为打开了一扇窗户。这一阶段，政府积极推动的产品环保标志和环境管理体系，主要代表有我国环境标志、ISO 14000 族标准、节能产品认证标志。

中国环境标志，也称中国十环环境标志，1993 年 8 月由原国家环保局正式颁布。至今已有数千万个环境保护标识贴在产品上，进入千家万户。ISO 14000 环境管理体系标准则是在 1996 年引进的，原国家环保局基于自愿的原则组织了 55 家企业进行环境管理体系认证试点工作[①]。1999 年到 2001 年是我国企业申请 ISO 14000 环境管理系列标准认证的高峰期，3 年内共有 1 024 家企业通过认证[②]。节能产品认证制度于 1998 年根据《节约能源法》建立，中国节能产品认证管理委员会和中国节能产品认证中心负责颁发认证。到 2005 年，我国有 36 类、上万种产品贴上了节能标志[③]。

2.3　第三阶段：2000—2006 年

进入 21 世纪，我国所面临的环境挑战愈加严峻。“十五”计划提出要“优化工业结构，增强国际竞争力”，明确指出要节能降耗、防治污染。因此，在这一阶段，自愿性企业环境行为主要是围绕节能和（污染）减排两大主题展开的。

在污染减排方面，我国开始创新性地尝试排污权交易制度。2001 年 4 月，原国家环保总局与美国环保协会签署《推动中国二氧化硫排放总量控制及排放权交易政策实施的研究》合作项目，拉开了排污权交易在全国推广的序幕。第一例排放权交易发生在 2006 年，政府与六大电力公司签署了二氧化硫减排责任书。在节能方面，政府探索了自愿节能协议。2003 年 4 月，山东省政府和济南钢铁集团总公司、莱芜钢铁集团有限公司签署节能自愿协议，标志着我国已正式开始实施自愿协议试点。同年的 11 月，青岛 15 家企业与当地政府签订了节能自愿协议。

2.4　第四阶段：2006 年至今

2006 年，温家宝总理在第六次全国环境保护大会上强调要做好新形势下的环保工作，要加快实现三个转变。其中一个转变就是从主要用行政办法保护环境转变为综合运用法律、经济、技术和必要的行政办法解决环境问题。因此，在这一阶段，自愿性企业

① 凌琳：《我国企业推行 ISO 14000 环境管理体系标准的评估和分析》，载《全国商情（理论研究）》2011 年第 4 期。
② 凌琳：《我国企业推行 ISO 14000 环境管理体系标准的评估和分析》，载《全国商情（理论研究）》2011 年第 4 期。
③ 曾亮亮：《我国目前有四种环保节能标志》，载《经济参考报》2005 年 8 月 17 日。

环境行为也在有关政策的引导下，变得更加多样化。

2007 年、2008 年，原国家环保总局陆续推出绿色信贷、绿色证券、绿色保险等环境经济政策，引起广泛关注。这些政策中的一些内容可以激励企业主动节能减排、改善环境绩效，以降低融资成本或风险成本①，具有开创性意义。排污权交易制度逐步延伸到碳排放领域。2008 年，天津、北京、上海的环境交易所相继成立，并有零星的自愿碳排放交易。

此外，本阶段，企业社会责任发展促进了企业自愿性环境行为。2008 年，国资委发布《关于中央企业履行社会责任指导意见》，发挥央企带动作用；同期，深沪交易所先后推出上市公司社会责任指引、社会责任指数等，更推高企业社会责任浪潮。这波浪潮的直接产出之一是越来越多的中国企业发布社会责任报告，披露更多的企业环境信息。这成为本阶段自愿性企业环境行为重要特征。

3　我国自愿性企业环境行为的现状

3.1　内部的自愿性企业环境行为

3.1.1　企业环境管理体系

从 20 世纪 90 年代到 21 世纪初，环境问题日渐严峻，公众环境意识逐步提升，越来越多的企业也认识到环境问题的重要性，开始在企业内部实施环境管理体系。

中国企业对环境管理体系认识始于 ISO 14000。ISO 14000 是系列环境管理标准，包括环境管理体系、环境审核、环境标志、生命周期分析等国际环境管理领域内焦点问题，旨在指导各类组织正确的环境行为。其中 ISO 14001 是环境管理体系标准，包含五部分 17 个要素（表 4-8）。

ISO 14001 推行初期，政府和市场都非常积极。2001—2004 年，挪威政府出资援助中国开展 ISO 14000 能力建设项目。原国家环保总局负责管理，华夏认证中心、挪威船级社负责实施。能力建设分为 3 个级别：政府（中央和地方级别）、ISO 14000 从业单位（咨询、培训机构、认证机构和行业协会）以及企业。该项目在我国的北京、陕西、湖北和江苏 4 个省市进行，主要是在旅游、电子电气和汽车 3 个行业开展。根据培训班、研讨会和基线审核的经验，项目小组编写了三个行业的 ISO 14000 实施指南②。

① 这些政策中也有一些内容是强制要求的，如某些行业的拟上市公司必须要通过上市前的环保核查才能上市，有些试点省份强制一些行业的企业购买污染责任险。因此，本书并未将绿色信贷、绿色证券和绿色保险纳入研究对象范围。

② 挪威船级社华夏认证中心：《中国汽车行业环境管理体系实施指南》，2004 年 4 月。

表 4-8　ISO 14001 环境管理体系要素

要素名称	
一级要素	二级要素
（一）环境方针	1. 环境方针
（二）规划（策划）	2. 环境因素 3. 法律和其他要求 4. 目标和指标 5. 环境管理方案
（三）实施和运行	6. 组织结构和责任 7. 培训、意识和能力 8. 信息交流 9. 环境管理体系文件 10. 文件控制 11. 运行控制 12. 应急准备和反应
（四）检查和纠正措施	13. 检测和测量 14. 不一致纠正和预防措施 15. 记录 16. 环境管理体系审核
（五）管理评审	17. 管理评审

企业为获得 ISO 14001 认证，改善环境管理水平，提高资源生产率，同时也获得经济效益。例如，北京松下彩管公司，在实施 ISO 14001 体系中，通过降低排气温度这一项工艺改革每年可节省 130 万 kW • h；改造涂屏工序清洗系统，每年节水 12.7 万 t[①]。

当时，企业趋之若鹜。到 2001 年，获得 ISO 14001 证书的组织已超过 1 000 家。但 2001 年后，这一数字有所回落。据统计，2005 年有 279 家通过认证，2006 年有 334 家通过认证，而 2008 年只有 215 家[②]。ISO 14000 降温原因之一，是认证市场未能得到有效规范，鱼龙混杂，有的认证机构并没有真正帮助企业改善问题，也有的企业只是想花钱买一个证书。

当然，ISO 14000 的降温并未阻碍一些大型企业将环境问题提升到战略层面，提出整体的环境管理战略或行动。例如，中国移动 2007 年全面启动了“绿色行动计划”，通过管理和技术创新，推动结构调整，走出了一条可持续的低碳发展之路。又如，国家电网在 2010 年开创性地发布《公司绿色发展白皮书》，明确提出了国家电网公司的绿色发展战略：提出了推进自身、产业和社会绿色发展的基本范式，积极推进自身绿色发展，打造绿色平台、实施绿色生产；积极推进产业绿色发展，共建绿色产业；积极推进社会

① 余子英等：《我国绿色认证的现状及对策建议》，载《产业与科技论坛》2011 年第 10 卷第 12 期。

② 凌琳：《我国企业推行 ISO 14000 环境管理体系标准的评估和分析》，载《全国商情（理论研究）》2011 年第 4 期。

绿色发展，弘扬绿色文明。中国移动和国家电网等企业的尝试可能会成为大型企业环境管理的新形式。

3.1.2 企业环境信息披露

企业环境信息是指企业以一定形式记录、保存的，与企业经营活动产生的环境影响和企业环境行为有关的信息。

2007 年颁布的《环境信息公开办法（试行）》就企业环境信息公开做出规定，鼓励企业自愿公开环境保护方针、年度环境保护目标及成效、年度资源消耗总量等环境信息，并提出对自愿公开企业环境行为信息且模范遵守环保法律法规的企业，环保部门可以给予奖励。

对污染物排放超过国家或者地方排放标准，又或者污染物排放总量超过地方人民政府核定的排放总量控制指标的污染严重的企业，《环境信息公开办法（试行）》还提出了强制的披露要求。按照规定，此类企业应当向社会公开：①企业名称、地址、法定代表人；②主要污染物的名称、排放方式、排放浓度和总量、超标、超总量情况；③企业环保设施的建设和运行情况；④环境污染事故应急预案。

文件要求，此类企业不得以保守商业秘密为借口，拒绝公开上述信息。若企业不公布或者未按规定要求公布污染物排放情况的，由县级以上地方人民政府环保部门依据《清洁生产促进法》的规定，处 10 万元以下罚款，并代为公布。所以，《环境信息公开办法（试行）》客观上促进了企业披露环境信息。

一些民间组织以此为契机在各自领域推进企业环境信息披露。较为典型的有：①公众环境研究中心开发“中国水污染地图”，将收集到的各类企业环境违规公开信息汇集到一个数据库中供公众查询，对违规企业施加压力，迫使他们实施整改措施并公开信息。②云南省大众流域管理研究和推广中心（也称“绿色流域”）通过搜集银行信息发布《银行业环境记录》，并要求银行就是否牵连重大污染事件予以披露。③碳信息披露项目每年对 1 000 多家中国上市公司发放问卷，了解其低碳战略和碳排放情况。

企业社会责任报告的迅猛发展，是促进我国企业环境信息披露的另一个重要原因。所谓企业社会责任报告是企业公开发布的、向内部和外部利益相关方描述企业经济、环境和社会方面的状况与活动的报告[①]。通常，企业环境绩效都是企业社会责任报告中的一个重要内容。

我国的企业社会责任报告最早可追溯至 1999 年壳牌（中国）发布企业可持续发展报告。紧随其后的是中国石油天然气股份有限公司于 2001 年发布的企业健康安全环境报告。此后数年，企业社会责任报告发展缓慢，到 2005 年，发布报告的企业还不到 10 家。

2008 年，我国企业社会责任报告迎来了发展机遇期，国资委和深、沪两市交易所先

① 世界可持续发展工商理事会（WBCSD），2002。

后推出政策，鼓励企业发布社会责任报告。2008 年年初，国资委下发《关于中央企业履行社会责任的指导意见》的通知，明确提出了要建立社会责任报告制度。2010 年，国资委又进一步要求所有中央企业必须在三年内发布社会责任报告。截至 2011 年年底，已有76家中央企业发布了社会责任报告或可持续发展报告，一些企业还发布了国别报告[①]。在交易所方面，2008 年 5 月，上交所发出《关于加强上市公司社会责任承担工作暨发布〈上海证券交易所上市公司环境信息披露指引〉的通知》，鼓励公司在披露年度报告的同时披露企业社会责任报告。同年 12 月，上交所在《关于做好上市公司 2008 年年度报告工作的通知》中，要求三类公司即“上证公司治理板块”样本公司、发行境外上市外资股的公司以及金融类公司必须披露企业社会责任报告。这三类公司涉及约 300 家上市公司。深交所推动上市公司承担社会责任的动作还要更早一些，2006 年，深交所便发布了《上市公司社会责任指引》，鼓励上市公司发布企业社会责任报告。2008 年，深交所在年报披露中要求深证 100 的样本公司必须披露企业社会责任报告。如此算来，深、沪两市大约共有 400 家上市公司每年要向交易所和投资者公布企业社会责任报告。

政策利好对企业社会责任报告有极大刺激作用。报告数量在 2009 年迎来爆炸式增长期，当年的报告数量就达到 500 多份，到 2011 年，这一数字已经突破 1 000 份（图 4-4）。国有企业报告占总数的 58%；深沪两市上市公司报告占总数的 60%。发布报告的公司主要集中在北京、上海和广东，分别占公司总数的 20%、12%和 10%，增幅都在 50%以上[②]；金融、电子制造行业发布报告数量最多。

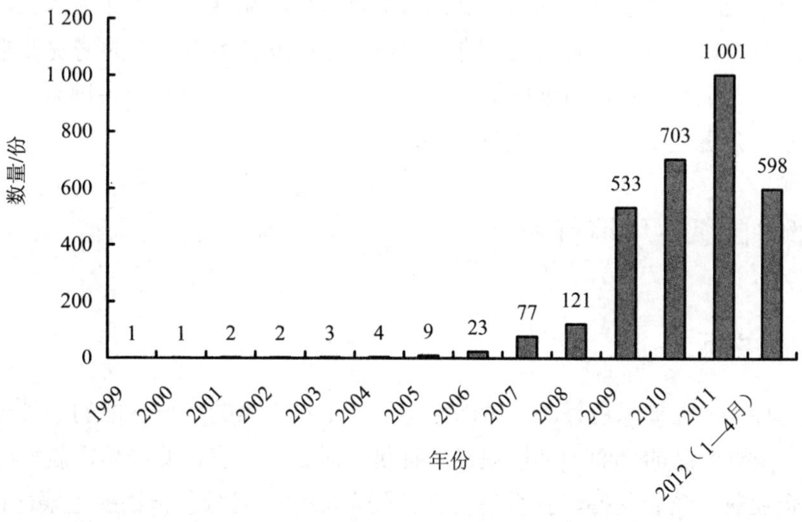

资料来源：商道纵横。

图 4-4 中国企业社会责任报告数量统计

① 郭玉志：《国资委：所有央企年底前都要发布社会责任报告》，山西电视台，2012 年 5 月 28 日。

② 商道纵横：《价值发现之旅》，2011 年。

数量增长虽然喜人，但高质量的报告为数不多。商道纵横发布的《"中证 100"企业社会责任报告评估》评阅了 94 家"中证 100"指数成分股公司 2010 年发布的企业社会责任报告，并将结果按质量高低划分为 A+、A、B、C、D 类。研究发现，等级为 A+ 的报告比例只有 12%，等级为 C 和 D 的报告比例则有 43%（图 4-5），说明将近半数报告质量处于较差水平[①]。

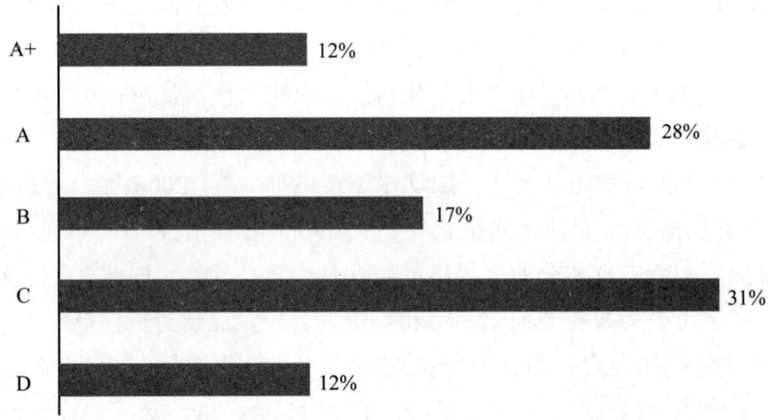

资料来源：商道纵横。

图 4-5　中国企业社会责任报告质量评级分布统计

从披露内容上看，责任管理的信息披露最好，责任战略次之，责任绩效的信息披露最弱。责任绩效的问题主要反映在信息披露不平衡，"报喜不报忧"的情况非常普遍。某些关键指标缺乏定量信息，但这些信息恰恰是衡量一个公司业绩的关键要素，缺了这些信息，企业社会责任报告的价值大打折扣。

3.2　外部的自愿性环境行为

3.2.1　产品环境标志

产品环境标志，也称绿色标签、生态标志等，是对产品的环境性能的一种带有公证性质的鉴定，是对产品的全面的环境质量的评价。对企业而言，此类标志就意味着绿色身份证，是企业获得政府支持，获得消费者信任，顺利开展绿色营销的主要保证[②]。

中国环境标志是国内较早的产品环境标志。1994 年 5 月 17 日中国环境标志产品认证委员会成立，与国际生态标签计划对接的我国环境标志计划开始实施。2003 年 9 月，国家成立了环境认证中心，承接了中国环境标志产品认证委员会秘书处的职能。

① 商道纵横：《中证 100 企业社会责任报告评估》。

② 《保护环境保护环境呼唤绿色营销》，载《中国环境报》2001 年 8 月 30 日。

根据世界各国已经开展的环境标志的类别和中国的国情，中国环境标志在实施之初就确定了在中国优先开展环境标志认证的产品种类，主要包括[①]：①国际履约类；②可再生、回收利用类；③改善区域环境质量类；④改善居室环境质量类；⑤保护人体健康类；⑥提高资源、能源利用率类。

企业通过申请中国环境标志产品可以获得经济上的良好收益。据调查[②]，所有获得环境标志的产品，都有市场份额的增加，最低为5%，增加70%以上的企业达30%以上。

目前，中国环境标志已有91个大类，有近2 000家企业，30 000多个规格型号的产品通过了中国环境标志认证。环境标志产品年产值达1 000多亿元。此外，中国环境标志的认证工作已经在国际上与日本、德国等8个国家和地区开展了互认[③]。

除了中国环境标志以外，国内还有若干与环境相关的环境标志。包括：

☞ 绿色食品标志。该标志由中国绿色食品发展中心进行最后的专家委员会审核并发放。数据显示，自绿色食品推出后的近20年间，全国累计有效使用绿色食品标志的企业总数为6 391家，产品总数达到16 748个[④]。

☞ 节能标志。该标志采用自愿的原则，境外企业及其代理商均可向中国节能产品认证管理委员会及中国节能产品认证中心自愿申请节能产品认证。

☞ 节水产品认证。2002年我国建立节水产品认证制度，随即启动节水认证工程，由中国标准化认证中心（原中国节能产品认证中心）负责实施。目前我国的节水产品认证采用自愿性原则。

☞ 节能环保汽车认证。2007年9月1日，我国正式颁布《国家节能环保型汽车认证实施规则——轻型汽车产品》，开始对轻型汽车产品实行统一节能环保自愿认证制度。2008年，这一认证在汽车行业全面实施，也是自愿认证。

☞ 建材防火环保标志、环保建材标志及绿色建筑选用产品标志。建材防火环保标志由国家防火建筑材料质量监督检验中心和国家建筑材料测试中心在2003年联手推出；环保建材标志由国家建筑材料测试中心在2008年推出；绿色建筑选用产品标志由国家建筑材料测试中心在2012年推出。

☞ 绿色之星标志。中国环境保护产业协会绿色之星秘书处对企业自愿申报的环境友好相关内容，进行非强制性的验证，对符合质量标准和有关环境要求的产品，授予绿色之星产品称号，并准予使用其绿色之星标识。

☞ 中国低碳产品标志。该标志是在中国环境标志框架下设计出来的，与每年中国环境标志标准制、修订工作结合，对纳入“气候相关”类的产品技术要求中增

① 以下类别，参考 http：//www.sepacec.com/zhxx/lsxx/200604/t20060413_93974.htm。

② 《中国环境标志巨大成就》，国家环保部官网，2004年6月10日。

③ 摘自环境保护部科技标准司原副司长刘志全在2012年世界认可日主题活动上的发言。

④ 《超亿收入的绿色食品认证》，网易财经，http：//money.163.com/special/view36/。

加碳排放的限值要求。通过认证的该类产品授予中国环境标志——低碳产品，以表示该类产品对减少碳排放、保护气候方面的积极作用。

3.2.2 绿色采购

绿色采购是指采购人在选择供应商或产品的时候将环境因素考虑在内。绿色采购青睐环境友好企业和产品，因此可以促进企业自愿实施环境行为。根据采购人身份不同，绿色采购可以分为政府绿色采购和企业绿色采购两大类。

我国于2003年颁布实施《政府采购法》，明确提出政府采购要有利于环境保护的要求。2006年10月24日，财政部、原国家环保总局联合印发了《关于环境标志产品政府采购实施的意见》，要求各级国家机关、事业单位和团体组织用财政性资金进行采购的，要优先采购环境标志产品，不得采购危害环境及人体健康的产品。意见以清单的形式列明了环境标志产品实施政府优先采购的范围，共涉及十四大类近千种产品。

2007年，政府绿色采购从环境标志产品扩展到节能产品。国务院办公厅发出《关于建立政府强制采购节能产品制度的通知》，明确政府强制采购节能产品的总体要求。同年，财政部、国家发展改革委公布了新的节能产品政府采购清单和首批政府强制采购的节能产品范围。

几年来，政府绿色采购的实施卓有成效。“十一五”期末，我国已基本建立起强制采购节能环保产品制度，列入清单的节能产品已有28类、3.1万种，环境标志产品已有24类、1.5万种。

在企业采购方面，实施绿色采购政策的通常都是大型的品牌采购商。较早在中国实施绿色采购策略的是大型跨国公司。一些跨国公司在20世纪90年代中后期就开始推进责任采购、道德采购，并对供应商进行包括环境绩效在内的审核。例如，1998年，IBM的全球采购部向9 000多家供应商写信鼓励其争取ISO 14001认证；1999年丰田公司为450家供应商制订环保采购条例，要求在2003年前争取到ISO 14001认证并且发布年度进展报告①。这些企业的采购政策将绿色供应链的理念介绍到中国。

跨国公司的实践影响了一批国内企业，领先企业开始了“绿化”供应链的探索。2007年，中国移动推出“绿色行动计划”，旨在减少设备使用的材料数量，减轻设备重量，提高设备集成度，降低设备功耗。共有15个厂商加入该计划。2008年，宝钢股份资材备件采购部率先在国内钢铁行业中启动了《绿色采购行动计划》，并以耐火材料行业为突破口，要求供应商在努力满足质量、成本、交货期、服务的同时，还必须满足环境友好的要求（被称为“4+1”供应商业绩评估模式）。

3.2.3 节能自愿协议

自愿环境协议作为企业与政府之间的一种契约，以发挥企业的积极性和主动性为主

① 臧利智、李延勇：《跨国公司与环境管理体系的扩散》，载《山东经济》2007年9月。

体，以政府支撑政策为辅，能够以最小的成本在发展经济的同时达到节能减排和保护环境的目的。节能自愿协议是自愿环境协议的一种，是国内最多见的自愿环境协议。

我国首批实施的节能自愿协议采取国家支持地方政府与企业签订协议的模式。2003年4月22日山东省经贸委和济南钢铁集团总公司、莱芜钢铁集团有限公司签署节能自愿协议。标志着我国第一个自愿协议试点正式开始实施。这两个企业承诺实现在3年内节能30万t标煤的目标[①]。

随后，中央和各地的自愿协议尝试持续开展，包括（不完全统计）[②]：

- 2003年11月，青岛市15家企业主动与青岛市经委签订了节能自愿协议。
- 2004年烟台市能源监测中心尝试与用能单位签订节能自愿合作协议，共同承担节能改造投资，调动用能单位的节能积极性。首批签订协议的16家单位涉及工业、商贸部门。
- 2006年，南京市政府与10家重点用能单位签订节能自愿协议。
- 2006年6月，扬州市经贸委与仪征化纤股份有限公司、江苏石油勘探局等10家企业签订了节能自愿协议。
- 2008年，莱芜市经贸委印发了《莱芜市节能自愿协议试点方案》，在全市范围内开展节能自愿协议试点工作。
- 2008年，山东省滨州市在山东鲁北企业集团总公司、山东香驰粮油有限公司、山东渤海实业股份有限公司、愉悦家纺有限公司开展第二批节能自愿协议试点工作。
- 2008年，重庆市渝中区政府深入企业，与渝中区水厂、万豪酒店、洲际酒店等重点用能单位签订了节能自愿协议。
- 2008年，扬州市宝应县9家耗能大户签订节能自愿协议。
- 2010年，广州市经贸委和广州供电局签订了自愿节能协议。
- 2010年4月，江西省工信委出台《江西省工业企业节能自愿协议试点工作方案》，在全省开展自愿协议试点。当年，景德镇、鹰潭等市都开展了自愿协议试点。
- 2010年11月，工业和信息化部与中国移动通信集团公司签订节能自愿协议，中国移动承诺以2008年能源消耗为基准，到2012年12月底实现单位业务量耗电下降20%的目标。
- 2011年11月，工业和信息化部和华为技术有限公司签订节能自愿协议，华为承诺以2009年发货产品单位业务量的平均能耗为基准，到2012年12月底实现发货产品单位业务量的平均能耗下降35%。

2011年，国家质监总局和国家标准委发布《节能自愿协议技术通则》（GB/T 26757—

① 环境规划院：《利用排污收费促进企业自愿节能减排》，2007年5月15日。

② 中国节能协会：《自愿协议简报》。

2011)。通则规定协议甲方为采用节能自愿协议方式实施节能管理的政府机构，可以是国家或地方节能主管部门，乙方是执行节能自愿协议的用能单位或行业组织，并明确了节能自愿协议的基本程序，要求协议各方应对能效基准、节能目标、节能效果核查和验证方案进行充分协商，达成一致。

从地区分布上来看，我国节能自愿协议在山东、上海、福建、江苏、江西等地区得到政府有力的推动，成效较好。但总体上看仍没有全面推广开来。原因是多样的，其中一个主要方面是强制性色彩比较浓厚，缺乏明确的激励政策和违约处罚机制。此外，2006年国家发展改革委、国家能源办等部门推出的重点耗能行业千家企业节能行动也对节能自愿协议造成一定影响。虽然千家企业节能协议在很多部分借鉴了自愿协议的做法和程序，但千家企业节能行动是强制性的，是一种行政手段①，这相当于“挤出”了一部分愿意参加节能自愿协议企业。

3.2.4 排放权交易

排放权交易的本质是建立在市场机制上的排放物总量控制和排放者之间的交易。一般认为，总量控制和排污权交易机制可以极大降低环境治理成本和管理成本，激励企业进行技术革新。

我国排放权交易在2001年开始探索，2003年达成首笔交易。十余年间，排放权交易的对象主要是从原来的二氧化硫、化学需氧量（COD）及其他污染物（一般所指的排污权交易），逐步发展到温室气体（一般所指的碳排放交易）。

排污权交易的起步期是在“十五”期间，原国家环保总局提出，要通过实施排污许可证制度促进总量控制工作、通过排污权交易试点完善总量控制工作。在此背景下，2001年前后，我国开展了不少试点项目，如中美环境合作项目“中国利用市场机制削减二氧化硫排放的可行性研究”等。这些项目推动完成了多项排污权交易。2002年，在美国环保协会的支持下，国家环保总局下发了《关于开展“推动中国二氧化硫排放总量控制及排污交易政策实施的研究项目”示范工作的通知》，在山东、山西、江苏、河南、上海、天津、柳州市共七省市开展二氧化硫排放总量控制及排污权交易试点工作等。

到“十一五”时期，推进主要污染物排污权交易是环保部的重点工作内容，环保部先后批准江苏、浙江、天津、湖北、湖南、山西、内蒙古7省市区作为排污权交易试点省市。重庆、上海、山东、贵州、辽宁、黑龙江、河北、河南、陕西、四川、云南等地也专门出台了相关政策文件或者在相关地方法规中设置有关排污交易的条款②，如《嘉兴市主要污染物排污权交易办法（试行）》（2007年）、《湖北省主要污染物排污权交易试行办法》（2008年）和《湖南省主要污染物排污权有偿使用和交易管理暂行办法》（2010年）等。我国排污权交易探索在这一时期逐步深化。

① 郑金武、陈彬：《自愿还是强制：节能减排期待企业内在需求》，载《科学时报》2007年8月8日。

② 环境规划院：《环境经济政策研究与试点项目简报》，2010年12月。

重庆、江苏、山西、河北、陕西等不少地区在当地政府环保部门的促成下完成了大额交易。据统计，截至 2012 年 3 月，浙江累计开展排污权有偿使用 6 143 笔，缴纳有偿使用费 10.2 亿元，排污权交易 1 683 笔，交易额 3.5 亿元，两项合计突破 13.7 亿元；重庆组织排污权交易活动 216 次，成交总金额 2 527.9 万元，基本上实现了工业项目新增排污指标由行政无偿分配向通过交易有偿获取的转变[①]。

不少地方成立了排污权交易机构。江苏、湖北、湖南、云南、陕西等地均成立了面向全省的环境资源交易所，一些市县也成立了排污权交易机构，如浙江省嘉兴市成立了嘉兴市排污指标储备交易中心、云南昆明市成立了昆明环境能源交易所等。

在碳排放交易方面，很多企业其实是通过清洁发展机制（CDM）先了解到这个概念的。2006 年之后，CDM 市场蓬勃发展，一些中国企业通过出售碳信用获利颇丰，吸引了不少关注[②]。国内自愿碳排放交易的发展要比 CDM 市场晚了几年。2008 年，天津排污权交易所、北京环境交易所和上海环境能源交易所先后成立，自愿碳排放交易是这几个交易所的工作重点之一。

2009 年 12 月，北京环境交易所发布中国首个自愿减排标准——熊猫标准 1.0 版。2010 年 10 月，上海环境交易所发布《中国自愿碳减排标准》。国家发改委也在起草《中国温室气体自愿减排交易活动管理办法（暂行）》，目前基本完成并即将出台。该办法将解决国内自愿减排市场缺乏信用体系的问题，同时将明确自愿减排交易产品、交易场所、新方法学申请程序以及审定和核证机构资质的认定程序。

在交易平台方面，上海能源交易所于 2010 年 4 月构建了世博自愿减排平台，企业和个人都可以通过网络购买碳指标，抵消自身碳排放，达到世博减排的目的。自世博自愿减排网络平台开通以来，个人减排活动参与方超过 4 352 人次，参与企业十余家。天津排放权交易所自愿减排服务平台是我国首个温室气体自愿减排电子公示查询系统，根据项目所在地、核证机构、方法学、标的类型等参数，为上线的每吨温室气体自愿减排量自动生成 61 位电子编码，开展自愿减排项目信息公示和查询服务，为各类机构和公众参与温室气体自愿减排活动提供便利。2011 年 6 月，新成立的深圳排放权交易所开始开展自愿碳减排交易，并推出自己的“自愿减排交易平台”。

2011 年，国家发改委发布《关于开展碳排放权交易试点工作的通知》，确定北京、天津、重庆、上海、湖北、广东等七省市为全国首批实施碳排放交易试点。根据计划，2013 年年底我国将在试点省市启动碳交易市场，2015 年建成全国性市场。

综合比较排污权和碳排放两个交易市场，排污权交易市场相对成熟，而后者还处于初期发展阶段，实质交易有限。两类交易市场都面临共同挑战：一是市场驱动力不足，

① 祝楚华：《排污权交易促减排达标排放是基本前提》，载《成都商报》2012 年 6 月 29 日。

② 据统计，截至 2011 年 8 月 1 日，国家发改委批准的 CDM 项目共计 3 154 项，在联合国成功注册的数量为 1 519 项，占东道国成功注册项目总数的 45.34%，预期年减排量将达到 318 881 831 t CO_2e，占全部 CDM 注册项目预期年减排总量的 63.71%。

很多交易或是政府撮合促成的，或是参与方从品牌角度考虑，真正由直接经济利益驱动的交易不多。二是配套污染源排放或者碳排放监测、计算、监管能力不足。三是各市场配额设置还有待完善：在排污权交易市场，各地配额设置规则不一；在碳排放市场，统一方法还没有设计。

3.2.5 指数、评级和榜单

企业入选与环境相关的指数，或在与环境相关的评级或榜单中获得好的评价，能够彰显成绩，对品牌有积极影响。有的指数或评级还可以帮助企业获得投资者或银行的青睐，降低融资成本。这些都能够促进企业自愿改善环境绩效。

在指数方面，影响力较大的是资本市场指数。目前，我国有若干与环境相关的指数（表 4-9）。按主题分，可分为低碳指数、责任指数、环保指数三类。指数成分股从 40 家到 100 家不等。

表 4-9 中国资本市场环境相关指数一览

指数名称/代码	指数描述
中国低碳指数 H11113	中国低碳指数是为反映中国低碳经济领域境内外上市公司的整体表现，由从境内外上市的中国公司中选出在低碳经济领域具有代表性的 40 家公司股票组成样本股
中证内地低碳经济主题指数 000977	中证内地低碳经济主题指数是为了反映在我国内地上市的低碳经济类公司股票的整体走势，从沪深 A 股中挑选日均总市值较高的 50 只低碳经济主题公司股票组成样本股，基日为 2010 年 6 月 30 日，基点为 1 000 点
ESG 40 000970	中证 ECPI ESG 可持续发展 40 指数从上证 180 公司治理指数样本股中挑选可持续发展绩效较高的 40 只公司股票组成样本股，为投资者提供新的投资标的
上证社会责任指数 000048	上证社会责任指数是以上证公司治理板块中在社会责任的履行方面表现良好的公司股票作为样本股编制而成的指数，目的是促进上市公司积极履行社会责任，同时为投资者提供新的投资标的
中小板责任指数 399651	为反映社会责任履行情况良好的上市公司整体表现，促进上市公司强化社会责任意识和积极承担社会责任，向投资者提供更丰富的指数化投资标的，编制中小板企业社会责任指数
深证责任指数 399340	深证责任指数选取深圳证券交易所上市的社会责任履行良好的，目的是反映深圳证券市场上在社会责任履行方面表现良好的公司股票价格变动的趋势。深证企业社会责任指数包括全收益指数和纯价格指数
深证环保指数 399638	为反映深圳证券市场中环保相关产业上市公司的股价变动趋势，选取在深圳上市的业务为环保设备制造、环保服务和清洁生产技术及清洁产品相关领域的 40 家公司构成样本股编制深证环保指数

在评级方面，目前国内很多地方的环保局都在对企业环境行为进行评级。这一实践最早可追溯到 1998 年原国家环保总局与世界银行信息发展项目（InfoDev Program）在江苏省镇江市和内蒙古呼和浩特市的“中国绿色观察项目”（the China’s Green Watch

Program）试点工作。镇江市对辖内的试点企业实施环境行为评级制度，对企业环境表现进行评级，分绿色、蓝色、黄色、红色和黑色五个级别。这一试点取得成功，并逐步在江苏市乃至全国推广。2005 年，原国家环保总局颁布《关于加快推进企业环境行为评价工作的意见》，决定在全国推广试点工作经验，加快推进企业环境行为评价工作。在这一政策推动下，国内很多地方环保局积极推进企业环境行为评级。例如，2006 年 1 月，广东省制定了《重点污染源环境保护信用管理试行办法》，对重点污染源环境保护信用进行评价管理。2007 年 8 月，浙江省印发了《浙江省企业环境行为信用等级评价实施方案（试行）》的通知，建立了包括企业污染物排放行为、环境管理行为、环境社会行为、环境守法或违法行为等方面的企业环境行为评控、284 家市控重点污染源企业作为强制评价对象纳入企业环境信用评价体系。

多地企业环境行为评价结果已经和企业信用、银行借贷挂起钩来。在广州，对于“绿牌”企业，政府建议优惠贷款利率或保险费率；对于“黄牌”企业，政府建议从严审批环保资金补助；对于“红牌”企业，政府建议暂停信贷或提高保险费率”[①]。

企业环境榜单多由研究机构、媒体或 NGO 实施，一般都是公开发布的。榜单可以分为两大类：红榜和黑帮。红榜是表扬优秀企业，对企业有鼓励作用，如中国企业家俱乐部发布的中国绿公司百强榜单；黑帮则是批评做得不好的企业，对企业有鞭笞效果，如《南方周末》发布的“漂绿榜”。

4　我国自愿性企业环境行为案例分析

4.1　部委案例：环境标志产品政府采购

2006 年，为贯彻落实《国务院关于加快发展循环经济的若干意见》，积极推进环境友好型社会建设，发挥政府采购的环境保护政策功能，原国家环保总局、财政部联合发出《关于环境标志产品政府采购实施的意见》。意见指出：

- 采购环境标志产品对于树立政府环保形象，提高全社会的环保意识，推动企业环保技术进步，保护环境和人体健康，节约能源，促进资源循环利用，实现经济社会可持续发展，具有十分重要的意义。
- 各地区、各部门要高度重视，加强组织管理和监督。
- 各级国家机关、事业单位和团体组织用财政性资金进行采购的，要优先采购环境标志产品，不得采购危害环境及人体健康的产品。
- 财政部、国家环境保护总局综合考虑政府采购改革进展和环境标志产品技术及市场成熟等情况，从国家认可的环境标志产品认证机构认证的环境标志产品

① 《广州起草企业环境信用评价将影响上市融资等》，载《经济参考报》2012 年 6 月 25 日。

中，以“环境标志产品政府采购清单”的形式，按类别确定优先采购范围。

意见采取积极稳妥、分步实施的办法，逐步扩大到全国范围。2007 年 1 月 1 日起在中央和省级（含计划单列市）预算单位实行，2008 年 1 月 1 日起全面实行。

原国家环保总局代表在意见发布会指出，意见对树立政府环保形象，提高全社会的环境意识，推动企业环保技术进步，保护环境和人体健康，节约能源，促进资源循环利用，实现经济社会可持续发展，具有十分重要的意义：

- 政府绿色采购制度具有政府表率功能，可以作为调整宏观经济，促进产业、产品结构调整的重要手段。
- 政府绿色采购可以促进公民环保意识的提高，加快绿色消费市场的形成。
- 政府绿色采购可以提高企业环境意识，促进和推动企业加强、改善环境管理，有利于污染和可持续生产战略实施。
- 政府绿色采购实施意见的发布，在国际社会上表明中国政府把实现可持续消费作为环境保护工作一项重要内容。

2006 年公布的首批清单，共有 14 大类、81 家企业、856 种型号产品；2007 年 3 月，第二批清单公布，共有 14 大类、444 家企业、2 979 种型号产品；2008 年 7 月，第三批清单公布，共有 19 大类、760 家企业、7 159 种型号产品。到 2012 年 1 月，第九期清单公布，共有 24 大类、553 家企业、超过 20 000 种型号产品。

环境标志产品政府采购客观上促进了环境标志产品的销售。2009 年，政府采购规模为 7 413.2 亿元，同比增长了 23.7%。其中，节能、节水、环保产品采购金额为 157.2 亿元，同比均有不同程度增长[①]。“十一五”时期，全国节能环保产品政府采购金额达 2 726 亿元，约占同类所有产品政府采购金额的 65%[②]。

4.2 地区案例：江苏省企业环境行为评级

江苏省镇江市是原国家环保总局与世界银行“中国绿色观察项目”试点之一。试点期间，镇江市对辖内的试点企业实施环境行为评级制度，对企业环境表现进行评级。评级主要考虑三方面因素：企业污染行为指标、企业环境管理行为指标和企业环境社会行为指标。评价体系包含了排放达标、总量控制等 15 项评价指标。在实际操作中，企业环境行为评判分级采用单一指标判别法（图 4-6），将企业环境行为评价指标与标准加以比较，根据“满足”或“不满足”标准来确定每一项指标环境表现的好坏[③]。

---

① 周晓芳：《2009 年节能、环保产品政府采购金额增长》，每日经济新闻，2010 年 8 月 18 日。

② 赵家旺：《“十一五”政府绿色采购占比约 65%》，载《中国财经报》2011 年 6 月 1 日。

③ 陆根法、王远、许纲熙：《工商企业的环境信息公开》（工作论文）。

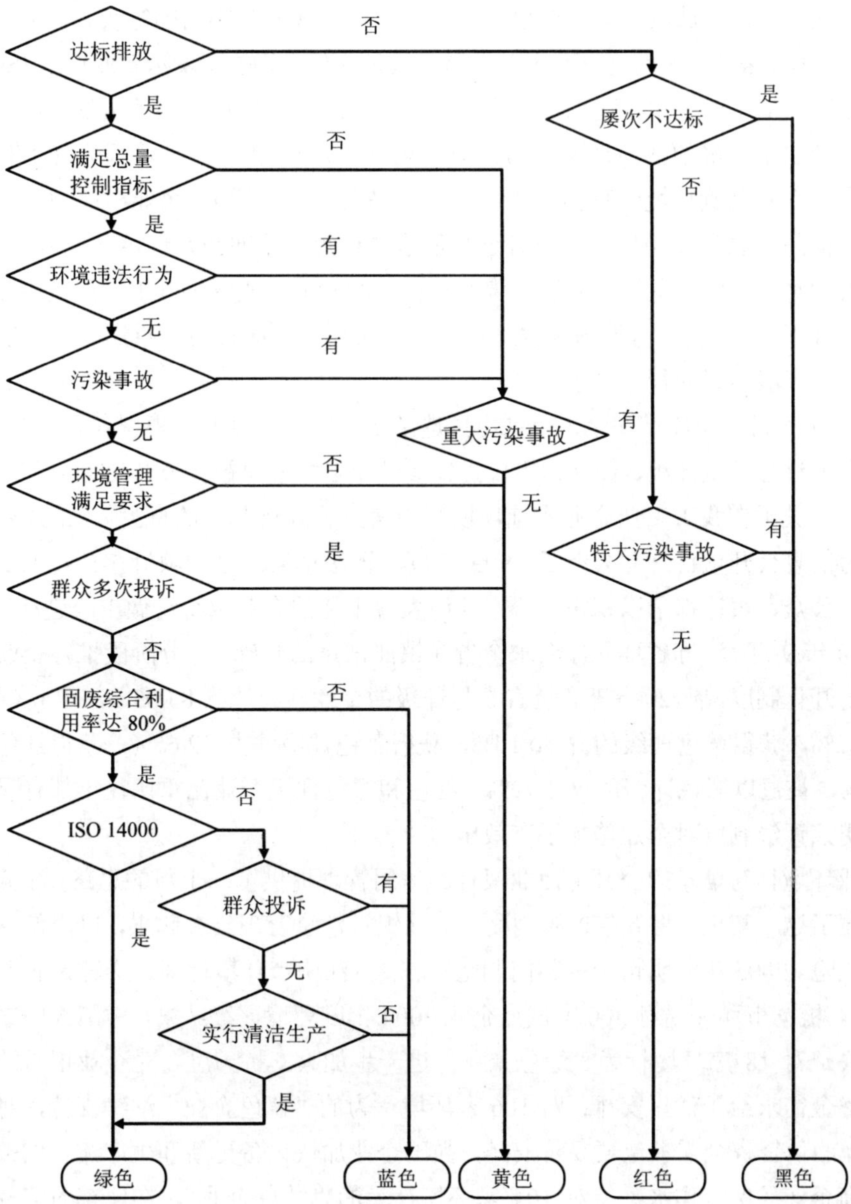

（1）按期缴纳排污费；

（2）按期进行排污申报；

（3）排放口的规范化管理；

（4）建设项目按规定程序和实行“三同时”；

（5）落实环保机构、人员及完善环保管理制度。

资料来源：陆根法、王远、许纲熙：《工商企业的环境信息公开》（工作论文）。

图 4-6　镇江企业环境行为评级示意图

根据这一办法，试点企业可以根据不同的环境表现分为不同的等级。为了让评级结果大众化，镇江采取5种颜色等级标准。第一级是绿色（很好），表示企业通过ISO 14000认证或应用清洁生产技术，达到了先进水平，对当地环境保护有显著贡献，在当地社会和公众中树立了很好的环境形象；第二级是蓝色（好），企业的环境行为优于有关污染控制标准，并且达到环境管理的要求；第三级是黄色（一般），企业污染物排放达到国家标准，但超过总量控制指标，或有过其他违法行为；第四级是红色（差），企业做了控制污染的努力，但环境行为未达到国家污染控制标准，或发生过重大污染事故；第五级是黑色（很差），企业污染物排放严重超标，对环境造成较为严重影响，或发生特大污染事故。评级结果向社会公示。

1999年6月，镇江市在全市范围内挑选了101家试点企业，根据各企业在1998年的环境表现进行了试评级，评级结果仅告知参评企业，未向社会公开。2000年，镇江市政府出台《关于在我市工业企业实施环境行为信息公开化制度的意见》，正式启动企业环境行为信息公开项目，并公布了1999年度的评级结果。这一项目在社会上引起了巨大反响，公众、舆论都予以积极评价，评级表现不佳的企业也纷纷做出改进承诺。

2000年9月，江苏省环保厅要求全省在镇江试点的基础上，分阶段推行企业环境行为信息公开化制度。到2005年，全省参与评级的企业已经达到8 005家，获得绿色评级的占6.62%，获得蓝色评级的占50.17%，获得黄色评级的占32.65%，获得红色评级的占8.77%，被冠以黑色评级的仅1.79%。红色和黑色评级企业比重比往年都有显著的下降，说明该评级制度对企业施加了有效压力。

企业环境行为信息的公开为商业银行的信用管理提供了一个新的思路。江苏省江阴市就抓住了这一契机，将五色评级制度与商业银行信贷管理结合起来，以降低商业银行的信贷风险。2005年江阴市金融部门制定实施了《江阴市环境行为分类评定企业贷款政策指引》。根据市环保局对300家试点企业2004年度环境评级结果，中国人民银行江阴市支行决定对18家环境行为“绿色企业”进一步加大支持力度，对企业正常的、合理的信贷资金需求给予优先安排；对106家环境行为的“蓝色企业”继续支持，对其正常的、合理的信贷资金需求也要妥善安排，鼓励企业加快设备更新和生产流程的改造，进一步提高企业环保工作水平；对104家环境行为的“黄色企业”，在现有的信贷规模原则上，保持不变，若这些企业的生产经营情况良好，可适度安排新增信贷资金，但不得用于与原有产品、技术和污染水平相同的低水平重复建设，对设备更新和技术改造所需资金，可优先安排。而环境行为属于“红色、黑色”的企业，则成了江阴市金融界“紧缩银根”的重点。为督促这些环境行为较差企业加大环保整改力度，能够尽早实现“变色”，金融界在信贷政策中明确要求：对28家环境行为的“红色企业”，坚决维持现有的信贷规模，除环保方面的设备改造和技术更新外，一律不得新增信贷资金。同时，还要求这些企业要按照环保要求，排出整改时间并尽快付诸行动，否则将逐步压缩现有的信贷规模。对于8家环境行为的“黑色企业”，一律禁止发放新增贷款，如果这些企业在规定期限内不能达到环保规定要求，或者贷款已到期企业仍未采取任何治理污染的实质性行动，将压缩直至收回原有贷款[①]。

江苏的企业环境行为评级制度持续开展。江苏省国控重点企业及其他主要企业共20 261 家参与了 2010 年度环境行为评级，占全省排污申报企业的 43%，参评企业数量同比增加 18%。经汇总各地评级情况，全省参评企业中绿色等级 1 312 家、蓝色等级14 512 家、黄色等级 3 633 家、红色等级 624 家、黑色等级 180 家[②]。

4.3　行业案例：纺织行业的 CSC 9000T 体系

我国纺织行业也是最早遭遇品牌采购商社会责任压力的行业之一。20 世纪 90 年代后期，国际上知名品牌如耐克、阿迪达斯等，对供应商的劳工、环境绩效均提出较高标准，中国的纺织服装企业面临重大的社会责任挑战。

为应对这一挑战，2005 年中国纺织工业协会组建了社会责任建设推广委员会。推广委员会成立之后，主要通过研发标准、组织试点，在全行业掀起一股社会责任建设浪潮，取得显著成效。其主要工作包括：

- 2005 年正式发布《中国纺织企业社会责任管理体系 CSC 9000T 总则及细则》。
- 2006 年 3 月，CSC 9000T 中国纺织企业社会责任管理体系实施指导文件发布，CSC 9000T 十家企业试点项目启动。
- 2006 年 12 月，首届中国纺织服装行业社会责任年会召开，《2006 中国纺织服装行业社会责任年度报告》发布。
- 2007 年 3 月，颁发首批 CSC 9000T 评估师、培训师资格证书，标志着中国纺织行业社会责任的建设推广工作进入了更加科学、全面、高速和标准化操作的新阶段。
- 2007 年 7 月，CSC 9000T 中国纺织企业社会责任管理体系“10+100+1 000”项目启动。
- 2008 年 6 月，推出《中国纺织服装企业社会责任报告纲要》（CSRGATEs），标志社会责任报告制度在行业层面和企业层面正式确立。
- 2009 年 4 月，《中国纺织服装企业社会责任报告验证准则》（CSR-VRAI）和《中国纺织服装企业社会责任报告指标定义与评估指引》（CSR-IDEAS）开发完成，中国业界自主开发的第一个社会责任报告验证体系正式建立。

中国纺织企业社会责任管理体系 CSC 9000T 是全部工作的核心。如图 4-7 所示，该体系由管理体系、劳动合同、童工、强迫与强制劳动、环境保护等 12 个要素组成，整

① 王蔚、高杰：《江阴运用金融“杠杆”鼓励企业保护环境》，载《中国环境报》2005 年 7 月 12 日。

② 闫艳、高杰：《江苏推进企业环境行为评价》，载《中国环境报》2011 年 11 月 11 日。

合了国际品牌采购商最关心的中国纺织服装行业社会责任的主要方面[①]。

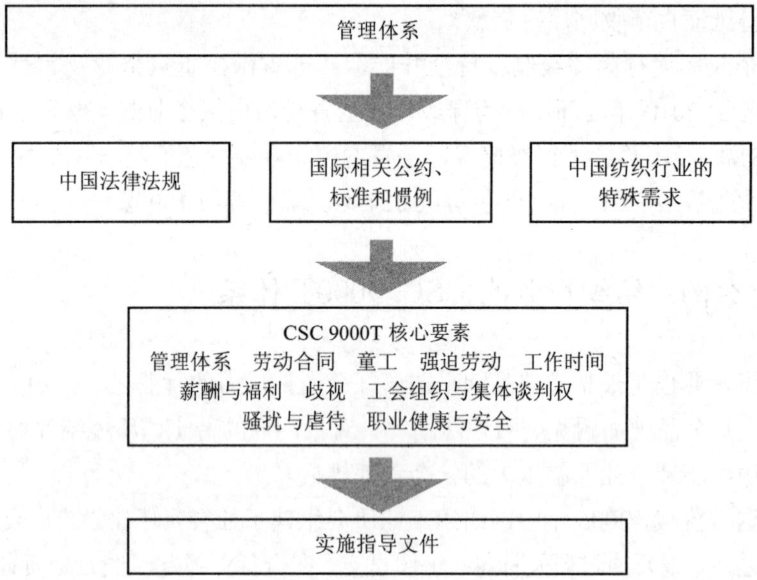

图 4-7　中国纺织企业社会责任管理体系 CSC 9000T

环境保护是这 12 个要素之一，具体要求如下。

（1）企业最高管理者应在国家法律法规的框架内制定企业的环境保护方针，并确保使之：①形成文件，付诸实施并予以保持；②适合于企业活动、产品或服务的性质、规模与环境影响；③包括对遵守有关环境的法律法规和其他要求以及持续改进和污染预防的承诺；④传达给全体员工；⑤可为利益相关方和公众所获取。

（2）企业应当在上述环境保护方针的基础上，依据本 CSC 9000T 要素 1“管理体系”的要求，基于戴明循环（PDCA）的持续改进运行模式，建立、实施、保持并改进环境管理体系，确立和评审环境目标、指标、方案和实施结果，并建立相应的环境保护责任制度。

（3）企业应当采取有效措施控制环境影响，预防并治理生产和经营活动中产生的环境污染和危害，以确保污染物、化学品与其他危险物质的排放、处理与销毁的程序与标准达到或者超过适用的最高的法律法规要求，并在此基础上逐步减少污染物排放总量，提高排放标准。

（4）企业的新、改、扩建项目应严格进行环境影响评价，建设项目中防治污染的措施应当与主体工程同时设计、同时施工、同时投产使用，并且应当采用资源利用率高、污染物排放少的设备和工艺。

（5）企业应建立科学合理的能源、资源利用控制体系，依据减量化、再利用、资源化的方针提高资源利用率，减少废物的产生量和排放量，提高废物的再利用和资源化水

① 《中国纺织服装行业企业社会责任 2006 年度报告》。

平，促进循环经济。

（6）企业应尽最大可能参与开发利用可再生能源，参与节能自愿协议，建立节能目标责任和考核制度，减少企业生产经营过程中的温室气体排放。

（7）近年来，面对节能减排的政策要求及公众舆论压力，纺织服装企业对环境问题的关注度也逐渐提高，尤其是在自然之友等环保组织发布《为时尚清污》报告之后。在2012年会中，中国纺织工业联合会孙瑞哲副会长提出了“强化全价值链协作，改善企业环境绩效”的新思路，目标是“通过全行业的努力，实现社会、环境和经济的可持续发展”。会议还宣读了“中国绿色无染纺织创新联盟”宣言，倡导文明、节约、绿色、低碳的消费理念，推动形成与我国国情相适应的绿色生活方式和生产方式，致力于原液着色纤维技术及其产业化应用的研究，通过联合产业链上下游企业集成创新，共同突破无染纺织技术发展“瓶颈”，促进行业可持续发展[①]。

4.4　民间案例：中国水污染地图

公众环境研究中心（IPE）是一家在北京注册的非营利环境保护机构，由民间环保人士马军创办。自2006年5月成立以来，IPE开发并运行了中国水污染地图，独辟蹊径，用创新的方式推动企业环境信息公开和公众参与。

中国水污染地图采取了新颖、直观的地图形式表现水污染现状。地图一经推出便引起了公众关注，点击率节节攀升，许多人赞许，还有人主动提供水污染线索[②]。2006年，网站开通不久，媒体便以类似“百事、肯德基等多家跨国公司上环保黑名单”为题掀起了一波舆论热潮。违规公司涉及食品、电子、化工、机械制造等诸多行业，来自日本、美国、瑞士等国家。除上述“500强”在华企业外，一些中国公众熟知的品牌榜上有名，如日资上海花王有限公司，它因“任意排放超标废水”被列入上海“2005年第二批该市环保系统查处违法企业名单”。还有“世界十大卫生陶瓷公司之首”的美国标准公司的在华合资企业及美国百胜餐饮集团下属的上海必胜客等[③]。

这些被曝光的大品牌坐不住了。有的企业拜访了马军，希望能够从黑榜中撤下来。但随意撤下显然是不合适的。怎么办？IPE设计了一个很好的方案，既能满足企业的要求，又不损害NGO的声誉，还能监督违规企业进行整改。这个方案便是绿色选择联盟，该联盟由IPE与多家NGO联合发起。如果有黑榜上的企业主动接洽，绿色选择联盟会敦促其整改，并推荐具有专业资质的第三方机构进行环保审查。如果审查通过，且绿色选择联盟集体表决同意，才能把企业从水污染地图的黑名单中撤下来。实践证明，这个方案是有效的，可以有效敦促企业实施整改。因此，绿色选择联盟的机制一直沿用至今。

① 《2011/2012中国纺织服装行业社会责任年度报告》。

② 《沉重点击“中国水污染地图”》，载《半月谈》2006年10月30日。

③ 《33家跨国公司“身陷”环保黑名单》，载金羊网，2006年10月27日。

随着水污染地图数据的扩大，一些知名品牌看到了数据的价值，主动寻求与IPE合作。现在，沃尔玛每月都会定期将自己的供应商名单和IPE的黑名单数据库比对，一旦发现有供应商在黑名单里，就会发信给供应商要求他们改进[①]。

5 中欧自愿性企业环境行为比较分析

与欧盟国家相比，中国自愿性企业环境行为政策和实践的起步较晚。欧盟的自愿性企业环境行为在20世纪七八十年代已经出现，如70年代末在德国实施的环境产品标志，80年代在欧洲国家开始流行的环境自愿协议等。在我国，除ISO 14001和产品环境标志外，多数自愿性企业环境行为出现在21世纪初，一般要比欧盟晚几年到十几年不等。

究其原因，主要还是两个地区之间经济发展水平及环境保护所处阶段的差异。从世界范围来说，自愿性环境行为政策都出现在命令控制型政策之后，而命令控制型政策一般会与工业污染阶段同步。换言之，自愿性环境行为政策的大量出现通常发生在一个地区工业污染频发并在一定程度上得到控制（不一定是遏制）之后。对欧盟地区来说，这一时期出现在20世纪七八十年代；对中国来说，这一时期出现在20世纪90年代中后期。这是两个地区自愿性企业环境行为存在发展差异的宏观背景。

就具体实践而言，中国和欧盟地区的自愿性企业环境行为有较大的相似性。总体上，欧盟地区曾经实施过的自愿性企业环境行为在我国也都有出现（表4-10），有的还是直接从欧盟地区借鉴过来的。典型的例子是节能自愿协议。2001年山东省探索节能自愿协议机制试点的时候，荷兰政府就有参与。2002年7月，试点项目各相关方（包括荷兰能源与环境署）代表参加了在荷兰举办的为期一周的“中国工业行业自愿协议：山东省钢铁行业节能自愿协议试点项目设计“研讨会，完成了自愿协议试点项目实施框架的基本设计[②]。

但从实施效果来看，中国和欧盟地区的自愿性企业环境行为还存在一定差距。有的差距较少甚至中国实施效果更好，有的差距较大。

差距较少甚至中国实施效果更好的有：ISO 14001 环境管理体系、产品环境标志、政府绿色采购等。ISO 14001 是由国际标准化组织研发的，因此中国和欧盟各国的实施进展基本同步。中国环境标志已经与德国的蓝天使、北欧的白天鹅标志签订了合作互认协议。特别是，德国的蓝天使已经和中国环境标志颁布了共同标准，标志着中国环境标志国际互认工作取得了重要的里程碑式的成果[③]。政府绿色采购方面，中国的政策虽然比欧盟指令晚了两三年，但实施效果却更为显著。据统计，中国在“十一五“期间绿色采购占政府采购比重一半以上，而欧盟在2011年的比重仅有两三成（表4-10）。

---

① 朱艳：《中国绿色消费卡在公信力》，载《环境与生活》2012年6月29日。

② 国家经贸委资源司等：《工业行业节能自愿协议机制研究——山东省试点项目实施方案设计》，2002年12月。

③ 摘自环保部环境发展中心副主任席俊清先生在“中国纸业可持续发展论坛2011”上的讲话。

表 4-10　中欧自愿性企业环境行为比较分析

<table>
<tr><th colspan="2">行为类别</th><th>中国</th><th>欧盟</th></tr>
<tr><td rowspan="2">内部</td><td>企业环境管理体系</td><td>主要推行 ISO 14001，个别企业也在探索自己的管理体系</td><td>除了推行 ISO 14001 以外，欧盟还推行更为严格的生态管理和审计体系（EMAS）</td></tr>
<tr><td>企业环境信息披露</td><td>近年推动自愿的企业环境信息披露，尤其是企业社会责任报告书</td><td>较早开始推动企业环境信息披露，很多企业发布社会责任报告书，个别国家开始探索强制披露</td></tr>
<tr><td rowspan="5">外部</td><td>产品环境标志</td><td>1994 年开始推出中国环境标志，此外还有节水、节能等产品生态标志</td><td>德国 1978 年最早实施产品环境标志，欧盟整体的生态标签 1992 年推出</td></tr>
<tr><td>绿色采购</td><td>2006 年出台政府绿色采购政策，“十一五”期间采购金额约占 65%。个别企业有绿色采购政策</td><td>欧盟 2004 年出台《欧盟政府采购指令》。2011 年，采购金额约占 26%*。许多大型跨国公司有绿色采购政策</td></tr>
<tr><td>节能自愿协议</td><td>2003 年开始探索节能自愿协议，在山东、上海、福建、江苏、江西等地区开展为主</td><td>20 世纪 80 年代在欧盟开始发展。荷兰在 90 年代推行自愿协议就非常成功</td></tr>
<tr><td>排放权交易</td><td>2003 年开始探索排污权交易，2008 年开始探索碳排放交易，目前是发展初期</td><td>2005 年建立统一的欧盟排放交易体系 EU ETS，成为全球最活跃的交易市场</td></tr>
<tr><td>指数、评级和榜单</td><td>近年资本市场出现环境类指数、政府对企业进行环境行为评级、媒体和 NGO 发布榜单，但影响力，尤其是对市场影响力有限</td><td>资本市场对社会责任投资的关注度较高，有 FTSE4GOOD、DJSI Europe 等社会责任指数及一批研究评级机构。NGO 和媒体也会推出相关评级或榜单</td></tr>
</table>

* Renda A，Pelkmans J，et al.（2012）. The Uptate of Green Public Procurement in the EU 27. Brussels，Centre for European Studies（CEPS），College of Europe：51.

中欧之间存在较大差距的方面包括：企业环境信息披露（包括企业社会责任报告）、企业绿色采购、节能自愿协议、排放权交易、指数和评级等。差距分析分述如下。

（1）企业环境信息披露的差距分析。欧洲是企业自愿披露环境信息程度较高的地区。大企业发布企业社会责任报告非常普遍。根据毕马威会计师事务所 2011 年的调查①，英国、法国、丹麦这几个欧盟国家的百强企业中，分别有 100 家、94 家、91 家通过社会责任报告对外披露企业环境、社会绩效信息。中国的数字是 59，虽然与自身相比已有较大提高，但仍落后于英国、法国、丹麦，也落后于西班牙、芬兰、荷兰、意大利、瑞典、匈牙利、葡萄牙、斯洛伐克和德国等欧盟国家。

① KPMG International Survey of Corporate Responsibility Reporting 2011.

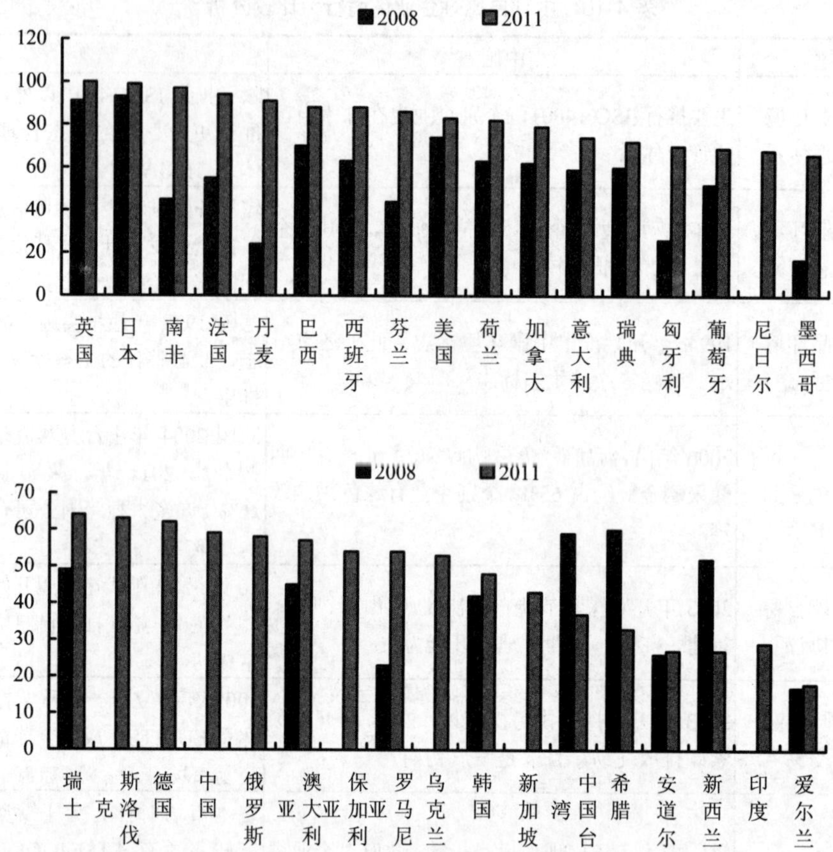

资料来源：毕马威会计师事务所。

图 4-8　企业社会责任报告数量分地区统计

从企业披露碳排放信息的情况，也可以看出这一差距。英国的非营利组织 CDP 每年会对全球 500 家市值最大的上市公司进行调查①。在 2011 年的调查报告②中，500 家公司有 404 家回复了 CDP 调查，回复率是 80%，中国的回复率是 31.5%，但英、法、德三国的回复率几乎是 100%。

（2）企业绿色采购的差距分析。中国在政府绿色采购方面引领潮流，但中国企业制定绿色采购政策的相对较少。在欧洲，很多大型跨国公司都有专门的绿色采购（或绿色

① CDP，即碳信息披露项目，是一个独立的非营利组织，成立于 2000 年，总部位于英国伦敦。CDP 代表机构投资者、采购公司和政府每年向全球最大的企业发出气候变化信息披露请求，以此来收集数据，为商业决策与政策的制定提供参考依据。自成立以来，CDP 已经成为碳信息披露方法论及实施过程的黄金准则。CDP 也是全球最大的投资者联合行动，拥有世界上最大的企业气候变化与水资源信息数据库。全球 60 多个国家和地区中，约 3 000 家机构已通过 CDP 测量和披露其温室气体排放、水资源利用情况，并评估气候变化与水资源带来的机遇与挑战，从而建立减排目标、改善企业的绩效。

② CDP Global 500 Report 2011.

供应链）政策和管理手段；在我国，仅有少数大型企业如联想集团、中国移动等开始制定绿色采购政策。欧洲的一些大企业也积极参与新的可持续发展产品认证的进程。以可持续棕榈油为例，参与棕榈油可持续发展圆桌会议（RSPO）[①]的欧洲成员约占全部成员的一半，其中不乏联合利华、雀巢等欧洲企业。参与 RSPO 的中国企业屈指可数。

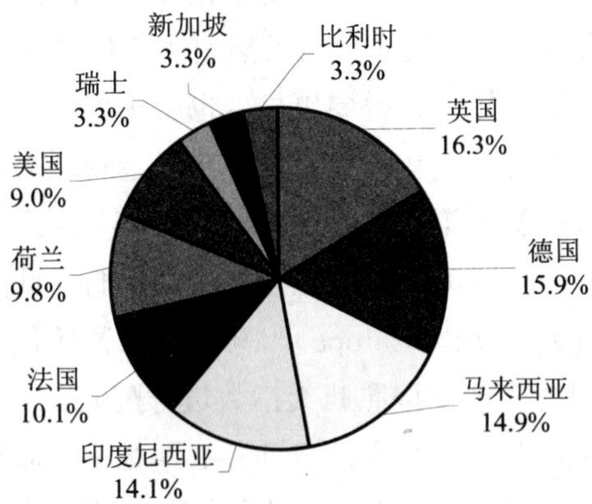

资料来源：RSPO。

图 4-9 可持续发展棕榈油圆桌会议按地区分成员统计

（3）节能自愿协议的差距分析。中国的环境自愿协议主要应用在节能领域，虽然也取得一定成效，在山东等地有不少成功的试点，但总体上仍未在全国广泛铺开。与荷兰等欧洲国家相比，中国的节能自愿协议的成效还不是特别理想。最主要的问题是缺乏明确的激励政策和违约处罚机制。这一点荷兰做得比较好。在荷兰，自愿协议虽然是一种可协商的机制，但做出承诺的企业仍面临较高的违约成本，如收回或停止发放排放许可证等。这样可给企业施加有效压力，敦促其履行协议。

（4）排放权交易的差距分析。我国的排放权交易还比较初级，污染物排污权交易量相对较少，碳排放交易还停留在方案设计阶段，市场的真实需求和流动性都相对较弱。在这方面，欧盟的排放权交易体系发展更为成熟。欧盟的排放权交易（EU ETS）主要是碳排放交易，这是欧盟进行温室气体减排的重要市场工具。作为世界上最大的区域排放交易体系，EU ETS 覆盖 30 个国家（包含 27 个欧盟成员国、冰岛、列支敦士登和挪威）的 11 000 个主要能源消费和排放行业的企业。EU ETS 分为三个阶段。第一阶段（2005—2007 年）是试验性阶段，属于“干中学”；第二阶段（2008—2012 年）与《京都议定书》第一承诺期重合；第三阶段是 2013—2020 年。

① RSPO（Roundtable of Sustainable Palm Oil，棕榈油可持续发展圆桌会议）是一个由多个利益方组建的非营利协会，其宗旨是通过合作和公开对话，推动棕榈油的可持续利用及该行业的可持续发展。其成员是构成供应链的各种组织，包括种植者、加工者、食品与日用消费品制造商、零售商、关注环境和社会福利的非营利组织等。RSPO 的执行委员会由各成员组织的代表组成，包括马来西亚和印度尼西亚的棕榈油协会、联合利华公司、吉百利史威士公司、世界自然基金会和“The Body Shop”公司。

不过，由于《京都议定书》第二承诺期迟迟未见曙光，加上欧债危机拖累欧盟经济下滑，导致近几年碳价持续下跌，交易低迷。欧盟委员会为此计划将 2013—2020 年碳配额拍卖的时间推后或暂缓，以提振碳市。这一点是我国碳交易市场设计时要吸取的教训。

（5）指数、评级和榜单的差距分析。在指数领域，中国的责任投资指数或环境指数主要在 2009 年之后才陆续发布，发布之后虽然也引起广泛关注，但在投资人中产生的影响还不是太大。欧盟在这一领域做得要更早，也要更好。早在 20 世纪 90 年代，责任投资就在欧洲资本市场上兴起，一些基金公司、养老金管理公司、主权基金等机构投资者就开始将环境问题纳入投资决策的考虑范畴。2001 年，英国富时指数推出富时社会责任指数（FTSE4GOOD），成为欧洲社会责任投资的风向标。此后，道琼斯也发布了道琼斯欧洲地区可持续发展指数（DJSI Europe）。其他的指数还包括 Aspi Eurozone 指数、Ethibel 指数等。数额可观的资产会按照此类指数进行配置。

在评级领域，中国目前主要是以环保部门为主导对重点监控的企业进行评估，虽然试点较多，但远没有做到全覆盖。在欧洲，对企业进行评级的工作由市场而不是政府来完成。一方面，在资本市场上有众多研究和评级公司，对上市公司的环境绩效进行评估，并将数据结果销售给投资人。比较有名的欧洲公司有：Sustainalytics、EIRIS、Trucost、SAM、Oekom Research 等。另一方面，一些金融机构也会配备环境评估能力，以辨别项目的环境风险。例如，许多大的商业银行，如德意志银行、汇丰银行，都会设置环境风险管理部门及聘用外部顾问。

欧洲的媒体、NGO 也会通过评级或榜单刺激企业实施自愿性环境行为，相比之下，欧洲的 NGO 要比中国更活跃一些。例如，前述的 CDP 每年会发布碳披露领袖指数（CDLI），表扬那些在应对气候变化信息披露中领先的企业。在荷兰，有一个名为银行监察（Bank Track）的 NGO，会对大的国际银行的投资政策进行评估和打分。

通过与欧盟的比较，可以发现，中国在推动自愿性企业环境行为方面虽比欧盟地区起步要晚，但很多措施都基本具备了。差距的产生大多是出现在市场机制方面，尤其是行政力量很难干预或干预成本较高的方面。绿色采购就是很好的例子，政府通过动用行政力量，强制要求财政采购节能环保产品，所以实施效率高、效果好。但政府却很难干预企业实施绿色采购，因此，企业绿色采购政策就发展缓慢。因此，我们应当更好地运用市场机制的力量，推动自愿性环境行为。

6 政策建议

有关自愿性企业环境行为的政策建议应该回归到问题的原点：企业为何会采取自愿性的环境行为？只有抓住企业的驱动力，政策才能更有针对性，效果也会更显著。总体上看，企业的驱动力主要来自三个方面：市场利益、品牌形象（包括来自社会的压力）、企业价值观（自我驱动）。因此，政策改进的方向也应该从这三个方面着手。

本书认为，政府要促进企业自愿采取环境行为必须要采取三类行动，以发挥市场力量、影响企业品牌形象、塑造企业环境观；同时还要构建信息披露和能力建设两大体系，作为行动支撑。

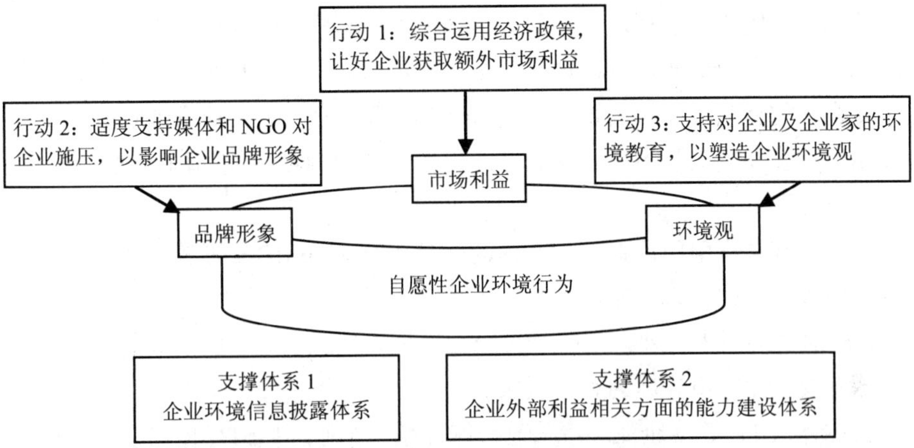

图 4-10　三类行动两大体系的政策建议框架

（1）行动 1：综合运用经济政策，让好企业获取额外市场利益。政府应综合考虑运用各种经济政策，令环境绩效较好的企业能获得额外的市场利益，以调动企业自愿采取环境行为的积极性。这些手段包括：消费者的绿色消费、投资者的绿色投资、银行的绿色信贷、政府的绿色采购、品牌商的绿色采购、配套奖惩措施的自愿协议、排放权交易。

具体建议如下：

第一，继续推广政府绿色采购，探索品牌商绿色采购的激励措施，可考虑运用税收、补贴或市场准入等刺激政策激励大型企业引入绿色采购政策，并将绿色采购与驰名商标等名誉挂钩。

第二，逐步完善节能自愿协议、绿色信贷政策、排放权交易政策，尤其是要引入严格的奖惩机制，对参与或不参与的企业都能产生吸引或震慑的作用。

第三，积极探索绿色投资政策，引导资本流向绿色企业。政府应主导或支持开发资本市场的环保指数，为投资者提供风向标；对政府操控的资本，如中国投资公司或社保基金，在进入股市时，政府应制定严格的准入原则，只允许投资那些环境绩效较好的企业。

（2）行动 2：适度支持媒体和 NGO 对企业施压，以影响企业品牌形象。政府应实施适度鼓励的政策，支持媒体和 NGO 对污染企业施压或对优秀企业进行表彰。从社会影响来看，对污染企业施压的作用会更立竿见影。

具体建议如下：

第一，政府适度放开媒体对污染企业的负面报道，保障公众知情权。

第二，政府支持媒体或行业协会及专业社团发布各种企业环境绩效的榜单和排名。

第三，政府允许或适度鼓励 NGO 采取行动，对污染企业施压。

（3）行动 3：支持对企业及企业家的环境教育，以塑造企业环境观。从本质上说，市场利益和品牌形象驱动的环境行为不能完全称为“自愿性”，因为这些行为的背后都牵扯着利益动机，属企业趋利避害的行为。真正“自愿性”的环境行为当然是企业家发自内心的想法；在企业层面，就要体现在企业的价值观（企业环境观）中。因此，要想从长期改变企业的行为，政府也要考虑塑造企业的环境观，让企业家理解到企业可持续发展与环境可持续发展的一致性。这只能通过教育、培训和持续的沟通来实现。

具体建议如下：

第一，政府与教育部门协调，在国内商学院 MBA、EMBA 等教育项目中强制引入环境教育的内容，将此作为必修课及办学评估的指标之一。

第二，政府资助国内主要商学院开设企业环境管理或企业社会责任公共课程、资助商学院教师开发企业环境管理的教学案例。

（1）支撑体系 1：建立企业环境信息披露体系。企业环境信息披露是上述很多措施（如绿色信贷、排放权交易、媒体排名等）的基础。目前，我国企业环境信息披露水平偏低，结果是外部利益相关方难以获取企业环境信息，因此也无从准确评价一家企业的环境绩效。建议政府应当鼓励甚至强制要求企业定期披露更多环境信息，尤其是涉及环境绩效的关键定量信息。

具体建议如下：

第一，政府建立按行业细分的企业环境信息披露指引，规定重点行业环境绩效的关键定量指标。

第二，政府建立环境信息披露企业目录，将企业分为强制类和鼓励类，强制类企业必须按照披露指引披露信息，鼓励类企业可自愿披露信息。

（2）支撑体系 2：建立企业外部利益相关方的能力建设体系。企业外部利益相关方常常会因为缺乏能力而无法发挥监督和推动作用。因此，政府可以做一些基础性的能力建设工作，为利益相关方提供支持，提升其能力。

具体建议如下：

第一，政府应建立关于企业环境信息的公共数据库，向企业外部利益相关方免费开放，以便外部利益相关方及时了解企业环境绩效动态。

第二，政府应针对媒体和 NGO 两大群体，编制手册、读本，并资助组织培训，提升他们对企业实施监督的能力。

参考文献

凌琳. 2011. 我国企业推行 ISO 14000 环境管理体系标准的评估和分析. 全国商情（理论研究）.（4）.

曾亮亮. 2005-08-17. 我国目前有四种环保节能标志. 经济参考报.

挪威船级社华夏认证中心. 2004-04. 中国汽车行业环境管理体系实施指南.

余子英，等. 2011. 我国绿色认证的现状及对策建议. 产业与科技论坛，10（12）.

郭玉志. 2012-05-28. 国资委：所有央企年年底前都要发布社会责任报告. 山西电视台.

商道纵横. 2011. 价值发现之旅.

商道纵横. 中证 100 企业社会责任报告评估.

2001-8-30. 保护环境保护环境呼唤绿色营销. 中国环境报.

网易财经. 超亿收入的绿色食品认证. http：//money. 163. com/special/view36/.

臧利智，李延勇. 2007-09. 跨国公司与环境管理体系的扩散，山东经济.

环境规划院. 2007-05-15. 利用排污收费促进企业自愿节能减排.

郑金武，陈彬. 2007-08-08. 自愿还是强制：节能减排期待企业内在需求. 科学时报.

环境规划院. 2010-12. 环境经济政策研究与试点项目简报.

祝楚华. 2012-06-29. 排污权交易促减排达标排放是基本前提. 成都商报.

2012-06-25. 广州起草企业环境信用评价将影响上市融资等. 经济参考报.

周晓芳. 22010-08-18. 009 年节能、环保产品政府采购金额增长. 每日经济新闻.

赵家旺. 2011-06-01. “十一五”政府绿色采购占比约 65%. 中国财经报.

陆根法，王远，许纲熙. 工商企业的环境信息公开（工作论文）.

王蔚，高杰. 2005-07-12. 江阴运用金融“杠杆”鼓励企业保护环境. 中国环境报.

闫艳，高杰. 2011-11-11. 江苏推进企业环境行为评价. 中国环境报.

中国纺织服装行业社会责任年度报告.

2006-10-30. 沉重点击“中国水污染地图”. 半月谈.

2006-10-27. 33 家跨国公司“身陷”环保黑名单. 金羊网.

朱艳. 2012-06-29. 中国绿色消费卡在公信力. 环境与生活.

Renda A，Pelkmans J，et al. 2012. The Uptate of Green Public Procurement in the EU 27. Brussels，Centre for European Studies（CEPS），College of Europe：51.

国家经贸委资源司，等. 2002-12. 工业行业节能自愿协议机制研究——山东省试点项目实施方案设计.

KPMG International Survey of Corporate Responsibility Reporting 2011.

CDP Global 500 Report 2011.

缩 略 语

CEED	英国经济与政治发展中心
CoRWM	放射性废物管理委员会
DBT	丹麦科技委员会
DOP	协商式民意调查
DSE	澳大利亚维多利亚州政府可持续发展与环境部
IAP2	国际公众参与协会
ACEF	中华环保联合会（All China Environment Federation）
CPPCC	中国人民政治协商会议（Chinese People’s Political Consultation Conference）
EPB	环保局（Environmental Protection Bureau）
MEP	环境保护部（Ministry of Environmental Protection）
SEPA	国家环保总局（State Environmental Protection Administration）
DSHaY	年贴现服务公顷（discounted service hectare per year）
EC	欧洲共同市场（European Community）
EEC	欧洲经济共同体（European Economic Community）
EIA	环境影响评价
EIS	环境影响报告书
ELD	环境责任指令（Environmental Liability Directive）
EU	欧盟（European Union）
GDP	国内生产总值（Gross Domestic Product）
HEA	生态对等分析（Habitat Equivalency Analysis）
IPPC	污染综合防治（Integrated Pollution Prevention and Control）
MARS	重大事故报告系统（Major-Accident Reporting System）
MBI	市场化工具（Market Based Instrument）
NGO	非政府组织（Non-Governmental Organization）
REA	资源对等分析（Resource Equivalency Analysis）
ROD	决策记录（records of decision）
SCI	社区重要区域（Site of Community Importance）
SEA	战略环境评价（Strategic Environmental Assessment）
SPA	特殊保护区域（Special Protection Area）
UK	英国（United Kingdom）
UNCED	联合国环境与发展大会（United Nations Conference on Environment and Development）

UNECE	联合国欧洲经济委员会（United Nations Economic Commission for Europe）
VEA	价值对等分析（Value Equivalency Analysis）
WTP	支付意愿（Willingness to pay）
CDM	清洁发展机制
CDP	碳信息披露
COD	化学需氧量
CSR	企业社会责任
EMS	环境管理体系
EU-China EGP	中欧环境治理项目
EU ETS	欧盟排放权交易体系
IPE	公众环境研究中心
NGO	非政府组织（民间组织）
PDCA	戴明循环（计划—实施—检查—改进）
RSPO	棕榈油可持续发展圆桌会议
VCEB	自愿性企业环境行为
VEA	自愿性环境协议